中国国家标准汇编

2009年修订-2

中国标准出版社　编

中国标准出版社
北京

图书在版编目（CIP）数据

中国国家标准汇编：2009年修订.2/中国标准出版社编.—北京：中国标准出版社，2010

ISBN 978-7-5066-6038-9

Ⅰ.①中…　Ⅱ.①中…　Ⅲ.①国家标准-汇编-中国-2009　Ⅳ.①T-652.1

中国版本图书馆CIP数据核字（2010）第170271号

中国标准出版社出版发行
北京复兴门外三里河北街16号
邮政编码:100045

网址 www.spc.net.cn
电话:68523946　68517548
中国标准出版社秦皇岛印刷厂印刷
各地新华书店经销

*

开本 880×1230　1/16　印张 39　字数 1 178 千字
2010年10月第一版　2010年10月第一次印刷

*

定价 220.00 元

ISBN 978-7-5066-6038-9

9 787506 660389

出 版 说 明

1.《中国国家标准汇编》是一部大型综合性国家标准全集。自1983年起，按国家标准顺序号以精装本、平装本两种装帧形式陆续分册汇编出版。它在一定程度上反映了我国建国以来标准化事业发展的基本情况和主要成就，是各级标准化管理机构，工矿企事业单位，农林牧副渔系统，科研、设计、教学等部门必不可少的工具书。

2.《中国国家标准汇编》收入我国每年正式发布的全部国家标准，分为"制定"卷和"修订"卷两种编辑版本。

"制定"卷收入上一年度我国发布的、新制定的国家标准，顺延前年度标准编号分成若干分册，封面和书脊上注明"20××年制定"字样及分册号，分册号一直连续。各分册中的标准是按照标准编号顺序连续排列的，如有标准顺序号缺号的，除特殊情况注明外，暂为空号。

"修订"卷收入上一年度我国发布的、修订的国家标准，视篇幅分设若干分册，但与"制定"卷分册号无关联，仅在封面和书脊上注明"20××年修订-1，-2，-3，……"字样。"修订"卷各分册中的标准，仍按标准编号顺序排列(但不连续)；如有遗漏的，均在当年最后一分册中补齐。需提请读者注意的是，个别非顺延前年度标准编号的新制定的国家标准没有收入在"制定"卷中，而是收入在"修订"卷中。

读者配套购买《中国国家标准汇编》"制定"卷和"修订"卷则可收齐上一年度我国制定和修订的全部国家标准。

3. 由于读者需求的变化，自1996年起，《中国国家标准汇编》仅出版精装本。

4. 2009年我国制修订国家标准共3 158项。本分册为"2009年修订-2"，收入新制修订的国家标准43项。

中国标准出版社

2010年8月

目　　录

ICS 21.160
J 26

中华人民共和国国家标准

GB/T 1239.1—2009
代替 GB/T 1239.1—1989

冷卷圆柱螺旋弹簧技术条件 第1部分：拉伸弹簧

Cold coiled helical springs technical specifications—Part 1：Extension spring

2009-03-16 发布　　2009-11-01 实施

中华人民共和国国家质量监督检验检疫总局
中国国家标准化管理委员会　发布

前　言

GB/T 1239《冷卷圆柱螺旋弹簧技术条件》分为3个部分：

——第1部分：拉伸弹簧；

——第2部分：压缩弹簧；

——第3部分：扭转弹簧。

本部分是GB/T 1239的第1部分。

本部分是对GB/T 1239.1—1989《冷卷圆柱螺旋拉伸弹簧技术条件》的修订。修订时仍保留GB/T 1239.1—1989《冷卷圆柱螺旋拉伸弹簧技术条件》中有效的部分，对已不适应的内容进行重新修订。

本部分与被修订标准的主要技术差异如下：

——对原标准按GB/T 1.1进行了编辑性修改；

——按GB/T 1805—2001《弹簧术语》，对原标准涉及负荷、刚度、变形量等符号进行修订；

——对引用的材料标准进行了全面查新，使用已修订过的最新版本代替原标准所引用的旧版本；

——对章节顺序进行了全面调整，使GB/T 1239.1～1239.3的章节顺序保持一致。

本部分的附录A为资料性附录。

本部分由中国机械工业联合会提出。

本部分由全国弹簧标准化技术委员会(SAC/TC 235)归口。

本部分负责起草单位：常州市铭锦弹簧有限公司、中机生产力促进中心。

本部分参加起草单位：浙江美力弹簧有限公司、常州弹簧厂有限公司、浙江金昌弹簧有限公司、杭州钱江弹簧有限公司、天津立洲五金弹簧有限公司、无锡丰力弹簧有限公司、北京科技大学。

本部分主要起草人：蒋欣荣、姜膺、章碧鸿、梁泉、吴刚、刘翠玲、陆培根、王卫、张涌森、尤伟明、赵志鹏、张英会。

本部分所代替标准的历次版本发布情况为：

——GB 1239—1976、GB/T 1239.1—1989。

冷卷圆柱螺旋弹簧技术条件
第1部分:拉伸弹簧

1 范围

GB/T 1239 的本部分规定了冷卷圆截面圆柱螺旋拉伸弹簧的技术要求、试验方法、检验规则及包装、标志、运输、贮存要求等。

本部分适用于冷卷圆截面圆柱螺旋拉伸弹簧(以下简称弹簧),弹簧材料的截面直径大于等于0.5 mm。

本部分不适用于特殊要求的弹簧。

2 规范性引用文件

下列文件中的条款通过 GB/T 1239 的本部分的引用而成为本部分的条款。凡是注日期的引用文件,其随后所有的修改单(不包括勘误的内容)或修订版均不适用于本部分,然而,鼓励根据本部分达成协议的各方研究是否可使用这些文件的最新版本。凡是不注日期的引用文件,其最新版本适用于本部分。

GB/T 1805 弹簧术语

GB/T 4357—1989 碳素弹簧钢丝(neq JIS G3521:1984)

GB/T 16947 螺旋弹簧疲劳试验规范

GB/T 18983 油淬火-回火弹簧钢丝(GB/T 18983—2003,ISO/FDIS 8458-3:1992,MOD)

GB/T 21652 铜及铜合金线材

JB/T 7944 圆柱螺旋弹簧抽样检查

YB(T)11 弹簧用不锈钢丝

YB/T 5311 重要用途碳素弹簧钢丝

YS/T 571 铍青铜线

3 术语和符号

本部分使用的术语和符号应符合 GB/T 1805 的规定。

4 结构型式

弹簧结构型式见表1。

表 1

代号	简　　图	端部结构型式
LⅠ	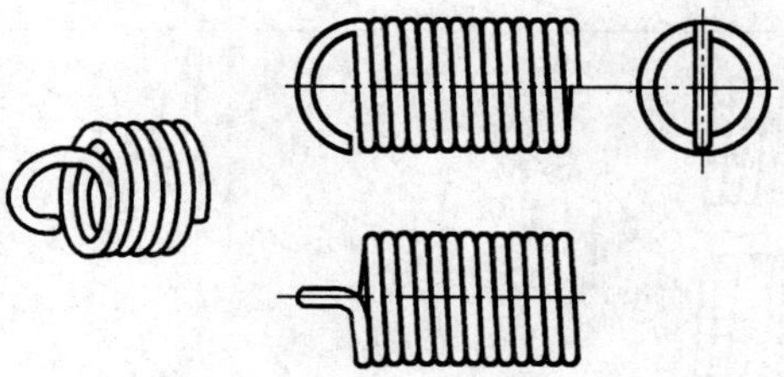	半圆钩环

表 1（续）

代号	简　图	端部结构型式
LⅡ	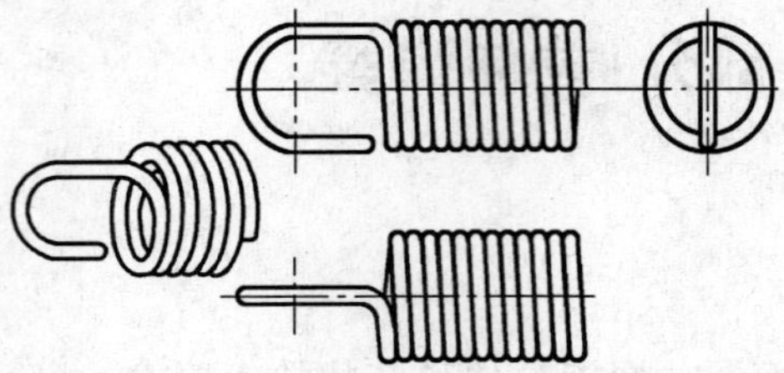	长臂半圆钩环
LⅢ	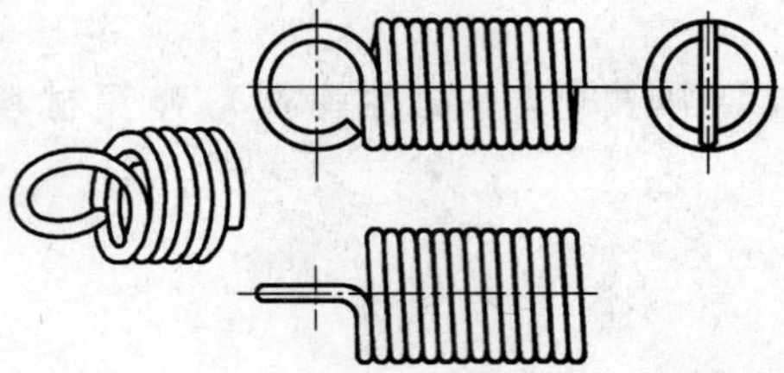	圆钩环扭中心(圆钩环)
LⅣ	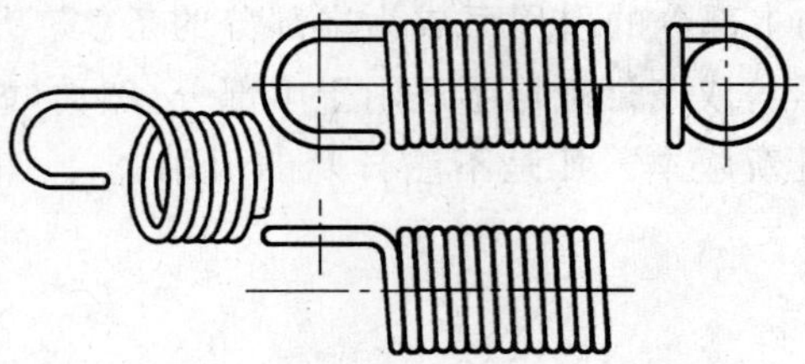	长臂偏心半圆钩环
LⅤ	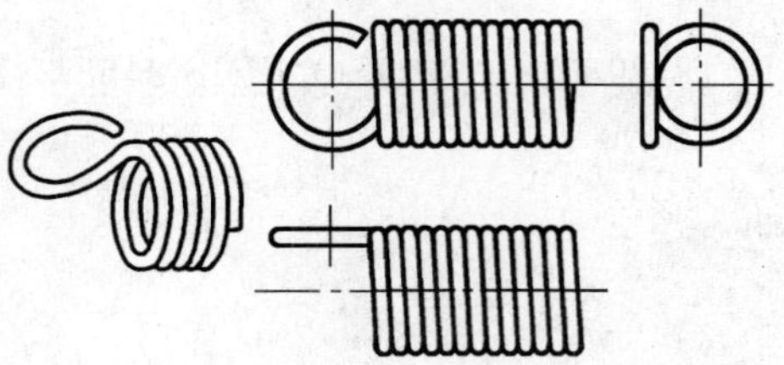	偏心圆钩环
LⅥ	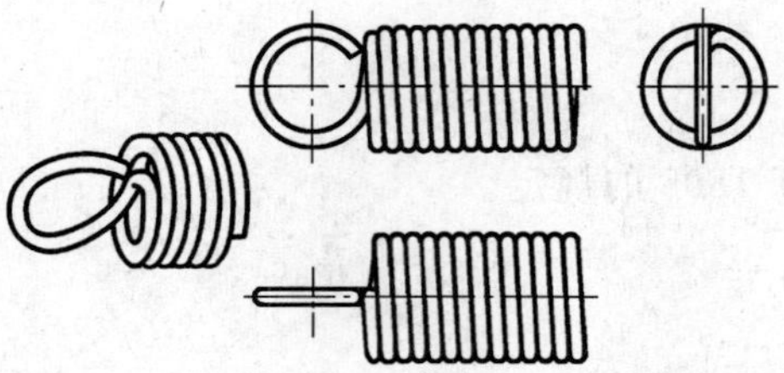	圆钩环压中心
LⅦ	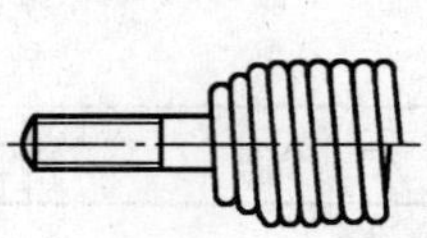	可调式拉簧
LⅧ	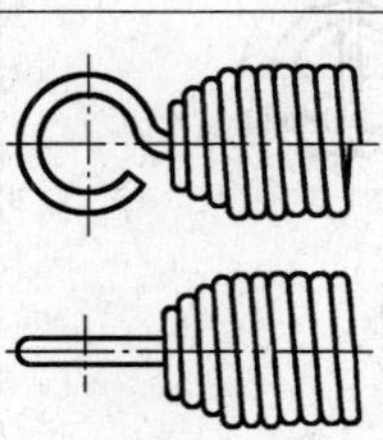	具有可转钩环

表 1（续）

代号	简　图	端部结构型式
LⅨ	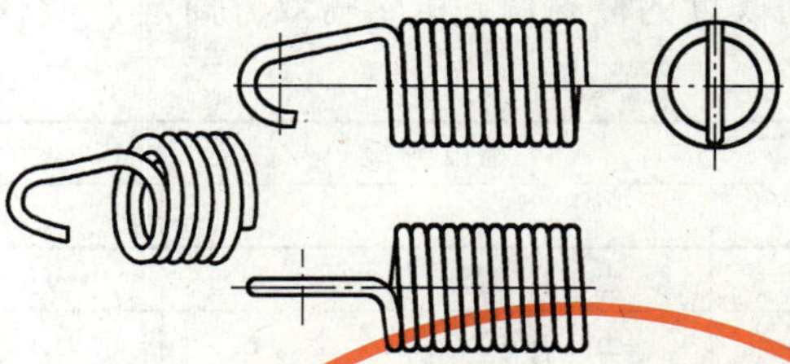	长臂小圆钩环
LⅩ		连接式圆钩环
注：弹簧结构型式推荐采用圆钩环扭中心。		

5　技术要求

产品应按经规定程序批准的产品图样及技术文件制造。

5.1　材料

5.1.1　弹簧一般采用表 2 所规定的材料，若需用其他材料时，由供需双方商定。

表 2

序号	标准号	标准名称
1	GB/T 4357—1989	碳素弹簧钢丝
2	GB/T 21652	铜及铜合金线材
3	GB/T 18983	油淬火-回火弹簧钢丝
4	YB(T) 11	弹簧用不锈钢丝
5	YB/T 5311	重要用途碳素弹簧钢丝
6	YS/T 571	铍青铜线

5.1.2　弹簧材料的质量应符合相应材料标准的有关规定，必须备有材料制造商的质量证明书，并经复验合格后方可使用。

5.2　极限偏差等级

弹簧尺寸与特性的极限偏差分为 1、2、3 三个等级。各项目等级应根据使用需要，分别独立选定。

5.3　尺寸参数及极限偏差

5.3.1　内径或外径

弹簧内径或外径的极限偏差按表 3 的规定。

表 3　　单位为毫米

旋绕比 C ($C=D/d$)	精度等级		
	1	2	3
4～8	±0.010D，最小±0.15	±0.015D，最小±0.20	±0.025D，最小±0.40
>8～15	±0.015D，最小±0.20	±0.020D，最小±0.30	±0.030D，最小±0.50
>15～22	±0.020D，最小±0.30	±0.030D，最小±0.50	±0.040D，最小±0.70

5.3.2 自由长度

弹簧自由长度 H_0(两钩环内侧之间的长度)的极限偏差按表 4 的规定。当弹簧有特性要求时,自由长度作为参考。对于无初拉力的弹簧,自由长度的极限偏差由供需双方商定。

表 4

单位为毫米

旋绕比 C ($C=D/d$)	精度等级		
	1	2	3
4~8	$\pm0.010H_0$,最小±0.2	$\pm0.020H_0$,最小±0.5	$\pm0.030H_0$,最小±0.6
>8~15	$\pm0.015H_0$,最小±0.5	$\pm0.030H_0$,最小±0.7	$\pm0.040H_0$,最小±0.8
>15~22	$\pm0.020H_0$,最小±0.6	$\pm0.040H_0$,最小±0.8	$\pm0.060H_0$,最小±1.0

5.3.3 总圈数

总圈数作为参考,当钩环位置有要求时,应保证钩环位置。

5.3.4 两钩环相对角度

弹簧两钩环相对角度的极限偏差,如图 1 所示,极限偏差按表 5 的规定。

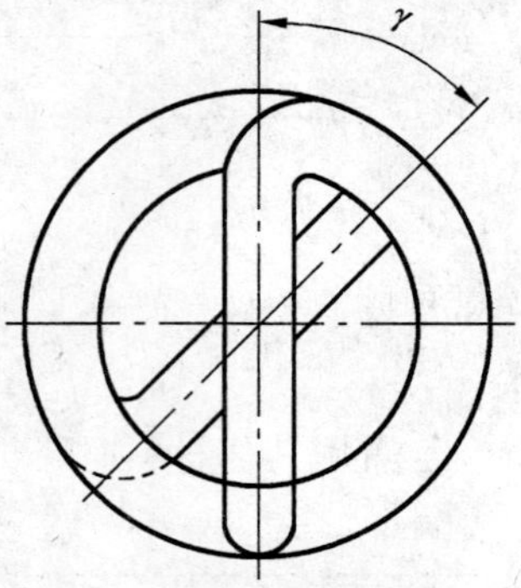

图 1 两钩环相对角度

表 5

弹簧中径 D/mm	角度偏差 γ/(°)
≤10	35
>10~25	25
>25~55	20
>55	15

5.3.5 钩环中心面与弹簧轴心线位置度

对于半圆钩环、圆钩环扭中心、压中心钩环的弹簧钩环中心面与轴心线位置度如图 2 所示,极限偏差按表 6 的规定。其他钩环的位置度极限偏差由供需双方商定。

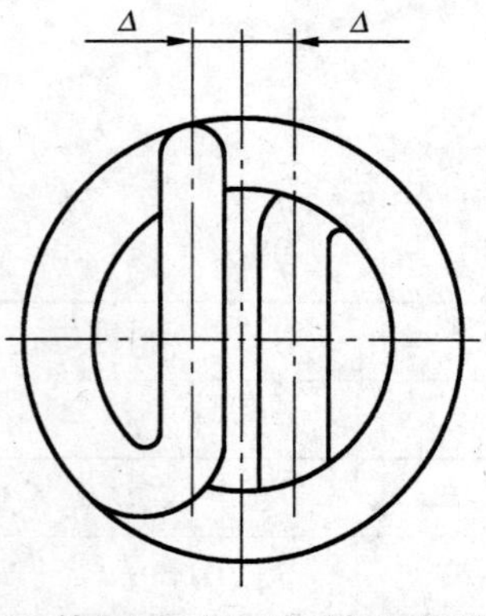

图 2 钩环中心面与轴心线位置度

表 6

单位为毫米

弹簧中径 D	>3～6	>6～10	>10～18	>18～30	>30～50	>50～120
极限偏差 Δ	0.5	1	1.5	2	2.5	3

5.3.6 钩环钩部尺寸

弹簧钩环钩部尺寸 h_1（或钩环开口尺寸 h_2）如图 3 所示，其极限偏差按表 7 的规定。

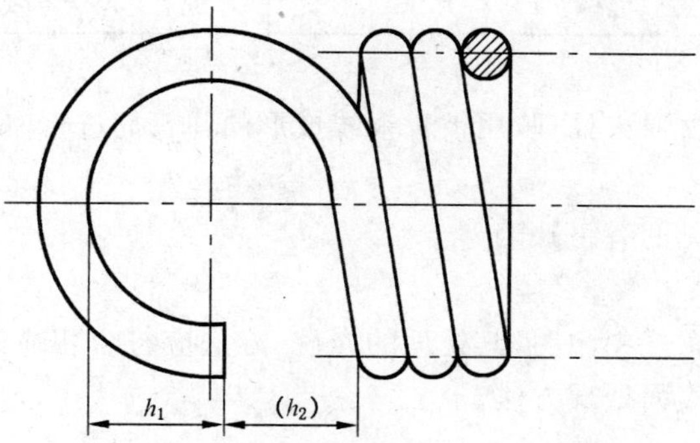

图 3 钩环钩部尺寸

表 7

单位为毫米

钩环钩部长度 h_1 或钩环开口尺寸 h_2	极限偏差
≤15	±1
>15～30	±2
>30～50	±3
>50	±4

5.4 弹簧特性及极限偏差

5.4.1 特性

弹簧特性应符合 5.4.1.1 或 5.4.1.2 的规定，一般不同时选用。特殊需要时由供需双方商定。

5.4.1.1 指定长度的负荷，弹簧变形量应在试验负荷下变形量的 20%～80%之间。弹簧要求 1 级精度时，指定长度下负荷的变形量应在 4 mm 以上。在最大变形量下的负荷应不大于试验负荷。

5.4.1.2 测量弹簧刚度时，其变形量应在试验负荷下变形量的 30%～70%之间。

5.4.2 特性的极限偏差

5.4.2.1 有效圈数大于 3 的弹簧，其指定长度时的负荷极限偏差按公式(1)计算，必要时可以不对称使用，其公差值不变。α(系数)、β(系数)按照表 8、表 9 的规定。

$$负荷极限偏差 = \pm[(初拉力\ F_0 \times \alpha) + (指定长度时负荷\ F - 初拉力\ F_0) \times \beta] \quad \cdots\cdots(1)$$

表 8

精度等级	1	2	3
α	0.10	0.15	0.20

表 9

有效圈数 n		精度等级		
		1	2	3
β	3～10	0.05	0.10	0.15
	>10	0.04	0.08	0.12

5.4.2.2 弹簧刚度 F'的极限偏差,按表10规定。

表 10

单位为牛每毫米

有效圈数 n	精度等级		
	1	2	3
3～10	$\pm 0.05F'$	$\pm 0.10F'$	$\pm 0.15F'$
＞10	$\pm 0.04F'$	$\pm 0.08F'$	$\pm 0.12F'$

5.5 热处理

弹簧在成形后需经去应力退火处理,用铍青铜线成形的弹簧需进行时效处理,其硬度不予考核。

5.6 表面质量

弹簧表面不得有肉眼可见的有害缺陷。

5.7 表面处理

弹簧表面处理应在产品图样中注明,其处理的介质、方法应符合相应的环境保护法规,但弹簧应尽量避免采用可能导致氢脆的表面处理方法。

5.8 其他

弹簧图例参见附录A,有特殊技术要求(疲劳寿命等)时,由供需双方商定。

6 试验方法

6.1 弹簧特性

弹簧特性的测量在精度不低于±1%的弹簧试验机上进行,按图样规定测量其负荷或刚度。当测量指定变形量下的负荷时,其预拉量由供需双方商定。弹簧特性的测定是将弹簧拉伸至试验负荷一次后进行。试验负荷应根据公式(2)计算,试验应力见表11。

$$F_s = \frac{\pi d^3}{8D}\tau_s \quad \cdots\cdots(2)$$

式中:

F_s——试验负荷,单位为牛(N);

τ_s——试验应力,单位为兆帕(MPa);

d——材料直径,单位为毫米(mm);

D——弹簧中径,单位为毫米(mm)。

注:当旋绕比 $C\leqslant 6$ 时,可用曲度系数 K 值进行修正,其式为 $F_s=\frac{\pi d^3}{8KD}\tau_s$(式中:$K=\frac{4C-1}{4C-4}+\frac{0.615}{C}$)。

表 11

单位为兆帕

材料	油淬火-回火弹簧钢丝	碳素弹簧钢丝、重要用途碳素弹簧钢丝	弹簧用不锈钢丝	青铜线、铍青铜线(时效后)
试验应力 τ_s	抗拉强度×0.44	抗拉强度×0.4	抗拉强度×0.36	抗拉强度×0.32
注:抗拉强度选取相应材料标准的下限值。				

6.2 内径或外径

用分度值小于或等于0.02 mm的通用量具或专用量具测量。图样上标明外径或中径的测量外径,并以外径最大值为准;标明内径的测量内径,并以内径最小值为准。

6.3 自由长度

自由长度用分度值小于或等于0.05 mm的通用量具或专用量具测量。

6.4 钩环相对角度

两钩环相对角度采用分度值小于或等于0.02 mm的专用量具或样板测量。

6.5 钩环位置度

钩环位置度用分度值小于或等于 0.02 mm 的通用量具或专用量具测量。

6.6 钩环钩部尺寸

钩环钩部尺寸用分度值小于或等于 0.02 mm 的通用量具或专用量具测量。

6.7 表面质量

采用目测或用 5 倍放大镜检查弹簧表面。

6.8 表面处理

弹簧表面处理按有关技术标准或协议规定进行。

6.9 疲劳试验

当需要检查疲劳寿命时，疲劳试验按 GB/T 16947 进行。

7 检验规则

7.1 抽样检查

产品的验收抽样检查按 JB/T 7944 的规定，也可按供需双方商定。

7.2 产品的检验项目

a） 弹簧特性；
b） 内径或外径；
c） 自由长度；
d） 钩环相对角度；
e） 钩环位置度；
f） 钩环钩部尺寸；
g） 表面质量；
h） 表面处理；
i） 总圈数；
j） 疲劳寿命（需要时进行）。

7.3 弹簧检查项目分类

弹簧检验项目分类见表 12。

表 12

A 缺陷项目	B 缺陷项目	C 缺陷项目
疲劳寿命	弹簧特性、内径或外径、表面质量	自由长度、钩环相对角度、钩环位置度、钩环钩部尺寸、表面处理、总圈数
注：图样有要求时，疲劳寿命可作为 A 缺陷项目进行检查。		

8 包装、标志、运输、贮存

8.1 包装

a） 产品在包装前应清洁，用适宜的包装材料进行包装；
b） 包装应保证在正常运输中不致使弹簧损伤。

8.2 合格证

包装内应附有制造商的产品合格证，合格证内容：

a） 制造商名称；
b） 产品名称、型号或零件号；
c） 制造日期或生产批号；
d） 质量检查部门签章。

8.3 标志

包装外部应标明：

a) 发往地址及收货单位名称；

b) 产品名称、型号或零件号、数量；

c) 制造商名称、商标、地址；

d) “轻放”、“防潮”等字样或符号；

e) 出厂日期。

8.4 贮存

产品应存放在通风和干燥的仓库内。在正常保管情况下，自出厂之日起，制造商应保证在12个月内不致锈蚀。

8.5 其他

对包装、标志、运输与贮存有特殊要求的，由供需双方商定。

附　录　A
（资料性附录）
图　　例

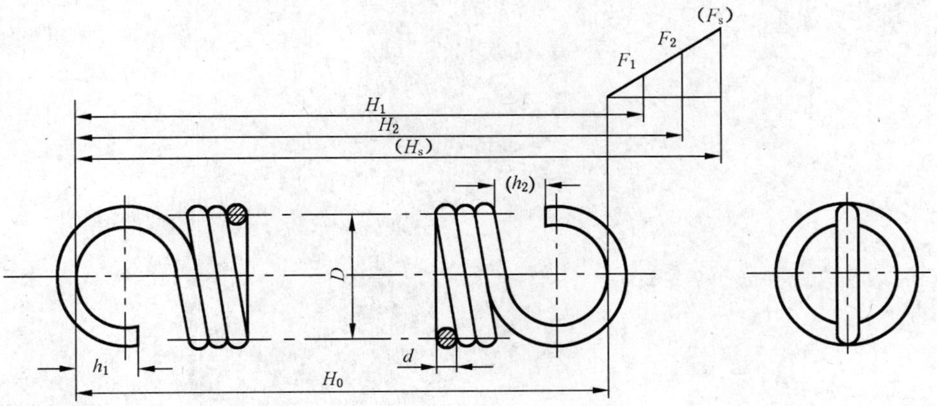

技术要求：

1. 端部型式；
2. 旋向；
3. 有效圈数；
4. 表面处理；
5. 制造技术条件。

注：在需要时可注明强扭处理等要求，以及使用条件如温度、负荷性质等。

图 A.1　拉伸弹簧典型工作图

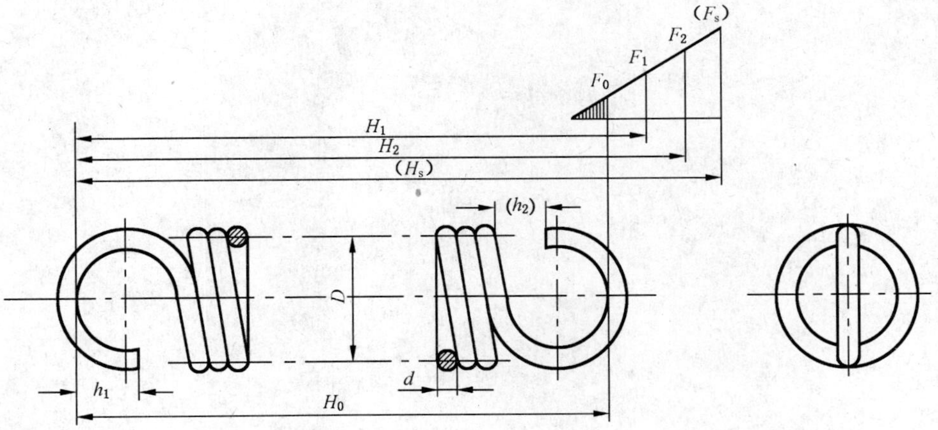

技术要求：

1. 端部型式；
2. 旋向；
3. 有效圈数；
4. 表面处理；
5. 制造技术条件。

注：在需要时可注明强扭处理等要求，以及使用条件如温度、负荷性质等。

图 A.2　拉伸弹簧典型工作图

ICS 21.160
J 26

中华人民共和国国家标准

GB/T 1239.2—2009
代替 GB/T 1239.2—1989

冷卷圆柱螺旋弹簧技术条件 第2部分:压缩弹簧

Cold coiled helical springs technical specifications—Part 2: Compressions spring

2009-03-16 发布　　　　2009-11-01 实施

中华人民共和国国家质量监督检验检疫总局
中国国家标准化管理委员会　发布

前　言

GB/T 1239《冷卷圆柱螺旋弹簧技术条件》分为3个部分：

——第1部分：拉伸弹簧；

——第2部分：压缩弹簧；

——第3部分：扭转弹簧。

本部分是GB/T 1239的第2部分。

本部分是对GB/T 1239.2—1989《冷卷圆柱螺旋压缩弹簧技术条件》的修订。修订时仍保留GB 1239.2—1989《冷卷圆柱螺旋压缩弹簧技术条件》中有效的部分，对已不适应的内容进行重新修订。本部分与被修订标准的主要技术差异如下：

——按GB/T 1805—2001《弹簧术语》，对原标准涉及负荷、刚度、变形量等符号进行修订；

——由于材料的更新，对引用的材料标准进行了全面查新，使用已修订过的最新版本代替原标准所引用的老版本；

——增加了对于弹簧特性的选用条件、旋向，拓展了弹簧旋绕比的取值范围；

——由于原材料供货方式的改变，导致生产制造模式的变革，删除了采用退火料等软状态的条款；

——增加了直线度和压并高度的测量方法；

——增加了弹簧检查项目的分类；

——对章节顺序进行调整，使GB/T 1239.1～1239.3标准章节顺序保持一致。

本部分的附录A为资料性附录。

本部分由中国机械工业联合会提出。

本部分由全国弹簧标准化技术委员会(SAC/TC 235)归口。

本部分负责起草单位：杭州弹簧有限公司、中机生产力促进中心。

本部分参加起草单位：常州市铭锦弹簧有限公司、解放军1001强力弹簧研究所、浙江美力弹簧有限公司、浙江金昌弹簧有限公司、钱江弹簧有限公司、无锡威孚精密机械制造有限公司弹簧厂、北京弹簧厂、立洲(福建)弹簧有限公司、杭州富春弹簧有限公司、无锡丰力弹簧有限公司。

本部分主要起草人：姜晓炜、杨伟明、姜膺、舒荣福、曹辉荣、蒋欣荣、吴刚、陈洁、贺永义、严世平、王卫、章碧鸿、张涌森、邵文武、尤伟明、陆培根、赵志鹏。

本部分所代替标准的历次版本发布情况为：

——GB 1239—1976、GB/T 1239.2—1989。

冷卷圆柱螺旋弹簧技术条件
第2部分:压缩弹簧

1 范围

GB/T 1239 的本部分规定了冷卷圆截面圆柱螺旋压缩弹簧的技术要求、试验方法、检验规则及包装、标志、运输、贮存要求等。

本部分适用于冷卷圆截面圆柱螺旋压缩弹簧(以下简称弹簧),弹簧材料的截面直径大于或等于0.5 mm。

本部分不适用于特殊要求的弹簧。

2 规范性引用文件

下列文件中的条款通过 GB/T 1239 的本部分的引用而成为本部分的条款。凡是注日期的引用文件,其随后所有的修改单(不包括勘误的内容)或修订版均不适用于本部分,然而,鼓励根据本部分达成协议的各方研究是否可使用这些文件的最新版本。凡是不注日期的引用文件,其最新版本适用于本部分。

GB/T 1805 弹簧术语

GB/T 4357—1989 碳素弹簧钢丝(neq JIS G3521:1984)

GB/T 16947 螺旋弹簧疲劳试验规范

GB/T 18983 油淬火-回火弹簧钢丝(GB/T 18983—2003,ISO/FDIS 8458-3:1992,MOD)

GB/T 21652 铜及铜合金线材

JB/T 7367 圆柱螺旋压缩弹簧磁粉探伤方法

JB/T 7944 圆柱螺旋弹簧抽样检查

JB/T 10802 弹簧喷丸强化 技术规范

YB(T)11 弹簧用不锈钢丝

YB/T 5311 重要用途碳素弹簧钢丝

YS/T 571 铍青铜线

3 术语和定义

GB/T 1805 确立的术语和定义适用于 GB/T 1239 的本部分。

4 结构型式

弹簧端部结构型式见表1。

表 1

代号	简图	端部结构型式
YⅠ	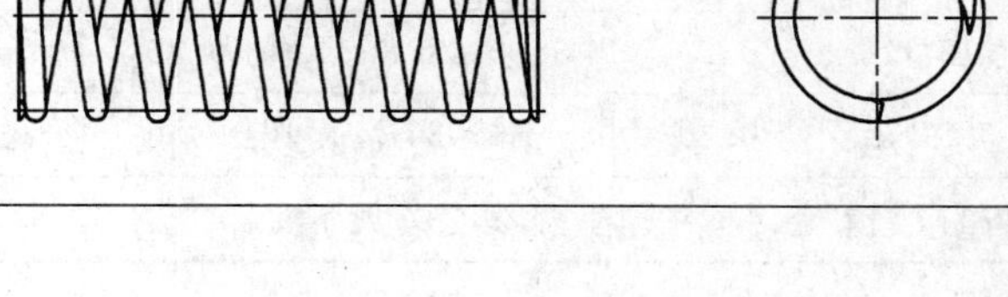	两端圈并紧磨平

表 1（续）

代号	简图	端部结构型式
YⅡ	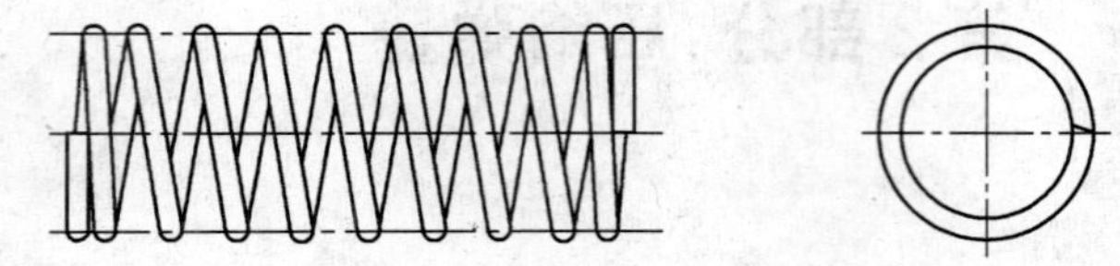	两端圈并紧不磨
YⅢ	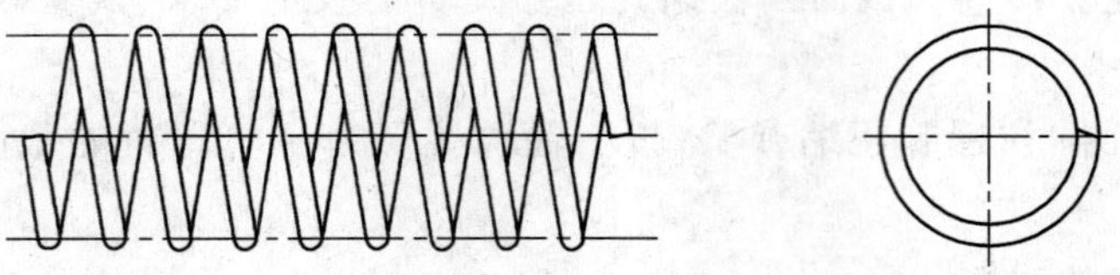	两端圈不并紧

5 技术要求

产品应按经规定程序批准的产品图样及技术文件制造。

5.1 材料

5.1.1 弹簧一般采用表 2 所规定的材料，若所需用其他材料时，由供需双方商定。

表 2

序号	标准号	标准名称
1	GB/T 4357—1989	碳素弹簧钢丝
2	GB/T 21652	铜及铜合金线材
3	GB/T 18983	油淬火-回火弹簧钢丝
4	YB(T) 11	弹簧用不锈钢丝
5	YB/T 5311	重要用途碳素弹簧钢丝
6	YS/T 571	铍青铜线

5.1.2 弹簧材料的质量应符合相应材料标准的有关规定，必须备有制造商的质量证明书，并经复检合格后方可使用。

5.2 极限偏差等级

弹簧尺寸与特性的极限偏差分为 1、2、3 三个等级，各项目等级应根据使用需要，分别独立选定。

5.3 尺寸参数及极限偏差

5.3.1 内径或外径

弹簧内径或外径的极限偏差按表 3 的规定。

表 3

单位为毫米

旋绕比 C ($C=D/d$)	精度等级		
	1	2	3
3～8	±0.010D，最小±0.15	±0.015D，最小±0.20	±0.025D，最小±0.40
>8～15	±0.015D，最小±0.20	±0.020D，最小±0.30	±0.030D，最小±0.50
>15～22	±0.020D，最小±0.30	±0.030D，最小±0.50	±0.040D，最小±0.70
注：必要时弹簧的内径或外径的极限偏差允许不对称使用，其公差值不变。			

5.3.2 自由高度

弹簧自由高度 H_0 的极限偏差按表 4 规定，当图样要求测量两点或两点以上负荷时，自由高度作为参考。

表 4

单位为毫米

旋绕比 C ($C=D/d$)	精度等级		
	1	2	3
3～8	$\pm 0.010H_0$，最小 ± 0.20	$\pm 0.020H_0$，最小 ± 0.50	$\pm 0.030H_0$，最小 ± 0.70
>8～15	$\pm 0.015H_0$，最小 ± 0.50	$\pm 0.030H_0$，最小 ± 0.70	$\pm 0.040H_0$，最小 ± 0.80
>15～22	$\pm 0.020H_0$，最小 ± 0.60	$\pm 0.040H_0$，最小 ± 0.80	$\pm 0.060H_0$，最小 ± 1.0
注：必要时弹簧的自由高度的极限偏差允许不对称使用，其公差值不变。			

5.3.3 总圈数

总圈数的极限偏差按表 5 规定。当弹簧有特性要求时，总圈数作为参考。

表 5

单位为圈

总圈数 n_1	极限偏差
≤10	±0.25
>10～20	±0.50
>20～50	±1.00

5.3.4 垂直度

两端面经过磨削的弹簧，在自由状态下，弹簧轴心对两端面的垂直度按表 6 的规定。

表 6

单位为毫米

精度等级	1	2	3
垂直度	$0.02H_0(1.15°)$	$0.05H_0(2.9°)$	$0.08H_0(4.6°)$
注：当高径比 $b \geq 5$ ($b=H_0/D$) 宜考核直线度，直线度要求按理论垂直度要求之半。			

5.3.5 节距均匀度

等节距的弹簧在压缩到全变形量的 80%时，其正常节距圈不得接触，弹簧压缩到全变形量的 80%的负荷应不大于试验负荷。图样上的弹簧节距值作为参考。

5.3.6 压并高度

弹簧的压并高度原则上不规定。

对端面磨削 3/4 圈的弹簧，当需要规定压并高度时，按式(1)计算：

$$H_b \leqslant n_1 \times d_{max} \qquad \cdots\cdots(1)$$

对两端不磨的弹簧，当需要规定压并高度时，按式(2)计算：

$$H_b \leqslant (n_1 + 1.5) \times d_{max} \qquad \cdots\cdots(2)$$

式中：

H_b——压并高度，单位为毫米(mm)；

n_1——总圈数，单位为圈；

d_{max}——材料最大直径(材料直径＋极限偏差的最大值)，单位为毫米(mm)。

5.3.7 端面磨削

两端面并紧磨平的弹簧支承圈磨平部分不小于 3/4 圈，其粗糙度不大于 $Ra12.5$，端头厚度不小于 $1/8d$。

5.4　弹簧特性及极限偏差

5.4.1　特性

弹簧特性应符合5.4.1.1或5.4.1.2规定，一般不同时选用。特殊需要时，由供需双方商定。

5.4.1.1　在指定高度或变形量下的负荷，弹簧变形量应在试验负荷下变形量的20%～80%之间。弹簧要求1级精度时，指定高度下负荷的变形量应在4 mm以上。但在最大变形量下的负荷应不大于试验负荷。

5.4.1.2　图样规定需要测量弹簧刚度时，弹簧变形量应在试验负荷下变形量的30%～70%之间。

5.4.2　极限偏差

5.4.2.1　指定高度或变形量下的负荷 F 的极限偏差按表7规定。

表7

单位为牛

有效圈数 n	精度等级		
	1	2	3
3～10	±0.05 F	±0.10 F	±0.15 F
＞10	±0.04 F	±0.08 F	±0.12 F

5.4.2.2　弹簧刚度 F' 的极限偏差按表8规定。

表8

单位为牛每毫米

有效圈数 n	精度等级		
	1	2	3
3～10	±0.05 F'	±0.10 F'	±0.15 F'
＞10	±0.04 F'	±0.08 F'	±0.12 F'

5.5　旋向

弹簧的旋向分为左旋、右旋，图样中未注明时按右旋，内外组合使用的内外旋向相反。

5.6　永久变形

弹簧成品的永久变形不得大于自由高度的0.3%。

5.7　热处理

弹簧在成形后需经去应力退火处理，用铍青铜线成形的弹簧需进行时效处理，其硬度不予考核。

5.8　表面质量

弹簧表面不得有肉眼可见的有害缺陷。

5.9　表面处理

弹簧表面处理应在产品图样中注明，表面处理的介质、方法应符合相应的环境保护法规，但弹簧应尽量避免采用可能导致氢脆的表面处理。

5.10　其他要求

根据需要，可在产品图样中对弹簧规定下列要求：

a)　喷丸处理；

b)　无损探伤；

c)　疲劳试验；

d)　加温强压处理等。

弹簧图例参见附录A，有特殊技术要求时，由供需双方协议规定。

6 试验方法

6.1 永久变形

将弹簧用试验负荷压缩三次，测量第二次和第三次压缩后的自由高度变化值。当试验负荷大于压并负荷时，则该压并负荷被视为试验负荷。

6.2 弹簧特性

弹簧特性的测量在精度不低于±1%的弹簧试验机上进行，按图样规定测量负荷或刚度。当测量指定变形量下负荷时，其预压量由供需双方商定。弹簧特性的测定是将弹簧预压一次后进行，预压高度为试验负荷相对应的高度或压并高度，压并负荷最大值不得超过理论压并负荷的1.5倍。

试验负荷用式(3)计算，试验应力见表9。

$$F_s=\frac{\pi d^3}{8D}\tau_s \qquad (3)$$

式中：

F_s——试验负荷，单位为牛(N)；

τ_s——试验应力，单位为兆帕(MPa)；

d——材料直径，单位为毫米(mm)；

D——弹簧中径，单位为毫米(mm)。

注：当旋绕比 $C\leqslant 6$ 时，应用曲度系数 K 值修正，其公式变为 $F_s=\frac{\pi d^3}{8KD}\tau_s(K=\frac{4C-1}{4C-4}+\frac{0.615}{C})$。

表9

单位为兆帕

材料	油淬火-回火类钢丝	碳素弹簧钢丝、重要用途碳素弹簧钢丝	弹簧用不锈钢丝	青铜线、铍青铜线
试验应力 τ_s	抗拉强度×0.55	抗拉强度×0.50	抗拉强度×0.45	抗拉强度×0.40
注：抗拉强度选取相应材料标准的下限值。				

6.3 外径或内径

用分度值小于或等于0.02 mm的通用量具或专用量具测量。图样上标明外径或中径的测量外径，并以外径最大值为准；标明内径的测量内径，并以内径最小值为准。

6.4 自由高度

自由高度用分度值小于或等于0.05 mm的通用量具或专用量具测量，以其最大值为准，当弹簧自重影响自由高度测量时，将弹簧水平放置测量。

6.5 垂直度

按如图1所示方法，用2级精度平板、3级精度直角尺和专用量具测量。在无负荷状态下将弹簧竖直放在平板上，自转一周后再检查另一端(端头至1/2圈处考核相邻的第二圈)外圆素线与直角尺之间的最大距离Δ，即为垂直度偏差。

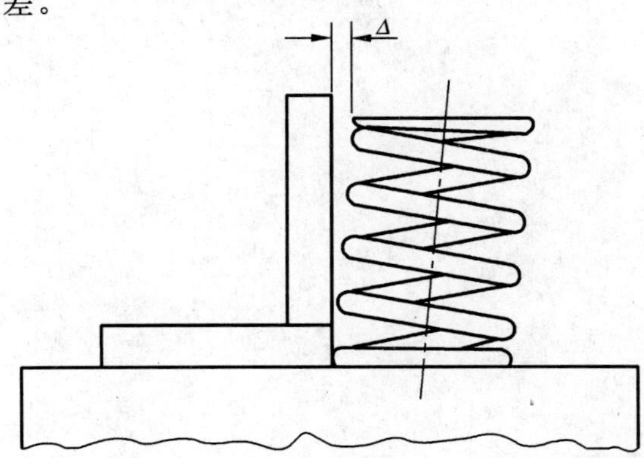

图1

6.6 直线度

按图 2 所示方法，将弹簧水平放置在 2 级精度平板上，将弹簧转动一周，用专用量具测量弹簧外圆素线与平板之间的最大间隙 Δ'。

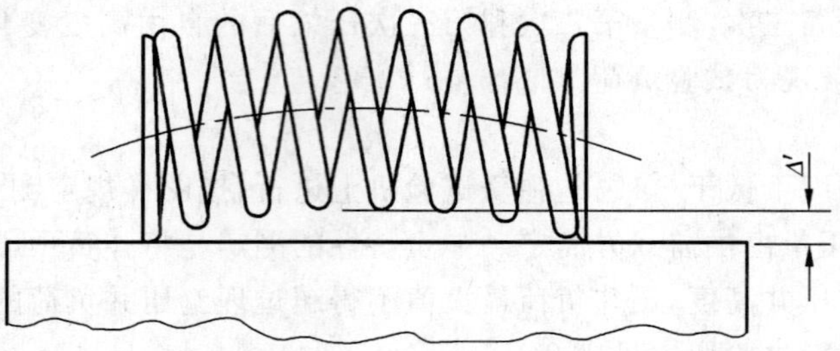

图 2

6.7 压并高度

用小于等于 1.5 倍的理论压并负荷，将弹簧压并后用分度值小于或等于 0.02 mm 的通用量具或专用量具测量弹簧高度，施加负荷的方法应由供需双方商定。

6.8 表面质量

采用目测或用 5 倍放大镜检查弹簧表面。

6.9 表面处理

弹簧表面处理按有关标准或技术协议规定进行。

6.10 其他要求

弹簧的喷丸强化按 JB/T 10802 规定执行；

弹簧的磁粉探伤按 JB/T 7367 规定执行；

弹簧的疲劳试验按 GB/T 16947 规定执行；

弹簧的立定处理、加温强压等其他特殊要求，按产品图样、相关标准执行。

7 检验规则

7.1 抽样检查

产品的验收抽样检查按 JB/T 7944 的规定，也可按供需双方商定。

7.2 产品检验项目

a) 弹簧特性；
b) 外径或内径；
c) 自由高度；
d) 总圈数；
e) 垂直度或直线度；
f) 压并高度；
g) 永久变形；
h) 表面质量；
i) 表面处理；
j) 疲劳寿命(需要时进行)。

7.3 弹簧检查项目分类

弹簧检查项目分类见表 10。

表 10

A 缺陷项目	B 缺陷项目	C 缺陷项目
疲劳寿命	内径或外径、弹簧特性、永久变形、表面质量、喷丸强化	自由高度、总圈数、垂直度或直线度、压并高度、表面处理
注：图样有要求时，疲劳寿命可作为 A 缺陷项目进行检查。		

8 标志、包装、运输、贮存

8.1 包装

a) 产品在包装前应清洁，用适宜的包装材料进行包装；

b) 包装应保证在正常运输中不致使弹簧损伤。

8.2 合格证

包装内应附有产品合格证。合格证包括下列内容：

a) 制造商名称；

b) 产品名称、型号或零件号；

c) 制造日期或生产批号；

d) 质量检查部门签章。

8.3 标志

包装外部应标明：

a) 发往地址及收货单位名称；

b) 产品名称、型号或零件号、数量；

c) 制造商名称、商标、地址；

d) “轻放”、“防潮”等字样或符号；

e) 出厂日期。

8.4 贮存

产品应存放在通风和干燥的仓库内。在正常保管情况下，自出厂之日起，制造商应保证在 12 个月内不致锈蚀。

8.5 其他

对包装、标志、运输与贮存有特殊要求的，由供需双方商定。

附 录 A
（资料性附录）
图 例

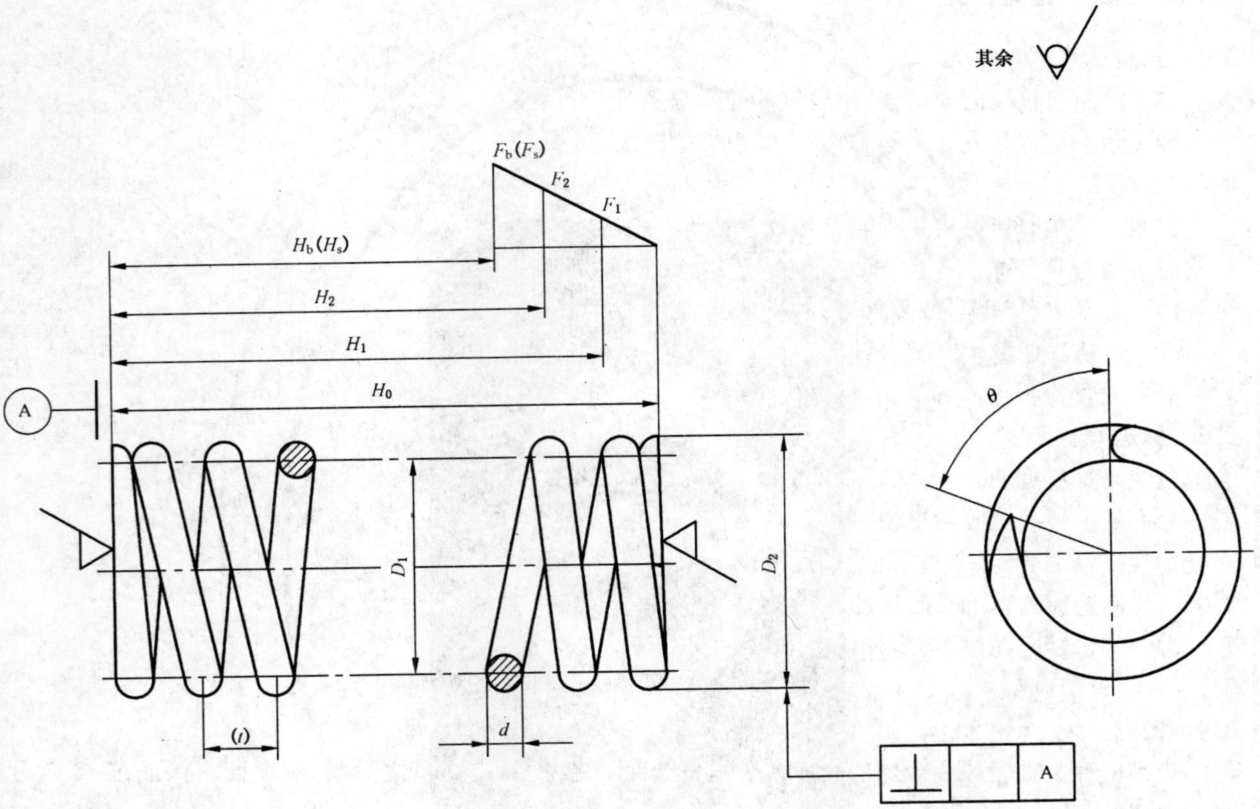

技术要求：

1. 旋向：　　　　；
2. 总圈数：　　　　　　　　，有效圈数：　　　　；
3. 磨削面及端部要求：　　　　　　　　　　　　；
4. 永久变形要求：　　　　　　　　　　　　　　；
5. 特殊要求如喷丸、强压等；
6. 表面处理要求；
7. 相应的执行标准。

注 1：对于孔安装的标注外径，对于轴安装的标准内径。

注 2：H_s、H_b 主要是考核永久变形时用，相应负荷不予考核。

图 A.1　指定高度下的负荷

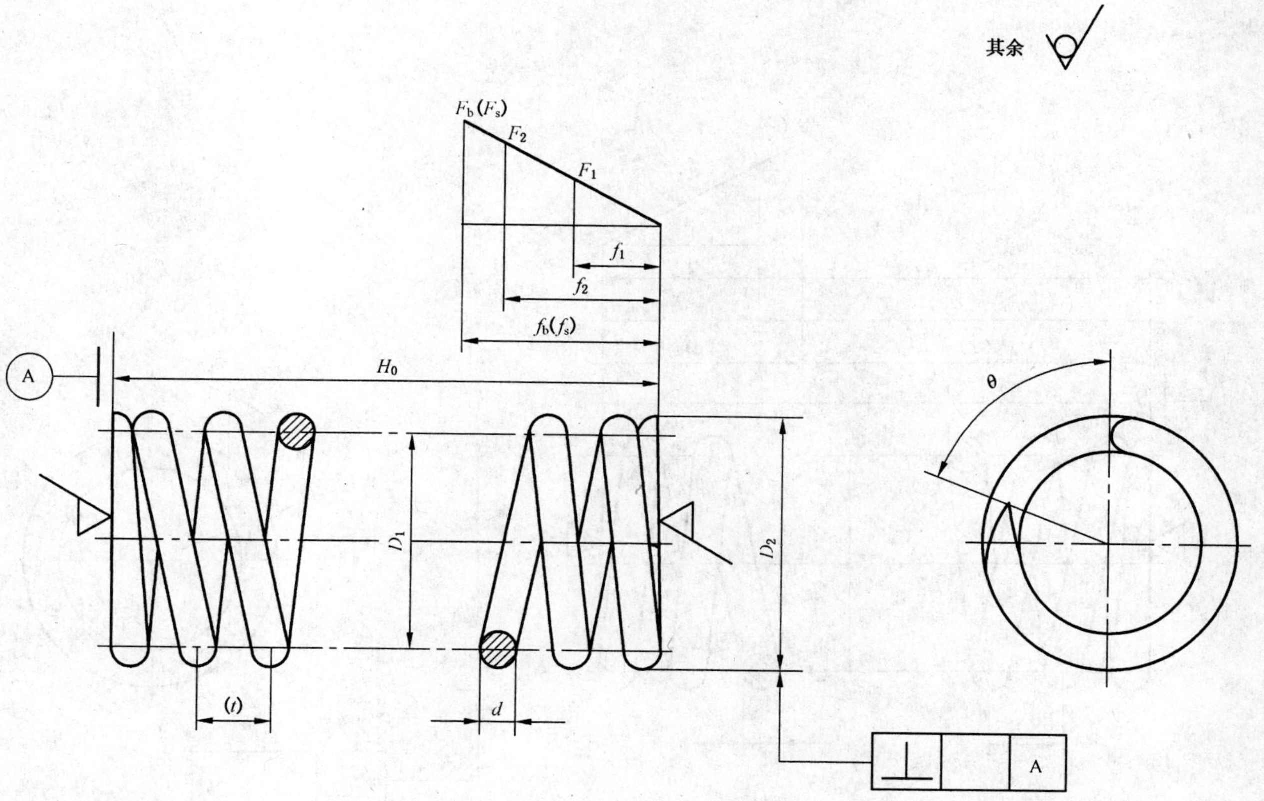

技术要求：

1. 旋向：　　　　　；
2. 总圈数：　　　　　，有效圈数：　　　　　；
3. 磨削面及端部要求：　　　　　；
4. 永久变形要求：　　　　　；
5. 特殊要求如喷丸、强压等；
6. 表面处理要求；
7. 相应的执行标准。

注 1：对于孔安装的标注外径，对于轴安装的标准内径。

注 2：H_s、H_b 主要是考核永久变形时用，相应负荷不予考核。

图 A.2　指定变形量下的负荷

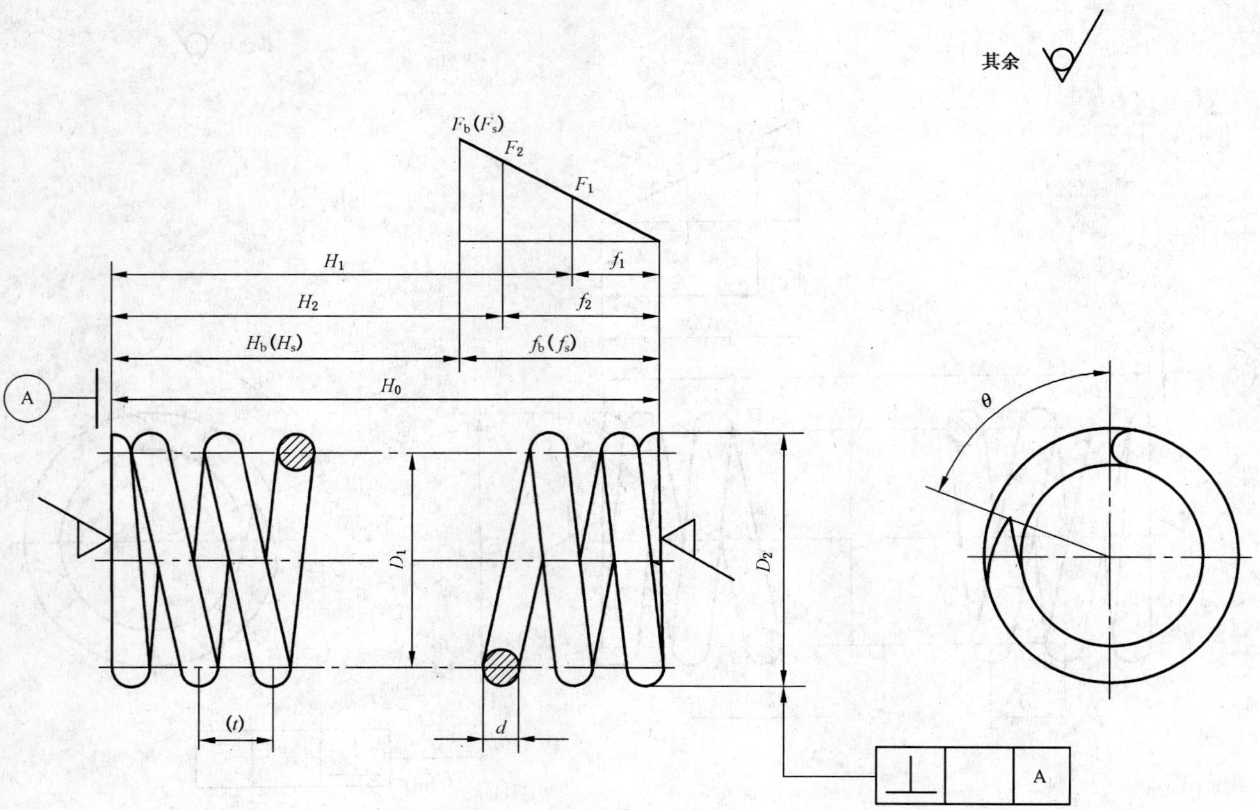

技术要求：

1. 旋向：　　　　；
2. 总圈数：　　　　，有效圈数：　　　　；
3. 磨削面及端部要求：　　　　；
4. 永久变形要求：　　　　；
5. 特殊要求如喷丸、强压等；
6. 表面处理要求；
7. 相应的执行标准。

注1：对于孔安装的标注外径，对于轴安装的标准内径。

注2：H_s、H_b 主要是考核永久变形时用，相应负荷不予考核。

图 A.3　指定高度或变形量下的刚度

ICS 21.160
J 26

中华人民共和国国家标准

GB/T 1239.3—2009
代替 GB/T 1239.3—1989

冷卷圆柱螺旋弹簧技术条件 第3部分:扭转弹簧

Cold coiled helical springs technical specifications—
Part 3: Torsion spring

2009-03-16 发布　　　　2009-11-01 实施

中华人民共和国国家质量监督检验检疫总局
中国国家标准化管理委员会　发布

前　言

GB/T 1239《冷卷圆柱螺旋弹簧技术条件》分为3个部分：

——第1部分：拉伸弹簧；

——第2部分：压缩弹簧；

——第3部分：扭转弹簧。

本部分是GB/T 1239的第3部分。

本部分是对GB/T 1239.3—1989《冷卷圆柱螺旋扭转弹簧技术条件》的修订。修订时仍保留GB/T 1239.3—1989《冷卷圆柱螺旋扭转弹簧　技术条件》中有效的部分，对已不适应的内容进行重新修订。本标准与被修订部分的主要技术差异如下：

——对引用的材料标准进行了全面查新，使用已修订过的最新版本代替原标准所引用的旧版本；

——按GB/T 1805—2001《弹簧术语》，对原标准涉及扭矩、刚度、变形量等符号进行修订；

——对章节顺序进行调整，使GB/T 1239.1～1239.3标准的章节顺序保持一致。

本部分的附录A为资料性的附录。

本部分由中国机械工业联合会提出。

本部分由全国弹簧标准化技术委员会(SAC/TC 235)归口。

本部分负责起草单位：常州市铭锦弹簧有限公司、中机生产力促进中心。

本部分参加起草单位：浙江美力弹簧有限公司、杭州钱江弹簧有限公司、浙江金昌弹簧有限公司、北京弹簧厂、无锡丰力弹簧有限公司。

本部分主要起草人：蒋欣荣、屠世润、张涌森、王卫、贺永义、陆培根、姜膺、尤伟明、赵志鹏。

本部分所代替标准的历次版本发布情况为：

——GB 1239—1976、GB/T 1239.3—1989。

冷卷圆柱螺旋弹簧技术条件
第3部分:扭转弹簧

1 范围

GB/T 1239 的本部分规定了冷卷圆截面圆柱螺旋扭转弹簧的技术要求、试验方法、检验规则及包装、标志、运输、贮存要求等。

本部分适用于冷卷圆截面圆柱螺旋扭转弹簧(以下简称弹簧),弹簧材料的截面直径大于等于0.5 mm。

本部分不适用于特殊要求的弹簧。

2 规范性引用文件

下列文件中的条款通过 GB/T 1239 的本部分的引用而成为本部分的条款。凡是注日期的引用文件,其随后所有的修改单(不包括勘误的内容)或修订版均不适用于本部分,然而,鼓励根据本部分达成协议的各方研究是否可使用这些文件的最新版本。凡是不注日期的引用文件,其最新版本适用于本部分。

GB/T 1805 弹簧术语

GB/T 4357—1989 碳素弹簧钢丝(neq JIS G3521:1984)

GB/T 18983 油淬火-回火弹簧钢丝(GB/T 18983—2003,ISO/FDIS 8458-3:1992,MOD)

GB/T 21652 铜及铜合金线材

JB/T 7944 圆柱螺旋弹簧 抽样检查

YB(T)11 弹簧用不锈钢丝

YB/T 5311 重要用途碳素弹簧钢丝

YS/T 571 铍青铜线

3 术语和定义

GB/T 1805 确立的以及下列术语和定义适用于 GB/T 1239 的本部分。

3.1

试验扭矩 test torque

检验弹簧特性时,弹簧允许承受的最大扭矩(负荷)T_s,单位为 N·mm。

3.2

试验弯曲应力 test bending stress

材料允许承受的最大弯曲应力 σ_s,单位为 MPa。

4 结构型式

弹簧的结构型式见表1。

表 1

代　号	简　　图	端部结构型式
NⅠ	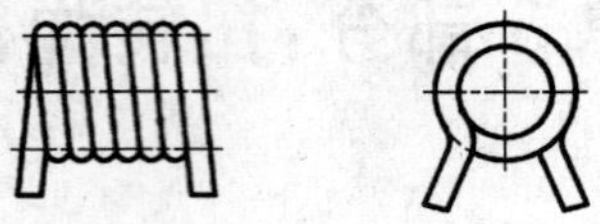	外臂扭转弹簧
NⅡ	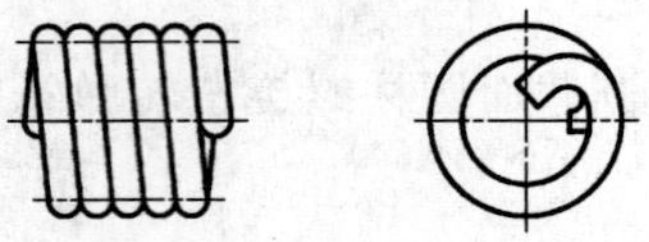	内臂扭转弹簧
NⅢ	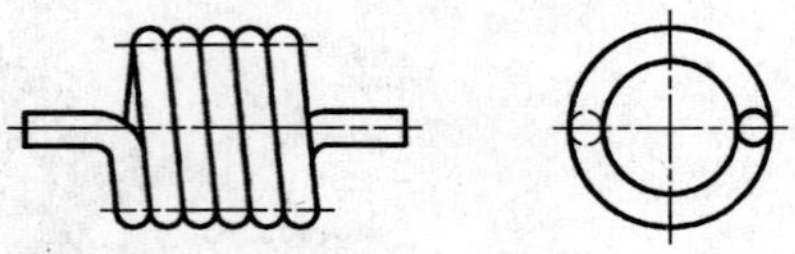	中心距扭转弹簧
NⅣ	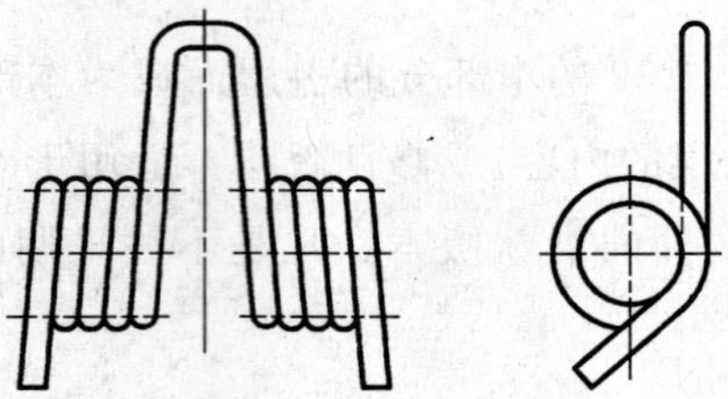	平列双扭弹簧
NⅤ	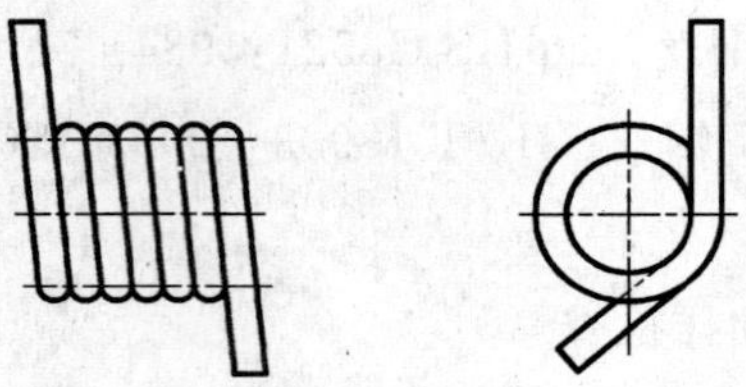	直臂扭转弹簧
NⅥ	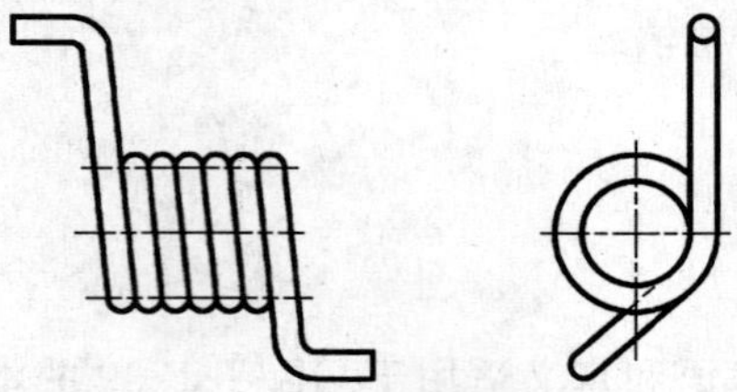	单臂弯曲扭转弹簧

5　技术要求

产品应按经规定程序批准的产品图样及技术文件制造。

5.1　材料

5.1.1　弹簧一般采用表 2 所规定的材料，若需用其他材料时，由供需双方商定。

表 2

序　　号	标　准　号	标 准 名 称
1	GB/T 4357—1989	碳素弹簧钢丝
2	GB/T 21652	铜及铜合金线材
3	GB/T 18983	油淬火-回火弹簧钢丝

表 2（续）

序 号	标 准 号	标 准 名 称
4	YB(T)11	弹簧用不锈钢丝
5	YB/T 5311	重要用途碳素弹簧钢丝
6	YS/T 571	铍青铜线

5.1.2 弹簧材料的质量应符合相应材料标准的有关规定，必须备有材料制造商的质量证明书，并经复验合格后方可使用。

5.2 极限偏差等级

弹簧尺寸与特性的极限偏差分为 1、2、3 三个等级。各项目等级应根据使用需要，分别独立选定。

5.3 尺寸参数及极限偏差

5.3.1 内径或外径

弹簧内径或外径的极限偏差按表 3 的规定。

表 3

单位为毫米

旋绕比 C ($C=D/d$)	精度等级		
	1	2	3
4～8	±0.010D，最小±0.15	±0.015D，最小±0.2	±0.025D，最小±0.4
>8～15	±0.015D，最小±0.2	±0.020D，最小±0.3	±0.030D，最小±0.5
>15～22	±0.020D，最小±0.3	±0.030D，最小±0.5	±0.040D，最小±0.7

5.3.2 自由角度

弹簧有特性要求时自由角度作参考，无特性要求的弹簧，自由角度的极限偏差按表 4 规定。

表 4

单位为度

有效圈数 n	精度等级		
	1	2	3
≤3	±8	±10	±15
>3～10	±10	±15	±20
>10～20	±15	±20	±30
>20～30	±20	±30	±40

注：表中所列极限偏差数值，适用于旋绕比为 4～22 的弹簧。

5.3.3 自由长度

有间距弹簧的自由长度 H_0 的极限偏差按表 5 的规定，无间距弹簧的自由长度仅作参考。

表 5

单位为毫米

旋绕比 C ($C=D/d$)	精度等级		
	1	2	3
4～8	±0.015H_0，最小±0.3	±0.030H_0，最小±0.6	±0.050H_0，最小±1.0
>8～15	±0.020H_0，最小±0.4	±0.040H_0，最小±0.8	±0.070H_0，最小±1.4
>15～22	±0.030H_0，最小±0.6	±0.060H_0，最小±1.2	±0.090H_0，最小±1.8

5.3.4 扭臂长度

弹簧扭臂长度的测量部位按图 1 所示，其极限偏差按表 6 规定。

图 1 扭臂长度 L、L_1

表 6

单位为毫米

材料直径 d	精度等级		
	1	2	3
0.5～1	±0.02$L(L_1)$,最小±0.5	±0.03$L(L_1)$,最小±0.7	±0.04$L(L_1)$,最小±1.5
>1～2	±0.02$L(L_1)$,最小±0.7	±0.03$L(L_1)$,最小±1.0	±0.04$L(L_1)$,最小±2.0
>2～4	±0.02$L(L_1)$,最小±1.0	±0.03$L(L_1)$,最小±1.5	±0.04$L(L_1)$,最小±3.0
>4	±0.02$L(L_1)$,最小±1.5	±0.03$L(L_1)$,最小±2.0	±0.04$L(L_1)$,最小±4.0

5.3.5 扭臂弯曲角度

5.3.5.1 扭臂弯曲角度 α 如图 2 所示,其极限偏差按表 7 规定。

注:扭臂弯曲半径 r 如图 2 所示,不小于钢丝直径 d。

图 2 弯曲半径及弯曲角度

表 7

单位为度

等 级	1	2	3
α 的极限偏差	±5	±10	±15

5.4 弹簧特性及极限偏差

5.4.1 弹簧特性一般不做规定,需要时由需方在图样中确定。

5.4.2 弹簧特性有规定时,在指定扭转角时的扭矩极限偏差按式(1)计算:

$$\text{扭矩的极限偏差} = \pm(\text{计算扭转角} \times \beta_1 + \beta_2) \times T' \quad \cdots\cdots(1)$$

式中:

T'——弹簧扭转刚度,单位为牛毫米每度[N·mm/(°)];

β_1、β_2——按表 8 和表 9 的规定。

表 8

等 级	1	2	3
β_1	0.03	0.05	0.08

表 9

圈　数	≥3～10	>10～20	>20～30
β_2	10	15	20

5.5　**热处理**

弹簧在成形后需经去应力退火处理，用铍青铜线成形的弹簧需进行时效处理，其硬度不予考核。

5.6　**表面质量**

弹簧的表面不得有肉眼可见的有害缺陷。

5.7　**表面处理**

弹簧表面处理应在产品图样中注明，其处理的介质、方法应符合相应的环境保护法规，但弹簧应尽量避免采用可能导致氢脆的表面处理方法。

5.8　**其他**

弹簧图例参见附录 A，有特殊技术要求时，由供需双方商定。

6　试验方法

6.1　**弹簧特性**

6.1.1　弹簧特性的测量在精度不低于±1%的弹簧试验机上进行，按图样规定测量其扭矩。当测量指定扭转角下扭矩时，其预扭转角由供需双方商定。在测试时，应将弹簧扭转至试验扭矩三次之后进行。试验扭矩根据公式(2)计算，试验弯曲应力见表 10。

$$T_s = \frac{\pi d^3}{32}\sigma_s \qquad \cdots\cdots(2)$$

式中：

T_s——试验扭矩，单位为牛毫米(N·mm)；

σ_s——试验弯曲应力，单位为兆帕(MPa)；

d——材料直径，单位为毫米(mm)。

表 10

单位为兆帕

材　料	油淬火-回火弹簧钢丝	碳素弹簧钢丝、重要用途碳素弹簧钢丝	弹簧用不锈钢丝	青铜线、铍青铜线(时效后)
试验弯曲应力 σ_s	抗拉强度×0.8		抗拉强度×0.75	抗拉强度×0.75
注：抗拉强度选取相应材料标准的下限值。				

6.1.2　在试验机上测试时，检测扭矩的芯轴与装配芯轴一致或由供需双方商定。

6.2　**内径或外径**

用分度值小于或等于 0.02 mm 的通用量具或专用量具测量。图样上标明外径或中径的测量外径，并以外径最大值为准；标明内径的测内径，并以内径最小值为准。

6.3　**角度**

自由角度和扭臂弯曲角度用分度值小于或等于 1°的通用量具或专用量具测量。

6.4　**长度**

自由长度和扭臂长度用分度值小于或等于 0.02 mm 的通用量具或专用量具测量。

6.5　**表面质量**

采用目测或用 5 倍放大镜检查弹簧表面。

6.6　**表面处理**

弹簧表面处理按有关技术标准或协议规定进行。

6.7 疲劳试验

当需要检查疲劳寿命时，试验方法由供需双方协商。

7 检验规则

7.1 抽样检查

产品的验收抽样检查按 JB/T 7944 的规定，也可按供需双方商定。

7.2 产品的检验项目

a) 弹簧特性；
b) 内径或外径；
c) 自由角度；
d) 自由长度；
e) 扭臂长度；
f) 扭臂弯曲角度；
g) 表面质量；
h) 表面处理；
i) 疲劳寿命(需要时进行)。

7.3 弹簧检查项目分类

弹簧检验项目分类见表 11。

表 11

A 缺陷项目	B 缺陷项目	C 缺陷项目
疲劳寿命	内径或外径、弹簧特性、表面质量	自由角度、自由长度、扭臂长度、扭臂弯曲角度、表面处理
注：图样有要求时，疲劳寿命可作为 A 缺陷项目进行检查。		

8 包装、标志、运输、贮存

8.1 包装

a) 产品在包装前应清洁，用适宜的包装材料进行包装；
b) 包装应保证在正常运输中不致使弹簧损伤。

8.2 合格证

包装内应附有制造商的产品合格证，合格证内容：
a) 制造商名称；
b) 产品名称、型号或零件号；
c) 制造日期或生产批号；
d) 质量检查部门签章。

8.3 标志

包装箱外部应标明：
a) 发往地址及收货单位名称；
b) 产品名称、型号或零件号、数量；
c) 制造商名称、商标、地址；
d) "轻放"、"防潮"等字样或符号；
e) 出厂日期。

8.4 贮存

产品应存放在通风和干燥的仓库内。在正常保管情况下，自出厂之日起，制造商应保证在 12 个月内不致锈蚀。

8.5 其他

对包装、标志、运输与贮存有特殊要求的，由供需双方商定。

附　录　A
（资料性附录）
图　　例

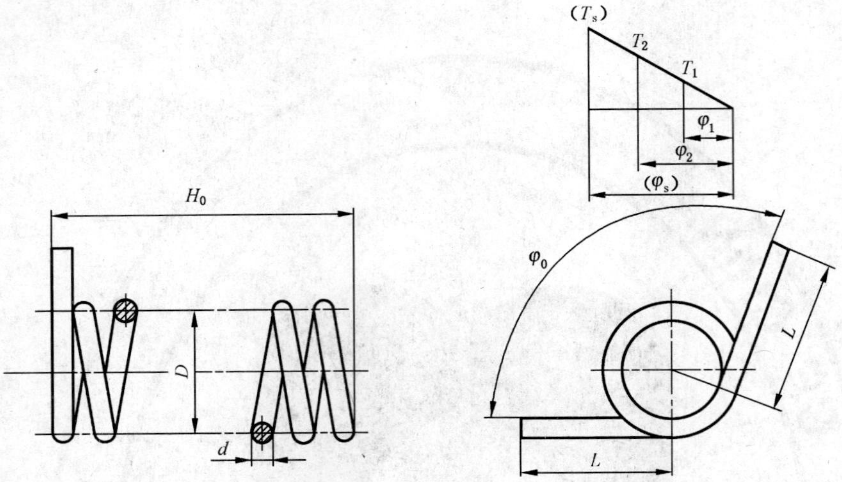

技术要求：

1. 弹簧端部型式；
2. 旋向；
3. 有效圈数；
4. 表面处理；
5. 制造技术条件；
6. 其他技术要求。

图 A.1　扭转弹簧典型工作图样

ICS 29.035.99
K 15

中华人民共和国国家标准

GB/T 1303.1—2009/IEC 60893-1:2004
代替 GB/T 18381—2001

电气用热固性树脂工业硬质层压板 第1部分:定义、分类和一般要求

Industrial rigid laminated sheets based on thermosetting resins for electrical purposes—Part 1:Definitions,designations and general requirements

(IEC 60893-1:2004,IDT)

2009-06-10 发布　　　　2009-12-01 实施

中华人民共和国国家质量监督检验检疫总局
中国国家标准化管理委员会
发布

前 言

GB/T 1303《电气用热固性树脂工业硬质层压板》包含下列几个部分：

——第1部分：定义、分类和一般要求；

——第2部分：试验方法；

——第3部分：工业硬质层压板型号；

——第4部分：环氧树脂硬质层压板；

——第5部分：三聚氰胺树脂硬质层压板；

——第6部分：酚醛树脂硬质层压板；

——第7部分：聚酯树脂硬质层压板；

——第8部分：有机硅树脂硬质层压板；

——第9部分：聚酰亚胺树脂硬质层压板；

——第10部分：双马来酰亚胺树脂硬质层压板；

——第11部分：聚酰胺酰亚胺树脂硬质层压板；

……

本部分为GB/T 1303的第1部分。

本部分等同采用IEC 60893-1:2004《电气用热固性树脂工业硬质层压板　第1部分：定义、分类和一般要求》(英文版)。

本部分技术内容与IEC 60893-1:2004相同，仅删除了引用标准"IEC 60893-4:2003　绝缘材料　电气用热固性树脂工业硬质层压板　第4部分：典型值"，因本部分并没有采用到。

本部分代替GB/T 18381—2001《电工用热固性树脂工业硬质层压板规范　定义、命名和一般要求》。

本部分与GB/T 18381—2001的区别如下：

a) 在"前言"中列出了有关电气用热固性树脂工业硬质层压板标准组成部分；

b) 增加了第2章"规范性引用文件"；

c) 增加了"5.2　板材大小"章条。

本部分由中国电器工业协会提出。

本部分由全国绝缘材料标准化技术委员会(SAC/TC 51)归口。

本部分主要起草单位：桂林电器科学研究所、东材科技集团股份有限公司、北京新福润达绝缘材料有限责任公司、西安西电电工材料有限责任公司。

本部分起草人：罗传勇、赵平、刘琦焕、杜超云。

本部分所代替标准的历次版本发布情况为：

——GB/T 1305—1985，GB/T 18381—2001。

电气用热固性树脂工业硬质层压板
第1部分:定义、分类和一般要求

1 范围

GB/T 1303的本部分规定了电气用热固性树脂工业硬质层压板(以下简称层压板)的定义、分类及一般要求。层压板是以下述任一树脂作粘合剂制成的:环氧、三聚氰胺、酚醛、聚酰亚胺、有机硅、不饱和聚酯以及其他类树脂。下述补强材料可以单独使用或组合使用:纤维素纸、棉布、玻璃布、玻璃粗纱、玻璃毡、聚酯布以及木质胶合板。

2 规范性引用文件

下列文件中的条款通过GB/T 1303的本部分的引用而成为本部分的条款。凡是注日期的引用文件,其随后所有的修改单(不包括勘误的内容)或修订版均不适用于本部分,然而,鼓励根据本部分达成协议的各方研究是否可使用这些文件的最新版本。凡是不注日期的引用文件,其最新版本适用于本部分。

GB/T 1303.2—2009 电气用热固性树脂工业硬质层压板 第2部分:试验方法(IEC 60893-2:2003,MOD)

3 定义

3.1

工业硬质层压板 industrial rigid laminated sheets

以热固性树脂为粘合剂,由浸以粘合剂并在热和压力作用下粘结而成的一片片坯料作增强材料叠层构成的板。

注:其他组分,如着色剂,也可加入。

3.2

环氧树脂 epoxy resin/epoxide resin

含有多个环氧基并能交联的合成树脂。

3.3

三聚氰胺树脂 melamine resin

由三聚氰胺与甲醛或另一种能提供亚甲基桥的化合物缩聚而成的氨基树脂。

3.4

酚醛树脂 phenolic resin

由苯酚、苯酚同系物和/或其衍生物与甲醛缩聚而成的树脂通称。

3.5

不饱和聚酯树脂 unsaturated polyester resin

由带有酯类重复结构单元及碳-碳不饱和键的并能与不饱和单体或预聚物进行后续交联链组成的聚合物。

3.6

有机硅树脂 silicone resin

聚合物主链由交替的硅原子和氧原子组成,带有含碳原子的侧基并能交联的树脂。

3.7

聚酰亚胺树脂　polyimide resin

由芳香二胺和芳香二酐缩聚而成的合成树脂。

4　分类

本部分所涉及的层压板按所用的树脂和补强材料的不同以及板特性的不同可划分为多种型号。各种层压板的名称构成如下：

——GB 标准号；

——代表树脂的第一个双字母缩写；

——代表增强材料的第二个双字母缩写；

——系列号；

——标称厚度(mm)×宽度(mm)×长度(mm)。

名称举例：PF CP 201 型工业硬质层压板，标称厚度为 10 mm，宽度为 500 mm，长度为 1 000 mm，则可表示为：GB/T 1303　PF CP 201-10×500×1000。各种树脂和补强材料的缩写如下：

树脂类型		补强材料类型	
EP	环氧	CC	(纺织)棉布
MF	三聚氰胺	CP	纤维素纸
PF	酚醛	GC	(纺织)玻璃布
UP	不饱和聚酯	GM	玻璃毡
SI	有机硅	PC	纺织聚酯纤维布
PI	聚酰亚胺	WV	木质胶合板
		CR	组合补强材料

CR(组合补强材料)用于含有一种以上补强材料的层压板。实际组成由相应的单项材料规范规定。

注 1：GB/T 1303.3—2009 中列出了涉及的各种型号树脂组合和补强材料组合。

5　一般要求

层压板应符合本部分所规定的要求。

5.1　外观

板材应无气泡、皱纹、裂纹和其他缺陷，如划痕、压痕、波纹及颜色不匀。但允许有少量斑点。

5.2　板材大小

板材大小由供需双方商定。板材应在修边后供货，除非在相应的单项材料规范中另有规定或按供需双方商定的状态供货。

5.3　厚度

除非供需双方另有规定，标称厚度应为表 1 中所列的优选厚度。按 GB/T 1303.2—2009 测定的板的厚度偏差应不超过单项材料规范所规定的要求值。

表 1　优选标称厚度

层压板型号	优选标称厚度 mm
所有型号	0.4，0.5，0.6，0.8，1.0，1.2，1.5，2.0，2.5，3.0，4.0，5.0，6.0，8.0，10.0，12.0，14.0，16.0，20.0，25.0，30.0，35.0，40.0，45.0，50.0，60.0，70.0，80.0，90.0，100.0

5.4 供货状态要求

层压板应包装于能保证其在运输、装卸和贮存期间能够得到足够保护的包装箱或袋中供货。

每个包装的外部均应清晰地标注板材的名称及数量或质量。

若同一包装中装有不同类型的板材，则可随包装附上说明以注明所需的信息。

单一板材上的任何标记按供销合同规定。

若用印戳来打标记，则所用的印油不应影响板材的电气性能。

参 考 文 献

GB/T 1303.3—2008 电气用热固性树脂工业硬质层压板 第3部分:工业硬质层压板型号(IEC 60893-3-1:2003,MOD)

ICS 29.035.99
K 15

中华人民共和国国家标准

GB/T 1303.2—2009
代替 GB/T 5130—1997

电气用热固性树脂工业硬质层压板 第2部分:试验方法

Industrial rigid laminated sheets based on thermosetting resins for electrical purposes—Part 2:Test methods

(IEC 60893-2:2003,MOD)

2009-06-10 发布　　　　2009-12-01 实施

中华人民共和国国家质量监督检验检疫总局
中国国家标准化管理委员会　发布

前　言

GB/T 1303《电气用热固性树脂工业硬质层压板》包含下列几个部分：

——第1部分：定义、命名和一般要求；

——第2部分：试验方法；

——第3部分：工业硬质层压板型号；

——第4部分：环氧树脂硬质层压板；

——第5部分：三聚氰胺树脂硬质层压板；

——第6部分：酚醛树脂硬质层压板；

——第7部分：聚酯树脂硬质层压板；

——第8部分：有机硅树脂硬质层压板；

——第9部分：聚酰亚胺树脂硬质层压板；

——第10部分：双马来酰亚胺树脂硬质层压板；

——第11部分：聚酰胺酰亚胺树脂硬质层压板；

……

本部分为GB/T 1303的第2部分。

本部分修改采用IEC 60893-2：2003《电气用热固性树脂工业硬质层压板　第2部分：试验方法》（英文版）。

本部分与IEC 60893-2：2003之间的主要技术差异：

a) 在接触电极直接测量法（方法A）测量相对电容率和介质损耗因数中增加了金属箔电极；

b) 将接触电极直接测量法（方法A）和不接触电极空气替代法（方法B）测量相对电容率和介质损耗因数的电极系统中的电极间间隙，由0.3 mm±0.1 mm改为1.0 mm；

c) 删除了两流体浸没法测量相对电容率和介质损耗因数方法（原因是IEC 60893-2中的计算公式有误）；

d) 在耐电痕化和耐电蚀损试验方法中增加了对试样厚度的要求。

本部分代替GB/T 5130—1997《电气用热固性树脂工业硬质层压板试验方法》。

本部分与GB/T 5130—1997之间的主要差异：

——取消了可压缩性试验和电解腐蚀试验；

——增加了空气替代法（方法B）测量相对电容率和介质损耗因数试验方法；

——在电气强度试验中增加了60 s耐压试验。

本部分由中国电器工业协会提出。

本部分由全国绝缘材料标准化技术委员会（SAC/TC 51）归口。

本部分主要起草单位：桂林电器科学研究所、东材科技集团股份有限公司、北京新福润达绝缘材料有限公司、西安西电电工材料有限责任公司。

本部分起草人：李学敏、赵平、刘琦焕、杜超云。

本部分所代替标准的历次版本发布情况为：

——GB/T 1304—1977，GB/T 5130—1985，GB/T 5130—1997。

电气用热固性树脂工业硬质层压板
第2部分:试验方法

1 范围

GB/T 1303的本部分规定了电气用热固性树脂工业硬质层压板的试验方法。

本部分适用于电气用热固性树脂工业硬质层压板。

2 规范性引用文件

下列文件中的条款通过GB/T 1303的本部分的引用而成为本部分的条款。凡是注日期的引用文件,其随后所有的修改单(不包括勘误的内容)或修订版均不适用于本部分,然而,鼓励根据本部分达成协议的各方研究是否可使用这些文件的最新版本。凡是不注日期的引用文件,其最新版本适用于本部分。

GB/T 1033.1—2008 塑料 非泡沫塑料密度的测定 第1部分:浸渍法、液体比重瓶法和滴定法(ISO 1183-1:2004,IDT)

GB/T 1034—2008 塑料 吸水性的测定(ISO 62:2008,IDT)

GB/T 1040.1—2006 塑料 拉伸性能的测定 第1部分:总则(ISO 527.1:1993,IDT)

GB/T 1040.4—2006 塑料 拉伸性能的测定 第4部分:各向同性和正交各向异性纤维增强复合材料的试验条件(ISO 527.4:1997,IDT)

GB/T 1041—2008 塑料 压缩性能的测定(ISO 604:2002,IDT)

GB/T 1043.1—2008 塑料 简支梁冲击性能的测定 第1部分:非仪器化冲击试验(ISO 179-1:2000,IDT)

GB/T 1408.1—2006 固体绝缘材料电气强度试验方法 第1部分:工频下试验(IEC 60243-1:1998,IDT)

GB/T 1409—2006 测量电气绝缘材料在工频、音频、高频(包括米波波长)下相对电容率和介质损耗因数的推荐方法(IEC 60250:1969,IDT)

GB/T 1634.1—2004 塑料 负荷变形温度的测定 第1部分:通用试验方法

GB/T 1634.2—2004 塑料 负荷变形温度的测定 第2部分:塑料、硬橡胶和长纤维增强复合材料

GB/T 1843—2008 塑料 悬臂梁冲击强度的测定(ISO 180:2000,IDT)

GB/T 4207—2003 固体绝缘材料在潮湿条件下相比电痕化指数和耐电痕化指数的测定方法(IEC 60112:1979,IDT)

GB/T 5169.16—2008 电工电子产品着火危险试验 第16部分:试验火焰50 W水平与垂直火焰试验方法(IEC 60695-11-10:2003,IDT)

GB/T 6553—2003 评定在严酷环境条件下使用的电气绝缘材料耐电痕化和耐蚀损的试验方法(IEC 60587:1984,IDT)

GB/T 9341—2008 塑料 弯曲性能的测定(ISO 178:2001,IDT)

GB/T 10064—2006 固体绝缘材料绝缘电阻试验方法(IEC 60167:1964,IDT)

GB/T 10580—2003 固体绝缘材料试验前和试验时采用的标准条件(IEC 60212:1971,IDT)

GB/T 11026.1—2003 电气绝缘材料耐热性 老化程序和试验结果的评价(IEC 60216-1:2001,IDT)

IEC 60296:2003 用于变压器及开关的未使用过的矿物绝缘油

ISO 179-2:1997 塑料 简支梁冲击性能的测定 第2部分:仪器冲击试验

ISO 3611:1978 外部测量用千分卡尺

3 试样的条件处理及试验环境条件

除非另有规定,试验应按GB/T 10580—2003规定的标准大气B[温度23 ℃±2 ℃,相对湿度(50±5)%]下处理至少24 h。

除非另有规定,每一试验均应在上述标准大气条件下试验或者试验应在每个试样从该标准大气中取出3 min内立即进行。

对于高温试验,试样应在规定温度下处理1 h后立即进行。

4 尺寸

4.1 厚度

4.1.1 概述

所用的仪器和测量方法能够达到0.01 mm或更高精度的任何方法均可采用。

下列参考方法已被证明是适用的,在有争议时应采用该方法。

4.1.2 参考方法的试验仪器

在有争议时,按ISO 3611:1978规定,应使用测量面直径为6 mm～8 mm的外径螺旋千分尺。

4.1.3 参考方法的试验程序

在交货状态下,沿板材每条边,且距边缘不小于20 mm处测量两点厚度,共测八点。

4.1.4 结果

报告最大值、最小值和算术平均值,以mm表示。

4.2 平直度

4.2.1 概述

本试验仅适用于3 mm及以上厚度的板材。

4.2.2 试样

试样应是收货状态下的整张板材或板条。

4.2.3 试验方法

先将3 mm及以上厚度的板材的凹面朝上,自然地置于一个平台上,然后将长为1 000 mm(质量小于800 g)或长为500 mm(质量小于500 g)的轻质直尺,以任意方向置于板上,测量板材上表面偏离直尺的最大间隙距离。

4.2.4 结果

报告测得的最大偏离数值,以mm表示。

5 机械性能试验

5.1 弯曲强度

5.1.1 概述

弯曲强度被定义为断裂弯曲应力,并按GB/T 9341—2008规定的方法测定。

5.1.2 试样

沿被试板材的长度和宽度方向分别各加工五个试样。对于纤维大抵按同一方向排列的板材仅需沿平行于纤维方向加工五个试样。

若被试板材标称厚度大于10 mm(对PFMV型为20 mm),则应将试样的厚度减薄至10 mm(对于PFMV型为20 mm)。

注:PFMV表示酚醛薄木层压板。

当试样厚度需要减薄时，应采用单面加工。此时，在试验时应将试样的未加工面与两支点接触。

5.1.3 **试验方法**

试验时，施加负荷的方向应垂直于层向，试验速度为 5 mm/min±1 mm/min。对于高温试验，应按第 3 章规定进行。

5.1.4 **结果**

报告每个方向结果的算术平均值，以 MPa 表示。取两个方向平均值中较低的值作为板材的试验结果。对于纤维大抵沿同一方向排列的板材，则取该方向上测得的弯曲强度的算术平均值作为试验结果。

5.2 **弯曲弹性模量**

5.2.1 按下述方法测定弯曲强度。

5.2.2 试样

同 5.1.2。

5.2.3 试验方法

按 GB/T 9341—2008 规定的方法测定。

5.2.4 结果

同 5.1.4，以 MPa 表示。

5.3 **压缩强度**

按 GB/T 1041—2008 规定的方法测定。

5.4 **冲击强度**

5.4.1 **概述**

本试验仅适用于厚度大于或等于 5 mm 的板材。

5.4.2 **简支梁冲击强度**

5.4.2.1 **试样**

沿板材的长度和宽度方向分别加工五个试样，尺寸见图 1a)。试样的厚度应在 5 mm～10 mm 之间。对于纤维大抵沿同一方向排列的板材，仅需加工五个长轴平行于纤维方向的试样。

若被试板材标称厚度大于 10 mm 时，则应采取两面等量加工的方法加工至 10 mm。

5.4.2.2 **试验方法**

按 GB/T 1043.1—2008 和 ISO 179-2:1997 的规定，冲击方向为侧向冲击(即冲击方向平行于层向)，其支座间距为 70 mm。除纤维大抵沿同一方向排列的材料，仅测其长轴平行于纤维方向的试样外，其他的均应测定其长轴分别平行于板材的长度和宽度的方向的试样。

5.4.2.3 **结果**

报告每个方向试验结果的算术平均值，以 kJ/m^2 表示。取两个方向算术平均值较低的作为试验结果。对于纤维大抵沿同一方向排列的板材，则仅以该方向上测得的冲击强度算术平均值作为试验结果。

5.4.3 **悬臂梁冲击强度**

5.4.3.1 **试样**

沿板材的长度方向和宽度方向分别加工五个试样(尺寸见图 1b))。试样厚度应在 5 mm～10 mm 之间，对于纤维大抵沿同一方向排列的板材，仅需加工其长轴平行于纤维方向的试样。

若被试板材厚度大于 10 mm 时，则应采取两面等量加工的方法将加工至 10 mm。

5.4.3.2 **试验方法**

按 GB/T 1843—2008 的规定，冲击方向为侧向冲击(即冲击方向平行于层向)，除纤维大抵沿同一方向排列的板材，仅试验试样的长轴平行于纤维方向外，其他均应测定两个方向的试样。

5.4.3.3 **结果**

同 5.4.2.3。

5.5 平行层向剪切强度

5.5.1 概述

平行层向剪切强度是用以表征板材层间粘结或粘合强度，本试验仅适用于厚度大于或等于 5 mm 的板材。

5.5.2 试样

沿板材的长度方向和宽度方向分别加工五组(每组两个)试样，矩形试样尺寸如下：

长：20 mm±0.1 mm；

宽和厚：$5_{-0.15}^{\ 0}$ mm。

其中每组试样的宽度(沿层面并垂直于试样长度方向的尺寸)应尽量相同，相差不应超过 0.01 mm。

5.5.3 试验方法

将每组试样安装在如图 2 所示的剪切试验装置中，并应保证剪切应力作用于同一叠层层面上，且两个试样应同时承受剪切应力。试验剪切头的移动速度为 2 mm/min±0.4 mm/min。

5.5.4 结果

以剪切破坏负荷除以两试样剪切面积(2×100 mm^2)计算剪切强度。

报告每个方向结果的算术平均值，以 MPa 表示，并取两个方向算术平均值较低的作为板材的剪切强度。

5.6 拉伸强度

5.6.1 概述

拉伸强度被定义为最大拉伸应力，应按 GB/T 1040.1—2006 和 GB/T 1040.4—2006 的规定测定。

5.6.2 试样

沿板材的长度方向和宽度方向分别加工五个试样，尺寸应符合 GB/T 1040.4—2006 规定的 1 型样，其厚度应在 1.5 mm～10.0 mm 之间，对于纤维大抵沿同一方向排列的板材，仅需加工其长轴与平行于纤维方向的试样。

若被试板材厚度大于 10 mm，则应采取两面等量加工的方法将试样的厚度减薄至 10 mm。

5.6.3 试验方法

按 GB/T 1040.4—2006 的规定，其中拉伸速度为 5 mm/min±1 mm/min。

5.6.4 结果

报告每个方向结果的算术平均值，以 MPa 表示，取两个方向平均值中较低的值作为拉伸强度。对于纤维大抵沿同一方向排列的板材，则以该方向测得的平均值作为拉伸强度。

6 电气性能试验

6.1 电气强度和击穿电压

6.1.1 概述

电气强度和击穿电压应按 GB/T 1408.1—2006 的规定测试，试验电压施加方式为逐级升压法或 60 s 耐电压法试验。除非另有规定，试验应在 90 ℃±2 ℃的符合 IEC 60296:2003 规定的矿物油中进行，且矿物油应无分解产物生成。首先应将试样置于上述规定温度下的矿物油中浸泡预热 0.5 h～1 h(不应超过 1 h)，然后立即进行试验。

6.1.2 试样

对垂直层向电气强度和平行层向击穿电压的试样各为三个，取样方法和尺寸按 GB/T 1408.1—2006 的规定。

6.1.3 试验方法

可采用 GB/T 1408.1—2006 中 10.2 规定的 20 s 逐级升压试验，也可采用 GB/T 1408.1—2006 中 10.6 规定的 60 s 耐电压试验。

6.1.3.1 垂直层向电气强度

对于厚度小于 3 mm 的板材，应进行垂直层向试验，采用上电极直径为 25 mm，下电极直径为 75 mm 的电极系统。

在单项材料规范中，对于厚度大于 3 mm 板材，通常不要求本项试验。但需要时，可按 GB/T 1408.1—2006 的 5.1.1.3 规定，从单面加工厚度至 3 mm，并以 3 mm 厚度的指标要求进行考核。

6.1.3.2 平行层向击穿电压

对于厚度大于 3 mm 但小于或等于 10 mm 的板材，应按 GB/T 1408.1—2006 中 5.2.2(锥销电极)或 5.2.1.1(平板电极)进行侧向试验。对纤维大抵沿同一方向排列的板材，仅进行沿纤维方向试验。

6.1.3.3 结果

对于 20 s 逐级升压方式试验分别以三次试验结果的算术平均值作为垂直电气强度或平行层向击穿电压的试验结果并应报告最小值；对于 1 min 耐压试验则以是否通过表示，其中垂直层向电气强度以 kV/mm 表示，平行层向击穿电压以 kV 表示。

6.2 相对电容率和介质损耗因数

6.2.1 一般要求

除非单项材料规范另有规定，相对电容率和介质损耗因数可按本条给出的两种方法中的任何一种方法测定。除非单项材料另有规定，试样应在温度 105 ℃±5 ℃、相对湿度小于 20%(按照 GB/T 10580—2003 干热标准大气)的空气中处理 96 h±1 h。处理完毕，将试样置于干燥器中冷却至室温，在每个试样从干燥器中取出后的 10 min 内完成测量。

在需要接触式电极的场合，应在试样的中央涂上银粉漆或粘贴金属箔电极。而导电橡胶、沉积金属电极和喷涂电极则不应被使用。

除非另有规定，测量应在 23 ℃±2 ℃的温度和 48 Hz～62 Hz 的工频或 1 MHz 的高频下进行。

为了确保测量期间试样和电极与其所处的环境达到热平衡，测量前它们应在测量环境温度下保持至少 0.5 h。

试验电压应高到足以达到所需的灵敏度，但试验电压的选择不应导致介质发热和电极边缘放电。

在两种方法中，除非另有规定，试验均应在两个试样上进行。无论何时，都应使用不锈钢平面镊子来处理试样以使对试样的损害或沾污的可能性降到最低。

注 1：通常，试样厚度在 0.3 mm～12.0 mm 之间(取决于试样支座和电极的结构)的板材，所述的两种方法均可采用，但每种方法的测试精度受试样尺寸、材料特性的影响，并受所选用的仪器和电极系统限制。

注 2：应参考 GB/T 1409—2006 以获得充分的指导和解释。

6.2.2 方法

方法 A：接触式电极的直接测量方法。

方法 B：不接触式电极的空气替代方法。

方法 A 适用于厚度在 0.3 mm～12.0 mm 之间(取决于试样支座的结构)、介电常数不大于 10.0、介质损耗因数大于 50×10^{-6} 的板材。只要能准确测定该试样厚度，在任何情况下都可采用方法 A，见 6.2.3。

方法 B 适用于介电常数不大于 10.0 的板材，但对介质损耗因数低于 250×10^{-6} 的材料可能缺乏足够的测试精度。在能准确测定试样厚度的情况下，方法 B 可用来代替方法 A，且厚度在 0.3 mm～12.0 mm(取决于试样支座的结构)之间的试样均可用于试验。

6.2.3 各方法原理

在上述各方法中，电极系统作为放置试样的试样支座的一个组成部分。在方法 A 中，涂敷电极和金属箔电极与接触式电极系统相接触，是以试样作为一个简易电容器的形式来测量试样的性能。方法 A 特有的优点是可在高温下进行测量，此时只受限于试样的耐热性。

在方法 B 中，试样和空气被引入电极系统中并测量该种组合的电容和介质损耗因数。这样的系统在测量中所引入的误差比采用接触式电极的系统要小，而且更容易地装配出能使电场失真和杂散电容最小化的保护电极。

两种方法采用的电极系统见6.2.5.2和6.2.6.2，测量仪器见6.2.4。

注：应注意电介质的介电常数和介质损耗因数会显著地随频率、温度及相对湿度而变化。

因此，测量值应仅用于表征在类似于试验所用的条件下的试样的介电性能。

6.2.4 测量仪器

应使用具有足够灵敏度的仪器，可以使用其电容最小可测变量为0.3 pF(0.3×10^{-15} F)以及介质损耗因数最小可测变量为0.000 01(10×10^{-6})的仪器。

应按照仪器制造商的说明书操作，以确保所有测量导线是屏蔽的，并且尽可能缩短。某些型号的仪器需要进行“短路”和“开路”检查。“短路”应在电极系统各电极之间放置试样处形成。此时，应确保所用的“短路”是低电阻和低电感的且不对电极表面造成损伤，还必需确保测微计零位没有变动，通常一块平滑过渡的U型弹性金属片也可用作“短路”。通过在距电容仪最远的电缆端头处断开电极来形成“开路”，以便再次消除测量导线的影响。应参考制造商的说明书以便确定检查时是否需要连接同轴电缆的外部连接件，因在去掉电极系统时，应考虑到所引起的误差是否较小或可以忽略不计。在任何情况下，最好采用三端子测量仪，例如带有“高”、“低”和“保护”连接端的仪器。

现在许多测量用商品仪器是以测量电流、电压和相位角为基础的。这些仪器通常为4(或5)端子结构。有关将三电极系统连接到这类仪器的最佳方式应参考制造商的说明书。

注1：商品测量设备仪器提供各种形式的输出量。某些尖端设备仪器可提供各种输出量，因而使用时能够选择合适的输出量。本部分假定的输出量是电容(C，以pF表示)和介质损耗因数($\tan\delta$)。而其他形式的输出量与该形式输出量的转换方法见GB/T 1409—2006中3.5。

注2：方法A和B所述的电极系统是带保护结构的三电极系统。其目的是为消除电极边缘杂散电场的影响并排除了做“边缘电容”修正的必要。

6.2.5 方法A：直接测量法

6.2.5.1 原理

在测量过厚度的试样上涂上银粉漆电极或粘贴金属箔电极，然后将试样置于接触式电极系统中。缩小接触式电极间距直至它们与试样上涂电极相接触，测量试样的电容和介质损耗因数。

被试材料的相对电容率由测得的电容及厚度计算得出，而介质损耗因数通常是从测量仪器中直接读取。

6.2.5.2 电极系统

电极系统应是刚性机构并且具有足够的热容量，以使在环境温度快速变化时不会显著地影响到电极的尺寸。电极系统应由一个圆盘状测量电极和一个可动电极组成，测量电极被一同心且同平面的保护电极包围，而可动电极与测量电极的分离由一个与螺纹配合的承载弹簧控制。转动螺纹机构使弹簧承载的电极与试样上涂银粉漆或粘贴金属箔电极闭合接触。螺纹转动不应传递给电极(电极不应转动)，图3示出了一种可行的结构及与三端子测量仪器连接的方法。

对于与具有四个及四个以上接线端子的仪器的连接时，应参考制造商的说明书。

6.2.5.3 试样

试样应平整沿其直径或凹面对角线放置的直规的最大偏离应小于厚度的10%、且厚度均匀。试样上任意点的厚度不应超过平均值的1%，其大小应超出不保护电极(高压电极)至少2 mm。尽可能采用电极系统制造商推荐尺寸的试样。对上述电极系统而言，试样应是下列两种之一：

a) 直径(61±1)mm的圆片；

b) 60 mm×60 mm的方片，为了易于操作，推荐采用(61±1)mm×(100±1)mm的矩形片。

如果可能，建议试样的制样工艺与被试材料的制造工艺相同，且厚度相同。如果必须减薄试样的厚度时，则应注意确保在加工过程中试样表面不被污损。

6.2.5.4 **试样厚度的测定**

按 4.1.1 要求。在试样表面上均匀分布地测量四点厚度值,第五个值应在试样的中心点测出,计算每块试样的算术平均厚度 t。

6.2.5.5 **电极的使用**

采用遮蔽工艺并按制造商的使用说明涂银粉漆电极。所涂被保护银粉漆电极的外径应按测量仪器制造商的规定并且应略大于相应的接触电极。所涂银粉漆保护电极的内径应略小于相应的接触保护电极。所涂银粉漆不保护电极的外径应尽可能与不保护接触电极的直径相等。

对于粘贴金属箔电极,其尺寸应尽可能与各接触电极尺寸相同,并用少量的硅油、硅脂或其他低损耗粘合剂将金属箔电极粘合到试样上(见 GB/T 1409—2006)。

6.2.5.6 **电容和介质损耗因数的测量**

将试样插入试样支座中,闭合接触电极系统直至与试样上的银粉漆或金属箔电极相接触,应确保接触式电极与银粉漆电极或金属箔电极相互对准。

测量并记录试样的电容、介质损耗因数。

6.2.5.7 **计算**

试样的有效面积计算:

$$A=\frac{\pi}{4}(d_1+g)^2 \quad \cdots\cdots(1)$$

相对电容率的计算:

$$\varepsilon_r=\frac{3.6\pi C\cdot t}{A} \quad \cdots\cdots(2)$$

式(1)和式(2)中:

C——测得的电容,单位为皮法(pF);

t——试样的厚度,单位为厘米(cm);

d_1——被保护电极的直径,单位为厘米(cm);

g——保护电极与被保护电极之间的间隙宽度,单位为厘米(cm);

A——有效电极面积,单位为平方厘米(cm^2);

ε_r——材料的相对电容率。

介质损耗因数:由测量仪器直接读取。

6.2.6 **方法 B:空气替代法**

6.2.6.1 **原理**

将试样插入电极系统内,该系统中电极的间距是可调的,试样与电极之间留有小的空气间隙以确保试样不受机械应力作用,测量该组合(含有空气隙)的电容与介质损耗因数数值。

取出试样,调节电极间距使其电容的读数与有试样时测得的电容相同。再测量此时电极间距及介质损耗因数数值。

被试材料的相对电容率和介质损耗因数如 6.2.6.7 所述,由试样厚度、电极间距变化量及介质损耗因数的变化量经计算得出。

6.2.6.2 **电极系统**

电极系统应是刚性机构并且具有足够的热容量,以使在环境温度快速变化时不会显著地影响到电极的尺寸。电极系统应由一个圆盘状测量电极和一个可动电极组成,测量电极应被一同心且同平面的保护电极包围,而可动电极与测量电极的分离由一测微计控制。测微计的测量精度为 0.01 mm,且驱动机构的转动不应引起电极转动。各电极表面应是平整的,且电极表面间应始终保持平行。

图 4 示出了一种可行的结构及与三端子测量仪器连接的方法。

对于与具有四个或四个以上接线端子的仪器连接时,应参考制造商的说明书。

注 1:在不干扰电极间电场前提下,可使用位移传感器或其他更精确的测定电极间隙的方法。

6.2.6.3 **试样**

试样应平整,沿其直径或凹面对角线放置的直尺的最大编差应小于厚度的10%、其厚度应均匀,其大小应超出不保护电极至少2 mm,并尽可能采用电极系统制造商推荐尺寸的试样。对上述电极系统而言,试样应是下列两种之一:

a) 直径(61±1)mm的圆片;

b) 60 mm×60 mm的方形片,为了易于操作,推荐采用(61±1)mm×(100±1)mm的矩形片。

试样厚度应在适合于特定试样支座的范围内,通常试样厚度会在0.3 mm与12.0 mm之间,其任意点上的厚度偏差,应不超过按6.2.6.4测得的厚度平均值t的1%。

注:如果可能,建议试样的制样工艺与被试电气绝缘材料的制造工艺应相同,且厚度相同。如果必须减小试样的厚度时,则应注意确保在加工过程中试样表面不被污损。

6.2.6.4 **试样厚度的测定**

按4.1.1规定测定试样厚度,沿试样表面均匀分布测量四点厚度,第五个值应在试样的中心点测出,并计算每个试样的算术平均厚度值t。

6.2.6.5 **电容和介质损耗因数的测量**

将试样插入试样支座中,逐渐减小电极间距直至上电极差一点触及试样。

先转动测微计直至上电极刚好触及试样,然后反方向转动测微计至在当对试样做微小的横向移动时没感觉到有阻力时即可。

测量电容和介质损耗因数。

记录此时介质损耗因数$\tan\delta_1$及电极间距m_1。取出试样,逐渐减小电极间距直至电容回复到原始值(带试样时),记录此时的介质损耗因数值$\tan\delta_2$及电极间距m_2。

6.2.6.6 **相对电容率和介质损耗因数的计算**

相对电容率的计算:

$$\varepsilon_r = \frac{t}{t-\Delta m} \qquad \cdots\cdots(3)$$

介质损耗因数的计算:

$$\tan\delta = \Delta\tan\delta\left(\frac{m_2}{t-\Delta m}\right) \qquad \cdots\cdots(4)$$

式(3)和式(4)中:

$\tan\delta_1$——有试样时电极系统的介质损耗因数;

$\tan\delta_2$——无试样时电极系统的介质损耗因数;

$\Delta\tan\delta$——介质损耗增量($\tan\delta_1-\tan\delta_2$);

m_1——有试样时测微计读数,单位为毫米(mm);

m_2——无试样时测微计读数,单位为毫米(mm);

Δm——电极间隙增量(m_1-m_2),单位为毫米(mm);

t——试样厚度,单位为毫米(mm);

$\tan\delta$——材料的介质损耗因数;

ε_r——材料的相对电容率。

6.2.7 **试验报告**

试验报告中应包括下列信息:

a) 注明本部分及所用的试验方法(即本部分的方法A或方法B);

b) 绝缘材料的型号或名称及交付时的状态;

c) 试样的制备方法;

d) 试样厚度及有关试样与电极的接触面表面处理情况;

e) 与标准规定不一致的试样的条件处理方法和时间；

f) 测量仪器；

g) 与标准规定不一致的电极及试样尺寸；

h) 试验环境温度和相对湿度；

i) 试验电压；

j) 试验频率；

k) 相对电容率(ε_r)：算术平均值、个别值；

l) 介质损耗因数($\tan\delta$)：算术平均值、个别值；

m) 试验日期；

n) 试验期间所发现的任何异常情况。

6.3 浸水后绝缘电阻

6.3.1 概述

绝缘电阻应按 GB/T 10064—2006 所规定的锥销电极方法及下述规定进行测定。本试验仅适用于标称厚度不大于 25 mm 的板材。

6.3.2 试样

试样应从被试板材中加工，试样尺寸应按 GB/T 10064—2006 规定。应分别沿平行于板材的长度和宽度方向进行试验，每个方向应试验两个试样，试样厚度应是被试板材的厚度。

6.3.3 试验方法

将试样放置在温度为 50 ℃±2 ℃的烘箱内干燥 24 h±1 h，然后将它们浸于温度为 23 ℃±2 ℃的蒸馏水或去离子水中 24 h±1 h。到时间后，从水中取出试样，用干净的布、吸水纸或滤纸擦干表面并插入电极。在 25 ℃±10 ℃、相对湿度不大于 75%的环境中测量绝缘电阻，且应在试样从水中取出后的 1.5 min～2 min 内完成每次测量。

在能证明不会影响测试结果时，可采用其他干燥条件(例如，在 105 ℃±5 ℃温度下干燥 1 h±5 min)，但有争议时，应按上述规定的方法进行。

6.3.4 结果

计算每个方向测量值的算术平均值，以 MΩ 表示，并取两个方向平均值中较低的值作为被试板材的浸水后绝缘电阻。

6.4 相比电痕化指数和耐电痕化指数

6.4.1 概述

按 GB/T 4207—2003 进行试验。

6.4.2 试样

试样应从被试板材中加工，其尺寸应不小于 15 mm×15 mm×被试板厚。试样厚度应大于或等于 3 mm，需要时可通过材料叠合的方式来达到所需的厚度。

6.4.3 试验方法

应采用试验溶液 A。并按 GB/T 4207—2003 规定的方法测定相比电痕化指数及耐电痕化指数。

6.4.4 结果

对于耐电痕化指数试验，按 GB/T 4207—2003 规定报告其在规定电压下试验通过或不通过，并报告试样的厚度。对于相比电痕化指数试验，则报告所测得的值及试样的厚度。

6.5 耐电痕化和耐电蚀损

6.5.1 概述

按 GB/T 6553—2003 进行试验。

6.5.2 试样

试样应从被试板材中加工，其尺寸为 50 mm×120 mm×6 mm。

6.5.3 试验方法

根据单项材料规范的要求，按 GB/T 6553—2003 规定测定耐电痕化和耐电蚀损。

6.5.4 结果

按 GB/T 6553—2003 规定，报告其在规定电压下试验通过或不通过，并报告试样的厚度。

7 热性能试验

7.1 耐热性

7.1.1 概述

耐热性应按单项材料规范要求及 GB/T 10026.1—2003 和 GB/T 9341—2008 的规定进行试验。

7.1.2 试样

试样应从被试板材中切取，其尺寸同 5.1.2。

7.1.3 试验方法

所采用的老化程序应按 GB/T 10026.1—2003 的 5.5 及 5.6 规定。除非另有规定，应以弯曲强度作为诊断性能(见 5.1)，并以弯曲强度降低到原始值的 50%作为终点来确定耐热性，弯曲试验均应在 23 ℃±5 ℃下进行。

7.1.4 结果

耐热性应按 GB/T 10026.1—2003 的 6.2 规定，以 20 000 h 下的温度指数来表示。

7.2 燃烧性

7.2.1 概述

燃烧性应按单项材料规范的规定，并按 GB/T 5169.16—2008 中的相应方法测定。

7.2.2 试样

试样应从被试板材中加工，其尺寸按 GB/T 5169.16—2008 规定，应确保试样无灰尘或污染物。

7.2.3 试验方法

按 GB/T 5169.16—2008 中的相应条款规定进行试验。

7.2.4 结果

按 GB/T 5169.16—2008 报告所确定的级别。

7.3 负荷变形温度

按 GB/T 1634.1—2004 及 GB/T 1634.2—2004 的规定进行。

8 其他性能试验

8.1 密度

8.1.1 概述

密度应采用下述试验方法测定。

8.1.2 试样

试样应按 GB/T 1033.1—2008 的规定从被试板材中切取。

8.1.3 试验方法

密度应按 GB/T 1033.1—2008 中的方法 A 规定测定。

8.1.4 结果

结果以 g/cm^3 表示。

8.2 吸水性

8.2.1 概述

吸水性应按 GB/T 1034—2008 中的方法 1 及下述规定进行测定。

8.2.2 **试样**

应试验三个试样，除被试板材标称厚度大于 25 mm 以外，试样尺寸为(50±1)mm×(50±1)mm×被试板厚。对于厚度大于 25 mm 的板材，应通过单面机加工方法使试样厚度减至 22.5 mm±0.3 mm，且试样被加工面具有光滑表面。

8.2.3 **试验方法**

按 GB/T 1034—2008 的规定进行试验，蒸馏水或去离子水的温度应为 23 ℃±0.5 ℃。

8.2.4 **结果**

结果按 GB/T 1034—2008 第 7 章规定，以 mg 表示。以三个试验结果的算术平均值作为吸水性。

单位为毫米

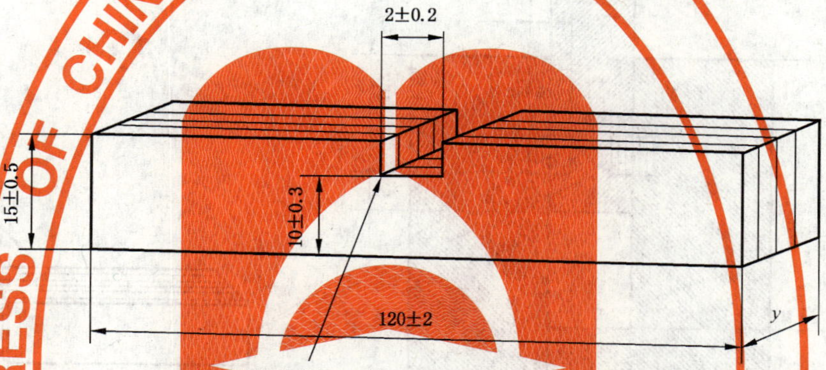

缺口底角的半径：不大于 0.1 mm。

y：被试板材的厚度。

a) 简支梁冲击强度试验用试样

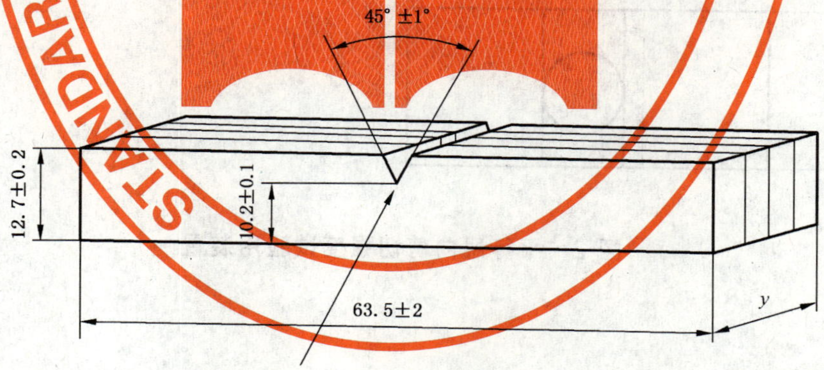

缺口基底半径：0.25±0.05。

y：被试板材的厚度。

b) 悬臂梁冲击强度试验用试样

图 1 冲击强度试验用试样

单位为毫米

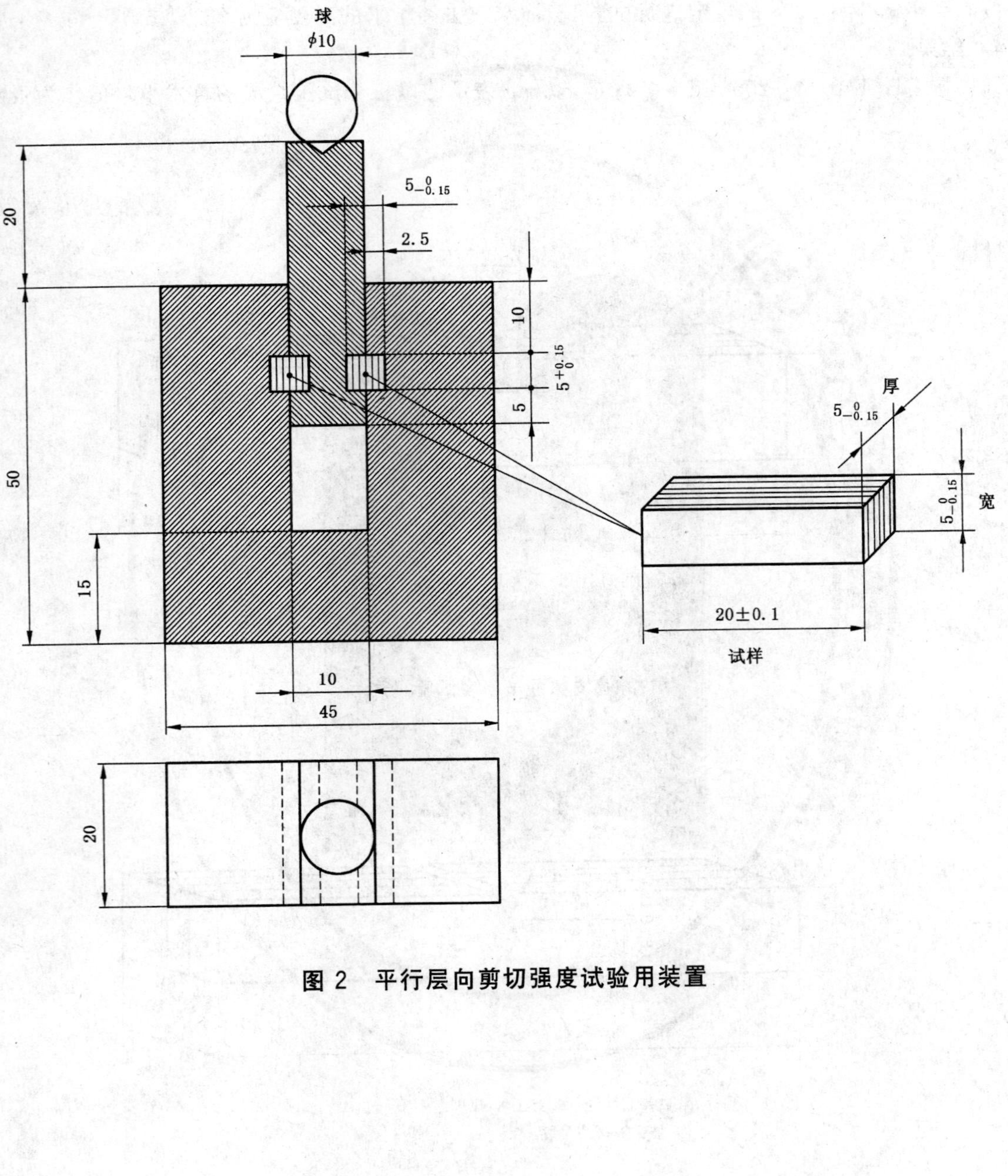

图 2　平行层向剪切强度试验用装置

单位为毫米

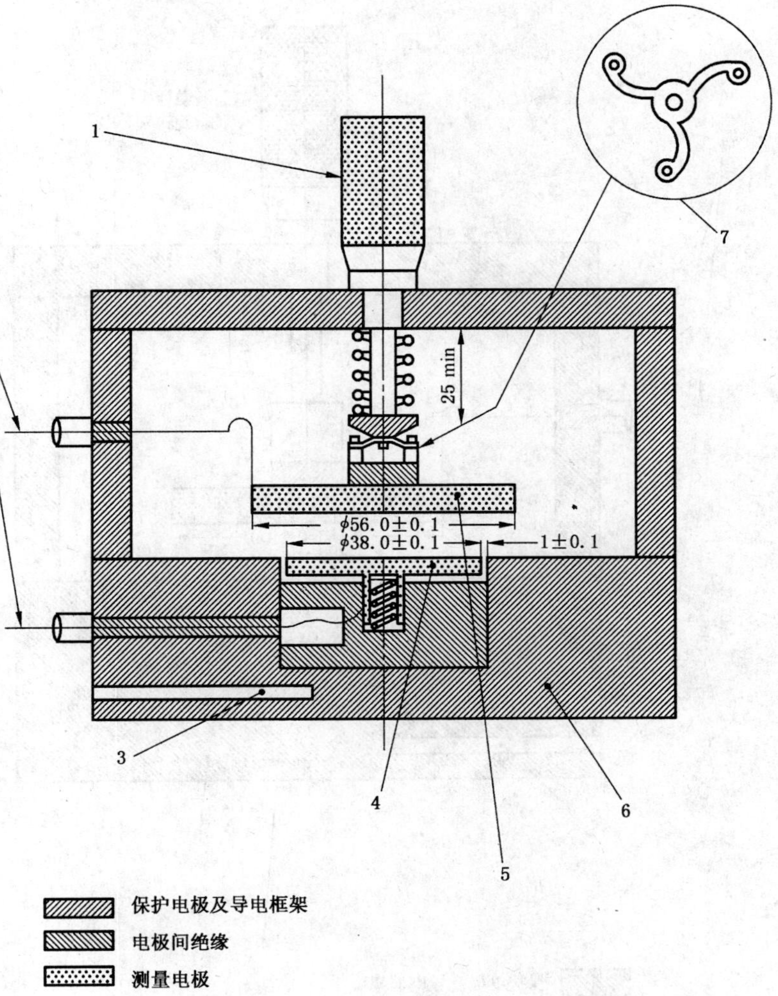

1——螺纹驱动机构；

2——电极及试验槽体同轴接头；

3——温度计插孔；

4——弹簧承载的被保护电极；

5——弹簧承载的可动电极；

6——保护电极及框架；

7——钢制定芯簧片。

图 3 方法 A 用电极系统示例

单位为毫米

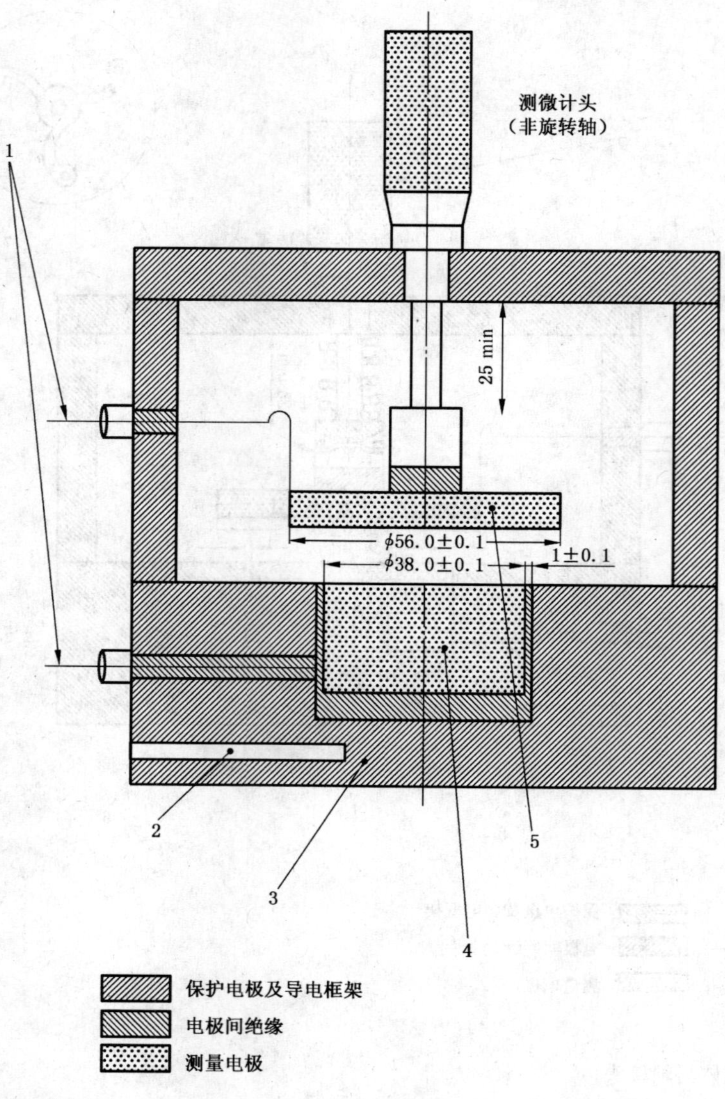

1——电极及试验槽体同轴接头；

2——温度计插孔；

3——保护电极及框架；

4——固定保护电极；

5——可动电极。

图 4　方法 B 用电极系统示例

ICS 29.035.99
K 15

中华人民共和国国家标准

GB/T 1303.4—2009
代替 GB/T 1303.1—1998

电气用热固性树脂工业硬质层压板 第4部分：环氧树脂硬质层压板

Industrial rigid laminated sheets based on thermosetting resins for electrical purposes—Part 4：Requirements for rigid laminated sheets based on epoxy resins

（IEC 60893-3-2：2003，Insulating materials—Industrial rigid laminated sheets based on thermosetting resins for electrical purposes—Part 3：Specifications for individual materials—Sheet 2：Requirements for rigid laminated sheets based on epoxy resins，MOD）

2009-06-10 发布　　2009-12-01 实施

中华人民共和国国家质量监督检验检疫总局
中国国家标准化管理委员会　发布

前言

GB/T 1303《电气用热固性树脂工业硬质层压板》包含下列几个部分：

——第1部分：定义、分类和一般要求；

——第2部分：试验方法；

——第3部分：工业硬质层压板型号；

——第4部分：环氧树脂硬质层压板；

——第5部分：三聚氰胺树脂硬质层压板；

——第6部分：酚醛树脂硬质层压板；

——第7部分：聚酯树脂硬质层压板；

——第8部分：有机硅树脂硬质层压板；

——第9部分：聚酰亚胺树脂硬质层压板；

——第10部分：双马来酰亚胺树脂硬质层压板；

——第11部分：聚酰胺酰亚胺树脂硬质层压板；

……

本部分为GB/T 1303的第4部分。

本部分修改采用IEC 60893-3-2:2003《电气用热固性树脂工业硬质层压板　第3部分：单项材料规范　第2篇：对环氧树脂硬质层压板的要求》(英文版)。

本部分与IEC 60893-3-2:2003的差异如下：

a) 删除了IEC 60893-3-2:2003中的"前言"和"引言"，将引言内容编入本部分的"前言"中；

b) 对第1章"范围"进行了修改，删除了有关材料符合性说明，增加了适用范围；

c) 删除了第3章名称举例中的尺寸标注内容；

d) 根据国内实际需要，增补了层压板原板宽度和长度的允许偏差性能要求；EP GC型增补了"表观弯曲弹性模量"、"垂直层向压缩强度"、"平行层向剪切强度"、"拉伸强度"、"工频介质损耗因数"、"工频介电常数"、"1 MHz下介质损耗因数"、"1 MHz下介电常数"和"密度"性能要求。有关技术性差异在它们所涉及的条款的页边空白处用垂直单线标识；

e) 将"要求"一章按"外观"、"尺寸"、"平直度"、"性能要求"分条编写，将"供货要求"单独列为一章编写，同时将IEC 60893-3-2:2003中表5进行了修改，将备注内容列入表注；将表5中试验方法章条放入第5章"试验方法"重新编写，并增加了板条的测试方法及总则；

f) 删除了IEC 60893-3-2:2003的参考文献。

本部分代替GB/T 1303.1—1998《环氧玻璃布层压板》。

本部分与GB/T 1303.1—1998的区别如下：

a) 本部分在"前言"中列出了有关电气用热固性树脂工业硬质层压板标准系列组成部分；

b) 在第3章"分类"增加了有关层压板的"名称构成"、"树脂类型"和"补强材料类型"的详细规定；并详细地增加了环氧树脂工业硬质层压板的所有型号，而不仅仅针对EPGC 201型；

c) 对厚度公差按不同型号进行了明细规定；

d) 增加了50 mm以上标称厚度层压板的公差要求；

e) 增加了"燃烧性"性能要求；

f) 删除了GB/T 1303.1—1998中对"试验方法"一章的分述，将相应章条编号列入本部分表5"性能要求"中。

本部分由中国电器工业协会提出。

本部分由全国绝缘材料标准化技术委员会(SAC/TC 51)归口。

本部分主要起草单位:西安西电电工材料有限责任公司、东材科技集团股份有限公司、北京新福润达绝缘材料有限责任公司、桂林电器科学研究所。

本部分起草人:杜超云、赵平、刘琦焕、罗传勇。

本部分所代替标准的历次版本发布情况为:

——GB/T 1303—1977,GB/T 1303.1—1998。

电气用热固性树脂工业硬质层压板
第4部分:环氧树脂硬质层压板

1 范围

GB/T 1303 的本部分规定了以电气用环氧树脂和不同补强材料制成的工业硬质层压板的分类和要求。

本部分适用于电气用环氧树脂和不同补强材料制成的工业硬质层压板。其用途和特性见表1。

2 规范性引用文件

下列文件中的条款通过本 GB/T 1303 的本部分的引用而成为本部分的条款。凡是注日期的引用文件,其随后所有的修改单(不包括勘误的内容)或修订版均不适用于本部分,然而,鼓励根据本部分达成协议的各方研究是否可使用这些文件的最新版本。凡是不注日期的引用文件,其最新版本适用于本部分。

GB/T 1303.1—2009 电气用热固性树脂工业硬质层压板 第1部分:定义、命名和一般要求(IEC 60893-1:2004,IDT)

GB/T 1303.2—2009 电气用热固性树脂工业硬质层压板 第2部分:试验方法(IEC 60893-2:2003,MOD)

3 分类

本部分所涉及的层压板按所用的树脂和补强材料的不同以及板特性的不同可划分为多种型号。各种层压板的名称构成如下:

——GB 标准号;

——代表树脂的第一个双字母缩写;

——代表增强材料的第二个双字母缩写;

——系列号;

名称举例:EP GC 201 型工业硬质层压板,名称为:GB/T 1303 EP GC 201。

下列缩写适用于本部分:

树脂类型		补强材料类型	
EP	环氧	CC	(纺织)棉布
		CP	纤维素纸
		GC	(纺织)玻璃布
		GM	玻璃毡
		PC	纺织聚酯纤维布

环氧树脂工业硬质层压板的型号见表1。

表 1 环氧树脂工业硬质层压板的型号

层压板型号			用途与特性
树脂	增强材料	系列号[a]	
EP	CC	301	机械和电气用。耐电痕化、耐磨、耐化学品性能好
	CP	201	电气用。高湿下电气性能稳定性好,低燃烧性
	GC	201	机械、电气及电子用。中温下机械强度极高,高温下电气性能稳定性好
		202	类似于 EP GC 201 型。低燃烧性
		203	类似于 EP GC 201 型。高温下机械强度高
		204	类似于 EP GC 203 型。低燃烧性
		205	类似于 EP GC 203 型,但采用粗布
		306	类似于 EP GC 203 型,但改进了电痕化指数
		307	类似于 EP GC 205 型,但改进了电痕化指数
		308	类似于 EP GC 203 型,但改进了耐热性
	GM	201	机械和电气用。中温下机械强度极高,高湿下电气性能稳定性好
		202	类似于 EP GM 201 型。低燃烧性
		203	类似于 EP GM 201 型。高温下机械强度高
		204	类似于 EP GM 203 型。低燃烧性
		305	类似于 EP GM 203 型,但改进了热稳定性
		306	类似于 EP GM 305 型,但改进了电痕化指数
	PC	301	电气和机械用。耐 SF_6 性能好

注:不应根据表 1 中得出:某一具体型号的层压板一定不适用于未被列出的用途,或者特定的层压板一定适用于所述大范围内的各种用途。

[a] 200 系列的型号名称按 ISO 1642 规定,而 300 系列的型号名称是后加的。

4 要求

4.1 外观

应符合 GB/T 1303.1—2009 中 5.1 的规定。

4.2 尺寸

4.2.1 层压板的原板宽度、长度的允许偏差应符合表 2 的规定。

表 2 宽度、长度的允许偏差

单位为毫米

宽度和长度	允许偏差
450～1 000	±15
>1 000～2 600	±25

4.2.2 标称厚度及允许偏差

层压板的标称厚度及偏差见表 3。

表 3　标称厚度及偏差

单位为毫米

标称厚度	偏差(所有型号)					
	EP CC 301	EP CP 201	EP GC 201、202 203、204 306、308	EP GC 205、307	EP GM 201、202 203、204 305、306	EP PC 301
0.4	—	±0.07	±0.10	—	—	—
0.5	—	±0.08	±0.12	—	—	—
0.6	—	±0.09	±0.13	—	—	—
0.8	±0.16	±0.10	±0.16	—	—	—
1.0	±0.18	±0.12	±0.18	—	—	—
1.2	±0.19	±0.14	±0.20	—	—	±0.21
1.5	±0.19	±0.16	±0.24	—	±0.30	±0.24
2.0	±0.22	±0.19	±0.28	—	±0.35	±0.28
2.5	±0.24	±0.22	±0.33	—	±0.40	±0.33
3.0	±0.30	±0.25	±0.37	±0.50	±0.45	±0.37
4.0	±0.34	±0.30	±0.45	±0.60	±0.50	±0.45
5.0	±0.39	±0.34	±0.52	±0.70	±0.55	±0.52
对 6 mm 及以上厚的 EP GC 205、307 板均为正偏差						
6.0	±0.44	±0.37	±0.60	1.60	±0.60	±0.60
8.0	±0.52	±0.47	±0.72	1.90	±0.70	±0.72
10.0	±0.60	—	±0.82	2.20	±0.80	±0.82
12.0	±0.68	—	±0.94	2.40	±0.90	±0.94
14.0	±0.74	—	±1.02	2.60	±1.00	±1.02
16.0	±0.80	—	±1.12	2.80	±1.10	±1.12
20.0	±0.93	—	±1.30	3.00	±1.30	±1.30
25.0	±1.08	—	±1.50	3.50	±1.40	±1.50
30.0	±1.22	—	±1.70	4.00	±1.45	±1.70
35.0	±1.34	—	±1.95	4.40	±1.50	±1.95
40.0	±1.47	—	±2.10	4.80	±1.55	±2.10
45.0	±1.60	—	±2.30	5.10	±1.65	±2.30
50.0	±1.74	—	±2.45	5.40	±1.75	±2.45
60.0	±2.02	—	—	5.80	±1.90	—
70.0	±2.32	—	—	6.20	±2.00	—
80.0	±2.62	—	—	6.60	±2.20	—
90.0	±2.92	—	—	6.80	±2.35	—
100.0	±3.22	—	—	7.00	±2.50	—

注：对于标称厚度不在本表所列的优选厚度时，其偏差应采用最接近的优选标称厚度的偏差。
其他偏差要求可由供需双方商定。

4.2.3 层压板切割板条宽度及偏差

层压板切割板条的宽度及偏差见表4。

表4 切割板条的宽度偏差(均为负偏差) 单位为毫米

标称厚度 d	标称宽度(所有型号)					
	$3<b\leqslant50$	$50<b\leqslant100$	$100<b\leqslant160$	$160<b\leqslant300$	$300<b\leqslant500$	$500<b\leqslant600$
0.4	0.5	0.5	0.5	0.6	1.0	1.5
0.5	0.5	0.5	0.5	0.6	1.0	1.5
0.6	0.5	0.5	0.5	0.6	1.0	1.5
0.8	0.5	0.5	0.5	0.6	1.0	1.0
1.0	0.5	0.5	0.5	0.6	1.0	1.0
1.2	0.5	0.5	0.5	1.0	1.2	1.2
1.5	0.5	0.5	0.5	1.0	1.2	1.2
2.0	0.5	0.5	0.5	1.0	1.2	1.5
2.5	0.5	1.0	1.0	1.5	2.0	2.5
3.0	0.5	1.0	1.0	1.5	2.0	2.5
4.0	0.5	2.0	2.0	3.0	4.0	5.0
5.0	0.5	2.0	2.0	3.0	4.0	5.0
注：通常上表中所列切割板条宽度的偏差均为单向的负偏差。其他偏差可由供需双方商定。						

4.3 **平直度**

层压板的平直度要求见表5。

表5 平直度 单位为毫米

厚度 d	直尺长度	
	1 000	500
$3<d\leqslant6$	10	2.5
$6<d\leqslant8$	8	2.0
$8<d$	6	1.5

4.4 **性能要求**

层压板的性能要求见表6。

表 6 性能要求

性能		单位	要求							
			型号							
			EP CC 301	EP CP 201	EP GC 201	EP GC 202	EP GC 203	EP GC 204	EP GC 205	EP GC 306
垂直层向弯曲强度	常态下	MPa	≥135	≥110	≥340	≥340	≥340	≥340	≥340	≥340
	150 ℃±3 ℃		—	—	—	—	—	≥170	≥170	≥170
表观弯曲弹性模量		MPa	—	—	≥24 000	—	—	—	—	—
垂直层向压缩强度		MPa	—	—	≥350	—	—	—	—	—
平行层向冲击强度（简支梁法）		kJ/m^2	≥3.5	—	≥33	≥33	≥33	≥33	≥50	≥33
平行层向冲击强度（悬臂梁法）		kJ/m^2	≥6.5	—	≥34	≥34	≥34	≥34	≥54	≥35
平行层向剪切强度		MPa	—	—	≥30	—	—	—	—	—
拉伸强度		MPa	—	—	≥300	—	—	—	—	—
垂直层向电气强度(90 ℃油中)		kV/mm	见表 7							
平行层向击穿电压(90 ℃油中)		kV	≥35	≥20	≥35	≥35	≥35	≥35	≥35	≥35
介电常数(50 Hz)		—	—	—	≤5.5	—	—	—	—	—
介电常数(1 MHz)		—	—	—	≤5.5	—	—	—	—	—
介质损耗因数(50 Hz)		—	—	—	≤0.04	—	—	—	—	—
介质损耗因数(1 MHz)		—	—	—	≤0.04	—	—	—	—	—
浸水后绝缘电阻		MΩ	$\geq 1\times10^3$	$\geq 1\times10^4$	$\geq 5\times10^4$	$\geq 5\times10^4$	$\geq 5\times10^4$	$\geq 5\times10^4$	$\geq 1\times10^4$	$\geq 5\times10^4$
耐电痕化指数(PTI)		—	—	—	≥200	—	—	—	—	—
长期耐热性		—	—	—	≥130	—	—	—	—	—
密度		g/cm^3	—	—	1.7-1.9	—	—	—	—	—
燃烧性		级	—	V-0	—	V-0	—	V-0	—	—
吸水性		mg	见表 8							

注：“表观弯曲弹性模量”、“垂直层向压缩强度”、“平行层向剪切强度”、“拉伸强度”、“工频介质损耗因数”、“工频介电常数”、“1 MHz 下介质损耗因数”、“1 MHz 下介电常数”、“密度”为特殊性能要求，由供需双方商定。

垂直层向弯曲强度(150 ℃±3 ℃)在 150 ℃±3 ℃/1 h 处理后在 150 ℃±3 ℃测定。

平行层向冲击强度（简支梁法）和平行层向冲击强度（悬臂梁法）任选一项达到要求即可。

介电常数(50 Hz)和介电常数(1 MHz)任选一项达到要求即可。

介质损耗因数(50 Hz)和介质损耗因数(1 MHz)任选一项达到要求即可。

表 6（续）

性能	单位	要求								
		型号								
		EP GC 307	EP GC 308	EP GM 201	EP GM 202	EP GM 203	EP GM 204	EP GM 305	EP GM 306	EP PC 301
弯曲强度										
常态下	MPa	≥340	≥340	≥320	≥320	≥320	≥320	≥320	≥320	≥110
150 ℃±3 ℃		≥170	≥170	—	—	≥160	≥160	≥160	≥160	—
平行层向简支梁冲击强度	kJ/m²	≥50	≥33	≥50	≥50	≥50	≥50	≥50	≥50	≥130
平行层向悬臂梁冲击强度	kJ/m²	≥55	≥35	≥55	≥55	≥55	≥55	≥55	≥55	≥145
垂直层向电气强度(90 ℃油中)	kV/mm	见表 7								
平行层向击穿电压(90 ℃油中)	kV	≥35	≥20	≥35	≥35	≥35	≥35	≥35	≥35	≥55
浸水后绝缘电阻	MΩ	1×10^4	5×10^4	5×10^3	5×10^3	5×10^3	5×10^3	5×10^3	5×10^3	1×10^2
耐电痕化指数	—	500	—	—	—	—	—	—	500	—
长期耐热性	—	—	180	—	—	—	—	180	180	—
燃烧性	级	—	—	—	V-0	—	V-0	—	—	—
吸水性	mg	见表 8								

注：弯曲强度(150 ℃±3 ℃)在 150 ℃±3 ℃/1 h 处理后在 150 ℃±3 ℃测定。

平行层向冲击强度（简支梁法）和平行层向冲击强度（悬臂梁法）任选一项达到要求即可。

表 7　垂直层向电气强度(90 ℃油中)
(1 min 耐压试验或 20 s 逐级升压试验)

单位为千伏每毫米

型号	测得的试样厚度平均值 mm																	
	0.4	0.5	0.6	0.7	0.8	0.9	1.0	1.2	1.4	1.5	1.8	2.0	2.2	2.4	2.5	2.6	2.8	3.0
EP CC 301	—	—	—	—	10.0	9.6	9.2	8.6	8.2	8.0	7.4	7.1	6.8	6.5	6.4	6.2	5.6	5.0
EP CP 201	19.0	18.2	17.6	17.1	16.6	16.2	15.8	15.2	14.7	14.5	13.9	13.6	13.4	13.3	13.3	13.2	13.0	13.0
EP GC 201	16.9	16.1	15.6	15.2	14.8	14.5	14.2	13.7	13.2	13.0	12.2	11.8	11.4	11.1	10.9	10.8	10.5	10.2
EP GC 202	16.9	16.1	15.6	15.2	14.8	14.5	14.2	13.7	13.2	13.0	12.2	11.8	11.4	11.1	10.9	10.8	10.5	10.2
EP GC 203	16.9	16.1	15.6	15.2	14.8	14.5	14.2	13.7	13.2	13.0	12.2	11.8	11.4	11.1	10.9	10.8	10.5	10.2
EP GC 204	16.9	16.1	15.6	15.2	14.8	14.5	14.2	13.7	13.2	13.0	12.2	11.8	11.4	11.1	10.9	10.8	10.5	10.2
EP GC 205	—	—	—	—	—	—	—	—	—	—	—	—	—	—	—	—	—	9.0
EP GC 306	16.9	16.1	15.6	15.2	14.8	14.5	14.2	13.7	13.2	13.0	12.2	11.8	11.4	11.1	10.9	10.8	10.5	10.2
EP GC 307	—	—	—	—	—	—	—	—	—	—	—	—	—	—	—	—	—	9.0
EP GC 308	16.9	16.1	15.6	15.2	14.8	14.5	14.2	13.7	13.2	13.0	12.2	11.8	11.4	11.1	10.9	10.8	10.5	10.2
EP GM 201	—	—	—	—	—	—	—	—	12.3	12.0	11.0	10.5	10.0	9.8	9.6	9.4	9.2	9.0
EP GM 202	—	—	—	—	—	—	—	—	12.3	12.0	11.0	10.5	10.0	9.8	9.6	9.4	9.2	9.0
EP GM 203	—	—	—	—	—	—	—	—	12.3	12.0	11.0	10.5	10.0	9.8	9.6	9.4	9.2	9.0
EP GM 204	—	—	—	—	—	—	—	—	12.3	12.0	11.0	10.5	10.0	9.8	9.6	9.4	9.2	9.0
EP GM 305	—	—	—	—	—	—	—	—	12.3	12.0	11.0	10.5	10.0	9.8	9.6	9.4	9.2	9.0
EP GM 306	—	—	—	—	—	—	—	—	12.3	12.0	11.0	10.5	10.0	9.8	9.6	9.4	9.2	9.0
EP PC 301	—	—	—	—	—	—	—	13.7	13.2	13.0	12.2	11.8	11.4	11.1	10.9	10.8	10.5	10.2

注：垂直层向电气强度(90 ℃油中)和 1 min 耐压试验或 20 s 逐级升压试验两者试验任取其一。对满足两者中任何一个要求的应视其垂直层向电气强度(90 ℃油中)符合要求。

如果测得的试样厚度算术平均值介于表中所示两种厚度之间,则其极限值应由内插法求得。如果测得的试样厚度算术平均值低于给出极限值的最小厚度,则电气强度极限值取相应最小厚度的值。如果标称厚度为 3 mm 而测得的厚度算术平均值超过 3 mm,则取 3 mm 厚度的极限值。

表 8　吸水性极限值

单位为毫克

型　号	测得的试样厚度平均值 mm																				
	0.4	0.5	0.6	0.8	1.0	1.2	1.5	2.0	2.5	3.0	4.0	5.0	6.0	8.0	10.0	12.0	14.0	16.0	20.0	25.0	22.5
EP CC 301	—	—	—	67	69	71	76	—	—	—	—	—	—	—	—	—	—	—	—	—	—
EP CP 201	30	31	31	33	35	37	41	45	50	55	60	68	76	90	—	—	—	—	—	—	—
EP GC 201	17	17	17	18	18	18	19	20	21	22	23	25	27	31	34	38	41	46	52	61	73
EP GC 202	17	17	17	18	18	18	19	20	21	22	23	25	27	31	34	38	41	46	52	61	73
EP GC 203	17	17	17	18	18	18	19	20	21	22	23	25	27	31	34	38	41	46	52	61	73
EP GC 204	17	17	17	18	18	18	19	20	21	22	23	25	27	31	34	38	41	46	52	61	73
EP GC 205	—	—	—	—	—	—	—	—	—	22	23	25	27	31	34	38	41	46	52	61	73
EP GC 306	17	17	17	18	18	18	19	20	21	22	23	25	27	31	34	38	41	46	52	61	73
EP GC 307	—	—	—	—	—	—	—	—	—	—	—	25	27	31	34	38	41	46	52	61	73
EP GC 308	17	17	17	18	18	18	19	20	21	22	23	25	27	31	34	38	41	46	52	61	73
EP GM 201	—	—	—	—	—	—	25	26	27	28	29	31	33	35	40	44	48	55	60	70	90
EP GM 202	—	—	—	—	—	—	25	26	27	28	29	31	33	35	40	44	48	55	60	70	90
EP GM 203	—	—	—	—	—	—	25	26	27	28	29	31	33	35	40	44	48	55	60	70	90
EP GM 204	—	—	—	—	—	—	25	26	27	28	29	31	33	35	40	44	48	55	60	70	90
EP GM 305	—	—	—	—	—	—	25	26	27	28	29	31	33	35	40	44	48	55	60	70	90
EP GM 306	—	—	—	—	—	—	25	26	27	28	29	31	33	35	40	44	48	55	60	70	90
EP PC 301	—	—	—	—	—	130	135	140	145	150	160	170	180	200	220	240	260	280	320	370	440

注：如果测得的试样厚度算术平均值介于表中所示两种厚度之间，则其极限值由内插法求得。如果测得的厚度算术平均值低于给出极限值的那个最小厚度，则其吸水性极限值取相应最小厚度的那个值。如果标称厚度为 25 mm 而测得的厚度均值超过 25 mm，则取 25 mm 厚度的那个极限值。

标称厚度大于 25 mm 的板应单面机加工至 22.5 mm±0.3 mm，并且加工面应光滑。

5 试验方法

5.1 总则

试验分出厂检验和型式试验。出厂检验为4.1、4.2、4.3及4.4表6中的“弯曲强度”和“垂直层向电气强度”,型式试验为全部性能项目。

5.2 外观

目测检查。

5.3 尺寸

5.3.1 厚度

按GB/T 1303.2—2009中4.1的规定。

5.3.2 宽度及长度

用分度为0.5 mm的直尺或量具至少测量三处,并报告其平均值。

5.4 平直度

按GB/T 1303.2—2009中4.2的规定。

5.5 弯曲强度

适用于试验的板材标称厚度为大于或等于1.5 mm,按GB/T 1303.2—2009中5.1的规定,高温试验时,试样应在高温试验箱内在规定温度下处理1 h后,在该规定温度下进行试验。

5.6 表观弯曲弹性模量

适用于试验的板材标称厚度为大于或等于1.5 mm,按GB/T 1303.2—2009中5.2的规定,高温试验时,试样应在高温试验箱内在规定温度下处理1 h后,在该规定温度下进行试验。

5.7 垂直层向压缩强度

适用于试验的板材标称厚度为大于或等于5.0 mm,按GB/T 1303.2—2009中5.3的规定。

5.8 平行层向剪切强度

适用于试验的板材标称厚度为大于或等于5.0 mm,按GB/T 1303.2—2009中5.5的规定。

5.9 拉伸强度

适用于试验的板材标称厚度为大于或等于1.5 mm,按GB/T 1303.2—2009中5.6的规定。

5.10 冲击强度

5.10.1 平行层向简支梁冲击强度

适用于试验的板材标称厚度为大于或等于5.0 mm,按GB/T 1303.2—2009中5.4.2的规定。

5.10.2 平行层向悬臂梁冲击强度

适用于试验的板材标称厚度为大于或等于5.0 mm,按GB/T 1303.2—2009中5.4.3的规定。

5.11 垂直层向电气强度

适用于试验的板材标称厚度为小于或等于3.0 mm,按GB/T 1303.2—2009中6.1.3.1的规定,试验报告应报告试验方式。

5.12 平行层向击穿电压

适用于试验的板材标称厚度为大于3.0 mm,按GB/T 1303.2—2009中6.1.3.2的规定,试验报告应报告电极的类型。

5.13 工频介质损耗因数

适用于试验的板材标称厚度为小于或等于3.0 mm,按GB/T 1303.2—2009中6.2的规定。

5.14 工频介电常数

适用于试验的板材标称厚度为小于或等于3.0 mm,按GB/T 1303.2—2009中6.2的规定。

5.15 1 MHz下介质损耗因数

适用于试验的板材标称厚度为小于或等于3.0 mm,按GB/T 1303.2—2009中6.2的规定。

5.16 1 MHz 下介电常数

适用于试验的板材标称厚度为小于或等于 3.0 mm,按 GB/T 1303.2—2009 中 6.2 的规定。

5.17 浸水后绝缘电阻

按 GB/T 1303.2—2009 中 6.3 的规定。

5.18 耐电痕化指数(PTI)

适用于试验的板材标称厚度大于或等于 3.0 mm,按 GB/T 1303.2—2009 中 6.4 的规定。

5.19 密度

按 GB/T 1303.2—2009 中 8.1 的规定。

5.20 燃烧性

适用于试验的板材标称厚度等于 3.0 mm,按 GB/T 1303.2—2009 中 7.2 的规定。

5.21 吸水性

按 GB/T 1303.2—2009 中 8.2 的规定。

6 供货要求

应符合 GB/T 1303.1—2009 中 5.4 的规定。

ICS 29.035.01
K 15

中华人民共和国国家标准

GB/T 1303.6—2009

电气用热固性树脂工业硬质层压板 第6部分：酚醛树脂硬质层压板

Industrial rigid laminated sheets based on thermosetting resins for electrical purposes—Part 6: Requirements for rigid laminated sheets based on phenolic resins

(IEC 60893-3-4:2003, Insulating materials—Industrial rigid laminated sheets based on thermosetting resins for electrical purposes—Part 3: Specifications for individual materials—Sheet 4: Requirements for rigid laminated sheets based on phenolic resins, MOD)

2009-06-10 发布 2009-12-01 实施

中华人民共和国国家质量监督检验检疫总局
中国国家标准化管理委员会 发布

前　言

GB/T 1303《电气用热固性树脂工业硬质层压板》,分为以下几个部分:

——第1部分:定义、名称和一般要求;

——第2部分:试验方法;

——第3部分:工业硬质层压板型号;

——第4部分:环氧树脂硬质层压板;

——第5部分:三聚氰胺树脂硬质层压板;

——第6部分:酚醛树脂硬质层压板;

——第7部分:聚酯树脂硬质层压板;

——第8部分:有机硅树脂硬质层压板;

——第9部分:聚酰亚胺树脂硬质层压板;

——第10部分:双马来酰亚胺树脂硬质层压板;

——第11部分:聚酰胺酰亚胺树脂硬质层压板;

……

本部分为GB/T 1303的第6部分。

本部分修改采用IEC 60893-3-4:2003(第2版)《电气用热固性树脂工业硬质层压板　第3部分:单项材料规范　第4篇:对酚醛树脂硬质层压板的要求》(英文版)。

本部分与IEC 60893-3-4:2003的差异如下:

a) 删除了IEC 60893-3-4:2003中的"前言"和"引言",将引言内容编入本部分的"前言"中;

b) 对第1章"范围"进行了修改,删除了有关材料符合性说明,增加了适用范围;

c) 删除了第3章名称举例中的尺寸标注内容;

d) 根据国内实际需要,增补了层压板原板宽度、长度的允许偏差性能要求;PFCP型增补了"表观弯曲弹性模量"、"垂直层向压缩强度"、"平行层向剪切强度"、"拉伸强度"、"粘合强度"、"工频介质损耗因数"、"工频介电常数"、"1 MHz下介质损耗因数"、"1 MHz下介电常数"、"耐电痕化指数"和"密度"性能要求;PFCC型增补了"表观弯曲弹性模量"、"平行层向剪切强度"、"拉伸强度"、"粘合强度"、"工频介电常数"、"耐电痕化指数"和"密度"性能要求。有关技术性差异在它们所涉及的条款的页边空白处用垂直单线标识;

e) 将"要求"一章按"外观"、"尺寸"、"平直度"、"性能要求"分条编写,将"供货要求"单独列为一章编写,同时对IEC 60893-3-4:2003中表5进行了修改,将备注内容列入表注;将表5中试验方法章条放入第5章"试验方法"重新编写,并增加了板条的测试方法;

f) 删除了IEC 60893-3-4:2003的参考文献。

本部分由中国电器工业协会提出。

本部分由全国绝缘材料标准化技术委员会(SAC/TC 51)归口。

本部分主要起草单位:北京新福润达绝缘材料有限责任公司、四川东材科技集团股份有限公司、西安西电电工材料有限责任公司、国家绝缘材料工程技术研究中心、桂林电器科学研究所。

本部分起草人:刘琦焕、赵平、杜超云、刘锋、罗传勇。

本部分为首次制定。

电气用热固性树脂工业硬质层压板
第6部分：酚醛树脂硬质层压板

1 范围

GB/T 1303的本部分规定了以酚醛树脂为粘合剂的硬质层压板的分类、要求和试验方法。

本部分适用于以棉布、纤维素纸、玻璃布、木质胶合板为基材，以酚醛树脂为粘合剂经热压而成的各类酚醛树脂硬质层压板。其用途和特性见表1。

2 规范性引用文件

下列文件中的条款通过GB/T 1303的本部分引用而成为本部分的条款。凡是注日期的引用文件，其随后所有的修改单(不包括勘误的内容)或修订版均不适用于本部分，然而，鼓励根据本部分达成协议的各方研究是否可使用这些文件的最新版本。凡是不注日期的引用文件，其最新版本适用于本部分。

GB/T 1303.1—2009 电气用热固性树脂工业硬质层压板 第1部分：定义、命名和一般要求(IEC 60893-1:2004，IDT)

GB/T 1303.2—2009 电气用热固性树脂工业硬质层压板 第2部分：试验方法(IEC 60893-2:2003，MOD)

3 分类

本部分所涉及的层压板按所用树脂和增强材料的不同以及板的特性不同划分成各种型号。各种板的名称构成如下：

——国家标准号；

——代表树脂的双字母缩写；

——代表增强材料的第二个双字母缩写；

——系列号。

名称举例：PF CP 201型工业硬质层压板，名称为：GB/T 1303.6-PF CP 201

下列缩写用于本部分：

树脂类型	增强材料类型
PF 酚醛	CC (纺织)棉布
	CP 纤维素纸
	GC (纺织)玻璃布
	WV 木质胶合板

表1 酚醛树脂工业硬质层压板的型号

层压板型号			用途与特性[a]
树脂	增强材料	系列号	
PF	CC	201	机械用。较PF CC 202型机械性能好，但电气性能较其差
		202	机械和电气用
		203	机械用。推荐用于制作小零件。较PF CC 204型机械性能好，但电气性能较其差

表 1（续）

层压板型号			用途与特性[a]
树脂	增强材料	系列号	
PF	CC	204	机械和电气用。推荐用于制作小零件
		305	机械和电气用。用于高精度机加工
	CP	201	机械用。机械性能较其他 PF CP 型更好，一般湿度下电气性能较差。适用于热冲加工
		202	工频高电压用。油中电气强度高，一般湿度下空气中电气强度好
		203	机械和电气用。一般湿度下电气性能好。适用于热冲加工
		204	电气和电子用。高湿度下电气性能稳定性好。适用于冷冲加工或热冲加工
		205	类似于 PF CP 204 型，但具低燃烧性
		206	机械和电气用。高湿度下电气性能好。适用于热冲加工
		207	类似于 PF CP 201 型，但提高了低温下的冲孔性
		308	类似于 PF CP 206 型，但具低燃烧性
	GC	201	机械和电气用。一般湿度下机械强度高、电气性能好，耐热
	WV	201	机械用。交叉层叠。机械性能好
		202	机械和电气用。交叉层叠。一般湿度下电气性能好
		303	机械用。同向层叠。机械性能好
		304	机械和电气用。同向层叠

[a] 不应根据表 1 中得出：某一具体型号的层压板一定不适用于未被列出的用途，或者特定的层压板一定适用于所述大范围内的各种用途。

4 要求

4.1 外观

应符合 GB/T 1303.1—2009 中 5.1 的规定。

4.2 尺寸

4.2.1 层压板的原板宽度、长度的允许偏差应符合表 2 的规定。

表 2 宽度、长度的允许偏差

单位为毫米

宽度和长度	允许偏差
450～1 000	±15
＞1 000～2 600	±25

4.2.2 厚度

层压板的标称厚度及公差见表 3。

表3 标称厚度及公差

单位为毫米

标称厚度	标称厚度公差(所有型号)				
	PF CP 所有型号	PF CC 201 PF CC 202	PF CC 203 PF CC 204 PF CC 305	PF GC 201	PF WV 所有型号
0.4	±0.07	—	—	±0.10	—
0.5	±0.08	—	±0.13	±0.12	—
0.6	±0.09	—	±0.14	±0.13	—
0.8	±0.10	±0.19	±0.15	±0.16	—
1.0	±0.12	±0.20	±0.16	±0.18	—
1.2	±0.14	±0.22	±0.17	±0.21	—
1.5	±0.16	±0.24	±0.19	±0.24	—
2.0	±0.19	±0.26	±0.21	±0.28	—
2.5	±0.22	±0.29	±0.24	±0.33	—
3.0	±0.25	±0.31	±0.26	±0.37	—
4.0	±0.30	±0.36	±0.32	±0.45	—
5.0	±0.34	±0.42	±0.36	±0.52	—
6.0	±0.37	±0.46	±0.40	±0.60	—
8.0	±0.47	±0.55	±0.49	±0.72	—
10.0	±0.55	±0.63	±0.56	±0.82	—
12.0	±0.62	±0.70	±0.64	±0.94	±1.25
14.0	±0.69	±0.78	±0.70	±1.02	±1.35
16.0	±0.75	±0.85	±0.76	±1.12	±1.45
20.0	±0.86	±0.95	±0.87	±1.30	±1.60
25.0	±1.00	±1.10	±1.02	±1.50	±1.80
30.0	±1.15	±1.22	±1.12	±1.70	±2.00
35.0	±1.25	±0.34	±1.24	±1.95	±2.10
40.0	±1.35	±1.45	±1.35	±2.10	±2.25
45.0	±1.45	±1.55	±1.45	±2.30	±2.40
50.0	±1.55	±1.65	±1.55	±2.45	±2.50
60.0	—	—	—	—	±2.80
70.0	—	—	—	—	±3.00
80.0	—	—	—	—	±3.25
90.0	—	—	—	—	±3.60
100.0	—	—	—	—	±3.75

注1：对于标称厚度不在本表所列的优选厚度时，其公差应采用最接近的优选标称厚度的公差。

注2：其他公差要求可由供需双方商定。

4.2.3 层压板切割板条宽度及公差

层压板切割板条的宽度及公差见表4。

表4 层压板切割板条的宽度及公差(均为负公差)

单位为毫米

标称厚度 d	标称宽度(所有型号)					
	$3<b\leqslant50$	$50<b\leqslant100$	$100<b\leqslant160$	$160<b\leqslant300$	$300<b\leqslant500$	$500<b\leqslant600$
0.4	0.5	0.5	0.5	0.6	1.0	1.5
0.5	0.5	0.5	0.5	0.6	1.0	1.5
0.6	0.5	0.5	0.5	0.6	1.0	1.5
0.8	0.5	0.5	0.5	0.6	1.0	1.0
1.0	0.5	0.5	0.5	0.6	1.0	1.0
1.2	0.5	0.5	0.5	1.0	1.2	1.2
1.5	0.5	0.5	0.5	1.0	1.2	1.2
2.0	0.5	0.5	0.5	1.0	1.2	1.5
2.5	0.5	1.0	1.0	1.5	2.0	2.5
3.0	0.5	1.0	1.0	1.5	2.0	2.5
4.0	0.5	2.0	2.0	3.0	4.0	5.0
5.0	0.5	2.0	2.0	3.0	4.0	5.0
注:表中所列宽度的公差均为单向负公差。其他公差可由供需双方商定。						

4.3 平直度

平直度要求见表5。

表5 平直度

单位为毫米

材料	厚度 d	直尺长度	
		1 000	500
PF WV 型	$12\leqslant d$	9	2.0
所有其他型号	$3<d\leqslant6$	10	2.5
	$6<d\leqslant8$	8	2.0
	$d>8$	6	1.5

4.4 性能要求

层压板的性能要求见表6。

表 6 性能要求

性能	单位	要求							
		PF CP 201	PF CP 202	PF CP 203	PF CP 204	PF CP 205	PF CP 206	PF CP 207	PF CP 308
弯曲强度	MPa	≥135	≥120	≥120	≥75	≥75	≥85	≥80	≥85
表观弯曲弹性模量	MPa	≥7 000	≥7 000	≥7 000	≥7 000	≥7 000	≥7 000	≥7 000	≥7 000
垂直层向压缩强度	MPa	≥300	≥300	≥250	≥250	≥250	≥250	≥250	≥250
平行层向剪切强度	MPa	≥10	≥10	≥10	≥10	≥10	≥10	≥10	≥10
拉伸强度	MPa	≥100	≥100	≥100	≥100	≥100	≥100	≥100	≥100
粘合强度	N	≥3 600	≥3 600	≥3 200	≥3 200	≥3 200	≥3 200	≥3 200	≥3 200
垂直层向电气强度(90 ℃油中)	kV/mm	见表 7							
平行层向击穿电压(90 ℃油中)[a]	kV	—	≥35[a]	≥15	≥25	≥20	≥25	—	≥25
工频介质损耗因数	—	—	≤0.05	—	—	—	—	—	—
工频介电常数	—	—	≤5.5	—	—	—	—	—	—
1 MHz 下介质损耗因数	—	—	—	≤0.05	≤0.05	≤0.05	≤0.05	≤0.05	≤0.05
1 MHz 下介电常数	—	—	—	≤5.5	≤5.5	≤5.5	≤5.5	≤5.5	≤5.5
浸水后绝缘电阻	Ω	—	—	≥5.0×10^7	≥5.0×10^9	≥1.0×10^9	≥1.0×10^9	—	≥1.0
耐电痕化指数	—	—	≥100	≥100	≥100	≥100	≥100	—	≥100
密度	g/cm³	1.3～1.4							
燃烧性	级	—	—	—	—	V-1	—	—	V-1
吸水性	mg	见表 8							

注 1:“—”表示无此要求。

注 2:“平行层向剪切强度”与“粘合强度”任选一项达到要求即可。

注 3:在本部分中,燃烧性试验主要用于监控层压板生产的一致性,所测结果并不全面代表材料实际使用过程的着火危险性。

注 4:“表观弯曲弹性模量”、“垂直层向压缩强度”、“平行层向剪切强度”、“拉伸强度”、“粘合强度”、“工频介质损耗因数”、“工频介电常数”、“1 MHz 下介质损耗因数”、“1 MHz 下介电常数”、“耐电痕化指数”、“密度”为特殊性能要求,由供需双方商定。

[a] 试验前经(105 ℃±5 ℃)/96 h 空气中处理,然后立即浸入 90 ℃±2 ℃热油中测定。

表 6（续）

性能	单位	要求									
		PF CC 201	PF CC 202	PF CC 203	PF CC 204	PF CC 305	PF GC 201	PF WV 201	PF WV 202	PF WV 303	PF WV 304
弯曲强度	MPa	≥100	≥90	≥110	≥100	≥125	≥200	≥100	≥100	≥180	≥170
表观弯曲弹性模量	MPa	≥7 000	≥7 000	≥7 000	≥7 000	≥7 000	—	—	—	—	—
平行层向简支梁冲击强度	kJ/m^2	≥8.8	≥7.8	≥7.0	≥6.0	≥6.0	≥25	≥10	≥10	≥25	≥25
平行层向悬臂梁冲击强度	kJ/m^2	≥5.4	≥5.9	≥5.9	≥4.9	≥4.9	≥29	≥5.9	≥4.9	待定	待定
平行层向剪切强度	MPa	≥25	≥25	≥20	≥20	≥20	—	—	—	—	—
粘合强度	N	≥3 600	≥3 600	≥3 200	≥3 200	≥3 200	≥3 200	—	—	—	—
拉伸强度	MPa	≥80	≥85	≥60	≥80	≥80	—	—	—	—	—
垂直层向电气强度（90 ℃油中）	kV/mm	见表 7						由供需双方商定			
平行层向击穿电压（90 ℃油中）	kV	待定	≥20	待定	≥20	待定	≥20	—	≥25	—	≥25
浸水后绝缘电阻	Ω	待定	≥5.0×10^7	待定	≥5.0×10^7	待定	≥1.0×10^8	—	≥1.0×10^7	—	≥1.0×10^7
工频介电常数	—	—	—	≤5.5	≤5.5	≤5.5	—	—	—	—	—
耐电痕化指数	—	≥100	≥100	≥100	≥100	≥100	—	—	—	—	—
密度	g/cm^3	1.3～1.4					—	—	—	—	—
吸水性	mg	见表 8									

注 1：“—”表示无此要求。

注 2：平行层向简支梁冲击强度和平行层向悬臂梁冲击强度，两者之一满足要求即可。

注 3：“表观弯曲弹性模量”、“平行层向剪切强度”、“拉伸强度”、“粘合强度”、“工频介电常数”、“耐电痕化指数”、“密度”为特殊性能要求，由供需双方商定。

表 7 垂直层向电气强度(90 ℃油中)

(1 min 耐压试验或 20 s 逐级升压试验)[a]

单位为千伏每毫米

型号	测得的试样厚度平均值[b] mm															
	0.4	0.5	0.6	0.7	0.8	0.9	1.0	1.2	1.5	1.8	2.0	2.2	2.4	2.6	2.8	3.0
PF CC 201	—	—	—	—	0.89	0.84	0.82	0.80	0.74	0.69	0.65	0.61	0.58	0.56	0.53	0.50
PF CC 202	—	—	—	—	5.60	5.30	5.10	4.60	4.00	3.60	3.40	3.30	3.20	3.10	3.00	3.00
PF CC 203	—	0.98	0.95	0.92	0.89	0.84	0.82	0.80	0.74	0.69	0.65	0.61	0.58	0.56	0.53	0.50
PF CC 204	—	8.10	7.70	7.30	7.00	6.60	6.30	5.80	5.25	4.80	4.60	4.40	4.20	4.10	4.10	4.00
PF CC 305	2.72	2.50	2.30	2.15	1.97	1.89	1.72	1.52	1.21	1.10	1.03	1.00	0.90	0.85	0.83	0.80
PF CP 202[c]	19.00	18.20	17.60	17.10	16.60	16.20	15.80	15.20	14.50	13.90	13.60	13.40	13.30	13.20	13.00	13.00
PF CP 203	7.70	7.60	7.50	7.40	7.30	7.20	7.00	6.90	6.70	6.40	6.20	5.90	5.70	5.50	5.20	5.00
PF CP 204	15.70	14.70	14.00	13.40	12.90	12.50	12.10	11.40	10.40	9.60	9.30	9.00	8.80	8.60	8.50	8.40
PF CP 205	15.70	14.70	14.00	13.40	12.90	12.50	12.10	11.40	10.10	9.60	9.30	9.00	8.80	8.60	8.50	8.40
PF CP 206	17.50	16.00	15.00	14.10	13.40	12.80	12.30	11.40	10.35	9.50	9.10	8.70	8.40	8.20	7.90	7.70
PF CP 308	17.50	16.00	15.00	14.10	13.40	12.80	12.30	11.40	10.30	9.50	9.10	8.70	8.40	8.20	7.90	7.70
PF GC 201	10.80	10.20	9.70	9.30	9.00	8.70	8.40	8.00	7.45	7.00	6.80	6.50	6.30	6.10	5.90	5.70

[a] 两者试验任取其一。对满足两者中任何一个要求的应视其垂直层向电气强度(90 ℃油中)符合要求。

[b] 如果测得的试样厚度算术平均值介于表中所示两种厚度之间,则其极限值应由内插法求得。如果测得的试样厚度算术平均值低于给出极限值的最小厚度,则电气强度极限值取相应最小厚度的值。如果标称厚度为 3 mm 而测得的厚度算术平均值超过 3 mm,则取 3 mm 厚度的极限值。

[c] PF CP202 型板试验前应在 105 ℃±5 ℃的空气中预处理 96 h,然后立即浸入 90 ℃±2 ℃热油中测定。

表 8　吸水性极限值

单位为毫克

性　能	测得的试样厚度平均值[a] mm																				
	0.4	0.5	0.6	0.8	1.0	1.2	1.5	2.0	2.5	3.0	4.0	5.0	6.0	8.0	10.0	12.0	14.0	16.0	20.0	25.0	22.5[b]
PF CC 201	—	—	—	201	206	211	218	229	239	249	262	275	284	301	319	336	354	371	406	450	540
PF CC 202	—	—	—	133	136	139	144	151	157	162	169	175	182	195	209	223	236	250	277	311	373
PF CC 203	—	190	194	201	206	211	218	229	239	249	262	275	284	301	319	336	354	371	406	450	540
PF CC 204	—	127	129	133	136	139	144	151	157	162	169	175	182	195	209	223	236	250	277	311	373
PF CC 305	—	190	194	201	206	211	218	229	239	249	262	275	284	301	319	336	354	371	406	450	540
PF CP 201	410	417	423	437	450	460	475	500	525	550	600	650	700	810	920	1 020	1 130	1 230	1 440	1 700	2 040
PF CP 202	165	167	168	173	180	188	200	220	240	260	300	342	382	147	550	630	720	800	970	1 150	1 380
PF CP 203	160	162	163	167	170	174	180	190	195	200	220	235	250	285	320	350	390	420	490	570	684
PF CP 204	44	45	46	47	48	50	52	56	58	63	70	77	84	99	113	128	142	157	196	222	266
PF CP 205	44	45	46	47	48	50	52	56	58	63	70	77	84	99	113	128	142	157	196	222	266
PF CP 206	62	63	65	67	69	71	75	80	85	90	100	110	118	135	149	162	175	175	202	219	263
PF CP 207	410	417	423	437	450	460	475	500	525	550	600	650	700	810	920	1 020	1 130	1 230	1 440	1 700	2 040
PF CP 308	62	63	65	67	69	71	75	80	85	90	100	110	118	135	149	162	175	186	202	219	263
PF GC 201	80	85	89	95	100	105	115	127	140	153	178	202	226	270	310	347	380	410	465	525	630
PF WV 201	—	—	—	—	—	—	—	—	—	—	—	—	—	—	—	2 500	2 650	2 810	3 110	3 500	4 200
PF WV 202	—	—	—	—	—	—	—	—	—	—	—	—	—	—	—	600	630	660	720	800	960
PF WV 303	—	—	—	—	—	—	—	—	—	—	—	—	—	—	—	2 500	2 650	2 810	3 110	3 500	4 200
PF WV 304	—	—	—	—	—	—	—	—	—	—	—	—	—	—	—	600	630	660	720	800	960

a 如果测得的试样厚度算术平均值介于表中所示两种厚度之间，则其极限值应由内插法求得。如果测得的试样厚度算术平均值低于给出极限值的最小厚度，则其吸水性极限值取相应最小厚度的值。如果标称厚度为 25 mm 而测得的厚度算术平均值超过 25 mm，则取 25 mm 厚度的极限值。

b 标称厚度大于 25 mm 的板应从单面机加工至 22.5 mm±0.3 mm，并且加工面应光滑。

5 试验方法

5.1 总则

试验分出厂检验和型式试验。出厂检验为4.1、4.2、4.3及4.4表6中的“弯曲强度”和“垂直层向电气强度”，型式试验为全部性能项目。

5.2 外观

目测检查。

5.3 尺寸

5.3.1 厚度

按GB/T 1303.2—2009中4.1的规定。

5.3.2 宽度及长度

用分度为0.5 mm的直尺或量具至少测量三处，并报告其平均值。

5.4 平直度

按GB/T 1303.2—2009中4.2的规定。

5.5 弯曲强度

适用于试验的板材标称厚度为大于或等于1.5 mm，按GB/T 1303.2—2009中5.1的规定，高温试验时，试样应在高温试验箱内在规定温度下处理1 h后，在该规定温度下进行试验。

5.6 表观弯曲弹性模量

适用于试验的板材标称厚度为大于或等于1.5 mm，按GB/T 1303.2—2009中5.2的规定，高温试验时，试样应在高温试验箱内在规定温度下处理1 h后，在该规定温度下进行试验。

5.7 垂直层向压缩强度

适用于试验的板材标称厚度为大于或等于5.0 mm，按GB/T 1303.2—2009中5.3的规定。

5.8 平行层向剪切强度

适用于试验的板材标称厚度为大于或等于5.0 mm，按GB/T 1303.2—2009中5.5的规定。

5.9 拉伸强度

适用于试验的板材标称厚度为大于或等于1.5 mm，按GB/T 1303.2—2009中5.6的规定。

5.10 粘合强度

5.10.1 适用于试验的板材标称厚度为大于或等于10.0 mm，每组试样不少于五个，尺寸为长25 mm±0.2 mm，宽25 mm±0.2 mm，厚为标称厚度10 mm。标称厚度10 mm以上者，应从两面加工至10 mm±0.2 mm。标称厚度10 mm以下者不予试验。试样两相邻面应互相垂直。

5.10.2 示值误差不超过1%的材料试验机，试样破坏的负荷量应在试验机的刻度范围(15～85)%之间，试验机压头上装有Φ10 mm的钢球。

5.10.3 试验前需将试样进行预处理，预处理及试验条件按GB/T 1303.2—2009中第3章规定进行。

5.10.4 将试样置于下夹具平台的中央，调整钢球与试样位置，使其如图1所示，然后以(10 mm±2 mm)/min的速度施加压力，直至试样破坏读取负荷值。

5.10.5 粘合强度以试样破坏所施加压力值表示，取每组试样的算术平均值，个别值对平均值的允许偏差为±15%。

单位为毫米

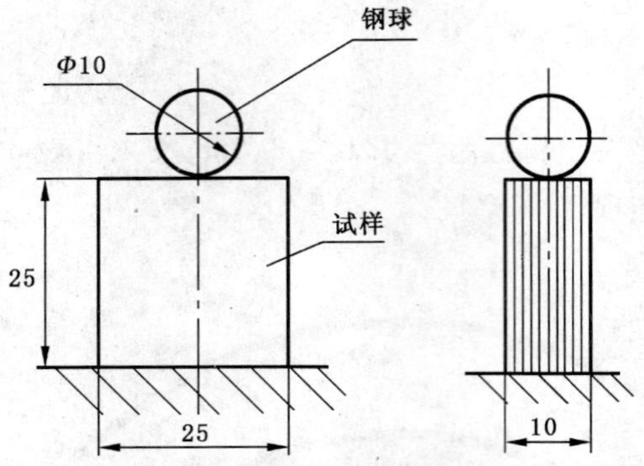

图 1 粘合强度试验装置

5.11 冲击强度

5.11.1 平行层向简支梁冲击强度

适用于试验的板材标称厚度为大于或等于 5.0 mm，按 GB/T 1303.2—2009 中 5.4.2 的规定。

5.11.2 平行层向悬臂梁冲击强度

适用于试验的板材标称厚度为大于或等于 5.0 mm，按 GB/T 1303.2—2009 中 5.4.3 的规定。

5.12 垂直层向电气强度

适用于试验的板材标称厚度为小于或等于 3.0 mm，按 GB/T 1303.2—2009 中 6.1.3.1 的规定，试验报告应报告试验方式。

5.13 平行层向击穿电压

适用于试验的板材标称厚度为大于 3.0 mm，按 GB/T 1303.2—2009 中 6.1.3.2 的规定，试验报告应报告电极的类型。

5.14 工频介质损耗因数

适用于试验的板材标称厚度为小于或等于 3.0 mm，按 GB/T 1303.2—2009 中 6.2 的规定。

5.15 工频介电常数

适用于试验的板材标称厚度为小于或等于 3.0 mm，按 GB/T 1303.2—2009 中 6.2 的规定。

5.16 1 MHz 下介质损耗因数

适用于试验的板材标称厚度为小于或等于 3.0 mm，按 GB/T 1303.2—2009 中 6.2 的规定。

5.17 1 MHz 下介电常数

适用于试验的板材标称厚度为小于或等于 3.0 mm，按 GB/T 1303.2—2009 中 6.2 的规定。

5.18 浸水后绝缘电阻

按 GB/T 1303.2—2009 中 6.3 的规定。

5.19 耐电痕化指数(PTI)

适用于试验的板材标称厚度大于或等于 3.0 mm，按 GB/T 1303.2—2009 中 6.4 的规定。

5.20 密度

按 GB/T 1303.2—2009 中 8.1 的规定。

5.21 燃烧性

适用于试验的板材标称厚度等于 3.0 mm，按 GB/T 1303.2—2009 中 7.2 的规定。

5.22 吸水性

按 GB/T 1303.2—2009 中 8.2 的规定。

6 供货要求

应符合 GB/T 1303.1—2009 中 5.4 的规定。

ICS 29.035.01
K 15

中华人民共和国国家标准

GB/T 1303.7—2009/IEC 60893-3-5:2003

电气用热固性树脂工业硬质层压板 第7部分:聚酯树脂硬质层压板

Industrial rigid laminated sheets based on thermosetting resins for electrical purposes—Part 7: Requirements for rigid laminated sheets based on polyester resins

(IEC 60893-3-5:2003, Insulating materials—Industrial rigid laminated sheets based on thermosetting resins for electrical purposes—Part 3: Specifications for individual materials—Sheet 5: Requirements for rigid laminated sheets based on polyester resins, IDT)

2009-06-10 发布　　　　2009-12-01 实施

中华人民共和国国家质量监督检验检疫总局
中国国家标准化管理委员会 发布

前　言

GB/T 1303《电气用热固性树脂工业硬质层压板》,分为以下几个部分:

——第1部分:定义、名称和一般要求;

——第2部分:试验方法;

——第3部分:工业硬质层压板型号;

——第4部分:环氧树脂硬质层压板;

——第5部分:三聚氰胺树脂硬质层压板;

——第6部分:酚醛树脂硬质层压板;

——第7部分:聚酯树脂硬质层压板;

——第8部分:有机硅树脂硬质层压板;

——第9部分:聚酰亚胺树脂硬质层压板;

——第10部分:双马来酰亚胺树脂硬质层压板;

——第11部分:聚酰胺酰亚胺树脂硬质层压板;

……

本部分是GB/T 1303的第7部分。

本部分等同采用IEC 60893-3-5:2003(第2版)《电气用热固性树脂工业硬质层压板　第3部分:单项材料规范　第5篇:对聚酯树脂硬质层压板的要求》(英文版)。

为便于使用对IEC 60893-3-5:2003进行了下述编辑性修改:

a) 删除了IEC 60893-3-5:2003中的"前言"和"引言",将引言内容编入本部分的"前言"中;

b) 对第1章"范围"进行了修改,删除了有关材料符合性说明,增加了适用范围;

c) 删除第3章的尺寸标注内容;

d) 将"要求"一章按"外观"、"尺寸"、"平直度"、"性能要求"分条编写,将"供货要求"单独列为一章编写,同时对IEC 60893-3-5:2003中表5进行了修改,将备注内容列入表注;将表5中试验方法章条列入第5章"试验方法"重新编写,并增加了切割板条的测试方法及总则;

e) 删除了IEC 60893-3-5:2003的参考文献。

本部分由中国电器工业协会提出。

本部分由全国绝缘材料标准化技术委员会(SAC/TC 51)归口。

本部分主要起草单位:北京新福润达绝缘材料有限责任公司、四川东材科技集团股份有限公司、西安西电电工材料有限责任公司、国家绝缘材料工程技术研究中心、桂林电器科学研究所。

本部分起草人:刘琦焕、赵平、杜超云、刘锋、罗传勇。

本部分为首次制定。

电气用热固性树脂工业硬质层压板
第7部分:聚酯树脂硬质层压板

1 范围

GB/T 1303 的本部分规定了以聚酯树脂为粘合剂的硬质层压板的分类与命名、要求、试验方法及供货要求。

本部分适用于以玻璃毡为基材,以聚酯树脂为粘合剂经热压而成的聚酯树脂硬质层压板。

2 规范性引用文件

下列文件中的条款通过 GB/T 1303 的本部分的引用而成为本部分的条款。凡是注日期的引用文件,其随后所有的修改单(不包括勘误的内容)或修订版均不适用于本部分,然而,鼓励根据本部分达成协议的各方研究是否可使用这些文件的最新版本。凡是不注日期的引用文件,其最新版本适用于本部分。

GB/T 1303.1—2009 电气用热固性树脂工业硬质层压板 第1部分:定义、名称和一般要求(IEC 60893-1:2004,IDT)

GB/T 1303.2—2009 电气用热固性树脂工业硬质层压板 第2部分:试验方法(IEC 60893-2:2003,MOD)

3 命名与分类

3.1 命名

按树脂和增强材料及板材特性进行命名。

示例:

UP GM 201
- 201 —— 特性系列号
- GM —— 玻璃毡补强
- UP —— 不饱和聚酯树脂

3.2 分类

层压板型号见表1。

表1 不饱和聚酯树脂工业硬质层压板型号

层压板型号			用途和性能[a]
树脂	增强材料	系列号	
UP	GM	201	机械和电气用。高湿度下电气性能良好,中温下机械性能良好
		202	机械和电气用。类似 UP GM201,但阻燃性好
		203	机械和电气用。类似 UP GM202,但提高了耐电弧和耐电痕化
		204	机械和电气用。室温下机械性能良好,高温下机械性能良好
		205	机械和电气性能用。类似 UP GM204 型,但阻燃性好

[a] 不应根据表1中得出:某一具体型号的层压板一定不适用于未被列出的用途,或者特定的层压板一定适用于所述大范围内的各种用途。

4 要求

4.1 外观

应符合 GB/T 1303.1—2009 中 5.1 规定。

4.2 尺寸

4.2.1 层压板原板宽度、长度的允许偏差应符合表 2 的规定。

表 2 宽度和长度的允许偏差

单位为毫米

宽度和长度	允许偏差
450～1 000	±15
>1 000～2 600	±25

4.2.2 厚度

层压板标称厚度及允许偏差见表 3。

表 3 标称厚度及允许偏差

单位为毫米

标称厚度	允许偏差(所有型号)
0.8	±0.23
1.0	±0.23
1.2	±0.23
1.5	±0.25
2.0	±0.25
2.5	±0.30
3.0	±0.35
4.0	±0.40
5.0	±0.55
6.0	±0.60
8.0	±0.70
10.0	±0.80
12.0	±0.90
14.0	±1.00
16.0	±1.10
20.0	±1.30
25.0	±1.40
30.0	±1.45
35.0	±1.50
40.0	±1.55
45.0	±1.65
50.0	±1.75
60.0	±1.90
70.0	±2.00
80.0	±2.20
90.0	±2.35
100.0	±2.50
注 1：对于标称厚度不在本表所列的优选厚度时，其允许偏差应采用最接近的优选标称厚度的偏差。 注 2：其他偏差要求可由供需双方商定。	

4.2.3 层压板切割板条宽度及偏差

层压板切割板条的宽度及允许偏差见表4。

表4 层压板切割板条的宽度允许偏差(均为负偏差)

单位为毫米

标称厚度 d	标称宽度(所有型号)					
	$3<b\leqslant50$	$50<b\leqslant100$	$100<b\leqslant160$	$160<b\leqslant300$	$300<b\leqslant500$	$500<b\leqslant600$
0.8	0.5	0.5	0.5	0.6	1.0	1.0
1.0	0.5	0.5	0.5	0.6	1.0	1.0
1.2	0.5	0.5	0.5	1.0	1.2	1.2
1.5	0.5	0.5	0.5	1.0	1.2	1.2
2.0	0.5	0.5	0.5	1.0	1.2	1.5
2.5	0.5	1.0	1.0	1.5	2.0	2.5
3.0	0.5	1.0	1.0	1.5	2.0	2.5
4.0	0.5	2.0	2.0	3.0	4.0	5.0
5.0	0.5	2.0	2.0	3.0	4.0	5.0
注：表中所列宽度的偏差均为单向的负偏差,其他偏差可由供需双方商定。						

4.3 平直度

表5 平直度

单位为毫米

厚度 d	直尺长度	
	1 000	500
$3<d\leqslant6$	$\leqslant10$	$\leqslant2.5$
$6<d\leqslant8$	$\leqslant8$	$\leqslant2.0$
$8<d$	$\leqslant6$	$\leqslant1.5$

4.4 性能要求

性能要求见表6规定。

表6 性能要求

序号	性能		单位	要求				
				UP GM 201	UP GM 202	UP GM 203	UP GM 204	UP GM 205
1	弯曲强度	常态	MPa	≥130	≥130	≥130	≥250	≥250
		130 ℃±2 ℃		—	≥65	≥65	—	—
		150 ℃±2 ℃		—	—	—	≥125	≥125
2	平行层向简支梁冲击强度		kJ/m^2	≥40	≥40	≥40	≥50	≥50
3	平行层向悬臂梁冲击强度		kJ/m^2	≥35	≥35	≥35	≥44	≥44
4	垂直层向电气强度(90 ℃±2 ℃油中)		kV/mm	见表7				
5	平行层向击穿电压(90 ℃±2 ℃油中)		kV	≥35	≥35	≥35	≥35	≥35
6	浸水后绝缘电阻		MΩ	$\geqslant5.0\times10^2$	$\geqslant5.0\times10^2$	$\geqslant5.0\times10^2$	$\geqslant5.0\times10^2$	$\geqslant5.0\times10^2$
7	耐电痕化指数(PTI)		—	≥500	≥500	≥500	≥500	≥500

表 6（续）

序号	性　　能	单位	要　　求				
			UP GM 201	UP GM 202	UP GM 203	UP GM 204	UP GM 205
8	耐电痕化和蚀损	级	—	—	1B2.5	—	—
9	燃烧性	级	—	V-0	V-0	—	V-0
10	吸水性	mg	见表 8				

注 1：对所有 UP GM 型号，切自未经修边的板的外缘 13 mm 的板条不要求符合本部分的规定。

注 2："—"表示无此要求。

注 3：平行层向简支梁冲击强度和平行层向悬臂梁冲击强度，两者之一满足要求即可。

注 4：燃烧性试验主要用于监控层压板生产的一致性，所测结果并不全面代表材料实际使用过程中的潜在的着火危险性。

表 7　垂直层向电气强度

（1 min 耐压或 20 s 逐级升压试验）　　单位为千伏每毫米

型号	测得的试样厚度平均值 mm								
	1.5	1.8	2.0	2.2	2.4	2.5	2.6	2.8	3.0
UP GM201	12.0	11.0	10.5	10.0	9.6	9.4	9.2	9.0	9.0
UP GM202	12.0	11.0	10.5	10.0	9.6	9.4	9.2	9.0	9.0
UP GM203	12.0	11.0	10.5	10.0	9.6	9.4	9.2	9.0	9.0
UP GM204	12.0	11.0	10.5	10.0	9.6	9.4	9.2	9.0	9.0
UP GM205	12.0	11.0	10.5	10.0	9.6	9.4	9.2	9.0	9.0

注 1：两种试验任取其一。满足两者中任何一个要求应视其垂直层向电气强度(90 ℃油中)符合要求。

注 2：如果测得的试样厚度算术平均值介于表中所示两种厚度之间，则其极限值应由内插法求得。如果测得的试样厚度算术平均值低于给出极限值的最小厚度，则电气强度极限值取相应最小厚度的值。如果标称厚度为 3 mm 而测得的厚度算术平均值超过 3 mm，则取 3 mm 电气强度值。

表 8　吸水性极限值　　单位为毫克

型号	测得的试样厚度平均值 mm																
	0.8	1.0	1.2	1.5	2.0	2.5	3.0	4.0	5.0	6.0	8.0	10.0	12.0	14.0	16.0	20.0	25.0	22.5[2)]
UP GM201				43	47	51	55	63	69	76	89	101	112	124	135	157	185	200
UP GM202				43	47	51	55	63	69	76	89	101	112	124	135	157	185	200
UP GM203				43	47	51	55	63	69	76	89	101	112	124	135	157	185	200
UP GM204				43	47	51	55	63	69	76	89	101	112	124	135	157	185	200
UP GM205				43	47	51	55	63	69	76	89	101	112	124	135	157	185	200

注 1：如果测得的试样厚度算术平均值介于表中所示两种厚度之间，则其极限值应由内插法求得。如果测得的试样厚度算术平均值低于给出极限值的最小厚度，则其吸水性极限值取相应最小厚度的值。如果标称厚度为 25 mm 而测得的厚度算术平均值超过 25 mm，则取 25 mm 的吸水性。

注 2：标称厚度大于 25 mm 的板应从单面机加工至(22.5±0.3)mm，并且加工面应光滑。

5 试验方法

5.1 总则

试验分出厂检验和型式试验。出厂检验为4.1、4.2、4.3及4.4表6中的“弯曲强度(常态)”和“垂直层向电气强度”,型式试验为全部性能项目。

5.2 外观

目测检查。

5.3 尺寸

5.3.1 厚度

按GB/T 1303.2—2009中4.1规定。

5.3.2 宽度及长度

用分度为0.5 mm的直尺或量具至少测量三处,并报告其平均值。

5.4 平直度

按GB/T 1303.2—2009中4.2规定。

5.5 弯曲强度

适用于试验的板材标称厚度为大于或等于1.5 mm,按GB/T 1303.2—2009中5.1规定,高温试验时,试样应在高温试验箱内在规定温度下处理30 min后,在该规定温度下进行试验。

5.6 平行层向简支梁冲击强度

适用于试验的板材标称厚度为大于或等于5.0 mm,按GB/T 1303.2—2009中5.4.2规定。

5.7 平行层向悬臂梁冲击强度

适用于试验的板材标称厚度为大于或等于5.0 mm,按GB/T 1303.2—2009中5.4.3规定。

5.8 垂直层向电气强度

适用于试验的板材标称厚度为小于或等于3.0 mm,按GB/T 1303.2—2009中6.1.3.1规定,试验报告应报告试验方式。

5.9 平行层向击穿电压

适用于试验的板材标称厚度为大于3.0 mm,按GB/T 1303.2—2009中6.1.3.2规定,试验应报告电极类型。

5.10 浸水后绝缘电阻

按GB/T 1303.2—2009中6.3规定。

5.11 耐电痕化指数(PTI)

适用于试验的板材标称厚度大于或等于3.0 mm,按GB/T 1303.2—2009中6.4规定。

5.12 耐电痕化和蚀损

按GB/T 1303.2—2009中6.5规定。

5.13 燃烧性

适用于试验的板材标称厚度等于3.0 mm,按GB/T 1303.2—2009中7.2规定。

5.14 吸水性

按GB/T 1303.2—2009中8.2规定。

6 供货要求

应符合GB/T 1303.1—2009中5.4的规定。

ICS 29.035.99
K 15

中华人民共和国国家标准

GB/T 1303.8—2009/IEC 60893-3-6:2003
代替 GB/T 4206—1984

电气用热固性树脂工业硬质层压板 第8部分:有机硅树脂硬质层压板

Industrial rigid laminated sheets based on thermosetting resins for electrical purposes—Part 8: Requirements for rigid laminated sheets based on silicone resins

(IEC 60893-3-6:2003, Insulating materials—Industrial rigid laminated sheets based on thermosetting resins for electrical purposes—Part 3: Specifications for individual materials—Sheet 6: Requirements for rigid laminated sheets based on silicone resins, IDT)

2009-06-10 发布　　2009-12-01 实施

中华人民共和国国家质量监督检验检疫总局
中国国家标准化管理委员会　发布

前　言

GB/T 1303《电气用热固性树脂工业硬质层压板》包含下列几个部分：

——第1部分：定义、分类和一般要求；

——第2部分：试验方法；

——第3部分：工业硬质层压板型号；

——第4部分：环氧树脂硬质层压板；

——第5部分：三聚氰胺树脂硬质层压板；

——第6部分：酚醛树脂硬质层压板；

——第7部分：聚酯树脂硬质层压板；

——第8部分：有机硅树脂硬质层压板；

——第9部分：聚酰亚胺树脂硬质层压板；

——第10部分：双马来酰亚胺树脂硬质层压板；

——第11部分：聚酰胺酰亚胺树脂硬质层压板；

……

本部分为GB/T 1303的第8部分。

本部分等同采用IEC 60893-3-6:2003《电气用热固性树脂工业硬质层压板　第3部分：单项材料规范　第6篇：对有机硅树脂硬质层压板的要求》(英文版)。

本部分与IEC 60893-3-6:2003的编辑性差异如下：

a) 删除了IEC 60893-3-6:2003中的"前言"和"引言"，将引言内容编入本部分的"前言"中；

b) 对第1章"范围"进行了修改，删除了有关材料符合性说明，增加了适用范围；

c) 删除了第3章名称举例中的尺寸标注内容；

d) 将"要求"一章按"外观"、"尺寸"、"平直度"、"性能要求"分条编写，将"供货要求"单独列为一章编写，同时对IEC 60893-3-6:2003中表5进行了修改，将备注内容列入表注，将表5中试验方法章条放入第5章"试验方法"重新编写，并增加了切割板条的测试方法及总则；

e) 删除了IEC 60893-3-6:2003的参考文献。

本部分代替GB/T 4206—1984《有机硅层压玻璃布板》。

本部分与GB/T 4206—1984的区别如下：

a) 本部分在"前言"中列出了有关电气用热固性树脂工业硬质层压板标准系列组成部分；

b) 在第3章"分类"增加了有关层压板的"名称构成"、"树脂类型"和"补强材料类型"的详细规定；并详细地增加了有机硅树脂工业硬质层压板的所有型号，而不仅仅针对SIGC 201型；

c) 对厚度公差按不同型号进行了明细规定；

d) 增加了25 mm以上标称厚度层压板的公差要求；

e) 增加了"平行层向悬臂梁冲击强度"、"垂直层向电气强度(90 ℃油中)"、"介电常数(48 Hz～62 Hz)"、"介质损耗因数(48 Hz～62 Hz)"和"燃烧性"性能要求；

f) 删除了GB/T 4206—1984中对"试验方法"一章的分述，将相应章条编号列入本部分表5"性能要求"中。

本部分由中国电器工业协会提出。

本部分由全国绝缘材料标准化技术委员会(SAC/TC 51)归口。

本部分主要起草单位：西安西电电工材料有限责任公司、东材科技集团股份有限公司、北京新福润达绝缘材料有限公司、桂林电器科学研究所。

本部分起草人：杜超云、赵平、刘琦焕、罗传勇。

本部分所代替标准的历次版本发布情况为：

——GB/T 4206—1984。

电气用热固性树脂工业硬质层压板 第8部分:有机硅树脂硬质层压板

1 范围

GB/T 1303的本部分规定了电气用有机硅树脂和不同增强材料制成的工业硬质层压板的分类要求。

本部分适用于电气用环氧树脂和不同补强材料制成的工业硬质层压板。其用途和特性见表1。

2 规范性引用文件

下列文件中的条款通过GB/T 1303的本部分的引用而成为本部分的条款。凡是注日期的引用文件,其随后所有的修改单(不包括勘误的内容)或修订版均不适用于本部分,然而,鼓励根据本部分达成协议的各方研究是否可使用这些文件的最新版本。凡是不注日期的引用文件,其最新版本适用于本部分。

GB/T 1303.1—2009 电气用热固性树脂工业硬质层压板 第1部分:定义、分类和一般要求(IEC 60893-1:2004,IDT)

GB/T 1303.2—2009 电气用热固性树脂工业硬质层压板 第2部分:试验方法(IEC 60893-2:2003,MOD)

3 命名

本部分所涉及的板按所用的树脂和增强材料不同以及板的特性不同划分成各种型号。各种板的名称构成如下:

——GB标准号;

——代表树脂的双字母缩写;

——代表增强材料的第二个双字母缩写;

——系列号;

名称举例:SI GC 201型工业硬质层压板,名称为:GB/T 1303 SI GC 201。

下列缩写适用于本部分:

树脂类型	增强材料类型
SI 有机硅	GC (纺织)玻璃布

环氧树脂工业硬质层压板的型号见表1。

表1 有机硅树脂工业硬质层压板的型号

层压板型号			用途与特性
树脂	增强材料	系列号	
SI	GC	201	电气和电子用。干燥条件下电气性能极好,潮湿条件下电气性能好
		202	高温下机械和电气用。耐热性好
注:不应从表中推论层压板一定不适用于未被列出的用途,或者特定的层压板将适用于大范围内的各种用途。			

4 要求

4.1 外观

应符合 GB/T 1303.1—2009 中 5.1 的规定。

4.2 尺寸

4.2.1 层压板的原板宽度和长度的允许偏差应符合表 2 的规定。

表 2 宽度和长度的允许偏差

单位为毫米

宽度和长度	允许偏差
450～1 000	±15
>1 000～2 600	±25

4.2.2 标称厚度及允许偏差

层压板的标称厚度及偏差见表 3。

表 3 标称厚度及允许偏差

单位为毫米

标称厚度	偏差(所有型号) ±
0.4	0.10
0.5	0.12
0.6	0.13
0.8	0.16
1.0	0.18
1.2	0.21
1.5	0.24
2.0	0.28
2.5	0.33
3.0	0.37
4.0	0.45
5.0	0.52
6.0	0.60
8.0	0.72
10.0	0.82
12.0	0.94
14.0	1.02
16.0	1.12
20.0	0.30
25.0	1.50
30.0	1.70
35.0	1.95
40.0	2.10
45.0	2.30
50.0	2.45

注：对标称厚度不是所列的优选厚度之一者，其公差应采用相近最大优选标称厚度的公差。
其他公差可由供需双方商定。

4.2.3 层压板切割板条宽度及偏差

层压板切割板条的宽度及偏差见表4。

4.3 平直度

层压板的平直度要求见表5。

表4 切割板条的宽度偏差

单位为毫米

标称厚度 d	标称宽度(所有型号)					
	$3<b\leqslant50$	$50<b\leqslant100$	$100<b\leqslant160$	$160<b\leqslant300$	$300<b\leqslant500$	$500<b\leqslant600$
0.4	0.5	0.5	0.5	0.6	1.0	1.5
0.5	0.5	0.5	0.5	0.6	1.0	1.5
0.6	0.5	0.5	0.5	1.0	1.2	1.5
0.8	0.5	0.5	0.5	0.6	1.0	1.0
1.0	0.5	0.5	0.5	0.6	1.0	1.0
1.2	0.5	1.0	0.5	1.0	1.2	1.2
1.5	0.5	0.5	0.5	1.0	1.2	1.2
2.0	0.5	0.5	0.5	1.0	1.2	1.5
2.5	0.5	1.0	1.0	1.5	2.0	2.5
3.0	0.5	1.0	1.0	1.5	2.0	2.5
4.0	0.5	2.0	2.0	3.0	4.0	5.0
5.0	0.5	2.0	2.0	3.0	4.0	5.0
注：通常表中所列切割板条宽度的偏差均为单向的负偏差。其他偏差可由供需双方商定。						

表5 平直度

单位为毫米

厚度 d	直尺长度	
	1 000	500
$3<d\leqslant6$	15	4.0
$6<d\leqslant8$	12	3.0
$8<d$	10	2.5
注：均为负偏差。		

4.4 性能要求

层压板的性能要求见表6。

表6 性能要求

性能	单位	要求 型号	
		SI GC 201	SI GC 202
垂直层向弯曲强度	MPa	≥90	≥120
平行层向简支梁冲击强度	kJ/m^2	≥20	≥25
平行层向悬臂梁冲击强度	kJ/m^2	≥21	≥26
垂直层向电气强度(90 ℃油中)	kV/mm	见表7	
平行层向击穿电压(90 ℃油中)	kV	≥30	≥25

表 6（续）

性　能	单位	要　求	
		型　号	
		SI GC 201	SI GC 202
介电常数(50 Hz)	—	≤4.5	≤6.0
介电常数(1 MHz)	—	≤4.5	≤6.0
介质损耗因数(50 Hz)	—	≤0.02	≤0.07
介质损耗因数(1 MHz)	—	≤0.02	≤0.07
浸水后绝缘电阻	MΩ	$\geqslant 1\times10^4$	$\geqslant 1\times10^3$
燃烧性	级	V-0	V-0
吸水性	mg	见表 8	
注：平行层向间支梁冲击强度和平行层向悬臂梁冲击强度两者之一满足要求即可；介电常数(50 Hz)和介电常数(1 MHz) 两者之一满足要求即可；介质损耗因数(50 Hz)和介质损耗因数(1 MHz) 两者之一满足要求即可。			

表 7　垂直层向电气强度(90 ℃油中)

(1 min 耐压试验或 20 s 逐级升压试验)[a]　　　　单位为千伏每毫米

型号	测得的试样厚度平均值 mm																
	0.4	0.5	0.6	0.7	0.8	0.9	1.0	1.2	1.5	1.8	2.0	2.2	2.4	2.5	2.6	2.8	3.0
SI GC 201	10.0	9.4	8.9	8.5	8.2	8.0	7.7	7.3	7.0	6.4	6.2	6.0	5.8	5.6	5.4	5.2	5.0
SI GC 202	9.1	8.6	8.2	7.9	7.6	7.3	7.0	6.6	6.2	5.6	5.4	5.3	5.2	5.2	5.2	5.1	5.0
注：如果测得的试样厚度算术平均值介于表中所示两种厚度之间，则其极限值应由内插法求得。如果测得的试样厚度算术平均值低于给出极限值的那个最小厚度，则电气强度极限值取相应最小厚度的那个值。如果标称厚度为 3 mm 而测得的厚度算术平均值超过 3 mm，则取 3 mm 厚度的那个极限值。																	
[a] 两者试验任取其一。满足两者中任何一个即视为符合本规范要求。																	

表 8　吸水性极限值　　　　单位为毫克

型号	测得的试样厚度平均值 mm																			
	0.4	0.5	0.6	0.8	1.0	1.2	1.5	2.0	2.5	3.0	4.0	5.0	6.0	8.0	10.0	12.0	14.0	16.0	20.0	25.0	22.5
SI GC 201	7	7	8	8	9	9	10	11	12	13	15	17	19	23	27	31	35	39	47	57	68
SI GC 202	28	29	29	31	32	33	35	36	38	40	45	50	55	65	75	82	95	105	125	150	180
注：如果测得的试样厚度算术平均值介于表中所示两种厚度之间，则其极限值应由内插法求得。如果测得的试样厚度算术平均值低于给出极限值的那个最小厚度，则其吸水性极限值取相应最小厚度的那个值。如果标称厚度为 25 mm 而测得的厚度算术平均值超过 25 mm，则取 25 mm 厚度的那个极限值。 标称厚度大于 25 mm 的板应单面机加工至 22.5 mm±0.3 mm，并且加工面应光滑。																				

5 试验方法

5.1 总则

试验分出厂检验和型式试验。出厂检验为4.1、4.2、4.3及4.4表6中的"弯曲强度"和"垂直层向电气强度",型式试验为全部性能项目。

5.2 外观

目测检查。

5.3 尺寸

5.3.1 厚度

按GB/T 1303.2—2009中4.1的规定。

5.3.2 宽度及长度

用分度为0.5 mm的直尺或量具至少测量三处,并报告其平均值。

5.4 平直度

按GB/T 1303.2—2009中4.2的规定。

5.5 垂直层向弯曲强度

适用于试验的板材标称厚度为大于或等于1.5 mm,按GB/T 1303.2—2009中5.1的规定,高温试验时,试样应在高温试验箱内在规定温度下处理1 h后,在该规定温度下进行试验。

5.6 冲击强度

5.6.1 平行层向简支梁冲击强度

适用于试验的板材标称厚度为大于或等于5.0 mm,按GB/T 1303.2—2009中5.4.2的规定。

5.6.2 平行层向悬臂梁冲击强度

适用于试验的板材标称厚度为大于或等于5.0 mm,按GB/T 1303.2—2009中5.4.3的规定。

5.7 垂直层向电气强度

适用于试验的板材标称厚度为小于或等于3.0 mm,按GB/T 1303.2—2009中6.1.3.1的规定,试验报告应报告试验方式。

5.8 平行层向击穿电压

适用于试验的板材标称厚度为大于3.0 mm,按GB/T 1303.2—2009中6.1.3.2的规定,试验报告应报告电极的类型。

5.9 工频介质损耗因数

适用于试验的板材标称厚度为小于或等于3.0 mm,按GB/T 1303.2—2009中6.2的规定。

5.10 工频介电常数

适用于试验的板材标称厚度为小于或等于3.0 mm,按GB/T 1303.2—2009中6.2的规定。

5.11 1 MHz下介质损耗因数

适用于试验的板材标称厚度为小于或等于3.0 mm,按GB/T 1303.2—2009中6.2的规定。

5.12 1 MHz下介电常数

适用于试验的板材标称厚度为小于或等于3.0 mm,按GB/T 1303.2—2009中6.2的规定。

5.13 浸水后绝缘电阻

按GB/T 1303.2—2009中6.3的规定。

5.14 燃烧性

适用于试验的板材标称厚度等于3.0 mm,按GB/T 1303.2—2009中7.2的规定。

5.15 吸水性

按 GB/T 1303.2—2009 中 8.2 的规定。

6 供货要求

应符合 GB/T 1303.1—2009 中 5.4 的规定。

ICS 29.035.01
K 15

中华人民共和国国家标准

GB/T 1303.9—2009

电气用热固性树脂工业硬质层压板 第9部分:聚酰亚胺树脂硬质层压板

Industrial rigid laminated sheets based on thermosetting resins for electrical purposes—Part 9: Requirements for rigid laminated sheets based on polyimide resins

(IEC 60893-3-7:2003, Insulating materials—Industrial rigid laminated sheets based on thermosetting resins for electrical purposes—Part 3: Specifications for individual materials—Sheet 7: Requirements for rigid laminated sheets based on polyimide resins, MOD)

2009-06-10 发布　　　　2009-12-01 实施

中华人民共和国国家质量监督检验检疫总局
中国国家标准化管理委员会　发布

前　言

GB/T 1303《电气用热固性树脂工业硬质层压板》，分为以下几个部分：

——第1部分：定义、名称和一般要求；

——第2部分：试验方法；

——第3部分：工业硬质层压板型号；

——第4部分：环氧树脂硬质层压板；

——第5部分：三聚氰胺树脂硬质层压板；

——第6部分：酚醛树脂硬质层压板；

——第7部分：聚酯树脂硬质层压板；

——第8部分：有机硅树脂硬质层压板；

——第9部分：聚酰亚胺树脂硬质层压板；

——第10部分：双马来酰亚胺树脂硬质层压板；

——第11部分：聚酰胺酰亚胺树脂硬质层压板；

……

本部分是GB/T 1303的第9部分。

本部分修改采用IEC 60893-3-7:2003(第2版)《电气用热固性树脂工业硬质层压板　第3部分：单项材料规范　第7篇：对聚酰亚胺树脂硬质层压板的要求》(英文版)的相关内容。

本部分与IEC 60893-3-7:2003的差异如下：

a) 删除了IEC 60893-3-7中的"前言"和"引言"，将引言内容编入本部分的"前言"中；

b) 对第1章"范围"进行了修改，删除了有关材料符合性说明，增加了适用范围；

c) 删除第3章的尺寸标注内容；

d) 根据国内实际情况需要，增补了"表观弯曲弹性模量"、"垂直层向压缩强度"、"平行层向剪切强度"、"拉伸强度"、"粘合强度"、"1 MHz下介质损耗因数"、"1 MHz下介电常数"、"耐电痕化指数"、"温度指数"和"密度"性能要求。有关技术性差异在它们所涉及的条款的页边空白处用垂直单线标识；

e) 将"要求"一章按"外观"、"尺寸"、"平直度"、"性能要求"分条编写，将"供货要求"单独列为一章编写，同时对IEC 60893-3-7:2003中表5进行了修改，将备注内容列入本部分表6的表注，将IEC 60893-3-7:2003表5中试验方法章条列入本部分第5章"试验方法"重新编写，并增加了切割板条的测试方法及总则；

f) 删除了IEC 60893-3-7:2003的"参考文献"。

本部分由中国电器工业协会提出。

本部分由全国绝缘材料标准化技术委员会(SAC/TC 51)归口。

本部分主要起草单位：北京新福润达绝缘材料有限责任公司、西安西电电工材料有限责任公司、桂林电器科学研究所。

本部分起草人：刘琦焕、杜超云、罗传勇。

本部分为首次制定。

电气用热固性树脂工业硬质层压板
第9部分：聚酰亚胺树脂硬质层压板

1 范围

GB/T 1303的本部分规定了电气用聚酰亚胺树脂和不同增强材料为基的工业硬质层压板的名称、要求、试验方法及供货要求。

本部分适用于以玻璃布为基材，以聚酰亚胺树脂为粘合剂经热压而成的聚酰亚胺树脂硬质层压板。其用途和特性见表1。

2 规范性引用文件

下列文件中的条款通过GB/T 1303的本部分的引用而成为本部分的条款。凡是注日期的引用文件，其随后所有的修改单(不包括勘误的内容)或修订版均不适用于本部分，然而，鼓励根据本部分达成协议的各方研究是否可使用这些文件的最新版本。凡是不注日期的引用文件，其最新版本适用于本部分。

GB/T 1303.1—2009 电气用热固性树脂工业硬质层压板 第1部分：定义、名称和一般要求(IEC 60893-1:2004,IDT)

GB/T 1303.2—2009 电气用热固性树脂工业硬质层压板 第2部分：试验方法(IEC 60893-2:2003,MOD)

3 名称

本部分所涉及的层压板按所用的树脂和增强材料不同以及板的特性不同划分成各种型号。各种板的名称构成如下：

——国家标准号；

——代表树脂的双字母缩写；

——代表增强材料的第二个双字母缩写；

——系列号。

名称举例：PI GC 301型工业硬质层压板，则名称为：GB/T 1303.9-PI GC 301

下列缩写用于本规范中：

树脂类型	增强材料类型
PI 聚酰亚胺	GC (纺织)玻璃布

表1 聚酰亚胺树脂工业硬质层压板的型号

型 号	用途和特性[a]
PI GC 301	机械和电气用。高温下机械和电气性较好

[a] 不应从表1中推论：任何具体型号的层压板一定不适用于未被列出的用途，或者特定的层压板适用于所述大范围内的各种用途。

4 要求

4.1 外观

应符合 GB/T 1303.1—2009 中 5.1 的规定。

4.2 尺寸

4.2.1 层压板原板宽度、长度的允许偏差应符合表 2 的规定。

表 2 宽度和长度的允许偏差

单位为毫米

宽度和长度	允许偏差
450～1 000	±15
>1 000～2 600	±25

4.2.2 厚度

标称厚度及允许偏差见表 3。

表 3 标称厚度及允许偏差

单位为毫米

标称厚度	偏差(所有型号)
0.8	±0.16
1.0	±0.18
1.2	±0.21
1.5	±0.24
2.0	±0.28
2.5	±0.33
3.0	±0.37
4.0	±0.45
5.0	±0.52
6.0	±0.60
8.0	±0.72
10.0	±0.82
12.0	±0.94
14.0	±1.02
16.0	±1.12
20.0	±1.30
25.0	±1.50
30.0	±1.70
注 1：对于标称厚度不在本表所列的优选厚度时，其偏差应采用最接近的优选标称厚度的偏差。 注 2：其他偏差要求可由供需双方商定。	

4.2.3 层压板切割板条宽度及偏差

层压板切割板条的宽度及允许偏差见表 4。

表 4 层压板切割板条的宽度允许偏差(均为负偏差)

单位为毫米

标称厚度 d	标称宽度(所有型号)					
	$3<b\leqslant50$	$50<b\leqslant100$	$100<b\leqslant160$	$160<b\leqslant300$	$300<b\leqslant500$	$500<b\leqslant600$
0.8	0.5	0.5	0.5	0.6	1.0	1.0
1.0	0.5	0.5	0.5	0.6	1.0	1.0
1.2	0.5	0.5	0.5	1.0	1.2	1.2
1.5	0.5	0.5	0.5	1.0	1.2	1.2
2.0	0.5	0.5	0.5	1.0	1.2	1.5
2.5	0.5	1.0	1.0	1.5	2.0	2.5
3.0	0.5	1.0	1.0	1.5	2.0	2.5
4.0	0.5	2.0	2.0	3.0	4.0	5.0
5.0	0.5	2.0	2.0	3.0	4.0	5.0
注:表中所列宽度的偏差均为单向的负偏差,其他偏差可由供需双方商定。						

4.3 平直度

平直度要求见表 5 规定。

表 5 平直度

单位为毫米

厚 度 d	直尺长度	
	1 000	500
$3<d\leqslant6$	≤10	≤2.5
$6<d\leqslant8$	≤8	≤2.0
$8<d$	≤6	≤1.5

4.4 性能要求

性能要求见表 6 规定。

表 6 性能要求

序号	性 能		单位	要 求
				PI GC 301
1	弯曲强度	常态	MPa	≥400
		200 ℃±3 ℃		≥300
2	平行层向简支梁冲击强度		kJ/m^2	≥70
3	平行层向悬臂梁冲击强度		kJ/m^2	≥54
4	表观弯曲弹性模量		MPa	≥14 000
5	垂直层向压缩强度		MPa	≥350
6	平行层向剪切强度		MPa	≥30
7	拉伸强度		MPa	≥300
8	粘合强度		N	≥4 900
9	垂直层向电气强度(90 ℃±2 ℃油中)		kV/mm	见表 7
10	平行层向击穿电压(90 ℃±2 ℃油中)		kV	≥40

表 6（续）

序号	性　能	单位	要　求
			PI GC 301
11	1 MHz 下介质损耗因数	—	≤0.01
12	1 MHz 下介电常数	—	≤4.5
13	浸水后绝缘电阻	Ω	≥1.0×10^8
14	耐电痕化指数(PTI)	—	≥600
15	温度指数	—	≥200
16	密度	g/cm³	1.7～1.9
17	燃烧性	级	HB 40
18	吸水性	mg	见表 8

注 1：平行层向简支梁冲击强度和平行层向悬臂梁冲击强度，两者之一满足要求即可。

注 2：平行层向剪切强度与粘合强度任选一项达到即可。

注 3：燃烧性试验主要用于监控层压板生产的一致性，所测结果并不能全面代表材料实际使用过程中的潜在的着火危险性。

注 4：“表观弯曲弹性模量”、“垂直层向压缩强度”、“平行层向剪切强度”、“拉伸强度”、“粘合强度”、“1MHz 下介质损耗因数”、“1 MHz 下介电常数”、“耐电痕化指数”、“温度指数”和“密度”为特殊性能要求，由供需双方商定。

表 7　垂直层向电气强度

（1 min 耐压或 20 s 逐级升压试验）[a]

单位为千伏每毫米

型号	测得的试样厚度平均值[b] mm												
	0.8	0.9	1.0	1.2	1.5	1.8	2.0	2.2	2.4	2.5	2.6	2.8	3.0
PI GC 301	15.0	14.6	14.0	13.2	12.0	11.6	11.2	10.8	10.5	10.4	10.2	10.1	10.0

a　两种试验任取其一。对满足两者中任何一个要求的材料应视其垂直层向电气强度(90 ℃油中)符合要求。

b　如果测得的试样厚度算术平均值介于表中所示两种厚度之间，则其极限值应由内插法求得。如果测得的试样厚度算术平均值低于给出极限值的最小厚度，则电气强度极限值取相应最小厚度的值。如果标称厚度为 3 mm而测得的算术平均值超过 3 mm，则取 3 mm 厚度的电气强度值。

表 8　吸水性极限值

单位为毫克

型号	测得的试样厚度平均值[a] mm																	
	0.8	1.0	1.2	1.5	2.0	2.5	3.0	4.0	5.0	6.0	8.0	10.0	12.0	14.0	16.0	20.0	25.0	22.5[b]
PI GC 301	60	64	66	71	74	77	80	87	93	100	113	127	140	153	166	193	227	250

a　如果测得的试样厚度算术平均值介于表中所示两种厚度之间，则其极限值应由内插法求得。如果测得的试样厚度算术平均值低于给出极限值的最小厚度，则其吸水性极限值取相应最小厚度的值。如果标称厚度为 25 mm而测得的厚度算术平均值超过 25 mm，则取 25 mm 的吸水性。

b　标称厚度大于 25 mm 的板应从单面机加工至(22.5±0.3)mm，并且加工面应光滑。

5 试验方法

5.1 总则

试验分出厂检验和型式试验。出厂检验为4.1、4.2、4.3及4.4表6中的“弯曲强度(常态)”和“垂直层向电气强度”,型式试验为全部性能项目。

5.2 外观

目测检查。

5.3 尺寸

5.3.1 厚度

按GB/T 1303.2—2009中4.1的规定。

5.3.2 宽度及长度

用分度为0.5 mm的直尺或量具至少测量三处,并报告其平均值。

5.4 平直度

按GB/T 1303.2—2009中4.2的规定。

5.5 弯曲强度

适用于试验的板材标称厚度为大于或等于1.5 mm,按GB/T 1303.2—2009中5.1的规定,高温试验时,试样应在高温试验箱内在规定温度下处理1 h后在该规定温度下进行试验。

5.6 表观弯曲弹性模量

适用于试验的板材标称厚度为大于或等于1.5 mm,按GB/T 1303.2—2009中5.2的规定,高温试验时,试样应在高温试验箱内在规定温度下处理1 h后,在该规定温度下进行试验。

5.7 垂直层向压缩强度

适用于试验的板材标称厚度为大于或等于5.0 mm,按GB/T 1303.2—2009中5.3的规定。

5.8 平行层向剪切强度

适用于试验的板材标称厚度为大于或等于5.0 mm,按GB/T 1303.2—2009中5.5的规定。

5.9 拉伸强度

适用于试验的板材标称厚度为大于或等于1.5 mm,按GB/T 1303.2—2009中5.6的规定。

5.10 粘合强度

5.10.1 适用于试验的板材标称厚度为大于或等于10.0 mm,每组试样不少于五个,尺寸为长25 mm±0.2 mm,宽25 mm±0.2 mm,厚为标称厚度10 mm。标称厚度10 mm以上者,应从两面加工至10 mm±0.2 mm。标称厚度10 mm以下者不予试验。试样两相邻面应互相垂直。

5.10.2 示值误差不超过1%的材料试验机,试样破坏的负荷量应在试验机的刻度范围(15~85)%之间,试验机压头上装有Φ10 mm的钢球。

5.10.3 试验前需将试样进行预处理,预处理及试验条件按GB/T 1303.2—2009中第3章规定进行。

5.10.4 将试样置于下夹具平台的中央,调整钢球与试样位置,使其如图1所示,然后以(10 mm±2 mm)/min的速度施加压力,直至试样破坏读取负荷值。

5.10.5 粘合强度以试样破坏所施加压力值表示,取每组试样的算术平均值,个别值对平均值的允许偏差为±15%。

单位为毫米

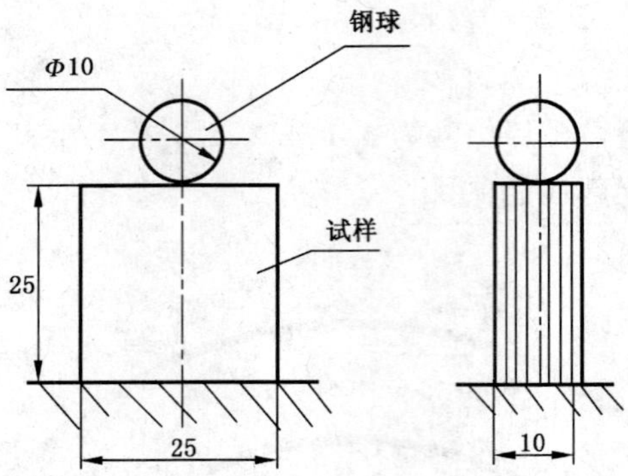

图 1 粘合强度试验装置

5.11 冲击强度

5.11.1 平行层向简支梁冲击强度

适用于试验的板材标称厚度为大于或等于 5.0 mm,按 GB/T 1303.2—2009 中 5.4.2 的规定。

5.11.2 平行层向悬臂梁冲击强度

适用于试验的板材标称厚度为大于或等于 5.0 mm,按 GB/T 1303.2—2009 中 5.4.3 的规定。

5.12 垂直层向电气强度

适用于试验的板材标称厚度为小于或等于 3.0 mm,按 GB/T 1303.2—2009 中 6.1.3.1 的规定,试验报告应报告试验方式。

5.13 平行层向击穿电压

适用于试验的板材标称厚度为大于 3.0 mm,按 GB/T 1303.2—2009 中 6.1.3.2 的规定,试验报告应报告电极的类型。

5.14 1 MHz 下介质损耗因数

适用于试验的板材标称厚度为小于或等于 3.0 mm,按 GB/T 1303.2—2009 中 6.2 的规定。

5.15 1 MHz 下介电常数

适用于试验的板材标称厚度为小于或等于 3.0 mm,按 GB/T 1303.2—2009 中 6.2 的规定。

5.16 浸水后绝缘电阻

按 GB/T 1303.2—2009 中 6.3 的规定。

5.17 耐电痕化指数(PTI)

适用于试验的板材标称厚度大于或等于 3.0 mm,按 GB/T 1303.2—2009 中 6.4 的规定。

5.18 温度指数

按 GB/T 1303.2—2009 中 7.1 的规定。

5.19 密度

按 GB/T 1303.2—2009 中 8.1 的规定。

5.20 燃烧性

适用于试验的板材标称厚度等于 3.0 mm,按 GB/T 1303.2—2009 中 7.2 的规定。

5.21 吸水性

按 GB/T 1303.2—2009 中 8.2 的规定。

6 供货要求

应符合 GB/T 1303.1—2009 中 5.4 的规定。

ICS 29.035.01
K 15

中华人民共和国国家标准

GB/T 1303.10—2009

电气用热固性树脂工业硬质层压板 第10部分:双马来酰亚胺树脂硬质层压板

Industrial rigid laminated sheets based on thermosetting resins for electrical purposes—Part 10:Requirements for rigid laminated sheets based on bis-maleimide resins

(IEC 60893-3-7:2003,Insulating materials—Industrial rigid laminated sheets based on thermosetting resins for electrical purposes—Part 3:Specifications for individual materials—Sheet 7:Requirements for rigid laminated sheets based on polyimide resins,MOD)

2009-06-10 发布　　2009-12-01 实施

中华人民共和国国家质量监督检验检疫总局
中国国家标准化管理委员会　发布

前　言

GB/T 1303《电气用热固性树脂工业硬质层压板》,分为以下几个部分:

——第1部分:定义、名称和一般要求;

——第2部分:试验方法;

——第3部分:工业硬质层压板型号;

——第4部分:环氧树脂硬质层压板;

——第5部分:三聚氰胺树脂硬质层压板;

——第6部分:酚醛树脂硬质层压板;

——第7部分:聚酯树脂硬质层压板;

——第8部分:有机硅树脂硬质层压板;

——第9部分:聚酰亚胺树脂硬质层压板;

——第10部分:双马来酰亚胺树脂硬质层压板;

——第11部分:聚酰胺酰亚胺树脂硬质层压板;

……

本部分为GB/T 1303的第10部分。

本部分修改采用IEC 60893-3-7:2003《电气用热固性树脂工业硬质层压板　第3部分:单项材料规范　第7篇:对聚酰亚胺树脂硬质层压板的要求》(英文版)的相关内容。

本部分与IEC 60893-3-7:2003的差别如下:

a) 删除了IEC 60893-3-7:2003中的前言和引言,将引言内容编入本部分的前言中;

b) 对第1章"范围"进行了修改,删除了有关材料符合性说明,增加了适用范围;

c) 删除第3章的尺寸标注内容;

d) 根据国内实际情况需要,增补了"表观弯曲弹性模量"、"垂直层向压缩强度"、"平行层向剪切强度"、"拉伸强度"、"粘合强度"、"1 MHz下介质损耗因数"、"1 MHz下介电常数"、"耐电痕化指数"、"温度指数"和"密度"性能要求。有关技术性差异在它们所涉及的条款的页边空白处用垂直单线标识;

e) 将"要求"一章按"外观"、"尺寸"、"平直度"、"性能要求"分条编写,将"供货要求"单独列为一章编写,同时对IEC 60893-3-7:2003中表5进行了修改,将备注内容列入本部分表6的表注;将IEC 60893-3-7:2003表5中试验方法章条列入本部分第5章"试验方法"重新编写,并增加了切割板条的测试方法及总则;

f) 删除了IEC 60893-3-7:2003的"参考文献"。

本部分由中国电器工业协会提出。

本部分由全国绝缘材料标准化技术委员会(SAC/TC 51)归口。

本部分起草单位:西安西电电工材料有限责任公司、北京新福润达绝缘材料有限责任公司、桂林电器科学研究所。

本部分起草人:杜超云、刘琦焕、罗传勇。

本部分为首次制定。

电气用热固性树脂工业硬质层压板
第10部分：双马来酰亚胺树脂硬质层压板

1 范围

GB/T 1303的本部分规定了双马来酰亚胺树脂硬质层压板的分类、命名、要求、试验方法和供货要求。

本部分适用于以玻璃布为基材，以双马来亚酰胺为粘合树脂经热压而成的双马来酰亚胺树脂硬质层压板。

2 规范性引用文件

下列文件中的条款通过GB/T 1303的本部分的引用而成为本部分的条款。凡是注日期的引用文件，其随后所有的修改单(不包括勘误的内容)或修订版均不适用于本部分，然而，鼓励根据本部分达成协议的各方研究是否可使用这些文件的最新版本。凡是不注日期的引用文件，其最新版本适用于本部分。

GB/T 1303.1—2009 电气用热固性树脂工业硬质层压板 第1部分：定义、分类和一般要求(IEC 60893-1:2004，IDT)

GB/T 1303.2—2009 电气用热固性树脂工业硬质层压板 第2部分：试验方法(IEC 60893-2:2002，MOD)

GB/T 1303.3—2008 电气用热固性树脂工业硬质层压板 第3部分：工业硬质层压板型号(IEC 60893-3-1:2002，MOD)

3 命名与分类

3.1 命名

按GB/T 1303.3—2008规定，以树脂和增强材料及板材特性进行命名。

示例：

BMI GC 301

- 301 — 特性系列号
- GC — 玻璃布补强
- BMI — 双马来酰亚胺树脂

3.2 分类

表1 双马来酰亚胺树脂工业硬质层压板的型号

型号	用途和特性
BMI GC 301	机械和电气用。高温下机械和电气性较好。

4 要求

4.1 外观

目测检查。

4.2 尺寸

4.2.1 层压板原板宽度和长度的允许偏差应符合表2的规定。

表 2 宽度和长度的允许偏差

单位为毫米

宽度和长度	允许偏差
450～1 000 ＞1 000～2 600	±15 ±25

4.2.2 厚度

标称厚度及允许偏差见表3。

表 3 厚度偏差

单位为毫米

标称厚度	偏差	标称厚度	偏差
0.8	±0.16	6.0	±0.60
1.0	±0.18	8.0	±0.72
1.2	±0.21	10.0	±0.82
1.5	±0.24	12.0	±0.94
2.0	±0.28	14.0	±1.02
2.5	±0.33	16.0	±1.12
3.0	±0.37	20.0	±1.30
4.0	±0.45	25.0	±1.50
5.0	±0.52	30.0	±1.70

注1：若标称厚度不在所列优选厚度时，其偏差应采用最相近的偏差。

注2：其他偏差由供需双方商定。

4.2.3 切割板条的宽度及偏差

层压板切割板条宽度及允许偏差见表4。

表 4 切割板条宽度及允许偏差

单位为毫米

标称厚度 d	标称宽度 b					
	$3<b\leqslant 50$	$50<b\leqslant 100$	$100<b\leqslant 160$	$160\leqslant b<300$	$300<b<500$	$500<b<600$
0.8	0.5	0.5	0.5	0.6	1.0	1.0
1.0	0.5	0.5	0.5	0.6	1.0	1.0
1.2	0.5	0.5	0.5	1.0	1.2	1.2
1.5	0.5	0.5	0.5	1.0	1.2	1.2
2.0	0.5	0.5	0.5	1.0	1.2	1.5
2.5	0.5	1.0	1.0	1.5	2.0	2.5
2.5	0.5	1.0	1.0	1.5	2.0	2.5
3.0	0.5	2.0	2.0	3.0	4.0	5.0
4.0	0.5	2.0	2.0	3.0	4.0	5.0

注：表中所规定宽度偏差均为单向的负偏差，其他偏差由供需双方商定。

4.3 平直度

平直度见表5。

表5 平直度

单位为毫米

标称厚度 d	直尺长度	
	1 000	500
$3<d\leqslant6$	≤10	≤2.5
$6<d\leqslant8$	≤8	≤2.0
$8<d$	≤6	≤1.5

4.4 性能要求

性能要求见表6。

表6 性能要求

序号	性能		单位	要求
1	弯曲强度	常态	MPa	≥350
		180 ℃±2 ℃		≥180
2	平行层向简支梁冲击强度		kJ/m^2	≥60
3	平行层向悬臂梁冲击强度		kJ/m^2	≥40
4	表观弯曲弹性模量		MPa	≥14 000
5	垂直层向压缩强度		MPa	≥350
6	平行层向剪切强度		MPa	≥30
7	拉伸强度		MPa	≥300
8	粘合强度		N	≥4 900
9	垂直层向电气强度(90 ℃±2 ℃油中)		kV/mm	见表7
10	平行层向击穿电压(90 ℃±2 ℃油中)		kV	≥35
11	1 MHz下介质损耗因数		—	≤0.05
12	1 MHz下介电常数		—	≤5.5
13	浸水后绝缘电阻		Ω	$\geqslant1.0\times10^8$
14	耐电痕化指数(PTI)		—	≥275
15	温度指数		—	≥180
16	密度		g/cm^3	1.7～1.9
17	燃烧性		级	HB 40
18	吸水性		mg	见表8

注1：第2项和第3项两者之一合格则视为符合要求。

注2："平行层向剪切强度"与"粘合强度"任选一项达到要求即可。

注2：燃烧性试验主要用于监控层压板生产的均一性，测得的结果不能全面反映层压板在实际使用条件下的潜在着火危险。

注4："表观弯曲弹性模量"、"垂直层向压缩强度"、"平行层向剪切强度"、"拉伸强度"、"粘合强度"、"1 MHz下介质损耗因数"、"1 MHz下介电常数"、"耐电痕化指数"、"温度指数"和"密度"为特殊性能要求，由供需双方商定。

表 7 垂直层向电气强度(1 min 耐压或 20 s 逐级升压)[a] 单位为千伏每毫米

测得的试样平均厚度[b]/mm												
0.8	0.9	1.0	1.2	1.5	1.8	2.0	2.2	2.4	2.5	2.6	2.8	3.0
≥15.0	≥14.6	≥14.0	≥13.2	≥12.0	≥11.6	≥11.2	≥10.8	≥10.5	≥10.4	≥10.2	≥10.1	≥10.0

[a] 试验方式任选其一,之一满足要求则视为符合要求。

[b] 如果测得的试样厚度算术平均值介于表中所示两种厚度之间,则其极限值应由内插法求得。如果测得的试样厚度算术平均值低于给出极限值的最小厚度,则电气强度极限值取相应最小厚度的值。如果标称厚度为 3 mm而测得的算术平均值超过 3 mm,则取 3 mm 厚度的电气强度值。

表 8 吸水性 单位为毫克

试样平均厚度[a] mm	吸水性	试样平均厚度[a] mm	吸水性
0.8	≤60	6.0	≤100
1.0	≤64	8.0	≤113
1.2	≤66	10.0	≤127
1.5	≤71	12.0	≤140
2.0	≤74	14.0	≤153
2.5	≤77	16.0	≤166
3.0	≤80	20.0	≤193
4.0	≤87	25.0	≤227
5.0	≤93	22.5[b]	≤250

[a] 如果测得的试样厚度算术平均值介于表中所示两种厚度之间,则其极限值应由内插法求得。如果测得的试样厚度算术平均值低于给出极限值的最小厚度,则其吸水性极限值取相应最小厚度的值。如果标称厚度为 25 mm而测得的厚度算术平均值超过 25 mm,则取 25 mm 的吸水性。

[b] 若板厚大于 25 mm 时,则应从单面加工至(22.5±0.3)mm,加工面应平整光滑。

5 试验方法

5.1 总则

试验分出厂检验和型式试验。出厂检验为 4.1、4.2、4.3 及 4.4 表 6 中的“弯曲强度(常态)”和“垂直层向电气强度”,型式试验为全部性能项目。

5.2 外观

目测检查。

5.3 尺寸

5.3.1 厚度

按 GB/T 1303.1—2009 中 4.1 规定。

5.3.2 宽度及长度

用分度为 0.5 mm 直尺或量具,至少测量三处报告其平均值。

5.4 平直度

按 GB/T 1303.2—2009 中 4.2 规定。

5.5 弯曲强度

适用于试验的板材标称厚度为大于或等于 1.5 mm,按 GB/T 1303.2—2009 中 5.1 规定。高温试验试样应在高烘箱中处理 45 min 后，并在该温度试验。

5.6 表观弯曲弹性模量

适用于试验的板材标称厚度为大于或等于 1.5 mm，按 GB/T 1303.2—2009 中 5.2 的规定，高温试验时，试样应在高温试验箱内在规定温度下处理 1 h 后，在该规定温度下进行试验。

5.7 垂直层向压缩强度

适用于试验的板材标称厚度为大于或等于 5.0 mm，按 GB/T 1303.2—2009 中 5.3 的规定。

5.8 平行层向剪切强度

适用于试验的板材标称厚度为大于或等于 5.0 mm，按 GB/T 1303.2—2009 中 5.5 的规定。

5.9 拉伸强度

适用于试验的板材标称厚度为大于或等于 1.5 mm，按 GB/T 1303.2—2009 中 5.6 的规定。

5.10 粘合强度

5.10.1 适用于试验的板材标称厚度为大于或等于 10.0 mm，每组试样不少于五个，尺寸为长 25 mm±0.2 mm，宽 25 mm±0.2 mm，厚为标称厚度 10 mm。标称厚度 10 mm 以上者，应从两面加工至 10 mm±0.2 mm。标称厚度 10 mm 以下者不予试验。试样两相邻面应互相垂直。

5.10.2 示值误差不超过 1%的材料试验机，试样破坏的负荷量应在试验机的刻度范围(15～85)%之间，试验机压头上装有 φ10 mm 的钢球。

5.10.3 试验前需将试样进行预处理，预处理及试验条件按 GB/T 1303.2—2009 中第 3 章规定进行。

5.10.4 将试样置于下夹具平台的中央，调整钢球与试样位置，使其如图 1 所示，然后以(10 mm±2 mm)/min 的速度施加压力，直至试样破坏读取负荷值。

5.10.5 粘合强度以试样破坏所施加压力值表示，取每组试样的算术平均值，个别值对平均值的允许偏差为±15%。

单位为毫米

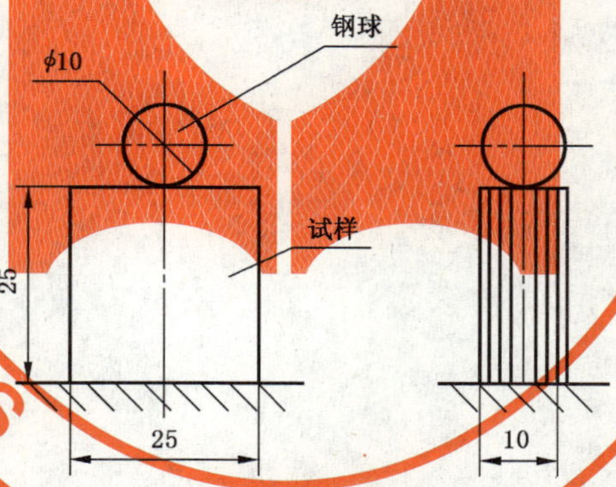

图 1 粘合强度试验装置

5.11 冲击强度

5.11.1 平行层向简支梁冲击强度

适用于试验的板材标称厚度为大于或等于 5.0 mm，按 GB/T 1303.2—2009 中 5.4.2 的规定。

5.11.2 平行层向悬臂梁冲击强度

适用于试验的板材标称厚度为大于或等于 5.0 mm，按 GB/T 1303.2—2009 中 5.4.3 的规定。

5.12 垂直层向电气强度

适用于试验的板材标称厚度为小于或等于 3.0 mm，按 GB/T 1303.2—2009 中 6.1.3.1 的规定，试验报告应报告试验方式。

5.13 平行层向击穿电压

适用于试验的板材标称厚度为大于 3.0 mm，按 GB/T 1303.2—2009 中 6.1.3.2 的规定，试验报告应报告电极的类型。

5.14 1 MHz 下介质损耗因数

适用于试验的板材标称厚度为小于或等于 3.0 mm，按 GB/T 1303.2—2009 中 6.2 的规定。

5.15 1 MHz 下介电常数

适用于试验的板材标称厚度为小于或等于 3.0 mm，按 GB/T 1303.2—2009 中 6.2 的规定。

5.16 浸水后绝缘电阻

按 GB/T 1303.2—2009 中 6.3 的规定。

5.17 耐电痕化指数(PTI)

适用于试验的板材标称厚度大于或等于 3.0 mm，按 GB/T 1303.2—2009 中 6.4 的规定。

5.18 温度指数

按 GB/T 1303.2—2009 中 7.1 的规定。

5.19 密度

按 GB/T 1303.2—2009 中 8.1 的规定。

5.20 燃烧性

适用于试验的板材标称厚度等于 3.0 mm，按 GB/T 1303.2—2009 中 7.2 的规定。

5.21 吸水性

按 GB/T 1303.2—2009 中 8.2 的规定。

6 供货要求

应符合 GB/T 1303.1—2009 中 5.4 的规定。

ICS 29.035.01
K 15

中华人民共和国国家标准

GB/T 1303.11—2009

电气用热固性树脂工业硬质层压板 第11部分:聚酰胺酰亚胺树脂硬质层压板

Industrial rigid laminated sheets based on thermosetting resins for electrical purposes—Part 11: Requirements for rigid laminated sheets based on polyamide-imide resins

(IEC 60893-3-7:2003, Insulating materials—Industrial rigid laminated sheets based on thermosetting resins for electrical purposes—Part 3: Specifications for individual materials—Sheet 7: Requirements for rigid laminated sheets based on polyimide resins, MOD)

2009-06-10 发布　　　　2009-12-01 实施

中华人民共和国国家质量监督检验检疫总局
中国国家标准化管理委员会　发布

前　言

GB/T 1303《电气用热固性树脂工业硬质层压板》,分为以下几个部分:

——第1部分:定义、名称和一般要求;

——第2部分:试验方法;

——第3部分:工业硬质层压板型号;

——第4部分:环氧树脂硬质层压板;

——第5部分:三聚氰胺树脂硬质层压板;

——第6部分:酚醛树脂硬质层压板;

——第7部分:聚酯树脂硬质层压板;

——第8部分:有机硅树脂硬质层压板;

——第9部分:聚酰亚胺树脂硬质层压板;

——第10部分:双马来酰亚胺树脂硬质层压板;

——第11部分:聚酰胺酰亚胺树脂硬质层压板;

……

本部分为GB/T 1303的第11部分。

本部分修改采用IEC 60893-3-7:2003《电气用热固性树脂工业硬质层压板　第3部分:单项材料规范　第7篇:对聚酰亚胺树脂硬质层压板的要求》(英文版)的相关内容。

为便于使用对IEC 60893-3-7:2003进行了下述编辑性及技术性修改:

a) 删除了IEC 60893-3-7:2003中的"前言"和"引言",将引言内容编入本部分的"前言"中;

b) 对第1章"范围"进行了修改,删除了有关材料符合性说明,增加了适用范围;

c) 删除第3章的尺寸标注内容;

d) 根据国内实际需要,增补了"表观弯曲弹性模量"、"垂直层向压缩强度"、"平行层向剪切强度"、"拉伸强度"、"粘合强度"、"1 MHz下介质损耗因数"、"1 MHz下介电常数"、"耐电痕化指数"、"温度指数"和"密度"性能要求。有关技术性差异在它们所涉及的条款的页边空白处用垂直单线标识。

e) 将"要求"一章按"外观"、"尺寸"、"平直度"、"性能要求"分条编写,将"供货要求"单独列为一章编写,同时对IEC 60893-3-7:2003中表5进行了修改,将备注内容列入本部分表6的表注;将IEC 60893-3-7:2003表5中试验方法章条列入本部分第5章"试验方法"重新编写,并增加了切割板条的测试方法及总则;

f) 删除了IEC 60893-3-7:2003的参考文献。

本部分由中国电器工业协会提出。

本部分由全国绝缘材料标准化技术委员会(SAC/TC 51)归口。

本部分主要起草单位:四川东材科技集团股份有限公司、北京新福润达绝缘材料有限责任公司、国家绝缘材料工程技术研究中心、桂林电器科学研究所。

本部分起草人:刘锋、刘琦焕、赵平、罗传勇。

本部分为首次制定。

电气用热固性树脂工业硬质层压板 第11部分:聚酰胺酰亚胺树脂硬质层压板

1 范围

GB/T 1303的本部分规定了电气用聚酰胺酰亚胺树脂和不同增强材料为基的工业硬质层压板的名称、要求、试验方法及供货要求。

本部分适用于以玻璃布为基材,以聚酰胺酰亚胺树脂为粘合剂经热压而成的聚酰胺酰亚胺树脂硬质层压板。其用途和特性见表1。

2 规范性引用文件

下列文件中的条款通过GB/T 1303的本部分的引用而成为本部分的条款。凡是注日期的引用文件,其随后所有的修改单(不包括勘误的内容)或修订版均不适用于本部分,然而,鼓励根据本部分达成协议的各方研究是否可使用这些文件的最新版本。凡是不注日期的引用文件,其最新版本适用于本部分。

GB/T 1303.1—2009 电气用热固性树脂工业硬质层压板 第1部分:定义、命名和一般要求(IEC 60893-1:2004,IDT)

GB/T 1303.2—2009 电气用热固性树脂工业硬质层压板 第2部分:试验方法(IEC 60893-2:2003,MOD)

3 名称

本部分所涉及的层压板按所用的树脂和增强材料不同以及板的特性不同划分成各种型号。各种层压板的名称构成如下:

——国家标准号;

——代表树脂的双字母缩写;

——代表增强材料的第二个双字母缩写;

——系列号。

名称举例:PAI GC 301型工业硬质层压板,则名称为:GB/T 1303.11—PAI GC 301

下列缩写用于本规范中:

树脂类型	增强材料类型
PAI 聚酰胺酰亚胺	GC (纺织)玻璃布

层压板的型号见表1。

表1 聚酰胺酰亚胺树脂工业硬质层压板的型号

型　号	用途和特性[a]
PAI GC 301	机械和电气用。高温下机械和电气性较好

[a] 不应从表1中推论:该型号的层压板一定不适用于未被列出的用途,或者特定的层压板适用于所述大范围内的各种用途。

4 要求

4.1 外观

应符合 GB/T 1303.1—2009 中 5.1 的规定。

4.2 尺寸

4.2.1 层压板原板宽度和长度的允许偏差应符合表 2 的规定。

表 2 宽度和长度的允许偏差 单位为毫米

宽度和长度	允许偏差
450～1 000	±15
＞1 000～2 600	±25

4.2.2 厚度

标称厚度及允许偏差见表 3。

表 3 标称厚度及允许偏差 单位为毫米

标称厚度	偏差	标称厚度	偏差
0.8	±0.16	6.0	±0.60
1.0	±0.18	8.0	±0.72
1.2	±0.21	10.0	±0.82
1.5	±0.24	12.0	±0.94
2.0	±0.28	14.0	±1.02
2.5	±0.33	16.0	±1.12
3.0	±0.37	20.0	±1.30
4.0	±0.45	25.0	±1.50
5.0	±0.52	30.0	±1.70
注 1：若标称厚度不在所列优选厚度时，其允许偏差应采用最相近的偏差。 注 2：其他偏差由供需双方商定。			

4.2.3 层压板切割板条宽度及偏差

层压板切割板条宽度及允许偏差见表 4。

表 4 层压板切割板条宽度允许偏差(均为负偏差) 单位为毫米

标称厚度 d	标称宽度 b					
	$3<b\leqslant 50$	$50<b\leqslant 100$	$100<b\leqslant 160$	$160\leqslant b<300$	$300<b<500$	$500<b<600$
0.8	0.5	0.5	0.5	0.6	1.0	1.0
1.0	0.5	0.5	0.5	0.6	1.0	1.0
1.2	0.5	0.5	0.5	1.0	1.2	1.2
1.5	0.5	0.5	0.5	1.0	1.2	1.2
2.0	0.5	0.5	0.5	1.0	1.2	1.5
2.5	0.5	1.0	1.0	1.5	2.0	2.5
2.5	0.5	1.0	1.0	1.5	2.0	2.5
3.0	0.5	2.0	2.0	3.0	4.0	5.0
4.0	0.5	2.0	2.0	3.0	4.0	5.0
注：表中所规定宽度偏差均为单向的负偏差，其他偏差由供需双方商定。						

4.3 平直度

平直度要求见表5。

表5 平直度

单位为毫米

标称厚度 d	直尺长度	
	1 000	500
$3<d\leqslant 6$	≤10	≤2.5
$6<d\leqslant 8$	≤8	≤2.0
$8<d$	≤6	≤1.5

4.4 性能要求

性能要求见表6。

表6 性能要求

序号	性能		单位	要求
1	弯曲强度	常态	MPa	≥400
		180 ℃±2 ℃		≥280
2	平行层向简支梁冲击强度		kJ/m^2	≥60
3	平行层向悬臂梁冲击强度		kJ/m^2	≥40
4	表观弯曲弹性模量		MPa	≥14 000
5	垂直层向压缩强度		MPa	≥350
6	平行层向剪切强度		MPa	≥30
7	拉伸强度		MPa	≥300
8	粘合强度		N	≥4 900
9	垂直层向电气强度(90 ℃±2 ℃油中)		kV/mm	见表7
10	平行层向击穿电压(90 ℃±2 ℃油中)		kV	≥40
11	1 MHz下介质损耗因数		—	≤0.03
12	1 MHz下介电常数		—	≤5.5
13	浸水后绝缘电阻		Ω	≥1.0×10^8
14	耐电痕化指数(PTI)		—	≥500
15	温度指数		—	≥180
16	密度		g/cm^3	1.7～1.9
17	燃烧性		级	HB 40
18	吸水性		mg	见表8

注1：第2项和第3项两者之一合格则视为符合本规范。

注2："平行层向剪切强度"与"粘合强度"任选一项达到即可。

注3：燃烧性试验主要用于监控层压板生产的均一性，测得的结果不全面体现层压板在实际使用条件下的潜在着火危险。

注4："表观弯曲弹性模量"、"垂直层向压缩强度"、"平行层向剪切强度"、"拉伸强度"、"粘合强度"、"1 MHz下介质损耗因数"、"1 MHz下介电常数"、"耐电痕化指数"、"温度指数"和""密度"为特殊性能要求，由供需双方商定。

表7　垂直层向电气强度(1 min 耐压或 20 s 逐级升压)[a]　单位为千伏每毫米

测得的试样平均厚度[b]/mm												
0.8	0.9	1.0	1.2	1.5	1.8	2.0	2.2	2.4	2.5	2.6	2.8	3.0
≥15.0	≥14.6	≥14.0	≥13.2	≥12.0	≥11.6	≥11.2	≥10.8	≥10.5	≥10.4	≥10.2	≥10.1	≥10.0

[a] 试验方式任选其一，其一满足要求则视为符合要求；

[b] 若测得的试样厚度介于表中两种厚度之间，其极限值由内插法求得。测得试样厚度低于 0.8 mm 时，则按 0.8 mm厚度考核垂直层向电气强度，若测得的厚度超过 3 mm 时，此时垂直层向电气强度则按 3 mm 厚度考核。

表8　吸水性　单位为毫克

试样平均厚度[a] mm	吸水性	试样平均厚度[a] mm	吸水性
0.8	≤60	6.0	≤100
1.0	≤64	8.0	≤113
1.2	≤66	10.0	≤127
1.5	≤71	12.0	≤140
2.0	≤74	14.0	≤153
2.5	≤77	16.0	≤166
3.0	≤80	20.0	≤193
4.0	≤87	25.0	≤227
5.0	≤93	22.5[b]	≤250

[a] 如果测得的试样厚度算术平均值介于以上表中所示两种厚度之间，则其极限值应由内插法求得。如果测得的试样厚度算术平均值低于给出极限值的最小厚度，则其吸水性极限值取相应最小厚度的值。如果标称厚度为 25 mm 而测得的厚度算术平均值超过 25 mm，则取 25 mm 的吸水性。

[b] 若板厚大于 25 mm 时，则应单面加工至(22.5±0.3)mm，加工面应平整光滑。

5　试验方法

5.1　总则

试验分出厂检验和型式试验。出厂检验为 4.1、4.2、4.3 及 4.4 表 6 中的“弯曲强度(常态)”和“垂直层向电气强度”，型式试验为全部性能项目。

5.2　外观

目测检查。

5.3　尺寸

5.3.1　厚度

按 GB/T 1303.2—2009 中 4.1 的规定。

5.3.2　宽度及长度

用分度为 0.5mm 直尺或量具，至少测量三处报告其平均值。

5.4　平直度

按 GB/T 1303.2—2009 中 4.2 的规定。

5.5　弯曲强度

适用于试验的板材标称厚度为大于或等于 1.5 mm，按 GB/T 1303.2—2009 中 5.1 规定。高温试验试样应在高烘箱中处理 45 min 后，并在该温度试验。

5.6 表观弯曲弹性模量

适用于试验的板材标称厚度为大于或等于 1.5 mm，按 GB/T 1303.2—2009 中 5.2 的规定，高温试验时，试样应在高温试验箱内在规定温度下处理 1 h 后在该规定温度下进行试验。

5.7 垂直层向压缩强度

适用于试验的板材标称厚度为大于或等于 5.0 mm，按 GB/T 1303.2—2009 中 5.3 的规定。

5.8 平行层向剪切强度

适用于试验的板材标称厚度为大于或等于 5.0 mm，按 GB/T 1303.2—2009 中 5.5 的规定。

5.9 拉伸强度

适用于试验的板材标称厚度为大于或等于 1.5 mm，按 GB/T 1303.2—2009 中 5.6 的规定。

5.10 粘合强度

5.10.1 适用于试验的板材标称厚度为大于或等于 10.0 mm，每组试样不少于五个，尺寸为长25 mm±0.2 mm，宽 25 mm±0.2 mm，厚为标称厚度 10 mm。标称厚度 10 mm 以上者，应从两面加工至 10 mm±0.2 mm。标称厚度 10 mm 以下者不予试验。试样两相邻面应互相垂直。

5.10.2 示值误差不超过 1%的材料试验机，试样破坏的负荷量应在试验机的刻度范围(15～85)%之间，试验机压头上装有 ϕ10 mm 的钢球。

5.10.3 试验前需将试样进行预处理，预处理及试验条件按 GB/T 1303.2—2009 中第 3 章规定进行。

5.10.4 将试样置于下夹具平台的中央，调整钢球与试样位置，使其如图 1 所示，然后以(10 mm±2 mm)/min 的速度施加压力，直至试样破坏读取负荷值。

5.10.5 粘合强度以试样破坏所施加压力值表示，取每组试样的算术平均值，个别值对平均值的允许偏差为±15%。

单位为毫米

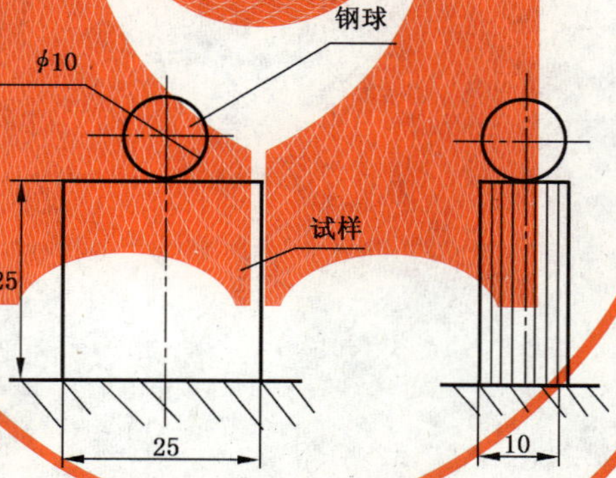

图 1 粘合强度试验装置

5.11 冲击强度

5.11.1 平行层向简支梁冲击强度

适用于试验的板材标称厚度为大于或等于 5.0 mm，按 GB/T 1303.2—2009 中 5.4.2 的规定。

5.11.2 平行层向悬臂梁冲击强度

适用于试验的板材标称厚度为大于或等于 5.0 mm，按 GB/T 1303.2—2009 中 5.4.3 的规定。

5.12 垂直层向电气强度

适用于试验的板材标称厚度为小于或等于 3.0 mm，按 GB/T 1303.2—2009 中 6.1.3.1 的规定，试验报告应报告试验方式。

5.13 平行层向击穿电压

适用于试验的板材标称厚度为大于 3.0 mm，按 GB/T 1303.2—2009 中 6.1.3.2 的规定，试验报告应报告电极的类型。

5.14 1 MHz 下介质损耗因数

适用于试验的板材标称厚度为小于或等于 3.0 mm,按 GB/T 1303.2—2009 中 6.2 的规定。

5.15 1 MHz 下介电常数

适用于试验的板材标称厚度为小于或等于 3.0 mm,按 GB/T 1303.2—2009 中 6.2 的规定。

5.16 浸水后绝缘电阻

按 GB/T 1303.2—2009 中 6.3 的规定。

5.17 耐电痕化指数(PTI)

适用于试验的板材标称厚度大于或等于 3.0 mm,按 GB/T 1303.2—2009 中 6.4 的规定。

5.18 温度指数

按 GB/T 1303.2—2009 中 7.1 的规定。

5.19 密度

按 GB/T 1303.2—2009 中 8.1 的规定。

5.20 燃烧性

适用于试验的板材标称厚度等于 3.0 mm,按 GB/T 1303.2—2009 中 7.2 的规定。

5.21 吸水性

按 GB/T 1303.2—2009 中 8.2 的规定。

6 供货要求

应符合 GB/T 1303.1—2009 中 5.4 的规定。

ICS 29.035.99
K 15

中华人民共和国国家标准

GB/T 1310.2—2009/IEC 60394-2:1972
代替 GB/T 1309—1987

电气用浸渍织物
第2部分:试验方法

**Varnished fabrics for electrical purposes—
Part 2:Methods of test**

(IEC 60394-2:1972,IDT)

2009-06-10 发布　　　　2009-12-01 实施

中华人民共和国国家质量监督检验检疫总局
中国国家标准化管理委员会　发布

前　言

GB/T 1310《电气用浸渍织物》包括三个部分：

——第1部分：定义和一般要求；

——第2部分：试验方法；

——第3部分：材料规范。

本部分为GB/T 1310的第2部分。

本部分等同采用IEC 60394-2:1972《电气用浸渍织物　第2部分：试验方法》(英文版)。

为便于使用，本部分删除了IEC标准的前言，将IEC的引言内容编入本部分前言中。

本部分代替GB/T 1309—1987《电气绝缘漆布试验方法》。

本部分与GB/T 1309—1987相比在编辑格式上作了较大修改。

本部分由中国电器工业协会提出。

本部分由全国绝缘材料标准化技术委员会(SAC/TC 51)归口。

本部分起草单位：桂林电器科学研究所。

本部分主要起草人：罗传勇。

本部分所代替标准的历次版本发布情况为：

——GB/T 1309—1987。

电气用浸渍织物
第2部分:试验方法

1 范围

GB/T 1310的本部分规定了电气用浸渍织物的试验方法。

本部分适用于电气用浸渍织物。

2 规范性引用文件

下列文件中的条款通过GB/T 1310的本部分的引用而成为本部分的条款。凡是注日期的引用文件,其随后所有的修改单(不包括勘误的内容)或修订版均不适用于本部分,然而,鼓励根据本部分达成协议的各方研究是否可使用这些文件的最新版本。凡是不注日期的引用文件,其最新版本适用于本部分。

GB/T 1408.1—2006 绝缘材料电气强度试验方法 第1部分:工频下试验(IEC 60243-2:1998,IDT)

3 试验一般说明

3.1 选取的试样对整批材料具有代表性。

3.2 试样切下后应在(23±2)℃和相对湿度(50±5)%条件下处理24 h。若试验不在标准大气下进行,则试验应从标准大气中取出后在5 min内完成。

4 厚度

4.1 试验仪器

4.1.1 外螺旋式测微计,测量面直径为6 mm~8 mm。测量面的不平度应小于0.001 mm,两个面间的不平行度应小于0.003 mm,螺距为0.5 mm,具有50个0.01 mm的分度,使读数可估计到0.002 mm,作用在试样上的压力为10 N/cm^2~20 N/cm^2。

4.1.2 静重表盘式测微计,具有两个磨光和重合的同心圆面,其不平度小于0.001 mm,两个面间的不平行度小于0.003 mm,上平面的直径应为6 mm~8 mm,下平面应比上平面大,上平面可在垂直于两平面的轴线上移动。表盘面的刻度可直接读到0.002 mm。测微计的框架应是坚固的,当对表盘壳施加15 N的力且与静重块或压脚轴不接触时,测微计表盘上所显示的框架形变应不大于0.002 mm。作用在试样上的压力应为10 N/cm^2。

4.1.3 用于校验仪器的量规应精确到标定尺寸的±0.001 mm之内。仪器的指示厚度与量规之差应不大于0.005 mm。在有争议的情况下,应使用静重式测微计。

4.2 试样

4.2.1 整幅材料

沿卷材幅宽横向切取宽度为25 mm,长度等于卷材幅宽的试样一条。

4.2.2 分切材料

从卷上切取长度为1 m的试样一条。

4.3 程序

测量材料的厚度,沿着试样的长度方向测量九点,各点间距不小于75 mm。不应在所有的接头和带边处测量。

4.4 结果

记录九个测量值,结果取中值。

5 耐水解性

5.1 试样

一片约为 125 mm×50 mm 的浸渍织物或者相等面积的窄条。

5.2 程序

把试样卷起,放进一个厚壁的硼硅酸盐试管,试管长约 125 mm,直径约 16 mm(见图 1),试管中加入 2 mm 深的蒸馏水。

取一段直径约 0.6 mm 的镀锡铜线,把靠近试样的那一端弯成与长度方向成直角的圆圈,然后把铜线插入试管中。截断铜线使它能全部插在试管中起阻滞作用,防止试管密封或翻转时试样滑进水里。

密封试管,例如在火焰上将试管开口端拉细密封,注意不应使密封处试管壁的厚度过分地减小。

试管冷却后垂直地放于烘箱中,密封端向下,在(105±2)℃下保持按材料规范规定的时间。

5.3 结果

试验之中随时并在规定周期终点之后,检查试样上漆膜流动的现象。漆膜不应呈现显著的流动。在已经达到规定时间而漆膜没有显著的流动时,将试样从试管中取出,检查试样的表面状况,如粘连,开卷时漆膜的移动和溶胀,记录观测结果。

注:为把爆炸的危险和对人的伤害减到最小程度,本试验必须采用厚壁试管,作为安全预防措施,建议把人和试管分隔开。

6 织物对油的影响

6.1 程序

把 10 g 左右的浸渍织物切成面积约为 50 mm^2 的小片,放进盛有变压器油的容器中。浸渍织物与油的质量比应是 1∶10。容器放进(105±2)℃的恒温浴中保持 72 h。同时,盛有相同质量的油但不放浸渍织物的另一个容器也放在恒温浴中。

在一个锥形瓶中倒入 50 mL 的甲苯和乙醇(2∶1)的混合液,在回流冷凝器下沸腾 5 min,然后加进 4 滴~5 滴酚酞指示剂,趁热用 0.05 mol/L 的氢氧化钾醇溶液中和直到一出现颜色变成粉红色即终止。加入 8 g~10 g 与浸渍织物一起加热过的变压器油到这个瓶中,在回流冷凝器下,连续搅拌煮沸 5 min,然后加入 4 滴~5 滴酚酞指示剂,趁热用 0.05 mol/L 的氢氧化钾醇溶液在连续搅拌下滴定混合液,直到混合液的下层颜色开始转变成粉红色为止。

再用未和浸渍织物一起加热过的变压器油作空白试验。

注:所用的变压器油应满足 IEC 60296 中规定的Ⅱ级变压器油的要求。

6.2 结果

被试油的酸值(mg KOH/g 油)按下式计算:

$$\frac{(V_1-V_2)\times T\times 56.10}{m}$$

式中:

V_1——滴定被试油的 KOH 醇溶液的用量,单位为毫升(mL);

V_2——空白试验中,滴定被试油的 KOH 醇溶液的用量,单位为毫升(mL);

T——KOH 醇溶液的摩尔浓度,为 0.05 mol/L;

m——被试油的质量,单位为克(g)。

以两次平行滴定结果的算术平均值作为酸值。

7 油或其他液体对浸渍织物的影响

7.1 试样

取五个长约125 mm,宽约40 mm的试样。材料宽度小于40 mm时,应在供货宽度上试验,长度应选择到能按7.2进行缠绕。

7.2 程序

每条试样螺旋形半叠包缠绕到一根直径为10 mm～12 mm的金属棒上,包绕长度100 mm。将棒浸入一个充有试验液体的玻璃容器中,并在105 ℃±2 ℃的电热烘箱中加热48 h。当试样冷至室温后立即解开试样,检查表面粘连、漆膜移动和溶胀。

7.3 结果

如有任何损坏,记录其特征。

8 拉伸强度和断裂伸长率

8.1 试验设备

无论是恒速加载的试验机或是恒速行进的试验机都可以采用,试验机最好是在动力驱动时,刻度能读到规范要求值的1%。

8.2 试样

采用五个试样,试样的长度应满足试验机的两个夹头之间长度为200 mm的要求,宽度不超过15 mm。

试验整幅直切材料时,应从经向切取五个试样,并用同样的方法再从纬向切取五个试样,以代表整块材料,并使在同一方向上切取的两个试样不含有同一条经线。

当试验整幅斜切材料时,沿材料的纵向切取试样,以代表整块材料。

分切材料用交货宽度进行试验,最大宽度不超过15 mm。

8.3 程序

把一个试样装在试验机中,施加负荷的方法是从施加负荷开始在60 s±10 s内达到规定的最低拉伸强度,继续施加负荷直到试样断裂。记录产生6%和10%伸长率时所需的负荷、断裂负荷和断裂伸长率。

若试样拉断不正常或断裂在试验机的夹头内或夹头处,则应舍弃此结果,并用另一个试样重做试验。

当测定接头处的拉伸强度时,接头位置要放在两夹头的中间位置上。

8.4 结果

拉伸强度取五个试样断裂负荷的中间值,计算材料的拉伸强度,用每10 mm宽度上的负荷(牛顿)表示。

伸长率为6%和10%时的应力分别取产生6%和10%伸长率时的负荷的中间值,用每10 mm宽度上的负荷(牛顿)表示。

断裂伸长率取五个试验值的中值,用两个夹头之间试样长度的%表示。

9 内撕裂强度

9.1 试验设备

采用一台落摆式撕裂试验机,Elemendorf式或其他适合于本试验的设备都可采用(见图2)。

9.2 试样

取尺寸约为100 mm×63 mm的试样五个,其长边平行于经线,再取同样尺寸的五个试样,其长边平行于纬线。用适宜的剪切装置在每一个试样的一个100 mm边的中间剪一个切口(通常在试验设备上都附有这种剪切装置)。

切口的终端离试样未剪切的那个100 mm边的距离应是43.0 mm±0.15 mm(即等撕裂长度),切口的长度不要求很严格。

如材料还要求在空气中加热后试验,则需从经纬方向上另取一组试样十个。

9.3 程序

试验中试样的处理非常重要,见第3章。

9.3.1 收货状态材料

将摆升到起始位置,并把指针拨到停止楔所固定的位置。试样紧固在夹子里,试样的对准要使它的底边与止块对齐,它的上边平行于夹子的上边,窄边的纬向纱线精确地垂直于夹子上下边。旋紧固定螺丝,夹紧夹子,在两个夹子上所用的力大致相同。试样应自然地放着,使其上表面直接朝着摆,以保证发生剪切作用。放开摆锤。拿下摆楔,直到撕裂完成以后,用手拿住摆回的摆,不要弄乱指针的位置,读出标尺上最接近刻度线的值。

9.3.2 空气中加热后的材料

将五个试样正常化处理1 h,将其余五个试样在强制通风烘箱中处理48 h。烘箱内的空气应对流,与外界空气充分混合,每小时至少换气四次。烘箱温度按产品规范的规定,它是从IEC 60212的表中选取的。在标准大气中冷却至室温,按9.3.1规定在1 h内完成试验。

9.4 结果

试样的撕裂强度是把标尺的实际读数乘以仪器的常数计算得到,以牛顿为单位。

报告撕裂强度的中值和最大值及最小值。

若撕裂强度大于仪器的最大量程,结果应以大于该值表示。

10 边缘撕裂强度

10.1 设备

试验机如8.1所述,带有如图3所示的固定装置。

10.2 试样

取九个试样,每个试样长约300 mm,宽不超过15 mm。

10.3 程序

试样插入固定装置的斜槽中,该装置夹在拉力试验机的上夹头里,试样两端拉齐后夹在试验机的下夹头里。通过螺丝把一个可调的橡皮块轻轻地压在试样上面,防止试样在固定装置的斜槽中滑动。从开始施加应力到试样撕裂为止,所用的时间应为(20±5)s,读出边缘开始撕裂时的力。

10.4 结果

报告九次测量的中值,以牛顿表示。

11 电气强度

试验应按GB/T 1408.1—2006进行。

11.1 仪器

11.1.1 对试验仪的一般要求

仪器应符合GB/T 1408.1—2006中第8章规定。

11.1.2 未拉伸材料的试验仪器和电极

仪器和电极应符合GB/T 1408.1—2006中5.1.2。电极的两个平面应平行,不允许有凹坑或其他缺陷,图4表示一个合适的试验装置。

11.1.3 拉伸后材料的试验仪器和电极

可将拉伸带材的适宜措施加到如11.1.2所述的仪器上,一个可用的装置如图5所示。

拉伸仪器有一个坚固的框架，在相对的两边上装上两个相似的夹具，其距离不小于330 mm。

其中一个夹具的旁边有一个用手柄旋转的圆辊，可将试样夹到辊上。为拉伸试样，框架可安排不止一个试样。几个夹子分列在相对的两边上。

框架的安装要使拉伸后的试样处在试验台或底板面上50 mm处，以与上面11.1.2所述电极装置下电极的上表面相吻合。

试样的伸长率用一个轻的纸尺或铝尺来测量，尺的长度约为290 mm，用线绑在试样上，绑扎线离开夹具一端约25 mm。尺的另一端在离夹具250 mm处开始标志出伸长百分率。在试样被拉伸前，以一轻小的指针夹在试样上尺的一读数处，当试样被拉伸后可以从尺上读出相应的伸长率。

11.2 试样和试验次数

所有试样长为450 mm，宽为25 mm。

应按GB/T 1408.1—2006中第10章，试验次数应是五次。

五次试验可在同一试样上做，若其中任一试验结果偏离中值15%，应另外再做五次。

注：当被试材料比25 mm窄时，要采用防飞弧装置。

11.3 程序

11.3.1 室温下电气强度

试样在23 ℃和相对湿度50%的标准大气下处理48 h。试验应在每一试样从规定的大气中取出后5 min内做完。

应按GB/T 1408.1—2006中10.1(短时试验)施加电压。

11.3.2 高温下电气强度

将试样放入产品规范规定温度的烘箱中加热10 min，再把预热到规定温度的电极装好。在按11.3.1进行测试的过程中应使试样及电极保持规定温度。在上电极底部用适宜的方法测量温度。

11.3.3 拉伸后材料的电气强度

应按11.3.1对试样进行处理。在(23±2)℃下或从规定大气中取出后5 min内在11.1.3所述的仪器上拉伸每一试样到规定伸长率。试样在(23±2)℃下保持10 min～30 min，然后在机械拉伸状态下放进电极装置中。

应按GB/T 1408.1—2006中10.1，在(23±2)℃下或从规定大气中取出后5 min内施加电压。

击穿判断应按GB/T 1408.1—2006第11章规定。

11.3.4 弯折后材料的电气强度

应按11.3.1对试样进行处理。

将数倍厚度的材料叠进行弯折，实际倍数按产品规范规定。为进行弯折，把一个长35 mm，直径50 mm，能产生20 N作用力的圆辊沿着弯折线滚压，圆辊的一头应伸出弯折线1 mm～2 mm。

打开弯折过的试样，把试样夹在两个电极之间，使弯折线处在电极的中心线上，应按GB/T 1408.1—2006中10.1规定施加电压。

击穿判断应按GB/T 1408.1—2006中第11章规定。

11.3.5 在23 ℃或40 ℃，相对湿度93%时处理96 h后的电气强度

按GB/T 1408.1—2006中第3部分规定，试样于(23±2)℃或(40±2)℃，相对湿度(90±2)%的大气中处理96h。应按GB/T 1408.1—2006中10.1所述，每一试样规定从大气中取出后，应在5 min内对其施加电压。

击穿判断应按GB/T 1408.1—2006中第11章规定。

11.4 结果

报告应按GB/T 1408.1—2006中第11章规定，取中值作为结果，用V(击穿电压)表示。

12 耐热性试验

待定。

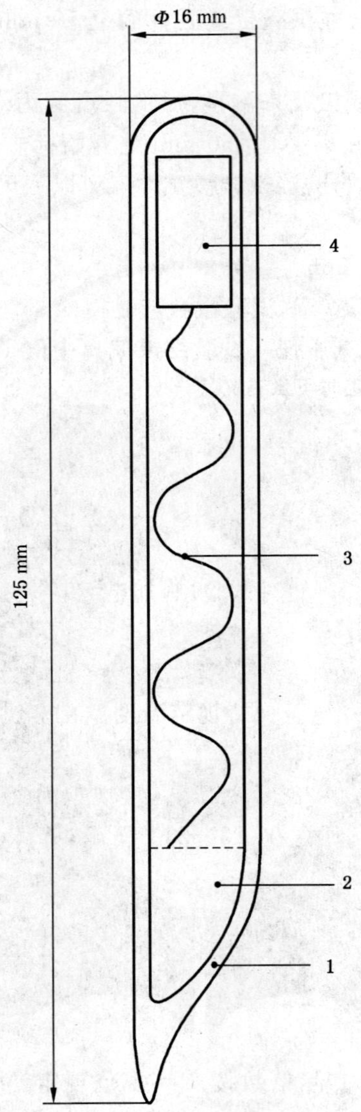

1——厚壁硼硅酸盐试管(密封的);
2——2 mL 蒸馏水;
3——螺旋形弯绕的大约 Φ 0.6 mm 镀锡铜线;
4——浸渍织物试样。

图 1 耐水解性配置图

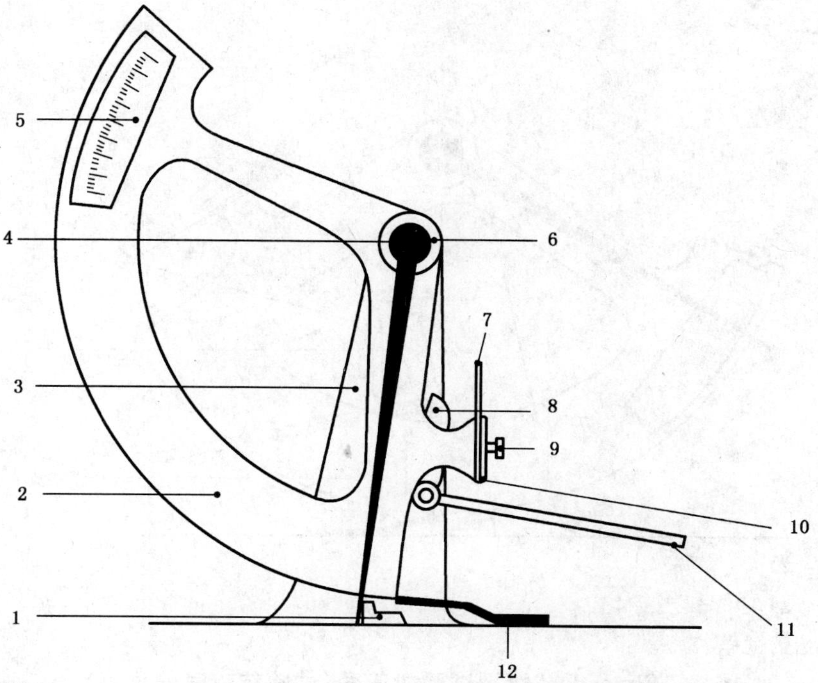

1——指针停止楔；
2——摆锤；
3——固定支架；
4——摆锤的轴；
5——刻度尺；
6——固定在摆锤轴摩擦阻尼圈上的指针；
7——试样；
8——起始切割的摆刀；
9——夹头螺钉；
10——夹头；
11——摆刀驱动杆；
12——扇形摆锤的弹簧停止楔。

图 2a　撕裂试验机简图(起始位置)

单位为毫米

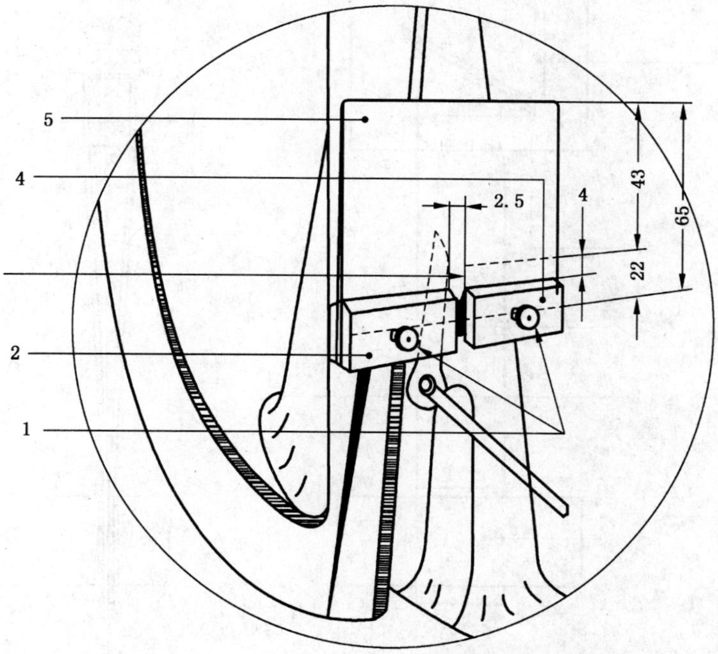

1——紧固螺钉；
2——固定在摆锤上的可动夹头；
3——起始切割口；
4——固定在支架上的夹头；
5——试样。

图 2b　撕裂试验机简图(起始位置)

单位为毫米

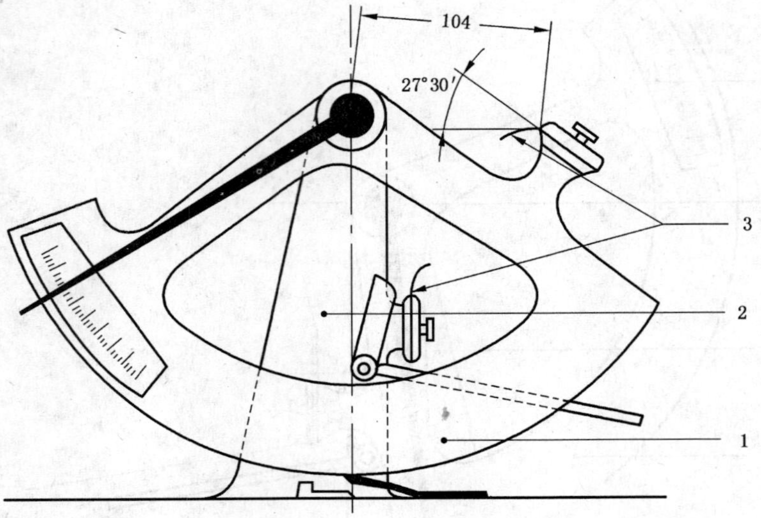

1——摆锤；

2——固定支架；

3——撕裂后的试样。

图 2　Elmendorf 撕裂试验机简图(试验结束时的位置)

单位为毫米

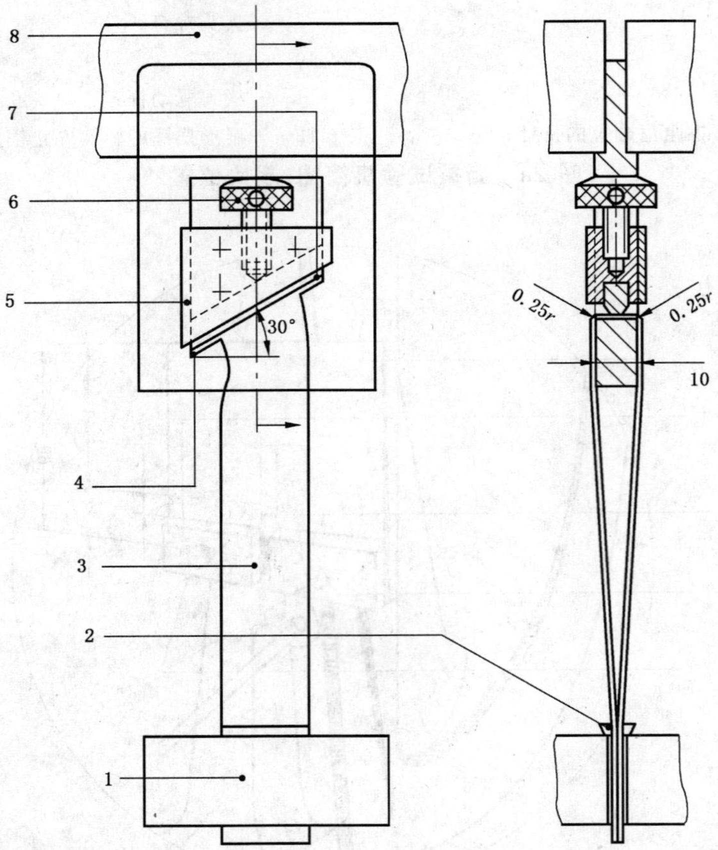

1——带衬垫的下夹头；

2——衬垫；

3——试样；

4——斜槽；

5——滑道；

6——螺钉；

7——橡皮衬垫；

8——上夹头。

图 3　边缘撕裂试验固定装置

单位为毫米

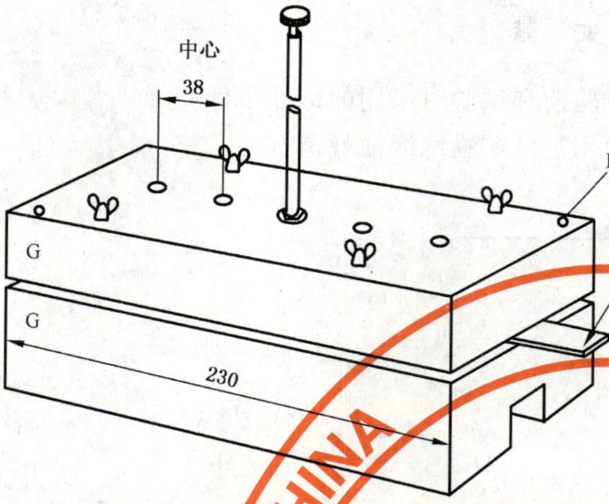

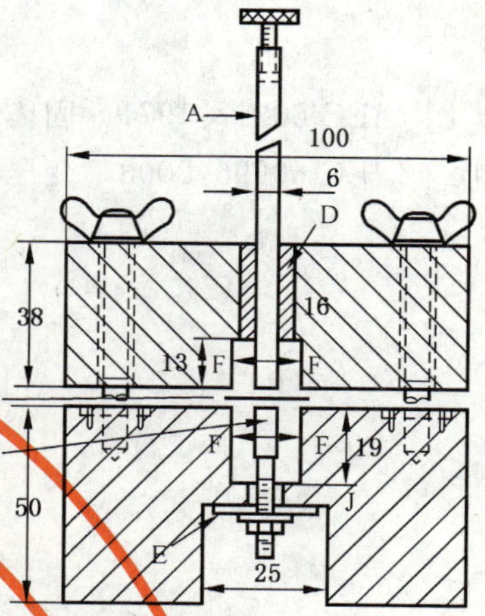

A——与衬垫 D 配合很好的上电极；
B——下电极；
C——试样；
D——内径恰好适于 6 mm 圆棒的黄铜衬垫；
E——连接所有下电极的黄铜条；
F——搭盖在试样边缘的 25 mm 宽的漆布条；
G——适合的绝缘材料块，如层压纸板；
H——榫头；
J——带内螺纹的黄铜衬套。

a) 仪器的一般布置

b) 通过电极的仪器剖面(上电极稍微升级)

图 4　漆布常用电极装置的典型示例

单位为毫米

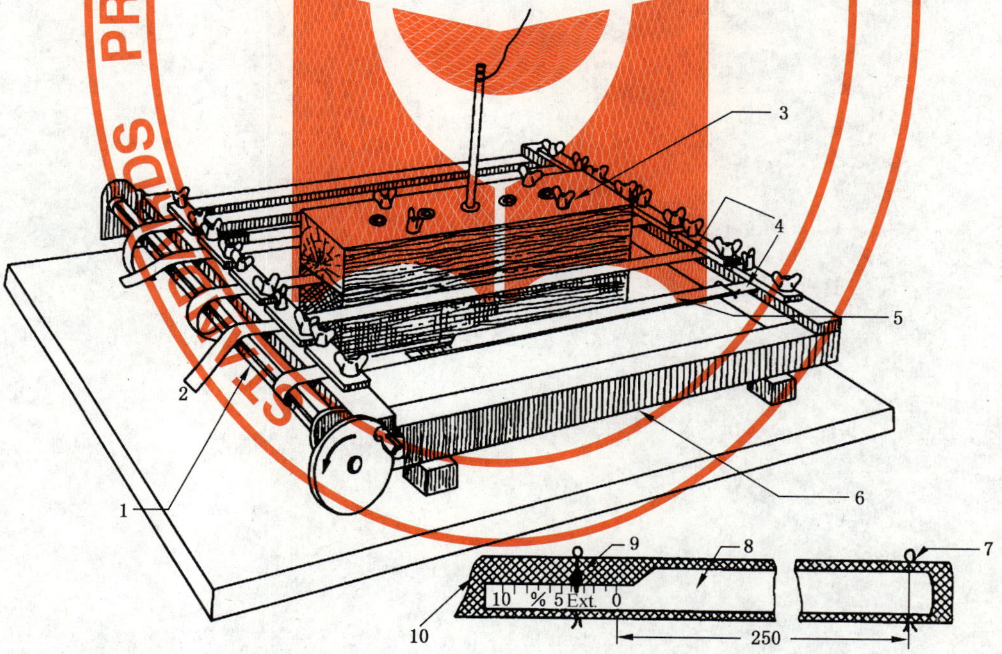

试样上伸长率标尺的具体位置

1——拉伸圆辊；
2——软钢；
3——电极装置；
4——试样；
5——伸长率标尺；
6——拉伸框架；
7——夹子；
8——尺子；
9——指针；
10——试样。

图 5　分切材料拉伸时电气强度试验装置

参 考 文 献

[1] IEC 60212:1971 固体电气绝缘材料在试验前和试验时采用的标准条件
[2] IEC 60296:2003 变压器和开关用的未使用过的矿物绝缘油规范

ICS 61.020
Y 75

中华人民共和国国家标准

GB/T 1335.3—2009
代替 GB/T 1335.3—1997

服装号型 儿童

Standard sizing systems for garments—Children

2009-03-19 发布 2010-01-01 实施

中华人民共和国国家质量监督检验检疫总局
中国国家标准化管理委员会 发布

前 言

GB/T 1335 分为如下三个部分：

——《服装号型 男子》；

——《服装号型 女子》；

——《服装号型 儿童》。

本部分为 GB/T 1335.3《服装号型 儿童》。

本部分代替 GB/T 1335.3—1997《服装号型 儿童》。

本部分与 GB/T 1335.3—1997 相比主要变化如下：

——修改了标准的英文名称；

——修改了标准的规范性引用文件。

本部分的附录 A 和附录 B 为规范性附录，附录 C 为资料性附录。

本部分由中国纺织工业协会提出。

本部分由全国服装标准化技术委员会(SAC/TC 219)归口。

本部分由全国服装标准化技术委员会负责解释。

本部分主要起草单位：上海市服装研究所、中国服装协会、中国标准化研究院、中国科学院系统所、红黄蓝集团有限公司。

本部分主要起草人：张广闽、许鉴、聂雅渊、肖惠、叶显东、施琴、冯士雍。

本部分所代替标准的历次版本发布情况为：

——GB 1335.3—1981、GB 1335.3—1991、GB/T 1335.3—1997。

服装号型 儿童

1 范围

GB/T 1335的本部分规定了婴幼儿和儿童服装的号型定义、号型标志、号型应用和号型系列。

本部分适用于成批生产的婴幼儿及儿童服装。

2 规范性引用文件

下列文件中的条款通过GB/T 1335的本部分的引用而成为本标准的条款。凡是注日期的引用文件，其随后所有的修改单(不包括勘误的内容)或修订版均不适用于本部分，然而，鼓励根据本部分达成协议的各方研究是否可使用这些文件的最新版本。凡是不注日期的引用文件，其最新版本适用于本部分。

GB/T 16160 服装用人体测量的部位与方法

3 术语和定义

GB/T 16160确立的以及下列术语和定义适用于GB/T 1335的本部分。

3.1

号 height

人体的身高，以厘米为单位表示，是设计和选购服装长短的依据。

3.2

型 girth

人体的胸围或腰围，以厘米为单位表示，是设计和选购服装肥瘦的依据。

4 要求

4.1 号型系列

4.1.1 身高52 cm～80 cm婴儿，身高以7 cm分档，胸围以4 cm分档，腰围以3 cm分档，分别组成7·4和7·3系列。

4.1.2 身高80 cm～130 cm儿童，身高以10 cm分档，胸围以4 cm分档，腰围以3 cm分档，分别组成10·4和10·3系列。

4.1.3 身高135 cm～155 cm女童，135 cm～160 cm男童，身高以5 cm分档，胸围以4 cm分档，腰围以3 cm分档，分别组成5·4和5·3系列。

4.1.4 身高52 cm～80 cm婴儿上装号型系列见表1。

表1

单位为厘米

号	型		
52	40		
59	40	44	
66	40	44	48
73		44	48
80			48

4.1.5 身高 52 cm～80 cm 婴儿下装号型系列见表 2。

表 2

单位为厘米

号	型		
52	41		
59	41	44	
66	41	44	47
73		44	47
80			47

4.1.6 身高 80 cm～130 cm 儿童上装号型系列见表 3。

表 3

单位为厘米

号	型				
80	48				
90	48	52	56		
100	48	52	56		
110		52	56		
120		52	56	60	
130			56	60	64

4.1.7 身高 80 cm～130 cm 儿童下装号型系列见表 4。

表 4

单位为厘米

号	型				
80	47				
90	47	50	53		
100	47	50	53		
110		50	53		
120		50	53	56	
130			53	56	59

4.1.8 身高 135 cm～160 cm 男童上装号型系列见表 5。

表 5

单位为厘米

号	型					
135	60	64	68			
140	60	64	68			
145		64	68	72		
150		64	68	72		
155			68	72	76	
160				72	76	80

4.1.9 身高 135 cm～160 cm 男童下装号型系列见表 6。

表 6

单位为厘米

号	型					
135	54	57	60			
140	54	57	60			
145		57	60	63		
150		57	60	63		
155			60	63	66	
160				63	66	69

4.1.10 身高 135 cm～155 cm 女童上装号型系列见表 7。

表 7

单位为厘米

号	型					
135	56	60	64			
140		60	64			
145			64	68		
150			64	68	72	
155				68	72	76

4.1.11 身高 135 cm～155 cm 女童下装号型系列见表 8。

表 8

单位为厘米

号	型					
135	49	52	55			
140		52	55			
145			55	58		
150			55	58	61	
155				58	61	64

4.2 分档数值

服装号型各系列分档数值见附录 A。

4.3 控制部位数值

控制部位数值是指人体主要部位的数值(系净体数值)，是设计服装规格的依据。服装号型各系列控制部分数值见附录 B。

4.4 号型覆盖率

服装号型覆盖率参见附录 C。

4.5 号型标志

4.5.1 上、下装分别表明号型。

4.5.2 号型表示方法

号与型之间用斜线分开。

例：上装 150/68。其中：150 代表号，68 代表型。下装 150/60。其中，150 代表号，60 代表型。

附 录 A
（规范性附录）
服装号型各系列分档数值

A.1 身高 80 cm～130 cm 儿童服装号型各系列分档数值见表 A.1。

表 A.1

单位为厘米

部位	计算数	采用数	身高[a]、胸围[b]、腰围[c] 每增减 1 cm	
			计算数	采用数
身高	10	10	1	1
坐姿颈椎点高	3.30	4	0.33	0.40
全臂长	3.40	3	0.34	0.30
腰围高	7.40	7	0.74	0.70
胸围	4	4	1	1
颈围	0.90	0.80	0.20	0.20
总肩宽	2.30	1.80	0.58	0.45
腰围	2.56	3	0.64	0.75
臀围	5.96	5	1.99	1.67

a 身高所对应的高度部位是坐姿颈椎点高、全臂长、腰围高。

b 胸围所对应的围度部位是颈围、总肩宽。

c 腰围所对应的围度部位是臀围。

A.2 身高 135 cm～160 cm 男童服装号型各系列分档数值见表 A.2。

表 A.2

单位为厘米

部位	计算数	采用数	身高[a]、胸围[b]、腰围[c] 每增减 1 cm	
			计算数	采用数
身高	5	5	1	1
坐姿颈椎点高	1.78	2	0.36	0.40
全臂长	1.87	1.50	0.37	0.30
腰围高	3.39	3	0.68	0.60
胸围	4	4	1	1
颈围	1.28	1	0.32	0.25
总肩宽	1.27	1.20	0.32	0.30
腰围	2.74	3	0.69	0.75
臀围	4.50	4.50	1.50	1.50

a、b、c 同表 A.1 注。

A.3 身高 135 cm～155 cm 女童服装号型各系列分档数值见表 A.3。

表 A.3

单位为厘米

部位	计算数	采用数	身高[a]、胸围[b]、腰围[c] 每增减 1 cm	
			计算数	采用数
身高	5	5	1	1
坐姿颈椎点高	1.89	2	0.38	0.40
全臂长	1.70	1.50	0.34	0.30
腰围高	3.47	3	0.69	0.60
胸围	4	4	1	1
颈围	1.17	1	0.29	0.25
总肩宽	1.51	1.20	0.38	0.30
腰围	2.40	3	0.60	0.75
臀围	4.76	4.50	1.59	1.50

a、b、c 同表 A.1 注。

附　录　B
（规范性附录）
服装号型各系列控制部位数值

B.1　身高 80 cm～130 cm 儿童控制部位的数值见表 B.1、表 B.2、表 B.3。

表 B.1　　单位为厘米

号		80	90	100	110	120	130
长度部位	身高	80	90	100	110	120	130
	坐姿颈椎点高	30	34	38	42	46	50
	全臂长	25	28	31	34	37	40
	腰围高	44	51	58	65	72	79

表 B.2　　单位为厘米

上装型		48	52	56	60	64
围度部位	胸围	48	52	56	60	64
	颈围	24.20	25	25.80	26.60	27.40
	总肩宽	24.40	26.20	28	29.80	31.60

表 B.3　　单位为厘米

下装型		47	50	53	56	59
围度部位	腰围	47	50	53	56	59
	臀围	49	54	59	64	69

B.2　身高 135 cm～160 cm 男童控制部位的数值见表 B.4、表 B.5、表 B.6。

表 B.4　　单位为厘米

号		135	140	145	150	155	160
长度部位	身高	135	140	145	150	155	160
	坐姿颈椎点高	49	51	53	55	57	59
	全臂长	44.50	46	47.50	49	50.50	52
	腰围高	83	86	89	92	95	98

表 B.5　　单位为厘米

上装型		60	64	68	72	76	80
围度部位	胸围	60	64	68	72	76	80
	颈围	29.50	30.50	31.50	32.50	33.50	34.50
	总肩宽	34.50	35.80	37	38.20	39.40	40.60

表 B.6　　单位为厘米

下装型		54	57	60	63	66	69
围度部位	腰围	54	57	60	63	66	69
	臀围	64	68.50	73	77.50	82	86.50

B.3 身高 135 cm～155 cm 女童控制部位的数值见表 B.7、表 B.8、表 B.9。

表 B.7

单位为厘米

号		135	140	145	150	155
长度部位	身高	135	140	145	150	155
	坐姿颈椎点高	50	52	54	56	58
	全臂长	43	44.50	46	47.50	49
	腰围高	84	87	90	93	96

表 B.8

单位为厘米

上装型		60	64	68	72	76
围度部位	胸围	60	64	68	72	76
	颈围	28	29	30	31	32
	总肩宽	33.80	35	36.20	37.40	38.60

表 B.9

单位为厘米

下装型		52	55	58	61	64
围度部位	腰围	52	55	58	61	64
	臀围	66	70.50	75	79.50	84

附 录 C
（资料性附录）
服装号型覆盖率

C.1 北方地区 2 岁～6 岁儿童号型覆盖率见表 C.1。

表 C.1

胸围/cm	身高/cm					
	80	90	100	110	120	130
	比例/%					
48	1.88	14.77	6.15	0.85		
52		7.51	22.63	17.38	1.59	
56			1.97	12.90	6.45	0.17
60				0.26	1.92	0.35
注：北方地区包括我国东北地区、华北地区、中西部地区。						

C.2 南方地区 2 岁～6 岁儿童号型覆盖率见表 C.2。

表 C.2

胸围/cm	身高/cm					
	80	90	100	110	120	130
	比例/%					
44	1.60	1.03				
48	2.85	16.15	6.97	1.14		
52		7.91	20.81	17.10	1.49	
56			1.91	11.64	6.84	
60				0.30	1.69	0.17
注：南方地区包括我国长江中下游地区、广东、广西、福建地区以及云、贵、川地区。						

C.3 北方地区 7 岁及以上男童号型覆盖率见表 C.3。

表 C.3

胸围/cm	身高/cm								
	110	120	130	135	140	145	150	155	160
	比例/%								
52	0.87	1.54	0.15						
56	0.67	8.61	4.19	0.40					
60		6.87	14.22	5.30	1.53	0.23			
64		1.17	7.17	2.81	7.59	2.83	0.48		
68			0.24	1.95	5.50	5.98	2.72	0.52	
72				0.04	0.54	3.49	2.73	3.08	0.29
76							0.45	0.70	0.39
80									0.09
注：内容同表 C.1 注。									

C.4　南方地区 7 岁及以上男童号型覆盖率见表 C.4。

表 C.4

胸围/cm	身高/cm								
	110	120	130	135	140	145	150	155	160
	比例/%								
48	0.11								
52	1.50	1.79	0.14						
56	1.47	13.16	4.79	0.42					
60			15.62	6.07	1.71	0.24			
64			4.86	9.09	7.82	2.96	0.50		
68			0.11	1.27	4.32	5.18	2.46	0.48	0.22
72					0.28	1.27	1.90	1.05	0.23
76						0.23	0.38		
注：内容同表 C.2 注。									

C.5　北方地区 7 岁及以上女童号型覆盖率见表 C.5。

表 C.5

胸围/cm	身高/cm								
	110	120	130	135	140	145	150	155	160
	比例/%								
48	0.45	0.15							
52	1.61	4.98	0.60						
56	0.36	13.39	7.26	1.12	0.21				
60		2.94	10.82	7.17	3.09	0.66			
64			1.78	5.36	7.30	4.52	1.07	0.13	
68				0.38	2.38	5.20	3.92	0.96	0.38
72					0.12	1.05	2.76	2.14	0.69
76							0.40	1.00	0.33
80								0.10	
注：内容同表 C.1 注。									

C.6　南方地区 7 岁及以上女童号型覆盖率见表 C.6。

表 C.6

胸围/cm	身高/cm								
	110	120	130	135	140	145	150	155	160
	比例/%								
48	0.56	0.16							
52	2.68	6.01	0.75						
56	0.49	15.05	9.10	1.44	0.32				

表 C.6（续）

胸围/cm	身高/cm								
	110	120	130	135	140	145	150	155	160
	比例/%								
60		2.42	9.46	7.63	3.70	0.84			
64			1.15	4.42	7.11	5.01	1.05		
68				0.22	1.82	5.01	3.80	0.61	
72						0.88	2.64	1.54	0.84
76							0.39	0.96	0.32
80								0.10	0.14
注：内容同表 C.2 注。									

ICS 77.080.10
J 31

中华人民共和国国家标准

GB/T 1348—2009
代替 GB/T 1348—1988

球墨铸铁件

Spheroidal graphite iron castings

(ISO 1083:2004,Spheroidal graphite cast irons—Classification,MOD)

2009-03-05 发布 2009-09-01 实施

中华人民共和国国家质量监督检验检疫总局
中国国家标准化管理委员会 发布

前言

本标准修改采用国际标准 ISO 1083:2004《球墨铸铁　分类》。

本标准和 ISO 1083:2004 相比，在主要技术内容上存在如下差异：

——在结构上作了较大的编辑性修改，删除了 ISO 1083:2004 中重复性的表注和部分技术要求。

——增加了铸件外观质量要求及相应的检测方法、取样批次的划分和检验规则、铸件的其他检验项目、标志和质量证明书及铸件防锈、包装和储运要求。这些铸造生产、检验所必需而 ISO 1083:2004 所欠缺的内容，在本标准中给予以补充，提高了标准的适用性。

——增加了 7.5～7.10。

——增加了 8.6。

——增加了第 11 章、第 12 章、第 13 章的全部内容。

本标准亦参照了美国 ASTM A536—2004《球墨铸铁件标准规范》和日本 JIS G5502—2000《球墨铸铁件》等国外先进标准的相关条款。

本标准代替 GB/T 1348—1988《球墨铸铁件》，与 GB/T 1348—1988 相比，主要技术内容修订如下：

——增加了球墨铸铁牌号；

——增加了球墨铸铁的低温冲击性能指标；

——增加了附铸试块和试样规格；

——增加了取样批次的规定；

——增加了附录 A 球墨铸铁 QT500-10 的技术规范；

——增加了附录 B 不同标距下伸长率的差别规范；

——增加附录 D 球墨铸铁韧性的资料性附录；

——增加了附录 E 铸件本体的屈服强度值；

——增加了附录 F 球墨铸铁球化率的资料性附录；

——增加了附录 G 球墨铸铁的硬度和抗拉强度的关系图；

——增加了球墨铸铁物理性能。

本标准的附录 A、附录 B、附录 C 为规范性附录，附录 D、附录 E、附录 F、附录 G 为资料性附录。

本标准由全国铸造标准化技术委员会提出并归口。

本标准负责起草单位：沈阳铸造研究所，佛山市顺德区中天创展球铁有限公司。

本标准参加起草单位：无锡一汽铸造有限公司，合肥江淮铸造有限责任公司，安徽神剑科技股份有限公司，宁波日月集团公司，安徽省机械科学研究所。

本标准主要起草人：宋量、陈永成、俞旭如、张寅、叶天汉、裴兵、宋贤发。

本标准所代替标准的历次版本发布情况为：

——GB/T 1348—1978、GB/T 1348—1988。

球 墨 铸 铁 件

1 范围

本标准规定了球墨铸铁件的术语和定义、牌号、技术要求、取样和试验方法、检验规则、铸件的其他检验方法、铸件的标志、包装、防锈和贮运要求。

本标准适用于砂型或导热性与砂型相当的铸型中铸造的普通和低合金球墨铸铁件。

对于特种铸造方法生产的球墨铸铁件，可参照使用。

2 规范性引用文件

下列文件中的条款通过本标准的引用而成为本标准的条款。凡是注日期的引用文件，其随后所有的修改单(不包括勘误的内容)或修订版均不适用于本标准，然而，鼓励根据本标准达成协议的各方研究是否可使用这些文件的最新版本。凡是不注日期的引用文件，其最新版本适用于本标准。

GB/T 223.3 钢铁及合金化学分析方法 二安替比林甲烷磷钼酸重量法测定磷量

GB/T 223.4 钢铁及合金 锰含量的测定 电位滴定或可视滴定法

GB/T 223.60 钢铁及合金化学分析方法 高氯酸脱水重量法测定硅含量

GB/T 228 金属材料 室温拉伸试验方法(GB/T 228—2002，eqv ISO 6892:1998)

GB/T 229 金属材料 夏比摆锤冲击试验方法(GB/T 229—2007，ISO 148-1:2006，MOD)

GB/T 231.1 金属布氏硬度试验 第1部分：试验方法(GB/T 231.1—2002，eqv ISO 6506-1:1999)

GB/T 231.2 金属布氏硬度试验 第2部分：硬度计的检验与校准(GB/T 231.2—2002，ISO 6506-2:1999 MOD)

GB/T 231.3 金属布氏硬度试验 第3部分：标准硬度块的标定(GB/T 231.3—2002，ISO 6506-3:1999，MOD)

GB/T 4336 碳素钢和中低合金钢 火花源原子发射光谱分析方法(常规法)

GB/T 5611 铸造术语

GB/T 5612 铸铁牌号表示方法(GB/T 5612—2008，ISO 15931:2004，MOD)

GB/T 5677 铸钢件射线照相检测(GB/T 5677—2007，ISO 4993:1987，IDT)

GB/T 6060.1 表面粗糙度比较样块 铸造表面(GB/T 6060.1—1997，eqv ISO 2632-3:1979)

GB/T 6414 铸件 尺寸公差与机械加工余量(GB/T 6414—1999，eqv ISO 8062:1994)

GB/T 7233 铸钢件超声探伤及质量评级方法

GB/T 9441 球墨铸铁金相检验

GB/T 9444 铸钢件磁粉检测(GB/T 9444—2007，ISO 4986:1992，IDT)

GB/T 11351 铸件重量公差

3 术语和定义

GB/T 5611 确立的以及下列术语和定义适用于本标准。

3.1

石墨球化处理 graphite spheroidizing treatment

在铁液中加入球化剂，使铁液凝固过程析出的碳形成以球状石墨形态为主的工艺过程。

3.2

铸件的主要壁厚 relevant wall thickness

铸件的主要壁厚是代表铸件材料力学性能的铸件断面厚度，由供需双方共同确定。

4 球墨铸铁牌号

铸件材料牌号是通过测定下列试样的力学性能而确定的：

——单铸试样：从单铸试块上截取加工而成的试样。

——附铸试样：从附铸在铸件或浇注系统上的试块截取加工而成的试样。

——本体试样：从铸件本体上截取加工而成的试样。

铸件材料牌号等级是依照从单铸试样、附铸试样或本体试样测出的力学性能而定义的。

球墨铸铁的牌号表示方法按 GB/T 5612 的规定，并分为单铸和附铸试块两类。

a) 按单铸试块的力学性能分为 14 个牌号，见表 1 和表 2 的规定。

b) 按附铸试块的力学性能分为 14 个牌号，见表 3 和表 4 的规定。

5 订单信息

5.1 下列订货信息应由铸件需方提供：

a) 铸件材料牌号；

b) 由供需双方协商特殊要求。

5.2 所有的订货要求应在接受订单的同时由供需双方协商确定。

6 生产方法和化学成分

球墨铸铁的生产方法和化学成分由供方自行决定，生产方法和化学成分的选取必须要保证铸件材料满足本标准所规定的性能指标。球墨铸铁的化学成分不作为铸件验收的依据。

当需方对铸件有特殊要求时，材料的化学成分和热处理方式由供需双方协商确定。

7 技术要求

7.1 单铸试样性能

7.1.1 总则

球墨铸铁的力学性能见表 1，如需方有要求时，冲击性能应符合 7.1.2 及表 2 的规定。

表 1 单铸试样的力学性能

材料牌号	抗拉强度 R_m/MPa (min)	屈服强度 $R_{p0.2}$/MPa(min)	伸长率 A/% (min)	布氏硬度 HBW	主要基体组织
QT350-22L	350	220	22	≤160	铁素体
QT350-22R	350	220	22	≤160	铁素体
QT350-22	350	220	22	≤160	铁素体
QT400-18L	400	240	18	120～175	铁素体
QT400-18R	400	250	18	120～175	铁素体
QT400-18	400	250	18	120～175	铁素体
QT400-15	400	250	15	120～180	铁素体

表 1（续）

材料牌号	抗拉强度 R_m/MPa (min)	屈服强度 $R_{p0.2}$/MPa(min)	伸长率 A/% (min)	布氏硬度 HBW	主要基体组织
QT450-10	450	310	10	160～210	铁素体
QT500-7	500	320	7	170～230	铁素体＋珠光体
QT550-5	550	350	5	180～250	铁素体＋珠光体
QT600-3	600	370	3	190～270	珠光体＋铁素体
QT700-2	700	420	2	225～305	珠光体
QT800-2	800	480	2	245～335	珠光体或索氏体
QT900-2	900	600	2	280～360	回火马氏体或屈氏体＋索氏体

注 1：如需求球铁 QT500-10 时，其性能要求见附录 A。

注 2：字母“L”表示该牌号有低温（－20 ℃或－40 ℃）下的冲击性能要求；字母“R”表示该牌号有室温（23 ℃）下的冲击性能要求。

注 3：伸长率是从原始标距 $L_0=5d$ 上测得的，d 是试样上原始标距处的直径。其他规格的标距见 9.1 及附录 B。

球墨铸铁件的力学性能以抗拉强度和伸长率两个指标为验收指标。除特殊情况外，一般不做屈服强度试验。但当需方对屈服强度有要求时，经供需双方商定，屈服强度也可作为验收指标。

抗拉强度和硬度是相互关联的，当需方认为硬度性能对使用很重要时，硬度指标也可作为检验项目。

硬度的检验按附录 C 的规定执行。

7.1.2 冲击试验

表 2 给出了室温和低温下的冲击功。

表 2 V 形缺口单铸试样的冲击功

牌 号	最小冲击功/J					
	室温（23±5）℃		低温（－20±2）℃		低温（－40±2）℃	
	三个试样平均值	个别值	三个试样平均值	个别值	三个试样平均值	个别值
QT350-22L	—	—	—	—	12	9
QT350-22R	17	14	—	—	—	—
QT400-18L	—	—	12	9	—	—
QT400-18R	14	11	—	—	—	—

注 1：冲击功是从砂型铸造的铸件或者导热性与砂型相当的铸型中铸造的铸块上测得的。用其他方法生产的铸件的冲击功应满足经双方协商的修正值。

注 2：这些材料牌号也可用于压力容器，其断裂韧性见附录 D。

7.2 附铸试样性能

7.2.1 总则

球墨铸铁的力学性能见表 3，如需方要求，冲击性能应符合 7.2.2 及表 4 的规定。

表 3 附铸试样力学性能

材料牌号	铸件壁厚/mm	抗拉强度 R_m/MPa (min)	屈服强度 $R_{p0.2}$/MPa (min)	伸长率 A/% (min)	布氏硬度 HBW	主要基体组织
QT350-22AL	≤30	350	220	22	≤160	铁素体
	>30～60	330	210	18		
	>60～200	320	200	15		
QT350-22AR	≤30	350	220	22	≤160	铁素体
	>30～60	330	220	18		
	>60～200	320	210	15		
QT350-22A	≤30	350	220	22	≤160	铁素体
	>30～60	330	210	18		
	>60～200	320	200	15		
QT400-18AL	≤30	380	240	18	120～175	铁素体
	>30～60	370	230	15		
	>60～200	360	220	12		
QT400-18AR	≤30	400	250	18	120～175	铁素体
	>30～60	390	250	15		
	>60～200	370	240	12		
QT400-18A	≤30	400	250	18	120～175	铁素体
	>30～60	390	250	15		
	>60～200	370	240	12		
QT400-15A	≤30	400	250	15	120～180	铁素体
	>30～60	390	250	14		
	>60～200	370	240	11		
QT450-10A	≤30	450	310	10	160～210	铁素体
	>30～60	420	280	9		
	>60～200	390	260	8		
QT500-7A	≤30	500	320	7	170～230	铁素体+珠光体
	>30～60	450	300	7		
	>60～200	420	290	5		
QT550-5A	≤30	550	350	5	180～250	铁素体+珠光体
	>30～60	520	330	4		
	>60～200	500	320	3		
QT600-3A	≤30	600	370	3	190～270	珠光体+铁素体
	>30～60	600	360	2		
	>60～200	550	340	1		

表 3（续）

材料牌号	铸件壁厚/mm	抗拉强度 R_m/MPa (min)	屈服强度 $R_{p0.2}$/MPa (min)	伸长率 A/% (min)	布氏硬度 HBW	主要基体组织
QT700-2A	≤30	700	420	2	225～305	珠光体
	>30～60	700	400	2		
	>60～200	650	380	1		
QT800-2A	≤30	800	480	2	245～335	珠光体或索氏体
	>30～60	由供需双方商定				
	>60～200					
QT900-2A	≤30	900	600	2	280～360	回火马氏体或索氏体+屈氏体
	>30～60	由供需双方商定				
	>60～200					

注 1：从附铸试样测得的力学性能并不能准确地反映铸件本体的力学性能，但与单铸试棒上测得的值相比更接近于铸件的实际性能值。

注 2：伸长率在原始标距 $L_0=5d$ 上测得，d 是试样上原始标距处的直径，其他规格的标距，见 9.1 及附录 B。

注 3：如需球铁 QT500-10，其性能要求见附录 A。

7.2.2 冲击试验

表 4 给出了室温和低温下的冲击功。如果需方要求时，可以做冲击试验。

表 4 V 形缺口附铸试样的冲击功

牌 号	铸件壁厚/mm	最小冲击功/J					
		室温(23±5)℃		低温(−20±2)℃		低温(−40±2)℃	
		三个试样平均值	个别值	三个试样平均值	个别值	三个试样平均值	个别值
QT350-22AR	≤60	17	14	—	—	—	—
	>60～200	15	12	—	—	—	—
QT350-22AL	≤60	—	—	—	—	12	9
	>60～200	—	—	—	—	10	7
QT400-18AR	≤60	14	11	—	—	—	—
	>60～200	12	9	—	—	—	—
QT400-18AL	≤60	—	—	12	9	—	—
	>60～200	—	—	10	7	—	—

注：从附铸试样测得的力学性能并不能准确地反映铸件本体的力学性能，但与单铸试棒上测得的值相比更接近于铸件的实际性能值。

7.3 铸件本体试样性能

取样部位及要达到的性能指标，由供需双方商定。

本体试样的屈服强度的参考值见附录 E。

注 1：铸件本体的性能值无法统一一致，因其取决于铸件的复杂程度以及铸件壁厚的变化。

注 2：表 1～表 4 用于铸件力学性能的指导值，铸件本体性能值也许等于或低于表 1～表 4 所给定的值。

7.4 按硬度分类

只有供需双方协商一致后，才可按硬度进行分类，见附录C。

如果需方将硬度作为重要要求，则硬度的检验方法按附录C的规定执行。

7.5 金相组织

7.5.1 石墨形态

石墨以球状为主，球化级别不低于GB/T 9441规定的球化级别4级。如有特殊要求，球化级别由供需双方商定。

注：附录F给出更多有关球化率的资料。

7.5.2 基体组织

基体组织的要求由供需双方商定。

基体组织见附录G表G.1。

7.6 几何形状及其尺寸公差

7.6.1 铸件的几何形状及其尺寸应符合图样的规定。

7.6.2 铸件的尺寸公差按GB/T 6414的规定执行。有特殊要求的可按图样或有关技术要求执行。

7.7 重量偏差

铸件的重量偏差按GB/T 11351的有关规定执行。有特殊要求的可按图样或有关技术要求执行。

7.8 铸件表面质量

7.8.1 铸件应清理干净，修整多余部分。

7.8.2 浇冒口残余、粘砂、氧化皮及内腔残余物等去除要求应符合技术规范或供需双方订货协定。

7.8.3 采用等离子方法切割铸件后，应加工掉热影响区。

7.8.4 铸件表面粗糙度应符合GB/T 6060.1的规定，或需方图样和产品技术标准的要求。

7.8.5 铸件交付时应符合需方的防锈要求。

7.9 铸件的缺陷及修补

7.9.1 不允许有影响铸件使用性能的铸造缺陷（如裂纹、冷隔、缩孔、夹渣等）存在。

7.9.2 铸件允许存在能加工去除的表面缺陷。

7.9.3 铸件非加工面上及铸件内部允许的缺陷种类、数量、范围，应符合需方图样、技术规范的要求或者供需双方订货协议的规定。

7.9.4 不影响铸件使用性能的缺陷可以修补（焊补和其他方法），修补技术要求由供需双方商定。

7.10 特殊要求

需方对磁粉探伤、超声波检验、射线检验等有要求时，供方应按需方的技术要求进行检查；由供需双方商定检测的频次和数量。

8 取样

8.1 总则

试样应尽可能代表铸件。使用何种试样（单铸、附铸、本体试样），由供需双方商定，一般情况下，当铸件重量超过2 000 kg且壁厚超过200 mm时，采用附铸试块取样。

8.2 单铸试块

试块的形状和尺寸由供需双方商定，可从图1、表5或图2、表6中选择。图1和图2中的斜影线部位为切取试样的位置。

单铸试块应在与铸件相同的铸型或导热性能相当的铸型中单独铸造。试块的落砂温度一般不应超过500 ℃。

单铸试块应与它所代表的铸件用同一批次的铁液浇注，并在该批次铁液的后期浇注。

型内球化处理时，试块可以在与铸件有共同的浇冒口系统的型腔内浇注，或在装有与铸件工艺接近的带有反应室的型内单独浇注。

需热处理时，试块应与同批次的铸件同炉热处理。

单铸试块尺寸见图 1 和图 2。需方如有特殊要求时，可采用敲落单铸试块，见图 3。

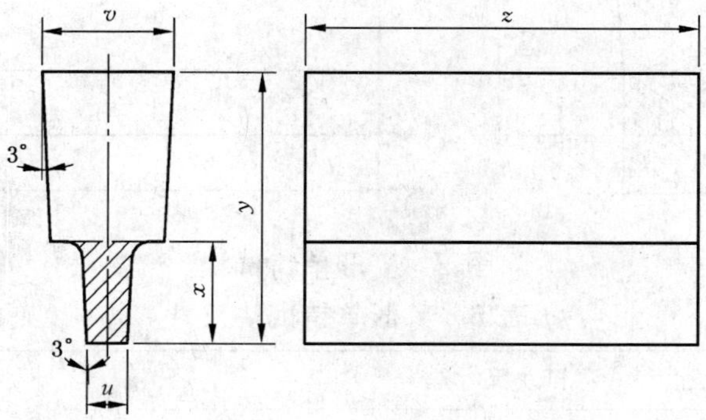

a) Ⅰ、Ⅱa、Ⅲ、Ⅳ型

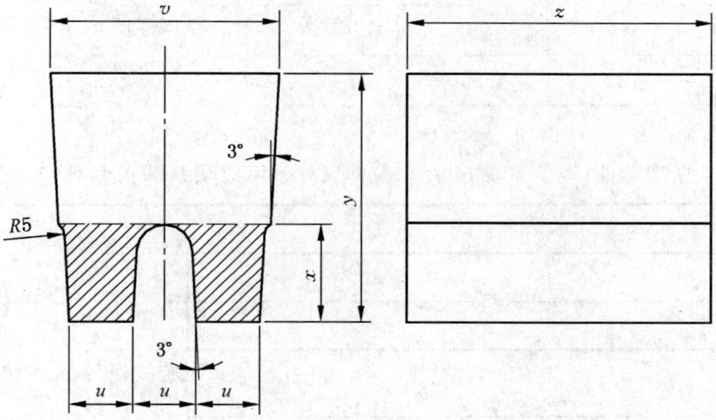

b) Ⅱb 型

图 1　U 形单铸试块

表 5　U 形单铸试块尺寸

试块类型	试块尺寸/mm					试块的吃砂量
	u	*v*	*x*	*y*	*z*	
Ⅰ	12.5	40	30	80	根据图 5 所示不同规格的拉伸试样的总长确定	Ⅰ、Ⅱa 和 Ⅱb 型试块最小吃砂量为 40 mm。 Ⅲ 和 Ⅳ 型试块最小吃砂量为 80 mm
Ⅱa	25	55	40	100		
Ⅱb	25	90	40～50	100		
Ⅲ	50	90	60	150		
Ⅳ	75	125	65	165		

注 1：*y* 尺寸数值供参考。

注 2：对薄壁铸件或金属型铸件，经供需双方协商，拉伸试样也可以从壁厚 *u* 小于 12.5 mm 的试块上加工。

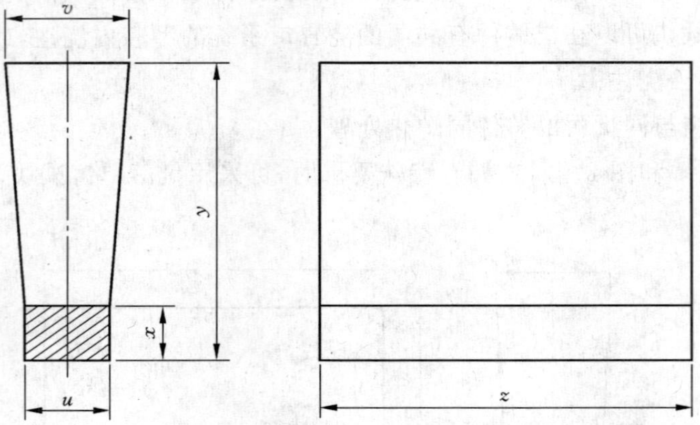

图 2　Y 形单铸试块

表 6　Y 形单铸试块尺寸

试块类型	试块尺寸/mm					试块的吃砂量
	u	v	x	y	z	
Ⅰ	12.5	40	25	135	根据图 5 所示不同规格拉伸试样的总长确定	Ⅰ和Ⅱ型试块最小吃砂量为 40 mm。 Ⅲ和Ⅳ型试块最小吃砂量为 80 mm
Ⅱ	25	55	40	140		
Ⅲ	50	100	50	150		
Ⅳ	75	125	65	175		

注 1：y 尺寸数值供参考。

注 2：对薄壁铸件或金属型铸件，经供需双方协商，拉伸试样也可以从壁厚 u 小于 12.5 mm 的试块上加工。

a) 试棒最小长度 $L=150$ mm

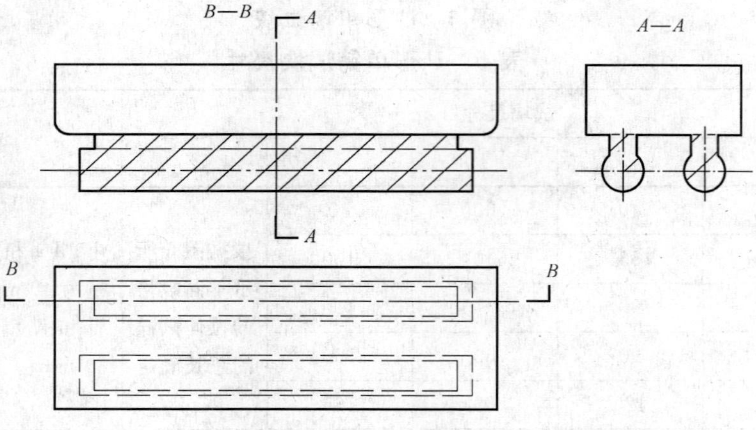

b) 铸型示意图

图 3　敲落单铸试块(棒)

8.3 附铸试块

当铸件重量等于或超过 2 000 kg，而且壁厚在 30 mm～200 mm 范围时，优先采用附铸试块；当铸件重量超过 2 000 kg 且壁厚大于 200 mm 时，采用附铸试块。附铸试块的尺寸和位置由供需双方商定。

附铸试块在铸件上的位置应考虑到铸件形状和浇注系统的结构形式，以避免对邻近部位的各项性能产生不良影响，并以不影响铸件的结构性能、铸件外观质量以及试块致密性为原则。

除非供需双方另有特殊规定，附铸试块的形状和尺寸如图 4、表 7 所示。

如铸件需热处理，试块应在铸件热处理后再从铸件上切开。

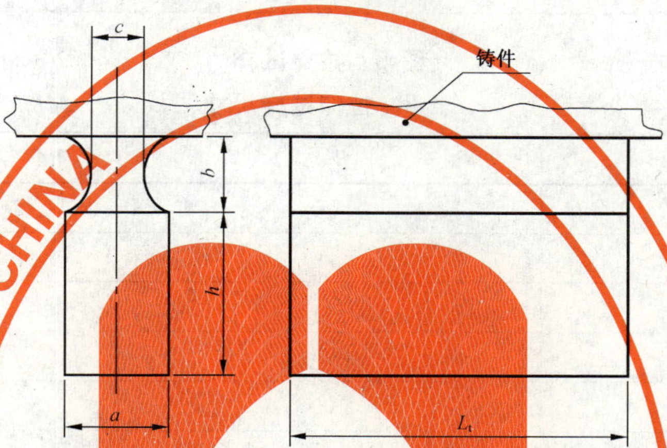

图 4 附铸试块

表 7 附铸试块尺寸

单位为毫米

类型	铸件的主要壁厚	a	b(max)	c(min)	h	L_t
A	≤12.5	15	11	7.5	20～30	根据图 5 所示不同规格拉伸试样的总长确定
B	>12.5～30	25	19	12.5	30～40	
C	>30～60	40	30	20	40～65	
D	>60～200	70	52.5	35	65～105	

注 1：在特殊情况下，表中 L_t 可以适当减少，但不得小于 125 mm。

注 2：如用比 A 型更小尺寸的附铸试块时应按下式规定：$b=0.75a$，$c=0.5a$。

8.4 本体试样

8.4.1 总则

本体取样的位置、铸件本体力学性能、检测频次和数量，由供需双方商定。

若需方对铸件本体取样位置、试样尺寸和抗拉强度值有明确规定时，应按需方图样、技术要求执行。本体试样的直径可以等于或小于 1/3 壁厚且大于 1/5 壁厚。

对于厚大件，本体取样位置由供需双方商定。

8.4.2 其他条件

本体取样的位置也可以是铸件的平均壁厚处。

需方应向供方指明铸件的重要截面，如果需方没有指明重要截面，供方应依据铸件的重要截面厚度自行选择本体试样的直径。

8.5 试样

拉伸试样和冲击试样取自单铸试块的剖面线部位（见图 1 和图 2）或附铸试块或铸件本体。

8.5.1 拉伸试样的形状和尺寸如图 5、表 8 所示。

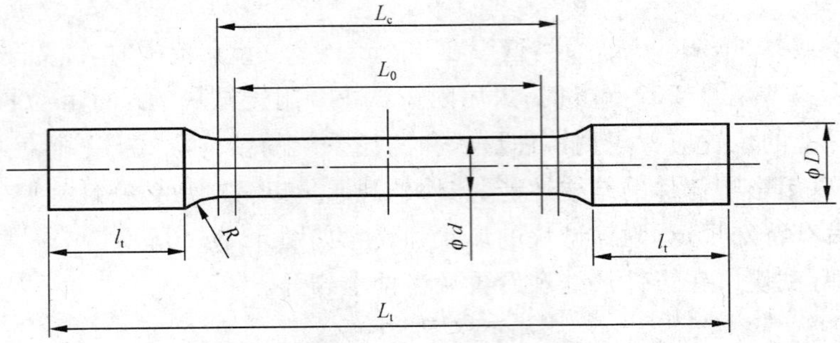

图 5 拉伸试样

表 8 拉伸试样尺寸

单位为毫米

d	L_0	L_c(min)
5±0.1	25	30
7±0.1	35	42
10±0.1	50	60
14±0.1	**70**	**84**
20±0.1	100	120
注：表中黑体字表示优先选用的尺寸。		

注 1：试样夹紧的方法及夹持端的长度 l_t，可由供方和需方商定。

注 2：L_0——原始标距长度；这里 $L_0=5d$；

d——试样标距长度处的直径；

L_c——平行段长度；$L_c>L_0$(原则上，$L_c-L_0>d$)；

L_t——试样总长(取决于 L_c 和 l_t)。

8.5.2 冲击试块的形状和尺寸如图 6 所示。

单位为毫米

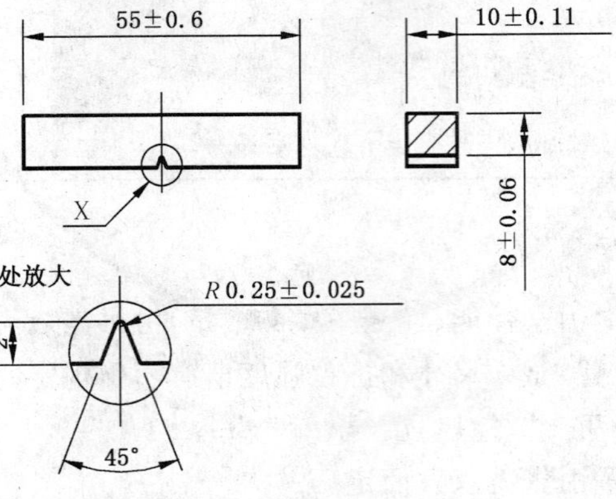

图 6 冲击试样

8.6 取样批次的构成和检验数量

8.6.1 取样批次的构成

8.6.1.1 由同一包球化处理的铁液浇注的铸件为一个批量，构成一个取样批次。

8.6.1.2 连续浇注时，每一取样批次铸件的最大重量为 2 000 kg 铸件或 2 小时浇注的铸件作为一个批次。经供需双方同意，取样的批次可以变动。

8.6.1.3 如果一个铸件的重量大于 2 000 kg 时，单独构成一个取样批次。

8.6.1.4 在某一时间间隔内，如发生炉料的改变、工艺条件的变化或要求的化学成分有变化时，在此期间连续熔化的铁液浇注的所有铸件，无论时间间隔有多短，都作为一个取样批次。

8.6.1.5 除8.6.1.1规定外，经供需双方商定，也可把若干个批次的铸件并成一组进行验收。

在此情况下，生产过程中应有其他连续检测方法，如金相检验、无损检验、断口检验、弯曲检验等，并确实证明各次球化处理稳定、符合要求。

8.6.1.6 经过热处理的铸件，以同一取样批次检测，除非该批次中的铸件结构明显不同。在此情况下，这些结构明显不同的铸件构成一个取样批次。

8.6.2 检测批次的数量

取样和试验应符合第8章、第9章、第10章相关规定。每个取样批次都要进行试验，除非生产过程的质量控制体系为取样批次合并，并预先采取保证措施。当型内球化处理时，取样批次和试验数量的大小应在接受订单时由供需双方商定。

9 试验方法

9.1 拉伸试验

拉伸试验按GB/T 228的规定执行。拉伸试样应优先采用直径 ϕ14 mm的试样，如果因技术原因，或者从铸件本体上取样，也可以采用其他直径的试样（见图5、表8）。采用其他直径的试样，其原始标距长度应符合下列公式：

$$L_0 = 5.65\sqrt{S_0} \text{ 或 } L_0 = 5d$$

式中：

L_0——试样原始标距长度；

S_0——试样原始截面积；

d——试样原始标距直径。

经供需双方协商，也可以采用不同的标距长度。对拉伸试样，$L_0=4d$ 见表B.1，伸长率可以转换成 $L_0=5d$ 时的伸长率。

9.2 冲击试验

冲击试验用3个V形缺口冲击试样（见图6），冲击试验按GB/T 229的规定执行。

9.3 硬度试验

布氏硬度试验应按GB/T 231.1～231.3的规定执行。

铸件硬度试验的部位、频次和数量由供需双方商定。

更多的有关硬度的信息见附录C。

9.4 金相检验

金相检验按GB/T 9441的规定执行。铸件金相组织的检测部位和频次由供需双方商定。

10 复验

10.1 复验的条件

如果首次测试的结果不能满足材料的力学性能要求，允许进行重复试验。

10.2 试验的有效性

如果不是由于铸件本身的质量问题，而是由于下列原因之一造成试验结果不符合要求时，则试验无效。

a) 试样在试验机上的装卡不当或试验机操作不当。

b) 试样表面有铸造缺陷或试样切削加工不当（如试样尺寸、过渡圆角、粗糙度不符合要求等）。

c) 拉伸试样在标距外断裂。

d) 拉伸试样断口上存在明显的铸造缺陷。

在上述情况下，应在同一试块上重新取样或者从同一批次浇注的试块上重新取样再试验，复试的结果代替无效试验的结果。

复验的结果作为最终试验结果。

10.3 试验结果的评定与复验

10.3.1 检验力学性能时，先用一根拉伸试样进行试验，如果符合要求，则该批铸件在材质上即为合格；若试验结果达不到要求，而不是由于10.2所列原因引起的，则可从同一批的试样中另取二根进行复验。

10.3.2 复验结果都达到要求，则该批铸件的材质仍为合格。

若复验结果中仍有一根达不到要求，则该批铸件初步判为材质不合格。这时，可从该批铸件中任取一件，在供需双方商定的部位切取本体试样再进行力学性能检测。若检测结果达到要求，则仍可判定该批铸件材质合格；若本体试样检测结果仍然达不到要求，则最终判定该批铸件材质为不合格。

10.4 试块和铸件的热处理

除有特殊要求外，如果铸件以铸态供货，其力学性能不符合本标准时，经需方同意后，供方可将该批铸件和其代表的试块一起进行热处理，然后再重新试验。

铸件经过热处理且力学性能不合格的情况下，生产方可以将铸件及代表铸件的试块一起进行再次热处理，并再次提交验收。如果从热处理后的试块上加工的试样性能合格，则认为重复热处理的该批铸件性能合格。

为复验而进行的重复热处理的次数不得超过两次。

11 铸件的其他检验

11.1 表面质量

铸件表面用目测方法按7.9的要求逐件进行检验。

11.2 几何尺寸、尺寸公差

铸件的几何形状及尺寸公差按7.7的要求进行检查。

首批铸件和重要铸件，应按图样规定逐件检查尺寸和几何形状。一般铸件及采用能保证尺寸稳定性方法生产出来的铸件可以抽查，抽查频次和数量由供需双方商定。

批量生产的铸件，检测频次和数量由供需双方商定。

11.3 化学成分分析

当需方对铸件化学成分有要求时，则应按需方技术要求的规定执行，如需方技术要求中无规定时，化学成分由供方自行确定。

光谱化学分析按GB/T 4336的规定执行。

铸件常规化学成分分析方法按GB/T 223.3、GB/T 223.4、GB/T 223.60的规定执行。

11.4 无损检测

11.4.1 磁粉探伤按GB/T 9444的规定执行。

11.4.2 超声波检测按GB/T 7233的规定执行。

11.4.3 射线检测按GB/T 5677的规定执行。

11.5 缺陷

a) 铸件表面缺陷，可以目视方式进行检查。当需方有特殊要求时可采用磁粉探伤或渗透探伤方式检查。

b) 铸件的内部缺陷，可用X射线、超声波等方式检查。

11.6 可选的测试方法

经供需双方同意，也可以选择运用等效的测定抗拉强度、布氏硬度、金相组织的其他方法。

12 标志和质量证明书

12.1 铸件应有供方标志。标志的位置、尺寸(字号、字高、凸凹)和方法由供需双方商定。

12.2 铸件出厂应附有供方检验部门签章的质量证明书，证明书应包括下列内容：

a) 供方名称或标识；

b) 零件号或订货合同号；

c) 材质牌号；

d) 各项检验结果；

e) 标准号。

13 防锈、包装和储存

13.1 铸件经检验合格后，其防锈、包装和储存方式由供需双方商定。

13.2 对于长途运输的铸件，应按运输条例的规定，由双方商定包装与运输工具。

附　录　A
（规范性附录）
球墨铸铁 QT500-10

A.1　范围

本附录只适用于高硅含量且最小抗拉强度 R_m=500 MPa 的 QT500-10 和 HBW200 的球墨铸铁件。

球墨铸铁 QT500-10 相对于 QT500-7 而言，具有较好的机械加工性能（见 A.4.2）。

A.2　材料要求

A.2.1　力学性能

力学性能见表 A.1。

表 A.1　力学性能

材料牌号	铸件壁厚 t/mm	抗拉强度 R_m/MPa (min)	屈服强度 $R_{p0.2}$/MPa (min)	伸长率 A/% (min)
单铸试棒				
QT500-10	—	500	360	10
附铸试棒				
QT500-10A	≤30	500	360	10
	>30～60	490	360	9
	>60～200	470	350	7

A.2.2　按硬度分类

布氏硬度见表 A.2。

表 A.2　布氏硬度

材料牌号	硬度 HBW	抗拉强度 R_m/MPa (min)	屈服强度 $R_{p0.2}$/MPa (min)
QT-200HBWZ[a]	185～215	500	360
[a] Z 表示此牌号与附录 C 按硬度分类的 QT-200HBW 的布氏硬度值不同。			

A.3　金相组织

金相组织应符合 GB/T 9441 的规定，石墨形状以球形为主，基体组织以铁素体为主，珠光体含量不超过 5%，渗碳体不超过 1%。

A.4　补充信息

A.4.1　应用

QT500-10 适用于要求具有良好切削性能、较高韧性和强度适中的铸件。

A.4.2 机械加工性能

与 QT500-7 相比较，QT500-10 材料的硬度偏差小，这种硬度均匀性使其在相同的平均硬度值下具有良好的机加工性能。

A.4.3 化学成分

本标准不规定球墨铸铁的化学成分，化学成分是可变的，它取决于某些生产工艺因素(如炉料、铸件尺寸等)。表 A.3 所示为满足抗拉强度、伸长率和硬度要求的 QT500-10 的一种化学成分。

表 A.3 化学成分示例

质量分数：%

C	Si	Mn	P	S	Mg	Cu
≈3.3	≈3.7	≤0.3	≤0.05	≤0.02	≈0.04	≤0.1

附　录　B
（规范性附录）
$L_0=5d$ 和 $L_0=4d$ 时测得的伸长率的差别

在供需双方协商同意时可选择标距 $L_0=4d$ 替代标距 $L_0=5d$ 的测试试样。

如果选用标距 $L_0=4d$ 的试样，试样尺寸如图 B.1 所示。

表 B.1 给出了两种试样的伸长率的差别。

表 B.1　$L_0=5d$ 和 $L_0=4d$ 时测得的伸长率的差别　　%

$A_{L_0=5d}$	$A_{L_0=4d}$
22	23
18	19
15	16
10	11
7	8
5	6
3	3.5
2	2.5

标距 $L_0=4d$ 时伸长率的计算式应符合：

$$A_{L_0=4d}=A_{L_0=5d}\times 1.047+0.39$$

注：表 B.1 所给计算式是从单铸试样测得值的回归统计计算式。

单位为毫米

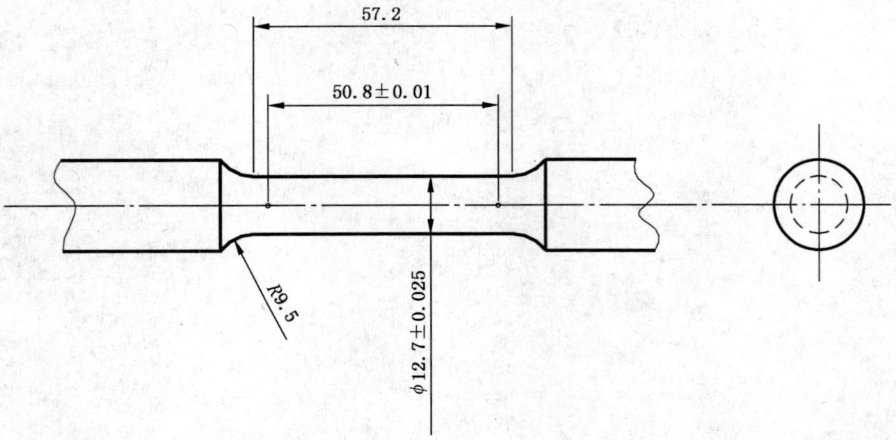

图 B.1　标距为 $L_0=4d$ 的拉伸试样

附　录　C
（规范性附录）
按硬度分类

注：当供需双方同意时才能使用本附录。

C.1　总则

对硬度有要求时，布氏硬度值见表 C.1。

除了对抗拉强度有要求外还对硬度有要求时，布氏硬度值应符合表 C.1，硬度的测定见 C.3。

C.2　分类

材料的硬度等级见表 C.1。

表 C.1　按硬度分类

材料牌号	布氏硬度范围 HBW	其他性能[a]	
		抗拉强度 R_m/MPa(min)	屈服强度 $R_{p0.2}$/MPa (min)
QT-130HBW	＜160	350	220
QT-150HBW	130～175	400	250
QT-155HBW	135～180	400	250
QT-185HBW	160～210	450	310
QT-200HBW	170～230	500	320
QT-215HBW	180～250	550	350
QT-230HBW	190～270	600	370
QT-265HBW	225～305	700	420
QT-300HBW	245～335	800	480
QT-330HBW	270～360	900	600
注：300HBW 和 330HBW 不适用于厚壁铸件。			
[a] 当硬度作为检验项目时，这些性能值供参考。			

经供需双方同意，可采用较低的硬度范围，硬度差范围在 30～40 可以接受，但对铁素体加珠光体基体的球墨铸铁，其硬度差应小于 30～40。

C.3　确定满足抗拉强度性能要求的球墨铸铁的硬度范围

对于批量生产的铸件，表 C.1 的材料牌号，按以下程序来确定符合表 1 或表 3 各抗拉强度性能要求硬度范围。

a)　从表 C.1 中选择硬度等级。

b)　按表 C.1 中各硬度牌号所列出的抗拉强度和屈服强度，在表 1 或表 3 中选择相应的材料牌号。

c)　只保留硬度值符合表 C.1 规定的硬度范围的试样。

d)　围绕相差最接近 10HBW 的硬度值，测定每一个试样的抗拉强度、屈服强度、伸长率和布氏硬度。当供需双方为获得希望的统计置信度，对应于每个 HBW 值，为得到一个最小抗拉强度，可以进行多次试验。

e) 绘制抗拉强度性能柱状图,作为硬度的函数之一。

f) 对每一个 HBW 值,选取对应的最小抗拉强度值作为过程能力的指标。

g) 逐一列出满足表 1 和表 3 抗拉强度和屈服强度值的各牌号材料的最小硬度值。

h) 逐一列出满足表 1 和表 3 伸长率的各牌号材料的最大硬度值。

最大和最小 HBW 值的硬度范围按以上步骤确定。

C.4 取样要求

每一种硬度测试可以在试棒上测试,也可以在供需双方商定的铸件本体位置上测试。如双方没有协议时,由供方选择在铸件有代表性的位置上取样。

C.5 测试方法

硬度的试验方法按 GB/T 231.1～231.3 的规定执行。

如果不能在铸件本体上测试硬度,经供需双方商定,也可以在附铸试块或单铸试块上测试硬度。

如果铸件需要热处理,附铸试棒(块)应在铸件热处理后再切下。

如果从单铸试块上切取试样测试硬度,当铸件有任何热处理要求时,试块则应和它所代表的铸件一起进行热处理。

C.6 硬度测试的频次和数量

硬度测试的频次和数量由供需双方商定。

C.7 金相组织

铁素体基体具有最低的硬度，硬度随着基体中珠光体数量的增加而增加。

共晶碳化物可以增加硬度,但通常不希望出现共晶碳化物,或者只允许出现极少量的共晶碳化物。

附 录 D
(资料性附录)
韧 性

D.1 总则

像铁素体球墨铸铁这样的延性材料应用于拉伸载荷的条件下,要求对不同温度和载荷率下的强度和韧性特性有一个载荷相关的评估,以保证在各种使用条件下能安全使用而不断裂。

此外,设计工作的评价准则是基于强度计算和确定公称应力。对于承受动载荷的零件不仅要保证不能因脆性断裂而导致失效,而且在易于发生脆性断裂的条件下,构件在应力低于屈服强度时就可能萌生断裂。然后,由于裂纹不稳定的扩展而导致断裂。只有当具有足够的且已知的材料断裂韧性或延伸性能,才可以保证一个材料具有"防患于未然"的要求。

D.2 确定韧性的方法

D.2.1 冲击韧性

夏比(V形缺口)冲击试验在GB/T 229中有描述,这是测定金属抗脆性断裂最常用的方法。这里,所吸收的冲击功(或缺口韧性或切口冲击功)是最广泛的应用于确定韧性的方法。这些方法,由于不能区分能量的各个组成部分(塑性变形,裂纹的萌生和裂纹的扩展),采用了带缺口试样的冲击试验或者其他断裂力学的方法,后者尤其适用于大型构件。

D.2.2 断裂力学

在断裂力学概念中,裂纹尺寸及构件应力与材料的特性有着定量的关联,因而表证为裂纹扩展的抗力。其目的就是确定导致不稳定裂纹扩展及构件的突然失效的临界裂纹尺寸或应力。

线弹性断裂力学是对于具有裂纹的构件在静载荷下不稳定的裂纹扩展或循环加载情况下稳定的裂纹扩展而使其失效时帮助获得定量的关系。用这一方法测定的断裂韧性 K_{IC} 值建立了材料对于由于不稳定的裂纹扩展而导致脆性断裂的抗力。对延性材料,这个概念仅适用于低温或者是在有脆化效应存在的条件下,例如,通过微观组织或者大的壁厚。

屈服断裂力学应用于在裂纹尖端的前沿发生塑性变形的情况下,即材料的弹塑性行为。测定的方法可以通过CTOD的概念(裂纹尖端开口的位移),此方法的损伤机制是由裂纹尖端的临界变形量控制的。

对J积分的概念,围绕裂纹尖端定义了一个线积分。和前述的概念相类似,材料的特征是按对裂纹萌生抗力而表证的。

D.3 铸铁材料和铸钢材料韧性的比较

按照以上的表述,可以理解,仅仅依铁素体球墨铸铁的缺口冲击能并不是一个合适的和铸钢的韧性和延展性能进行对比的方法,这是因为它没有任何可能来表述材料的塑性变形和开裂的行为。

处于延性材料范畴的铁素体球墨铸铁具有12 J~20 J的缺口冲击功,并具有和碳钢及低合金钢(约50 J的缺口冲击功)相似的裂纹萌生特征。铁素体球墨铸铁的断裂韧性值即使在低至-60 ℃下也仍然会是弹塑性断裂,即韧性断裂特征。所以铁素体球墨铸铁的 K_{IC} 值(见图D.1和图D.2)和碳素钢和低合金铸钢处于同一水平。

D.4 测试方法

铁素体球墨铸铁断裂力学测试结果表明,与钢和铸钢相比较,从铁素体球墨铸铁相对低的带缺口试样的冲击功看来，它们的断裂力学性能值应该说是高的。

当选用铁素体球墨铸铁时，即使应用于低温条件下，铸件精确的承载量和铸件中任何潜在的凹痕都要充分考虑。在大多数的应用条件下，当不需要保证缺口冲击功时，铁素体型球墨铸铁 QT400-18 和 QT400-15 比 QT400-18L 更适用。这一原理同样也适用于不同类型的 QT350-22。

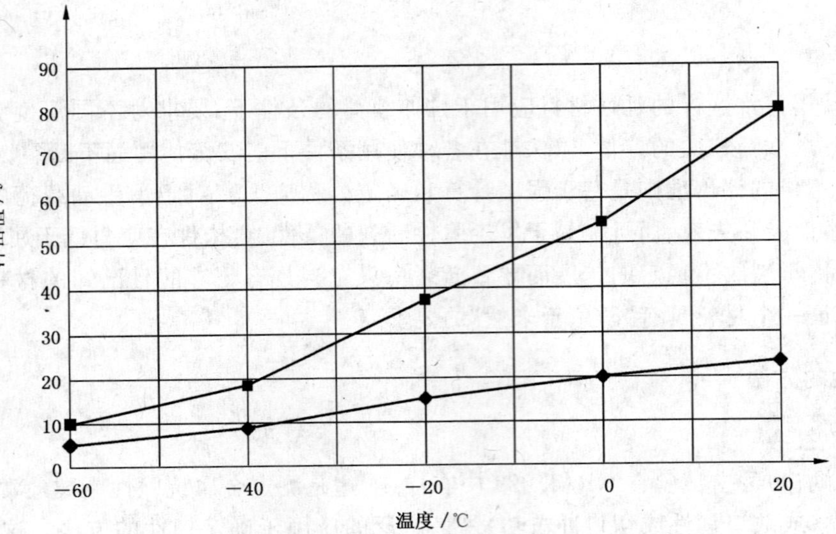

注：◆ 球墨铸铁 QT400-18L；

■ 铸钢 ZG250-430。

图 D.1　铁素体球墨铸铁和铸钢件的冲击强度

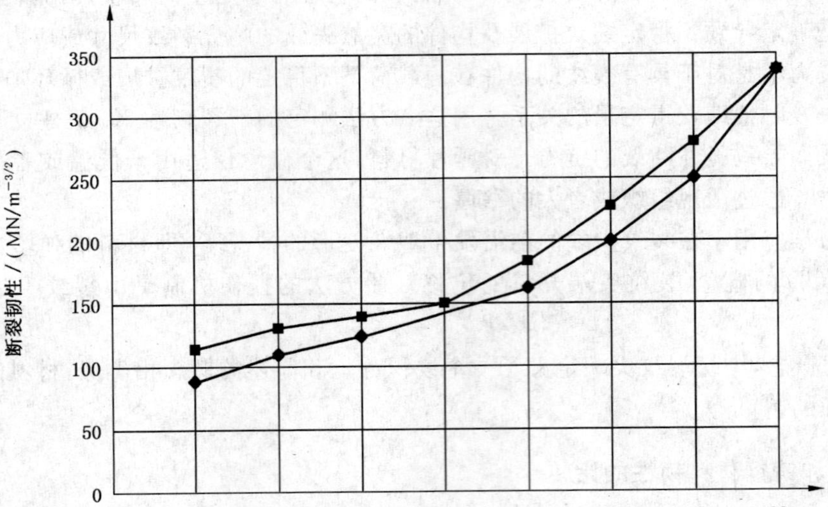

注：◆ 球墨铸铁 QT400-18L；

■ 铸钢 ZG250-430。

图 D.2　铁素体球墨铸铁和铸钢件的断裂韧性边界下限

附 录 E
（资料性附录）
从铸件本体上切取试样的屈服强度指导值

表 E.1 铸件本体屈服强度

材料牌号	不同壁厚 t 下的 0.2%时的屈服强度 $R_{p0.2}$/MPa (min)			
	$t \leqslant 50$ mm	50 mm$<t \leqslant 80$ mm	80 mm$<t \leqslant 120$ mm	120 mm$<t \leqslant 200$ mm
QT400-15	250	240	230	230
QT500-7	290	280	270	260
QT550-5	320	310	300	290
QT600-3	360	340	330	320
QT700-2	400	380	370	360

附　录　F
（资料性附录）
球化率（或球状石墨比率）

球墨铸铁的球化率定义为球状石墨和团球状石墨所占的百分数。

这个百分数通常是在断面上切取试样后抛光放大100倍下观察所得到的，也可以在较高的放大倍数下通过图像分析而得到，也可以在预先校准后，通过测量穿过材料的超声波声速而得到的。

球化等级不仅取决于生产工艺（炉料、残余镁量、孕育方式等），也取决于铸件断面的冷却模数。此外，一些恶化的石墨和铸型有关。

即使对给定冷却模数的材料，在本标准中也不可能准确的确定产生临界球化等级的最小特征值。因为球化等级的变化不仅与所用的测定方法有关，而且与铸件的材料牌号（特别是材料的化学成分）、单位面积上石墨的数量有关。

然而，80%～85%或更高的球化率通常就能保证本标准规定的（更高的屈服强度 $R_{p0.2}$）最小拉伸性能值。15%～20%的石墨中多数不是球状和团状石墨而是团絮状石墨，有些可能是蠕虫状石墨。

铸件要承受多种载荷，特别是在疲劳状态下要求有较高的球化率（包括球状和团状石墨所占百分数）。对于特殊的铸件和材料牌号，更高球化率的要求必须通过实验研究来评定。

附 录 G
（资料性附录）
球墨铸铁的力学及物理性能

球墨铸铁的力学及物理性能见表 G.1(除此之外的信息见表 1～表 4)。

球墨铸铁的布氏硬度和抗拉强度 R_m 的关系见图 G.1。

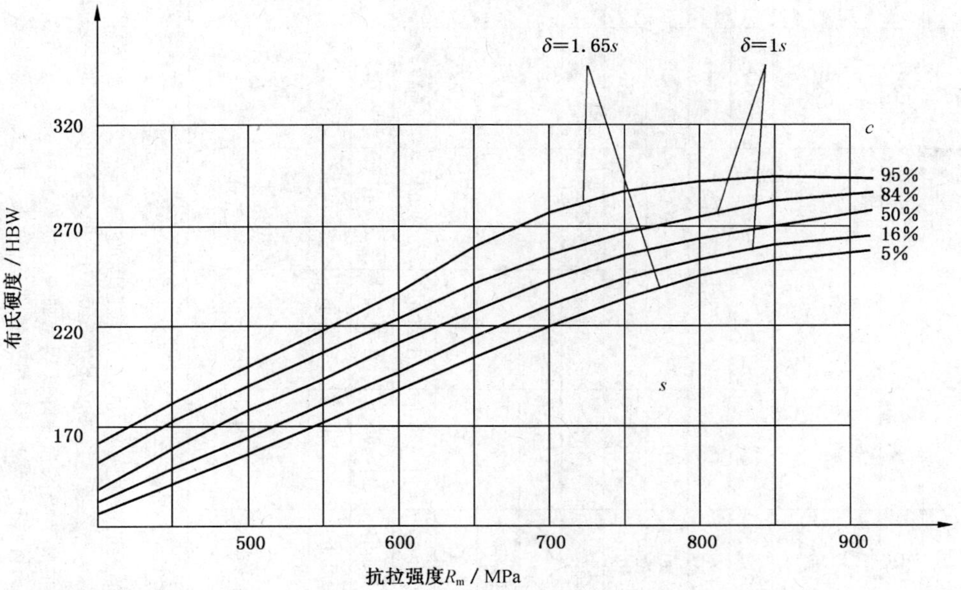

注：c——置信界限，可靠区间；

s——标准偏差；

δ——极限偏差。

图 G.1 球墨铸铁件的硬度和抗拉强度关系图

表 G.1 球墨铸铁的力学性能和物理性能

特性值	单位	材料牌号									
		QT350-22	QT400-18	QT450-10	QT500-7	QT550-5	QT600-3	QT700-2	QT800-2	QT900-2	QT500-10
剪切强度	MPa	315	360	405	450	500	540	630	720	810	—
扭转强度	MPa	315	360	405	450	500	540	630	720	810	—
弹性模量 E(拉伸和压缩)	GPa	169	169	169	169	172	174	176	176	176	170
泊松比 ν	—	0.275	0.275	0.275	0.275	0.275	0.275	0.275	0.275	0.275	0.28～0.029
无缺口疲劳极限[a](旋转弯曲)(ϕ10.6 mm)	MPa	180	195	210	224	236	248	280	304	304	225
有缺口疲劳极限[b](旋转弯曲)(ϕ10.6 mm)	MPa	114	122	128	134	142	149	168	182	182	140
抗压强度	MPa	—	700	700	800	840	870	1 000	1 150	—	—
断裂韧性 K_{IC}	MPa·$\sqrt{m}$	31	30	28	25	22	20	15	14	14	28
300 ℃时的热传导率	W/(K·m)	36.2	36.2	36.2	35.2	34	32.5	31.1	31.1	31.1	—
20 ℃～500 ℃时的比热容量	J/(kg·K)	515	515	515	515	515	515	515	515	515	—
20 ℃～400 ℃时的线性膨胀系数	μm(m·K)	12.5	12.5	12.5	12.5	12.5	12.5	12.5	12.5	12.5	—
密度	kg/dm³	7.1	7.1	7.1	7.1	7.1	7.2	7.2	7.2	7.2	7.1
最大渗透性	μH/m	2 136	2 136	2 136	1 596	1 200	866	501	501	501	—
磁滞损耗(B=1 T)	J/m³	600	600	600	1 345	1 800	2 248	2 700	2 700	2 700	—
电阻率	μΩ·m	0.50	0.50	0.50	0.51	0.52	0.53	0.54	0.54	0.54	—
主要基体组织	—	铁素体	铁素体	铁素体	铁素体-珠光体	铁素体-珠光体	珠光体-铁素体	珠光体	珠光体或索氏体	回火马氏体或索氏体＋屈氏体[c]	铁素体

注：除非另有说明，本表中所列数值都是常温下的测定值。

[a] 对抗拉强度是 370 MPa 的球墨铸铁件无缺口试样，退火铁素体球墨铸铁件的疲劳极限强度大约是抗拉强度的 0.5 倍。在珠光体球墨铸铁和(淬火＋回火)球墨铸铁中这个比率随着抗拉强度的增加而减少，疲劳极限强度大约是抗拉强度的 0.4 倍。当抗拉强度超过 740 MPa 时这个比率将进一步减少。

[b] 对直径 ϕ10.6 mm 的 45°圆角 R0.25 mm 的 V 形缺口试样，退火球墨铸铁件的疲劳极限强度降低到无缺口球墨铸铁件(抗拉强度是 370 MPa)疲劳极限的 0.63 倍。这个比率随着铁素体球墨铸铁件抗拉强度的增加而减少。对中等强度的球墨铸铁件、珠光体球墨铸铁件和(淬火＋回火)球墨铸铁件，有缺口试样的疲劳极限大约是无缺口试样疲劳极限强度的 0.6 倍。

[c] 对大型铸件，可能是珠光体，也可能是回火马氏体或屈氏体＋索氏体。

ICS 67.060
B 22

GB

中华人民共和国国家标准

GB 1350—2009
代替 GB 1350—1999

稻谷

Paddy

STANDARDS PRESS OF CHINA

2009-03-28 发布　　2009-07-01 实施

中华人民共和国国家质量监督检验检疫总局
中国国家标准化管理委员会　发布

前　言

本标准的全部技术内容为强制性。

本标准自实施之日起，代替 GB 1350—1999《稻谷》。

本标准与 GB 1350—1999《稻谷》的主要技术差异如下：

——修改了部分术语和定义；

——将整精米率由定等指标改为非定等指标，并对指标值进行了修改；

——增加了等外级；

——增加了判定规则；

——增加了有关标签标识的规定。

本标准由国家粮食局提出。

本标准由全国粮油标准化技术委员会归口。

本标准起草单位：国家粮食局标准质量中心、湖北省粮食局、江苏省粮食局、成都粮食储藏科学研究所、中国储备粮管理总公司、中国水稻研究所、湖南省水稻研究所、河南工业大学、江西省粮食局、四川省粮食局、湖南省粮食局、广东省粮食局、黑龙江省粮食局、云南省粮食局、中粮集团大米部、中粮集团武汉科学研究设计院、武汉工业学院、宁夏回族自治区粮食局、辽宁省粮食局、吉林省粮食局、广西壮族自治区粮食局。

本标准主要起草人：杜政、唐瑞明、龙伶俐、朱之光、谢华民、李玥、余敦年、熊宁、王志明、刘勇、刘子豪、张玉琴、顾雅贤、何学超、王华、闵捷、张玉烛、周显青、金民、李毅、刘荣、胡连锋、徐向颖、刘红兵、胡顺华、谢健、刘英、芦香、刘继明、谢玉珍、封成斌。

本标准所代替标准的历次版本发布情况为：

——GB 1350—1978、GB 1350—1986、GB 1350—1999。

稻　　谷

1　范围

本标准规定了稻谷的相关术语和定义、分类、质量要求和卫生要求、检验方法、检验规则、标签标识，以及包装、储存和运输要求。

本标准适用于收购、储存、运输、加工和销售的商品稻谷。

本标准不适用于本标准分类规定以外的特殊品种稻谷。

2　规范性引用文件

下列文件中的条款通过本标准的引用而成为本标准的条款。凡是注日期的引用文件，其随后所有的修改单（不包括勘误的内容）或修订版均不适用于本标准，然而，鼓励根据本标准达成协议的各方研究是否可使用这些文件的最新版本。凡是不注日期的引用文件，其最新版本适用于本标准。

GB 1354　大米

GB 2715　粮食卫生标准

GB/T 5490　粮食、油料及植物油脂检验　一般规则

GB 5491　粮食、油料检验　扦样、分样法

GB/T 5492　粮油检验　粮食、油料的色泽、气味、口味鉴定

GB/T 5493　粮油检验　类型及互混检验

GB/T 5494—2008　粮油检验　粮食、油料的杂质、不完善粒检验

GB/T 5495　粮油检验　稻谷出糙率检验

GB/T 5496　粮食、油料检验　黄粒米及裂纹粒检验法

GB/T 5497　粮食、油料检验　水分测定法

GB 13078　饲料卫生标准

GB/T 21719　稻谷整精米率检验法

3　术语和定义

下列术语和定义适用于本标准。

3.1

早籼稻谷　early long-grain nonglutinous paddy

生长期较短、收获期较早的籼稻谷，一般米粒腹白较大，角质部分较少。

3.2

晚籼稻谷　late long-grain nonglutinous paddy

生长期较长、收获期较晚的籼稻谷，一般米粒腹白较小或无腹白，角质部分较多。

3.3

粳稻谷　medium to short-grain nonglutinous paddy

粳型非糯性稻的果实，糙米一般呈椭圆形，米质粘性较大胀性较小。

3.4

籼糯稻谷　long-grain glutinous paddy

籼型糯性稻的果实，糙米一般呈长椭圆形或细长形，米粒呈乳白色，不透明或半透明状，粘性大。

3.5

粳糯稻谷　round-grain glutinous paddy

粳型糯性稻的果实，糙米一般呈椭圆形，米粒呈乳白色，不透明或半透明状，粘性大。

3.6

净稻谷　clean paddy

除去杂质和谷外糙米后的稻谷。

3.7

出糙率　husked rice yield

净稻谷脱壳后的糙米占试样的质量分数，其中不完善粒折半计算。

3.8

整精米　head rice

糙米碾磨成加工精度为国家标准(GB 1354)三级大米时，长度达到试样完整米粒平均长度四分之三及以上的米粒。

3.9

整精米率　head rice yield

整精米占净稻谷试样的质量分数。

3.10

不完善粒　unsound kernel

未成熟或受到损伤但尚有使用价值的稻谷颗粒。包括未熟粒、虫蚀粒、病斑粒、生芽粒和生霉粒。

3.10.1

未熟粒　immature kernel

籽粒不饱满，糙米粒外观全部为粉质的颗粒。

3.10.2

虫蚀粒　injured kernel

被虫蛀蚀并伤及胚或胚乳的颗粒。

3.10.3

病斑粒　spotted kernel

糙米胚或胚乳有病斑的颗粒。

3.10.4

生芽粒　sprouted kernel

芽或幼根已突出稻壳，或芽或幼根已突破糙米表皮的颗粒。

3.10.5

生霉粒　moldy kernel

稻谷粒生霉，去壳后糙米表面有霉斑的颗粒。

3.11

谷外糙米　husked rice in paddy

混在稻谷中的糙米粒。

3.12

互混　other kind of paddy

本类别稻谷中混入其他类别的稻谷。

3.13

杂质　foreign matter

除稻谷粒以外的其他物质，包括筛下物、无机杂质和有机杂质。

3.13.1

筛下物　throughs

通过直径 2.0 mm 圆孔筛的物质。

3.13.2

无机杂质 inorganic impurity

泥土、砂石、砖瓦块及其他无机物质。

3.13.3

有机杂质 organic impurity

无使用价值的稻谷粒、异种类粮粒及其他有机物质。

3.14

黄粒米 yellow-colored rice

胚乳呈黄色,与正常米粒色泽明显不同的颗粒。

3.15

色泽、气味 colour and odour

一批稻谷固有的综合颜色、光泽和气味。

4 分类

稻谷分为早籼稻谷、晚籼稻谷、粳稻谷、籼糯稻谷、粳糯稻谷五类。

5 质量要求和卫生要求

5.1 质量要求

5.1.1 各类稻谷以出糙率为定等指标,3 等为中等。

5.1.2 早籼稻谷、晚籼稻谷、籼糯稻谷质量指标见表 1。

表 1 早籼稻谷、晚籼稻谷、籼糯稻谷质量指标

等级	出糙率/%	整精米率/%	杂质含量/%	水分含量/%	黄粒米含量/%	谷外糙米含量/%	互混率/%	色泽、气味
1	≥79.0	≥50.0	≤1.0	≤13.5	≤1.0	≤2.0	≤5.0	正常
2	≥77.0	≥47.0						
3	≥75.0	≥44.0						
4	≥73.0	≥41.0						
5	≥71.0	≥38.0						
等外	<71.0	—						
注:“—”为不要求。								

5.1.3 粳稻谷、粳糯稻谷质量指标见表 2。

表 2 粳稻谷、粳糯稻谷质量指标

等级	出糙率/%	整精米率/%	杂质含量/%	水分含量/%	黄粒米含量/%	谷外糙米含量/%	互混率/%	色泽、气味
1	≥81.0	≥61.0	≤1.0	≤14.5	≤1.0	≤2.0	≤5.0	正常
2	≥79.0	≥58.0						
3	≥77.0	≥55.0						
4	≥75.0	≥52.0						
5	≥73.0	≥49.0						
等外	<73.0	—						
注:“—”为不要求。								

5.2 卫生要求

5.2.1 食用稻谷按 GB 2715 及国家有关规定执行。

5.2.2 饲料用稻谷按 GB 13078 及国家有关规定执行。

5.2.3 其他用途稻谷按国家有关标准和规定执行。

5.2.4 植物检疫按国家有关标准和规定执行。

6 检验方法

6.1 扦样、分样:按 GB 5491 执行。

6.2 色泽、气味检验:按 GB/T 5492 执行。

6.3 类型及互混检验:按 GB/T 5493 执行。

6.4 杂质及不完善粒检验:按 GB/T 5494 执行。

6.5 出糙率检验:按 GB/T 5495 执行。

6.6 黄粒米检验:按 GB/T 5496 执行。

6.7 水分测定:按 GB/T 5497 执行。

6.8 谷外糙米检验:按 GB/T 5494—2008 中 6.1.3 进行,拣出糙米粒,称量并计算含量。

6.9 整精米率检验:按 GB/T 21719 执行。

7 检验规则

7.1 检验的一般规则按 GB/T 5490 执行。

7.2 检验批为同种类、同产地、同收获年度、同运输单元、同储存单元的稻谷。

7.3 判定规则:出糙率应符合表 1、表 2 中相应等级的要求,其他指标按国家有关规定执行。

8 标签标识

应在包装物上或随行文件中注明产品的名称、类别、等级、产地、收获年度和月份。

9 包装、储存和运输

9.1 包装

包装应清洁、牢固、无破损,缝口严密、结实,不应撒漏。不应带来污染和异常气味。

9.2 储存

应储存在清洁、干燥、防雨、防潮、防虫、防鼠、无异味的仓库内,不应与有毒有害物质或水分较高的物质混存。

9.3 运输

应使用符合卫生要求的运输工具和容器运送,运输过程中应注意防止雨淋和被污染。

ICS 67.200.20
B 33

中华人民共和国国家标准

GB 1352—2009
代替 GB 1352—1986

大　　豆

Soybean

2009-03-28 发布　　2009-09-01 实施

中华人民共和国国家质量监督检验检疫总局
中国国家标准化管理委员会
发布

前言

本标准5.1、7.1、第8章为强制性的，其余为推荐性的。

本标准自实施之日起代替GB 1352—1986《大豆》。

本标准与GB 1352—1986的主要技术差异如下：

——对原标准的适用范围进行了修订，修订后的标准适用范围为“本标准适用于收购、储存、运输、加工和销售的商品大豆”；

——对原标准的大豆分类进行了部分修改；

——对原标准的质量指标项目进行了调整，采用完整粒率进行定等；

——对标准中的质量指标作了修订；

——提出了高油大豆、高蛋白质大豆的质量指标；

——增加了判定规则；

——增加了标签要求；

——增加了标准的附录A，在其中规定了完整粒、损伤粒、热损伤粒的检验方法。

本标准的附录A为规范性附录。

本标准由国家粮食局提出。

本标准由全国粮油标准化技术委员会归口。

本标准负责起草单位：南京财经大学、黑龙江省粮油卫生检验监测站、吉林省粮油卫生检验监测站。

本标准主要起草人：袁建、鞠兴荣、宋秀娟、谢玉珍。

本标准所代替标准的历次版本发布情况为：

——GB 1352—1978、GB 1352—1986。

大　　豆

1　范围

本标准规定了大豆的相关术语和定义、分类、质量要求和卫生要求、检验方法、检验规则、标签标识以及包装、储存和运输要求。

本标准适用于收购、储存、运输、加工和销售的商品大豆。

本标准不适用于本标准分类规定以外的特殊品种大豆。

2　规范性引用文件

下列文件中的条款通过本标准的引用而成为本标准的条款。凡是注日期的引用文件，其随后所有的修改单(不包括勘误的内容)或修订版均不适用于本标准，然而，鼓励根据本标准达成协议的各方研究是否可使用这些文件的最新版本。凡是不注日期的引用文件，其最新版本适用于本标准。

GB 2715　粮食卫生标准

GB/T 5490　粮食、油料及植物油脂检验　一般规则

GB 5491　粮食、油料检验　扦样、分样法

GB/T 5492　粮油检验　粮食、油料的色泽、气味、口味鉴定

GB/T 5493　粮油检验　类型及互混检验

GB/T 5494　粮油检验　粮食、油料的杂质、不完善粒检验

GB/T 5497　粮食、油料检验　水分测定法

GB/T 5511　谷物和豆类　氮含量测定和粗蛋白质含量计算　凯氏法

GB/T 5512　粮油检验　粮食中粗脂肪含量测定

GB 7718　预包装食品标签通则

GB 13078　饲料卫生标准

GB 19641　植物油料卫生标准

3　术语和定义

下列术语和定义适用于本标准。

3.1

完整粒　perfect kernel

籽粒完好正常的颗粒。

3.2

未熟粒　immature kernel

籽粒不饱满，瘪缩达粒面二分之一及以上或子叶青色部分达二分之一及以上(青仁大豆除外)的、与正常粒显著不同的颗粒。

3.3

损伤粒　damaged kernel

受到严重摩擦损伤、冻伤、细菌损伤、霉菌损伤、生芽、热损伤或其他原因损伤的大豆颗粒。

3.3.1

虫蚀粒　insect-bored kernel

被虫蛀蚀，伤及子叶的颗粒。

3.3.2

病斑粒　spotted kernel

粒面带有病斑，伤及子叶的颗粒。

3.3.3

生芽、涨大粒　sprouted kernel

芽或幼根突破种皮或吸湿涨大未复原的颗粒。

3.3.4

生霉粒　moulded kernel

粒面生霉的颗粒。

3.3.5

冻伤粒　frost-damaged kernel

因受冰冻伤害籽粒透明或子叶僵硬呈暗绿色的颗粒。

3.3.6

热损伤粒　heat-damaged kernel

因受热而引起子叶变色和损伤的颗粒。

3.4

破碎粒　broken kernel

子叶破碎达本颗粒体积四分之一及以上的颗粒。

3.5

杂质　impurities

通过规定筛层和经筛理后仍留在样品中的非大豆类物质，包括以下几种：

3.5.1

筛下物　passed sieve material

通过直径 3.0 mm 圆孔筛的物质。

3.5.2

无机杂质　inorganic impurity

泥土、砂石、砖瓦块及其他无机物质。

3.5.3

有机杂质　organic impurity

无使用价值的大豆粒、异种类粮粒及其他有机物质。

3.6

色泽、气味　color，odor

一批大豆固有的综合色泽和气味。

3.7

完整粒率　percent of perfect kernels

完整粒占试样的质量分数。

3.8

损伤粒率　percent of damaged kernel

损伤粒占试样的质量分数。

3.9

热损伤粒率　percent of heat-damaged kernel

热损伤粒占试样的质量分数。

3.10

高油大豆　high-oil soybean

粗脂肪含量不低于20.0%的大豆。

3.11

高蛋白质大豆　high-protein soybean

粗蛋白质含量不低于40.0%的大豆。

4　分类

根据大豆的皮色分为：

4.1　黄大豆：种皮为黄色、淡黄色，脐为黄褐、淡褐或深褐色的籽粒不低于95%的大豆。

4.2　青大豆：种皮为绿色的籽粒不低于95%的大豆。按其子叶的颜色分为青皮青仁大豆和青皮黄仁大豆两种。

4.3　黑大豆：种皮为黑色的籽粒不低于95%的大豆。按其子叶的颜色分为黑皮青仁大豆和黑皮黄仁大豆两种。

4.4　其他大豆：种皮为褐色、棕色、赤色等单一颜色的大豆及双色大豆(种皮为两种颜色，其中一种为棕色或黑色，并且其覆盖粒面二分之一以上)等。

4.5　混合大豆：不符合4.1至4.4规定的大豆。

5　质量要求和卫生要求

5.1　质量要求

5.1.1　大豆质量指标应符合表1规定。

表1　大豆质量指标

等级	完整粒率/%	损伤粒率/%		杂质含量/%	水分含量/%	气味、色泽
		合计	其中：热损伤粒			
1	≥95.0	≤1.0	≤0.2			
2	≥90.0	≤2.0	≤0.2			
3	≥85.0	≤3.0	≤0.5	≤1.0	≤13.0	正常
4	≥80.0	≤5.0	≤1.0			
5	≥75.0	≤8.0	≤3.0			

5.1.2　高油大豆质量指标应符合表2规定。

表2　高油大豆质量指标

等级	粗脂肪含量(干基)/%	完整粒率/%	损伤粒率/%		杂质含量/%	水分含量/%	色泽、气味
			合计	其中：热损伤粒			
1	≥22.0						
2	≥21.0	≥85.0	≤3.0	≤0.5	≤1.0	≤13.0	正常
3	≥20.0						

5.1.3 高蛋白质大豆质量指标应符合表3规定。

表3 高蛋白质大豆质量指标

等级	粗蛋白质含量（干基）/%	完整粒率/%	损伤粒率/%		杂质含量/%	水分含量/%	色泽、气味
			合计	其中：热损伤粒			
1	≥44.0	≥90.0	≤2.0	≤0.2	≤1.0	≤13.0	正常
2	≥42.0						
3	≥40.0						

5.2 卫生标准

5.2.1 食用大豆按GB 2715、GB 19641及国家有关规定执行。

5.2.2 饲料用大豆按GB 13078及国家有关规定执行。

5.2.3 其他用途大豆按国家有关标准和规定执行。

5.2.4 植物检疫按国家有关标准和规定执行。

6 检验方法

6.1 扦样、分样：按GB 5491的要求执行。

6.2 完整粒率：按附录A规定的方法测定。

6.3 损伤粒率：按附录A规定的方法测定。

6.4 热损伤粒：按附录A规定的方法测定。

6.5 杂质、不完善粒：按GB/T 5494规定的方法测定。

6.6 水分：按GB/T 5497规定的方法测定。

6.7 异色粒：按GB/T 5493规定的方法测定。

6.8 色泽、气味：按GB/T 5492规定的方法测定。

6.9 粗蛋白质含量：按GB/T 5511规定的方法测定。

6.10 粗脂肪含量：按GB/T 5512规定的方法测定。

7 检验规则

7.1 检验的一般规则按GB/T 5490执行。

7.2 检验批为同种类、同产地、同收获年度、同运输单元、同储存单元的大豆。

7.3 大豆按完整粒率定等，3等为中等。完整粒率低于最低等级规定的，应作为等外级。其他指标按照国家有关规定执行。

7.4 高油大豆按粗脂肪含量定等，2等为中等。粗脂肪含量低于最低等级规定的，不应作为高油大豆。其他指标按照国家有关规定执行。

7.5 高蛋白质大豆按粗蛋白质含量定等，2等为中等。粗蛋白质含量低于最低等级规定的，不应作为高蛋白质大豆。其他指标按照国家有关规定执行。

8 标签标识

除应符合GB 7718的规定外，还应符合以下条款：

8.1 凡标识“大豆”的产品均应符合本标准。

8.2 应在包装物上或随行文件中注明产品的名称、类别、等级、产地、收获年度和月份。

8.3 转基因大豆应按国家有关规定标识。

9 包装、储存和运输

9.1 包装

包装应使用符合卫生要求的包装材料或容器，同时应清洁、牢固、无破损，缝口严密、结实，不应撒漏。不应带来污染和异常气味。

9.2 储存

应储存在清洁、干燥、防雨、防潮、防虫、防鼠、无异味的仓库内，不应与有毒有害物质或水分较高的物质混存。

9.3 运输

应使用符合卫生要求的运输工具和容器运送，运输过程中应注意防止雨淋和被污染。

附　录　A
（规范性附录）
完整粒率、损伤粒率、热损伤粒率检验方法

A.1　仪器和用具

A.1.1　天平，感量 0.01 g。

A.1.2　谷物选筛。

A.1.3　分样器、分样板。

A.1.4　分析盘、小皿、镊子等。

A.2　操作方法

按 GB 5491 分取 500 g(m_1)试样，按 GB/T 5494 规定的方法分两次筛选，然后拣出筛上大型杂质和筛下物合并称量(m_2)。从检验过大样杂质的试样中，称取 100 g(m_3)，倒入分析盘中，分别拣出杂质、损伤粒、未熟粒、破碎粒并称量(m_4、m_5、m_6)，其中热损伤粒单独拣出(必要时剥开皮层，观察子叶是否发生了颜色变化)，称量(m_7)。

A.3　结果计算

A.3.1　完整粒率按式(1)计算：

$$\text{完整粒率} = \left(1-\frac{m_2}{m_1}\right)\times\left(\frac{m_3-m_4-m_5-m_6}{m_3}\right)\times 100\% \quad\cdots\cdots(1)$$

式中：

m_1——大样质量，单位为克(g)；

m_2——大样杂质质量，单位为克(g)；

m_3——小样质量，单位为克(g)；

m_4——小样杂质质量，单位为克(g)；

m_5——损伤粒(含热损伤粒)质量，单位为克(g)；

m_6——未熟粒、破碎粒质量，单位为克(g)。

双试验结果允许差不超过 1%，求其平均值，即为检验结果。检验结果取小数点后 1 位。

A.3.2　损伤粒率按式(2)计算：

$$\text{损伤粒率} = \left(1-\frac{m_2}{m_1}\right)\times\left(\frac{m_5}{m_3}\right)\times 100\% \quad\cdots\cdots(2)$$

A.3.3　热损伤粒率按式(3)计算：

$$\text{热损伤粒率} = \left(1-\frac{m_2}{m_1}\right)\times\left(\frac{m_7}{m_3}\right)\times 100\% \quad\cdots\cdots(3)$$

ICS 67.060
B 22

中华人民共和国国家标准

GB 1353—2009
代替 GB 1353—1999

玉　　　米

Maize

2009-03-28 发布　　2009-09-01 实施

中华人民共和国国家质量监督检验检疫总局
中国国家标准化管理委员会　发布

前 言

本标准的全部技术内容为强制性。

本标准自实施之日起代替 GB 1353—1999《玉米》。

本标准与 GB 1353—1999 的主要技术差异如下：

——调整了等级指标，将三个等级调整为五个等级，并增加了等外级；

——调整了不完善粒指标，并对应等级设定指标；

——增加了检验规则；

——增加了有关标签标识的规定；

——修订了附录 A 的容重测定方法；

——增加了附录 B。

本标准的附录 A 和附录 B 是规范性附录。

本标准由国家粮食局提出。

本标准由全国粮油标准化技术委员会归口。

本标准主要起草单位：国家粮食局标准质量中心、吉林省粮食局、辽宁省粮食局、黑龙江省粮食局、河北省粮食局、河南省粮食局、内蒙古自治区粮食局、山西省粮食局、陕西省粮食局、中国储备粮管理总公司、中国储备粮管理总公司吉林分公司、吉林省农业科学院玉米研究所、河南工业大学、国家粮食局科学研究院、中粮集团武汉科学研究设计院。

本标准主要起草人：杜政、唐瑞明、龙伶俐、朱之光、谢华民、李玥、谢玉珍、宋长权、冯锡仲、张玉琴、郁伟、徐向颖、肖丽荣、路辉丽、王晓光、王恒、党献民、巩福生、顾祥明、才卓、王凤成、林家永、杨海鹏。

本标准所代替标准的历次版本发布情况为：

——GB 1353—1978、GB 1353—1986、GB 1353—1999。

玉　米

1　范围

本标准规定了玉米的术语和定义、分类、质量要求和卫生要求、检验方法、检验规则、标签标识以及包装、储存和运输的要求。

本标准适用于收购、储存、运输、加工和销售的商品玉米。

本标准不适用于本标准分类规定以外的特殊品种玉米。

2　规范性引用文件

下列文件中的条款通过本标准的引用而成为本标准的条款。凡是注日期的引用文件，其随后所有的修改单(不包括勘误的内容)或修订版均不适用于本标准，然而，鼓励根据本标准达成协议的各方研究是否可使用这些文件的最新版本。凡是不注日期的引用文件，其最新版本适用于本标准。

GB 2715　粮食卫生标准

GB/T 5490　粮食、油料及植物油脂检验　一般规则

GB 5491　粮食、油料检验　扦样、分样法

GB/T 5492　粮油检验　粮食、油料的色泽、气味、口味鉴定

GB/T 5493　粮油检验　类型及互混检验

GB/T 5494　粮油检验　粮食、油料的杂质、不完善粒检验

GB/T 5497　粮食、油料检验　水分测定法

GB/T 5498　粮食、油料检验　容重测定法

GB 13078　饲料卫生标准

LS/T 3701　HGT-1000 型谷物容重器

3　术语和定义

下列术语和定义适用于本标准。

3.1

容重　test weight

玉米籽粒在单位容积内的质量，以克/升(g/L)表示。

3.2

不完善粒　unsound kernel

受到损伤但尚有使用价值的玉米颗粒。包括虫蚀粒、病斑粒、破碎粒、生芽粒、生霉粒和热损伤粒。

3.2.1

虫蚀粒　injured kernel

被虫蛀蚀，并形成蛀孔或隧道的颗粒。

3.2.2

病斑粒　spotted kernel

粒面带有病斑，伤及胚或胚乳的颗粒。

3.2.3

破碎粒　broken kernel

籽粒破碎达本颗粒体积五分之一(含)以上的颗粒。

3.2.4

生芽粒 sprouted kernel

芽或幼根突破表皮,或芽或幼根虽未突破表皮但胚部表皮已破裂或明显隆起,有生芽痕迹的颗粒。

3.2.5

生霉粒 moldy kernel

粒面生霉的颗粒。

3.2.6

热损伤粒 heat-damaged kernel

受热后籽粒显著变色或受到损伤的颗粒,包括自然热损伤粒和烘干热损伤粒。

3.2.6.1

自然热损伤粒 nature heat-damaged kernel

储存期间因过度呼吸,胚部或胚乳显著变色的颗粒。

3.2.6.2

烘干热损伤粒 drying heat-damaged kernel

加热烘干时引起的表皮或胚或胚乳显著变色,籽粒变形或膨胀隆起的颗粒。

3.3

杂质 foreign matter

除玉米粒以外的其他物质,包括筛下物、无机杂质和有机杂质。

3.3.1

筛下物 throughs

通过直径3.0 mm圆孔筛的物质。

3.3.2

无机杂质 inorganic impurity

泥土、砂石、砖瓦块及其他无机物质。

3.3.3

有机杂质 organic impurity

无使用价值的玉米粒、异种类粮粒及其他有机物质。

3.4

色泽、气味 colour and odour

一批玉米固有的综合颜色、光泽和气味。

4 分类

4.1 黄玉米

种皮为黄色,或略带红色的籽粒不低于95%的玉米。

4.2 白玉米

种皮为白色,或略带淡黄色或略带粉红色的籽粒不低于95%的玉米。

4.3 混合玉米

不符合4.1或4.2要求的玉米。

5 质量要求和卫生要求

5.1 质量要求

各类玉米质量要求见表1。其中容重为定等指标,3等为中等。

表1　玉米质量指标

等级	容重/(g/L)	不完善粒含量/%		杂质含量/%	水分含量/%	色泽、气味
		总量	其中:生霉粒			
1	≥720	≤4.0	≤2.0	≤1.0	≤14.0	正常
2	≥685	≤6.0				
3	≥650	≤8.0				
4	≥620	≤10.0				
5	≥590	≤15.0				
等外	<590	—				
注:“—”为不要求。						

5.2　**卫生要求**

5.2.1　食用玉米按GB 2715及国家有关规定执行。

5.2.2　饲料用玉米按GB 13078及国家有关规定执行。

5.2.3　其他用途玉米按国家有关标准和规定执行。

5.2.4　植物检疫按国家有关标准和规定执行。

6　检验方法

6.1　扦样、分样:按GB 5491执行。

6.2　色泽、气味检验:按GB/T 5492执行。

6.3　类型及互混检验:按GB/T 5493执行。

6.4　杂质、不完善粒检验:按GB/T 5494执行。

6.5　水分检验:按GB/T 5497执行。

6.6　容重检验:按附录A执行。水分不高于18.0%的玉米直接测定容重,高于18.0%的应按照附录B的规定降水后再测定容重。

7　检验规则

7.1　检验的一般规则按GB/T 5490执行。

7.2　检验批为同种类、同产地、同收获年度、同运输单元、同储存单元的玉米。

7.3　判定规则:容重应符合表1中相应等级的要求,其他指标按照国家有关规定执行。

8　标签标识

8.1　应在包装物上或随行文件中注明产品的名称、类别、等级、产地、收获年度和月份。

8.2　转基因玉米应按照国家有关规定标识。

9　包装、储存和运输

9.1　**包装**

包装应清洁、牢固、无破损,缝口严密、结实,不得造成产品撒漏。不得给产品带来污染和异常气味。

9.2　**储存**

应储存在清洁、干燥、防雨、防潮、防虫、防鼠、无异味的仓库内,不得与有毒有害物质或水分较高的物质混存。

9.3　**运输**

应使用符合卫生要求的运输工具和容器运送,运输过程中应注意防止雨淋和被污染。

附　录　A
（规范性附录）
玉米容重的测定方法

A.1　仪器和用具

A.1.1　GHCS-1000 型谷物容重器或 HGT-1000 型谷物容重器（漏斗下口直径为 40 mm）：基本参数和主要技术要求应符合 LS/T 3701 的要求。

A.1.2　谷物选筛：上层筛孔直径 12.0 mm，下层筛孔直径 3.0 mm，并带有筛底和筛盖。

A.2　试样制备

按照检验方法，从原始样品中缩分出两份平均样品各约 1 000 g 作为试验样品。每份试验样品按 A.1.2 规定套好筛层，分两次进行筛选。取下层筛的筛上物混匀，作为测定容重的试样。

A.3　操作步骤

A.3.1　GHCS-1000 型谷物容重器

A.3.1.1　打开箱盖，取出所有部件，选用下口直径为 40 mm 的漏斗。按照使用说明书进行安装、校准，将带有排气砣的容量筒放在电子秤上称量，并清零。

A.3.1.2　取下容量筒，倒出排气砣，将容量筒牢固平稳地安装在铁板底座上，插上插片，放上排气砣，套上中间筒。

A.3.1.3　将制备好的试样倒入谷物筒内（确保漏斗开关关闭），装满刮平。再将谷物筒套在中间筒上，打开漏斗开关，待试样全部落入中间筒后关闭漏斗开关。用手握住中间筒与容量筒的接合处，平稳地抽出插片，使试样随排气砣一同落入容量筒内，再将插片平稳地插入插口。

A.3.1.4　取下谷物筒，拿起中间筒和容量筒，倒净插片上多余的试样，抽出插片，将装有试样的容量筒放在电子秤上称量。

A.3.2　HGT-1000 型谷物容重器

选用下口直径为 40 mm 的漏斗，容重器的安装及操作按照 GB/T 5498 容重测定方法执行。

A.4　结果表示

检测结果为整数，两次试验样品的允许差不得超过 3 g/L，取算术平均值为测定结果。

附 录 B
（规范性附录）
玉米快速干燥降水设备技术条件及操作方法

B.1 设备技术要求

B.1.1 采用红外加热或热风干燥，辅以机械通风，在短时间内将高水分玉米的水分干燥到18.0%以下。

B.1.2 应具有电子控温、定时调控、超温超压保护等功能。

B.1.3 应具有良好的隔热、绝缘和通风效果，易于清理，安全、耐用，操作简便。

B.1.4 一次至少应干燥2份样品，每份样品不低于2 000 g。

B.1.5 干燥盘底部为筛网状，保证通风良好，样品在盘内的厚度不得超过2 cm。

B.1.6 干燥室内温度应稳定，样品受热均匀，干燥后的玉米籽粒水分含量应均匀，不得有严重烘干热损伤粒。

B.1.7 外观应平整、光滑，无毛刺、漏漆、挂漆、裂纹及严重损伤、锈蚀和变形等现象。

B.1.8 应具有产品名称、制造厂商、商标、规格型号、样品干燥量以及国家规定的标识内容。

B.2 主要参数

B.2.1 额定功率不小于2.0 kW，控温范围在40 ℃～160 ℃，干燥温度稳定在50 ℃～130 ℃之间，误差不超过5 ℃。

B.2.2 将水分干燥至18.0%的最长时间应控制在30min以内。各项参数见表B.1。

表 B.1 玉米水分干燥至18.0%时的参数

原始水分/%	干燥时间/min	干燥温度/℃
≤23.0	≤10	(120～130)±5
≤28.0	≤15	
≤33.0	≤20	
>33.0	≤30	
注：也可通过设定不同的档控制干燥时间。		

B.3 设备测试方法

B.3.1 按照产品使用说明书对设备进行安装和调试，将调试好的设备升温至140 ℃左右。

B.3.2 样品制备：从原始样品中缩分出约2 000 g作为试验样品。按附录A.1.2规定套好筛层，进行筛选。取下层筛的筛上物混匀（拣出易燃有机杂质），用快速水分测定仪器进行水分测定，作为原始水分。

B.3.3 干燥：将制备好的样品放入干燥盘内均匀铺平，快速放入干燥室内，按照表B.1的干燥参数，设定干燥时间和干燥温度。如果试样水分过高，可在干燥半程，取出干燥盘翻动试样，均匀铺平后再继续干燥。

B.3.4 干燥结束后，将样品取出，在实验室条件下自然冷却至室温。

B.4 结果判定

用快速水分测定仪器对冷却后的样品进行水分测定，在规定时间内将对应原始水分的玉米降到不大于 18.0%的设备为合格产品。

B.5 样品的干燥

用测试合格后的设备按第 B.3 章的操作步骤对高水分玉米进行干燥。

ICS 67.060
B 22

中华人民共和国国家标准

GB 1354—2009
代替 GB 1354—1986

大　　米

Rice

2009-03-28 发布　　2009-10-01 实施

中华人民共和国国家质量监督检验检疫总局
中国国家标准化管理委员会　发布

前 言

本标准第5章表1、表2中黄粒米、矿物质、色泽、气味为强制性指标。5.3.3、7.5、第8章、第9章为强制性条款，其余部分为推荐性条款。

本标准是对GB 1354—1986《大米》的修订。本标准自实施之日起，代替GB 1354—1986。

本次修订以原标准为基础，参考了国际标准化组织的标准ISO 7301:2002 Rice—Specification和国际食品法典委员会的标准CODEX STAN 198—1995 Codex Standard for Rice。

本标准与GB 1354—1986的主要技术差异如下：

——由"全文强制"改为"条文强制"；

——明确了本标准的适用范围；

——将大米分为优质大米和大米两类；

——增加了垩白粒率等术语和定义；

——修订了碎米和加工精度的定义；

——增加了推荐性指标；

——增加了对标识、标签的要求；

——增加了判定规则。

本标准由国家粮食局提出。

本标准由全国粮油标准化技术委员会归口。

本标准负责起草单位：国家粮食局标准质量中心、中粮集团武汉科学研究设计院、湖南金健米业股份有限公司、湖北省粮油食品质量监测站。

本标准主要起草人：杜政、唐瑞明、谢健、龙伶俐、朱之光、李美琴、谢华民、李玥、卢其松、李启盛、余敦年、熊宁、杨红、陈德炳。

本标准所代替标准的历次版本发布情况为：

——GB 1354—1978，GB 1354—1986。

大　　米

1　范围

本标准规定了大米的术语和定义、分类、质量要求、检验方法、检验规则，以及对包装、标签、储存和运输的要求。

本标准适用于以稻谷、糙米或半成品大米为原料加工的食用商品大米，不适用于特种大米、专用大米、特殊品种大米以及加入了添加剂的大米。

2　规范性引用文件

下列文件中的条款通过本标准的引用而成为本标准的条款。凡是注日期的引用文件，其随后所有的修改单(不包括勘误的内容)或修订版均不适用于本标准，然而，鼓励根据本标准达成协议的各方研究是否可使用这些文件的最新版本。凡是不注日期的引用文件，其最新版本适用于本标准。

GB 1350　稻谷

GB 2715　粮食卫生标准

GB/T 5009.36　粮食卫生标准的分析方法

GB/T 5490　粮食、油料及植物油脂检验　一般规则

GB 5491　粮食、油料检验　扦样、分样法

GB/T 5492　粮油检验　粮食、油料的色泽、气味、口味鉴定

GB/T 5493　粮油检验　类型及互混检验

GB/T 5494　粮油检验　粮食、油料的杂质、不完善粒检验

GB/T 5496　粮食、油料检验　黄粒米及裂纹粒检验法

GB/T 5497　粮食、油料检验　水分测定法

GB/T 5502　粮油检验　米类加工精度检验

GB/T 5503　粮食、油料检验　碎米检验法

GB 5749　生活饮用水卫生标准

GB 7718　预包装食品标签通则

GB 14881　食品企业通用卫生规范

GB/T 15682　粮油检验　稻谷、大米蒸煮食用品质感官评价方法

GB/T 15683　大米　直链淀粉含量的测定

GB/T 17109　粮食销售包装

GB/T 17891　优质稻谷

3　术语和定义

下列术语和定义适用于本标准。

3.1

加工精度　milling degree

加工后米胚残留以及米粒表面和背沟残留皮层的程度。以国家制定的加工精度标准样品对照检验。在制定加工精度标准样品时，应参照下述文字规定：

一级：背沟无皮，或有皮不成线，米胚和粒面皮层去净的占90%以上。

二级：背沟有皮，米胚和粒面皮层去净的占85%以上。

三级：背沟有皮，粒面皮层残留不超过五分之一的占80%以上。

四级：背沟有皮，粒面皮层残留不超过三分之一的占75%以上。

3.2

不完善粒　unsound kernel

包括下列尚有食用价值的米粒：

未成熟粒：米粒不饱满，外观全部呈粉质的米粒。

虫蚀粒：被虫蛀蚀的米粒。

病斑粒：粒面有病斑的米粒。

生霉粒：粒面有霉斑的米粒。

糙米粒：完全未脱皮层的米粒。

3.3

糠粉　rice bran power

通过直径1.0 mm圆孔筛的筛下物，以及粘附在筛上的粉状物质。

3.4

杂质　foreign matter

除大米粒之外的其他物质，包括糠粉、矿物质、带壳稗粒、稻谷粒等。

3.5

完整米粒　whole kernel

除胚外其余部分未破损的完善米粒。

3.6

平均长度　average length

试样中完整米粒长度的算术平均值。

3.7

碎米　broken kernel

长度小于同批试样米粒平均长度四分之三、留存1.0 mm圆孔筛上的不完整米粒。

3.8

小碎米　small broken kernel

通过直径2.0 mm圆孔筛，留存在直径1.0 mm圆孔筛上的不完整米粒。

3.9

黄粒米　yellow-colored kernel

胚乳呈黄色，与正常米粒颜色明显不同的米粒。

3.10

籼米　milled long-grain nonglutinous rice

用籼型非糯性稻谷制成的大米，米粒一般呈长椭圆形或细长形。

3.11

粳米　milled medium to short-grain nonglutinous rice

用粳型非糯性稻谷制成的大米，米粒一般呈椭圆形。

3.12

糯米　waxy rice

用糯性稻谷制成的大米，又分为以下两种：

——籼糯米：用籼型糯性稻谷制成的大米。米粒一般呈长椭圆形或细长形，乳白色，不透明，也有的呈半透明状（俗称阴糯），粘性大。

——粳糯米：用粳型糯性稻谷制成的大米。米粒一般呈椭圆形，乳白色，不透明，也有的呈半透明状（俗称阴糯），粘性大。

3.13

垩白粒率　chalky kernel percentage

胚乳中有白色(包括腹白、心白和背白)不透明部分的米粒为垩白粒;垩白粒占试样米粒数的百分率为垩白粒率。

3.14

品尝评分值　taste evaluated value

大米制成米饭的气味、色泽、外观结构、滋味等各项因素评分值的总和。

3.15

直链淀粉含量　amylose content

试样所含直链淀粉的质量占试样总质量的百分率。

3.16

互混　other kind rice kernel

同一批次大米中的其他类型米粒。

3.17

色泽、气味　color、odour

整批大米的综合颜色、光泽和气味。

4　分类

按类型分为籼米、粳米和糯米三类,糯米又分为籼糯米和粳糯米。

按食用品质分为大米和优质大米。

5　质量要求

5.1　质量指标

5.1.1　大米质量指标见表1。其中加工精度、碎米与其中小碎米、不完善粒、杂质最大限量为定等指标。

表1　大米质量指标

品种		籼米				粳米				籼糯米			粳糯米		
等级		一级	二级	三级	四级	一级	二级	三级	四级	一级	二级	三级	一级	二级	三级
加工精度		对照标准样品检验留皮程度													
碎米	总量/% ≤	15.0	20.0	25.0	30.0	7.5	10.0	12.5	15.0	15.0	20.0	25.0	7.5	10.0	12.5
	其中小碎米/% ≤	1.0	1.5	2.0	2.5	0.5	1.0	1.5	2.0	1.5	2.0	2.5	0.8	1.5	2.3
不完善粒/% ≤		3.0		4.0	6.0	3.0		4.0	6.0	3.0	4.0	6.0	3.0	4.0	6.0
杂质最大限量	总量/% ≤	0.25		0.3	0.4	0.25		0.3	0.4	0.25		0.3	0.25		0.3
	糠粉/% ≤	0.15		0.2		0.15		0.2		0.15		0.2	0.15		0.2
	矿物质/% ≤	0.02													
	带壳稗粒/(粒/kg) ≤	3		5	7	3		5	7	3		5	3		5
	稻谷粒/(粒/kg) ≤	4		6	8	4		6	8	4		6	4		6
水分/% ≤		14.5				15.5				14.5			15.5		
黄粒米/% ≤		1.0													
互混/% ≤		5.0													
色泽、气味		无异常色泽和气味													

5.1.2 优质大米质量指标见表 2。其中优质籼米和优质粳米以加工精度、碎米与其中小碎米、不完善粒、垩白粒率、品尝评分值和杂质最大限量为定等指标，优质籼糯米和优质粳糯米以加工精度、碎米与其中小碎米、不完善粒和杂质最大限量为定等指标。

表 2 优质大米质量指标

品种		籼米			粳米			籼糯米			粳糯米		
等级		一级	二级	三级	一级	二级	三级	一级	二级	三级	一级	二级	三级
加工精度		对照标准样品检验留皮程度											
碎米	总量/% ≤	5.0	10.0	15.0	2.5	5.0	7.5	5.0	10.0	15.0	2.5	5.0	7.5
	其中小碎米/% ≤	0.2	0.5	1.0	0.1	0.3	0.5	0.5	1.0	1.5	0.2	0.5	0.8
不完善粒/% ≤		3.0		4.0	3.0		4.0	3.0		4.0	3.0		4.0
垩白粒率/%		10.0	20.0	30.0	10.0	20.0	30.0	—	—	—	—	—	—
品尝评分值/分 ≥		90	80	70	90	80	70	75					
直链淀粉含量(干基)/%		14.0～24.0			14.0～20.0			≤2.0					
杂质最大限量	总量/% ≤	0.25		0.3	0.25		0.3	0.25		0.3	0.25		0.3
	糠粉/% ≤	0.15		0.2	0.15		0.2	0.15		0.2	0.15		0.2
	矿物质/% ≤	0.02											
	带壳稗粒/(粒/kg) ≤	3		5	3		5	3		5	3		5
	稻谷粒/(粒/kg) ≤	4		6	4		6	4		6	4		6
水分/% ≤		14.5			15.5			14.5			15.5		
黄粒米/% ≤		1.0											
互混/% ≤		5.0											
色泽、气味		无异常色泽和气味											

5.2 卫生指标

5.2.1 卫生指标和检验按 GB 2715 及国家有关规定执行。

5.2.2 植物检疫按有关标准和国家有关规定执行。

5.3 加工生产过程中的卫生要求

5.3.1 原料应符合 GB 1350、GB/T 17891 的规定。

5.3.2 生产过程应符合 GB 14881 的规定。

5.3.3 生产过程中，除符合 GB 5749 规定的水之外不得添加任何物质。

6 检验方法

6.1 感官检验：按 GB/T 5009.36 规定的方法执行。

6.2 色泽、气味检验：按 GB/T 5492 规定的方法执行。

6.3 互混检验：按 GB/T 5493 规定的方法执行。

6.4 杂质、不完善粒检验：按 GB/T 5494 规定的方法执行。

6.5 黄粒米检验:按 GB/T 5496 规定的方法执行。

6.6 水分检验:按 GB/T 5497 规定的方法执行。

6.7 加工精度检验:按 GB/T 5502 规定的方法执行。

6.8 平均长度检验:随机取完整米粒 10 粒,平放于黑色背景的平板上,按照头对头、尾对尾、不重叠、不留隙的方式,紧靠直尺排成一行,读出长度。双试验误差不应超过 0.5 mm,求其平均值即为大米的平均长度。

6.9 碎米检验:按 GB/T 5503 规定的方法执行。

6.10 品尝评分值检验:按 GB/T 15682 规定的方法执行。

6.11 直链淀粉含量检验:按 GB/T 15683 规定的方法执行。

6.12 垩白粒率检验:按 GB/T 17891 规定的方法执行。

7 检验规则

7.1 扦样、分样

按 GB 5491 执行。

7.2 检验的一般规则

按 GB/T 5490 执行。

7.3 产品组批

同原料、同工艺、同设备、同班次加工的产品为一批。

7.4 出厂检验

出厂检验项目按 5.1 的规定检验。

7.5 判定规则

7.5.1 凡不符合 GB 2715 以及国家卫生检验和植物检疫有关规定的产品,判为非食用产品。

7.5.2 大米的定等指标中有一项指标达不到该等级质量要求的,则降为下一等级;低于最低等级指标的,作为非等级产品。其他指标有一项不符合表 1 要求的,作为非等级产品。

7.5.3 优质大米的定等指标中有一项达不到该等级质量要求的,则降为下一等级;低于最低等级指标的,可按表 1 中大米质量指标进行判定。其他指标有一项不符合表 2 要求的,作为非等级产品。

7.5.4 初验不合格时,可加倍抽样复验,以复验结果为准。

8 包装和标签

8.1 包装

8.1.1 包装应符合 GB/T 17109 的规定和卫生要求。

8.1.2 若采用包装袋,则包装袋应坚固结实,封口或者缝口应严密。

8.2 标签

8.2.1 包装大米的标签标识应符合 GB 7718 的规定。

8.2.2 标注的净含量应为产品最大允许水分状况下的质量。

8.2.3 凡是采用本标准的大米产品,应按本标准规定的名称和等级标注。

9 储存和运输

9.1 袋装产品应储存在清洁、干燥、防雨、防潮、防虫、防鼠、无异味的合格仓库内,不得与有毒有害物质或水分较高的物质混存。

9.2 应使用符合卫生要求的运输工具和容器运送大米产品,运输过程中应注意防止雨淋和被污染。

9.3 产品在常温下的保质期不应低于 3 个月。

参 考 文 献

[1] ISO 7301:2002 Rice—Specification.
[2] CODEX STAN 198—1995 Codex Standard for Rice.

ICS 21.160
J 26

中华人民共和国国家标准

GB/T 1358—2009
代替 GB/T 1358—1993

圆柱螺旋弹簧尺寸系列

Cylindrical helical spring seriate sizes

2009-03-16 发布 2009-11-01 实施

中华人民共和国国家质量监督检验检疫总局
中国国家标准化管理委员会 发布

前　言

本标准是对 GB/T 1358—1993《圆柱螺旋弹簧尺寸系列》的修订。修订时仍保留 GB/T 1358—1993《圆柱螺旋弹簧尺寸系列》中有效的部分，对已不适应的内容进行重新修订。本标准与被修订标准的主要技术差异如下：

——对原标准按 GB/T 1.1 进行了编辑性修改；

——对引用的材料标准进行了全面查新，使用已修订过的最新版本代替原标准所引用的旧版本；

——按 GB/T 1805—2001《弹簧术语》，对原标准涉及的符号进行修订。

本标准由中国机械工业联合会提出。

本标准由全国弹簧标准化技术委员会(SAC/TC 235)归口。

本标准负责起草单位：常州市铭锦弹簧有限公司、中机生产力促进中心。

本标准参加起草单位：无锡泽根弹簧有限公司、杭州钱江弹簧有限公司、浙江金昌弹簧有限公司、浙江美力弹簧有限公司、杭州兴发弹簧有限公司、立洲集团控股有限公司。

本标准主要起草人：蒋欣荣、曹辉荣、杨国红、余方、王卫、屠世润、张英会、陆培根、邵文武、严世平。

本标准所代替标准的历次版本发布情况为：

——GB 1358—1978、GB/T 1358—1993。

圆柱螺旋弹簧尺寸系列

1 范围

本标准规定了一般用途圆截面圆柱螺旋弹簧材料直径、弹簧中径、有效圈数(压缩、拉伸弹簧)以及自由高度(压缩弹簧)等主要尺寸系列。

本标准适用于一般用途圆柱螺旋弹簧。

2 弹簧材料直径

弹簧材料直径 d,第一系列见表1,第二系列见表2。

表 1

单位为毫米

0.10	0.12	0.14	0.16	0.20	0.25	0.30	0.35	0.40	0.45
0.50	0.60	0.70	0.80	0.90	1.00	1.20	1.60	2.00	2.50
3.00	3.50	4.00	4.50	5.00	6.00	8.00	10.0	12.0	15.0
16.0	20.0	25.0	30.0	35.0	40.0	45.0	50.0	60.0	
注:设计时优先选用第一系列。									

表 2

单位为毫米

0.05	0.06	0.07	0.08	0.09	0.18	0.22	0.28	0.32
0.55	0.65	1.40	1.80	2.20	2.80	3.20	5.50	6.50
7.00	9.00	11.0	14.0	18.0	22.0	28.0	32.0	38.0
42.0	55.0							

3 弹簧中径

弹簧中径 D,见表3。

表 3

单位为毫米

0.3	0.4	0.5	0.6	0.7	0.8	0.9	1	1.2	1.4
1.6	1.8	2	2.2	2.5	2.8	3	3.2	3.5	3.8
4	4.2	4.5	4.8	5	5.5	6	6.5	7	7.5
8	8.5	9	10	12	14	16	18	20	22
25	28	30	32	38	42	45	48	50	52
55	58	60	65	70	75	80	85	90	95
100	105	110	115	120	125	130	135	140	145
150	160	170	180	190	200	210	220	230	240
250	260	270	280	290	300	320	340	360	380
400	450	500	550	600					

4 弹簧有效圈数

a) 压缩弹簧有效圈数 n,见表 4。

表 4

单位为圈

2	2.25	2.5	2.75	3	3.25	3.5	3.75	4	4.25
4.5	4.75	5	5.5	6	6.5	7	7.5	8	8.5
9	9.5	10	10.5	11.5	12.5	13.5	14.5	15	16
18	20	22	25	28	30				

b) 拉伸弹簧有效圈数 n,见表 5。

表 5

单位为圈

2	3	4	5	6	7	8	9	10	11
12	13	14	15	16	17	18	19	20	22
25	28	30	35	40	45	50	55	60	65
70	80	90	100						
注:由于两钩环相对位置不同,其尾数还可为 0.25、0.5、0.75。									

5 压缩弹簧自由高度

压缩弹簧自由高度 H_0,见表 6。

表 6

单位为毫米

2	3	4	5	6	7	8	9	10	11
12	13	14	15	16	17	18	19	20	22
24	26	28	30	32	35	38	40	42	45
48	50	52	55	58	60	65	70	75	80
85	90	95	100	105	110	115	120	130	140
150	160	170	180	190	200	220	240	260	280
300	320	340	360	380	400	420	450	480	500
520	550	580	600	620	650	680	700	720	750
780	800	850	900	950	1 000				

ICS 47.020.40
U 22

中华人民共和国国家标准

GB/T 1392—2009
代替 GB/T 1392—1985

舷梯绞车

Accommodation ladder winches

2009-03-09 发布　　2009-11-01 实施

中华人民共和国国家质量监督检验检疫总局
中国国家标准化管理委员会　发布

前　言

本标准代替 GB/T 1392—1985《舷梯绞车》。

本标准与 GB/T 1392—1985 相比主要有以下变化：

——调整了相应规格绞车的钢索直径；

——增加了绞车标志章节。

本标准由中国船舶重工集团公司提出。

本标准由全国船用机械标准化技术委员会甲板和机舱辅机分技术委员会归口。

本标准起草单位：中国船舶重工集团公司第七〇四研究所。

本标准主要起草人：俞志刚、刘富良、乐懿。

本标准所代替标准的历次版本发布情况为：

——GB 1392—1978、GB/T 1392—1985。

舷梯绞车

1 范围

本标准规定了电动、液压或气动及无动力驱动的船用舷梯绞车(以下简称绞车)的分类与标记、要求、检验方法、检验规则及标志。

本标准适用于绞车的设计、验收。

2 规范性引用文件

下列文件中的条款通过本标准的引用而成为本标准的条款。凡是注日期的引用文件,其随后所有的修改单(不包括勘误的内容)或修订版均不适用于本标准,然而,鼓励根据本标准达成协议的各方研究是否可使用这些文件的最新版本。凡是不注日期的引用文件,其最新版本适用于本标准。

GB/T 3893 造船及海上结构物 甲板机械 术语和符号(GB/T 3893—2008,ISO/FDIS 3828:2007,IDT)

GB/T 13306 标牌

GB/T 20118—2006 一般用途钢丝绳(ISO/DIS 2408:2002 Steel wire ropes general purposes—Minimum requirements,MOD)

IEC 60092-401 船舶电气设施 第401部分:安装和完工安装的试验

3 术语和定义

GB/T 3893确立的以及下列术语和定义适用于本标准。

3.1

公称规格 nominal size

与卷筒负载相对应并用圆整后的卷筒负载表示的数值。

3.2

右式绞车 right-hand winch

如图1所示,观察者位于卷筒钢索出绳端一边,减速器或卷筒驱动装置处于卷筒右端的绞车。

3.3

左式绞车 left-hand winch

如图1所示,观察者位于卷筒钢索出绳端一边,减速器或卷筒驱动装置处于卷筒左端的绞车。

3.4

对称(式)双卷筒绞车 symmetry double-drums winch

如图1所示,减速器或卷筒驱动装置位于两对称卷筒之间的绞车。

4 分类、基本参数与标记

4.1 分类

4.1.1 绞车按其减速器或卷筒驱动装置所处的位置可分为:

a) 右式绞车;

b) 左式绞车;

c) 对称(式)绞车。

4.1.2 绞车按其驱动方式可分为：

a) 电动绞车；

b) 液压绞车；

c) 起动绞车；

d) 无动力驱动绞车。

4.1.3 绞车按其卷筒类型可分为：

a) 单卷筒绞车；

b) 隔离单卷筒绞车；

c) 对称(式)双卷筒绞车。

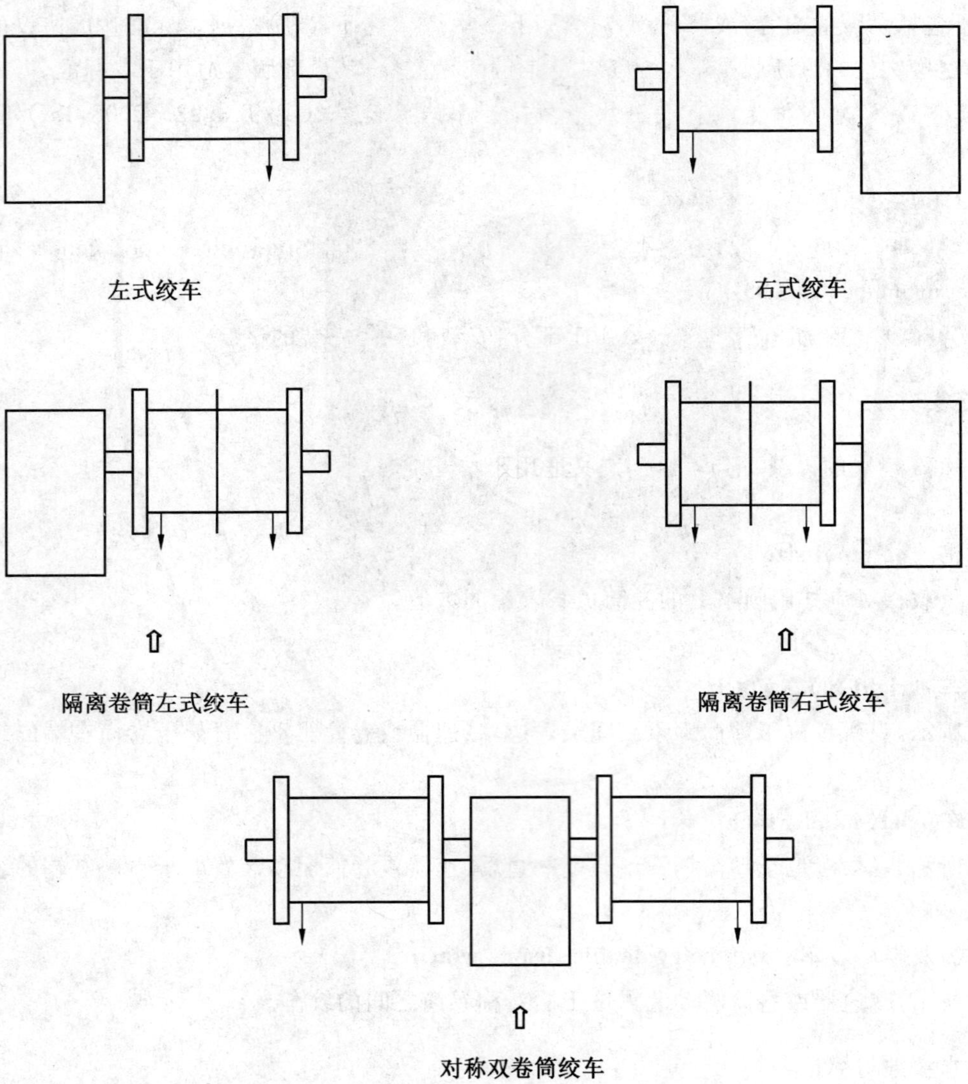

图 1 绞车型式示意图

4.2 基本参数

绞车的基本参数按表 1 的规定。

表 1　绞车基本参数表

公称规格	卷筒负载 kN	支持负载 kN	最小钢索强度 (5×支持负载) kN	推荐钢索直径 (适用于单索绞车) mm
5	5.0	15.0	75.0	13.0
6	6.3	18.0	90.0	14.0
8	8.0	24.0	120.0	16.0
10	10.0	30.0	150.0	18.0
12	12.5	37.5	187.5	20.0
16	16.0	48.0	240.0	22.0
注：当绞车用两根钢索工作时，卷筒负载、支持负载以及最小钢索强度栏所列数值为两根钢索张力之和。				

4.3　标记

绞车的型号编制如图 2 所示。

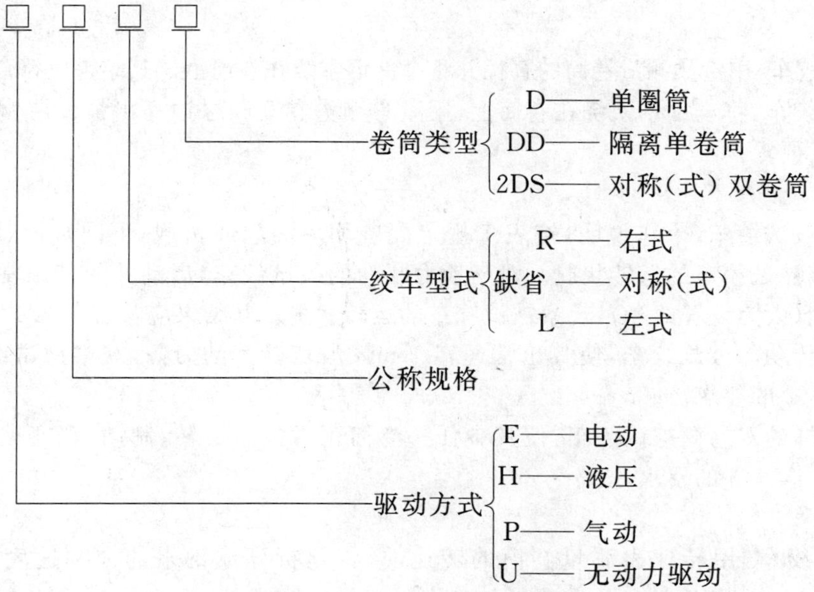

图 2　绞车型号编制示意图

4.4　示例

公称规格为 12 的右式隔离单卷筒电动舷梯绞车的标记示例为：

舷梯绞车 GB/T 1392—2009 E12RDD。

5　要求

5.1　尺寸

5.1.1　绞车的卷筒(以下简称卷筒)长度应满足全部钢索卷绕后不超过三层。卷筒的直径应不小于被卷钢索直径的 14 倍。

5.1.2　卷筒的凸缘边高出最外层卷绕钢索部分的距离应不小于被卷钢索直径的 2 倍。

5.2　设计与结构

5.2.1　绞车可装有一个或两个卷筒。卷筒卷绕两根钢索时，卷筒应做成隔离式。

5.2.2　绞车的钢索应选用符合 GB/T 20118—2006 规定的 6×37 镀锌及有纤维芯的钢索，其公称抗拉强度应不小于 1 670 MPa。在绞车相应的支持负载作用下，其安全系数应不小于 5。

5.2.3　绞车承受相应的卷筒负载及支持负载的零件，其应力均应不大于该零件材料屈服强度的 40%。

5.2.4 绞车的各轴承与相应部件应润滑以保证该绞车正常运转。

5.2.5 绞车的电气设备安装应符合 IEC 60092-401 的规定。

5.3 功能

5.3.1 绞车应能手动起升/下降舷梯。对于动力驱动的绞车，其应具有应急停车的功能。

5.3.2 动力驱动绞车的动力源被切断时，其制动装置应能自动动作。

5.3.3 双舷梯的双卷筒绞车中任一卷筒可独立运转、制动。

5.4 性能

5.4.1 动力驱动的绞车公称速度应不小于 0.1 m/s。

5.4.2 卷筒静止时，绞车的制动装置应能使绞车承受住相应支持负载的 1.5 倍的负载。

5.4.3 在相应的 1.5 倍卷筒负载下，绞车应能正常运转 2 min。

5.5 安全性

绞车应有防止因手柄转动而伤害操作人员的安全措施。

6 检测方法

6.1 尺寸

6.1.1 对于被试绞车，用量具测量卷筒的直径并将全部钢索绕在卷筒上。其结果应符合 5.1.1 的要求。

6.1.2 对于被试绞车，将全部钢索绕在卷筒上，用量具测量卷筒凸缘边高出最外层钢索的距离。其结果应符合 5.1.2 的要求。

6.2 功能

6.2.1 手动启动被试绞车（未作说明，按表 1 规定配备相应的卷筒负载，下同），使其正常运转 1 min（起升/下降），观察被试绞车的运转状况。对于动力驱动的被试绞车，启动并使其正常运转 1 min 后改变其正常运转环境（人为设置故障），观察被试绞车的运转状况。其结果应符合 5.3.1 的要求。

6.2.2 启动动力传动的被试绞车，使其正常运转 1 min 后切断其动力源，观察被试绞车的运转状况。其结果应符合 5.3.2 的要求。

6.2.3 启动双舷梯的双卷筒被试绞车，使其中任一卷筒正常独立运转、制动，观察被试绞车的运转状况。其结果应符合 5.3.3 的要求。

6.3 性能

6.3.1 启动被试绞车，用转速表测量卷筒的转速，再将其折算成钢索的公称速度。其结果应符合 5.4.1 的要求。

6.3.2 启动被试绞车制动装置，使其带 1.5 倍相应的支持负载并观察该绞车状况。其结果应符合 5.4.2 的要求。

6.3.3 启动被试绞车，使该绞车带 1.5 倍相应的卷筒负载运转，用秒表记录绞车运转时间。其结果应符合 5.4.3 的要求。

6.4 安全性

用目视法检查。其结果应符合 5.5 的要求。

7 检验规则

7.1 分类

本标准规定的检验分类如下：

a) 型式检验；

b) 出厂检验。

7.2 型式检验

7.2.1 检验项目和顺序

检验项目和顺序按表 2 的规定。

7.2.2 受检样品数

从每种公称规格的绞车中抽取一台(套)。

7.2.3 合格判据

当绞车所有检验项目均符合要求时,则判该绞车为型式检验合格;当绞车有任一检验项目不符合要求时,允许重新抽取同种规格样绞车受检样品并对其进行全套项目检验,若符合要求,则判该绞车为型式检验合格;若仍不符合要求,则判该绞车为型式检验不合格。

7.3 出厂检验

7.3.1 检验项目和顺序

检验项目和顺序按表2的规定。

7.3.2 受检样品数

每台(套)绞车均应进行出厂检验。

7.3.3 合格判据

当绞车所有检验项目均符合要求时,则判该绞车为出厂检验合格;当绞车有任一检验项目不符合要求时,允许采取纠正措施后再对该检验项目进行检验,若符合要求,则判该绞车为出厂检验合格;若仍不符合要求,则判该绞车为出厂检验不合格。

表2 检验项目和顺序表

序号	检验项目	型式检验	出厂检验	要求章条号	检验方法章条号
1	卷筒直径	●	●	5.1.1	6.1.1
2	卷筒凸缘边高出最外层钢索距离	●	●	5.1.2	6.1.2
3	起升/下降、应急停车(仅对动力驱动绞车)	●	●	5.3.1	6.2.1
4	无动力源制动(仅对动力传动绞车)	●	●	5.3.2	6.2.2
5	卷筒独立运转与制动(仅对双卷筒绞车)	●	●	5.3.3	6.2.3
6	公称速度	●	●	5.4.1	6.3.1
7	静负载	●	●	5.4.2	6.3.2
8	超负载	●	●	5.4.3	6.3.3
9	安全性	●	●	5.5	6.4
注:●表示必检项目。					

8 标志

8.1 设置部位

绞车应在其外表面显著位置设置符合GB/T 13306要求的铭牌。

8.2 内容

铭牌应包含下列内容:

a) 制造厂名称;

b) 产品名称、型号;

c) 驱动方式;

d) 公称规格;

e) 绞车、卷筒型式;

f) 出厂日期、编号。

ICS 29.050
Q 52

中华人民共和国国家标准

GB/T 1429—2009
代替 GB/T 1429—1985

炭素材料灰分含量的测定方法

Carbon materials—Determination of the ash content

2009-07-15 发布

2010-04-01 实施

中华人民共和国国家质量监督检验检疫总局
中国国家标准化管理委员会
发布

前言

本标准代替 GB/T 1429—1985《炭素材料灰分含量的测定方法》。

本标准与原标准相比主要差异如下：

——增加了“范围”部分；

——原标准的试验步骤中的底块试样“粒度为 0.3 mm”改为“粒度为 0.2 mm”；

——原标准的高温炉和试验条件中“850±20 ℃”改为“850 ℃±10 ℃”；

——规范了格式和部分单位表示。

本标准由中国钢铁工业协会提出。

本标准由全国钢标准化技术委员会归口。

本标准起草单位：武汉科技大学、冶金工业信息标准研究院、吉林炭素股份有限公司。

本标准主要起草人：赵敏伦、何选明、黄鹂、吴燕华、孙伟。

本标准所代替标准的历次版本发布情况为：

——GB/T 1429—1978、GB/T 1429—1985。

炭素材料灰分含量的测定方法

1 范围

本标准规定了炭素材料灰分含量测定的术语和定义、仪器和设备、试样的采取与制备、试验步骤、结果计算、精密度和试验报告。

本标准适用于炭素材料灰分含量的测定。

2 规范性引用文件

下列文件中的条款通过本标准的引用而成为本标准的条款。凡是注日期的引用文件，其随后所有的修改单(不包括勘误的内容)或修订版均不适用于本标准，然而，鼓励根据本标准达成协议的各方研究是否可使用这些文件的最新版本。凡是不注日期的引用文件，其最新版本适用于本标准。

GB/T 1427 炭素材料取样方法

GB/T 8170 数值修约规则与极限数值的表示和判定

3 术语和定义

下列术语和定义适用于本标准。

3.1

灰分 ash content

炭素材料空气干燥试样在850 ℃±20 ℃灼烧至恒重的残余物占原试样量的百分含量。

3.2

空气干燥试样 air dried moisture

炭素材料在温度不超过50 ℃下连续干燥1 h后试样的质量变化不超过0.1%，则该试样称为空气干燥试样。

4 仪器和设备

4.1 分析天平：感量0.1 mg。

4.2 瓷方舟：尺寸应不小于60 mm×25 mm×16 mm。

4.3 玻璃干燥器：内装变色硅胶。

4.4 坩埚钳。

4.5 高温炉：带有调温装置，能保持850 ℃±10 ℃，并附有热电偶和温度指示仪表。高温炉后壁具有插入热电偶的圆形孔。孔的位置应使热电偶的热接触点在炉中恒温区内，炉门有一圆孔，直径15 mm～20 mm。

5 试样的采取与制备

5.1 炭素材料取样按照GB/T 1427规定进行。

5.2 将5.1采取的试样制备成粒度不大于20 mm，质量不小于0.5 kg试样。

5.3 将5.2规定的试样用四分法缩分，取50 g～60 g进行细碎，全部通过0.15 mm网孔的标准筛网。

5.4 将5.3规定的试样进行空气干燥处理，空气干燥方法为：将试样放入盘中，摊成均匀的薄层，于温度不超过50 ℃下干燥，达到空气干燥状态。

5.5 炭糊试样粒度为0.5 mm。电解后的底块试样，制样时要除掉表面电解质，粒度为0.2 mm。

6 试验步骤

6.1 在预先已恒重的瓷方舟内，称取 3 g 试样精确至 0.1 mg。均匀铺平，放在 850 ℃±10 ℃高温炉前边缘上进行预热，以后逐渐将瓷方舟移入恒温区内。灼烧 3 h，取出瓷方舟，放在石棉板上，在空气中冷却 5 min～10 min，再放入干燥器内，冷却至室温，称量。

6.2 恒重检查：每次灼烧不少于 30 min，直至两次称量误差小于 0.001 g 为止。计算时取最小数据。

注：试样灰分值大于 1%时，称取 1 g 试样。

7 结果计算

7.1 空气干燥试样中灰分含量按式(1)计算：

$$A_{ad} = \frac{(m_2 - m_1)}{m_0} \times 100 \quad \cdots\cdots\cdots\cdots (1)$$

式中：

A_{ad}——空气干燥试样的灰分，质量分数(%)；

m_0——空气干燥试样的质量，单位为克(g)；

m_1——瓷方舟的质量，单位为克(g)；

m_2——灼烧后灰分和瓷方舟的质量，单位为克(g)。

7.2 计算值取小数点后两位。数值修约按 GB/T 8170 规定进行。

8 精密度

灰分含量的精密度见表 1。

表 1 灰分含量的精密度

A_{ad}/%	重复性(r)	再现性(R)
小于 1	0.05	0.1
大于或等于 1	0.3	0.5

9 试验报告

试验报告应包括下列内容：

(1) 委托单位；

(2) 试样名称及编号；

(3) 试样结果的平均值；

(4) 试验单位；

(5) 试验人员；

(6) 测定日期。

ICS 29.050
Q 52

中华人民共和国国家标准

GB/T 1431—2009
代替 GB/T 1431—1985

炭素材料耐压强度测定方法

Carbon materials—Determination of the compressive strength

2009-07-08 发布 2010-04-01 实施

中华人民共和国国家质量监督检验检疫总局
中国国家标准化管理委员会 发布

前　言

本标准代替 GB/T 1431—1985《炭素材料耐压强度测定方法》。

本标准对原标准 GB/T 1431—1985《炭素材料耐压强度测定方法》做了如下修改：

——修改了原标准的格式；

——增加了要素"前言"、"范围"、"规范性引用文件"、"原理"和"结果计算"。

本标准由中国钢铁工业协会提出。

本标准由全国钢标准化技术委员会归口。

本标准起草单位：中钢集团吉林炭素股份有限公司、冶金工业信息标准研究院。

本标准主要起草人：王军、郭荣耀、康健、景海斌。

本标准所代替标准的历次版本发布情况为：

——GB/T 1431—1978、GB/T 1431—1985。

炭素材料耐压强度测定方法

1 范围

本标准规定了炭素材料耐压强度的原理、仪器设备、试样、试验步骤、试验结果。

本标准适用于室温下炭素材料耐压强度的测定。

2 规范性引用文件

下列文件中的条款通过本标准的引用而成为本标准的条款。凡是注明日期的引用文件，其随后所用的修改单(不包括勘误的内容)或修订版均不适用于本标准，然而，鼓励根据本标准达成协议的各方研究是否可以使用这些文件的最新版本。凡是不注明日期的引用文件，其最新版本适用于本标准。

GB/T 1427　炭素材料取样方法

GB/T 8170　数值修约规则与极限数值的表示和判定

3 原理

耐压强度是材料单位面积上所能承受的极限载荷。

4 仪器和设备

4.1　游标卡尺：测量范围(0～200)mm，精度 0.02 mm。

4.2　万能材料试验机：量程(0～300)kN。

4.3　鼓风干燥箱：具有自动调温装置，能保持温度在(105～110)℃。

5 试样

5.1　按 GB/T 1427 规定进行取样、加工。

5.2　试样尺寸

5.2.1　圆柱型：试样直径 ϕ45 mm±0.1 mm；高 40 mm±0.1 mm。

5.2.2　化学阳极板：试样直径 ϕ35 mm±0.1 mm；高 30 mm±0.1 mm。

5.2.3　方型：试样(长)40 mm±0.1 mm×(宽)40 mm±0.1 mm×(高)40 mm±0.1 mm 并标明加压面。

5.3　加工后试样的平行度偏差不得大于 0.1 mm/100 mm，粗糙度为 $Ra3.2\ \mu m$。

5.4　加工后的试样外观，应无可见的裂纹或瑕疵。

6 试验步骤

6.1　试样须在(105～110)℃鼓风干燥箱内烘干 2 h，然后贮存在干燥器内，冷却至室温备用。

6.2　试样检测和计算。

6.2.1　直径检测：沿试样轴向测 6 次，取其平均值。

6.2.2　高度检测：按试样端部圆周测 3 次，取平均值。

6.2.3　用测得的直径值，计算受压面积。

6.3　试样以指定的受压面，放在试验机工作面中心处。

6.4　试验机以每分钟 3 kN/cm^2 的速度，连续地，无冲击地施加荷重，直至试样破坏为止，记录试样破坏时的载荷。

7 结果计算

试样耐压强度(δ_C)按式(1)计算:

$$\delta_C = \frac{W}{A} \qquad \cdots\cdots(1)$$

式中:

δ_C——试样的耐压强度,单位为兆帕(MPa);

W——试样破裂时的载荷,单位为牛(N);

A——试样受压截面积,单位为平方毫米(mm^2)。

结果取整数位,数值修约按 GB/T 8170 规定进行。

8 试验报告

试验报告应包括下列内容:

a) 委托单位;

b) 试样编号、名称及规格;

c) 试验结果的单值及其平均值;

d) 试验单位;

e) 审核人员;

f) 试验日期。

ICS 29.140.10
K 74

中华人民共和国国家标准

GB/T 1483.4—2009

灯头、灯座检验量规 第4部分:杂类灯头、灯座的量规

**Gauges for lamp caps and lampholders—
Part 4:Gauges for miscellaneous caps and lampholders**

(IEC 60061-3:2004,Lamp caps and holders together with gauges for the control of interchangeability and safety—Part 3:Gauges,MOD)

2009-09-30 发布　　2010-02-01 实施

中华人民共和国国家质量监督检验检疫总局
中国国家标准化管理委员会 发布

前　言

GB/T 1483《灯头、灯座检验量规》共分为5个部分：

第1部分：螺口式灯头、灯座的量规

第2部分：插脚式灯头、灯座的量规

第3部分：预聚焦式灯头、灯座的量规

第4部分：杂类灯头、灯座的量规

第5部分：卡口式灯头、灯座的量规

本部分为GB/T 1483的第4部分。

GB/T 1483的本部分修改采用IEC 60061-3:2004《灯头、灯座及检验其安全性和互换性的量规　第3部分：量规》(3.39版)的英文版中除螺口式、插脚式、预聚焦式和卡口式外的其他灯头灯座即杂类灯头、灯座的量规部分的内容。

本部分与IEC有关杂类灯头、灯座的量规在技术内容上完全一致。

为了便于使用，本部分还做了下列编辑性修改：

a) 用小数点“.”代替作为小数点的逗号“,”；

b) “本国际标准”一词改为“本部分”；

c) 删除IEC 60061-3的标准前言及引言；

d) 为了与现有的标准及本部分中的技术内容相一致，将国际标准的名称“《灯头、灯座及检验其安全性和互换性的量规　第3部分：量规》”改为“《灯头、灯座检验量规　第4部分：杂类灯头、灯座的量规》”；

e) 为了便于与IEC原文的活页对照，将IEC原文的活页号标在相应型号量规参数表底下；

f) 对于IEC 60061-3:2007引用的其他国际标准中有被等同或修改采用为我国标准的，本部分用引用我国的这些国家标准或行业标准代替对应的国际标准，其余未被等同或修改采用为我国标准的国际标准，在本部分中均被直接引用。

本部分由中国轻工业联合会提出。

本部分由全国照明电器标准化技术委员会(SAC/TC 224)归口。

本部分起草单位：横店得邦电子有限公司、北京电光源研究所。

本部分主要起草人：杜国红、陈欣平、段彦芳、赵秀荣、江姗。

灯头、灯座检验量规 第4部分：杂类灯头、灯座的量规

1 范围

GB/T 1483 的本部分规定了检验杂类灯头和灯座互换性尺寸的量规的型式、尺寸、使用目的及检验方法。

本部分适用于设计和制造用于检验按 GB/T 1406.4 和 GB/T 19148.4 生产的杂类的灯座的量规。

2 规范性引用文件

下列文件中的条款通过 GB/T 1483 的本部分的引用而成为本部分的条款。凡是注日期的引用文件，其随后所有的修改单(不包括勘误的内容)或修订版均不适用于本部分，然而，鼓励根据本部分达成协议的各方研究是否可使用这些文件的最新版本。凡是不注日期的引用文件，其最新版本适用于本部分。

GB/T 1031—1995 表面粗糙度 参数及其数值(neq ISO 468:1982)

GB/T 1406.4 灯头的型式和尺寸 第4部分：杂类灯头(GB/T 1406.4—2008，IEC 60061-1:2005，Lamp caps and holders together with gauges for the control of interchangeability and safety—Part 1:Lamp caps，MOD)

GB/T 1957 光滑极限量规 技术条件(GB/T 1957—2006，ISO/DP 1938-2:1983，NEQ)

GB/T 19148.4 灯座的型式和尺寸 第4部分：杂类灯座(GB/T 19148.4—2008，IEC 60061-2:2004，Lamp caps and holders together with gauges for the control of interchangeability and safety—Part 2:Lampholders，MOD)

IEC 60081 双端荧光灯 性能要求

3 产品分类

本标准规定的量规按用途分为通规、止规和接触规三类。

4 技术要求

4.1 量规的材质、工作面硬度和表面粗糙度等主要技术条件应符合 GB/T 1957 的要求。

4.2 制造厂应有计量部门验证的合格证。

5 标志、包装

5.1 量规的非工作面上，应有下列清晰和牢固的标志：

a) 量规的型号：该型号与相应被检验灯头灯座一致；

b) 量规种类或专用代号：

通规——“通”或“T”；

止规——“止”或“Z”；

接触规——“触”或“C”；

防意外接触规——“防触”或“FC”；

附加通规——“附通”或“FT”；

c) 本标准号：GB/T 1483.4；

d) 出厂日期和厂商标志。

6 量规包装前应进行防锈处理，并用硬质材料作外部包装

	成品灯上凸式双触点 R17d 灯头的通规和止规	1/1

单位为毫米

附图仅表示量规的基本尺寸

关于 R17d 灯头，见 GB/T 1406.4-7004-56。

比例 2:1

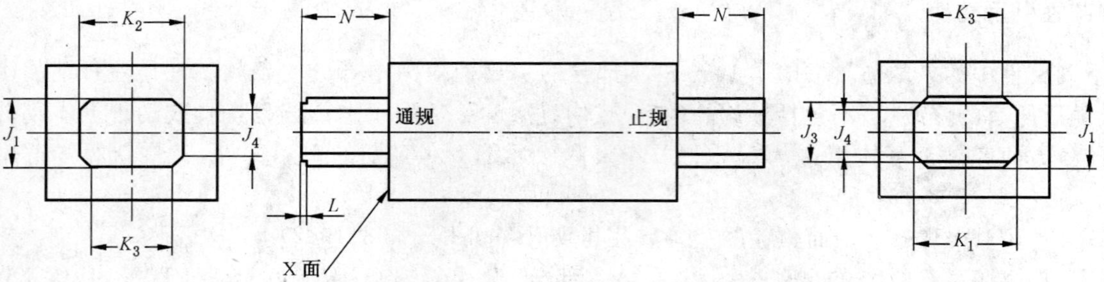

目的：检验成品灯上 R17d 灯头的尺寸 J 的最小值、K 的最小值、K 的最大值和 N 的最小值。

检验：用不大于 8.9 N 的力应能把量规的“通规”端插入灯头直到 X 面和凸台的面接触。应不能把量规的“止规”端插入。

符 号	尺 寸	公 差
J_1	5.11	+0.0 −0.013
J_3	4.32	+0.0 −0.02
J_4	3.30	+0.0 −0.02
K_1	6.91	+0.0 −0.013
K_2	7.24	+0.013 −0.0
K_3	5.33	+0.0 −0.02
L	0.38	+0.02 −0.0
N	6.35	+0.0 −0.02

GB/T 1483.4-7006-57-3

	W2.1×9.5d 灯端用止规	1/1

单位为毫米

附图仅表示量规的基本尺寸

关于 W2.1×9.5d 灯端，见 GB/T 1406.4-7004-91。

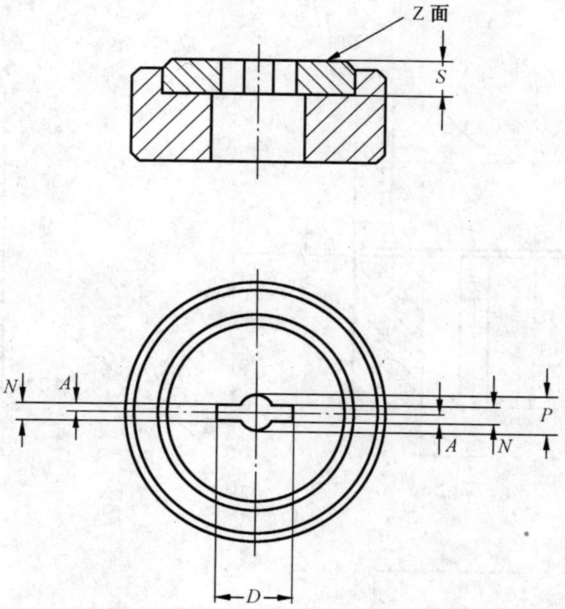

目的：检验 W2.1×9.5d 灯端的尺寸 N 的最小值。

检验：应不能把灯端从量规的 Z 面插入到比灯端夹持凹槽的开始还深。

符 号	尺 寸	公 差
A	0.8	+0.05 −0.05
D	9.5	+0.02 −0.0
N	1.9	+0.0 −0.02
P	4.06	+0.02 −0.0
S	4.5	+0.2 −0.2

GB/T 1483.4-7006-91B-1

W2.5×16 灯端用通规

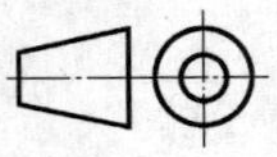

1/2

单位为毫米

附图仅表示量规的基本尺寸

关于 W2.5×16 灯端，见 GB/T 1406.4-7004-104。

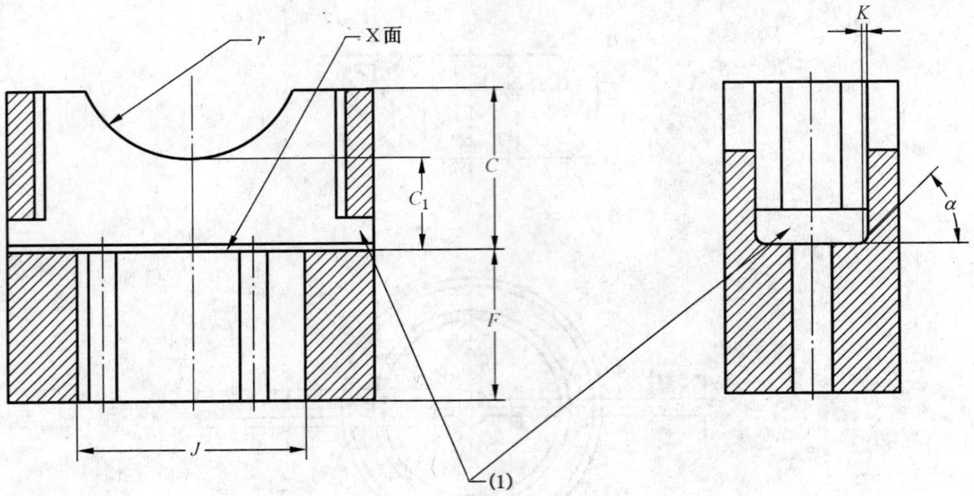

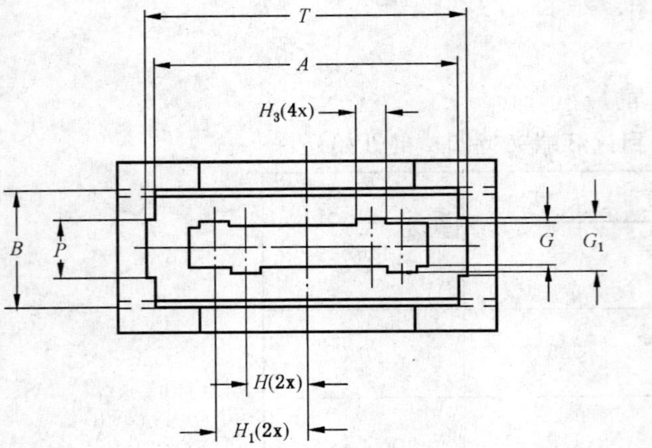

(1) 观察孔。

GB/T 1483.4-7006-104-1

	W2.5×16 灯端用通规	2/2

单位为毫米

符　号	尺　寸	公　差
A	19.6	+0.04 0
B	8.2	+0.02 0
C	12.0	+0.1 −0.1
C_1	6.8	0 −0.1
F	9.4	+0.04 0
G	2.8	+0.01 0
G_1	4.3	+0.01 0
H	4.45	+0.01 −0.01
H_1	6.45	+0.01 −0.01
H_3	2	+0.1 −0.1
J	16.25	+0.01 0
K	0.9	+0.02 0
P (W2.5×16d)	5.6	+0.02 0
P (W2.5×16q)	3.1	+0.02 0
T	22.3	+0.02 0
r	8.1	+0.1 −0.1
α	49°	+1° −1°

目的：检验 W2.5×16d 或 W2.5×16q 灯端的尺寸。

检验：相关灯端应能插入开口更宽的相关量规。

在此位置上量规的 X 面和灯端的基准面应是接触的。

GB/T 1483.4-7006-104-1

WU2.5×16 灯端用通规

1/2

单位为毫米

附图仪表示量规的基本尺寸

关于 WU2.5×16 灯端，见 GB/T 1406.4-7004-104D。

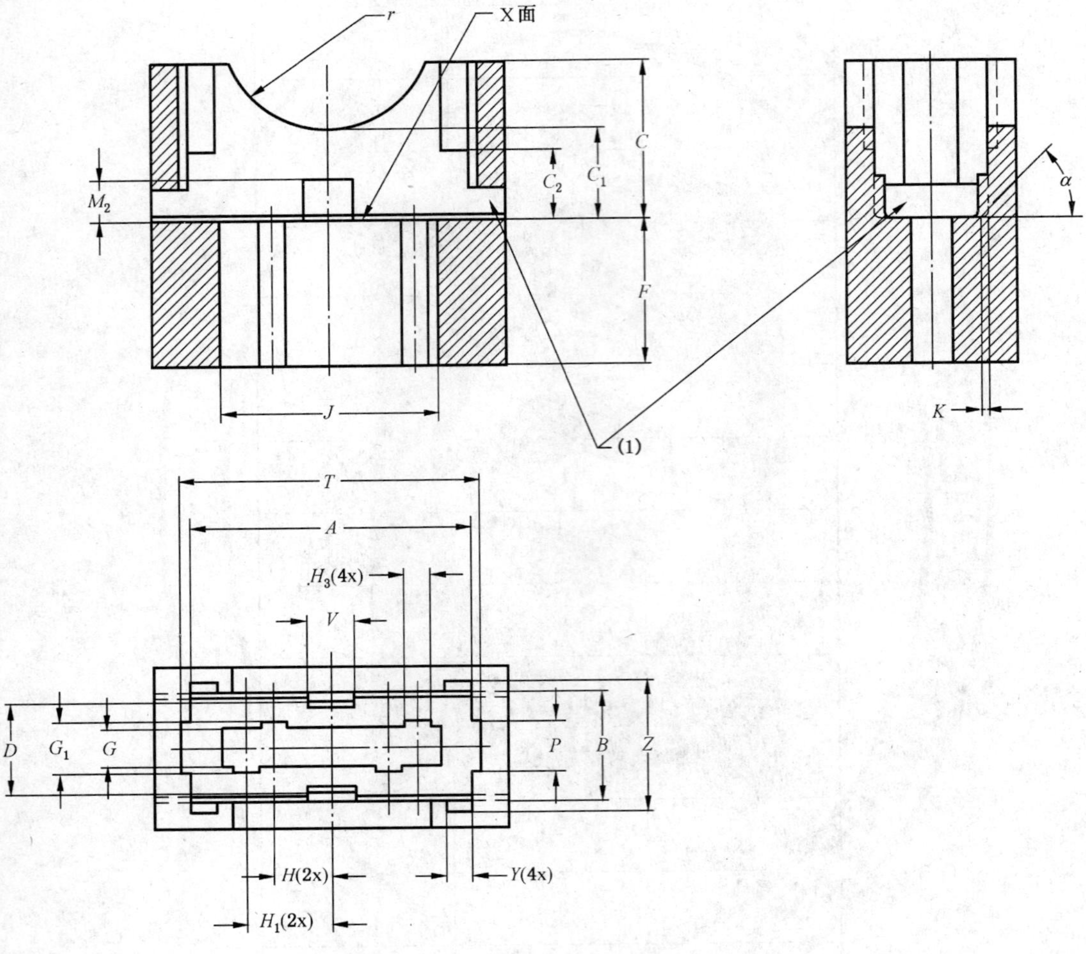

(1) 观察孔。

GB/T 1483.4-7006-104H-1

	WU2.5×16 灯端用通规	2/2

单位为毫米

符 号	尺寸	公 差
A	19.6	+0.04 0
B	8.2	+0.02 0
C	12.0	+0.1 −0.1
C_1	6.8	0 −0.1
C_2	3.85	0 −0.1
D	6.3	+0.02 0
F	9.4	+0.04 0
G	2.8	+0.01 0
G_1	4.3	+0.01 0
H	4.45	+0.01 −0.01
H_1	6.45	+0.01 −0.01
H_3	2	+0.1 −0.1
J	16.25	+0.01 0
K	0.9	+0.02 0
M_2	3.65	0 −0.01
P(WU2.5×16d)	5.6	+0.02 0
P(WU2.5×16q)	3.1	+0.02 0
T	22.3	+0.02 0
V	3.6	0 −0.02
Y	2.0	+0.02 0
Z	9.7	+0.02 0
r	8.1	+0.1 −0.1
α	49°	+1° −1°

目的:检验 WU2.5×16d 和 WU2.5×16q 的尺寸。

检验:相关灯端应能插入开口更宽的相关量规。

在此位置上量规的 X 面和基准面应是接触的。

GB/T 1483.4-7006-104H-1

WX2.5×16 灯端用通规

1/2

单位为毫米

附图仅表示量规的基本尺寸

关于 WX2.5×16 灯端，见 GB/T 1406.4-7004-104A。

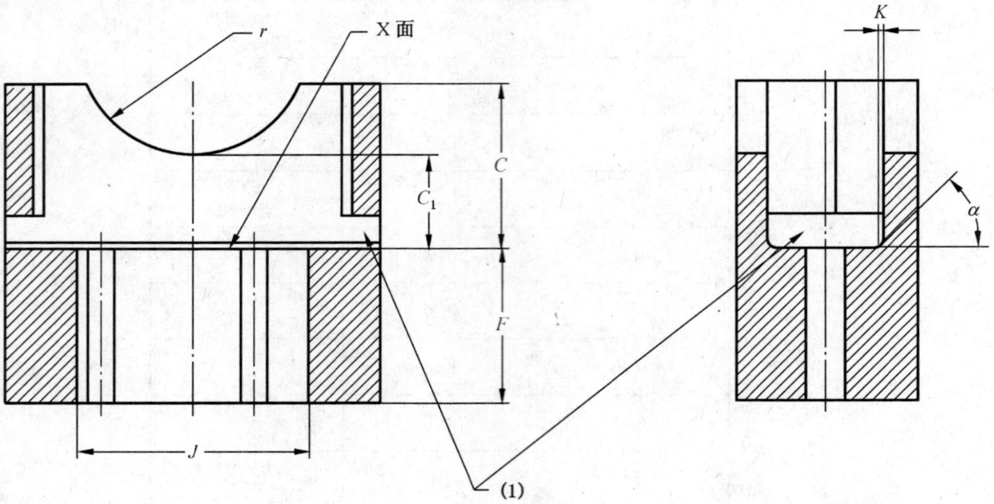

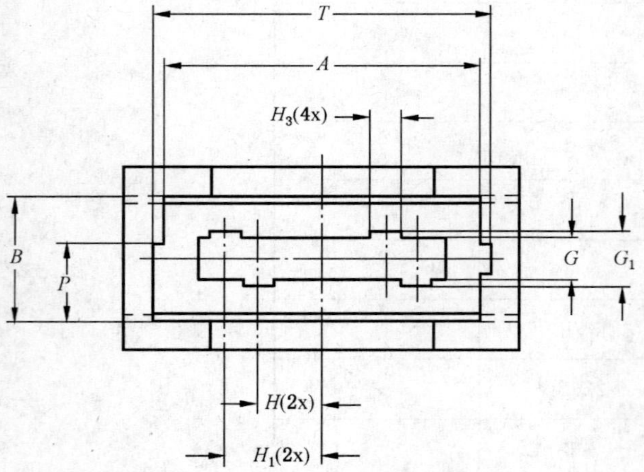

（1）观察孔。

GB/T 1483.4-7006-104B-1

	WX2.5×16 灯端用通规	2/2

单位为毫米

符 号	尺 寸	公 差
A	19.6	+0.04 0
B	8.2	+0.02 0
C	12.0	+0.1 −0.1
C_1	6.8	0 −0.1
F	9.4	+0.04 0
G	2.8	+0.01 0
G_1	4.3	+0.01 0
H	4.45	+0.01 −0.01
H_1	6.45	+0.01 −0.01
H_3	2	+0.1 −0.1
J	16.25	+0.01 0
K	0.9	+0.02 0
P	4.8	+0.02 0
T	22.3	+0.02 0
r	8.1	+0.1 −0.1
α	49°	+1° −1°

目的:检验 WX2.5×16 灯端的尺寸。

检验:相关灯端应能插入开口更宽的相关量规。

在此位置量规的 X 面和灯端的基准面应是接触的。

GB/T 1483.4-7006-104B-1

WY2.5×16 灯端用通规

1/2

单位为毫米

附图仅表示量规的基本尺寸

关于 WY2.5×16 灯端，见 GB/T 1406.4-7004-104B。

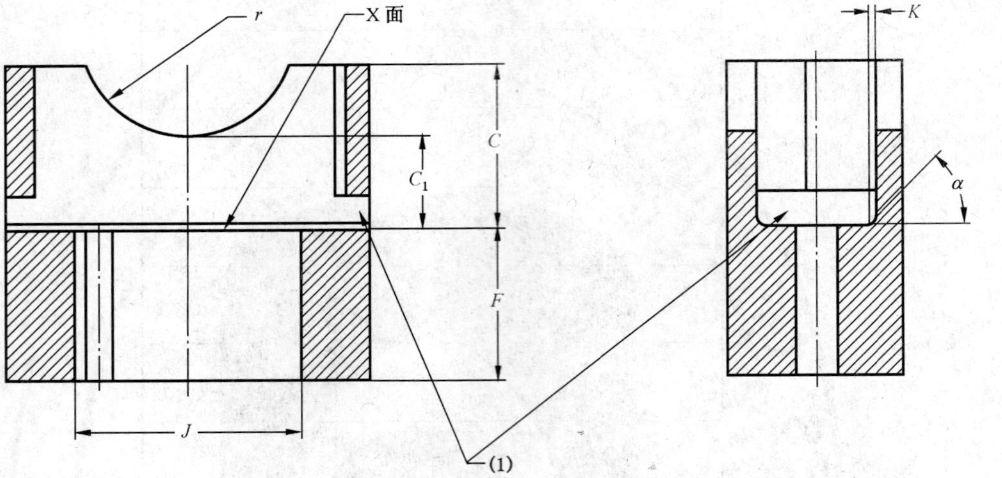

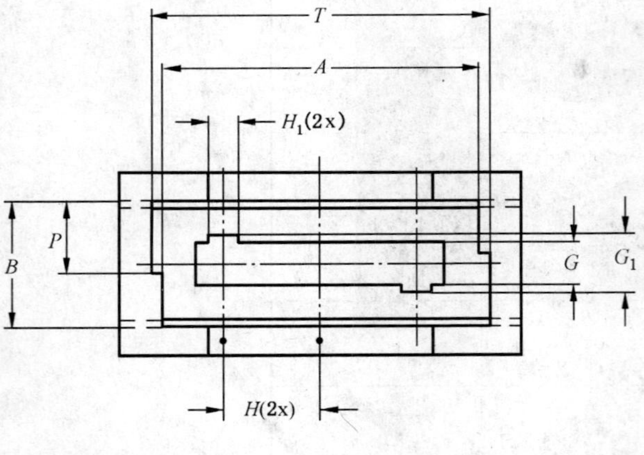

(1) 观察孔。

	WY2.5×16 灯端用通规	2/2

单位为毫米

符号	尺寸	公差
A	19.6	+0.04 0
B	8.2	+0.02 0
C	12.0	+0.1 −0.1
C_1	6.8	0 −0.1
F	9.4	+0.04 0
G	2.8	+0.01 0
G_1	4.3	+0.01 0
H	6.45	+0.01 −0.01
H_1	2	+0.1 −0.1
J	16.25	+0.01 0
K	0.9	+0.02 0
P	4.8	+0.02 0
T	22.3	+0.02 0
r	8.1	+0.1 −0.1
α	49°	+1° −1°

目的:检验 WY2.5×16 灯端的尺寸。

检验:相关灯端应能插入开口更宽的相关量规。

在此位置量规的 X 面和灯端的基准面应是接触的。

GB/T 1483.4-7006-104D-1

	WZ2.5×16 灯端用通规	1/2

单位为毫米

附图仪表示量规的基本尺寸

关于 WZ2.5×16 灯端，见 GB/T 1406.4-7004-104C。

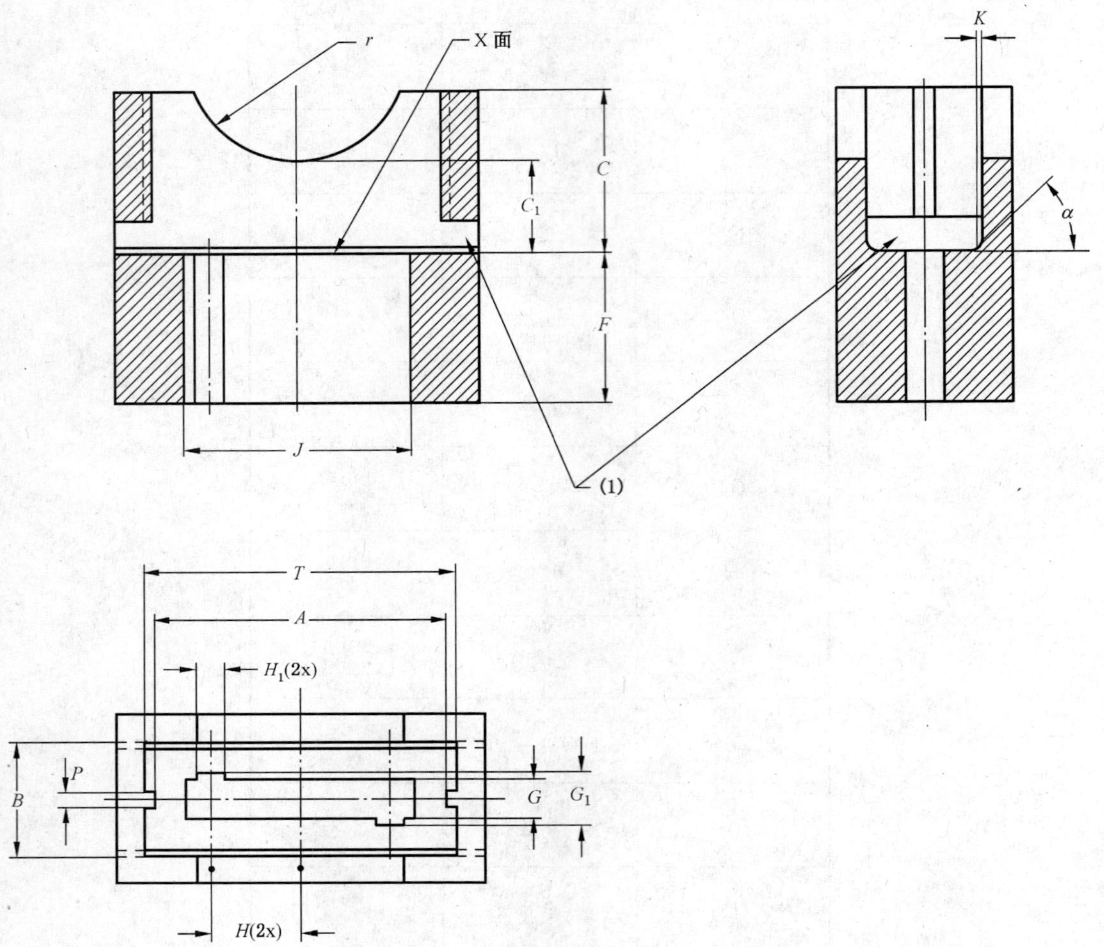

(1) 观察孔。

GB/T 1483.4-7006-104F-1

	WZ2.5×16灯端用通规	2/2

单位为毫米

符号	尺寸	公差
A	19.6	+0.04 0
B	8.2	+0.02 0
C	12.0	+0.1 −0.1
C_1	6.8	0 −0.1
F	9.4	+0.04 0
G	2.8	+0.01 0
G_1	4.3	+0.01 0
H	6.45	+0.01 −0.01
H_1	2	+0.1 −0.1
J	16.25	+0.01 0
K	0.9	+0.02 0
P	2.46	+0.02 0
T	22.3	+0.02 0
r	8.1	+0.1 −0.1
α	49°	+1° −1°

目的:检验 WZ2.5×16 灯端的尺寸。

检验:相关灯端应能插入开口更宽的相关量规。

在此位置量规的 X 面和灯端的基准面应是接触的。

GB/T 1483.4-7006-104F-1

W3×16d 和 WX3×16d 灯端用通规	1/1

单位为毫米

附图仅表示量规的基本尺寸

关于 W3×16d 和 WX3×16d 灯端，见 GB/T 1406.4-7004-105。

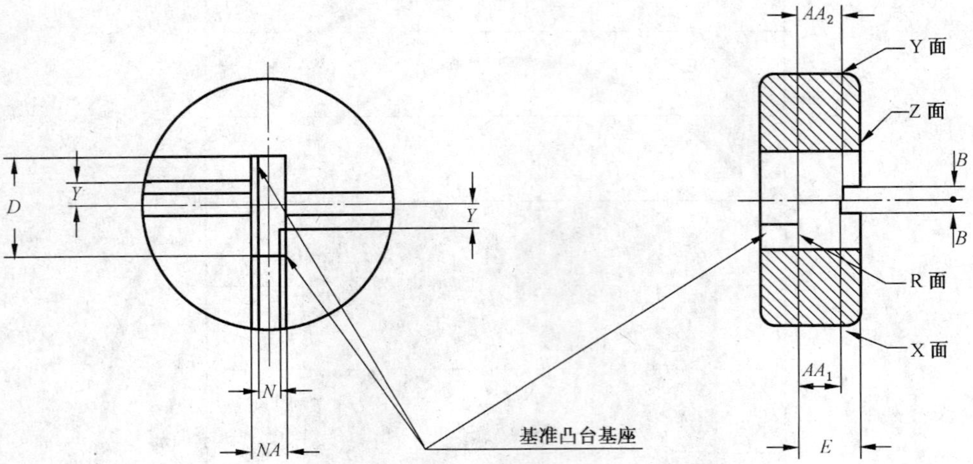

目的：检验尺寸 Aa 的最小值和 Aa 的最大值以及 W3×16d 和 WX3×16d 灯端的最大可互换尺寸。

检验：量规依靠自身重量应能从 Z 面插入灯的灯端。此时，灯端的基准面和量规的 R 面接触。在这个位置上灯端的夹持凸台与灯端的转折点既不低于 X 面也不突出于 Y 面。

符 号	尺 寸	公 差
AA_1	6.8	+0.0 −0.02
AA_2	7.2	+0.02 −0.0
B	2	+0.2 −0.2
D	16.2	+0.02 −0.0
E	9.6	+0.0 −0.02
N	3.3	+0.0 −0.05
NA	5.4	+0.02 −0.0
Y	3.7	+0.05 −0.0
质量	0.15 kg	+10% −10%

GB/T 1483.4-7006-105-2

W3×16d、WX3×16d、W3×16q 和 WX3×16q 灯端用止规	1/1

单位为毫米

附图仅表示量规的基本尺寸

关于 W3×16d、WX3×16d、W3×16q 和 WX3×16q 灯端，分别见 GB/T 1406.4-7004-105 和 GB/T 1406.4-7004-106。

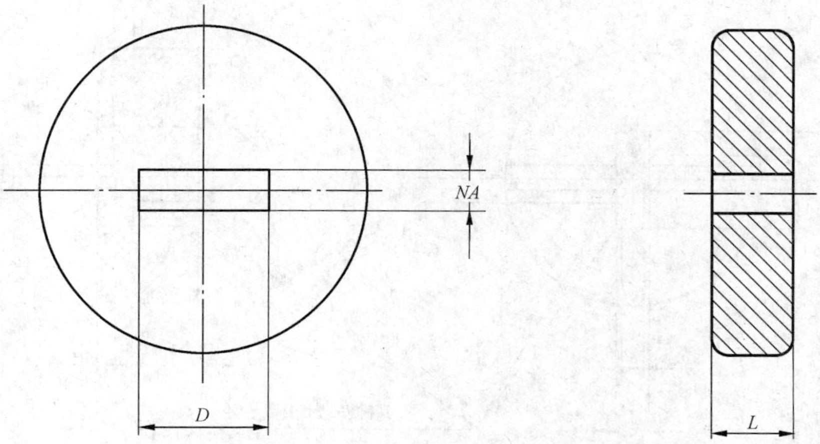

目的：分别检验 W3×16d、WX3×16d、W3×16q 和 WX3×16q 灯端的尺寸 Na 的最小值。

检验：量规自身的重量应不能插入到灯的灯端比夹持凸台末端更深。

符　号	尺　寸	公　差
D	20	+0.2 −0.2
L	10	+0.2 −0.2
NA	4.6	+0.0 −0.02
质量	0.09 kg	+10% −10%

GB/T 1483.4-7006-105A-2

	W3×16q 和 WX3×16q 灯端用通规	1/2

单位为毫米

附图仅表示量规的基本尺寸

关于 W3×16q 和 WX3×16q 灯端，见 GB/T 1406.4-7004-106。

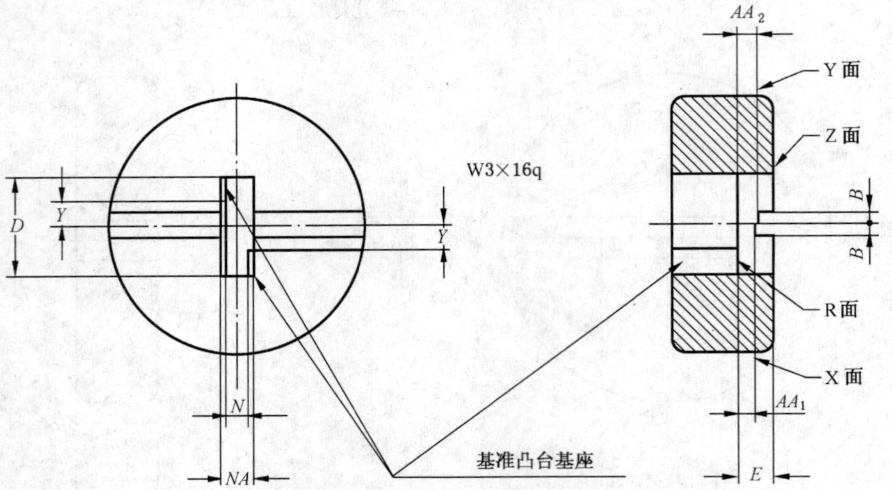

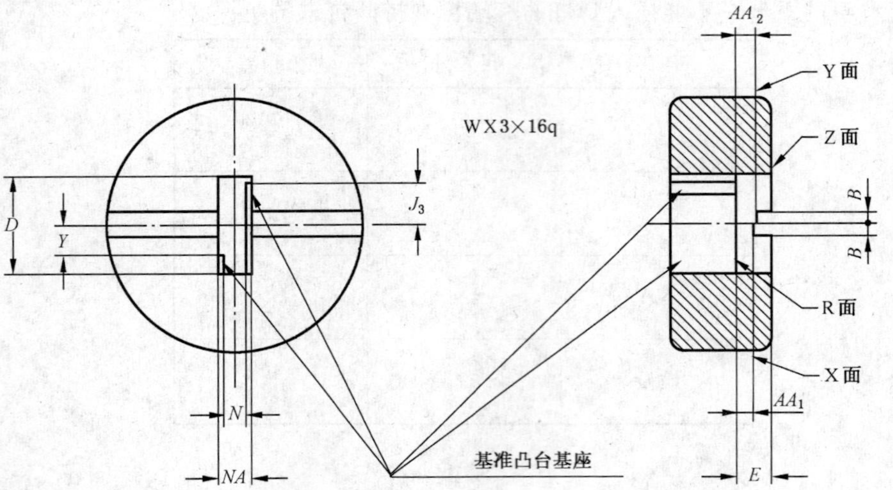

	W3×16q 和 WX3×16q 灯端用通规	2/2

单位为毫米

符　号	尺　寸	公　差
AA_1	2.8	+0.0 −0.02
AA_2	3.2	+0.02 −0.0
B	2	+0.2 −0.2
D	16.2	+0.02 −0.0
E	5.6	+0.0 −0.02
J_3(1)	6.3	+0.0 −0.05
N	3.3	+0.0 −0.05
NA	5.4	+0.02 −0.0
Y	3.7	+0.05 −0.0
质量	0.15 kg	+10% −10%

目的：检验尺寸 Aa 的最小值和 Aa 的最大值以及 W3×16q 和 WX3×16q 的最大可互换尺寸。

检验：量规依靠自身重量应能从 Z 面插入灯的灯端。此时，灯端的基准面和量规的 R 面接触。

在这个位置上灯端的夹持凸台与灯端的转折点既不低于 X 面也不突出于 Y 面。

(1) 该量规不用于检验 W3×16q 灯端。

GB/T 1483.4-7006-106-2

	W3.3×10.4d 灯端水平部分的通规	1/1

单位为毫米

附图仅表示量规的基本尺寸

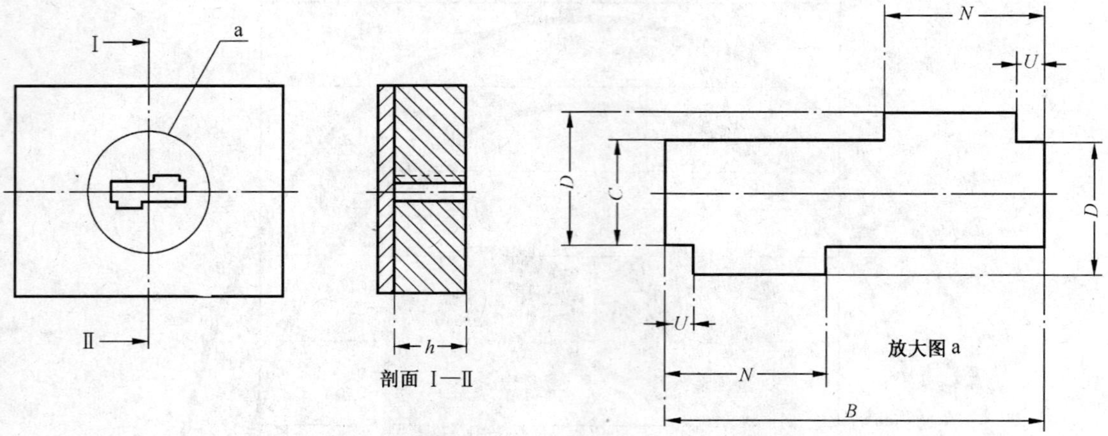

剖面 Ⅰ—Ⅱ

放大图 a

目的：检验符合灯装入灯座的互换性要求的灯端水平部分的最大值。

检验：如果灯端能够完全滑入量规的孔中灯端可假设是合格的。

符　号	尺　寸	公　差
B	10.42	+0.02 −0.0
C	2.92	+0.02 −0.0
D	3.71	+0.02 −0.0
N	4.45	+0.0 −0.02
U	0.76	+0.0 −0.02
h	约 10	

GB/T 1483.4-7006-96-1

W3.3×10.4d 灯端垂直部分的通规	1/1

单位为毫米

附图仅表示量规的基本尺寸

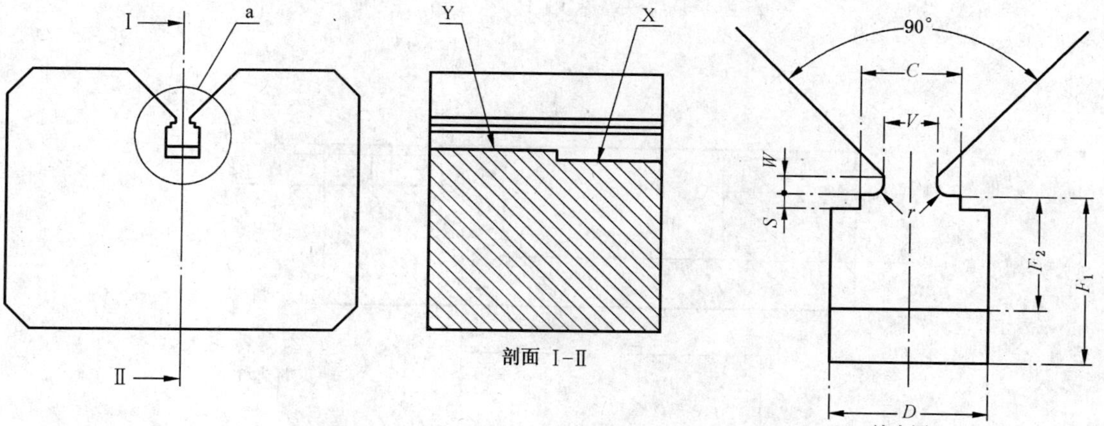

目的：检验符合灯座的互换性要求的灯端尺寸 F 的最小值和垂直部分的最大值。

检验：如果能从旁边滑入量规就可假设灯端是合格的。

灯端应能穿过量规的“X”面但应不能穿过量规的“Y”面。

符　号	尺　寸	公　差
C	2.92	+0.03 −0.0
D	4.50	+0.02 −0.0
F_1	4.82	+0.02 −0.0
F_2	3.30	+0.0 −0.03
S	0.38	+0.0 −0.01
V	1.58	+0.03 −0.0
W	0.5	+0.1 −0.1
r	0.25	+0.05 −0.0

GB/T 1483.4-7006-96A-1

	成品灯上 X511 灯头用通规	1/2

单位为毫米

附图仅表示量规的基本尺寸

关于 X511 灯头,见 GB/T 1406.4-7004-99

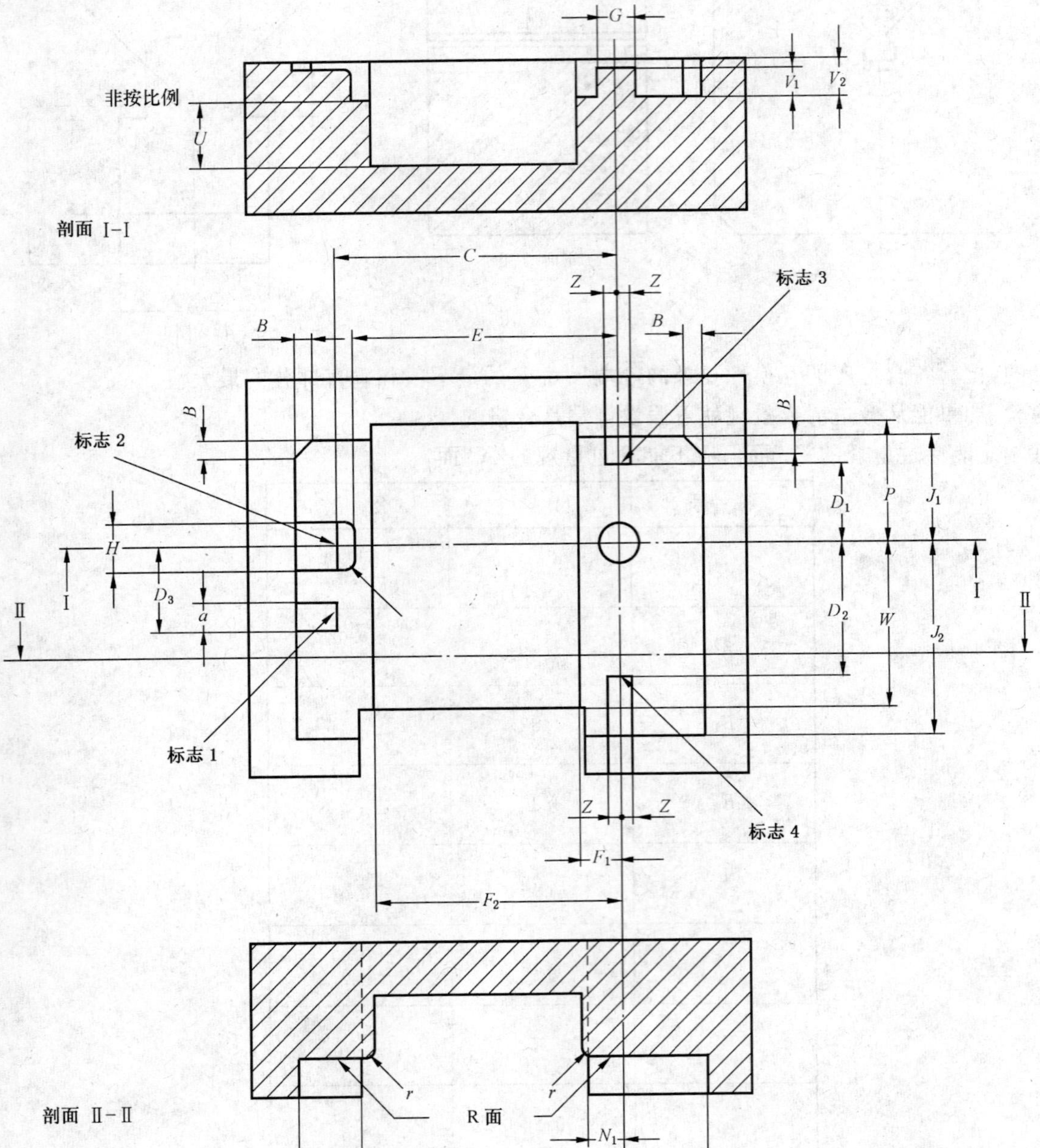

GB/T 1483.4-7006-99-2

	成品灯上 X511 灯头用通规	2/2

单位为毫米

符 号	尺 寸	公 差	符 号	尺 寸	公 差
A_1	4.5	+0.05 −0.0	J_1	5.5	+0.01 −0.0
A_2	17.0	+0.05 −0.0	J_2	10.25	+0.05 −0.0
B	0.9	+0.0 −0.05	N_1	1.75	+0.05 −0.0
C	14.75	+0.0 −0.05	N_2	13.55	+0.0 −0.05
D_1	4.0	+0.0 −0.05	P	6.0	+0.05 −0.0
D_2	7.0	+0.0 −0.05	U	3.4	+0.05 −0.0
D_3	4.5	+0.5 −0.0	V_1	约 1.5	
E	13.85	+0.02 −0.0	V_2	约 2	
F_1	2.0	+0.0 −0.05	W	8.75	+0.05 −0.0
F_2	12.9	+0.05 −0.0	Z	0.75	+0.5 −0.0
G	2.0	+0.0 −0.02	a	1.5	+0.2 −0.2
H	2.5	+0.0 −0.02	r	0.25	+0.05 −0.0

目的：根据如下要求检验成品灯上 X511 灯头的互换性：

a） A_1 的最大值，A_2 的最大值，B 的最小值，E，F_1，F_2，G 的最小值，H 的最小值，J_1 的最大值，J_2 的最大值，L_1，L_2，P，r 和 U。

b） A_2 的最小值，J_1 的最小值和 J_2 的最小值。

检验：

a） 灯应能插入到量规直到灯头和两个 R 面相接触。

b） 在此位置上灯头应：

——盖住标志 1、3 和 4；

——超出矩形凸起的两边的标志 2 的尺寸 H。

GB/T 1483.4-7006-99-2

	闪光灯管灯端的通规	1/1

单位为毫米

附图仅表示量规的基本尺寸

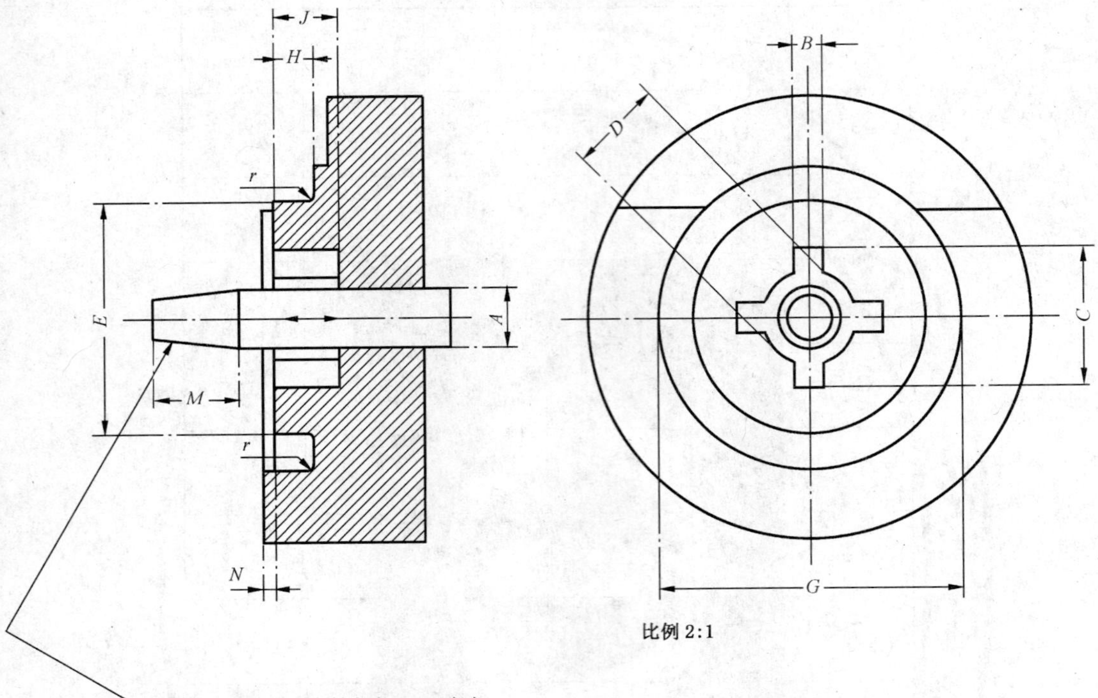

比例 2:1

符　号	尺　寸	公　差
A	4.04	+0.005 −0.005
B	2.13	+0.02 −0.0
C	9.19	+0.02 −0.0
D	5.89	+0.02 −0.0
E	15.6	+0.0 −0.02
G	20.78	+0.01 −0.0
H	2.67	+0.01 −0.0
J	5.18	+0.01 −0.0
M	5.8	+0.1 −0.1
N	0.76	+0.0 −0.01
r	0	+0.2 −0.0

目的：根据闪光灯管要和灯座匹配的要求来检验灯端。

检验：如果量规能顺利进入灯座就可假设灯端是合格的。

灯端被量规的销钉固定在中心位置。

GB/T 1483.4-7006-71-1

	闪光灯管用扭矩检验灯座	1/1

单位为毫米

附图仅表示灯座的基本尺寸

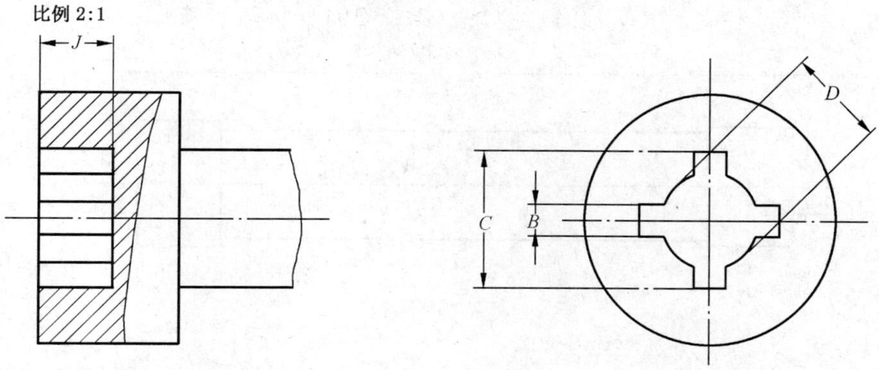

目的：根据 GB/T 1406.4-7004-71 中提到的扭矩测试安装闪光灯管用灯端

检验：在安装在检验灯座中的闪光灯管用灯端和用合适的装置固定的闪光灯管本身间有个逐渐增加直到不能再增加的转矩。

符号	尺寸	公差
B	2.13	+0.02 −0.0
C	9.19	+0.02 −0.0
D	6.35	+0.02 −0.0
J	5.0	+0.02 −0.0

GB/T 1483.4-7006-71A-1

	R7s 成对灯座的"通规"	1/2

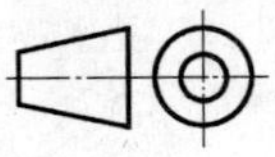

单位为毫米

附图仅表示量规的基本尺寸

关于 R7s 成对灯座，见 GB/T 19148.4-7005-53。

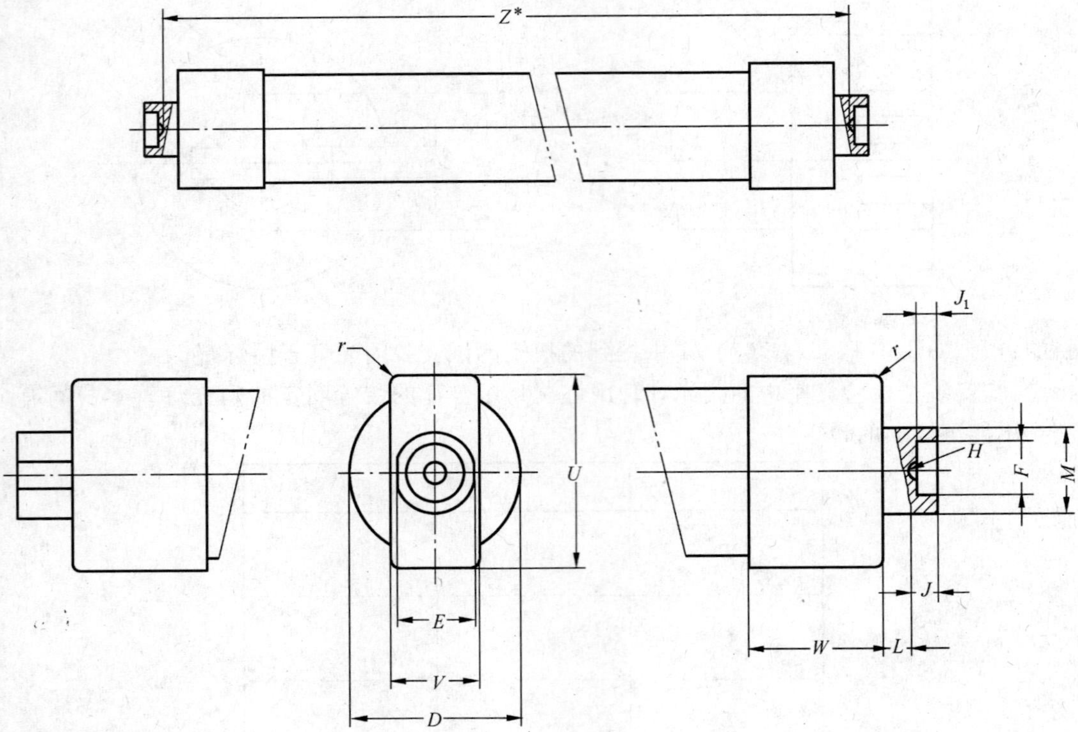

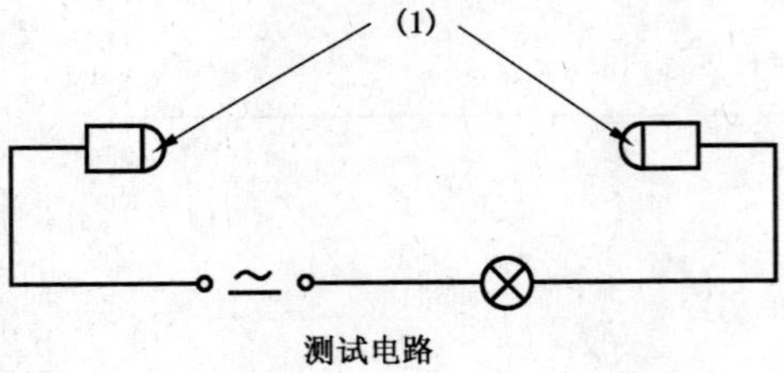

(1) 灯座触点

* Z 相当于合适的 IEC 标准所示相关灯的"Z 灯"最大值，也就是灯的两个触点的末端之间的最大距离。(0/+0.1)mm 的结构公差允许的。

在对成对灯座的型号进行认证时只允许使用仅仅以一只灯的长度为基准的量规。

GB/T 1483.4-7006-62-4

	R7s 成对灯座的“通规”	2/2

单位为毫米

符 号	尺 寸	公 差
D	15	+0.1 0
E	7.6	0 −0.02
F	4.19	0 −0.02
H	2.8	+0.05 −0.05
J	2.03	+0.03 0
J_1	1.6	+0.02 0
L	2.9	0 −0.05
M	8.12	+0.02 0
U	18.0	+0.02 0
V	8.28	+0.02 0
W	12.6	+0.05 −0.05
r	0.5	+0.1 −0.1

目的:在以下几个方面,按照 GB/T 19148.4-7005-53 的要求检验成对的 RX7s 灯座的安装。

——与最大灯泡的匹配;

——在最长灯的最不利条件下的接触性。

检验:用一不大于规定最大灯插入的成对灯座的活页(见 GB/T 19148.4-7005-53)所示的最大接触力的力应能将相关的量规插入成对灯座。

当量规完全插入灯座时,指示灯应发光。

GB/T 1483.4-7006-62-4

RX7s 成对灯座的“通规”

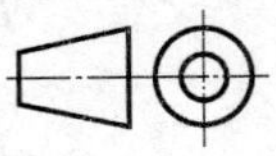

1/2

单位为毫米

附图仅表示量规的基本尺寸

关于 RX7s 成对灯座，见 GB/T 19148.4-7005-53。

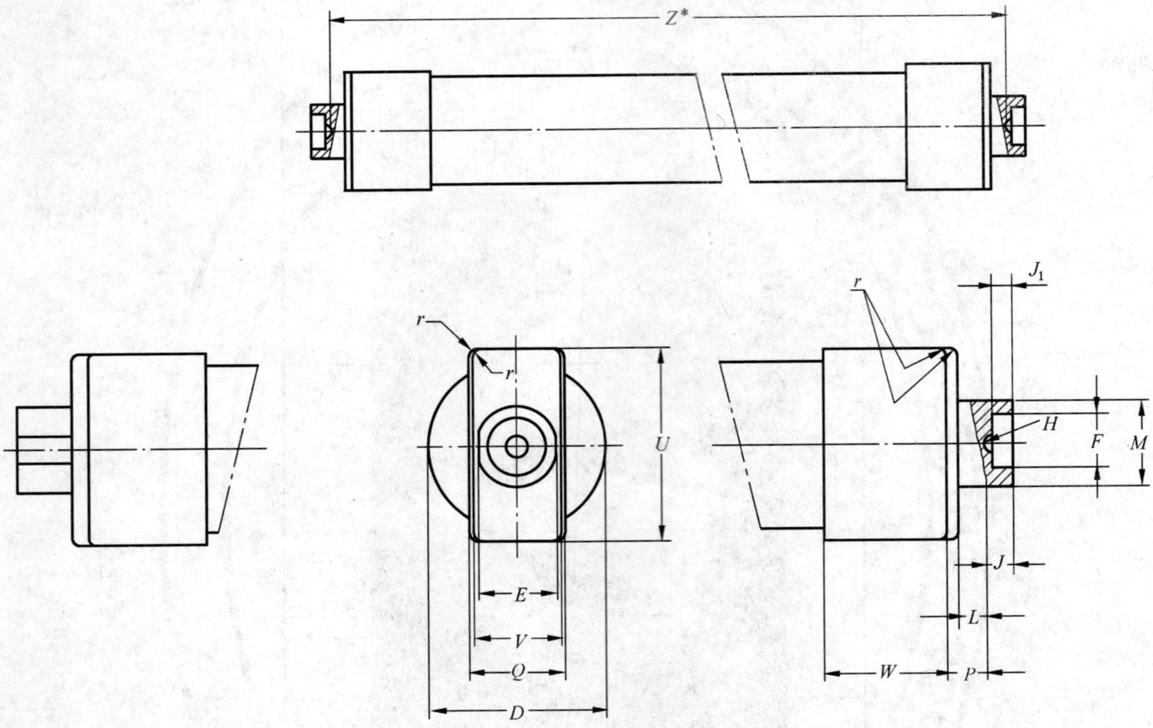

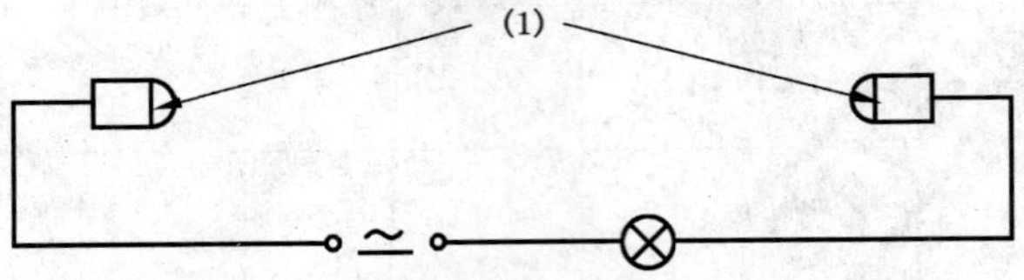

测试电路

(1) 灯座触点

* Z 相当于合适的 IEC 标准所示相关灯的“Z 灯”最大值，也就是灯的两个触点的末端之间的最大距离。(0/＋0.1)mm 的结构公差允许的。

在对成对灯座的型号进行认证时只允许使用仅仅以一只灯的长度为基准的量规。

	RX7s 成对灯座的“通规”	2/2

单位为毫米

符号	尺寸	公差
D^*	22	+0.1 0
E	7.6	0 −0.02
F	4.19	0 −0.02
H	2.8	+0.05 −0.05
J	2.03	+0.03 0
J_1	1.6	+0.02 0
L	2.9	0 −0.05
M	8.12	+0.02 0
P	4.95	0 −0.05
Q	9.4	+0.02 0
U^*	22.4	+0.02 0
V	8.28	+0.02 0
W	10.55	+0.05 −0.05
r	0.5	+0.1 −0.1

目的：在以下几个方面，按照 GB/T 19148.4-7005-53 的要求检验成对的 RX7s 灯座的安装。

——与最大灯泡的匹配；

——在最长灯的最不利条件下的接触性。

检验：用一不大于规定最大灯插入的成对灯座的活页（见 GB/T 19148.4-7005-53）所示的最大接触力的力应能将相关的量规插入成对灯座。

当量规完全插入灯座时，指示灯应发光。

* RX7s 灯头被压封部分的最大宽度是 22.4 mm。（见 GB/T 1406.4-7004-92A）。对有些灯来说这个值最大可增加到 32 mm。如果灯被压封部分的宽度大于 22.4 mm 在说明中应该给出这一事实的信息。说明不再是 RX7s 的说明而是以 RX7s-24 或 RX7s-30 为例的说明（见灯头活页上注(5)）。和这样宽的压封部分配套的灯座应该用尺寸 U 和 D 作了相应改变的量规来检验。

GB/T 1483.4-7006-62A-2

	检验 R7s 成对灯座的防电击保护功能的量规	1/2

单位为毫米

附图仅表示量规的基本尺寸

关于 R7s 成对灯座，见 GB/T 19148.4-7005-53。

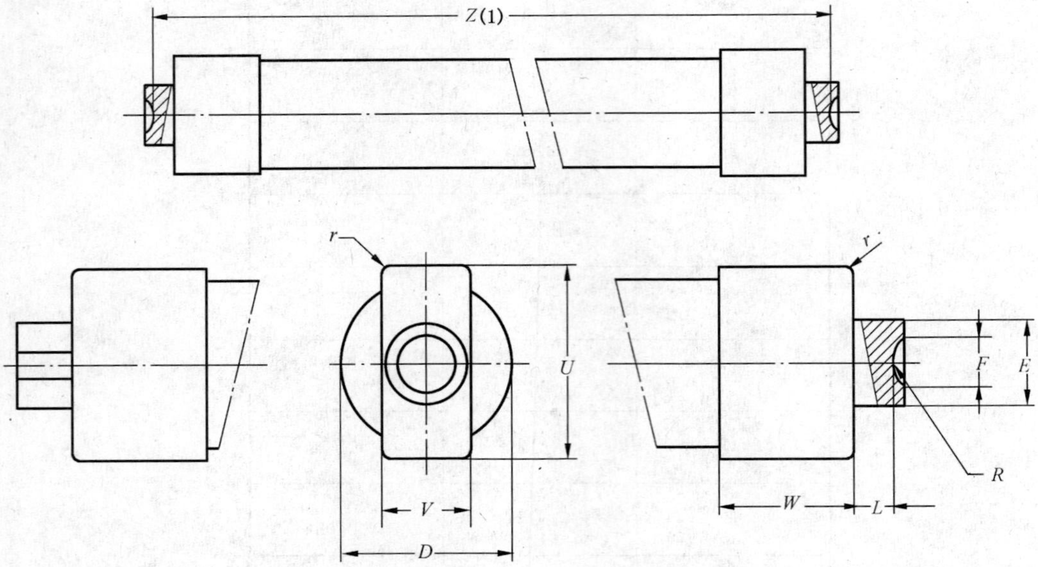

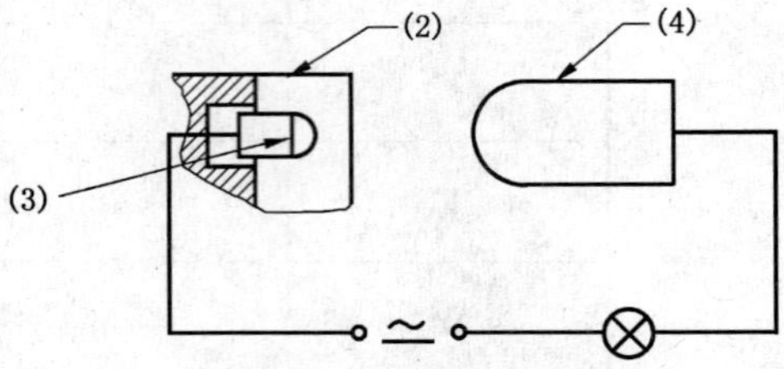

测试电路

量规应由绝缘材料制成(或用绝缘材料包裹)。

(1) 量规Ⅰ代表“最大长度的灯”。对于量规Ⅰ，尺寸 Z 相当于合适的 IEC 标准所示相关灯的“Z 灯”最大值，也就是灯的两个触点的末端之间的最大距离。

量规Ⅱ代表“最小长度的灯”。对于量规Ⅱ，尺寸 Z 相当于合适的 IEC 标准所示相关灯的“Z 灯”最小值，也就是灯的两个触点的末端之间的最小距离。

在对成对灯座的型号进行认可时，只允许使用仅仅以一只灯的长度为基准的量规Ⅰ和量规Ⅱ。

(2) 灯座。

(3) 触点。

(4) 试验指，其末端半球的半径为(5.2±0.005)mm。

GB/T 1483.4-7006-62B-1

检验 R7s 成对灯座的防电击保护功能的量规	2/2

单位为毫米

量规Ⅰ			量规Ⅱ		
符　号	尺　寸	公　差	符　号	尺　寸	公　差
D	15	+0.1 −0.1	D	10	+0.1 −0.1
E	7.5	0 −0.1	E	7.5	0 −0.1
F	4.2	+0.1 0	F	4.2	+0.1 0
L	2.9	0 −0.1	L	2.9	0 −0.1
R	2.3	+0.1 −0.1	R	2.3	+0.1 −0.1
U	15	+0.1 0	U	15	+0.1 0
V	7.5	+0.1 0	V	7.5	+0.1 0
W	12.6	+0.1 −0.1	W	12.6	+0.1 −0.1
Z	(1)		Z	(1)	
r	0.5	+0.1 −0.1	r	0.5	+0.1 −0.1

目的：按照 GB/T 19148.4-7005-53 的要求，在防击保护方面检验成对 R7s 灯座的安装，此项检验在灯被插入灯座之前和之后进行。

检验：成对灯座中的一个按照图示试验电路进行连接。

用试验指接触未装灯的灯座的入口处，指示灯不能发光。

在未装灯的成对灯座的另一只上重复此试验。

将相关的量规Ⅰ(适宜的长度 Z)插入灯座，依次在灯座的每一个入口处用半球形试验指进行检验，指示灯应不能发光。

用相关的量规Ⅱ插入灯座，重复此项检验。

* 入口

系指在将灯插入和拔出灯座期间灯头应通过的灯座上的区域。

此区域由两个平面确定。

——垂直面，在将灯插入灯座时，此平面垂直灯的轴线，并通过灯的触点的末端。

——水平面，此平面通过灯的轴线。

** 对于封闭式灯座，所有其他区域均要使用标准 IEC 试验指检验。

对于敞开式灯座，要在将其安装在灯具中之后再用标准 IEC 试验指对其所有其他区域进行检验。

GB/T 1483.4-7006-62B-1

检验 RX7s 成对灯座的防电击保护功能的量规	1/2

单位为毫米

附图仅表示量规的基本尺寸

关于 RX7s 成对灯座，见 GB/T 19148.4-7005-53。

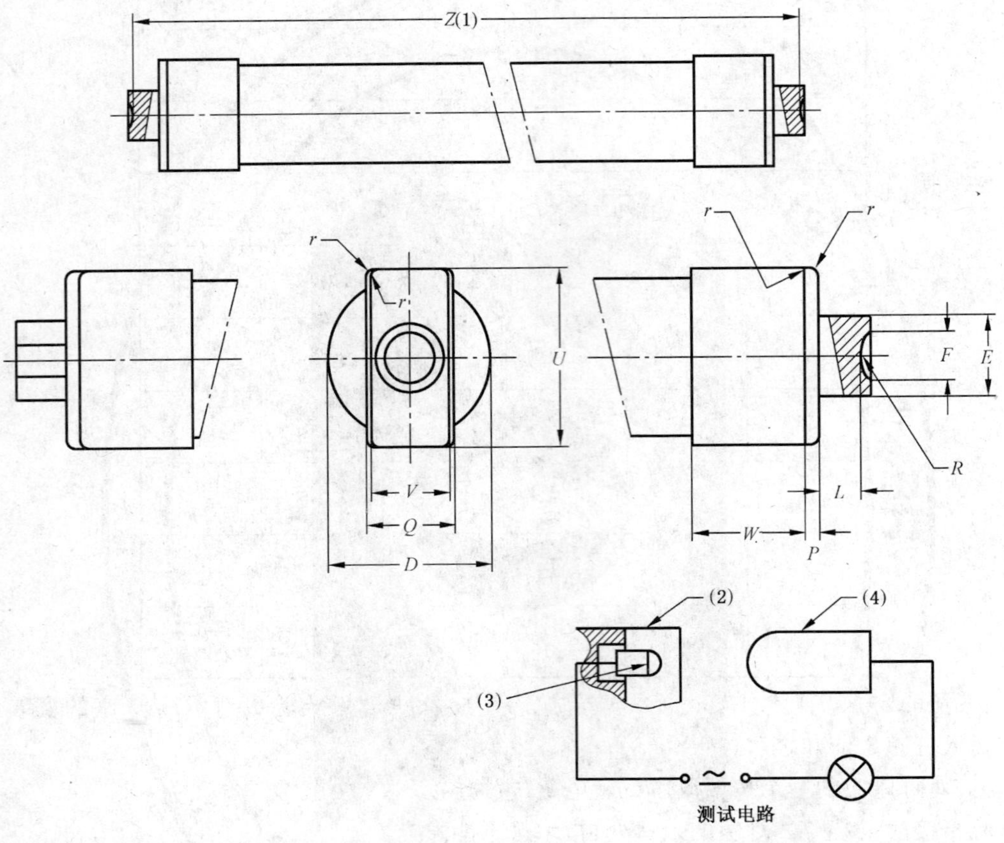

量规应由绝缘材料制成(或用绝缘材料包裹)。

(1) 量规Ⅰ代表“最大长度的灯”。对于量规Ⅰ，尺寸 Z 相当于合适的 IEC 标准所示相关灯的“Z 灯”最大值，也就是灯的两个触点的末端之间的最大距离。

量规Ⅱ代表“最小长度”的灯。对于量规Ⅱ，尺寸 Z 相当于合适的 IEC 标准所示相关灯的“Z 灯”最小值，也就是灯的两个触点的末端之间的最小距离。

在对成对灯座的型号进行认可时，只允许使用仅仅以一只灯的长度为基准的量规Ⅰ和量规Ⅱ。

(2) 灯座。

(3) 触点。

(4) 试验指，其末端半球的半径为(5.2±0.005)mm。

GB/T 1483.4-7006-62C-1

	检验 RX7s 成对灯座的防电击保护功能的量规	2/2

单位为毫米

量规Ⅰ			量规Ⅱ		
符 号	尺 寸	公 差	符 号	尺 寸	公 差
D	22	+0.1 −0.1	*D*	15	+0.1 −0.1
E	7.5	0 −0.1	*E*	7.5	0 −0.1
F	4.2	+0.1 0	*F*	4.2	+0.1 0
L	4.95	0 −0.1	*L*	4.95	0 −0.1
P	2.05	+0.1 0	*P*	2.05	+0.1 0
Q	9.4	+0.1 −0.1	*Q*	9.4	+0.1 −0.1
R	2.3	+0.1 −0.1	*R*	2.3	+0.1 −0.1
U	18	+0.1 0	*U*	18	+0.1 0
V	8.3	+0.1 −0.1	*V*	8.3	+0.1 −0.1
W	10.55	+0.1 −0.1	*W*	10.55	+0.1 −0.1
Z	(1)		*Z*	(1)	
r	0.5	+0.1 −0.1	*r*	0.5	+0.1 −0.1

目的：按照 GB/T 19148.4-7005-53 的要求，在防击保护方面检验成对 R7s 灯座的安装，此项检验在灯被插入灯座之前和之后进行。

检验：成对灯座中的一个按照图示试验电路进行连接。

用试验指接触未装灯的灯座的入口处，指示灯不能发光。

在未装灯的成对灯座的另一只上重复此试验。

将相关的量规Ⅰ(适宜的长度 *Z*)插入灯座，依次在灯座的每一个入口处用半球形试验指进行检验，指示灯应不能发光。

用相关的量规Ⅱ插入灯座，重复此项检验。

* 入口

系指在将灯插入和拔出灯座期间灯头应通过的灯座上的区域。

此区域由两个平面确定。

——垂直面，在将灯插入灯座时，此平面垂直灯的轴线，并通过灯的触点的末端。

——水平面，此平面通过灯的轴线。

** 对于封闭式灯座，所有其他区域均要使用标准 IEC 试验指检验。

对于敞开式灯座，要在将其安装在灯具中之后再用标准 IEC 试验指对其所有其他区域进行检验。

GB/T 1483.4-7006-62C-1

	R17d 灯座通规	1/2

单位为毫米

附图仅表示量规的基本尺寸

关于 R17d 灯座，见 GB/T 19148.4-7005-57。

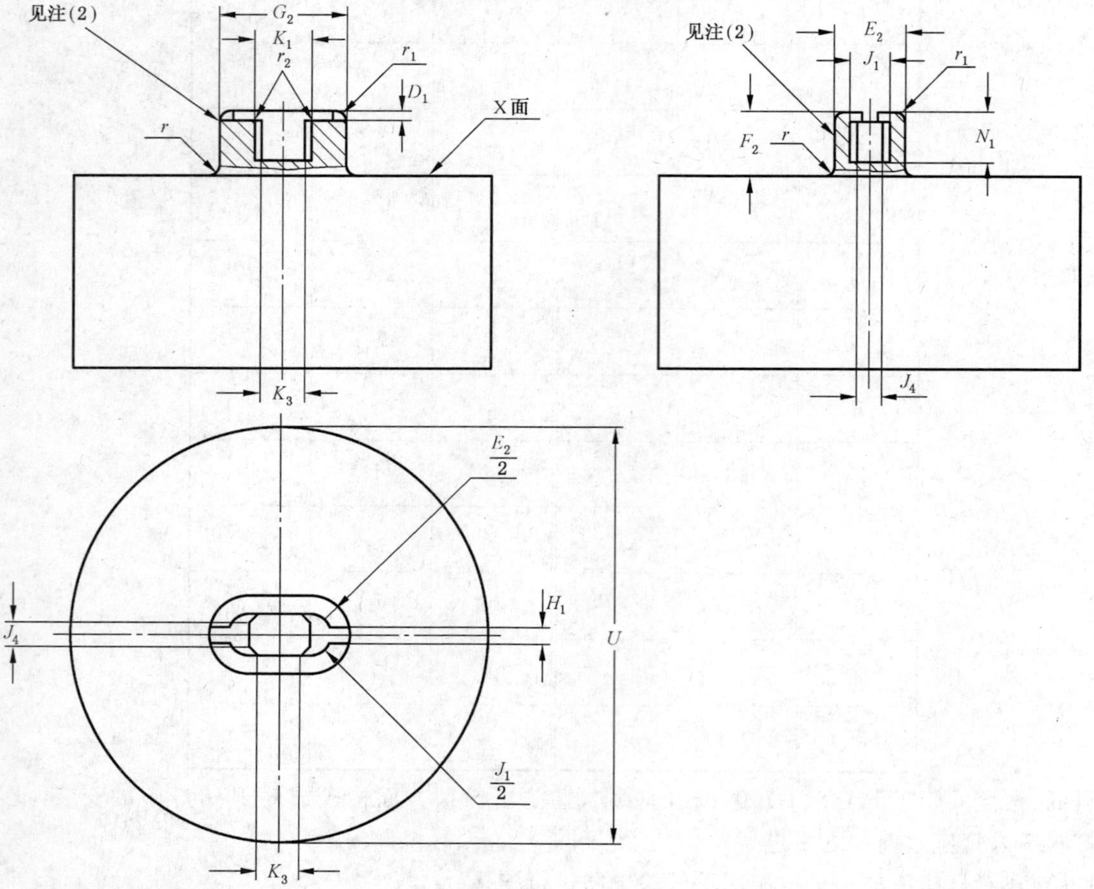

符号	尺寸	公差	符号	尺寸	公差
D_1	0.91	+0.025 −0.0	K_1	6.88	+0.013 −0.0
E_2(1)	8.92	+0.0 −0.013	K_3	5.28	+0.025 −0.0
F_2	8.13	+0.0 −0.013	N_1	6.35	+0.05 −0.0
G_2(1)	16.74	+0.0 −0.013	U	36.83	+1.3 −1.3
H_1	2.24	+0.0 −0.05	r	1.19	+0.0 −0.13
J_1	5.08	+0.013 −0.0	r_1	0.79	+0.13 −0.0
J_4	3.25	+0.025 −0.0	r_2	0.51	+0.0 −0.13

GB/T 1483.4-7006-57A-1

	R17d 灯座通规	2/2

单位为毫米

(1) E2 和 G2 的测量在一与 X 面相距 1.27 mm 的平面上进行。

(2) 量规凸台的外表面应具有大约 30 分的斜度。

目的:检验灯座与具有最大外部尺寸和最小内部尺寸的灯头的匹配性。

检验:量规应能插入到灯座凹口直到 X 面和灯座的正面紧密接触。使量规和灯座之间形成 3°的轴向角度误差的方式也应能够旋转量规轴线。对于那些腔体短浅的老式灯座,量规的 X 面并不总是能够接触到灯座的正面,如果出现这种情况,量规 X 面与灯座正面的间隔应不大于0.38 mm。

GB/T 1483.4-7006-57A-1

	R17d灯座接触性量规	1/2

单位为毫米

附图仅表示量规的基本尺寸

关于R17d灯座，见GB/T 19148.4-7005-57。

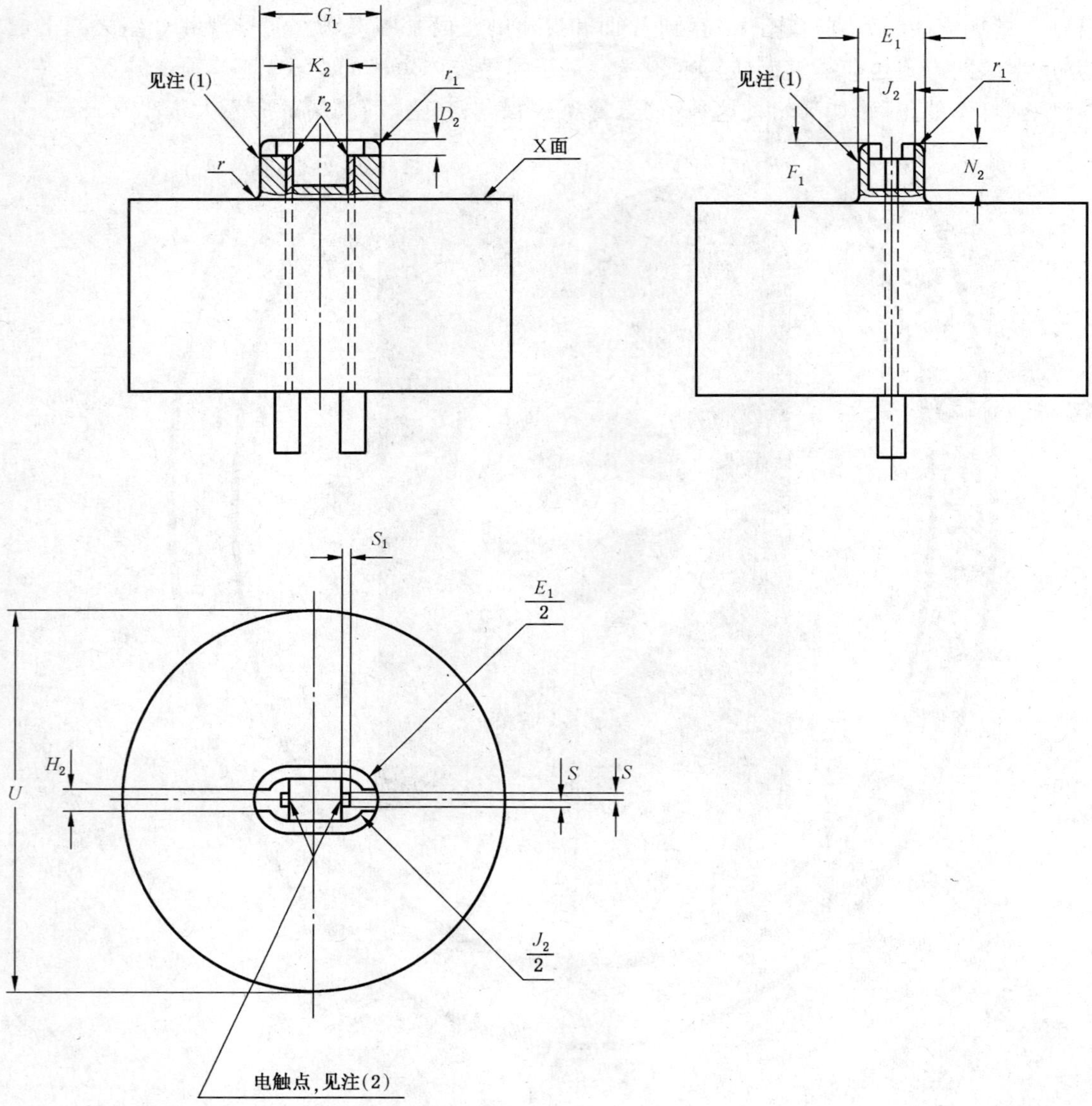

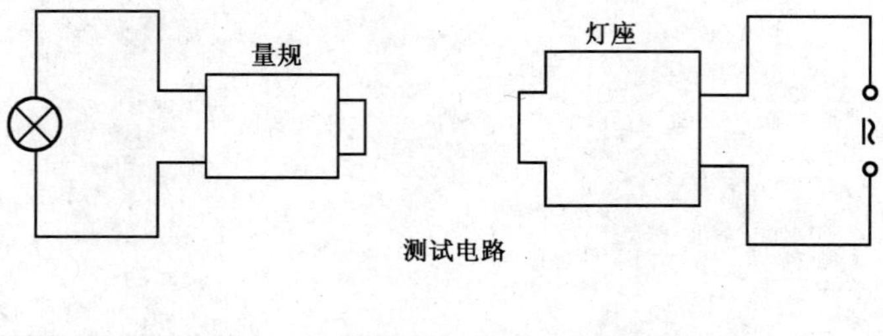

测试电路

GB/T 1483.4-7006-57B-1

	R17d 灯座接触性量规	2/2

单位为毫米

符　号	尺　寸	公　差	符　号	尺　寸	公　差
D_2	1.90	+0.0 −0.025	N_2	6.35	+0.0 −0.05
E_1(3)	8.48	+0.013 −0.0	S	1.02	+0.013 −0.013
F_1	7.80	+0.013 −0.0	S_1	0.51	+0.025 −0.025
G_1(3)	16.23	+0.013 −0.0	U	36.83	+1.25 −1.25
H_2	2.24	+0.025 −0.025	r	1.19	+0.13 −0.0
J_2	5.36	+0.0 −0.013	r_1	0.79	+0.0 −0.13
K_2	7.26	+0.0 −0.013	r_2	1.27	+0.0 −0.13

(1) 量规凸台的外表面应具有大约 30 分的斜度。

(2) 电触点与量规的金属体绝缘。

(3) E_1 和 G_1 的测量在一与 X 面相距 1.27 mm 的平面上进行。

目的：检验灯座与具有最小外部尺寸和最大内部尺寸的灯头形成并保持电接触的功能。

检验：在将量规插入灯座时，应使量规和灯座的触点形成电接触。电接触的保持应与可能发生在量规和灯座之间和任何位移无关。在以使量规和灯座之间形成 3°的轴向角度误差的方式旋转量规的轴线时也应能保持电接触状态。

GB/T 1483.4-7006-57B-1

S14d 灯座量规“A”

1/2

单位为毫米

附图仅表示互换性的基本尺寸

关于灯座 S14d,见 GB/T 19148.4-7005-112。

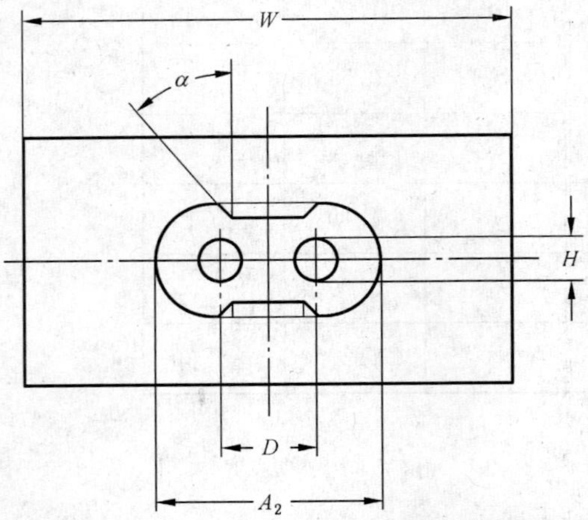

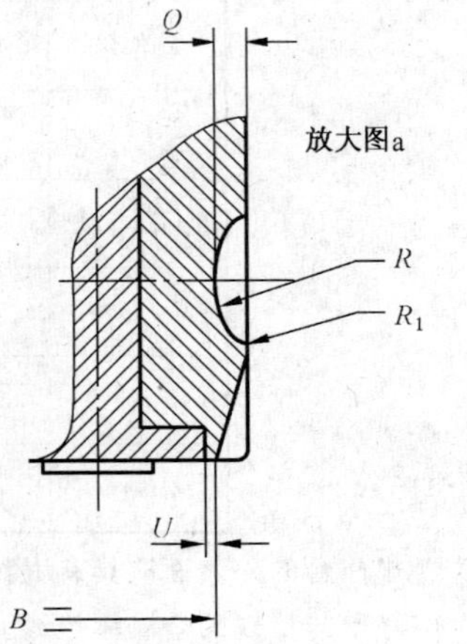

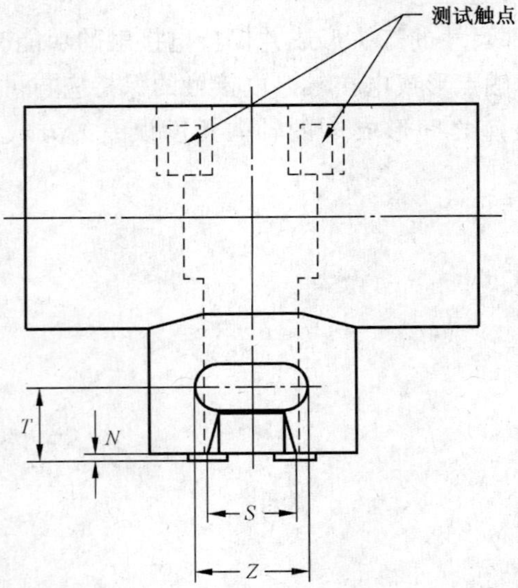

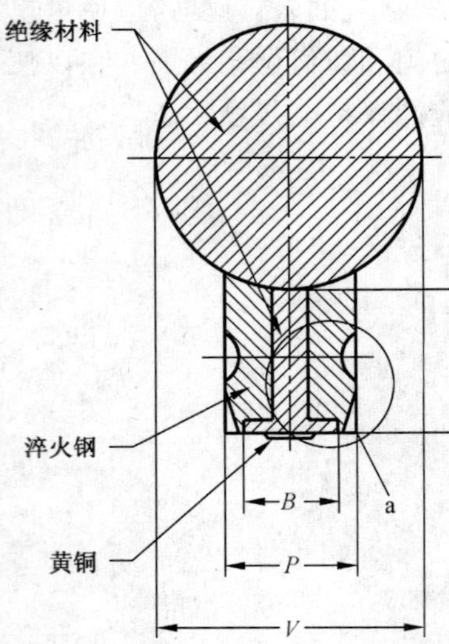

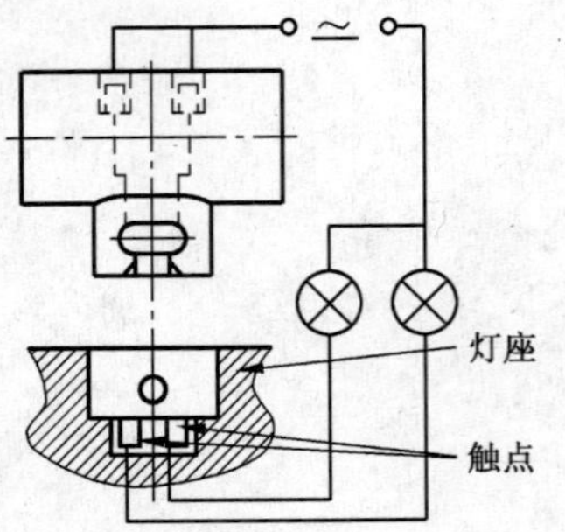

测试电路

关于淬火钢部分:

——表面粗糙度:0.4 μm(见 GB/T 1031—1995);

——硬度(回火后):洛氏圆锥体硬度,最小 55。

GB/T 1483.4-7006-112D-1

S14d 灯座量规"A"

2/2

单位为毫米

符号	尺寸	公差
A_2	30.3	+0.05 −0.0
B	11.5	+0.02 −0.0
C_2	17.5	+0.0 −0.05
D	16.0	+0.03 −0.03
H	5.1	+0.03 −0.03
N	0.5	+0.03 −0.03
P	14.0	+0.02 −0.0
Q	2.2	+0.05 −0.0
R	3.5	+0.03 −0.03
R_1	0.5	+0.03 −0.03
S	11.0	+0.0 −0.02
T	10.5	+0.05 −0.0
U	0.5	+0.1 −0.1
V	31	+0.1 −0.1
W	58	+0.1 −0.1
Z	13	+0.0 −0.1
α	45°	+30′ −30′

目的：检验"最大"灯头在 S14d 灯座中的接触性及最大插入力和拔出力。

检验：用不大于 25 N 的(暂定)力应能将量规完全插入灯座。

在此位置上指示灯应当发光。

用不大于 25 N(暂定)的力应能将量规从灯座中拔出。

GB/T 1483.4-7006-112D-1

	S14d 灯座量规“B1”和“B2”	1/2

单位为毫米

附图仅表示互换性的基本尺寸

关于灯座 S14d,见 GB/T 19148.4-7005-112。

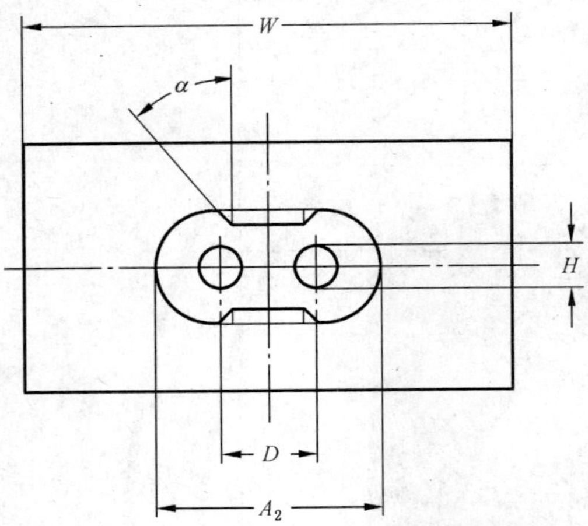

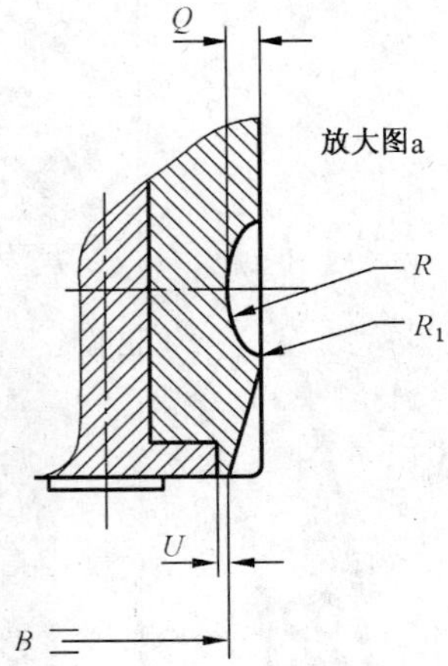

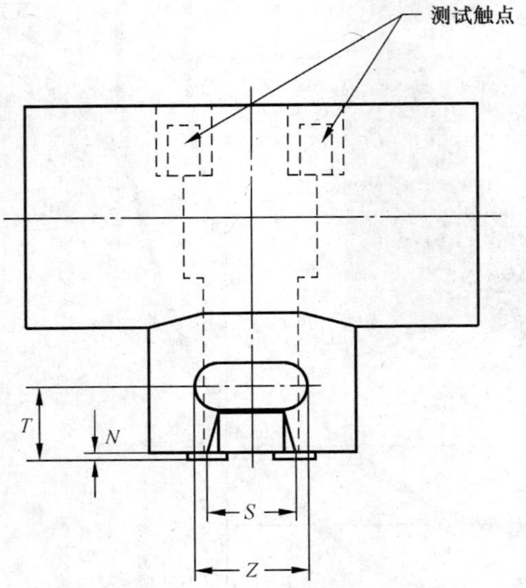

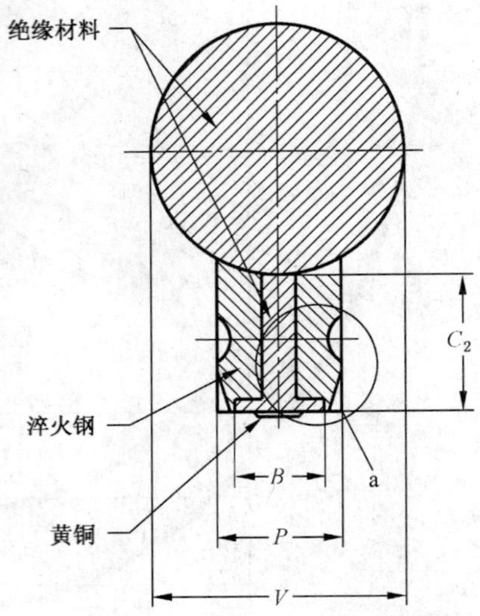

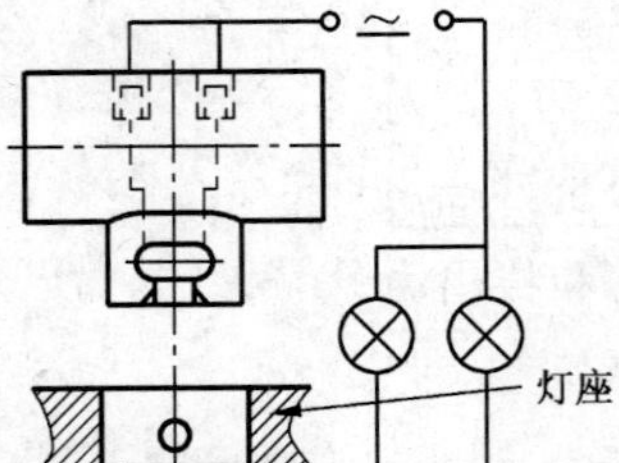

测试电路

关于淬火钢部分:

——表面粗糙度:0.4 μm(见 GB/T 1031—1995);

——硬度(回火后):洛氏圆锥体硬度,最小 55。

GB/T 1483.4-7006-112E-1

S14d 灯座量规“B1”和“B2” 2/2

单位为毫米

量规 B1			量规 B2		
符号	尺寸	公差	符号	尺寸	公差
A_2	29.3	+0.0 −0.05	A_2	29.3	+0.0 −0.05
B	10.5	+0.0 −0.02	B	10.5	+0.0 −0.02
C_2	18.5	+0.05 −0.0	C_2	18.5	+0.05 −0.0
D	15.8	+0.03 −0.03	D	16.2	+0.03 −0.03
H	5.0	+0.0 −0.02	H	5.0	+0.0 −0.02
N	1.5	+0.03 −0.03	N	1.5	+0.03 −0.03
P	13.5	+0.0 −0.02	P	13.5	+0.0 −0.02
Q	1.5	+0.0 −0.05	Q	1.5	+0.0 −0.05
R	4.5	+0.03 −0.03	R	4.5	+0.03 −0.03
R_1	1.0	+0.03 −0.03	R_1	1.0	+0.03 −0.03
S	13	+0.1 −0.0	S	13	+0.1 −0.0
T	8.5	+0.0 −0.05	T	8.5	+0.0 −0.05
U	0.5	+0.1 −0.1	U	0.5	+0.1 −0.1
V	31	+0.1 −0.1	V	31	+0.1 −0.1
W	58	+0.1 −0.1	W	58	+0.1 −0.1
Z	15	+0.1 −0.0	Z	15	+0.1 −0.0
α	45°	+30′ −30′	α	45°	+30′ −30′

目的:检验“最小”灯头在 S14d 灯座中的接触性能以及最小拔出力。

检验:随着量规完全插入灯座,指示灯亮。

然后用小于 10 N 的力(暂定)应不能将量规拔出灯座。

GB/T 1483.4-7006-112E-1

	S14s 灯座量规“A”	1/2

单位为毫米

附图仅表示互换性的基本尺寸

关于灯座 S14s，见 GB/T 19148.4-7005-112。

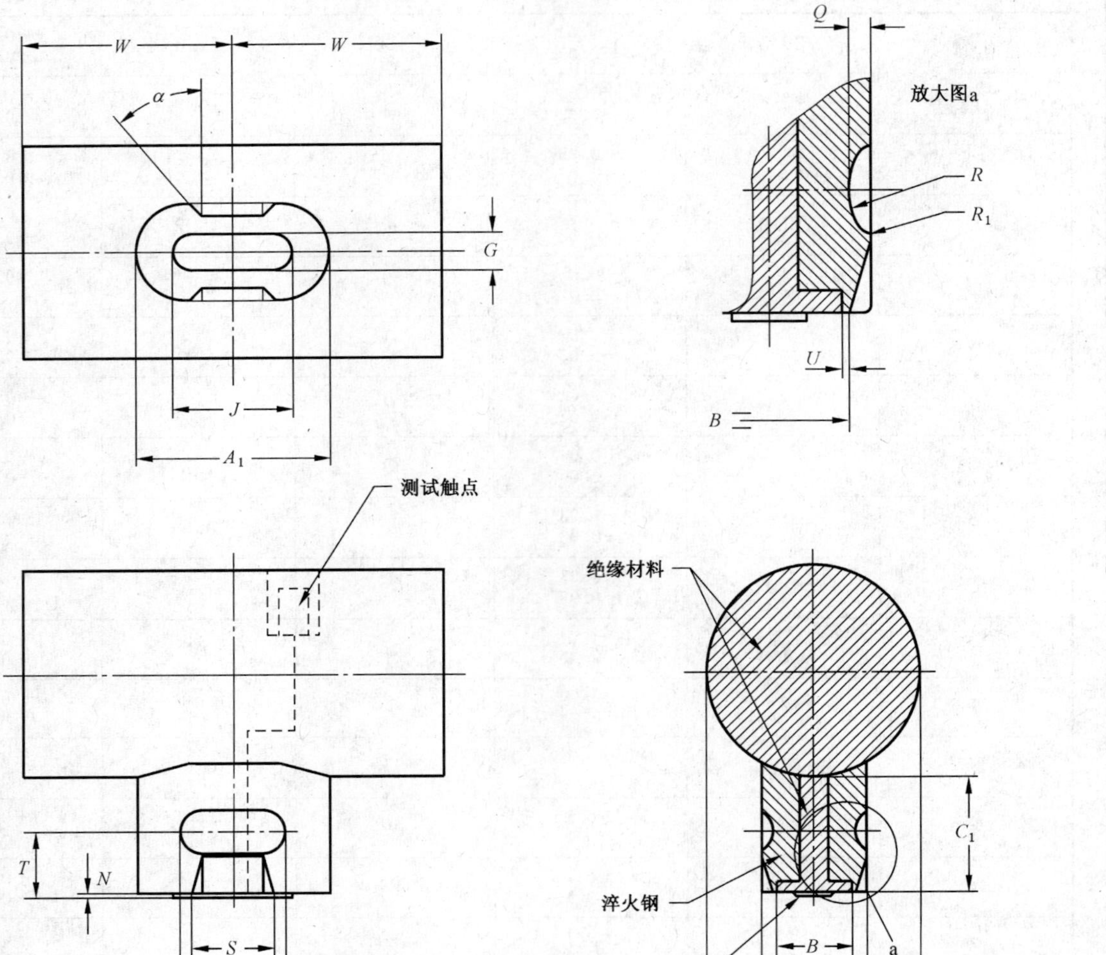

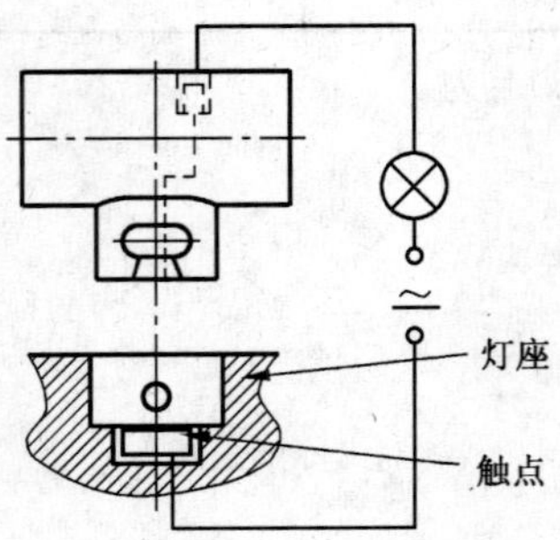

关于淬火钢部分：

——表面粗糙度：0.4 μm(见 GB/T 1031—1995)；

——硬度(回火后)：洛氏圆锥体硬度，最小 55。

GB/T 1483.4-7006-112A-1

	S14s 灯座量规“A”	2/2

单位为毫米

符号	尺寸	公差
A_1	26.1	+0.05 −0.0
B	11.5	+0.02 −0.0
C_1	16.5	+0.0 −0.05
G	4.0	+0.03 −0.03
J	16.7	+0.03 −0.03
N	0.5	+0.03 −0.03
P	14.0	+0.02 −0.0
Q	2.2	+0.05 −0.0
R	3.5	+0.03 −0.03
R_1	0.5	+0.03 −0.03
S	11.0	+0.0 −0.02
T	10.5	+0.05 −0.0
U	0.5	+0.1 −0.1
V	31	+0.1 −0.1
W	29	+0.1 −0.1
Z	13	+0.0 −0.1
α	45°	+30′ −30′

目的：检验“最大”灯头在 S14s 灯座中的接触性及最大插入力和拔出力。

检验：用不大于 25 N 的(暂定)力应能将量规完全插入灯座。

在此位置上指示灯应当发光。

用不大于 25 N(暂定)的力应能将量规从灯座中拔出。

GB/T 1483.4-7006-112A-1

S14s 灯座量规"B"	1/2

单位为毫米

附图仅表示互换性的基本尺寸

关于灯座 S14s，见 GB/T 19148.4-7005-112。

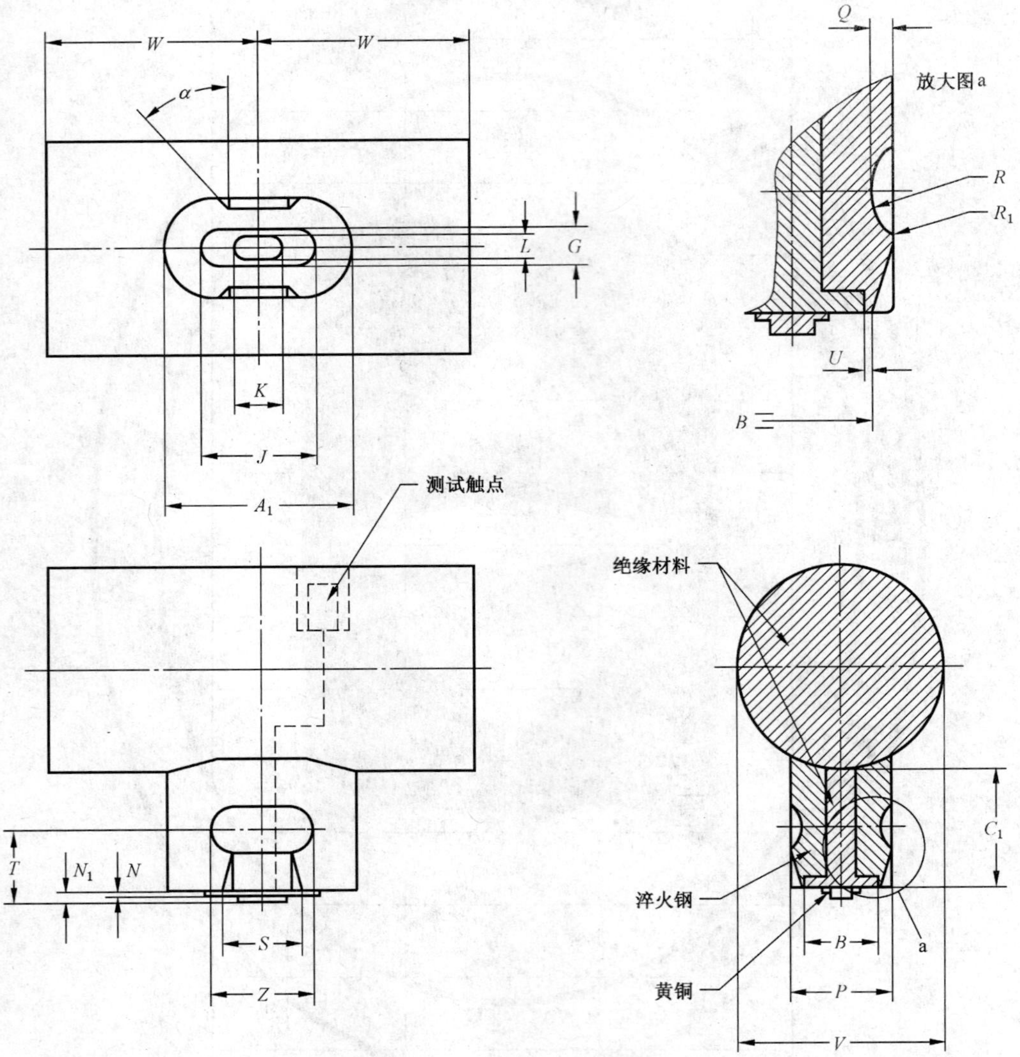

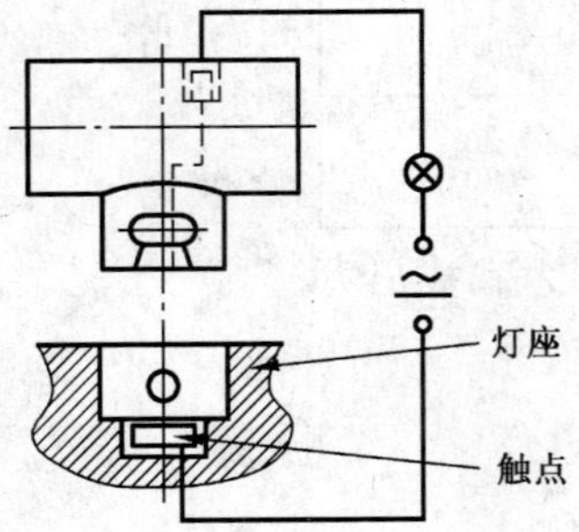

关于淬火钢部分：

——表面粗糙度：0.4 μm(见 GB/T 1031—1995)；

——硬度(回火后)：洛氏圆锥体硬度，最小 55。

GB/T 1483.4-7006-112B-1

	S14s 灯座量规"B"	2/2

单位为毫米

符号	尺寸	公差
A_1	25.5	+0.0 −0.05
B	10.5	+0.0 −0.02
C_1	17.5	+0.05 −0.0
G	4.5	+0.03 −0.03
J	16.5	+0.03 −0.03
K	7.2	+0.03 −0.03
L	3.2	+0.03 −0.03
N	0.5	+0.03 −0.03
N_1	1.5	+0.03 −0.03
P	13.5	+0.0 −0.02
Q	1.5	+0.0 −0.05
R	4.5	+0.03 −0.03
R_1	1.0	+0.03 −0.03
S	13	+0.1 −0.0
T	8.5	+0.0 −0.05
U	0.5	+0.1 −0.1
V	31	+0.1 −0.1
W	29	+0.1 −0.1
Z	15	+0.1 −0.0
α	45°	+30′ −30′

目的:检验"最小"灯头在 S14s 灯座中的接触性能以及最小拔出力。

检验:随着量规完全插入灯座,指示灯亮。

然后用小于 10 N 的力(暂定)应不能将量规拔出灯座。

GB/T 1483.4-7006-112B-1

	S14s 灯座量规“C”	1/2

单位为毫米

附图仅表示互换性的基本尺寸

关于灯座 S14s，见 GB/T 19148.4-7005-112。

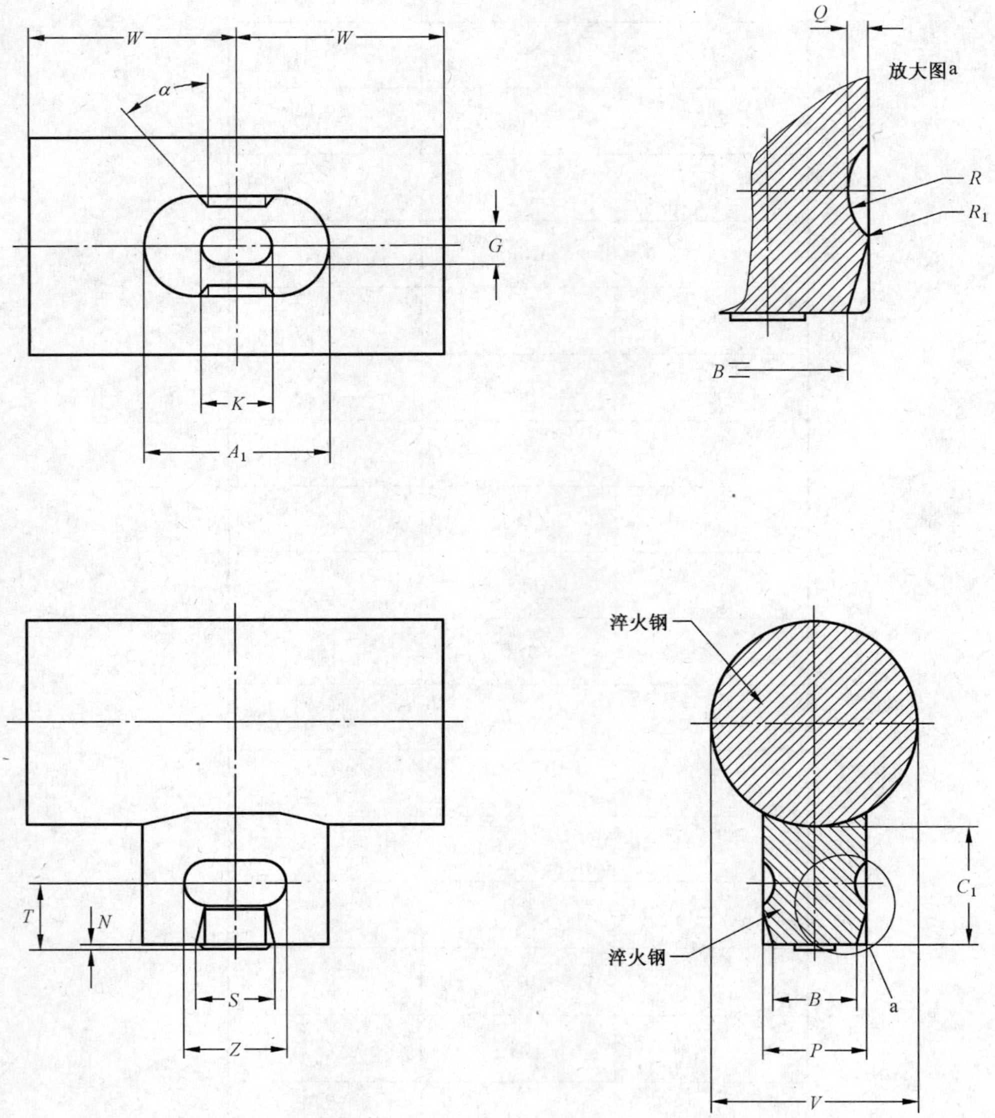

关于淬火钢部分：

——表面粗糙度：0.4 μm(见 GB/T 1031—1995)；

——硬度(回火后)：洛氏圆锥体硬度，最小 55。

GB/T 1483.4-7006-112C-1

	S14s 灯座量规"C"	2/2

单位为毫米

符号	尺寸	公差
A_1	27.1	+0.05 −0.0
B	11.5	+0.02 −0.0
C_1	16.5	+0.0 −0.05
G	4.5	+0.03 −0.03
K	7.2	+0.03 −0.03
N	0.5	+0.03 −0.03
P	14.5	+0.02 −0.0
Q	2.2	+0.05 −0.0
R	3.5	+0.03 −0.03
R_1	0.5	+0.03 −0.03
S	10.0	+0.0 −0.02
T	10.5	+0.05 −0.0
V	31	+0.1 −0.1
W	29	+0.1 −0.1
Z	12.0	+0.0 −0.02
α	45°	+30′ −30′

注：此量规的尺寸以 S14s 灯头的尺寸以及灯玻壳上的两个灯头的容许安装公差(包括误差)为基准。

目的:检验灯对 S14s 灯座的插入和拔出性。

检验:用不大于 25N(暂定)的力应能把量规完全插入灯座。

在量规被完全插入灯座后,用不大于 25N(暂定)的力应能将量规从灯座中拔出。

GB/T 1483.4-7006-112C-1

W2×4.6d灯座用量规	1/2

单位为毫米

附图仅表示量规的基本尺寸

关于W2×4.6d灯座，见GB/T 19148.4-7005-94。

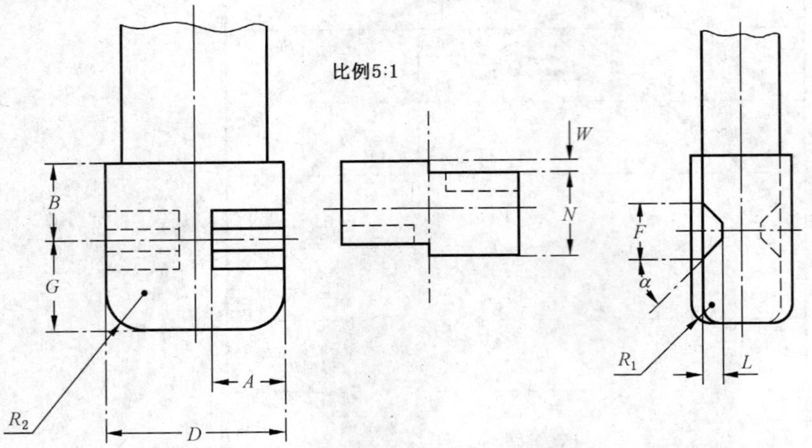

材料：淬火钢

表面粗糙度：0.4 μm

符号	尺寸 量规A	公差	尺寸 量规B	公差
A	1.9	+0.1 −0.1	1.9	+0.1 −0.1
B	2	+0.3 −0.3	2	+0.3 −0.3
D	4.65	+0.0 −0.05	4.65	+0.0 −0.05
F	1.5	+0.05 −0.05	1.5	+0.05 −0.05
G	2.4	+0.1 −0.0	3.6	+0.0 −0.1
L	0.5	+0.05 −0.05	0.5	+0.05 −0.05
N	2.22	+0.0 −0.01	1.78	+0.01 −0.0
R_1	0.5	+0.2 −0.2	0.5	+0.2 −0.2
R_2	1	+0.2 −0.2	1	+0.2 −0.2
W	0.3	+0.01 −0.01	0.15	+0.01 −0.01
α	45°	+1° −1°	45°	+1° −1°

GB/T 1483.4-7006-94-1

	W2×4.6d 灯座用量规	2/2

目的:根据 GB/T 19148.4-7005-94 检验灯座 W2×4.6d 的最大插入力及最大和最小保持力。

检验:检验应按如下顺序进行,用静态负重对应 GB/T 19148.4-7005-94 所示的极限值。

a) 量规 A:用于插入和约束的力。*

b) 量规 A:用于拔出的力。**

c) 量规 B:用于夹持的力。***

* 灯座的夹持凸耳应能安装到量规的对应凹槽内。

** 量规应能完全从灯座中移走。

*** 量规应能被约束在灯座中。

GB/T 1483.4-7006-94-1

	W2.1×9.5d 灯座用量规	1/2

单位为毫米

附图仅表示量规的基本尺寸

关于灯座 W2.1×9.5d，见 GB/T 19148.4-7005-91。

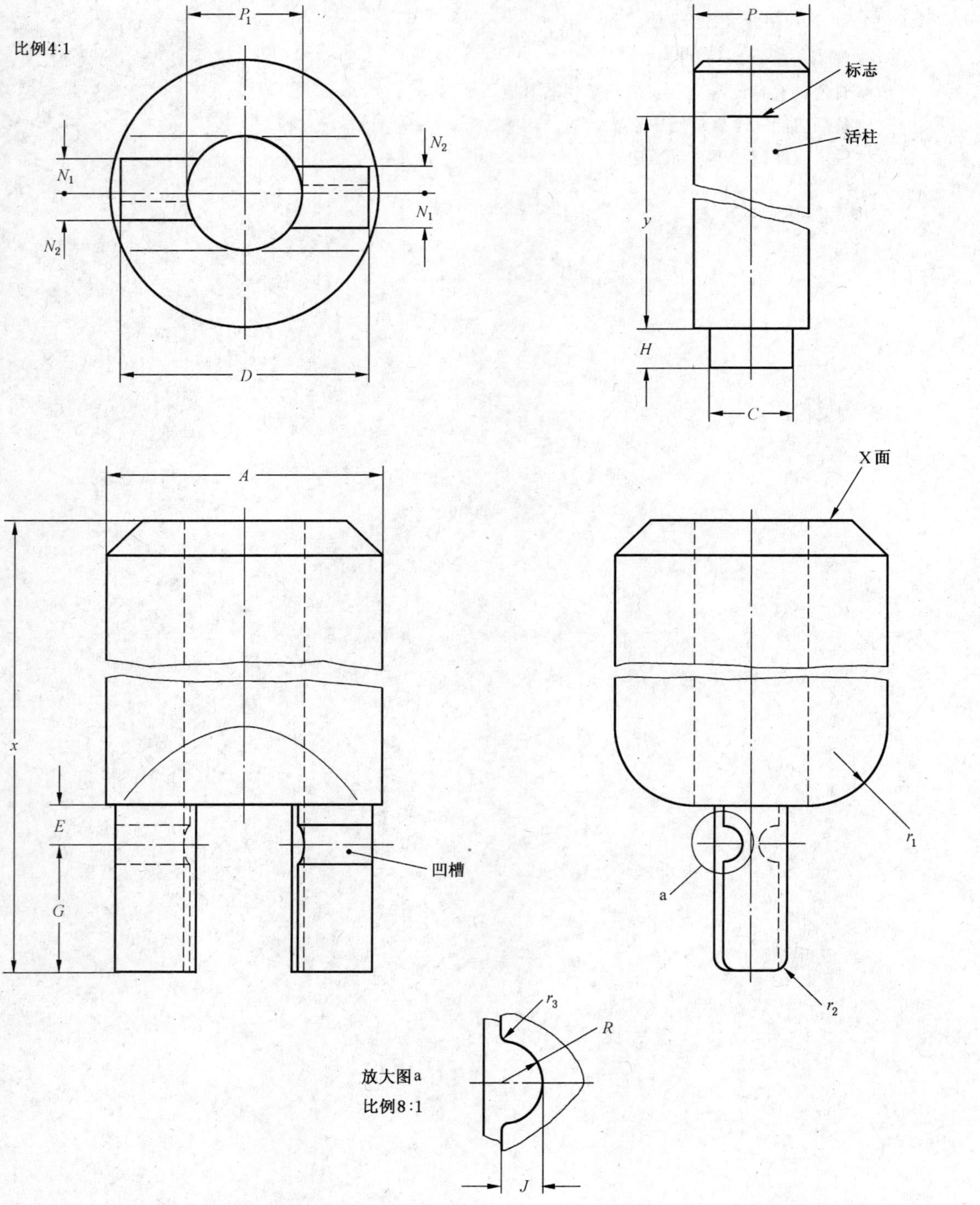

GB/T 1483.4-7006-91-1

	W2.1×9.5d 灯座用量规	2/2

单位为毫米

符号	尺寸	公差	符号	尺寸	公差
A	10.30	+0.0 −0.01	P	4.35	+0.0 −0.01
C	3.15	+0.0 −0.01	P_1	P+0.02	+0.01 −0.0
D	9.52	+0.0 −0.02	R	0.76	+0.01 −0.01
E	1.5	+0.02 −0.0	r_1	3.0	+0.1 −0.1
G	4.85	+0.0 −0.02	r_2	0.5	+0.05 −0.05
H	1.5	+0.0 −0.01	r_3	0.2	+0.05 −0.05
J	0.76	+0.01 −0.01	x	25.0	+0.1 −0.1
N_1	1.36	+0.0 −0.01	y	x(*)	+0.01 −0.01
N_2	1.06	+0.0 −0.01	(*)测量值		

目的：检验 W2.1×9.5d 灯座是否与“最大”灯端相配。

检验：量规应能被插入灯座直到灯座的夹持凸耳插入到量规凹槽的合适位置。

把活柱插入到量规直到可能的压入。

在此位置上活柱上的标志线应突出到量规的 X 面之外。

GB/T 1483.4-7006-91-1

	W2.1×9.5d 灯座用插入和夹持量规	1/2

单位为毫米

附图仅表示量规的基本尺寸

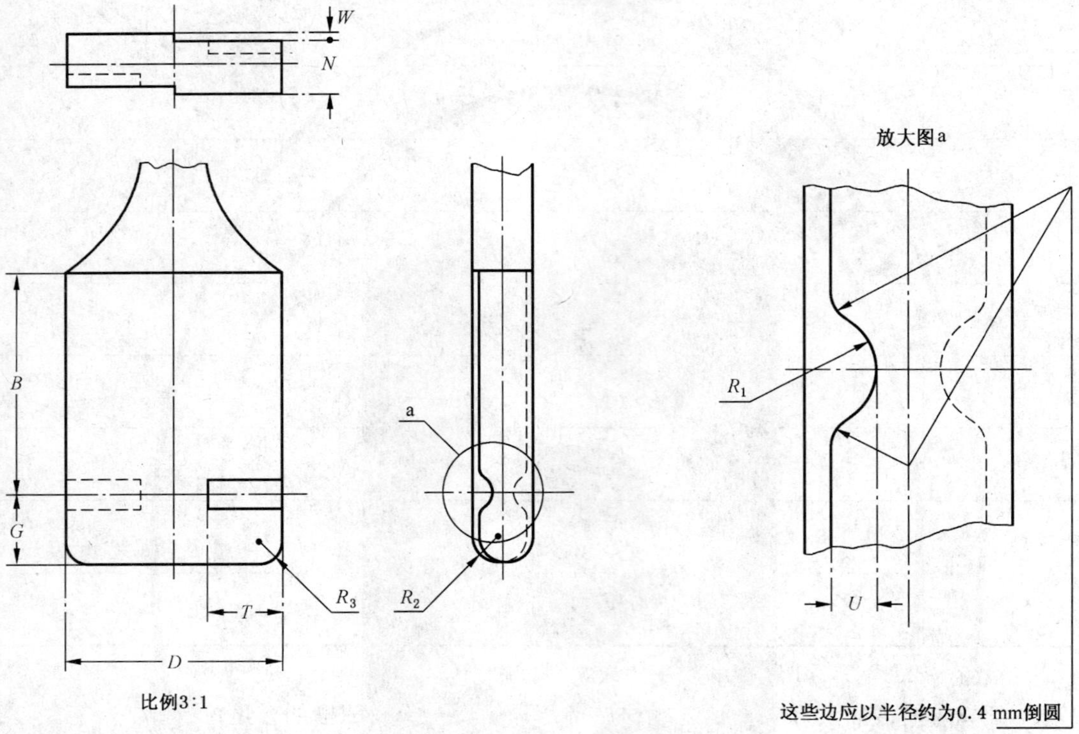

比例3:1

材料：淬火钢。

表面粗糙度：0.4 μm

符号	尺寸 量规 A	公差 量规 A	尺寸 量规 B	公差 量规 B
B	10.0	+0.5 −0.5	10.0	+0.5 −0.5
D	9.6	+0 −0.05	8.8	+0.05 0
G	3.20	+0.1 −0	4.80	+0 −0.1
N	2.42	+0 −0.01	1.88	+0.01 0
T	3.3	+0.05 −0.05	2.9	+0.05 −0.05
U	0.60	+0.01 −0.01	0.60	+0.01 −0.01
W	0.36	+0.005 −0.005	0.25	+0.005 −0.005
R_1	0.76	+0.05 −0.05	0.76	+0.05 −0.05
R_2	N/2		N/2	
R_3	1.0	+0.2 −0.2	1.0	+0.2 −0.2

GB/T 1483.4-7006-91C-1

	W2.1×9.5d 灯座用插入和夹持量规	2/2

目的：根据 GB/T 19148.4-7005-91 检验灯座 W2.1×9.5d 的最大和最小插入力以及最大的最小夹持力。

检验：检验要遵循下列规则。

a) 量规 A 应能插入灯座直到夹持凸耳安装到相应凹槽。要求有效进行插入和夹持的力应能被测量。*

b) 在上述 a)基础上，拔出力应能作用于量规直到量规从灯座中完全拔出。要求有效拔出的力应能够被测量。*

c) 量规 B 应能插入灯座直到夹持凸耳安装到相应凹槽。要求有效插入的力应能够被测量。*

d) 在上述 c)基础上，拔出力应能作用于量规直到量规从灯座中完全拔出。要求有效拔出的力应能够被测量。*

* GB/T 19148.4-7005-91 中所示的极限值。

GB/T 1483.4-7006-91C-1

W2.5×16 检验灯座用通规

1/2

单位为毫米

附图仅表示互换性的基本尺寸

关于 W2.5×16 灯座，见 GB/T 19148.4-7005-104。

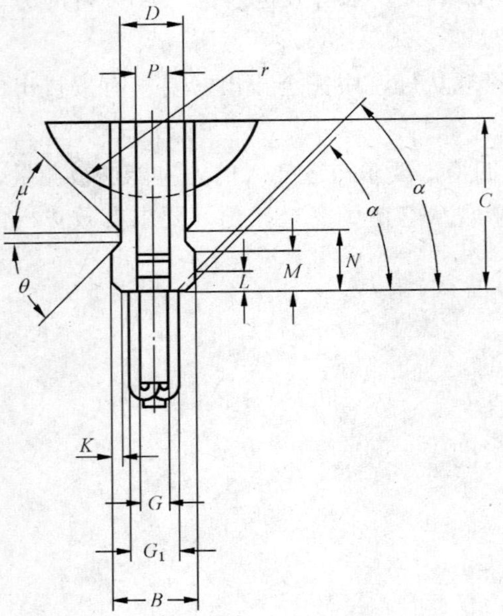

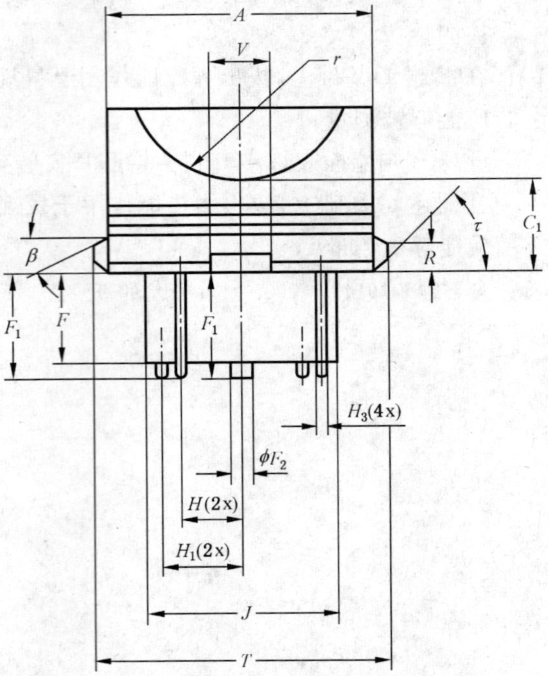

GB/T 1483.4-7006-104A-1

	W2.5×16 检验灯座用通规	2/2

单位为毫米

符号	尺寸	公差	符号	尺寸	公差
A	19.7	+0.0 −0.05	K	0.95	+0.0 −0.02
B	8.25	+0.0 −0.02	L	1.8	+0.1 −0.0
C	12.0	+0.1 −0.1	M	3.85	+0.02 −0.0
C_1	6.8	+0.1 −0.0	N	5.7	+0.02 −0.0
D	6.32	+0.0 −0.02	P(W2.5×16d)	5.65	+0.0 −0.03
F	9.44	+0.0 −0.04	P(W2.5×16q)	3.15	+0.0 −0.03
F_1	10.6	+0.0 −0.1	R	3.0	+0.01 −0.01
F_2	4.0	+0.1 −0.1	T	22.37	+0.0 −0.05
G	2.78	+0.0 −0.02	V	5.6	+0.1 −0.0
G_1	4.33	+0.0 −0.02	r	8.1	+0.1 −0.1
H	4.45	+0.01 −0.01	α	45°	+1° −1°
H_1	6.45	+0.01 −0.01	β	25°	+1° −1°
H_3	1.9	+0.04 −0.04	τ	45°	+1° −1°
			θ	45°	+1° −1°
J	16.28	+0.0 −0.02	μ	41°	+1° −1°

目的：检验 W2.5×16d 和 W2.5×16q 灯座的尺寸。

检验：应能把相关量规插入灯座直至完全插入。

GB/T 1483.4-7006-104A-1

WU2.5×16 灯座用通规

1/2

单位为毫米

附图仅表示量规的基本尺寸

关于 WU2.5×16 灯座，见 GB/T 19148.4-7005-104D。

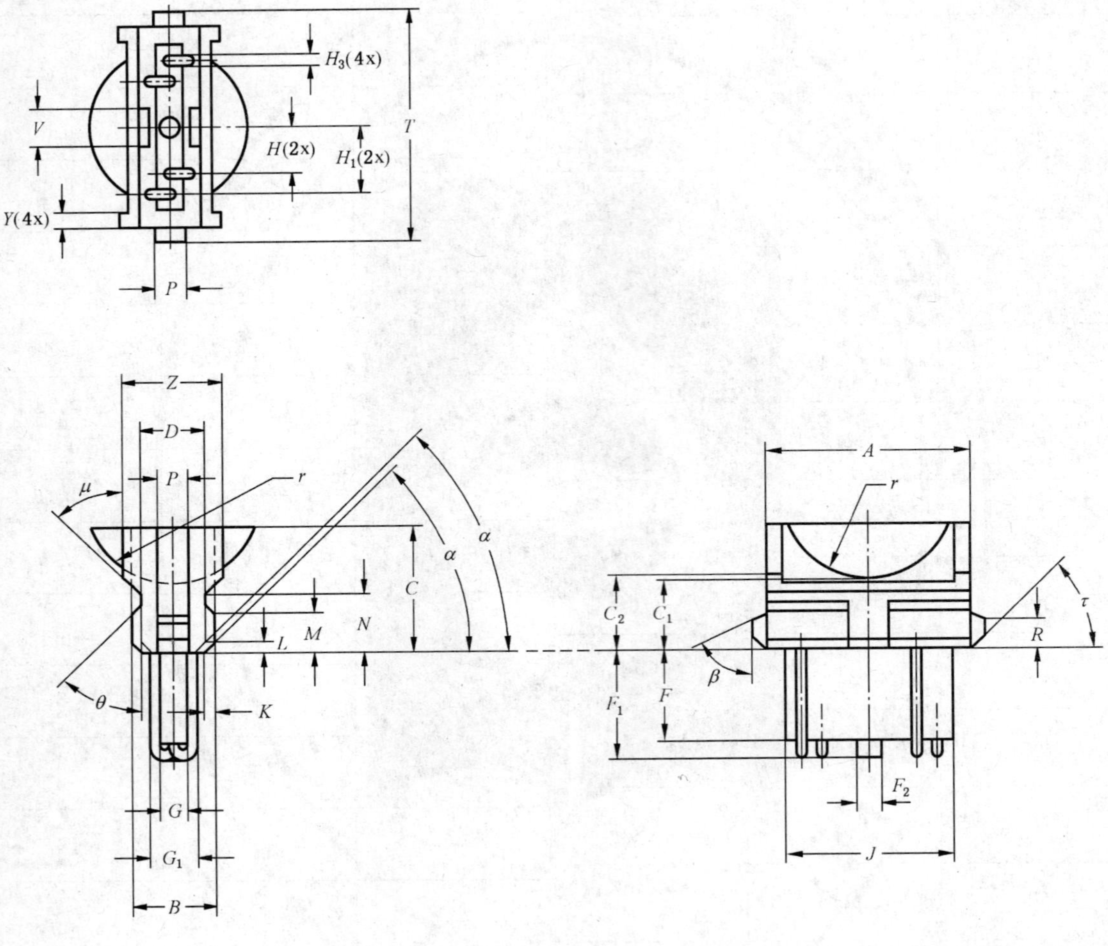

GB/T 1483.4-7006-104J-1

	WU2.5×16 灯座用通规	2/2

单位为毫米

符号	尺寸	公差	符号	尺寸	公差
A	19.7	$^{0}_{-0.05}$	L	0.9	$^{+0.1}_{0}$
B	8.25	$^{0}_{-0.02}$	M	3.85	$^{+0.02}_{0}$
C	12.0	$^{+0.1}_{-0.1}$	N	5.7	$^{+0.02}_{0}$
C_1	6.8	$^{+0.1}_{0}$	P(WU2.5×16d)	5.65	$^{0}_{-0.03}$
C_2	3.85	$^{+0.1}_{0}$	P(WU2.5×16q)	3.15	$^{0}_{-0.03}$
D	6.32	$^{0}_{-0.02}$	R	3.0	$^{+0.01}_{-0.01}$
F	9.44	$^{0}_{-0.04}$	T	22.37	$^{0}_{-0.05}$
F_1	10.6	$^{0}_{-0.1}$	V	3.6	$^{+0.1}_{0}$
F_2	4.0	$^{+0.1}_{-0.1}$	Y	2.8	$^{0}_{-0.02}$
G	2.78	$^{+0}_{-0.02}$	Z	9.75	$^{+0.02}_{0}$
G_1	4.33	$^{0}_{-0.02}$	r	8.1	$^{+0.1}_{-0.1}$
H	4.45	$^{+0.01}_{-0.01}$	α	45°	$^{+1°}_{-1°}$
H_1	6.45	$^{+0.01}_{-0.01}$	β	25°	$^{+1°}_{-1°}$
H_3	1.9	$^{+0.04}_{-0.04}$	τ	45°	$^{+1°}_{-1°}$
J	16.28	$^{0}_{-0.02}$	θ	45°	$^{+1°}_{-1°}$
K	0.95	$^{0}_{-0.02}$	μ	41°	$^{+1°}_{-1°}$

目的:检验 WU2.5×16d 和 WU2.5×16q 灯座的尺寸。

检验:应能把相关量规插入灯座直至完全插入。

GB/T 1483.4-7006-104J-1

	WX2.5×16 灯座用通规	1/2

单位为毫米

附图仅表示量规的基本尺寸

关于 WX2.5×16 灯座，见 GB/T 19148.4-7005-104A。

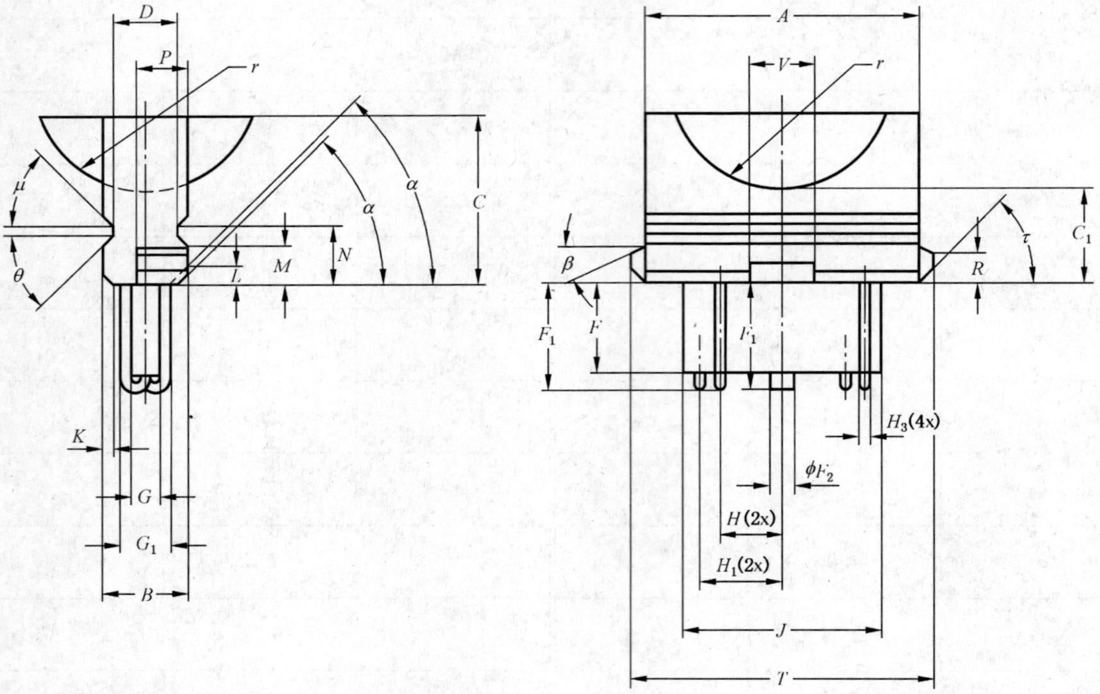

GB/T 1483.4-7006-104C-1

WX2.5×16 灯座用通规

2/2

单位为毫米

符号	尺寸	公差	符号	尺寸	公差
A	19.7	+0.0 −0.05	*K*	0.95	+0.0 −0.02
B	8.25	+0.0 −0.02	*L*	1.8	+0.1 −0.0
C	12.0	+0.1 −0.1	*M*	3.85	+0.02 −0.0
C_1	6.8	+0.1 −0.0	*N*	5.7	+0.02 −0.0
D	6.32	+0.0 −0.02	*P*	4.85	+0.0 −0.03
F	9.44	+0.0 −0.04	*R*	3.0	+0.01 −0.01
F_1	10.6	+0.0 −0.1	*T*	22.37	+0.0 −0.05
F_2	4.0	+0.1 −0.1	*V*	5.6	+0.1 −0.0
G	2.78	+0.0 −0.02	*r*	8.1	+0.1 −0.1
G_1	4.33	+0.0 −0.02	α	45°	+1° −1°
H	4.45	+0.01 −0.01	β	25°	+1° −1°
H_1	6.45	+0.01 −0.01	τ	45°	+1° −1°
H_3	1.9	+0.04 −0.04	θ	45°	+1° −1°
J	16.28	+0.0 −0.02	μ	41°	+1° −1°

目的:检验灯座 WX2.5×16 的尺寸。

检验:应能把相关量规插入灯座直至完全插入。

GB/T 1483.4-7006-104C-1

	WY2.5×16 灯座用通规	1/2

单位为毫米

附图仅表示量规的基本尺寸

关于 WY2.5×16 灯座，见 GB/T 19148.4-7005-104B。

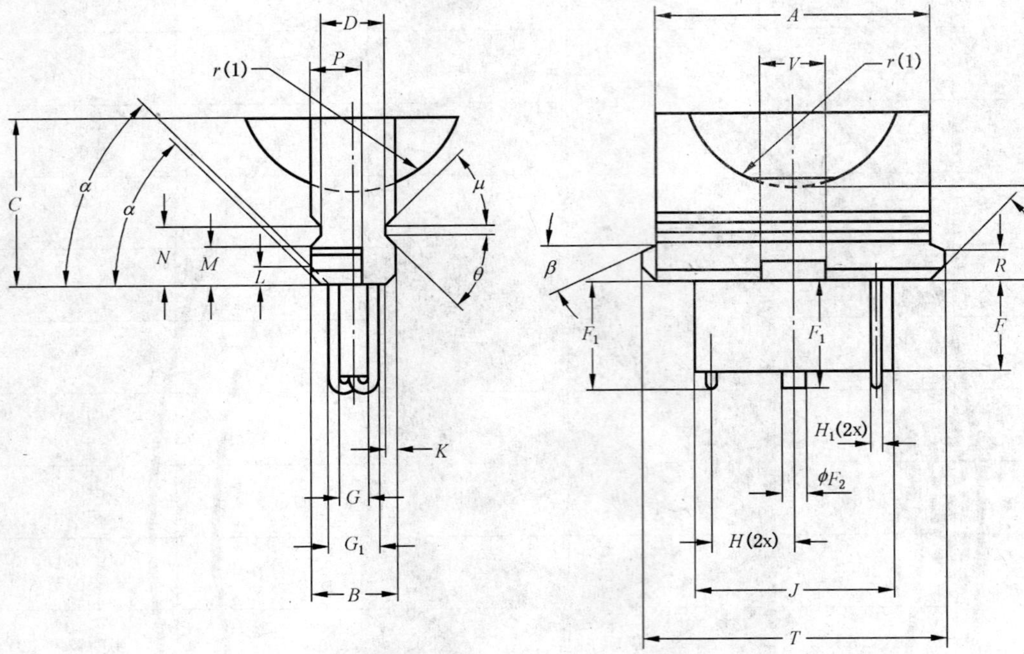

GB/T 1483.4-7006-104E-1

	WY2.5×16 灯座用通规	2/2

单位为毫米

符号	尺寸	公差	符号	尺寸	公差
A	19.7	0 −0.05	L	1.8	+0.1 0
B	8.25	0 −0.02	M	3.85	+0.02 0
C	12.0	+0.1 −0.1	N	5.7	+0.02 0
C_1	6.8	+0.1 −0	P	4.85	0 −0.03
D	6.32	0 −0.02	R	3.0	+0.01 −0.01
F	9.44	0 −0.04	T	22.37	0 −0.05
F_1	10.6	0 −0.1	V	5.6	+0.1 0
F_2	4.0	+0.1 −0.1	r(1)	8.1	+0.1 −0.1
G	2.78	0 −0.02	α	45°	+1° −1°
G_1	4.33	0 −0.02	β	25°	+1° −1°
H	6.45	+0.01 −0.01	τ	45°	+1° −1°
H_1	1.9	+0.04 −0.04	θ	45°	+1° −1°
J	16.28	0 −0.02	μ	41°	+1° −1°
K	0.95	0 −0.02			

(1) 半球。

目的:检验 WY2.5×16 灯座的尺寸。

检验:应能把相关量规插入灯座直至完全插入。

GB/T 1483.4-7006-104E-1

WZ2.5×16 灯座用通规

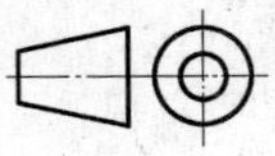

单位为毫米

附图仅表示量规的基本尺寸

关于 WZ2.5×16 灯座,见 GB/T 19148.4-7005-104C。

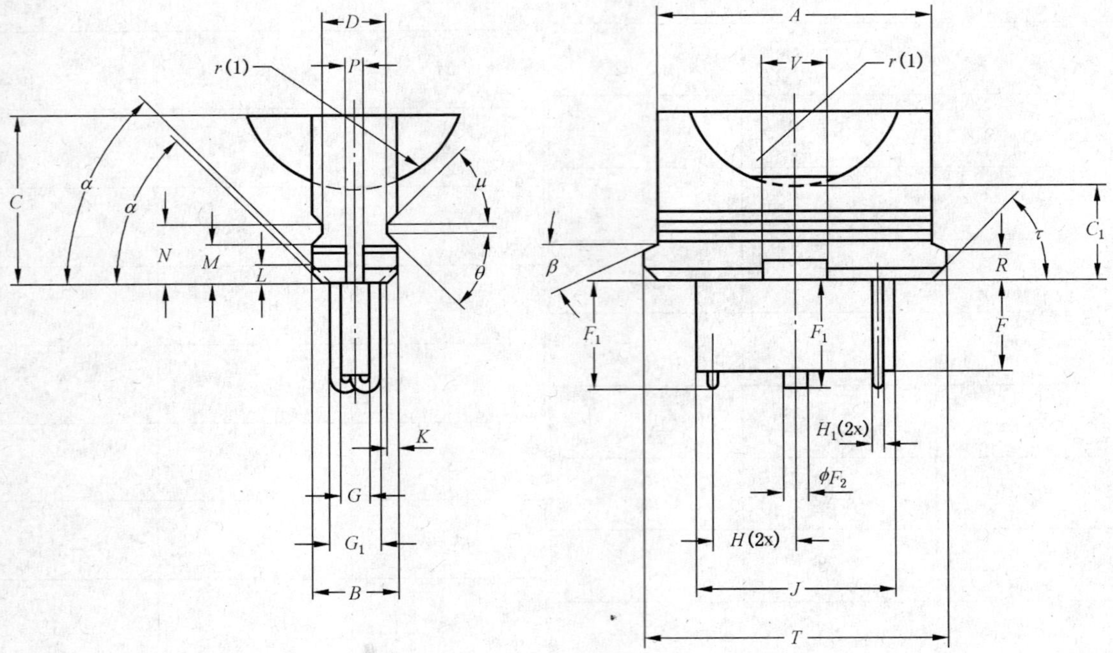

GB/T 1483.4-7006-104G-1

	WZ2.5×16 灯座用通规	2/2

单位为毫米

符号	尺寸	公差	符号	尺寸	公差
A	19.7	0 −0.05	L	1.8	+0.1 0
B	8.25	0 −0.02	M	3.85	+0.02 0
C	12.0	+0.1 −0.1	N	5.7	+0.02 0
C_1	6.8	+0.1 0	P	2.4	0 −0.03
D	6.32	0 −0.02	R	3.0	+0.01 −0.01
F	9.44	0 −0.04	T	22.37	0 −0.05
F_1	10.6	0 −0.1	V	5.6	+0.1 0
F_2	4.0	+0.1 −0.1	r(1)	8.1	+0.1 −0.1
G	2.78	0 −0.02	α	45°	+1° −1°
G_1	4.33	0 −0.02	β	25°	+1° −1°
H	6.45	+0.01 −0.01	τ	45°	+1° −1°
H_1	1.9	+0.04 −0.04	θ	45°	+1° −1°
J	16.28	0 −0.02	μ	41°	+1° −1°
K	0.95	0 −0.02			

(1) 半球。

目的：检验 WZ2.5×16 灯座的尺寸。

检验：应能把相关量规插入灯座直至完全插入。

GB/T 1483.4-7006-104G-1

W3×16d 和 WX3×16d 灯座的插入、保持和不可替换量规

1/2

单位为毫米

附图仅表示量规的基本尺寸

关于 W3×16d 和 WX3×16d 灯座，见 GB/T 19148.4-7005-105。

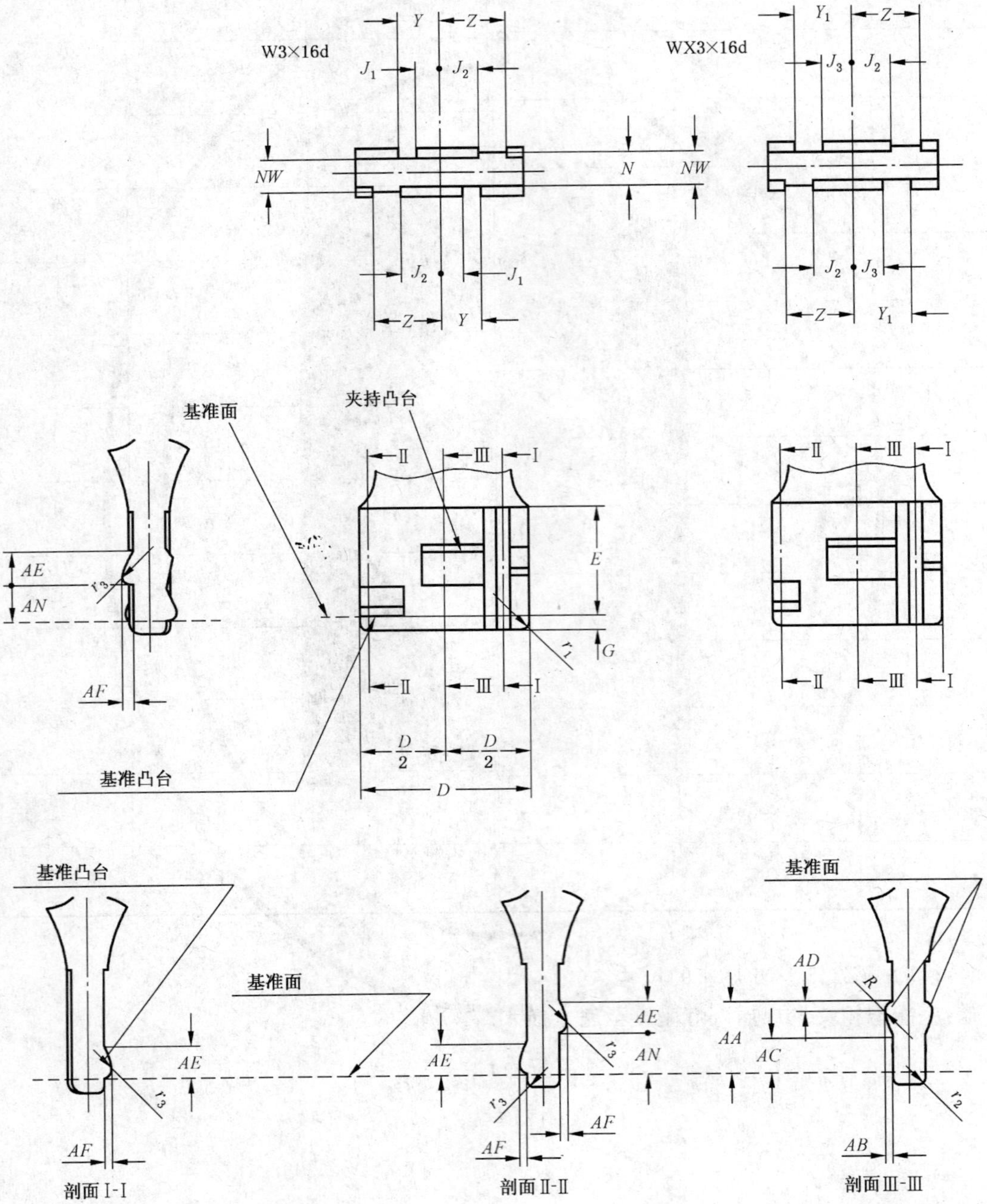

GB/T 1483.4-7006-105B-2

W3×16d 和 WX3×16d 灯座的插入、保持和不可替换量规	2/2

单位为毫米

量规 A			量规 B		
符号	尺寸	公差	符号	尺寸	公差
D	16.22	+0.0 −0.05	D	15.78	+0.05 −0.0
E	10	+0.5 −0.5	E	10	+0.5 −0.5
G	2.6	+0.1 −0.0	G	1.4	+0.0 −0.1
J_1(1)	1.8	+0.0 −0.1	J_1(1)	2.2	+0.1 −0.0
$J2$	4.3	+0.0 −0.1	J_2	4.7	+0.1 −0.0
J_3(2)	3.3	+0.0 −0.1	J_3(2)	3.8	+0.0 −0.1
N	3.2	+0.05 −0.0	N	2.8	+0.0 −0.05
R	0.3	+0.0 −0.1	R	0.3	+0.0 −0.1
Y(1)	4.2	+0.1 −0.0	Y(1)	3.8	+0.0 −0.1
Y_1(2)	5.2	+0.1 −0.0	Y_1(2)	4.8	+0.0 −0.1
Z	6.7	+0.1 −0.0	Z	6.3	+0.0 −0.1
AA	7.2	+0.05 −0.0	AA	6.8	+0.0 −0.05
AB	1.1	+0.05 −0.0	AB	0.9	+0.0 −0.05
AC	3.2	+0.2 −0.2	AC	3.5	+0.2 −0.2
AD	0.3	+0.0 −0.1	AD	0.5	+0.1 −0.0
AE	3	+0.2 −0.2	AE	3	+0.2 −0.2
AF	1	+0.1 −0.1	AF	1	+0.1 −0.1
AN	4	+0.2 −0.2	AN	4	+0.2 −0.2
NW	3.8	+0.05 −0.0	NW	3.4	+0.0 −0.05
r_1	约 0.5		r_1	约 0.5	
r_2	约 1		r_2	约 1	
r_3	约 0.5		r_3	约 0.5	

(1) 该量规不用于检验 WX3×16d 灯座。

(2) 该量规不用于检验 W3×16d 灯座。

目的：检验 W3×16d 和 WX3×16d 灯座的最大和最小插入力及最大和最小夹持力。

如果有带非相似指示的灯端插入被阻止需要特殊检验灯座 W3×16d 和 WX3×16d。

检验：检验按如下命令进行。

a) 用不大于 GB/T 19148.4-7005-105 所示的最大插入力的力应能将量规“A”插入灯座直至到达预定位置。完全插入后应能用不大于灯座 GB/T 19148.4-7005-105 所示的最大拔出力拔出量规。

b) 用不小于 GB/T 19148.4-7005-105 所示的最小插入力的力应能将量规“B”插入灯座直至到达预定位置。完全插入后应能用不小于 GB/T 19148.4-7005-105 所示的最小拔出力拔出量规。

量规“B”应不能插入到带非相似指示的灯座。

GB/T 1483.4-7006-105B-2

W3×16q 和 WX3×16q 灯座的插入、保持和不可替换量规

1/2

单位为毫米

附图仅表示量规的基本尺寸

关于 W3×16q 和 WX3×16q 灯座，见 GB/T 19148.4-7005-106。

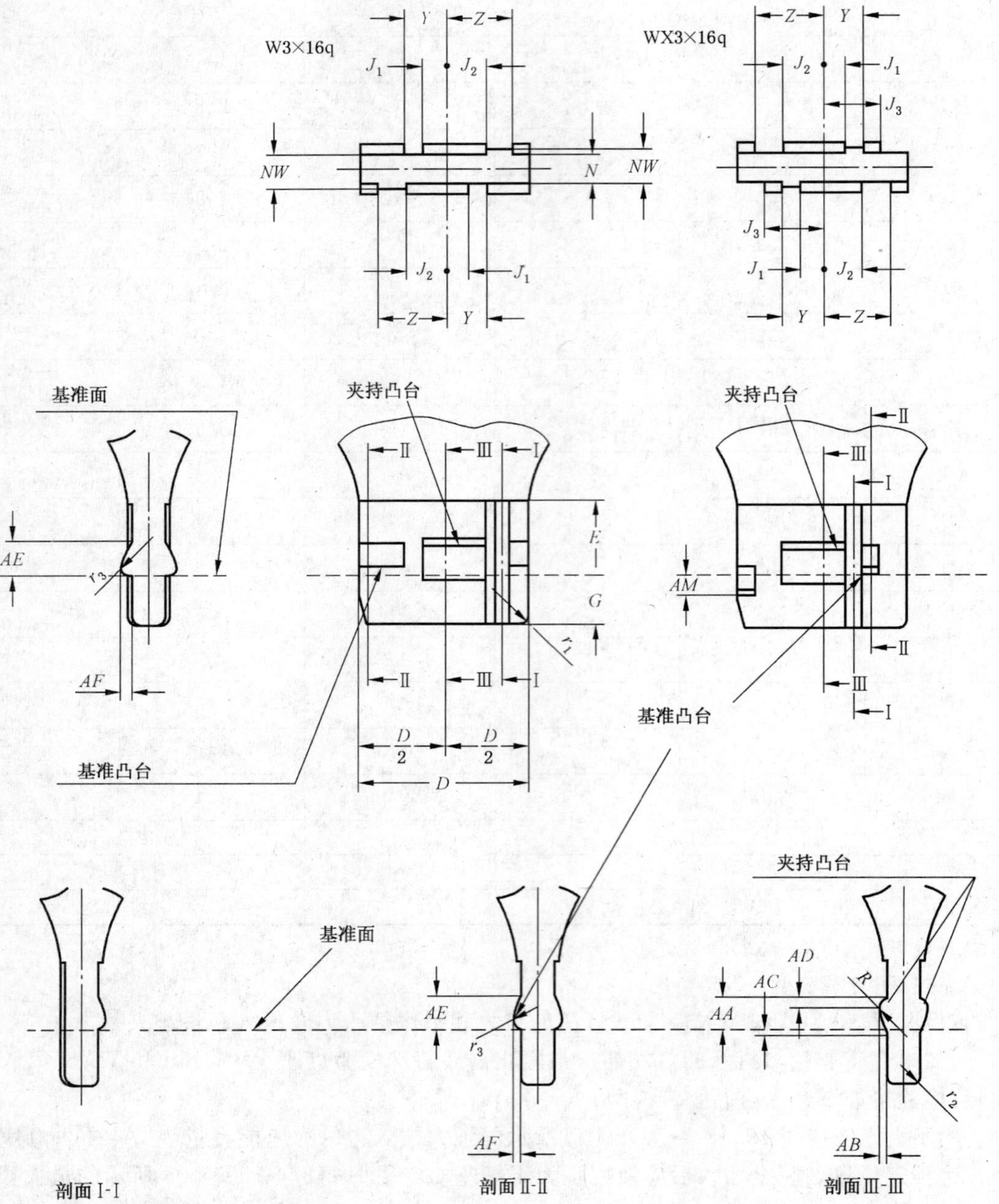

GB/T 1483.4-7006-106A-2

	W3×16q 和 WX3×16q 灯座的插入、保持和不可替换量规	2/2

单位为毫米

量规 A			量规 B		
符号	尺寸	公差	符号	尺寸	公差
D	16.22	+0.0 −0.05	*D*	15.78	+0.05 −0.0
E	10	+0.5 −0.5	*E*	10	+0.5 −0.5
G	6.6	+0.1 −0.0	*G*	5.4	+0.0 −0.1
J_1	1.8	+0.0 −0.1	J_1	2.2	+0.1 −0.0
J_2	4.3	+0.0 −0.1	J_2	4.7	+0.1 −0.0
J_3(1)	5.8	+0.0 −0.1	J_3(1)	6.2	+0.1 −0.0
N	3.2	+0.05 −0.0	*N*	2.8	+0.0 −0.05
R	0.3	+0.0 −0.1	*R*	0.3	+0.0 −0.1
Y	4.2	+0.1 −0.0	*Y*	3.8	+0.0 −0.1
Z	6.7	+0.1 −0.0	*Z*	6.3	+0.0 −0.1
AA	3.2	+0.05 −0.0	*AA*	2.8	+0.0 −0.05
AB	1.1	+0.05 −0.0	*AB*	0.9	+0.0 −0.05
AC	0.4	+0.2 −0.2	*AC*	0.8	+0.2 −0.2
AD	0.3	+0.0 −0.1	*AD*	0.5	+0.1 −0.0
AE	3	+0.2 −0.2	*AE*	3	+0.2 −0.2
AF	1	+0.1 −0.1	*AF*	1	+0.1 −0.1
AM(1)	2	+0.2 −0.2	*AM*(1)	2	+0.2 −0.2
NW	3.8	+0.05 −0.0	*NW*	3.4	+0.0 −0.05
r_1	约 0.5		r_1	约 0.5	
r_2	约 1		r_2	约 1	
r_3	约 0.5		r_3	约 0.5	

(1) 该量规不用于检验 W3×16q 灯座。

目的：检验 W3×16q 和 WX3×16q 灯座的最大和最小插入力及最大和最小夹持力。

如果有带非相似指示的灯端插入被阻止需要特殊检验灯座 W3×16q 和 WX3×16q。

检验：检验按如下命令进行。

a) 用不大于 GB/T 19148.4-7005-106 所示的最大插入力的力应能将量规“A”插入灯座直至到达预定位置。完全插入后应能用不大于 GB/T 19148.4-7005-106 所示的最大拔出力拔出量规。

b) 用不小于 GB/T 19148.4-7005-106 所示的最小插入力的力应能将量规“B”插入灯座直至到达预定位置。完全插入后应能用不小于 GB/T 19148.4-7005-106 所示的最小拔出力拔出量规。

量规“B”应不能插入到带非相似指示的灯座。

GB/T 1483.4-7006-106A-2

W4.3×8.5d 成对灯座的通规

1/1

单位为毫米

附图仅表示量规的基本尺寸

关于 W4.3×8.5d 灯座，见 GB/T 19148.4-7005-115。

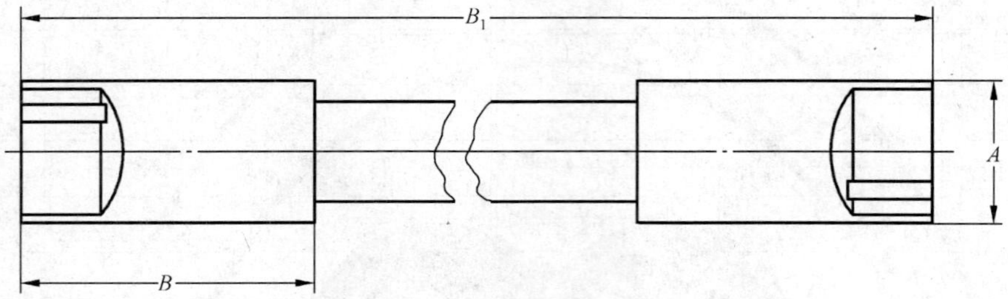

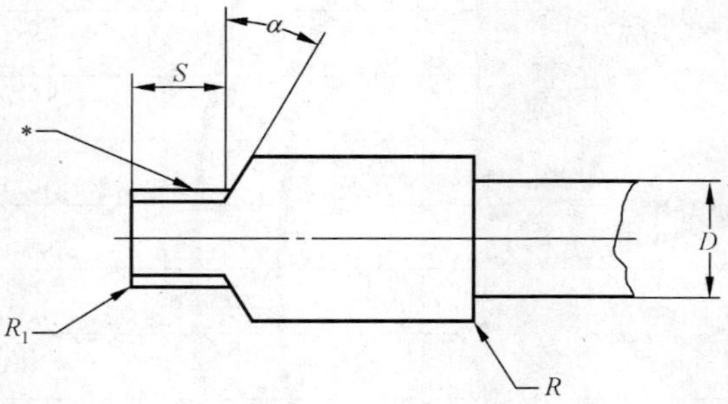

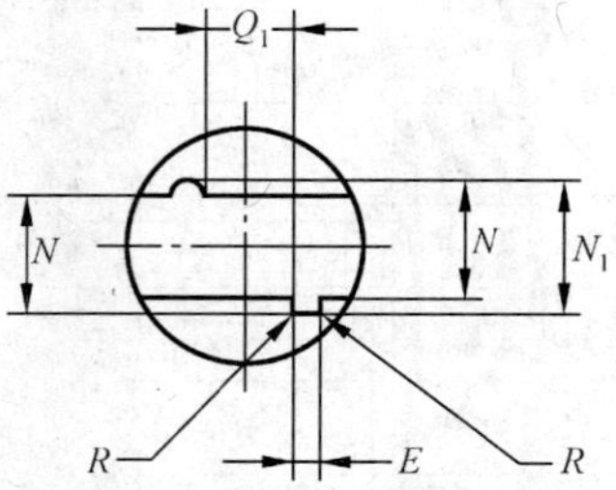

符号	尺寸	公差
A	8.5	+0.02 −0.0
B	17.5	+0.5 −0.0
B_1	219.3(1)	+0.05 −0.0
D	7.0	+0.2 −0.2
E	1.0	+0.05 −0.0
N	4.3	+0.02 −0.0
N_1	4.85	+0.02 −0.0
Q_1	3.4	+0.0 −0.1
R	0.3	+0.1 −0.1
R_1	0.8	+0.1 −0.1
S	4.8	+0.0 −0.02
α	30°	+1° −1°

目的：检验 W4.3×8.5d 成对灯座关于最大灯的入口。

检验：应能将该量规插入成对灯座。关于所用的最大力见 GB/T 19148.4-7005-115。

注：根据制造商的说明，应检验安装距离最小的灯座。

(1) 这个值相当于一个 6W 灯(见 IEC 60081)的最大 B 尺寸。检验安装到灯具中的成对灯座时尺寸 B_1 的值相当于公差为 0.05 mm 的相关灯的最大 B 尺寸。

* 尺寸为 S 的材料：淬火钢。

硬度(回火后)：洛氏圆锥体硬度，最小 55。

表面粗糙度：0.4 μm。

GB/T 1483.4-7006-115-1

横向插入 W4.3×8.5d 灯座 的最大插入力和最大拔出力的量规	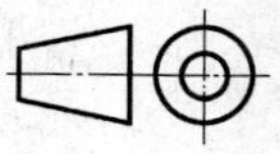 1/1

单位为毫米

附图仅表示量规的基本尺寸

关于 W4.3×8.5d 灯座，见 GB/T 19148.4-7005-115。

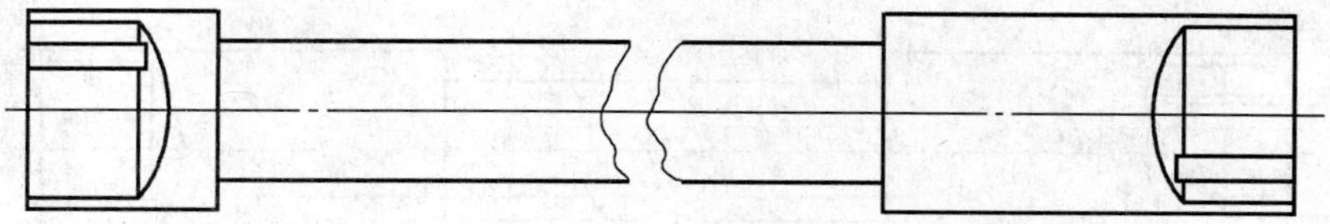

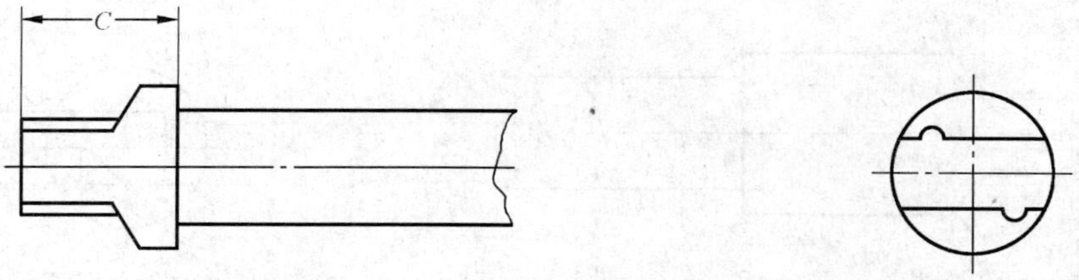

目的：检验横向插入 W4.3×8.5d 灯座在灯座接触区的最大插入力和最大拔出力。

检验：该量规应能插入成对灯座。对每个灯座来说插入力不能大于最大插入力，特别是用灯座活页中规定的量规时。把量规从灯座中拔出的力不能大于最大拔出力，特别是用灯座活页中的规定量规时。

注：根据灯座制造商的说明，检验安装距离最小的灯座。

符号	尺寸	公差
C^{*}	7.5	+0.0 −0.5

* 其他尺寸见通规 GB/T 1483.4-7006-115。

成对 W4.3×8.5d 灯座检验接触性用量规

1/1

单位为毫米

附图仅表示量规的基本尺寸

关于 W4.3×8.5d 灯座，见 GB/T 19148.4-7005-115。

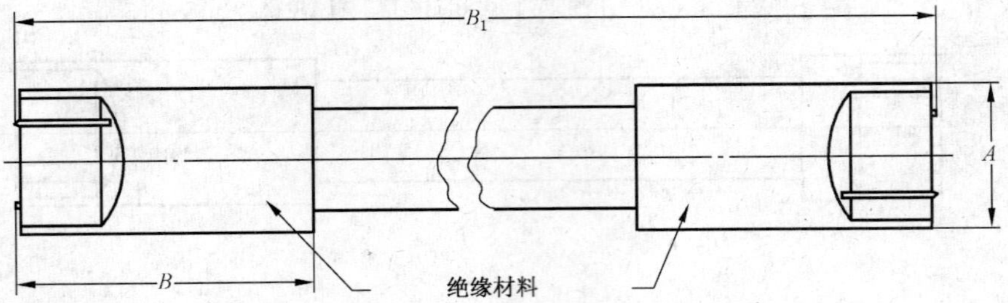

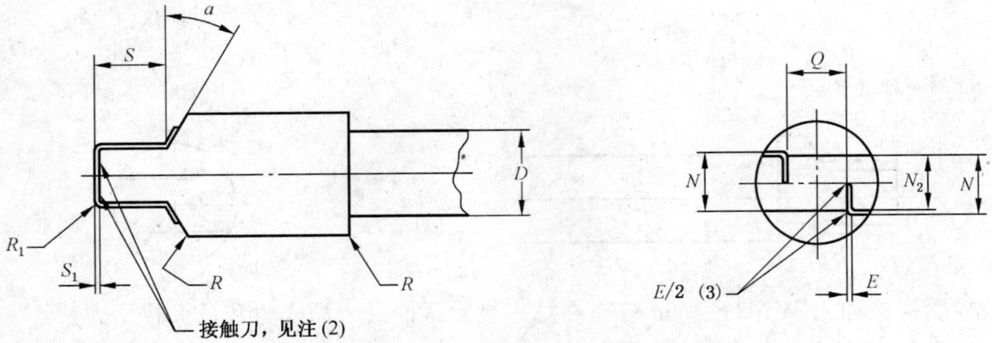

符号	尺寸	公差	磨损界线
A	8.2	+0.0 −0.02	
B	17.5	+0.5 −0.0	
B_1	217.3(1)	+0.0 −0.05	217.23
D	7.0	+0.2 −0.2	
E	0.5	+0.0 −0.02	
N	4.3	+0.0 −0.02	4.26
N_2	4.0	+0.02 −0.02	
Q	4.2	+0.01 −0.01	
R	0.5	+0.1 −0.1	
R_1	0.8	+0.1 −0.1	
S	4.8	+0.0 −0.02	
S_1	0.15	+0.0 −0.02	0.11
α	45°	+1° −1°	

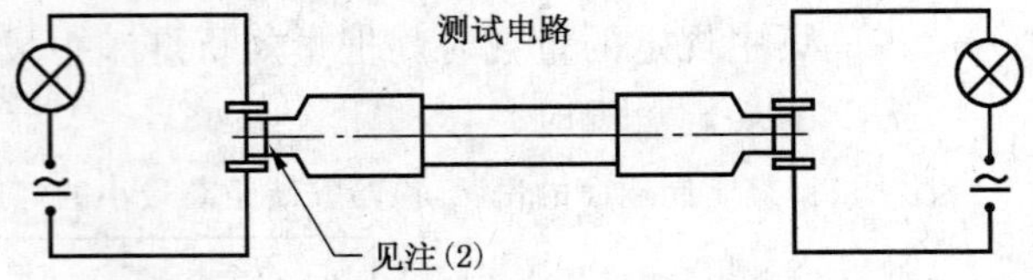

目的：检验柔性或刚性成对灯座 W4.3×8.5d 的接触性。

检验：如果量规模拟灯所有可能的操作位置时，两个指示灯都亮则可认为成对灯座 W4.3×8.5d 是合格的。

注：根据灯座制造商的说明，检验安装距离最大的灯座。

(1) 这个值相当于一个 6 瓦灯的最小 B 尺寸。当检验安装在灯具中的成对灯座时尺寸 B_1 相当于公差为−0.05的相关灯的最小 B 尺寸。

(2) 量规两端的两个接触板是电相连的。因为磨损，它们应是可替换的。

(3) 接触区域的半径。

* 材料：淬火钢。

硬度(回火后)：洛氏圆锥体硬度，最小 55。

表面粗糙度：0.4 μm(见 GB/T 1031—1995)。

GB/T 1483.4-7006-115B-1

	照相闪光灯用 W10.6×8.5d 灯座的量规	1/1

单位为毫米

附图仅表示量规的基本尺寸

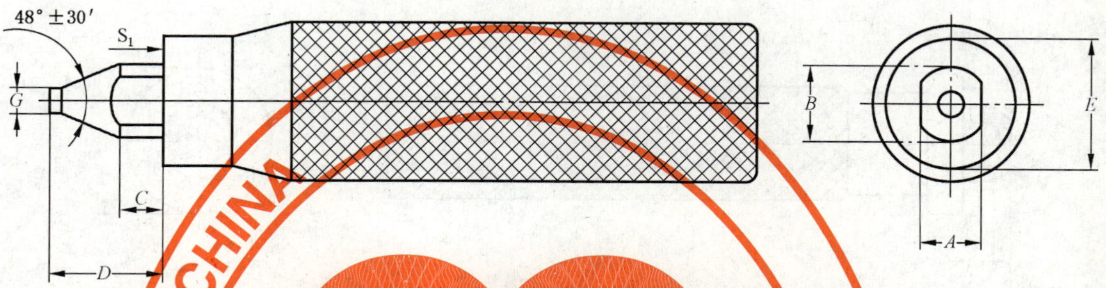

目的：GB/T 19148.4-7005-90 的 A、B_2、D、E 的最小值的控制及 GB/T 1406.4-7004-90 的空闲处需要的最大尺寸 G 的控制。

检验：如果量规能插入到足够深即面 S_1 接触到 GB/T 19148.4-7005-90 所示的 S 面可以认为该灯座是合格的。

符号	尺寸	公差
A	8.6	+0.0 −0.005
B	10.9	+0.0 −0.005
C	6.1	+0.1 −0.1
D	16.2	+0.0 −0.2
E	17	+0.0 −0.2
G	4.005	+0.0 −0.005

GB/T 1483.4-7006-90A-2

	照相闪光灯用 W10.6×8.5d 灯座的最大接触力量规	1/1

单位为毫米

附图仅表示量规的基本尺寸

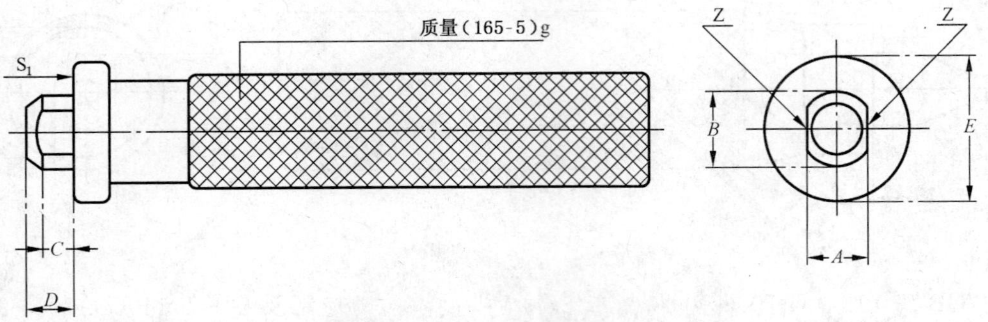

目的:弹簧触点最大力的控制如 GB/T 19148.4-7005-90 所示。

检验:如果量规(在垂直方向)在插入灯座达到面 S_1 时能够靠自身重量滑落可以认为灯座是合格的。

量规插入后,平行面 Z 不能接触量规,否则附加磨擦力将阻止量规下滑。用 GB/T 1483.4-7006-90A 所示的量规检验后应做这个实验。

符号	尺寸	公差
A	8.2	+0.1 −0.1
B	10	+0.0 −0.005
C	4	+0.2 −0.2
D	6	+0.3 −0.3
E	17	+0.0 −0.2

GB/T 1483.4-7006-90B-2

	照相闪光灯用 W10.6×8.5d 灯座的最小接触力量规	1/1

单位为毫米

附图仅表示量规的基本尺寸

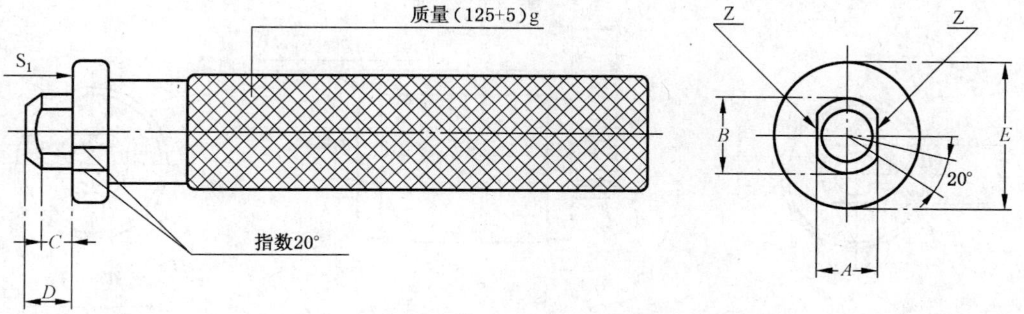

目的:弹簧触点的最小力和如 GB/T 19148.4-7005-90 所示尺寸 A 最大值的控制。

检验:如果量规(在垂直方向)在插入灯座达到面 S_1 时不能依靠自身重量滑落可以认为灯座是合格的。量规插入后平行面 Z 不能接触灯座,否则附加的摩擦力将阻止量规下滑。用 GB/T 1483.4-7006-90A 所示的量规检验后应做这个实验。

另外,考虑到灯座应不能将量规旋转大于 20°。

符号	尺寸	公差
A	8.25	+0.005 −0.0
B	10.4	+0.005 −0.0
C	4	+0.2 −0.2
D	6	+0.3 −0.3
E	17	+0.0 −0.2

GB/T 1483.4-7006-90C-2

	照相闪光灯用 W10.6×8.5d 灯座接触性的检验用塞规	1/1

单位为毫米

附图仪表示量规的基本尺寸

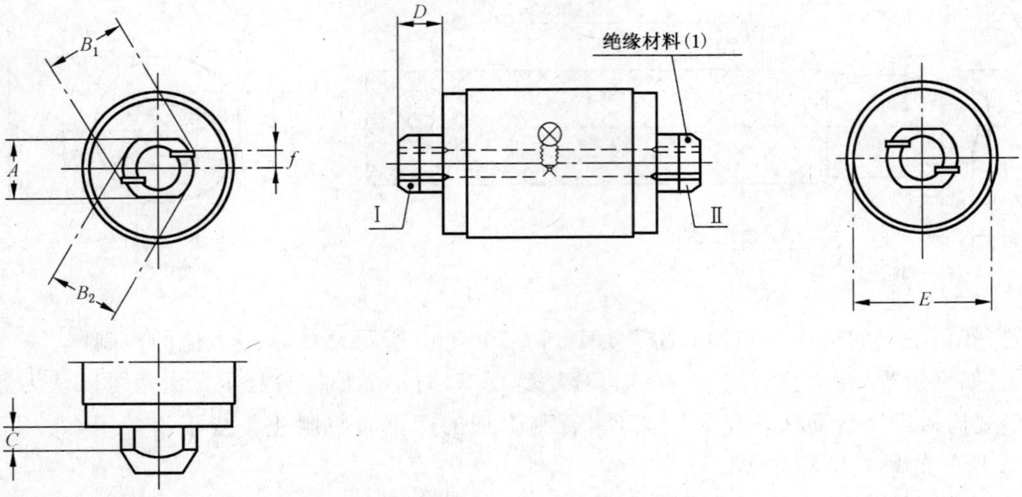

符号	尺寸	公差
A	8.1	+0.02 −0.0
B_1	10.4	+0.02 −0.0
B_2	9.9	+0.02 −0.0
C	3	+0.2 −0.2
D	6	+0.3 −0.3
E	17	+0.0 −0.2
f	2	+0.0 −0.05

目的：检验 GB/T 19148.4-7005-90 所示灯座弹簧接触面的接触性。

检验：如果当Ⅰ端或Ⅱ端插入到灯座连接成合适供电的任何可能位置时指示灯亮可以认为灯座是合格的。

(1) 绝缘材料应是绝对不收缩不变形的。

GB/T 1483.4-7006-90D-2

	X511 灯座用量规	1/1

单位为毫米

附图仅表示量规的基本尺寸

关于 X511 灯座,见 GB/T 19148.4-7005-99。

符号	尺寸	公差
A_1	4.57	+0.0 −0.02
A_2	17.07	+0.0 −0.02
B	0.85	+0.0 −0.05
E	13.99	+0.0 −0.02
F_1	1.93	+0.02 −0.0
F_2	12.97	+0.0 −0.02
G	1.975	+0.005 −0.0
H	2.475	+0.005 −0.0
J_1	5.52	+0.0 −0.01
J_2	10.32	+0.0 −0.02
T	0.8	+0.02 −0.0
U	3.47	+0.0 −0.02
a	3.0	+0.1 −0.1
b	3.0	+0.1 −0.1
r_2	0.25	+0.0 −0.05

目的:按照适合灯座的最大灯头的灯座尺寸 T 的最小值检验 X511 灯座。

检验:量规应能插入灯座直到量规的 Y 面和灯座的三个支撑凸台相接触。在该位置量规的 Z 面与基准管脚的上表面和灯座安装销的上表面共面或低于基准管脚的上表面和灯座安装销的上表面。

GB/T 1483.4-7006-99A-1

	X511 灯座用止规	1/1

单位为毫米

附图仅表示量规的基本尺寸

关于 X511 灯座,见 GB/T 19148.4-7005-99。

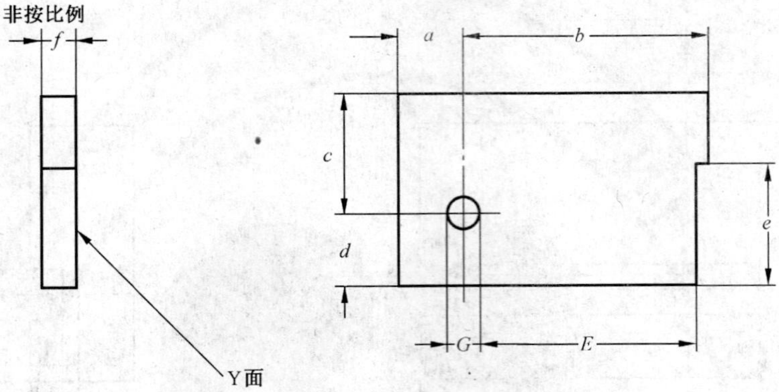

目的:X511 灯座的尺寸 E 的最大值。

检验:量规应不能插入灯座到量规的 Y 面和灯座的三个支撑凸台相接触的程度。

符号	尺寸	公差
E	13.475	+0.010 −0.0
G	2.0	+0.05 −0.0
a	4	+0.1 −0.1
b	15.5	+0.1 −0.1
c	7.5	+0.1 −0.1
d	4.5	+0.1 −0.1
e	7.5	+0.1 −0.1
f	2	+0.1 −0.1

GB/T 1483.4-7006-99B-1

	X 型魔方灯管用灯座塞规	1/3

单位为毫米

附图仅表示量规的基本尺寸

该活页给出了两套量规的详细说明，每套包括两种量规（最大和最小）。

一套用来检验柔性灯座（2 页），另一套用来检验刚性灯座（3 页）。

两种灯座的定义，见 GB/T 19148.4-7005-98。

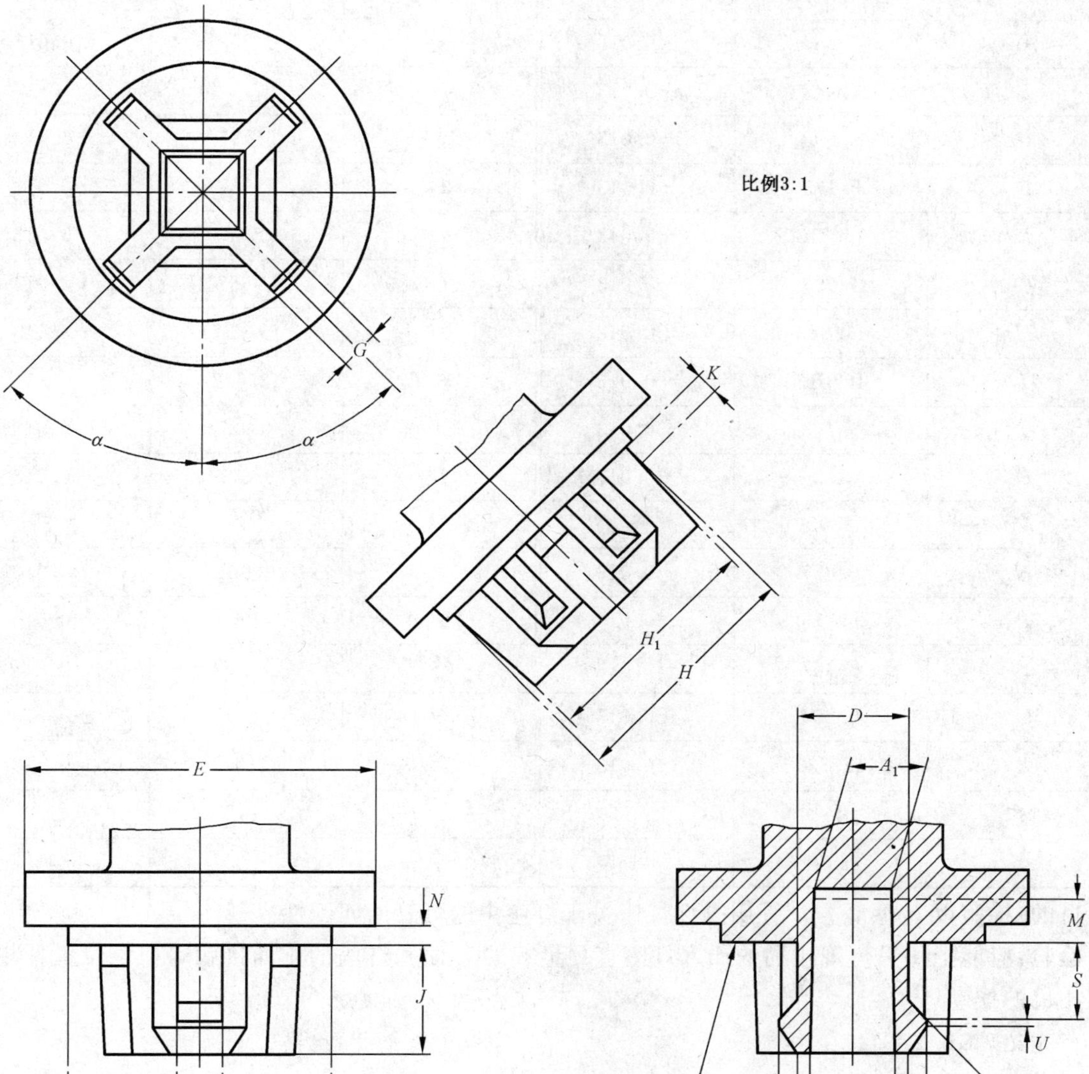

GB/T 1483.4-7006-98-1

	X 型魔方灯管用灯座塞规	2/3

单位为毫米

柔性*灯座用量规

最大量规			最小量规		
符号	尺寸	公差	符号	尺寸	公差
A	3.717	+0.013	A	3.903	−0.013
A_1	3.467	+0.013	A_1	3.653	−0.013
B	1.947	+0.013	B	2.1	±0.1
C	6.693	−0.013	C	6.517	+0.013
D	5.173	−0.013	D	4.987	+0.013
E	16.313	−0.013	E	15.687	+0.013
G	1.793	−0.013	G	1.687	+0.013
H	11.013	−0.013	H	10.837	+0.013
H_1	10.813	−0.013	H_1	10.527	+0.013
J	5.173	−0.013	J	4.987	+0.013
K	1.0	−0.013	K	0.677	+0.013
M	2.03	—	M	2.03	—
N	0.677	+0.013	N	0.923	−0.013
P	5.173	−0.013	P	4.963	+0.013
S	3.467	+0.013	S	3.643	−0.013
U	0.254	±0.013	U	0.254	±0.013
X	12.333	−0.013	X	11.927	+0.013
α	45°	±5′	α	45°	±5′
γ	43°30′	+15′	γ	46°30′	−15′

目的：检验以 X 型魔方灯管用柔性灯座关于灯座中的灯管的匹配性。

检验：应能把每只量规顺利的插入灯座直到量规的 Z 面和灯座的正面接触。在该位置量规不影响照相机的摆动。

* 定义见 GB/T 19148.4-7005-98。

GB/T 1483.4-7006-98-1

X 型魔方灯管用灯座塞规	3/3

单位为毫米

刚性* 灯座用量规

最大量规			最小量规		
符号	尺寸	公差	符号	尺寸	公差
A	3.705	+0.013	A	3.915	−0.013
A_1	3.445	+0.013	A_1	3.665	−0.013
B	1.935	+0.013	B	2.1	±0.1
C	6.705	−0.013	C	6.505	+0.013
D	5.185	−0.013	D	4.975	+0.013
E	16.325	−0.013	E	15.675	+0.013
G	1.805	−0.013	G	1.675	+0.013
H	11.025	−0.013	H	10.825	+0.013
H_1	10.825	−0.013	H_1	10.515	+0.013
J	5.185	−0.013	J	4.975	+0.013
K	0.865	−0.013	K	0.665	+0.013
M	1.88	—	M	1.88	—
N	0.665	+0.013	N	0.935	−0.013
P	5.185	−0.013	P	4.975	+0.013
S	3.455	+0.013	S	3.655	−0.013
U	0.254	±0.013	U	0.254	±0.013
X	12.345	−0.013	X	11.915	+0.013
α	45°	±5′	α	45°	±5′
γ	43°30′	+15′	γ	46°30′	−15′

目的：检验以 X 型魔方灯管用柔性灯座关于灯座中的灯管的匹配性。

检验：应能把每只量规顺利的插入灯座直到量规的 Z 面和灯座的正面接触。在该位置量规不影响照相机的摆动。

* 定义见 GB/T 19148.4-7005-98。

GB/T 1483.4-7006-98-1

	X 型魔方灯管用灯座的拔出力量规	1/1

单位为毫米

附图仅表示量规的基本尺寸

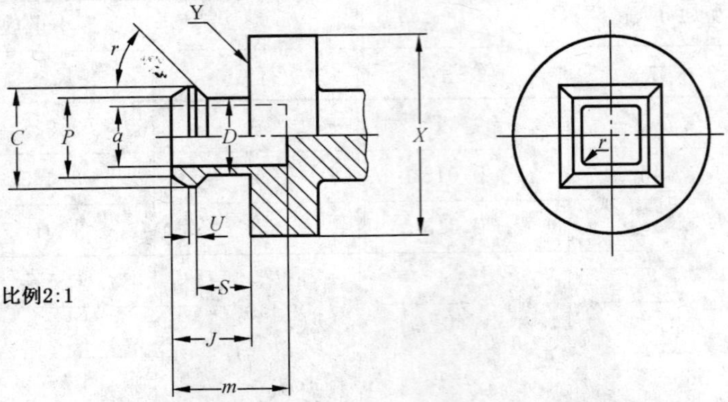

比例2:1

目的：根据 GB/T 19148.4-7005-98 检验从灯座中拔出魔方灯管所需要的最大力。

检验：把量规插入灯座直到 Y 面与灯座面紧密接触。

把量规拔出灯座的力应不小于 12N* 。

* 这个力(正在研究中)要考虑到模制材料和模制材料之间的摩擦系数与模制材料和钢性材料之间的摩擦系数的不同。

符号	尺寸	公差
a	4	+0.1 −0.0
C	6.6	+0.01 −0.01
D	5.08	+0.02 −0.02
J	5.08	+0.02 −0.02
m	7.5	+1 −0
P	5.08	+0.02 −0.02
S	3.55	+0.01 −0.01
U	0.25	+0.02 −0.02
X	12.29	+0.01 −0.01
r	0.1	+0.05 −0.05
γ	45°	+10′ −10′

GB/T 1483.4-7006-98A-1

ICS 77.150.30
H 62

中华人民共和国国家标准

GB/T 1531—2009
代替 GB/T 1531—1994

铜及铜合金毛细管

Capillary tube of copper and copper alloys

2009-04-15 发布　　　　2010-02-01 实施

中华人民共和国国家质量监督检验检疫总局
中国国家标准化管理委员会　发布

前　言

本标准修改采用ASTM B 360—2001《限流用拉制硬态铜毛细管》。

本标准与美国ASTM B 360—2001《限流用拉制硬态铜毛细管》的差异：

——本标准包括纯铜类、黄铜类、青铜类毛细管，ASTM B 360—2001仅包括C10800、C12000或C12200牌号纯铜类毛细管；

——本标准根据用途将产品分为2级：高精级和普通级，高精级尺寸偏差严于ASTM B 360—2001尺寸偏差；

——本标准对铜合金毛细管力学性能有具体要求；

——本标准将毛细管清洁度要求分为内壁残渣要求、内壁油分要求以及内腔水分要求，ASTM B 360—2001仅规定内表面积上的残渣总量要求。

本标准同时还参考了BS EN 12540：1999《铜和铜合金——无缝圆形毛细管》。

本标准代替GB/T 1531—1994《铜及铜合金毛细管》。

本标准与GB/T 1531—1994相比主要作了如下修改：

——原标准"根据用途将产品分为3级：高级、较高级和普通级"，修改为"2级：高精级和普通级"，并对管材的尺寸偏差进行了加严；

——增加牌号H90、H85、H80、H70、H65、H63，删除牌号BZn15-20；

——扩宽了管材的规格，外径范围由原来0.5 mm～3.0 mm扩为0.5 mm～6.10 mm；内径范围由原来0.3 mm～2.5 mm扩为0.3 mm ～4.45 mm；

——直条供应管材其长度范围由"150 mm～3 500 mm"扩为"50 mm ～6 000 mm "；

——增加了定尺墩台(限位)毛细管长度、外径、内径及其公差要求；

——增加了铜合金管材卷边试验要求、维氏硬度试验要求和残余应力试验要求；

——增加了涡流探伤要求；

——将原标准中的毛细管清洁度测试方法，分解为毛细管内壁残渣测试方法、毛细管内壁油分测试方法以及毛细管内腔水分测试方法。

本标准的附录A、附录B、附录C、附录D、附录E是资料性附录。

本标准由中国有色金属工业协会提出。

本标准由全国有色金属标准化技术委员会归口。

本标准由金龙铜管集团无锡金龙川村精管有限公司、高新张铜股份有限公司、浙江卓达铜业有限公司负责起草。

本标准主要起草人：刘滨、刘爱奎、王伟、高继军、马俊环、王从权、刘苏根、吴雪梅 、董江华、郑斌荣、许强、王旭燕。

本标准所代替标准的历次版本发布情况为：

——GB/T 1531—1994。

铜及铜合金毛细管

1 范围

本标准规定了铜及铜合金毛细管(以下简称管材)的要求、试验方法、检验规则和标志、包装、运输、贮存及订货单(或合同)内容等。

本标准根据用途将产品分为2级：

高精级——适用于家用电冰箱、空调、电冰柜、高精度仪表、高精密医疗仪器等工业部门用的铜及铜合金毛细管。

普通级——适用于一般精度的仪器、仪表和电子等工业部门用的铜及铜合金毛细管。

2 规范性引用文件

下列文件中的条款通过本标准的引用而成为本标准的条款。凡是注日期的引用文件，其随后所有的修改单(不包括勘误的内容)或修订版均不适用于本标准，然而，鼓励根据本标准达成协议的各方研究是否可使用这些文件的最新版本。凡是不注日期的引用文件，其最新版本适用于本标准。

GB/T 228—2002 金属材料 室温拉伸试验方法

GB/T 245 金属管 卷边试验方法

GB/T 2828.1 计数抽样检验程序 第1部分：按接收质量限(AQL)检索的逐批检验抽样计划

GB/T 4340.1 金属维氏硬度试验 第1部分：试验方法

GB/T 5121(所有部分) 铜及铜合金化学分析方法

GB/T 5231 加工铜及铜合金 化学成分和产品形状

GB/T 5248 铜及铜合金无缝管涡流探伤方法

GB/T 8888 重有色金属加工产品的包装、标志、运输和贮存

GB/T 10567.1 铜及铜合金加工材残余应力检验方法 硝酸亚汞试验法

GB/T 10567.2 铜及铜合金加工材残余应力检验方法 氨熏试验法

YS/T 347 铜及铜合金平均晶粒度测定方法

3 术语和定义

下列术语和定义适用于本标准。

3.1

毛细管 capillary

具有高质量内表面并符合精密直径公差的小内径管。

3.2

压力差 pressure difference

一定长度毛细管的内孔阻力降。

3.3

流量 flow

在一定温度、一定大气压力和一定进口压力下单位时间内通过毛细管的气体体积。

3.4

残渣 residue

管材单位内表面积上残留的固体杂质。

3.5

定尺墩台(限位)　bulge circle

为保证毛细管与其他零部件在连接时插入尺寸的准确性,在毛细直管上制成的限位环。

4 要求

4.1 产品分类

4.1.1 牌号、状态、规格

产品的牌号、状态和规格应符合表1的规定。

表1 牌号、状态和规格

牌　号	供应状态	规格/mm 外径×内径	长度/mm	
			盘管	直管
T2、TP1、TP2、H85、H80、H70、H68、H65、H63、H62	硬(Y)、半硬(Y_2)、软(M)	(ϕ0.5～ϕ6.10)×(ϕ0.3～ϕ4.45)	≥3 000	50～6 000
H96、H90 QSn4-0.3、QSn6.5-0.1	硬(Y)、软(M)			
注:根据用户需要,可供应其他牌号、状态和规格的管材。				

4.1.2 标记示例

产品标记按产品名称、牌号、状态、精度、规格和标准编号的顺序表示。标记示例如下:

例1:用T2制造的、硬状态、高精级、外径为2.00 mm、内径为0.70 mm的毛细管标记为:

管 T2Y 高　2.00×0.70　GB/T 1531—2009

例2:用H68制造的、半硬状态、普通级、外径为1.50 mm、内径为0.80 mm的毛细管标记为:

管 H68Y_2　1.50×0.80　GB/T 1531—2009

4.2 化学成分

管材的化学成分应符合GB/T 5231的规定。

4.3 尺寸及其允许偏差

4.3.1 高精级管材的外径、内径及其允许偏差应符合表2的规定。

表2 高精级管材的外径、内径及其允许偏差　　单位为毫米

外　径		内　径	
公称尺寸	允许偏差	公称尺寸	允许偏差
<1.60	±0.02	<0.60[a]	±0.015[a]
≥1.60	±0.03	≥0.60	±0.02
[a] 内径小于0.60 mm的毛细管,内径及其允许偏差可以不测,但必须用流量或压力差试验来保证。			

4.3.2 普通级管材的外径、内径及其允许偏差应符合表3的规定。

表3 普通级管材的外径、内径及其允许偏差　　单位为毫米

外　径		内　径
公称尺寸	允许偏差	允　许　偏　差
≤3.0	±0.03	±0.05
>3.0	±0.05	

4.3.3 直管长度允许偏差应符合表4的规定。

表 4 直管长度允许偏差

单位为毫米

长 度	允 许 偏 差
50～150	±1.0
>150～500	±2.0
>500～1 000	±3.0
>1 000～2 000	±5.0
>2 000～6 000	±7.0

4.3.4 定尺墩台(限位)毛细管(如图 1 所示)长度偏差执行表 4,其余偏差执行表 5。

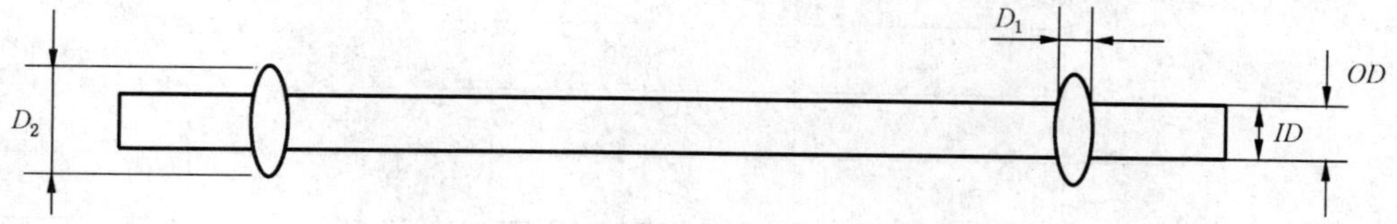

图 1 定尺墩台(限位)毛细管

表 5 定尺墩台(限位)毛细管尺寸允许偏差

单位为毫米

外径 OD	内径 ID	墩台外径 D_2	墩台宽度 D_1
±0.05	±0.03	(OD+0.3～0.8)±0.4	(1.5～3.0)±0.5
注:墩台外径、宽度值可根据用户要求具体确定。			

4.3.5 软态管材圆度不作规定,其他管材的圆度应不超出外径允许偏差。

4.4 力学性能

管材的纵向室温力学性能应符合表 6 的规定。需方有要求并在合同中注明时,可选择维氏硬度试验。当选择维氏硬度试验时,拉伸试验结果仅供参考。

表 6 管材的室温力学性能

牌 号	状 态	拉伸试验		硬度试验
		抗拉强度 R_m/(N/mm²)	断后伸长率 A/%	维氏硬度 HV
TP2、T2、TP1	M	≥205	≥40	—
	Y_2	245～370	—	—
	Y	≥345	—	—
H96	M	≥205	≥42	45～70
	Y	≥320	—	≥90
H90	M	≥220	≥42	40～70
	Y	≥360	—	≥95
H85	M	≥240	≥43	40～70
	Y_2	≥310	≥18	75～105
	Y	≥370	—	≥100

表 6（续）

牌　　号	状　　态	拉伸试验		硬度试验
		抗拉强度 R_m/(N/mm²)	断后伸长率 A/%	维氏硬度 HV
H80	M	≥240	≥43	40～70
	Y_2	≥320	≥25	80～115
	Y	≥390	—	≥110
H70、H68	M	≥280	≥43	50～80
	Y_2	≥370	≥18	90～120
	Y	≥420	—	≥110
H65	M	≥290	≥43	50～80
	Y_2	≥370	≥18	85～115
	Y	≥430	—	≥105
H63、H62	M	≥300	≥43	55～85
	Y_2	≥370	≥18	70～105
	Y	≥440	—	≥110
QSn4-0.3 QSn6.5-0.1	M	≥325	≥30	≥90
	Y	≥490	—	≥120
注：外径与内径之差小于 0.30 mm 的毛细管不作拉伸试验。有特殊要求者，由供需双方协商解决。				

4.5　工艺性能

4.5.1　通气性

普通级管材应进行通气性试验，内孔应畅通。允许有微量氧化粉末。长度小于 3 000 mm 的管材，通气性试验可以不做，但必须保证。

4.5.2　气密性

管材应进行气密性试验。在表 7 规定的时间和压力下，管材应不变形、不漏气。长度小于 3 000 mm的管材，气密性试验可以不做，但必须保证。

表 7　气密性试验

外径与内径之差(2 倍壁厚)/mm	气体压力/(N/mm²)		持续时间/s
	高　精　级	普　通　级	
0.20～0.50	—	2.0	30～60
>0.50～0.70	—	2.9	
>0.70～1.00	6.9	4.9	
>1.00～1.80	7.8	6.9	

4.5.3　压力差试验或流量试验

高精级管材应进行压力差试验或流量试验，压力差值或流量值由供需双方协商。通常情况下，压力差值的偏差控制范围为±0.02 N/mm²，流量偏差控制在±5%以内。

4.5.4　卷边试验

需方有要求并在合同中注明时，软态铜合金管材可进行卷边试验。顶心锥度为 90°，顶心曲率半径为 1 mm；卷边后，卷边的外径应至少大于名义外径的 40%，应无肉眼可见的裂纹。

4.6 晶粒度

需方有要求并在合同中注明时，软态管材可进行晶粒度检验。管材的平均晶粒度要求由供需双方协商确定。

4.7 残余应力试验

硬态铜合金管材应进行消除应力退火。需方要求并在合同中注明时，可进行残余应力试验，试验后管材不应出现裂纹。

4.8 涡流探伤检验

需方要求并在合同中注明时，冷加工状态(包括退火前的冷加工状态)的管材可进行涡流探伤试验，其人工标准缺陷(钻孔直径)应符合 GB/T 5248 的规定。直管不允许有探伤缺陷，盘管的探伤缺陷数由供需双方商定。

4.9 表面质量

4.9.1 管材内外表面应光滑、清洁，不允许有裂纹、针孔、起皮、分层、气泡、夹杂和绿锈等影响使用的缺陷。

4.9.2 管材表面允许有轻微的、局部的、不使管材外径超出允许偏差的划伤、凹坑、压入物和斑点等缺陷。

4.9.3 管材两端内外侧不应有影响使用的毛刺、飞边等缺陷。

4.10 清洁度

高精级管材的内壁应足够清洁，管内腔水分不超过 0.1 g/m^2，内壁油分不超过 0.1 g/m^2，内壁残渣不超过 0.2 g/m^2。

5 试验方法

5.1 化学成分的仲裁分析方法

管材的化学成分仲裁分析方法按 GB/T 5121 的规定进行。

5.2 尺寸测量方法

管材用相应精度的测量工具测量尺寸。

5.3 力学性能检验方法

管材的室温拉伸试验按 GB/T 228—2002 的规定进行，其拉伸试样按 GB/T 228—2002 中 S7 试样的规定进行。

管材维氏硬度试验按 GB/T 4340.1 的规定进行。

5.4 工艺性能检验方法

5.4.1 通气性检验方法

管材的通气性试验应在不大于 7.8 N/mm^2 的气体压力吹刷下进行，当置于水中的管材的一端有较剧烈的翻泡现象时，证明管材畅通。

5.4.2 气密性检验方法

管材的气密性试验，应将管材一端密封，浸入水中，在另一端通气，使其承受表 7 的试验要求。

5.4.3 压力差检验方法

管材的压力差试验参照附录 A 进行。有特殊要求时，试验方法由供需双方协商决定。

5.4.4 流量检验方法

管材的流量试验参照附录 B 进行。有特殊要求时，试验方法由供需双方协商决定。

5.4.5 卷边试验方法

管材的卷边试验方法按 GB/T 245 的规定进行。

5.5 晶粒度检验方法

管材的晶粒度检验按 YS/T 347 的规定进行。

5.6 残余应力检验方法

管材的残余应力试验方法按 GB/T 10567.1 或 GB/T 10567.2 的规定进行，推荐采用 GB/T 10567.2的规定进行。

5.7 涡流探伤检验方法

管材的涡流探伤试验方法按 GB/T 5248 的规定进行。

5.8 表面质量检验

管材应用目视进行外表面检查。

5.9 清洁度检验方法

管材的内壁残渣试验可参照附录C进行，管材的内壁油分试验可参照附录D进行，管材的内腔水分试验可参照附录E进行。

6 检验规则

6.1 检查和验收

6.1.1 管材应由供方技术监督部门进行检验，保证产品质量符合本标准或订货合同的规定，并填写质量证明书。

6.1.2 需方应对收到的产品按本标准的规定进行检验。检验结果与本标准及订货合同的规定不符时，应以书面形式向供方提出，由供需双方协商解决。属于表面质量及尺寸偏差的异议，应在收到产品之日起一个月内提出，属于其他性能的异议，应在收到产品之日起三个月内提出。如需仲裁，供需双方应在需方共同进行仲裁取样。

6.2 组批

管材应成批提交检验，每批应由同一牌号、状态和规格组成。每批重量应不大于 500 kg。

6.3 检验项目

每批管材应进行化学成分、外形尺寸偏差、力学性能、通气性、气密性及表面质量的检验，高精级管材还应进行压力差或流量试验和内壁清洁度的检验。

用户要求时，管材应进行晶粒度检验、残余应力检验、卷边试验检验和涡流探伤检验。

6.4 取样

取样应符合表8的规定。

表8 取样规定

检验项目	取样规定	要求的章条号	试验的章条号
化学成分	任取2根/批，1个试样/根	4.2	5.1
尺寸偏差	按照 GB/T 2828.1 规定取样，一般检验水平Ⅱ或供需双方协商	4.3	5.2
力学性能	任取2根/批，1个试样/根	4.4	5.3
通气性	卷材任取3根/批，每根取 3 m～40 m	4.5.1	5.4.1
气密性	卷材任取3根/批，每根取 3 m～40 m	4.5.2	5.4.2
压力差	卷材任取3根/批	4.5.3	5.4.3
流量	卷材任取3根/批	4.5.3	5.4.4
卷边试验	任取2根/批，1个试样/根	4.5.4	5.4.5
晶粒度	任取2根/批，1个试样/根	4.6	5.5
残余应力	任取2根/批，每根取 150 mm	4.7	5.6

表 8（续）

检验项目	取样规定	要求的章条号	试验的章条号
涡流探伤	逐根检验	4.8	5.7
表面质量	按照 GB/T 2828.1 规定取样， 一般检验水平Ⅱ或供需双方协商	4.9	5.8
清洁度	任取 2 根/批，每根取 2 m	4.10	5.9
注：尺寸偏差和表面质量接收质量限 AQL＝2.5。			

6.5 检验结果的判定

管材的检验结果应按表 9 的规定进行判定。

表 9 检验结果的判定

检验项目	检验结果的判定
化学成分	化学成分不合格，判该批不合格。
力学性能	如试验中出现不合格，从该批产品(包括原检验不合格的那件产品)中再取双倍数量的试样进行重复试验，如仍有不合格则判该批不合格，允许逐件检验，合格者交付。
工艺性能	
清洁度	
尺寸偏差	
表面质量	
涡流探伤	按根判不合格。
晶粒度	如试验中出现不合格，从该批产品(包括原检验不合格的那件产品)中再取双倍数量的试样进行重复试验，如仍有不合格则判该批不合格。
残余应力	

7 标志、包装、运输、贮存

7.1 标志

7.1.1 在检验合格的管材标签上应标注如下标志：

a) 供方技术监督部门印记；

b) 合金牌号；

c) 规格；

d) 供应状态；

e) 批号；

f) 生产日期；

g) 净重或数量；

h) 执行标准；

i) 其他。

7.1.2 管材的包装标志应符合 GB/T 8888 的规定。

7.2 包装、运输、贮存及质量证明书

7.2.1 管材的包装、运输、贮存及质量证明书应符合 GB/T 8888 的规定。

7.2.2 包装方式有特殊要求时由供需双方协商确定。

7.2.3 高精级管材包装要求由供需双方协商确定。

8 订货单(或合同)内容

本标准所列材料的订货单(或合同)内应包括下列内容:

a) 材料名称;
b) 合金牌号;
c) 材料状态;
d) 尺寸规格;
e) 尺寸允许偏差(有特殊要求时);
f) 晶粒度;
g) 硬度;
h) 供货形状;
i) 重量或数量;
j) 压力差或流量要求;
k) 本标准编号;
l) 其他。

附 录 A
（资料性附录）
毛细管压力差值测试方法

A.1 范围

A.1.1 本方法规定了毛细管压力差值测试方法。

A.1.2 本方法适用于毛细管的内孔通过能力的相对检测。

A.2 方法原理

利用毛细管的内孔节流特性，以固定的进口压力通过仪器上的阻尼管和被测毛细管读出中间压力差值来反映一定长度毛细管的内孔阻力，从而在很短的时间内可以判断出毛细管的流量特性。

A.3 设备

A.3.1 瓶装氮气或干燥压缩空气。

A.3.2 压力差专用测试装置(见图 A.1)。

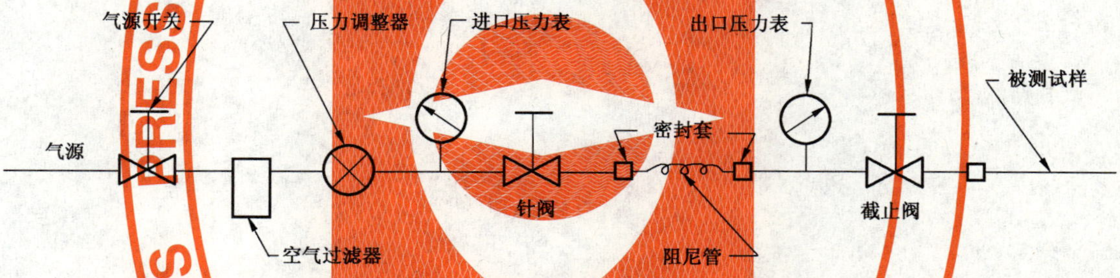

图 A.1 测定毛细管压力差的试验装置

A.4 测试条件

A.4.1 气源采用瓶装氮气或干燥压缩空气，其露点应在 −40 ℃以下。

A.4.2 进口压力要求波动小、稳定。用压力调整器调整到要求压力，其波动范围不得大于 0.01 N/mm^2。

A.4.3 气源压力不得小于工艺规定进口压力值的 2.5 倍，以保证进口压力的稳定。

A.4.4 进、出口压力表采用最大刻度为 1.5 N/mm^2～2.5 N/mm^2 的压力表，其精度等级不低于 0.5级。

A.4.5 气体温度应保持相对恒定，一般为 20 ℃±5 ℃。

A.4.6 被测毛细管内孔必须清洁，无油污、氧化物及其他任何杂质。被测管头部不能弯曲和破折。

A.5 测试方法

A.5.1 精确测量毛细管的外径、内径和长度。

A.5.2 在试验装置上关闭截止阀，打开气源开关。调节压力调整器，使进口压力表指针达到工艺要求压力。

A.5.3 将被测毛细管插入测试孔内。

A.5.4 打开截止阀，观察出口压力表指针变化情况，该根毛细管出口压力表值是否符合规定要求。

A.5.5 关闭截止阀，取下被测毛细管。

A.5.6 如连续测定，可将第2根插入测试孔。

A.6 测量精度

本方法测量精度为±0.01 N/mm^2。

附　录　B
（资料性附录）
毛细管流量测试方法

B.1　范围

B.1.1　本方法规定了毛细管内孔流量的测试方法。

B.1.2　本方法适用于毛细管的内孔通过流量的测定。

B.2　方法原理

在一定温度、一定大气压力和一定进口压力下毛细管通过的流量。

B.3　设备

B.3.1　瓶装氮气或干燥压缩空气。

B.3.2　流量测试装置（见图 B.1）。

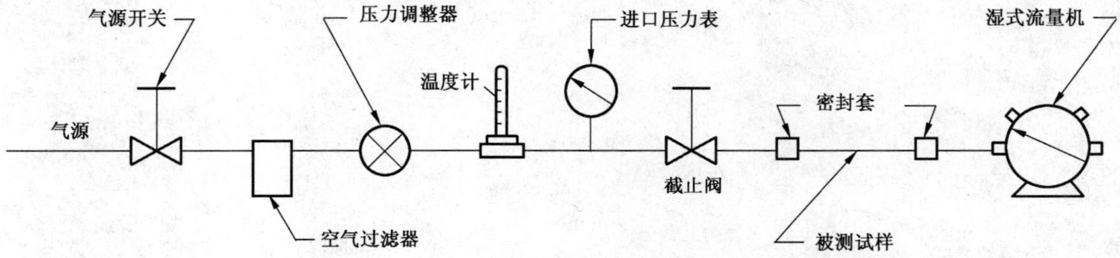

图 B.1　测定毛细管流量的试验装置

B.4　测试条件

B.4.1　气源采用瓶装氮气或干燥压缩空气，其露点应在－40 ℃以下。

B.4.2　进口压力要求压力波动小、稳定。用压力调整器调整到要求压力，其波动范围不得大于0.01 N/mm^2。

B.4.3　气源压力不得小于工艺规定进口压力值的 2.5 倍，以保证进口压力的稳定。

B.4.4　进口压力表采用最大刻度为 1.5 N/mm^2～2.5 N/mm^2 的压力表，其精度等级不低于 0.5 级。

B.4.5　用相应精度和测量范围的湿式流量计。

B.4.6　气体温度应保持相对恒定，一般为 20 ℃±5 ℃。

B.4.7　被测毛细管内孔必须清洁，无油污、氧化物及其他任何杂质。被测管头部不应有弯头、被折过。

B.5　测试方法

B.5.1　精确测量毛细管内、外径和长度。记录温度和大气压。

B.5.2　在测试装置上关闭截止阀，打开气源开关，调节压力调整器，使进口压力表指针达到工艺要求的压力。

B.5.3　将被测毛细管二端插入 2 个测试孔内。

B.5.4　打开截止阀，待指针转数圈读数稳定后再按下秒表计数，将 1 min 时读出其流量值或看流量计上转 n 圈的时间数，均可求得其流量值 t/min。

B.5.5 关闭截止阀，取下被测毛细管，如需继续测定则按 B.4.3、B.4.4 进行。

B.6 测量精度

本方法测量精度不超过被测数的 2%。

附 录 C
（资料性附录）
毛细管内壁残渣测试方法

C.1 范围

本方法规定了毛细管内壁残渣的测试方法。

本方法适用于毛细管内壁残渣含量的测定。

C.2 方法原理

用萃取剂对毛细管内壁清洗并对萃取剂进行微孔滤膜过滤，通过称重计算出管材内壁固体杂质含量，根据内壁面积计算出单位内表面积上残留的固体杂质量。

C.3 仪器和试剂

C.3.1 真空过滤器。

C.3.2 微孔滤膜。

C.3.3 玻璃皿。

C.3.4 坩埚钳。

C.3.5 分析天平(感量 0.000 1 g)。

C.3.6 恒温干燥箱。

C.3.7 烧杯(50 mL)。

C.3.8 注射器(20 mL)。

C.3.9 堵帽。

C.3.10 S-316 萃取剂或其他萃取剂。

C.4 测试方法

C.4.1 把微孔滤膜放在玻璃皿里，并放在 110 ℃的恒温干燥箱中 20 min，称重记为 G_0。

C.4.2 准确量取试样 1 m～2 m。

C.4.3 用蘸有溶剂 S-316 的棉花球擦去试样两端外表面的油污。

C.4.4 用注射器将 S-316 注入一端戴有堵帽的试样中，并注满另一端堵帽。

C.4.5 大约 5 min 除去一端堵帽，使试剂流入烧杯中，直到流尽。

C.4.6 把称重过的微孔滤膜置于真空过滤器的瓶口，过滤。

C.4.7 将残渣连同微孔滤膜放入准备好的玻璃皿中，并放在 110 ℃的恒温干燥箱中 20 min，称重记为 G_1。

C.5 计算结果

$$T = \frac{(G_1 - G_0)}{\pi d L} \times 1\,000 \qquad \cdots\cdots (C.1)$$

式中：

T——残渣，单位为克每平方米(g/m²)；

G_0——微孔滤膜的重量，单位为克(g)；

G_1——残渣与微孔滤膜的总重量，单位为克(g)；

d——毛细管内径，单位为毫米(mm)；

L——毛细管长度，单位为米(m)。

附 录 D
（资料性附录）
毛细管内壁油分测量方法

D.1 范围

本方法规定了毛细管内壁油分测量方法。

本方法适用于毛细管内壁残留油含量的测定。

D.2 方法原理

对任何类型的油，在红外区域 3.4 μm～3.5 μm 波长处都有一个 C—H 键的特征吸收谱线，对谱线强度的定量分析，即可得出油的含量。

D.3 仪器、溶剂

D.3.1 OCMA-300 非色散红外油分分析仪。

D.3.2 S-316 萃取剂。

D.4 分析步骤

D.4.1 样品制备

取 1 m 长度的铜管，倾斜约 70°放置，用注射器抽取 20 mL 的 S-316，从铜管上端口注入，下端放干净烧杯用来接收，每次将铜管转动约 90°，冲洗 4 次，接收体积约 80 mL，记录体积 V。

D.4.2 打开仪器，预热 20 min，直至加热指示灯（WARM UP）熄灭，在溶剂排放口处放置 200 mL 烧杯，用于接收排出溶剂。

D.4.3 空白测量

D.4.3.1 按模式【MODE】键至自动测量（AUTO MEAS）灯亮。

D.4.3.2 用注射器取与冲洗铜管所用同一瓶中的 S-316 萃取剂 20 mL，从萃取池上方小孔注入。

D.4.3.3 按开始键【START】仪器自动进行操作，至溶剂完全排出。

D.4.3.4 重复三次，仪器显示记为 M_0，回到初始状态。其中前 2 次用于清洗系统。

D.4.4 测量：

用注射器取 20 mL 冲洗铜管得到的待测溶液，从萃取池上方小孔注入，操作同空白测量。仪器显示溶液浓度值 M。

D.4.5 计算：

$$C=(M-M_0)\times V\times 10^{-6}/S \qquad \text{(D.1)}$$

式中：

C——残留油分，单位为克每平方米（g/m^2）；

M——溶液中含油浓度，单位为毫克每升（mg/L）；

M_0——空白值，单位为毫克每升（mg/L）；

V——注入萃取剂体积，单位为毫升（mL）；

S——铜管内表面积，单位为平方米（m^2）。

D.5 关机

关闭仪器后部电源开关，关闭注入口的保护盖。将排放出的液体倒入回收瓶，集中进行回收。

附　录　E
（资料性附录）
毛细管内腔水分测试方法

E.1　范围

本方法规定了毛细管内腔水分测试方法。

本方法适用于毛细管内腔水分的测试。

E.2　方法原理

用干燥氮气将铜管内的水分带进检测器，在检测器中被 P_2O_5 吸收，并电解为氢气和氧气排出，依据法拉第电解定律，通过积分所耗电量，转换为水分含量。

E.3　仪器

USI-3 型冰箱系统测水仪。

E.4　测试步骤

E.4.1　取样规定：1 m～2 m 长，从两端封口的成品管上取样，样品两端同样封口。

E.4.2　开机前的准备。

E.4.2.1　接通气源，先打开氮气瓶总阀，再缓慢打开减压阀，维持流量为 70 mL/min±20 mL/min。

E.4.2.2　接通电源（把电源开关置于开），同时按下“调零”键，此时仪器数值较高，随气流系统逐渐干燥，显示值逐渐降低，直至降至 0.050 mg 以下，并基本稳定（越低越好）。

E.4.2.3　调零：调零键按下后，先将“调零”旋钮左旋到头，当显示值小于 0.050 mg 后（越小越好），右旋（顺时针方向）调零旋钮以减小显示值，直至显示值为 0.001 mg～0.005 mg（不能调到显示 0.000 mg），调好零后，在以下的连续测定过程中，此旋钮的位置固定不动。

E.4.2.4　按下旁通档 20 min。

E.5　测量

E.5.1　按下“测量”档，将样品一端用割刀割开迅速与 A 端连接，另一端与 B 端连接（必须先 A 端后 B 端），立即按一下“复零”开关，水分显示仪累计显示（以上操作时间越短，显示值越可靠）。

E.5.2　当电磁阀停止切换后，累计速度逐渐减慢，当累计速度小于 5 个字/min 时，即可读数 M。

E.6　数据处理

铜管内腔残留水分为：

$$C = M \times 10^{-3} / S \qquad \cdots\cdots\cdots\cdots (E.1)$$

式中：

C——管内腔残留水分，单位为克每平方米（g/m^2）；

M——仪器显示水分含量，单位为毫克（mg）；

S——铜管内腔表面积，单位为平方米（m^2）。

E.7　停机

E.7.1　当天分析结束后，如果与下一次分析时间间隔不超过 48 h，不用关机，为使气路系统保持干燥状态，应在仪器后板的“直流”插孔处接通 10 V～45 V 直流电源后，再将电源开关置于“关”，流量降至 50 mL/min 以下(采用高纯氮，流量可维持不变)。

E.7.2 如近期不进行测量，应同时切断气源(依次关闭钢瓶总阀，减压阀)和电源。并在仪器后面板上的四个气嘴加防尘帽，或用两段连接管分别将进气口和排气口，A 和 B 闭合连接，整机加防尘罩，干燥器两端用一段气路连接管闭合连接以密封防潮。

ICS 29.045
H 80

GB

中华人民共和国国家标准

GB/T 1551—2009
代替 GB/T 1551—1995、GB/T 1552—1995

硅单晶电阻率测定方法

Test method for measuring resistivity of monocrystal silicon

2009-10-30 发布　　2010-06-01 实施

中华人民共和国国家质量监督检验检疫总局
中国国家标准化管理委员会　发布

前　言

本标准修改采用 SEMI MF 84-1105《硅片电阻率测定四探针法》和 SEMI MF 397-1106《硅棒电阻率测定两探针法》。

本标准与 SEMI MF 84-1105 和 SEMI MF 397-1106 相比，主要变化如下：

——中厚度修正系数 F(W/S)表格范围增加；

——按中文格式分直排四探针法、直流两探针法进行编排。

本标准代替 GB/T 1551—1995《硅、锗单晶电阻率测定直流两探针法》和 GB/T 1552—1995《硅、锗单晶电阻率测定直排四探针法》。

本标准与 GB/T 1551—1995 和 GB/T 1552—1995 相比，主要有如下变化：

——删除了锗单晶测定的相关内容；

——用文字描述代替了原标准 GB/T 1551—1995 和 GB/T 1552—1995 中的若干记录测试数据的表格；

——修改了直排四探针法中计算公式；

——补充了干扰因素。

本标准由全国半导体设备和材料标准化技术委员会提出。

本标准由全国半导体设备和材料标准化技术委员会材料分技术委员会归口。

本标准起草单位：信息产业部专用材料质量监督检验中心、中国电子科技集团公司第四十六研究所。

本标准主要起草人：李静、何秀坤、张继荣、段曙光。

本标准所代替标准的历次版本发布情况为：

——GB 1552—1979、GB 1551—1979、GB 5251—1985、GB 5253—1985、GB 6615—1986；

——GB/T 1551—1995、GB/T 1552—1995。

硅单晶电阻率测定方法

方法1　直排四探针法

1　范围

本方法规定了用直排四探针法测量硅单晶电阻率的方法。

本方法适用于测量试样厚度和从试样边缘与任一探针端点的最近距离二者均大于探针间距的4倍的硅单晶体电阻率以及测量直径大于探针间距10倍、厚度小于探针间距4倍的硅单晶圆片的电阻率。本方法可测定的硅单晶电阻率范围为1×10^{-3} Ω·cm～3×10^{3} Ω·cm。

2　环境要求

环境温度为23 ℃±1 ℃，相对湿度不大于65%。

3　干扰因素

3.1　光照可能严重影响观察电阻率，特别是近似本征材料。因此，所有测试应在暗室进行，除非是待测样品对周围的光不敏感。

3.2　当仪器放置在高频干扰源附近时，测试回路中会引入虚假电流。因此仪器要有电磁屏蔽。

3.3　试样中电场强度不能过大，以避免少数载流子注入。如果使用的电流适当，则用该电流的两倍或一半时，引起电阻率的变化应小于0.5%。

3.4　由于电阻率受温度影响，一般测试适用温度为23 ℃±1 ℃。

3.5　对于厚度对测试的影响，仲裁测量要求厚度按本方法的6.3规定测量，一般测量用户可以根据实际需要确定厚度的要求偏差。

3.6　由于探针压力对测量结果有影响，测量时应选择合适的探针压力。

3.7　仲裁测量时选择探针间距为1.59 mm，非仲裁测量可选择其他探针间距。

4　方法提要

排列成一直线的四根探针垂直地压在距离边缘6 mm以上的平坦试样表面上，将直流电流I在两外探针间通入试样，测量内侧两探针间所产生的电势差V，根据测得的电流和电势差值，按式(1)计算电阻率。对圆片试样还应根据几何修正因子进行计算。测量示意图见图1。

$$\rho = 2\pi S\frac{V}{I} \qquad \cdots\cdots(1)$$

式中：

ρ——电阻率，单位为欧姆厘米(Ω·cm)；

V——测得的电势差，单位为毫伏(mV)；

I——通入的电流，单位为毫安(mA)；

S——探针间距，单位为厘米(cm)。

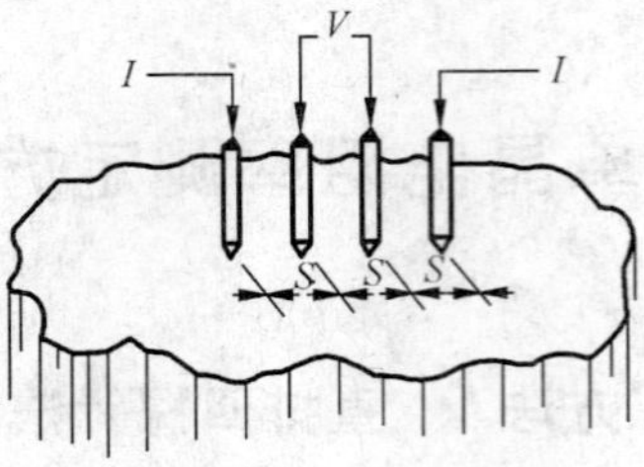

图 1 直排四探针测量示意图

5 测量仪器

5.1 探针装置由以下几部分组成。

5.1.1 探针用钨、碳化钨或高速钢等金属制成，针尖呈圆锥型，夹角为 45°～150°，尖端初始标称半径为 25 μm～50 μm。

5.1.2 探针压力，每根探针压力为 1.75 N±0.25 N 或 4.0 N±0.5 N，分别用于硅单晶棒的电阻率测量，也可选择其他合适的探针压力。

5.1.3 绝缘性，一探针（包括连接弹簧和外部引线）与任何其他探针或装置任一部分之间绝缘电阻大于 10^9 Ω。

5.1.4 探针排列和间距，四根探针的尖端应成等间距直线排列。仲裁测量时，探针间距（相邻探针之间的距离）标称值应为 1.59 mm。其他标称间距如 1.00 mm 和 0.6 mm 用于非仲裁测量，探针间距按 7.2 测定。

5.1.5 探针架，能在针尖几乎无横向移动的情况下使探针下降到试样表面。

5.2 电学测量装置由下列几部分组成。

5.2.1 任何满足 7.1.6 要求的电路均可用来进行电学测量。推荐电路（见图 2）包括下述几部分。

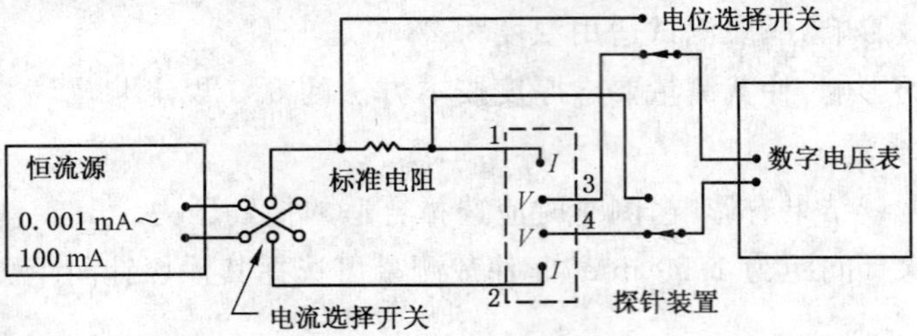

图 2 推荐电路图

5.2.2 恒流源，电流范围为 10^{-1} A～10^{-6} A，纹波系数不大于±0.1%，稳定度优于±0.05%。

5.2.3 电流换向开关。

5.2.4 标准电阻，0.01 Ω～100 000 Ω，0.05 级。

5.2.5 双刀双掷电位选择开关，图 2 推荐电路需要这一开关来选择测量标准电阻或试样上电势差。

5.2.6 数字电压表，可用来测量以毫伏为单位的电势差或者连同电流源一起校准到能直接读出电压-电流比值。测量满量程为 0.2 mV～50 mV，分辨率为±0.05%（3½位有效数字），输入阻抗大于 10^6 倍试样电阻率。如试样电阻率仅限定在某一数值范围内，一个较小满量程范围就足够了。

5.3 样品架/台，用于固定试样的合适夹具。

5.4 散热器，用一直径至少为 100 mm，厚为 38 mm 的铜块来支撑圆片试样和起散热器作用（图 3）。它应包括一个容纳温度计的小孔，使温度计能放置在离试样 10 mm 范围内的散热器中心区。散热器上放一片 10 μm～25 μm 厚的云母片，使试样和散热器电绝缘。在云母片和铜块间、温度计孔中填充矿物油活动有机硅散热以减少热阻。散热器安放应能使探针尖端阵列中心在试样中心的 1 mm 以内。散热器应与电学测量装置的接地端相连接。为了迅速对准试样中心,可在散热器表面加工一个与铜块同心的浅圆环。

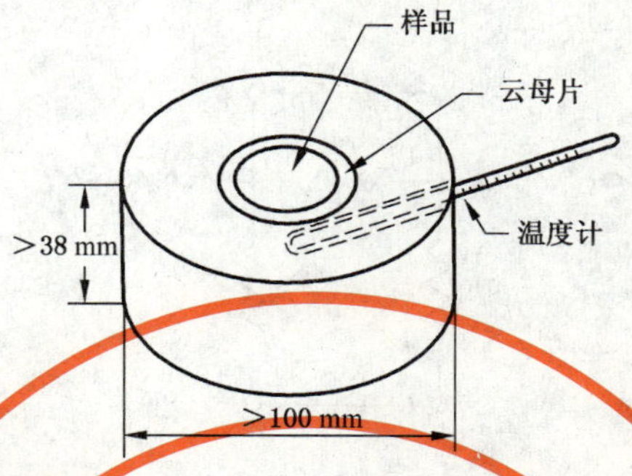

图 3 带有样品、云母片和温度计的散热器

5.5 研磨或喷砂设备,用以提供平坦的试样表面。研磨设备应能将圆片试样研磨到厚度变化不大于试样中心处厚度值的±1.0%。

5.6 机械或电子厚度测量仪,能测量试样不同位置的厚度,精度优于±1.0%。

5.7 千分尺或游标卡尺,分辨率优于±0.05 mm。

5.8 微移动机构,能以 0.05 mm~0.10 mm 增量使探针装置或硅表面以垂直于探针尖端连线方向并平行于硅表面移动。

5.9 工具显微镜,分辨率为 1 μm。

5.10 显微镜至少放大 400 倍。

5.11 温度计或其他测温仪器 0 ℃~40 ℃,分度值为 0.1 ℃。

5.12 欧姆计,能指示大于 10^8 Ω 绝缘电阻。

5.13 超声波清洗器,具有适当频率(18 kHz~45 kHz)和功率。

5.14 化学实验室器具(如塑料烧杯、量筒、处理和清洗酸及其蒸气所需的设备等)。

6 试样制备

6.1 试样用 W14#(粒径为 10 μm)金刚砂研磨上下表面,保证无机械损伤、无沾污物。

6.2 在不包括参考面或参考缺口的圆周上测量直径 3 次,计算试样的平均直径 D。试样直径应大于 10 倍平均探针间距 S,直径变化不大于 D 的 $D/5S$%,记下 D 值。

6.3 在试样上测量 9 个点的厚度(见图 4)。要求各测量点厚度与试样中心点厚度的偏差不大于±1.0%,记下试样的中心厚度 W。

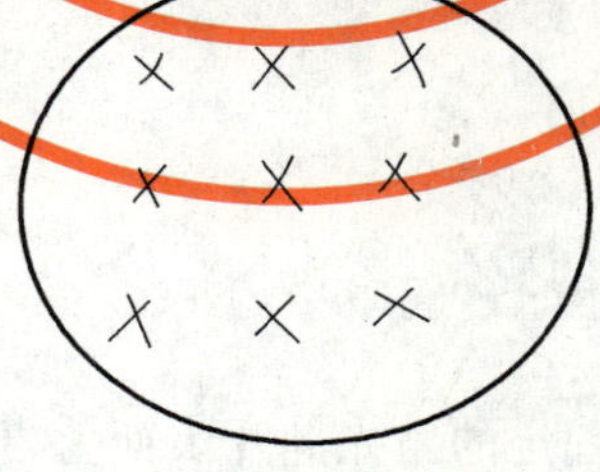

图 4 试样厚度位置测量点示意图

6.4 将试样清洗干净并干燥。

7 操作步骤

7.1 确定电学测量装置的适用性和准确度

7.1.1 将恒流源短路或关闭,断开探针装置与电学测量装置的连接。

7.1.2 按表1选择模拟电路中的标准电阻 r 的阻值。将电流引线(图2中的1和4)接到模拟电路(图5)的电流端,将电压引线(图2中的2和3)接到模拟电路(图5)的电压端。

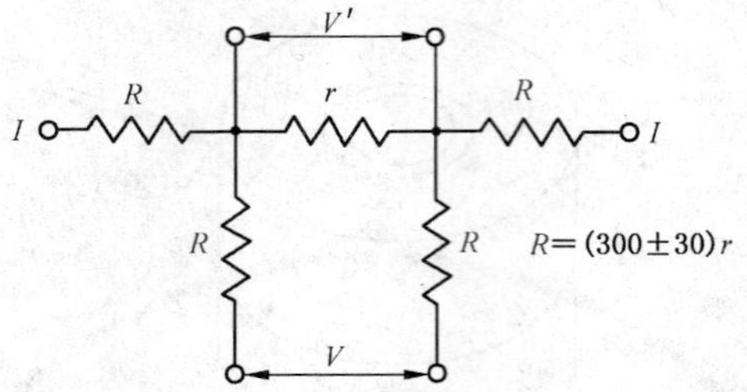

图5 四探针测量模拟电路

表1 标准电阻最小阻值选择

电阻率/(Ω·cm)	电阻/Ω
<0.002 5	0.01
0.002 0～0.025	0.1
0.020～0.25	1
0.20～2.5	10
2.0～25	100
20～250	1 000
>200	10 000

7.1.3 如果采用直接测量电阻(电压～电流比值仪器)。开始在任一极性上(正向)测量模拟电路的正向电阻 r_f。改变连接极性,测量反向电阻 r_r。继续改变极性进行测量,记录5次每一极性的正向电阻 r_f 和反向电阻 r_r 测量值,然后按6.1.5进行。

7.1.4 如果不是采用直接测量电阻仪器,则让电流在正向,调节电流大小到近似表2推荐圆片的测量电流值,测量正向电流时标准电阻两端的电势差 V_{sf} 或直接测量流过模拟电路的正向电流 I_{af},再测量正向电流时模拟电路的电势差 V_{af}。将电流换向,测量反向电流时标准电阻两端的电势差 V_{sr} 或模拟电路的反向电流 I_{ar} 和反向电流时模拟电路的电势差 V_{ar}。继续改变极性重复进行测量,记录5次每一极性的测量值。

7.1.5 按8.2计算平均电阻 r 和标准偏差 σ。

7.1.6 电学测量装置应满足下述条件:

7.1.6.1 r 值应在已知 r 值的0.3%以内。

7.1.6.2 样品标准偏差 σ 应小于 r 的0.3%。

7.1.6.3 设备应能测量出0.05%电阻的变化。

7.2 确定探针间距与探针尖端状态

7.2.1 将四探针以正常压力压在严格固定的抛光硅片表面上,形成一组压痕。提起探针,在垂直于探针尖连线方向上移动硅片表面或探针0.05 mm～0.10 mm,再将探针压到硅片表面上,重复上述步骤,直到获得10组压痕。建议在两组或三组压痕后,将硅片表面或探针移动上述距离的两倍,以帮助操作者识别压痕属于哪一组。

7.2.2 将硅片表面清洗,用空气干燥。

7.2.3 将此具有压痕的硅片表面置于工具显微镜的载物台上,使 y 轴的读数(图6中的 y_B 和 y_A)相差不大于0.150 mm,记录在工具显微镜中的10组压痕A到H的 x 轴读数,精确到1 μm。

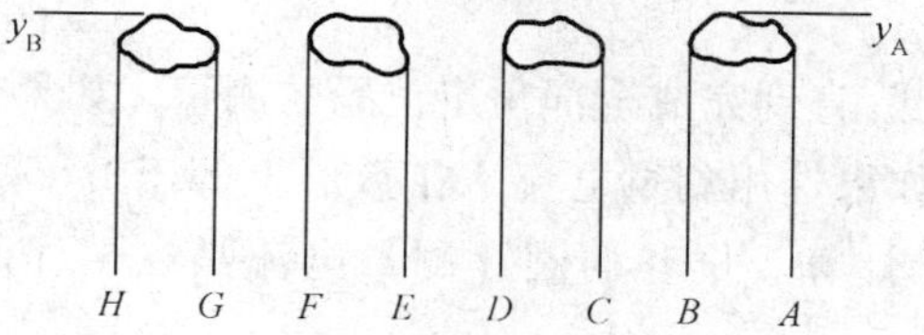

图 6 测量示意图

7.2.4 在放大倍数不小于 400 倍的显微镜下检查压痕。

7.2.5 按 9.1 计算探针间距 S_i，平均探针间距 $\overline{S}$，标准偏差 σ_i 和探针系数 C。

7.2.6 对于合格的探针，必须满足下述条件。

7.2.6.1 对于 S_i 来说，3 组 10 次测量值的每一组样品标准偏差 σ_i 应小于 $\overline{S_i}$ 的 0.30%。

7.2.6.2 $\overline{S_1}$，$\overline{S_2}$和$\overline{S_3}$的差应不大于 2%。

7.2.6.3 每根探针的压痕应只出现一个接触面，最大直径线度小于 100 μm。如果有的压痕出现不连续的接触面，则更换探针并重新测量。

7.2.6.4 在放大倍数为 400 倍的显微镜下检验时，在与硅片表面的接触面上出现明显的横向移动的探针是不合格的。该探针系统必须重新调整，以防止上述移动。

7.3 测量

7.3.1 将试样清洗干净，用空气干燥。

7.3.2 将试样置于样品架/台上。如果是圆片试样，应将试样置于散热器的云母上，用欧姆表测量试样与散热器间电阻，以保证两者是电绝缘的（$>10^9$ Ω）。

7.3.3 测量并记录环境温度 T，如果是圆片试样应借助置于散热器中的温度计来确定温度。让试样在该温度下保持足够的时间，以便温度平衡，准确到 0.1 ℃。

注：根据试样的质量决定温度平衡时间。对于小的试样需时 30 min～60 min，而大的试样则需 1 d～2 d 时间。在圆片仲裁测试前，应将散热器放置在室内 48 h（并且要求室温变化不超过±1 ℃）。

7.3.4 将探针下降到试样表面的待测位置，每一探针尖离试样边缘的最近距离至少为平均探针间距的 4 倍。如果为圆片试样，应使探针尖端的阵列中心在试样中心的 0.25 mm 以内。

7.3.5 让电流在正向，根据试样电阻率大小按表 2 调节电流大小。要求两内探针之间测得的电势差小于 50 mV。不同的测量方法要求记录不同的数据，如果用标准电路测量记录 V_{sf}、V_f、V_{SR}、V_R、T 要求至少 $3\frac{1}{2}$有效数字；用直接测量电路记录 I_f、V_f、I_r、V_r、T，要求至少 $3\frac{1}{2}$有效数字；用直接测量电阻记录 R_f、R_r、R_m、$\rho(T)$、$F_{T\rho}$(23)。

表 2 不同电阻率硅试样所需要的电流值

电阻率/(Ω·cm)	电流/mA	推荐的圆片测量电流值
<0.03	⩽100	100
0.03～0.30	<100	25
0.3～3	⩽10	2.5
3～30	⩽1	0.25
30～300	⩽0.1	0.025
300～3 000	⩽0.01	0.002 5

7.3.6 改变电流方向，测量记录 V_{sr}（或 I_r），V_r 值。

7.3.7 短路或关闭电流源。提起探针，将试样或探针移到下一测量位置。如果为晶片试样，则将试样或探针旋转15°～20°。

7.3.8 重复7.3.4～7.3.7步骤，直到完成全部预定位置的测量。如果为晶片试样，应测量10组数据。

7.3.9 对于不是圆片的试样，如果选用测量电流 I 在数值上等于 $2\pi C$，则两内探针之间测得的电势差在数值上等于电阻率值，可免于计算。推荐的圆片测量电流是在试样厚度为0.5 mm，两内探针间为10 mV电势差时得到。

8 测量结果计算

8.1 利用7.2测量数据计算探针间距 S_i、平均探针间距 $\overline{S}$、标准偏差 σ_i、探针系数 C 和探针间距修正因子 F_{sp}。

8.1.1 对十组测量数据中的每一组，用式(2)计算探针间距 S_{1j}，S_{2j}，S_{3j}：

$$\begin{aligned} S_{1j} &= [(C_j + D_j)/2] - [(A_j + B_j)/2] \\ S_{2j} &= [(E_j + F_j)/2] - [(C_j + D_j)/2] \\ S_{3j} &= [(G_j + H_j)/2] - [(E_j + F_j)/2] \end{aligned} \qquad \cdots\cdots(2)$$

式中：

$S_{1j} \sim S_{3j}$——探针间距，单位为厘米(cm)；

$A \sim H$——探针压痕的点位，见图6所示，单位为厘米(cm)；

脚标 j——组数，取1到10。

8.1.2 用式(2)得到的 S_{ij} 计算每一间距平均值 $\overline{S_i}$，如式(3)：

$$\overline{S_i} = \left(\frac{1}{10}\right)\sum_{j=1}^{10} S_{ij} \qquad \cdots\cdots(3)$$

式中：i 取1,2,3。

8.1.3 将按式(3)计算得到的 S_i 和按式(2)计算得到的 S_{ij}，利用式(4)分别计算3个间距的试样标准偏差 σ_i：

$$\sigma_i = \frac{1}{3}\left[\sum_{j=1}^{10}(S_{ij} - \overline{S_i})^2\right]^{\frac{1}{2}} \qquad \cdots\cdots(4)$$

8.1.4 计算平均探针间距 $\overline{S}$，如式(5)：

$$\overline{S} = \frac{1}{3}(\overline{S_1} + \overline{S_2} + \overline{S_3}) \qquad \cdots\cdots(5)$$

8.1.5 计算探针系数 C 和适用于圆片测量时的探针间距修正因子 F_{sp}，分别如式(6)和式(7)：

$$C = \frac{2\pi}{\frac{1}{\overline{S_1}} + \frac{1}{\overline{S_3}} - \frac{1}{\overline{S_1} + \overline{S_3}} - \frac{1}{\overline{S_2} + \overline{S_3}}} \qquad \cdots\cdots(6)$$

$$F_{sp} = 1 + 1.082[1 - (\overline{S_2}/\overline{S})] \qquad \cdots\cdots(7)$$

8.2 利用7.1.3～7.1.4测量的数据计算模拟电路测量的平均电阻 $\bar{r}$ 和标准偏差 σ。

8.2.1 如果采用直接测量电阻，用单个正向和反向电阻(无论是计算结果或是测量结果)均按式(8)计算平均电阻，否则按8.2.2计算模拟电路的正向电阻 r_f 及反向电阻 r_r：

$$\bar{r} = \frac{1}{10}\sum_{i=1}^{10} r_i \qquad \cdots\cdots(8)$$

式中：

r_i——10个模拟电路的正向电阻 r_f 及反向电阻 r_r 中的任意一个值。

8.2.2 根据测量值计算模拟电路的正向电阻 r_f 及反向电阻 r_r，如式(9)：

$$r_f = V_{af}R_s/V_{sf}$$
$$r_r = V_{ar}R_s/V_{sr} \quad \cdots\cdots(9)$$

式中：

r_f——模拟电路的正向电阻，单位为欧姆(Ω)；

r_r——模拟电路的反向电阻，单位为欧姆(Ω)；

R_s——标准电阻值，单位为欧姆(Ω)；

V_{af}——正向电流下模拟电路两端的电势差，单位为毫伏(mV)；

V_{ar}——反向电流下模拟电路两端的电势差，单位为毫伏(mV)；

V_{sf}——正向电流下标准电阻两端的电势差，单位为毫伏(mV)；

V_{sr}——反向电流下标准电阻两端的电势差，单位为毫伏(mV)。

当直接测量电流时，使用式(10)计算模拟电路的正向电阻 r_f 及反向电阻 r_r。

$$r_f = V_{af}/I_{af}$$
$$r_r = V_{ar}/I_{ar} \quad \cdots\cdots(10)$$

式中：

I_{af}——流过模拟电路的正向电流，单位为毫安(mA)；

I_{ar}——流过模拟电路的反向电流，单位为毫安(mA)。

8.2.3 根据式(11)计算样品标准偏差 σ：

$$\sigma = \frac{1}{3}\left[\sum_{i=1}^{10}(r_i - \bar{r})^2\right]^{\frac{1}{2}} \quad \cdots\cdots(11)$$

8.3 计算试样电阻率 ρ。

8.3.1 计算正向和反向电流的电阻，如式(12)。

$$R_f = V_fR_s/V_{sf}$$
$$R_r = V_rR_s/V_{sr} \quad \cdots\cdots(12)$$

式中：

R_f——正向电流时的试样电阻，单位为欧姆(Ω)；

R_r——反向电流时的试样电阻，单位为欧姆(Ω)；

V_f——正向电流时测得的试样电势差，单位为毫伏(mV)；

V_r——反向电流时测得的试样电势差，单位为毫伏(mV)；

V_{sf}——正向电流下标准电阻两端的电势差，单位为毫伏(mV)；

V_{sr}——反向电流下标准电阻两端的电势差，单位为毫伏(mV)。

当直接测量电流，采用式(13)计算。如果使用电阻直读仪器，就不需此计算。要求 R_f 与 R_r 之差与 R_f 或 R_r(取两者中较大者)的比值小于10%。

$$R_f = V_f/I_f$$
$$R_r = V_r/I_r \quad \cdots\cdots(13)$$

式中：

I_f——通过试样的正向电流，单位为毫安(mA)；

I_r——通过试样的反向电流，单位为毫安(mA)。

8.3.2 计算每一测量位置的电阻平均值，如式(14)。

$$R_m = \frac{1}{2}(R_f + R_r) \quad \cdots\cdots(14)$$

8.3.3 如果为圆片试样，计算几何修正因子 F。否则从8.3.4开始。

8.3.3.1 计算试样厚度 W 与平均探针间距 S 的比值，用线性内插法从表3中查出修正因子 $F(W/S)$。

表 3 厚度修正系数 $F(W/S)$ 为圆片厚度 W 与探针间距 S 之比的函数

W/S	$F(W/S)$	W/S	$F(W/S)$	W/S	$F(W/S)$	W/S	$F(W/S)$
0.40	0.999 3	0.60	0.992 0	0.80	0.966 4	1.0	0.921
0.41	0.999 2	0.61	0.991 2	0.81	0.964 5	1.2	0.864
0.42	0.999 0	0.62	0.990 3	0.82	0.962 7	1.4	0.803
0.43	0.998 9	0.63	0.989 4	0.83	0.960 8	1.6	0.742
0.44	0.998 7	0.64	0.988 5	0.84	0.958 8	1.8	0.685
0.45	0.998 6	0.65	0.987 5	0.85	0.956 6	2.0	0.634
0.46	0.984	0.66	0.986 5	0.86	0.954 7	2.2	0.587
0.47	0.998 1	0.67	0.985 3	0.87	0.952 6	2.4	0.546
0.48	0.997 8	0.68	0.984 2	0.88	0.950 5	2.6	0.510
0.49	0.997 6	0.69	0.983 0	0.89	0.948 3	2.8	0.477
0.50	0.997 5	0.70	0.981 8	0.90	0.946 0	3.0	0.448
0.51	0.997 1	0.71	0.980 4	0.91	0.943 8	3.2	0.422
0.52	0.996 7	0.72	0.979 1	0.92	0.941 4	3.4	0.399
0.53	0.996 2	0.73	0.977 7	0.93	0.939 1	3.6	0.378
0.54	0.995 8	0.74	0.976 2	0.94	0.936 7	3.8	0.359
0.55	0.995 3	0.75	0.974 7	0.95	0.934 3	4.0	0.342
0.56	0.994 7	0.76	0.973 1	0.96	0.931 8		
0.57	0.994 1	0.77	0.971 5	0.97	0.929 3		
0.58	0.993 4	0.78	0.969 9	0.98	0.926 3		
0.59	0.992 7	0.79	0.968 1	0.99	0.924 2		

8.3.3.2 计算平均探针间距 S 与试样直径 D 的比值，查出修正因子 F_2：

当 $2.5 \leqslant W/S < 4$ 时，F_2 取 4.532。

当 $W/S < 2.5$ 时，用线性内插法从表 4 中查出 F_2。

表 4 修正系数 F_2 为探针间距 S 与圆片直径 D 之比的函数

S/D	F_2	S/D	F_2	S/D	F_2
0	4.532	0.035	4.485	0.070	4.348
0.005	4.531	0.040	4.470	0.075	4.322
0.010	4.528	0.045	4.454	0.080	4.294
0.015	4.524	0.050	4.436	0.085	4.265
0.020	4.517	0.055	4.417	0.090	4.235
0.025	4.508	0.060	4.395	0.095	4.204
0.030	4.497	0.065	4.372	0.100	4.171

8.3.3.3 计算几何修正因子 F，如式(15)。

$$F = F(W/S) \times W \times F_2 \times F_{sp} \qquad \cdots\cdots(15)$$

式中：

F_{sp}——探针间距修正因子；

W——试样厚度，单位为厘米(cm)。

注：当 $W/S>1$，$D>16S$ 时，F 的有效精度在 2%以内。

8.3.4 计算测量温度下试样电阻率，如式(16)。

$$\rho(T) = R_m \times C \quad \cdots\cdots (16)$$

式中：

R_m——平均电阻，单位为欧姆(Ω)；

C——探针系数，单位为厘米(cm)。

如果为圆片试样，则有式(17)。

$$\rho(T) = R_m \times F \quad \cdots\cdots (17)$$

式中：

R_m——平均电阻，单位为欧姆(Ω)；

F——几何修正因子，单位为厘米(cm)。

8.3.5 从表 5 中查出相应的温度系数，计算温度修正因子 F_T：

$$F_T = 1 - C_T(T - 23) \quad \cdots\cdots (18)$$

式中：

T——温度，单位为摄氏度(℃)；

C_T——从表 5 中查得的系数。

8.3.6 计算修正到 23 ℃的电阻率，按式(19)。

$$\rho(23) = \rho(T) \times F_T \quad \cdots\cdots (19)$$

式中：

$\rho(23)$——23 ℃的电阻率，单位为欧姆厘米(Ω·cm)。

8.3.7 计算已修正的电阻率平均值，如式(20)。

$$\bar{\rho}(23) = \frac{1}{n}\sum_{i=1}^{n}\rho_i(23) \quad \cdots\cdots (20)$$

式中：

$\rho_i(23)$——根据式(19)求出的修正的电阻率，单位为欧姆厘米(Ω·cm)；

n——某测量位置上的测量次数。

如果在给定测量位置上仅进行了一次测量，则省去这一步骤。

8.3.8 计算电阻率的标准偏差 S，见式(21)。

$$S = \left\{\frac{\sum_{i=1}^{n}[\rho_i(23) - \bar{\rho}(23)]^2}{n-1}\right\}^{\frac{1}{2}} \quad \cdots\cdots (21)$$

9 精密度

在室温 23 ℃，120 Ω·cm 以下的 13 个硅薄片通过 6 个实验室的循环实验得到精密度为±2%(3S%)；120 Ω·cm～500 Ω·cm 硅薄片的精密度为±5%(3S%)；500 Ω·cm～2 000 Ω·cm 硅薄片的精密度为±15%(3S%)。

10 试验报告

试验报告应包括如下内容：

a) 测量设备说明；

b) 试样编号及说明；

c) 测量温度；

d） 测量电流；

e） 探针间距和探针压力；

f） 试样室温电阻率，如必要注明测量位置；

g） 试样电阻率标准偏差；

h） 本标准编号和采用的测试方法；

i） 测量者；

j） 测量日期。

表 5　18 ℃～28 ℃范围硅的电阻率温度系数

电阻率/(Ω·cm)	温度系数/[Ω·cm/(Ω·cm·℃)]		电阻率/(Ω·cm)	温度系数/[Ω·cm/(Ω·cm·℃)]	
	n 型	p 型		n 型	p 型
0.000 6	0.002 00	0.001 60	0.050	0.003 09	0.002 08
0.000 8	0.002 00	0.001 60	0.060	0.003 64	0.002 51
			0.080	0.004 39	0.003 20
0.001 0	0.002 00	0.001 58			
0.001 2	0.001 84	0.001 51	0.10	0.004 86	0.003 72
0.001 4	0.001 69	0.001 49	0.12	0.005 17	0.004 12
0.001 6	0.001 61	0.001 48	0.14	0.005 40	0.004 44
0.002 0	0.001 58	0.001 48	0.16	0.005 58	0.004 71
0.002 5	0.001 59	0.001 45	0.20	0.005 85	0.005 12
			0.25	0.006 09	0.005 48
0.003 0	0.001 56	0.001 37			
0.003 5	0.001 46	0.001 27	0.30	0.006 27	0.005 75
0.004 0	0.001 31	0.001 16	0.35	0.006 43	0.005 96
0.005 0	0.000 96	0.000 94	0.40	0.006 56	0.006 13
0.006 0	0.000 60	0.000 74	0.50	0.006 78	0.006 39
0.008 0	0.000 06	0.000 46	0.60	0.006 96	0.006 59
			0.80	0.007 20	0.006 87
0.010	−0.000 22	0.000 31			
0.012	−0.000 31	0.000 25	1.0	0.007 36	0.007 07
0.014	−0.000 26	0.000 25	1.2	0.007 47	0.007 22
0.016	−0.000 13	0.000 29	1.4	0.007 55	0.007 34
0.020	0.000 25	0.000 45	1.6	0.007 61	0.007 44
0.025	0.000 83	0.000 73	2.0	0.007 68	0.007 59
			2.5	0.007 74	0.007 73
0.030	0.001 39	0.001 02			
0.035	0.001 90	0.001 31	3.0	0.007 78	0.007 83
0.040	0.002 35	0.001 58	3.5	0.007 82	0.007 91

表 5（续）

电阻率/(Ω·cm)	温度系数/[Ω·cm/(Ω·cm·℃)]		电阻率/(Ω·cm)	温度系数/[Ω·cm/(Ω·cm·℃)]	
	n 型	p 型		n 型	p 型
4.0	0.007 85	0.007 97	80	0.008 30	0.008 72
5.0	0.007 91	0.008 05			
6.0	0.007 97	0.008 11	100	0.008 30	0.008 76
8.0	0.008 06	0.008 19	120	0.008 30	0.008 78
			140	0.008 30	0.008 79
10	0.008 13	0.008 25	160	0.008 30	0.008 80
12	0.008 18	0.008 29	200	0.008 30	0.008 82
14	0.008 22	0.008 32	250	0.008 30	0.008 84
16	0.008 24	0.008 35			
20	0.008 26	0.008 40	300	0.008 30	0.008 86
25	0.008 27	0.008 45	350	0.008 30	0.008 88
			400	0.008 30	0.008 91
30	0.008 28	0.008 49	500	0.008 30	0.008 97
35	0.008 29	0.008 53	600	0.008 30	0.009 00
40	0.008 30	0.008 57	800	0.008 30	0.009 00
50	0.008 30	0.008 62			
60	0.008 30	0.008 67	1 000	0.008 30	0.009 00

方法 2　直流两探针法

11　范围

本方法规定了用直流两探针方法测量硅单晶电阻率的方法。

本方法适用于测量截面积均匀的圆形、方形或矩形硅单晶的电阻率。本方法测量硅单晶电阻率的范围为 10^{-3} Ω·cm～10^{4} Ω·cm，试样长度与截面最大尺寸之比应不小于 3∶1。

12　规范性引用文件

下列文件中的条款通过本标准的引用而成为本标准的条款，凡是注日期的引用文件，其随后所有的修改单(不包括勘误的内容)或修订版均不适用于本标准，然而，鼓励根据本标准达成协议的各方研究是否可使用这些文件的最新版本。凡是不注日期的引用文件，其最新版本适用于本标准。

GB/T 1550　非本征半导体材料导电类型测试方法

13　环境要求

环境温度为 23 ℃±1 ℃，相对湿度不大于 65%。

14　干扰因素

14.1　光照可能严重影响观察电阻率，特别是近似本征材料。因此，所有测试应在暗室进行，除非是待测样品对周围的光不敏感。

14.2 当仪器放置在高频干扰源附近时，测试回路中会引入虚假电流。因此仪器要有电磁屏蔽。

14.3 试样中电场强度不能过大，以避免少数载流子注入。如果使用的电流适当，则用该电流的两倍或一半时，引起电阻率的变化应小于 0.5%。

14.4 由于电阻率受温度影响，一般测试适用温度为 23 ℃±1 ℃。

14.5 由于探针压力对测量结果有影响，测量时应选择合适的探针压力。

14.6 仲裁测量时选择探针间距为 1.59 mm，非仲裁测量可选择其他探针间距。

15 方法提要

让直流电流 I 通过试样两端，并使 A、B 两根探针垂直压在试样侧面，测量 A、B 两根探针间的电位差 V，见图 7。若试样的横截面积为 A，探针间距为 S，则试样的电阻率 ρ 可用式(22)计算：

$$\rho = \frac{A}{S} \times \frac{V}{I} \quad \cdots\cdots (22)$$

式中：

ρ——电阻率，单位为欧姆厘米（Ω·cm）；

V——两探针间的电位差，单位为伏(V)；

I——通过试样的直流电流，单位为安培(A)；

A——试样的截面积，单位为平方厘米(cm^2)；

S——两探针间的探针间距，单位为厘米(cm)。

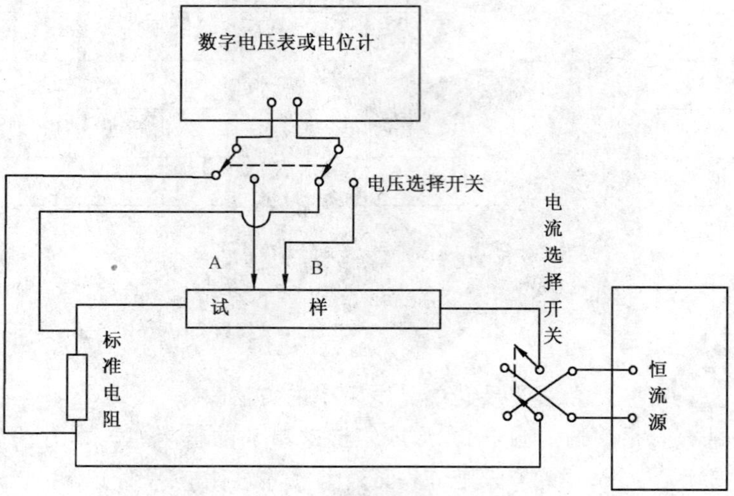

图 7 测量电路示意图

16 试剂

16.1 去离子水，25 ℃时电阻率大于 2 MΩ·cm。

16.2 丙酮(化学纯)。

16.3 乙醇(化学纯)。

16.4 端面欧姆接触材料，可任选一种使用。

16.4.1 胶体石墨液，由 60 g 水与 40 g 22%的胶体石墨混合而成。

16.4.2 银浆混合液，2 份丙酮和 4 份甲醇及 1 份导电银浆混合而成。

16.4.3 铟箔。

16.4.4 镀镍混合液：称取 30 g 氯化镍($NiCl_2 \cdot 6H_2O$)、50 g 氯化铵、15 g 次亚磷酸钠($NaH_2PO_2 \cdot$

H_2O)、65 g 柠檬酸二钠($Na_2HC_6H_5O_7$)溶于烧杯中，然后移入 1 000 mL 容量瓶定容。

16.4.5 镀铜混合液：称 20 g 硫酸铜($CuSO_4 \cdot 5H_2O$)溶解于 90 mL 去离子水中，再加入 15 mL 氢氟酸。

16.4.6 导电橡胶。

16.5 磨料，W14＃(10 μm)金刚砂。

17 测量仪器

17.1 制样设备，包括切片机、滚磨及喷砂设备等。

17.2 探针装置由以下几部分组成。

17.2.1 探针架，能保证探针与试样接触位置重复，无横向移动。

17.2.2 探针用钨、锇、碳化钨和合金钢等耐磨硬质材料制成。探针间及探针与其他部分之间的绝缘电阻应大于 10^9 Ω。探针间距标称值为 1 mm～4.7 mm 及 10 mm。探针压力应为 1.75 N±0.25 N。

17.3 电学测量装置由下列几部分组成。

17.3.1 恒流源，电流量程为 0.01 mA～1 A，稳定度优于±0.5％以内。

17.3.2 电流换向开关。

17.3.3 双刀双掷电位选择开关。

17.3.4 数字电压表或其他相当的仪表，量程为 0.1 mV～1 000 mV，输入阻抗一般大于 10^9 Ω，分辨率为 $3\frac{1}{2}$ 位有效数字。

17.3.5 标准电阻和模拟电阻，推荐值见表 6。

表 6 与电阻率范围适应的模拟测试电路电阻以及推荐的标准电阻

电阻率/(Ω·cm)	标准电阻 R_s 和模拟电阻 R_a/Ω
0.001	0.001
0.01	0.01
0.1	0.1
1.0	1.0
10	10
100	100
1 000	1 000

17.3.6 模拟电路见方法 1 中图 5。

17.4 导电类型测定设备。

17.5 工具显微镜，分辨率 1 μm。

17.6 测微器或卡尺，分辨率为±0.05 mm 或更高。

17.7 化学实验室设备：塑料烧杯、镀塑镊子、废液盛器及通风橱。

17.8 温度计，范围 0 ℃～40 ℃，精度 0.1 ℃。

18 试样制备

18.1 按 GB/T 1550 测定试样的导电类型，沿长度每隔 1 cm 测一次，整个晶体上只出现一种导电类型才满足本标准方法的要求，否则不能测量。

18.2 对圆柱形试样用喷砂或研磨方法在晶体圆周侧面上制备宽 3 mm～5 mm 的测量道，并在与该测量道成 90°的侧面上制备宽度相同的第二测量道。

18.3 试样两端用磨料 W14＃(10 μm 粒径)金刚砂研磨或喷砂。

18.4 试样用丙酮清洗，乙醇漂洗后吹干。

18.5 选用 14.4 中任何一种材料在试样两端制成欧姆接触。

18.6 试样各测量点的截面积与整个试样平均截面积之差必须在±1%以内，否则不宜使用本方法。

19 操作步骤

19.1 试样平均截面积的测定

19.1.1 圆柱形试样 沿试样长度以适当等距离间隔分别测量并记录 2 条垂直的直径，以这二条直径的平均值计算各测量点的截面积 A_i，利用所有的 A_i 值计算整个试样的平均截面积 A。

19.1.2 方形或矩形试样 沿试样长度以适当等距离间隔分别测量并记录截面的长度和宽度，计算各测量点的截面积 A_i。根据所有的 A_i 值计算整个试样的平均截面积 A。

19.2 测试设备的适用性检查

对于仲裁测量前，应按以下步骤进行。

19.2.1 按 7.2 确定探针的间距和状态。

19.2.1.1 测量 10 组探针压痕对的位置 A、B、C、D 见图 8。计算 10 组探针间距 S_i，平均探针间距 $\overline{S}$ 及探针间距标准偏差 S_p。

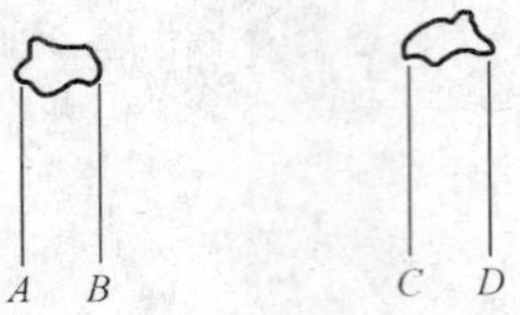

图 8 探针压痕对的测量位置

19.2.1.2 探针间距的标准偏差 S_p 小于平均探针间距 $\overline{S}$ 的 0.25%的探针是合格的。

19.2.2 按方法 1 中的 7.1 确定电气设备的适用性。

19.2.2.1 测定 5 组模拟电路的电压降或 10 组模拟电路的电阻值。

19.2.2.2 计算 10 个模拟电阻 R_i 和模拟电阻的平均值 $\overline{R_a}$ 及模拟电阻的标准偏差 S_a。

19.2.2.3 模拟电阻的平均值 $\overline{R_a}$ 必须在模拟电阻已知值 R_a 的 0.3%以内。

19.2.2.4 模拟电阻的标准偏差 S_a 应不大于模拟电路平均值 $\overline{R_a}$ 的 0.3%。

19.3 测量

19.3.1 将试样放在导电极板之间，将探针降低到测量道上，使探针垂直压在晶体侧面测量道上第一测量点在离端面 2 cm 处，测量距离从两根探针的中心算起。

19.3.2 如果电阻率未知，从低电流开始逐渐增加电流，直到两个电压探针之间测到 10 mV 左右的电位差。

19.3.3 测量并记录环境温度 T，准确到 0.2 ℃。

19.3.4 测量标准电阻上的电压降 V_{sf} 或直接测量试样电流 I_f。

19.3.5 测量两根电压探针之间的电压降 V_f。

19.3.6 将电流反向。

19.3.7 测量标准电阻上的电压降 V_{sr} 或直接测量试样电流 I_r。

19.3.8 测量两根电压探针之间的电压降 V_r。

19.3.9 将探针升高并向另一端面方向移动适当距离（与 19.1 移动距离相同），重复 19.3.4～19.3.8 步骤，直到两探针中心与另一端面相距在 2 cm 内。

19.3.10 在第二测量道上重复 19.3.4～19.3.9 步骤。

19.3.11 重复 19.3.4～19.3.10 步骤，直到取得 5 组数据为止。

19.3.12 若晶体长度小于 4 cm 时，可将测量点置于同二端面欧姆接触等距离处。按 19.3.4～19.3.8

及19.3.10～19.3.11步骤重复5次。

20 测量结果计算

20.1 探针间距 S_i、平均探针间距 $\overline{S}$ 及探针间距标准偏差 S_p 的计算。

20.1.1 探针间距 S_i 按式(23)计算：

$$S_i=\frac{A_i+B_i}{2}-\frac{C_i+D_i}{2} \qquad \cdots\cdots(23)$$

式中：

S_i——探针间距，单位为厘米(cm)；

A 和 B、C 和 D 为探针压痕对，见图8；

i——测量次数，$i=1$～10。

20.1.2 平均探针间距 $\overline{S}$ 按式(24)计算：

$$\overline{S}=\frac{1}{10}\sum_{i=1}^{10}S_i \qquad \cdots\cdots(24)$$

20.1.3 探针间距的标准偏差 S_p 按式(25)计算：

$$S_p=\frac{1}{3}\sqrt{\sum_{i=1}^{10}(S_i-\overline{S})^2} \qquad \cdots\cdots(25)$$

20.2 模拟电阻 R_{ai}、模拟电阻平均值 R_a 及标准偏差 S_a 按式(26)计算。

20.2.1 模拟电阻 R_{ai} 按式(26)计算：

$$R_{ai}=V_aR_s/V_s \qquad \cdots\cdots(26)$$

式中：

R_{ai}——模拟电阻，单位为欧姆(Ω)；

V_a——模拟电路的电压降，单位为毫伏(mV)；

R_s——标准电阻的阻抗，单位为欧姆(Ω)；

V_s——标准电阻上的电压降，单位为毫伏(mV)；

I_a——通过模拟电路的电流，单位为毫安(mA)。

分别对5组正向及反向数据进行计算，如果直接测量电流，利用式(27)计算。

$$R_{ai}=V_a/I_a \qquad \cdots\cdots(27)$$

20.2.2 模拟电阻的平均值 $\overline{R_a}$ 按式(28)计算：

$$\overline{R_a}=\frac{1}{10}\sum_{i=1}^{10}R_{ai} \qquad \cdots\cdots(28)$$

式中：

R_{ai}——模拟电阻，单位为欧姆(Ω)；

$\overline{R_a}$——模拟电阻的平均值，单位为欧姆(Ω)。

20.2.3 模拟电阻的标准偏差 S_a 按式(29)计算：

$$S_a=\frac{1}{3}\sqrt{\sum_{i=1}^{10}(R_{ai}-\overline{R_a})^2} \qquad \cdots\cdots(29)$$

式中：

S_a——模拟电阻的标准偏差；

R_{ai}——模拟电阻，单位为欧姆(Ω)；

$\overline{R_a}$——模拟电阻的平均值，单位为欧姆(Ω)。

20.3 计算试样电阻率 ρ。

20.3.1 正向电流电阻 R_f 和反向电流电阻 R_r 按式(30)计算：

$$R_f = V_f R_s / V_{sf}$$
$$R_r = V_r R_s / V_{sr} \quad \cdots\cdots(30)$$

式中：

R_f——正向电流时试样的电阻，单位为欧姆(Ω)；

R_r——反向电流时试样的电阻，单位为欧姆(Ω)；

V_f——正向电流时测得的试样上的电势差，单位为毫伏(mV)；

V_r——反向电流时测得的试样上的电势差，单位为毫伏(mV)；

V_{sf}——正向电流时标准电阻两端的电势差，单位为毫伏(mV)；

V_{sr}——反向电流时标准电阻两端的电势差，单位为毫伏(mV)；

R_s——标准电阻，单位为欧姆(Ω)。

若直接测量电流，则采用式(31)计算。

$$R_f = V_f / I_f$$
$$R_r = V_r / I_r \quad \cdots\cdots(31)$$

式中：

I_f——通过试样的正向电流，单位为毫安(mA)；

I_r——通过试样的反向电流，单位为毫安(mA)。

对于仲裁测量，每一对 R_f 和 R_r 的值必须满足两者之差小于其中较大值的 2%。

20.3.2 每个测量点每次测量的正、反向平均电阻 R_i 按式(32)计算：

$$R_i = (R_{fi} + R_{ri})/2 \quad \cdots\cdots(32)$$

式中：

R_i——每个测量点每次测量的正、反向平均电阻，单位为欧姆(Ω)；

R_{fi}——每次测量求得的正向电阻，单位为欧姆(Ω)；

R_{ri}——每次测量求得的反向电阻，单位为欧姆(Ω)；

i——表示 5 组正、反向电阻中的一组，$i=1\sim5$。

20.3.3 每个测量点的平均电阻 $\overline{R}$ 按式(33)计算：

$$\overline{R} = \frac{1}{5}\sum_{i=1}^{5} R_i \quad \cdots\cdots(33)$$

式中：

$\overline{R}$——每个测量点的平均电阻，单位为欧姆(Ω)；

R_i——每个测量点每次测量的正、反向平均电阻，单位为欧姆(Ω)。

20.3.4 每个测量点在温度 T 时的电阻率 ρ_T 按式(34)计算：

$$\rho_T = \overline{R} \times (\overline{A}/\overline{S}) \quad \cdots\cdots(34)$$

式中：

ρ_T——温度 T 时的电阻率，单位为欧姆厘米(Ω·cm)；

$\overline{R}$——每个测量点的平均电阻，单位为欧姆(Ω)；

$\overline{A}$——试样的平均截面积，单位为平方厘米(cm^2)；

$\overline{S}$——探针平均间距，单位为厘米(cm)。

20.3.5 硅单晶的电阻率温度系数从表 5 可查得，然后按式(35)计算温度修正因子 F_T：

$$F_T = 1 - G(T - 23) \quad \cdots\cdots(35)$$

式中：

F_T——温度修正因子；

T——温度，单位为摄氏度(℃)；

G——电阻率的温度系数，单位为欧姆厘米每欧姆厘米摄氏度[Ω·cm/(Ω·cm·℃)]。

20.3.6 按式(36)计算23 ℃时的电阻率：

$$\rho_{23} = \rho_T \times F_T \qquad (36)$$

式中：

ρ_{23}——温度23 ℃时的电阻率，单位为欧姆厘米(Ω·cm)；

ρ_T——温度 T 时的电阻率，单位为欧姆厘米(Ω·cm)；

F_T——温度 T 时的修正因子。

21 精密度

在室温23 ℃，采用1 500 Ω·cm以下的8根硅单晶锭分别在5个实验室进行循环试验，得到的精密度为±12%(3S%)；3 500 Ω·cm左右硅单晶锭的精密度为±30%(3S%)。

22 试验报告

试验报告应包括如下内容：

a) 测量设备说明；
b) 试样的平均截面积及试样编号；
c) 每个测量点距起始端面的距离；
d) 探针间距；
e) 测量温度；
f) 试样每个测量点的电阻率；
g) 本标准编号和采用的测试方法；
h) 测量者；
i) 测量日期。

ICS 29.045
H 80

中华人民共和国国家标准

GB/T 1553—2009
代替 GB/T 1553—1997

硅和锗体内少数载流子寿命测定光电导衰减法

Test methods for minority carrier lifetime in bulk germanium and silicon by measurement of photoconductivity decay

2009-10-30 发布 2010-06-01 实施

中华人民共和国国家质量监督检验检疫总局
中国国家标准化管理委员会 发布

前　言

本标准代替 GB/T 1553—1997《硅和锗体内少数载流子寿命测定光电导衰减法》。

本标准与原标准相比，主要有如下变化：

——新增加少子寿命值的测量下限范围；

——删除了有关“斩切光”的内容；

——本标准将 GB/T 1553—1997 中第 7 章“试剂和材料”和第 8 章“测试仪器”并为第 6 章“测量仪器”；

——本标准增加了“术语”章和“体寿命”的解释；

——本标准在“干扰因素”章增加了对各干扰因素影响的消除方法。

本标准的附录 A 为规范性附录。

本标准由全国半导体设备和材料标准化技术委员会提出。

本标准由全国半导体设备和材料标准化技术委员会材料分技术委员会归口。

本标准起草单位：峨嵋半导体材料厂。

本标准主要起草人：江莉、杨旭。

本标准所代替标准的历次版本发布情况为：

——GB 1553—1979、GB 5257—1985、GB/T 1553—1997。

硅和锗体内少数载流子寿命测定 光电导衰减法

1 范围

1.1 本标准规定了硅和锗单晶体内少数载流子寿命的测量方法。本标准适用于非本征硅和锗单晶体内载流子复合过程中非平衡少数载流子寿命的测量。

1.2 本标准为脉冲光方法。这种方法不破坏试样的内在特性，试样可以重复测试，但要求试样具有特殊的条形尺寸和研磨的表面，见表1。

表 1

单位为毫米

类　型	长　度	宽　度	厚　度
A	15.0	2.5	2.5
B	25.0	5.0	5.0
C	25.0	10.0	10.0

1.3 本标准可测的最低寿命值为10 μs，取决于光源的余辉，而可测的最高寿命值主要取决于试样的尺寸，见表2。

表 2

单位为微秒

材料	类型 A	类型 B	类型 C
p 型锗	32	125	460
n 型锗	64	250	950
p 型硅	90	350	1 300
n 型硅	240	1 000	3 800

1.4 本标准不适用于抛光片的验收测试。

2 规范性引用文件

下列文件中的条款通过本标准的引用而成为本标准的条款。凡是注日期的引用文件，其随后所有的修改单(不包括勘误的内容)或修订版均不适用于本标准，然而，鼓励根据本标准达成协议的各方研究是否可使用这些文件的最新版本。凡是不注日期的引用文件，其最新版本适用于本标准。

GB/T 1550　非本征半导体材料导电类型测试方法

GB/T 1551　硅、锗单晶电阻率测定　直流两探针法

GB/T 14264　半导体材料术语

3 术语和定义

GB/T 14264 规定的以及下列术语和定义适用于本标准。

3.1

表观寿命　filament lifetime

光电导衰减到初始值的 $1/e$ 时的时间常数 τ_F (μs)。

3.2

体寿命　lifetime

晶体中非平衡载流子由产生到复合存在的平均时间间隔，它等于非平衡载流子浓度衰减到起始值的 $1/e(e=2.718)$ 所需的时间，又称少数载流子寿命。

4　方法原理

在两端面为研磨表面并具有欧姆接触的单一导电类型的半导体单晶试样上通一直流电流，用示波器观察试样上的电压降。对试样施一脉冲光，在试样中产生非平衡少数载流子，同时触发示波器扫描。从脉冲光停止起电压衰减的时间常数可由示波器扫描测得。当试样中电导率调幅非常小时，所观察到的电压衰减等价于光生载流子的衰减，因此电压衰减的时间常数就等于非平衡少数载流子衰减的时间常数，少数载流子寿命即由该时间系数确定，用公式(1)表示。必要时，应消除陷阱效应和对表面复合及过量电导率调幅进行修正。

$$\Delta V = \Delta V_0 \exp(-t/\tau_F) \qquad \cdots\cdots(1)$$

式中：

ΔV——光电导电压，单位为伏特(V)；

ΔV_0——光电导电压的峰值或初始值，单位为伏特(V)；

t——时间，单位为微秒(μs)；

τ_F——表观寿命，单位为微秒(μs)。

本方法不适用于测试条件下呈非指数规律变化信号的试样。

5　干扰因素

5.1　陷阱效应影响

室温下的硅和低温状况下的锗，载流子陷阱会产生影响。如果试样中存在电子或空穴陷阱，脉冲光停止后，非平衡少数载流子将保持较高浓度并维持相当长一段时间，光电导衰减曲线会出现一条长长的尾巴。在这段衰减曲线上进行测量将错误的导致寿命值增大。

5.1.1　沿衰减曲线进一步延伸，由衰减曲线高端至低端进行测量，若时间常数增加，可判定存在陷阱效应，消除方法见8.9。

5.1.2　当试样中陷阱效应超过衰减曲线总幅度的5%，就不能用本方法测量少数载流子寿命。

5.2　表面复合影响

5.2.1　表面复合会影响寿命测量，特别是使用小块试样时。表3给出了推荐试样尺寸对应的表面复合率 R_{sf}，在“计算”一章中也给出了表面复合修正的一般公式。当试样表面积与体积之比很大时，更有必要进行修正。

5.2.2　若对表面复合修正太大，会严重降低测量的准确性。建议对测量值的修正不要超过测量值倒数的1/2[即表观寿命须大于体寿命的一半，或表面复合率不大于体寿命的倒数，见第9章公式(8)]。标准条形试样所测定的最大体寿命值列于表2。

表3

材　料	类型A/(μs^{-1})	类型B/(μs^{-1})	类型C/(μs^{-1})
p型锗	0.032 3	0.008 13	0.002 15
n型锗	0.015 75	0.003 96	0.001 05
p型硅	0.011 2	0.002 82	0.000 75
n型硅	0.004 2	0.001 05	0.000 28

5.3 注入量的影响

测量时试样电导率调幅必须很小，这样试样上电势差的衰减才等价于光生载流子的衰减。当试样上最大直流电压调幅 $\Delta V_0/V_{dc}$ 超过 0.01 时，允许进行修正。

5.4 光生伏特效应影响

试样电阻率不均匀会产生使衰减信号扭曲的光电压——光生伏特效应。在没有电流通过时就呈现光电压的试样不适宜用本方法测量。测量时避免光照。

5.5 光源波长的影响

光生载流子大幅度衰减会影响曲线的形状，尤其在衰减初期使用脉冲光时，这种现象更为显著。因为脉冲光源注入的载流子初始浓度一致性差，要求使用滤光片以增加注入载流子浓度的一致性，并在衰减曲线峰值逐渐减弱之后进行测量。或用单色激光作光源。

5.6 电场影响

如果少数载流子被电流产生的电场扫出试样的一端，少数载流子就不会形成衰减曲线。因此，需要用一块挡光板遮挡试样端面，使测试中扫出效应不显著。

5.7 温度影响

半导体中杂质的复合特性受温度强烈影响，控制测量时的温度就相当重要。在相同温度下进行的测量才可以做比较。

5.8 杂质复合中心的影响

不同的杂质中心具有不同的复合特性，当试样中存在一种以上类型的复合中心时，观察到的衰减曲线可能包含两个或多个具有不同时间常数的指数曲线，诸曲线合成结果也不呈指数规律，测量不能得出单一寿命值。

5.9 滤光片的影响

滤光片本身有信号，它和试样信号叠加产生测试误差。因此应选择厚度 1 mm、与被测试样材料相同、信号较弱(低寿命值)的滤光片。

6 测量仪器

6.1 测试电路图

测试电路图见图 1。

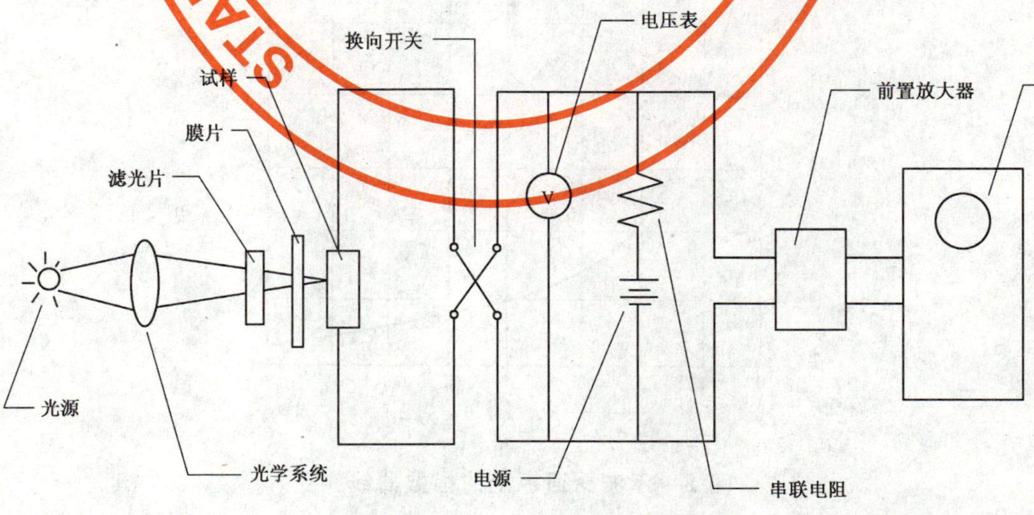

图 1 少数载流子寿命测量电路示意图

6.2 光源

脉冲光源应在光强从最大值减小到其10%时关断，或关断时间小于所测试样寿命时间的1/5或更少。用于硅试样测量的光源光谱分布的最大值应在波长范围1.0 μm～1.1 μm以内。

氙光管或放电管，配备0.01 μF的电容器以及可提供频率为2 Hz～60 Hz脉冲的高压电源。光源应在0.3 μs内达到最大光强，并在小于0.5 μs内光强由最大值下降不大于5%。采用更小的电容可获得更短的脉冲宽度，适合测量表观寿命低于5 μs的试样。

6.3 电源

电源应稳定并经过良好滤波，应在试样上产生不低于5 V的直流电压。电路中的串联电阻 R_s 值至少是试样电阻R及接触电阻 R_c 之和的20倍，电路中还应有对试样电流换向及切断电流的开关装置。

6.4 试样夹具及恒温器

隔热试样夹具及恒温器应使试样处于规定温度27 ℃±1 ℃，夹具与试样的整个端面应保持欧姆接触，并至少应使试样四个侧面中的一个侧面处于光照下。

注：制作与试样端面成欧姆接触的试样夹具的方法较多，建议使用金属带或纤维的压力接触，也可用厚铅板或铟板。

6.5 滤光片

滤光片应双面抛光，由与试样相同的材料制成，厚度为1 mm，直接放置在矩形窗孔膜片的上方。

6.6 矩形窗孔膜片

放置于靠近试样的光照表面，光透过矩形窗孔膜片，只能照射到试样的部分区域。光照区域的长度 $L_i = L/2$，宽度 $W_i = W/2$；光照部位都在试样中央位置。

6.7 电信号测量线路

6.7.1 前置放大器——具有可调的高、低频频带范围，低频截止频率从0.3 Hz～30 Hz可调。

6.7.2 示波器——具有适合的时间扫描和信号灵敏度及经校准的时间基线，其精度和线性度都优于3%并能被试验信号或外部信号触发，还应配备有助于分析衰减曲线的透明屏幕，其要求如下：

规定屏幕尺寸在10 cm×10 cm以内，该尺寸有利于减小视差。屏幕上刻有一条曲线，在基线上方的高度沿横坐标的距离呈指数衰减，由公式(2)表示：

$$y = 6\exp(-x/2.5) \qquad (2)$$

式中：x 和 y 都是以刻度盘的刻度划分。

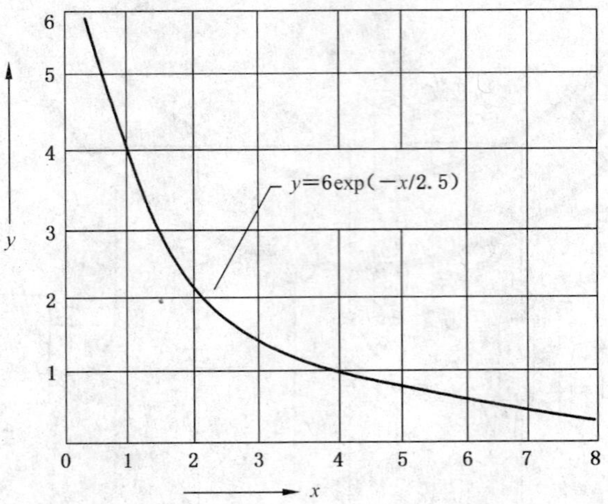

图2 示波器面板上的指数曲线

6.7.3 对电路总体要求：

6.7.3.1 校正垂直扫描灵敏度至0.1 mV/cm或更低；

6.7.3.2 校正垂直增益和扫描线性度在3%以内；

6.7.3.3 响应时间:输入信号以步进方式变化时,输出信号的衰减不超过所测最小表观寿命值的 1/5;

6.7.3.4 脉冲没有明显的变坏现象,如过冲或阻尼效应。

7 样品制备

7.1 试剂和材料

7.1.1 纯水

25 ℃时电阻率大于 2 MΩ·cm 的去离子水。

7.1.2 研磨材料

氧化铝粉,颗粒范围为 5 μm～12 μm。

7.2 取样

从晶体上指定区域切取试样,长度为 L,厚度为 T,宽度为 W,如表 1 所示。记录所有尺寸,精确到 0.1 mm。较低寿命值的材料测量宜使用较小尺寸的试样。直拉硅单晶的测量大都使用类型 B,而区熔硅单晶的测量建议采用类型 C。

7.3 研磨

测量前,用氧化铝粉研磨试样,使试样的六个表面成为平整的磨面。

7.4 清洗

将研磨后的试样用超声清洗或用水冲洗,用干燥氮气吹干。试样端面应清洁干净,有利形成良好的欧姆接触。

7.5 欧姆接触材料

在试样端面应形成欧姆接触,可使用镍、铑或金电镀浴,要避免铜沾污。对硅试样,可用一小滴镓滴在金刚砂布上,并使用加热盘将试样加热至 35 ℃。

7.6 研磨设备

能把试样的所有表面加工成光滑、平整的表面。

7.7 清洗和干燥设备

可用水冲洗或超声清洗。干燥设备提供干燥氮气吹干试样。

7.8 试样尺寸测量工具

精度为 0.01 mm 的千分尺或游标卡尺。

7.9 欧姆接触

在试样的两个整个端面上制作欧姆接触。推荐在锗试样的断面镀镍、铑或金,镀膜过程中应避免铜沾污;对硅试样最好办法是把试样加热到 35 ℃,同时研磨端面,防止滴在金刚砂布上的镓形成镓污点。也可在 n 型硅试样端面镀镍,在 p 性型硅试样端面镀铑。

7.10 测试接触点

将试样置于夹具中,以一个方向接通电流,在试样上形成 2 V～5 V 的电压,记录该电压降 V_1。改变电流方向,记录试样上电压降 V_2。如果 V_1 与 V_2 的差小于 5%,则试样具有欧姆接触。

7.11 测量和记录

按 GB/T 1551 测量和记录并修正其至 27 ℃时电阻率。如果试样导电类型是未知的,可按 GB/T 1550 测定。

8 测量步骤

8.1 用试样夹具夹紧试样,定位于膜片的矩形窗孔处,使试样的中央处于光照下。测量并记录试样夹具的温度,取值±1 ℃。

8.2 开启光源,将前置放大器与示波器接通。

8.3 接通电源,调整电流,在试样上产生 2 V～5 V。

8.4 使观察到的衰减曲线与画在示波器透明屏上的标准指数曲线一致(见 6.7.2),方法如下：

8.4.1 调节垂直位移旋钮,使观察到的衰减曲线的基线与标准指数曲线的基线重合。调节时间基准扫描速度于一较低值,使屏幕横向上出现多个衰减曲线,以易于调节。

8.4.2 延长时间基准以产生一个单周期信号图样,调节水平位移、垂直放大和时间基准扫描速度,直到观察到的曲线与标准指数曲线尽可能吻合,脉冲峰值 ΔV_0 与标准曲线左边上方点一致。

8.5 测试试样是否存在光生伏特效应:关断电流,保留光照,其他旋钮不动,观察示波器是否检测到一个光电压信号。如果检测到一个超过脉冲峰值1%的信号,则试样中存在光生伏特效应,该试样不适合用本方法测量。

8.6 若未观察到上述光电压信号且衰减曲线呈指数曲线,则可由式(3)确定表观寿命 $\tau_F(\mu s)$：

$$\tau_F = 2.5 \cdot S_1 \qquad \cdots\cdots(3)$$

式中：

S_1——时间基准扫描速度,单位为微秒每厘米($\mu s/cm$)。

8.7 若示波器时间基准未经校准,则标准指数曲线不适用,表观寿命可如下确定:旋转时间基准扫描速度至一合适分度值 $S_2(\mu s/cm)$,测量衰减曲线上任意两点间幅度比为 2∶1 的水平距离 $M(cm)$,由式(4)计算 τ_F：

$$\tau_F = 1.44MS_2 \qquad \cdots\cdots(4)$$

当不具备屏幕标准曲线(见 6.7.2.1)时,也可用该步骤。

8.8 当观察到的屏幕衰减曲线呈非纯指数曲线但接近于纯指数曲线时,表观寿命可由曲线低端的几对点确定。

8.8.1 当试样的一半或少于一半的宽度已受光照,表观寿命从信号衰减到其峰值的60%以后的曲线部分来测定。

8.8.2 当试样的一半以上的宽度已受光照,表观寿命从信号衰减到其峰值的25%以后的曲线部分来测定。

8.8.3 上述两种情况都要增加垂直增益以延长衰减曲线,使指定部分达到屏幕垂直满刻度,调节时间基准扫描到一合适分度值 $S_2(\mu s/cm)$,使衰减曲线的指定部分尽可能达到屏幕水平满刻度,测量曲线上幅度比为 2∶1 的任意两点间水平距离 $M(cm)$,由式(5)计算表观寿命：

$$\tau_{F1} = 1.44MS_2 \qquad \cdots\cdots(5)$$

重复上述过程两遍以上,得到 τ_{F2}、τ_{F3} 等。

8.8.4 确定和记录平均表观寿命 τ_F,即 τ_{Fi} 的平均值。若 τ_{Fi} 之间差值超过 10%,则该试样不适合用本方法测量。

注:特别是在 p 型硅的情况下,寿命随载流子浓度函数变化非常迅速,在宽范围内取得的平均值产生的误差可能很大。

8.9 试样是否存在陷阱效应由表观寿命值的变化来确定。诸寿命值从小于衰减曲线峰值(ΔV_0)的25%的曲线部分来确定。若寿命值在沿曲线更低处测量时反而增加,则存在陷阱。把试样加热到 50 ℃～70 ℃或用一稳定的本底光照射试样,可消除陷阱效应。若陷阱的影响超过曲线总幅度的5%,则该试样不适于用本方法测量。

8.10 检查是否满足扫出条件

8.10.1 关断光源,测量试样上直流电压 V_{dc}。

8.10.2 计算 V_{dc} 与 τ_F 的积,若乘积不大于表 4 给出的对应常数,则满足扫出条件,即扫出效应不显著,进行 8.11 操作。

8.10.3 表 4 给出的常数,仅用于推荐长度的试样,其他长度的试样,其条件由式(6)给出：

$$V_{dc} \cdot \tau_F \leqslant 30\ L/\mu \qquad \cdots\cdots(6)$$

式中：

L——试样长度，单位为毫米(mm)；

μ——少数载流子迁移率，单位为平方厘米每伏秒($cm^2/(V \cdot s)$)(见表4)；

τ_F——表观寿命，单位为微秒(μs)。

8.10.4 若不满足扫出条件，可降低试样电流来减小 V_{dc}，这将会改变曲线形状，τ_F 值也将发生变化。

8.10.5 重复从8.4～8.10.4的操作，直至 τ_F 值是一个常数且满足扫出条件。

表 4

材料	迁移率/($cm^2/(V \cdot s)$)	类型 A	类型 B 和 C
p 型锗	3 800	7.3	12
n 型锗	1 800	11	18
p 型硅	1 400	12	20
n 型硅	470	20	35

8.11 检查是否满足小注入条件。

8.11.1 用满足扫出条件相同的电流值，开启光源，测量脉冲峰值，ΔV。

8.11.2 若 $\Delta V_0/V_{dc} \leqslant 0.01$，则满足小注入条件，进行"计算"。

8.11.3 若 $\Delta V_0/V_{dc} > 0.01$，则按式(7)修正表观寿命：

$$\tau_F = \tau_{Fmeas}[1-(V_0/V_{dc})] \qquad (7)$$

式中：

τ_{Fmeas}——8.6中测量或8.7中计算的表观寿命值；

τ_F——表观寿命修正值。

9 计算

9.1 小注入条件下的体少数载流子寿命由式(8)计算。

$$\tau_b = (\tau_F^{-1} - R_{SF})^{-1} \qquad (8)$$

式中：

τ_b——体少数载流子寿命，单位为微秒(μs)；

τ_F——表观寿命，单位为微秒(μs)；

R_{SF}——表面复合率；标准样品的 R_{SF} 由表3给出，单位为微秒$^{-1}$(μs^{-1})。

注：注意5.2.1中的复合及表2规定的可测最大体寿命。

9.2 对长度为 L，宽为 W，厚为 T 的长条形试样，R_{SF} 由式(9)求得：

$$R_{SF} = \pi^2 D(L^{-2} + W^{-2} + T^{-2}) \qquad (9)$$

9.3 对长度为 L，半径为 r 的圆柱样品，R_{SF} 由式(10)求得：

$$R_{SF} = \pi^2 D[L^{-2} + (9/16r^2)] \qquad (10)$$

式中：

D——少数载流子扩散系数，单位为平方厘米每秒(cm^2/s)。

10 报告

试验报告应包括如下内容：

a) 试样编号；

b) 试样尺寸；

c) 试样导电类型和电阻率；

d） 试样上测量点及其光照区域的长(L_i)、宽(W_i)；

e） 光源种类；

f） 直流电压降 V_{dc}，电压幅度峰值或饱和值；

g） 是否使用了幅度修正；

h） 表观寿命 τ_F 测量值；

i） 计算的体少数载流子寿命 τ_b；

j） 本标准编号；

k） 测试人员和日期。

11 精密度

本标准测量硅单晶体少数载流子寿命单个实验室测量精密度为±20％，测量锗单晶体少数载流子寿命单个实验室测量精密度为±50％。

附 录 A
(规范性附录)
硅单晶少数载流子寿命测定高频光电导衰减法

A.1 范围

本标准规定了硅单晶少数载流子寿命高频光电导衰减测量方法。本标准适用于硅单晶锭、块的少数载流子寿命测量,多用于常规测量。

A.2 方法原理

本方法以直流光电导率减法原理为基础,用高频电场代替直流电场,以电容耦合代替欧姆接触,以检测试样上电流的变化代替检测样品上电压的变化。不光照时,由高频源产生等幅高频正弦电流,通过试样与取样电阻 R,在取样电阻两端产生高频电压。试样受光照时,产生附加光电导,流过试样到取样电阻 R 的高频电流幅值也相应增加。光照停止后,在小注入条件下,附加光电导按指数规律衰减,高频电流幅值增加部分指数规律衰减,取样电阻上形成的高频调幅信号经检波和滤波、宽频放大器放大输入示波器,屏上显示一条指数衰减曲线,其时间常数 τ 即为非平衡少数载流子寿命。

A.3 测量仪器

A.3.1 测量系统装置图

测量系统装置图见图 A.1。

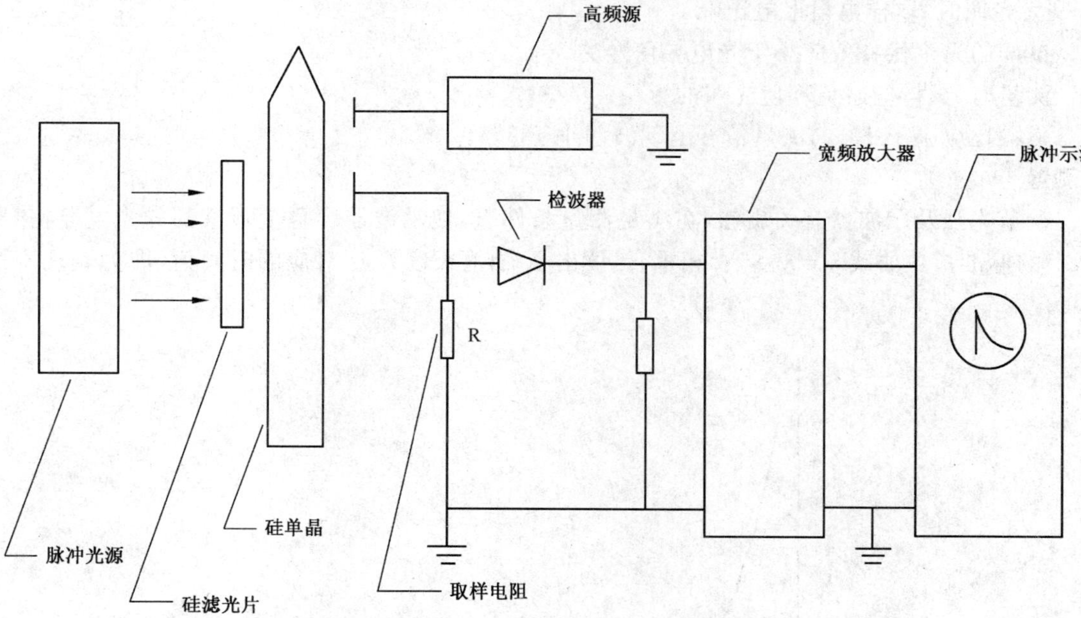

图 A.1 少数载流子寿命高频光电导衰减法测量电路示意图

A.3.2 光脉冲发生装置

光脉冲关断时间应小于所测寿命值的一半,重复频率为(1～5)次/s。

注:当采用发光二极管作光源时,重复频率可达 25 次/s。

A.3.3 光学系统

透镜和滤光片分别构成聚光和滤光系统,聚光只改变光强而不改变光照面积,保证区域内光照均匀。滤光片由电阻率大于 10 Ω·cm 的硅单晶片制成,厚度不小于 1 mm,表面抛光至镜面。

A.3.4 高频电源

频率 25 MHz～35 MHz，低输出阻抗，输出功率不低于 1 W。

A.3.5 检波器

宽频带放大器与脉冲示波器，保证信号不畸变，频率响应 2 Hz～1 MHz，脉冲示波器扫描时间应连续可调。

A.4 样品制备

A.4.1 试样形状：整根单晶棒，圆柱状或具有平面的单晶锭亦可。

A.4.2 试样处理：腐蚀去除氧化层，表面清洁，不得有沾污。

A.5 测量步骤

A.5.1 测量环境

A.5.1.1 温度 23±2 ℃，相对湿度不大于 65%。

A.5.1.2 测量房间应有电磁屏蔽，工作电源应有滤波装置。

A.5.2 测量条件

A.5.2.1 应保证在小注入条件下测量，满足式(A.1)要求，也可以通过把取样电阻上的高频电压变化值控制在一定范围内来保证小注入条件。

$$(1/M)(\Delta V/V) \leqslant 1\% \qquad \cdots\cdots\cdots\cdots(\text{A.1})$$

式中：

M——修正因子，当忽略回路中感抗、容抗以及试样电阻比取样电阻大得多时，M 近似于 1；

ΔV——光照时，取样电阻上电压变化值；

V——无光照时，取样电阻上电压降。

A.5.2.2 试样的光生伏特效应小于光电导信号的 5%。

A.5.2.3 测量时，试样应避免环境光照的影响。

A.5.2.4 信噪比应小于 10%，测量信号上下波动小于 5%。

A.5.3 测量

A.5.3.1 调节光强及示波器有关旋钮，在满足测量条件下，使示波器屏幕上观察到的光电导信号 ΔV 与示波器上的标准指数曲线 $y=y_0\mathrm{e}^{-X/L}$ 相重合，读出 X 轴上长度 L 所对应的时间值，即为表观寿命 τ_F（见图 A.2）。

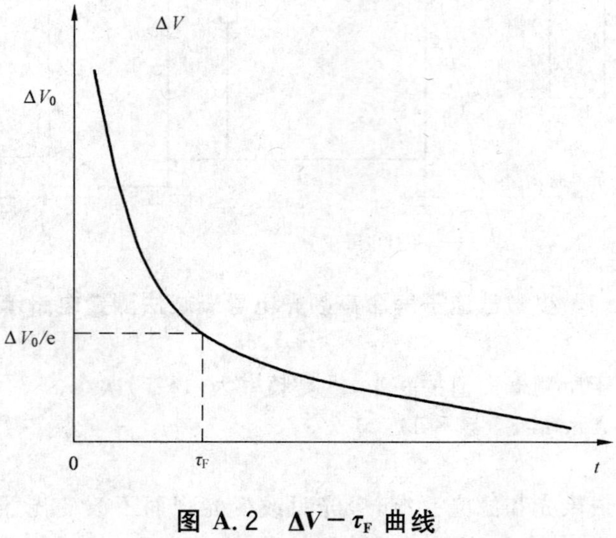

图 A.2 ΔV－τF 曲线

A.5.3.2 若光电导信号 ΔV 部分偏离指数曲线，则应作如下处理。

A.5.3.2.1 若曲线初始部分衰减较快(表面复合效应)，则由曲线较后部分测量，一般取下降到60%以后的部分读数也可以用更厚的硅滤光片测量(见图A.3)。

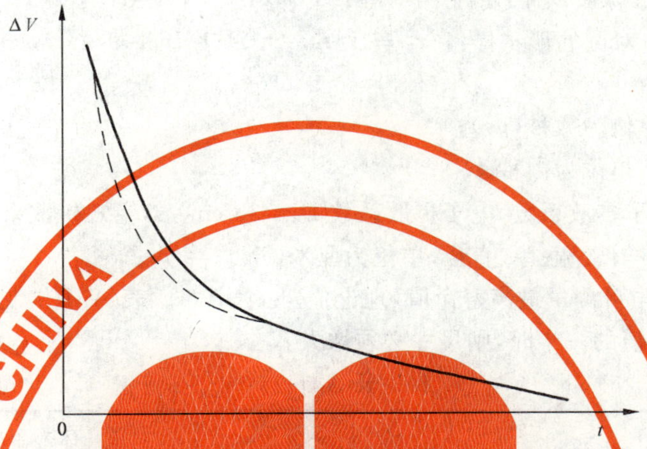

图 A.3 表面复合

A.5.3.2.2 若曲线后部不与基线重合，则用弱的稳定光照消除陷阱效应进行测量。当陷阱幅度大于20%(与曲线的最大值比较)时，则不予报数(见图A.4)。

图 A.4 陷阱效应

A.5.3.2.3 若曲线头部出现平顶现象，说明信号太大，应减弱光强及倍数在小信号下进行测量(见图A.5)。

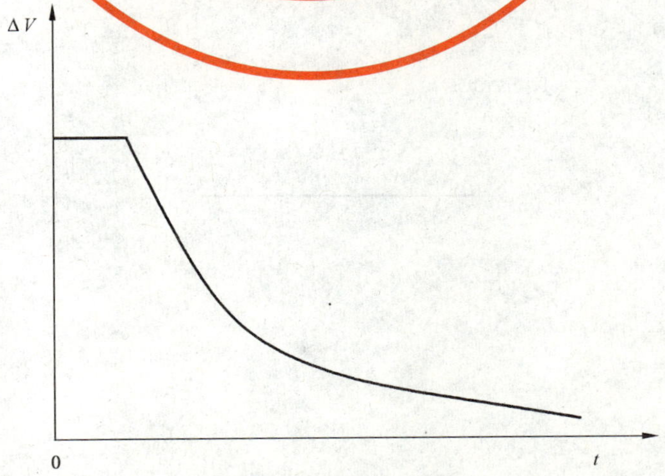

图 A.5 信号限幅

A.6 计算

A.6.1 计算体寿命时，考虑到表面复合作用，对表观寿命应作修正：

对长方形试样：$1/\tau_B = 1/\tau_F - \pi^2 D(1/L^2 + 1/W^2 + 1/T^2)$ ……………（A.2）

对圆柱形试样：$1/\tau_B = 1/\tau_F - \pi^2 D(1/L^2 + 9/4\phi^2)$ ……………（A.3）

式中：

τ_B——体寿命，单位为微秒（μs）；

τ_F——表观寿命，单位为微秒（μs）；

D——少数载流子扩散系数，电子扩散系数 $D_n = 36\ cm^2/s$，空穴扩散系数 $D_p = 13\ cm^2/s$；

L、W、T、ϕ——分别为试样长、宽、厚、直径，单位为厘米（cm）。

A.6.2 试样的最小尺寸与可测量最高寿命值（理论值）见表 A.1。表 A.1 供制作试样时参考，若直接测得的表观寿命大于表中值的一半时，则尺寸必须增大。

表 A.1

长度/cm	截面积或直径	体寿命/μs	
		n 型	p 型
1.5	0.25 cm×0.25 cm	240	90
2.5	0.5 cm×0.5 cm	950	350
2.5	1.0 cm×1.0 cm	3 600	1 300
1.5	ϕ0.25 cm	2 100	80
2.5	ϕ0.5 cm	860	310
2.5	ϕ1.0 cm	3 300	1 200

A.7 报告

试验报告应包括以下内容：

a) 试样编号；

b) 试样尺寸；

c) 试样导电类型和电阻率；

d) 表观寿命 τ_F 测量值；

e) 计算的体少子寿命 τ_B；

f) 本标准编号；

g) 测试人员和日期。

ICS 29.045
H 80

中华人民共和国国家标准

GB/T 1554—2009
代替 GB/T 1554—1995

硅晶体完整性化学择优腐蚀检验方法

Testing method for crystallographic perfection of silicon by preferential etch techniques

2009-10-30 发布 2010-06-01 实施

中华人民共和国国家质量监督检验检疫总局
中国国家标准化管理委员会 发布

前　言

本标准代替 GB/T 1554—1995《硅晶体完整性化学择优腐蚀检验方法》。

本标准与 GB/T 1554—1995 相比，主要有如下变化：

——增加了“本方法也适用于硅单晶片”；

——增加了“术语和定义”、“干扰因素”章；

——第 4 章最后一句将“用肉眼和金相显微镜进行观察”修改为“用目视法结合金相显微镜进行观察”；

——将原标准中“表 1 四种常用化学抛光液配方”删除，对化学抛光液配比进行了修改，删除了乙酸配方；并将各种试剂和材料的含量修改为等级；增加了重量比分别为 50% CrO_3 和 10% CrO_3 标准溶液的配比；增加了晶体缺陷显示常用的腐蚀剂对比表；依据 SEMI MF1809-0704 增加了几种国际上常用的无铬、含铬腐蚀溶液的配方、应用及适用性的分类对比表；

——第 9 章将原 GB/T 1554—1995 中“(111) 面缺陷显示”中电阻率不小于 0.2 Ω·cm 的试样腐蚀时间改为了 10 min～15 min；“(100) 面缺陷显示”中电阻率不小于 0.2 Ω·cm 的试样和电阻率小于 0.2 Ω·cm 的试样腐蚀时间全部改为 10 min～15 min；增加了(110)面缺陷显示；增加了对重掺试样的缺陷显示；在缺陷观测的测点选取中增加了“米”字型测量方法。

本标准的附录 A 为资料性附录。

本标准由全国半导体设备和材料标准化技术委员会提出。

本标准由全国半导体设备和材料标准化技术委员会材料分技术委员会归口。

本标准起草单位：峨嵋半导体材料厂。

本标准主要起草人：何兰英、王炎、张辉坚、刘阳。

本标准所代替标准的历次版本发布情况为：

——GB 1554—1979、GB/T 1554—1995。

——GB 4057—1983。

硅晶体完整性化学择优腐蚀检验方法

1 范围

本标准规定了用择优腐蚀技术检验硅晶体完整性的方法。

本标准适用于晶向为〈111〉、〈100〉或〈110〉、电阻率为 10^{-3} Ω·cm～10^{4} Ω·cm、位错密度在 0 cm^{-2}～10^{5} cm^{-2}之间的硅单晶锭或硅片中原生缺陷的检验。

本方法也适用于硅单晶片。

2 规范性引用文件

下列文件中的条款通过本标准的引用而成为本标准的条款。凡是注日期的引用文件，其随后所有的修改单(不包括勘误的内容)或修订版均不适用于本标准，然而，鼓励根据本标准达成协议的各方研究是否可使用这些文件的最新版本。凡是不注日期的引用文件，其最新版本适用于本标准。

GB/T 14264　半导体材料术语

YS/T 209　硅材料原生缺陷图谱

3 术语和定义

GB/T 14264 中规定的术语和定义适用于本标准。

4 方法原理

本方法利用化学择优腐蚀显示结晶缺陷。试样经择优腐蚀液腐蚀，在有缺陷的位置被腐蚀成浅坑或丘，在宏观上可能组成一定的图形，在微观上呈现为分立的腐蚀坑或丘。采用目视法结合金相显微镜进行观察。

5 干扰因素

5.1　腐蚀液放置时间过长，有挥发、沉淀物现象出现，影响腐蚀效果。

5.2　腐蚀时腐蚀时间过短，位错特征不明显；腐蚀时间过长、腐蚀蚀坑易扩大，表面就粗糙，背景就不清晰，特征就不明显，位错也不易观察。

5.3　腐蚀时腐蚀温度高，反应速度就快了，反应物易附在试样表面影响缺陷的观察。

5.4　腐蚀时，试样的摆放方式对结果的观察也有一定的影响，如果腐蚀时试样竖放在耐氢氟酸容器内，则可能会在试样表面产生腐蚀槽，影响缺陷的观察。

6 试剂和材料

6.1　三氧化铬，化学纯。

6.2　氢氟酸，化学纯。

6.3　硝酸，化学纯。

6.4　乙酸，化学纯。

6.5　纯水，电阻率大于 10 MΩ·cm(25 ℃)。

6.6　化学腐蚀抛光液配比：HF：HNO_3=1：(3～5)(体积比)。

6.7　铬酸溶液 A：称取 500 g 三氧化铬于烧杯中，用水完全溶解后，移入 1 000 mL 容量瓶中，用水稀释至刻度，混匀。

6.8 铬酸溶液B：称取75 g三氧化铬于烧杯中，用水完全溶解后，移入1 000 mL容量瓶中，用水稀释至刻度，混匀。

6.9 三氧化铬标准溶液配比：CrO_3 ∶ H_2O=1∶1(质量比)。

6.10 三氧化铬标准溶液配比：CrO_3 ∶ H_2O=1∶9(质量比)。

6.11 Sirtl腐蚀液：铬酸溶液A(6.7)∶氢氟酸=1∶1(体积比)，使用前配置。

6.12 Schimmel腐蚀液A：铬酸溶液B(6.8)∶氢氟酸=1∶2(体积比)，使用前配置。

6.13 Schimmel腐蚀液B：铬酸溶液B(6.8)∶氢氟酸∶水=1∶2∶1.5(体积比)，使用前配置。

6.14 晶体缺陷显示常用的腐蚀剂见表1。

表1 硅的腐蚀剂

腐蚀剂名称	组分	腐蚀时间	说明
Sirtl腐蚀液	铬酸溶液A(6.7)∶氢氟酸=1∶1(体积比)	10 min～15 min	1. 特别适合(111)方向硅单晶的腐蚀；2. 此液会使(100)表面模糊，故不适合用于(100)方向；3. 腐蚀反应时会使得腐蚀液温度升高，故需注重温度的控制
Wright腐蚀液	60 mL HF+60 mL HAc+60 mL H_2O+30 mL铬酸溶液A(6.7)+30 mL HNO_3+2 g $Cu(NO_3)_2 \cdot 3H_2O$	20 min以上	可显示(100)面位错，显示(100)面旋涡不充分，背景清晰，选择性好。
Schimmel腐蚀液	对$\rho \geq 0.2\ \Omega \cdot cm$：Schimmel腐蚀液A配比：铬酸溶液B(6.8)∶氢氟酸=1∶2(体积比)； 对$\rho < 0.2\ \Omega \cdot cm$：Schimmel腐蚀液B配比：铬酸溶液B(6.8)∶氢氟酸∶水=1∶2∶1.5(体积比)	10 min～15 min	适用于(100)面位错及氧化缺陷显示。使用时须对腐蚀剂加以震荡。
Dash腐蚀液	HF∶HNO_3∶CHCOOH=1∶3∶(8～10)	1 μm/min	1. 同时适合(111)及(100)方向硅单晶表面的腐蚀；2. 更加适合p型硅单晶的腐蚀
Secco腐蚀液	先将11 g $K_2Cr_2O_7$溶解于250 mL H_2O中(即0.15 mol/L)，再以1∶2的比例与浓度49%的HF混合	约1.5 μm/min	1. 特别适合(100)方向硅单晶的腐蚀； 2. 不适合P^+型硅单晶的腐蚀
ASTM铜腐蚀液	A溶液(5 mL)+B溶液(1 mL)+H_2O(49 mL) A溶液：H_2O(600 mL)+HNO_3(300 mL)+28 g[$Cu(NO_3)_2$] B溶液：H_2O(1 000 mL)+1滴1 mol/L KOH+3.54 g KBr+0.708 g $KBrO_3$	室温4 h	1. 适合显示(111)面的位错； 2. A溶液和B溶液应预先配制好，使用前才将这两种液进行混合； 3. 腐蚀时如果不出现腐蚀坑，则需将表面磨去10 μm厚后重新抛光，并延长腐蚀时间至4 h以上

6.15 国际上几种常用的无铬、含铬腐蚀溶液的配方、应用及适用性的分类对比见附录A。

6.16 研磨材料，采用W20碳化硅或氧化铝金刚砂。

7 设备和仪器

7.1 金相显微镜：具有X-Y机械载物台及载物台测微计，放大倍数不低于100倍。

7.2 平行光源：照度100 lx～150 lx，观察背景为无光泽黑色。

8 试样制备

8.1 在强光照射下，根据不同的反射光，根据晶体收尾情况及位错线长度，切去晶锭尾部的位错部分，用于检验的试样应取自接近头尾切除部分的保留晶体，或在供需双方指定的部位切取试样，厚度为1 mm～3 mm。

8.2 把取得的试样(重掺试样要用研磨材料研磨)用化学抛光液(6.6)抛光或机械抛光。如果硅片已经抛光并清洗干净，则按9.1直接进行缺陷腐蚀。

8.3 试样待测面应成镜面，要求无划道、无浅坑、无氧化，并经充分清洗。

9 检测程序

9.1 缺陷显示

9.1.1 (111)面缺陷显示

将试样待侧面向上放入耐氢氟酸容器内，用足够量的Sirtl腐蚀液(6.11)浸没进行腐蚀，使液面高出试样约1 cm，腐蚀时间(10～15)min。

9.1.2 (100)、(110)面缺陷显示

将试样待侧面向上放入耐氢氟酸容器内，用足够量的Schimmel腐蚀液浸没进行腐蚀，使液面高出样品约2.5 cm。电阻率不小于0.2 Ω·cm的试样，用Schimmel腐蚀液A(6.12)腐蚀；电阻率小于0.2 Ω·cm的试样，用Schimmel腐蚀液B(6.13)腐蚀。腐蚀时间均为(10～15)min。

9.1.3 重掺(111)面(重掺B、重掺As、重掺Sb)缺陷显示

将试样待侧面向上放入耐氢氟酸容器内，用足够量的Sirtl腐蚀液(6.11)浸没进行腐蚀，使液面高出试样约1 cm，腐蚀时间1 h。对于重掺B，在腐蚀过程中，当腐蚀15 min时，将样品取出冲洗干净，在白炽灯下观察是否有杂质条纹，再将样品放回腐蚀液中继续腐蚀至1 h。

9.1.4 重掺(100)面缺陷显示

9.1.4.1 重掺B(100)面缺陷显示

腐蚀液配比：三氧化铬标准溶液(6.9)：HF＝3：1〈体积比〉。

腐蚀时间1 h。在腐蚀过程中当腐蚀到10 min时，将样品取出冲洗干净，在白炽灯下观察是否有杂质条纹，然后再放入腐蚀液中继续腐蚀。

9.1.4.2 重掺As(100)面缺陷显示

腐蚀液配比：三氧化铬标准溶液(6.10)：HF＝1：2〈体积比〉。

腐蚀时间1 h。

9.1.4.3 腐蚀后试样用水充分清洗干净。

9.2 缺陷观测

9.2.1 在无光泽黑色背景的平行光下，用肉眼观察试样上缺陷的宏观分布。

9.2.2 在金相显微镜下观察缺陷的微观特征。

9.2.3 缺陷测点选取：测点选取采用9点法或“米”字型法，具体方法由供需双方协商。

9.2.3.1 9点法：在两条与主参考面不相交的相互垂直的直径上取9点，选点位置见图1，即边缘取4点(见表2)，*R*/2处取4点，中心处一点，以9点平均值取数。

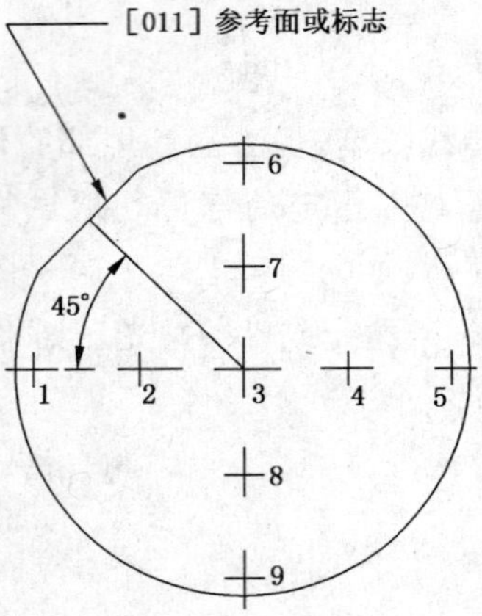

a) (100)硅片

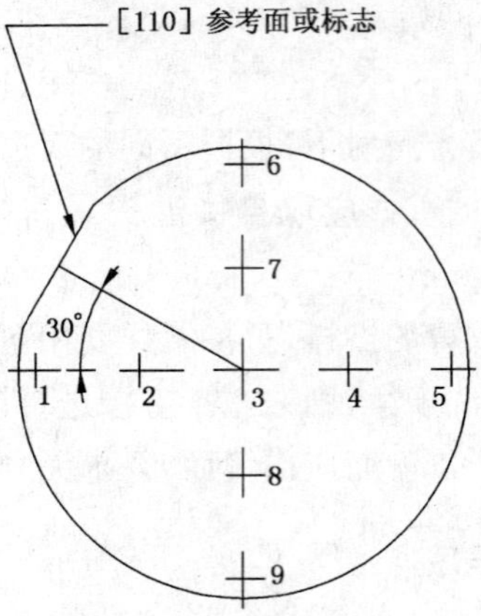

b) (111)硅片

图 1 选点位置

表 2 边缘选点位置表

单位为毫米

直　径	距边缘(互相垂直直径上)
38	3.1
50	3.8
51	3.9
63	4.6
75	5.3
76	5.4
100	6.8
125	8.3
150	9.8

9.2.3.2 采用"米"字型法:在"9 点法"的基础上,将两条相互垂直的直径顺时针旋转 45°,增加两条直径,在边缘和 $R/2$ 处分别增加 8 个测量点,选点位置见图 2,即此种测量方法边缘取 8 点(见表 2),$R/2$ 处取 8 点,中心处一点,以 17 点平均值取数。

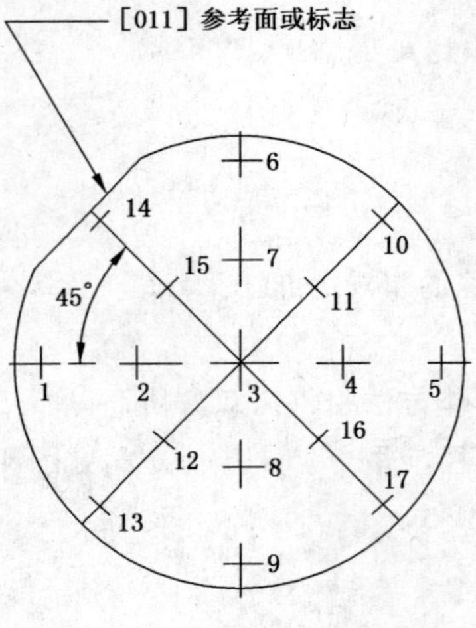

a) (100)硅片

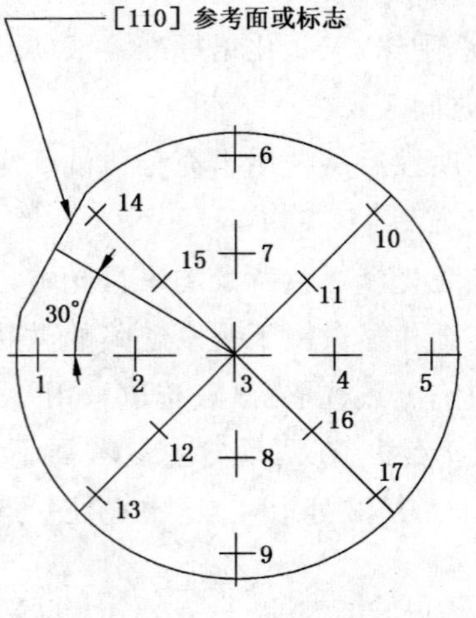

b) (111)硅片

图 2 选点位置

9.2.4 视场面积选取：当缺陷密度不大于 1×10^4 个/cm^2 时，取 1 mm^2；当缺陷密度大于 1×10^4 个/cm^2 时，取 0.2 mm^2。

9.3 缺陷特征

9.3.1 典型位错蚀坑及浅蚀坑见图 3。

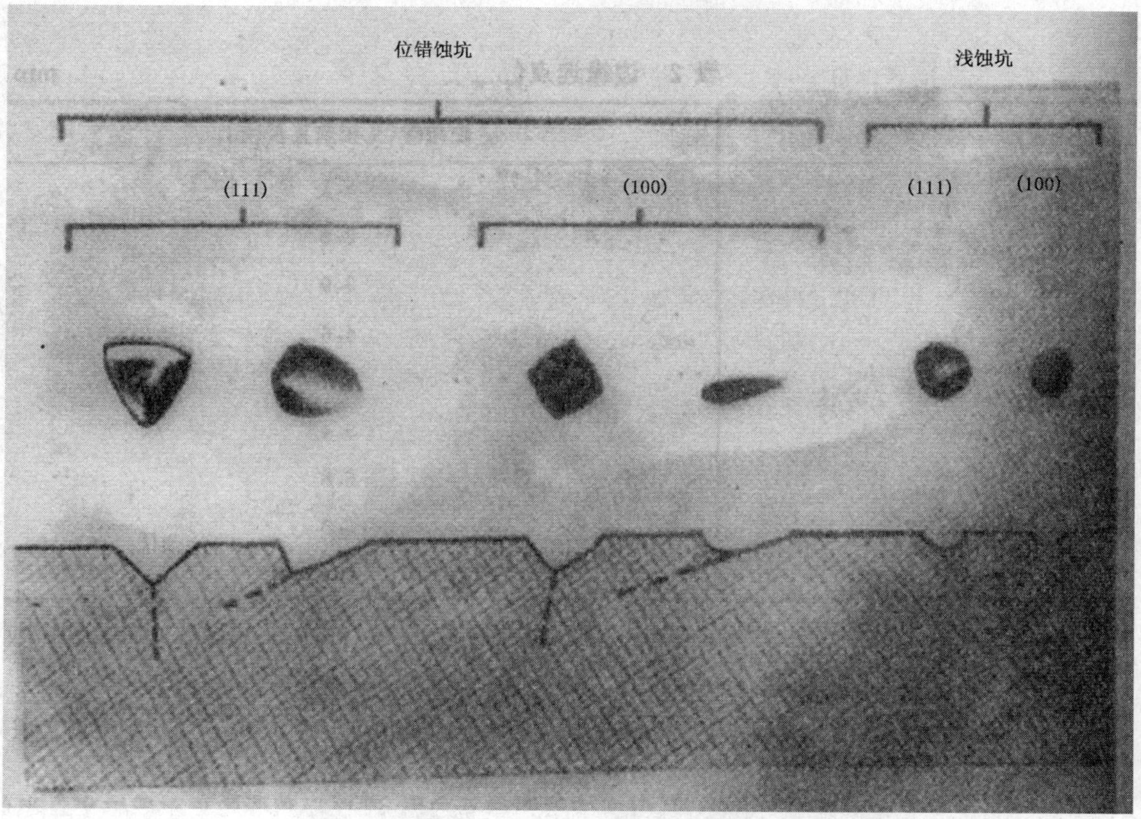

图 3 典型的位错蚀坑和浅蚀坑

9.3.1.1 (111)面上的位错蚀坑呈三角形，其侧面也近似呈三角形，并以三角形的顶对着坑底。当位错线与显示面成小于 90°角时，将呈变了形的三角形。见图 3。

9.3.1.2 (100)面上的位错蚀坑呈方形，当位错线与显示面不垂直或增加腐蚀时间时，将呈椭圆形、圆形。见图 3。

9.3.2 硅片内的滑移由多个不一定互相接触的呈直线排列的位错蚀坑图形构成，见图 4。该蚀坑排列的直线在(110)方向。

9.3.2.1 (111)面上的滑移线由多个底边在同一条直线上的三角形蚀坑构成，在晶体断面上呈三角形或六角图形。

9.3.2.2 (100)面上的滑移呈直线型外貌，在晶体断面上呈离开晶片边缘的直线或正方形。

9.3.3 多晶——在宏观上呈镶嵌块图形，见图 5。

9.3.4 小角度晶界——由位错蚀坑顶点对着底边排列而构成，且蚀坑线密度大于 25 个/mm，见图 6a)、图 6b)。

9.3.5 孪晶界——由两个取向不同的单晶体所共有的界面构成，见图 7。

9.3.6 条纹——在宏观上为一系列同心环状或螺旋状的腐蚀图形，见图 8。在 100 倍或更高放大倍数下是连续的表面凹凸状条纹。

9.3.7 旋涡——在宏观上为螺旋状、同心圆、波浪和弧状等图形，见图 9。在 100 倍或更高放大倍数下是由不连续的碟形(浅)蚀坑组成，见图 3。

9.3.8 层错——是晶体中原子错排面与显示表面的交界线，腐蚀后表现为直线沟槽，其两端为位错坑，见图10。

9.3.9 杂质析出——宏观上为弧穗状图形，在100倍或更高放大倍数下是连续的表面凹凸状条纹。见图11。

9.3.10 管道——是(111)晶向生长的单晶，经腐蚀后(111)横断面上呈圆形或圆弧状的腐蚀线条，见图12。

9.3.11 其他有关缺陷腐蚀特征见YS/T 209中相应的图片。

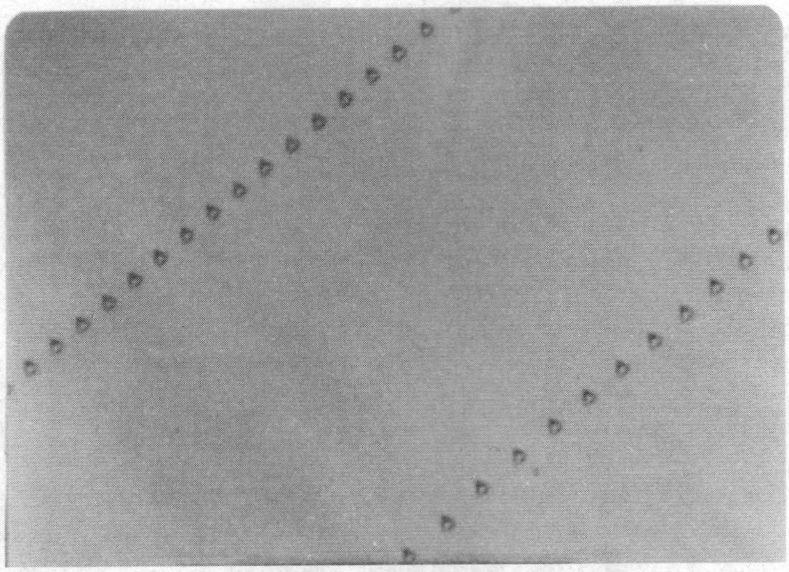

a)〈111〉晶面上的滑移位错

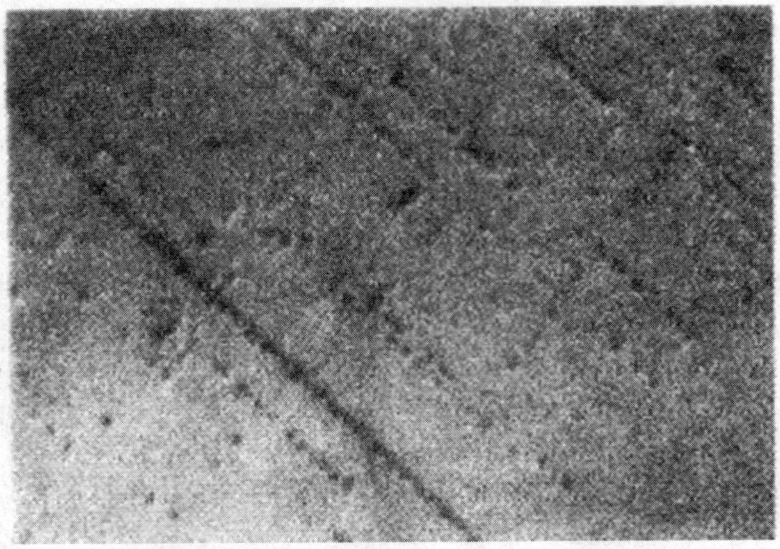

b)〈100〉晶面上的滑移

图4 滑移

图5 多晶嵌镶

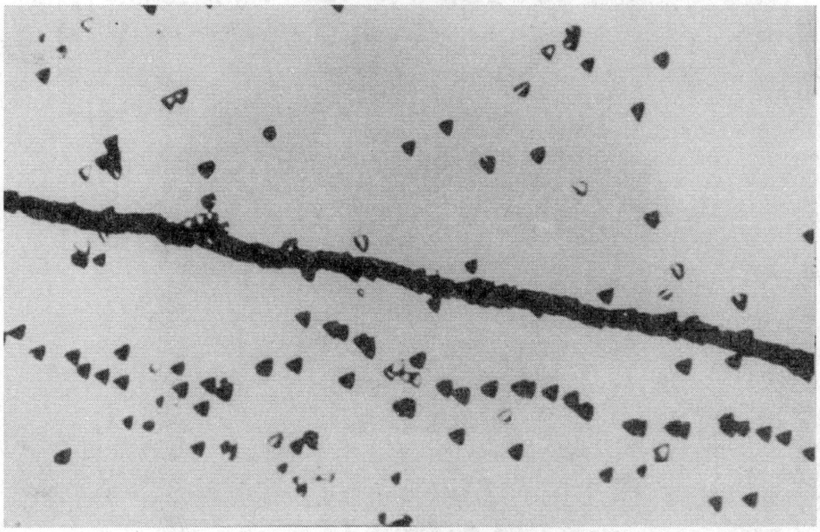

a) (111)晶面上的小角度晶界

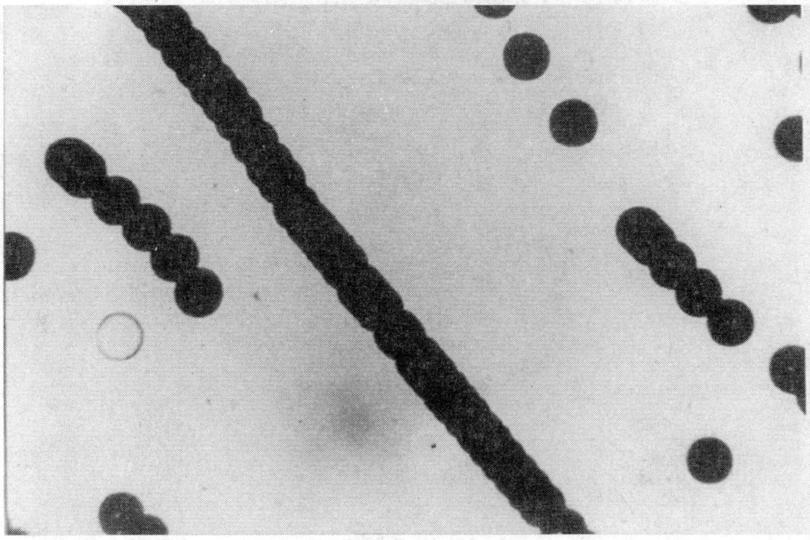

b) (100)晶面上的小角度晶界

图6 小角度晶界

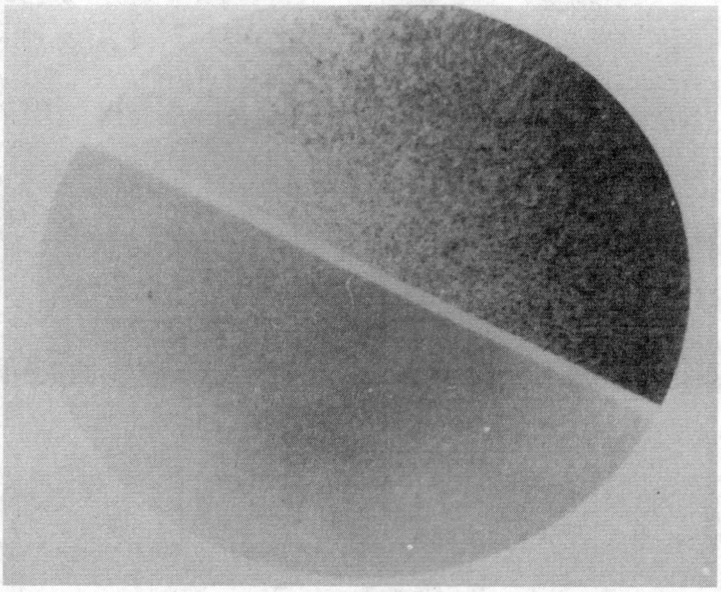

图 7　孪晶

图 8　条纹

a）旋涡宏观图形

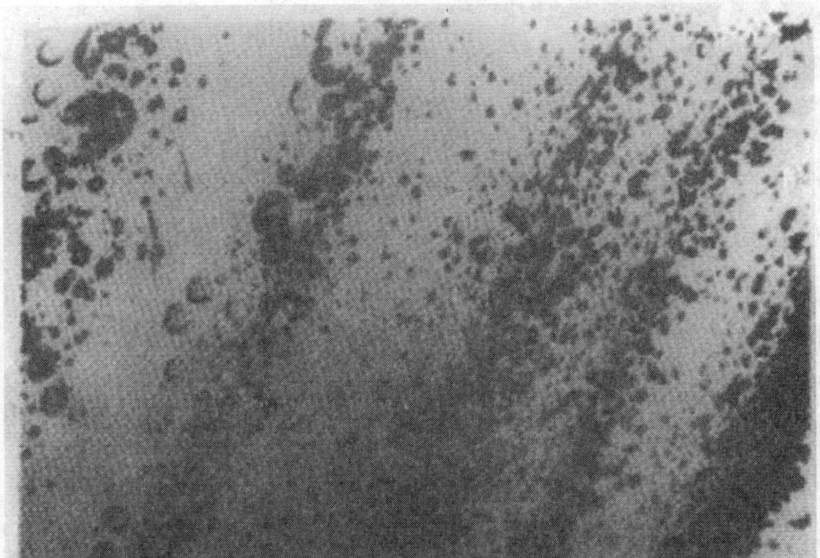

b）旋涡微观图形

图 9 旋涡

图 10 层错

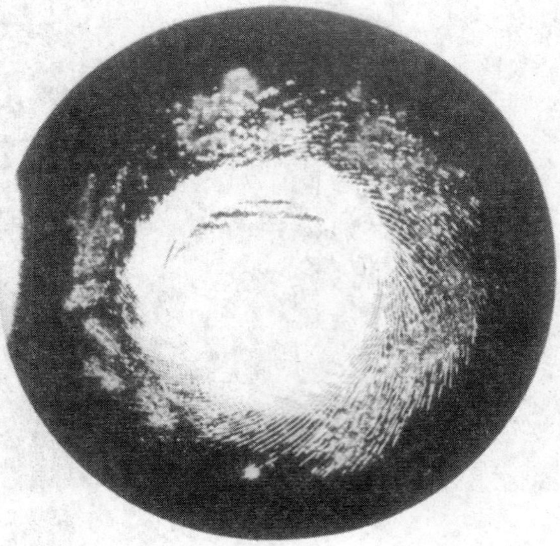

图 11 杂质析出和管道

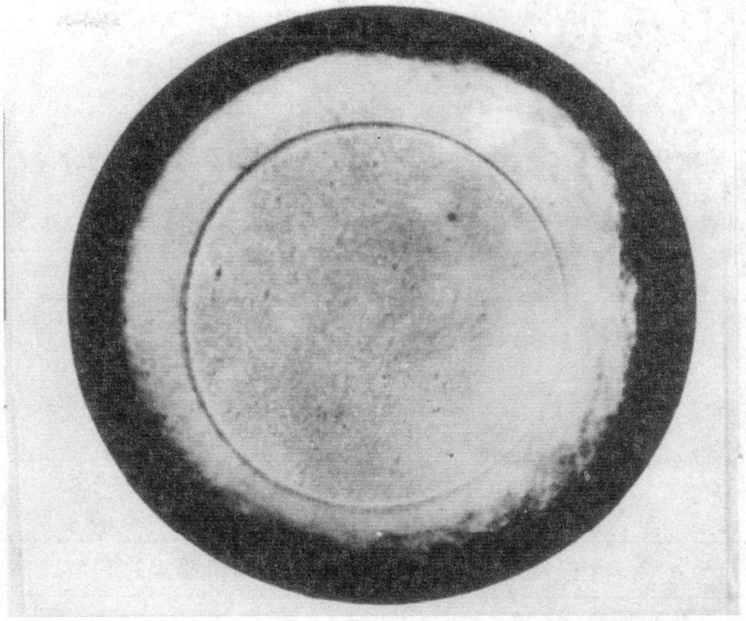

图 12 管道

10 检测结果计算

缺陷密度按公式(1)计算：

$$N = \frac{n}{S} \quad \cdots\cdots(1)$$

式中：

N——缺陷密度，单位为个每平方厘米(个/cm^2)；

n——视场内缺陷蚀坑数，单位为个(个)；

S——视场面积，单位为平方厘米(cm^2)。

11 精密度

从9个指定的计算位置求平均密度时，精密度为平均位错蚀坑密度的±35%(R2S)。

精密度主要受硅单晶内蚀坑分布规则程度影响，因而影响位错蚀坑的测量结果。

12 报告

试验报告应包括如下内容：

a) 晶体导电类型、晶向、电阻率；

b) 腐蚀液和腐蚀时间；

c) 缺陷的名称；

d) 缺陷平均密度；

e) 本标准编号；

f) 检验单位及检测者；

g) 检验日期。

附 录 A
（资料性附录）
几种常用的无铬、含铬腐蚀溶液的配方、应用及适用性的分类对比

表 A.1 无铬腐蚀溶液的配方、数字指标和适宜的腐蚀速率

溶液名称	见图	配方	大致的腐蚀速率
Copper-3	图 A.1～图 A.2(有搅拌)	HF：HNO_3：HAc：H_2O：$Cu(NO_3)_2\cdot 3H_2O$ 36：25：18：21：(1 g/100 mL 总容积)	1 μm/min
Copper-3	图 A.3～图 A.8(无搅拌)	HF：HNO_3：HAc：H_2O：$Cu(NO_3)_2\cdot 3H_2O$ 36：25：18：21：(1 g/100 mL 总容积)	5 μm/min
Modified Dash	图 A.9～图 A.16	HF：HNO_3：HAc：H_2O 1：3：12：0.17＋$AgNO_3$(0.005～0.05)g/L	1 μm/min

表 A.2 含铬腐蚀溶液的配方、数字指标和适宜的腐蚀速率

溶液名称	见图	配方	大致的腐蚀速率
Secco	图 A.17～图 A.22	HF：K_2CrO_7(0.15 M) 2：1	1 μm/min
Wright	图 A.23～图 A.32	HF：HNO_3：CrO_3(5 M)：HAc：H_2O： $Cu(NO_3)_2\cdot 3H_2O$ 2：1：1：2：2：(2 g/240 mL 总容积)	0.6 μm/min

表 A.3 无铬腐蚀溶液应用和结果适用性的分类

溶液名称	应用											结果			
	100晶向	111晶向	p型	p^+型	n型	n^+型号	诱生氧化层错	浅坑	小丘	位错	外延堆垛层错	气泡形成	搅拌需求	温度	流型
有搅拌的Copper-3	A	A	A	D	A	D	A	A	C	A	A	是	是	～25 ℃	无
无搅拌的Copper-3	A	A	A	D	A	D	A	A	C	A	A	是	无	～25 ℃	无
Modified Dash	A	A	A	C	A	D	A	A	—	A	A	是	是	～25 ℃	无

注：A＝优秀，B＝好，C＝可以接受的，D＝不可接受的。

表 A.4 含铬腐蚀溶液应用和结果适用性的分类

溶液名称	应用											结果			
	100晶向	111晶向	p型	p^+型	n型	n^+型号	诱生氧化层错	浅坑	小丘	位错	外延堆垛层错	气泡形成	搅拌需求	温度	流型
Secco[a]	A	B	A	D	A	C	A	B	C	A	A	是	是	＜30 ℃	无
Wright	A	A	A	B	A	C	A	B	B	A	A	是	是	＜30 ℃	无

注：A＝优秀，B＝好，C＝可以接受的，D＝不可接受的。

[a] 当硅片在垂直位置不搅拌酸进行腐蚀时，形成“v”型流型缺陷(见图 A.19)。Secco 腐蚀的其他应用需要搅拌来避免与气泡形成有关的混淆假象。

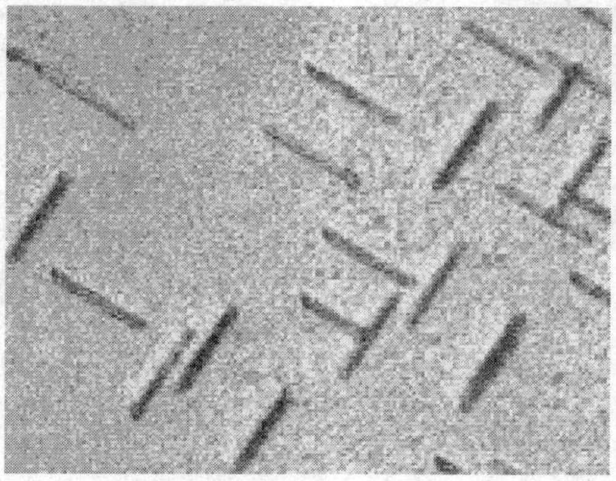

p 型，10 Ω. cm，(100)硅片，1 100 ℃蒸汽；
80 min 氧化，有搅拌的 Copper-3 腐蚀；2 μm 错位

图 A.1 氧化堆垛层错，500×

p 型，10 Ω. cm，(111)硅片，1 100 ℃蒸汽；
80 min 氧化，有搅拌的 Copper-3 腐蚀；2 μm 错位

图 A.2 浅坑(薄雾)，500×

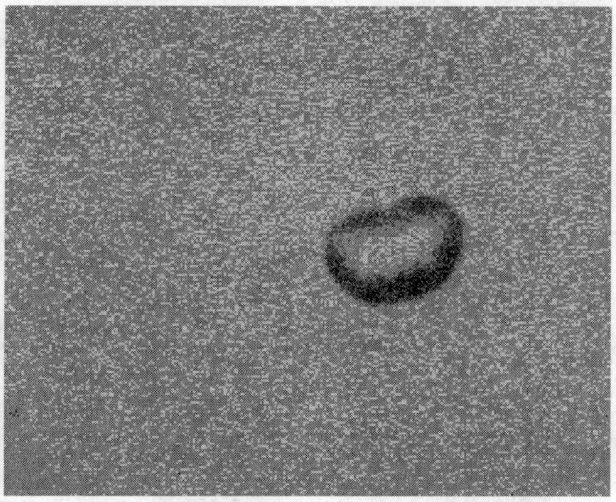

p 型，10 Ω. cm，(100)硅片，1 100 ℃蒸汽；
80 min 氧化，无搅拌的 Copper-3 腐蚀；1 μm 错位

图 A.3 氧化堆垛层错，1 000×

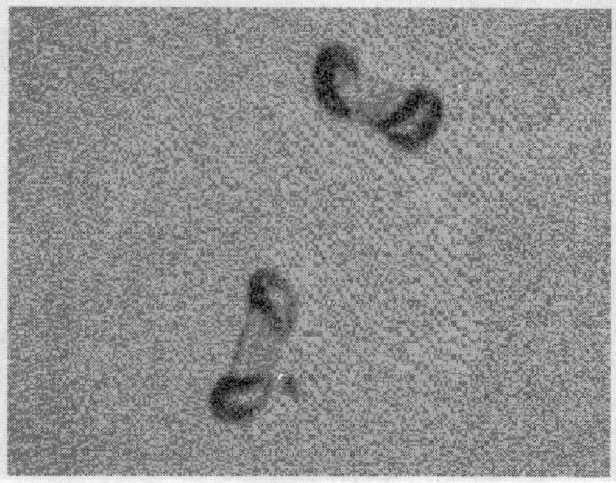

p 型，10 Ω. cm，(100)硅片，1 100 ℃蒸汽；80 min 氧化，
无搅拌的 Copper-3 腐蚀；1 μm 错位

图 A.4 氧化堆垛层错，1 000×

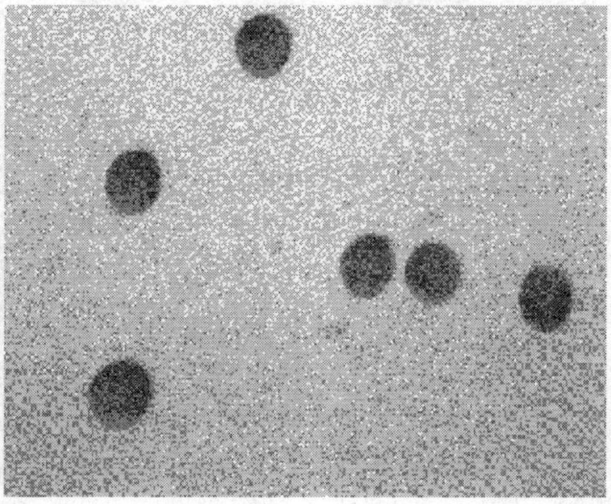

p 型，10 Ω. cm，(111)硅片，无搅拌的 Copper-3 腐蚀，
10 μm 错位

图 A.5 位错，500×

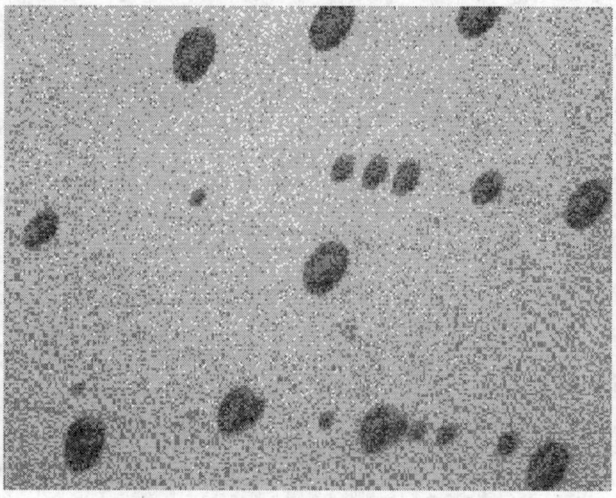

p 型，10 Ω. cm，(100)硅片，无搅拌的 Copper-3 腐蚀；
10 μm 错位

图 A.6 位错，500×

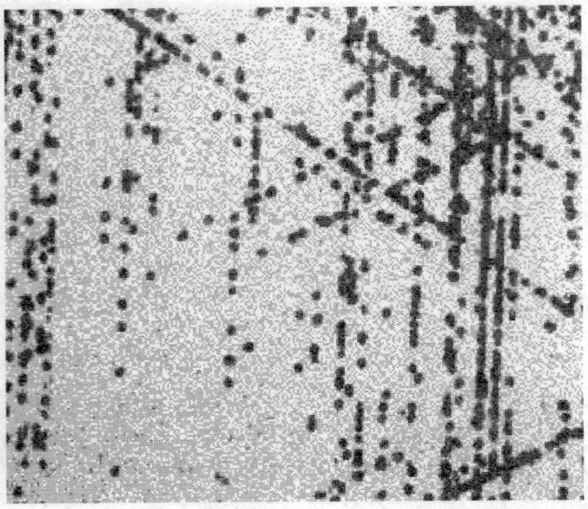

p 型，10 Ω. cm，(111)硅片，无搅拌的 Copper-3 腐蚀；
10 μm 错位

图 A.7　滑移位错，500×

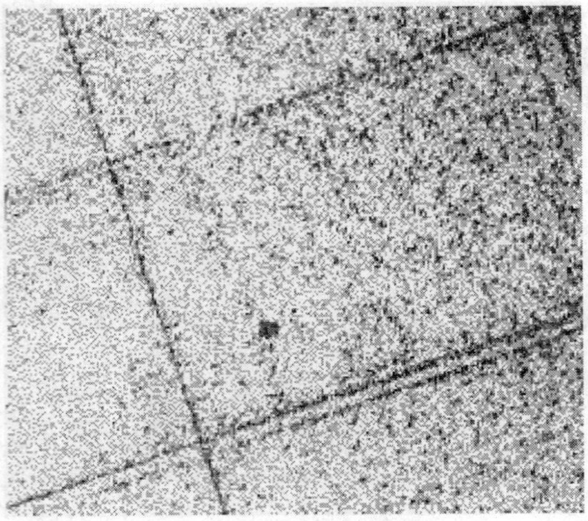

p 型，10 Ω. cm，(100)硅片，无搅拌的 Copper-3 腐蚀；
10 μm 错位

图 A.8　滑移位错，100×

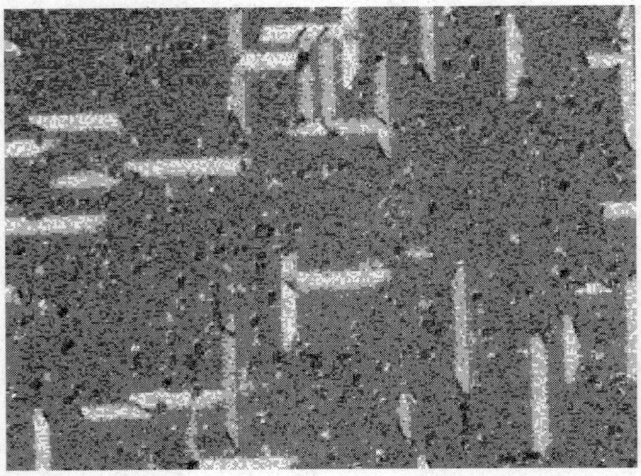

p 型，10 Ω. cm，(100)硅片，1 100 ℃，O_2，8 h 氧化，
Modified Dash 腐蚀；～4 μm 错位

图 A.9　氧化诱生堆垛层错，400×

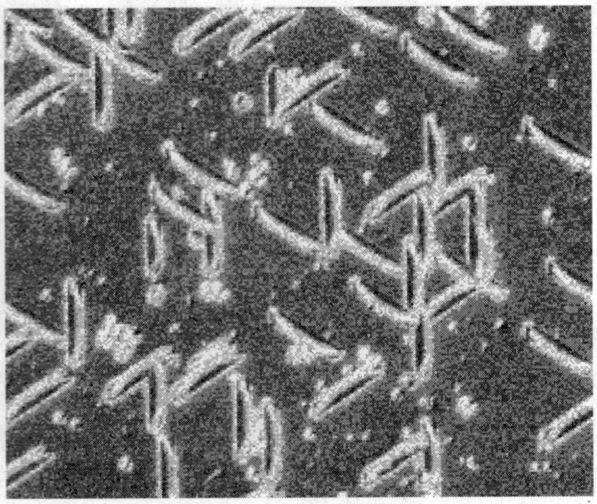

n 型，10 Ω. cm，(111)硅片，1 100 ℃，O_2，8 h 氧化，
Modified Dash 腐蚀；～4 μm 错位

图 A.10　氧化诱生堆垛层错，400×

p 型，0.007 Ω. cm，(100)硅片，1 100 ℃，O_2，8 h 氧化，
Modified Dash 腐蚀；～5 μm 错位

图 A.11　氧化诱生堆垛层错，400×

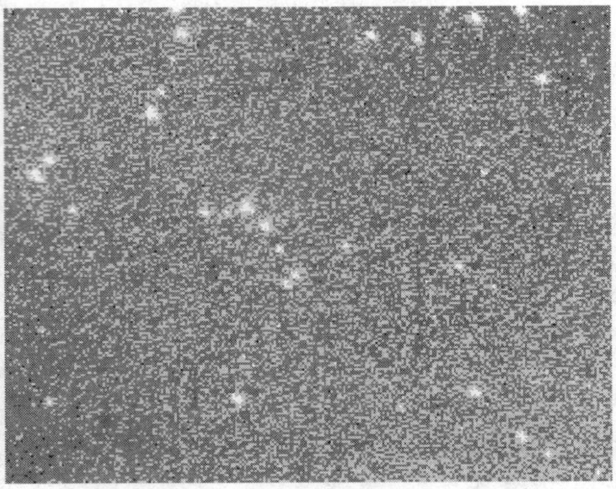

p 型，<0.02 Ω. cm，(100)硅片，1 100 ℃，O_2，8 h 氧化，
Modified Dash 腐蚀；～5 μm 错位

图 A.12　氧化诱生堆垛层错，400×

p/p⁺型,(100)外延片,Modified Dash腐蚀;
~4 μm错位

图 A.13 滑移位错,400×

n/n⁺型,(111)外延片,Modified Dash腐蚀;
~4 μm错位

图 A.14 滑移位错,外延堆垛层错和浅坑,400×

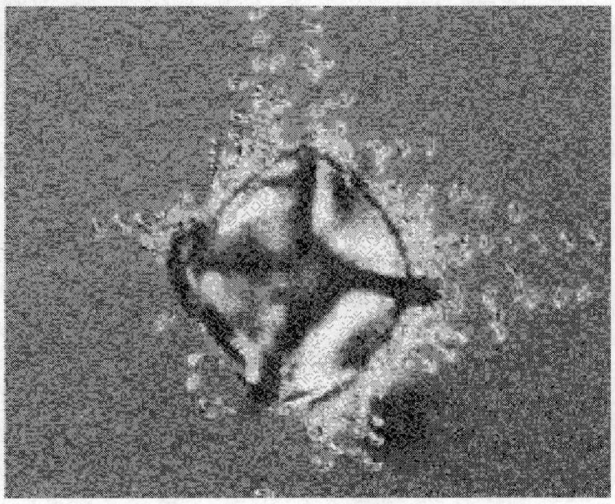

p型,(100)硅片,1 100 ℃,O_2,1 min氧化,
Modified Dash腐蚀;~4 μm错位

图 A.15 损伤引起的滑移位错,400×

n型,(111)硅片,1 100 ℃,O_2,1 min氧化,
Modified Dash腐蚀;~4 μm错位

图 A.16 损伤引起的滑移位错,400×

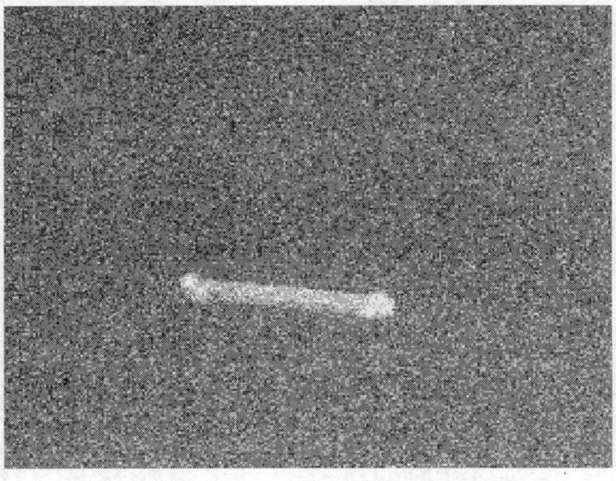

(100)硅片,1 100 ℃蒸汽,80 min氧化;
有搅拌的Secco腐蚀;~4 μm错位

图 A.17 氧化堆垛层错,1 000×

(100)硅片,1 100 ℃蒸汽,80 min氧化,
有搅拌的Secco腐蚀;~4 μm错位

图 A.18 氧化堆垛层错,400×

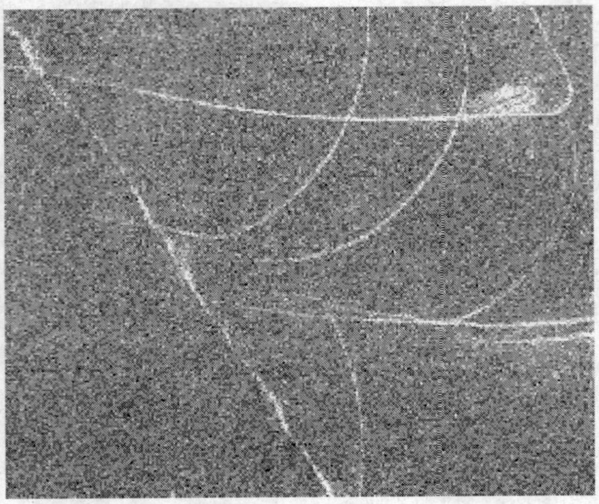

(100)硅片,无搅拌的 Secco 腐蚀;~8 μm 错位

图 A.19 流型缺陷,200×

(100)硅片,有搅拌的 Secco 腐蚀;~4 μm 错位

图 A.20 外延堆垛层错,150×

(100)硅片,1 100 ℃蒸汽,80 min 氧化,
有搅拌的 Secco 腐蚀;~15 μm 错位

图 A.21 本体氧化堆垛层错,200×

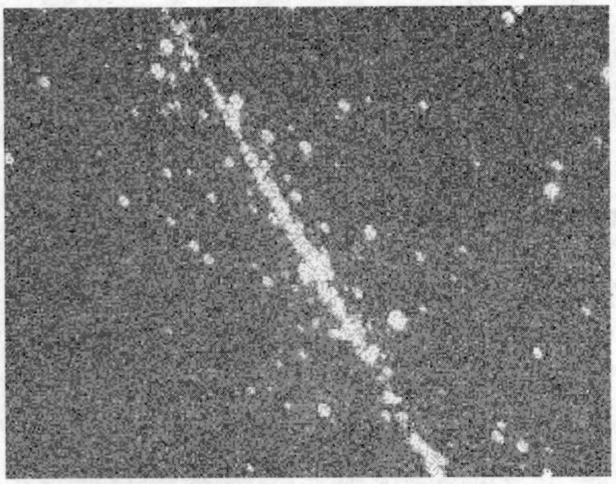

(100)硅片,1 100 ℃蒸汽,80 min 氧化,有搅拌的
Secco 腐蚀;~415 μm 错位

图 A.22 擦伤引起的氧化堆垛层错,100×

(100)硅片,1 100 ℃蒸汽,80 min 氧化,
有搅拌的 Wright 腐蚀

图 A.23 损伤引起的氧化堆垛层错,1 000×

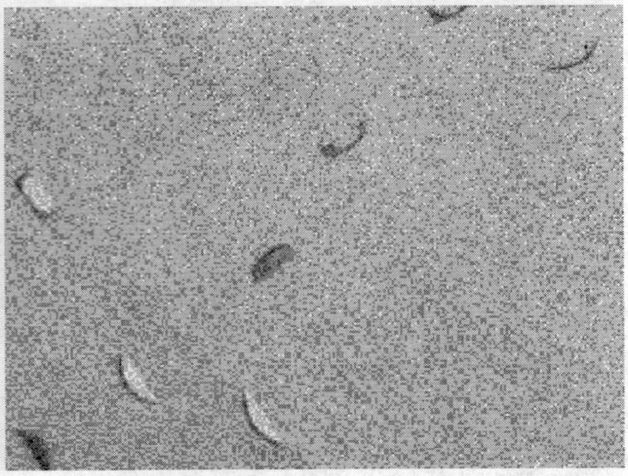

(100)硅片,1 100 ℃蒸汽,80 min 氧化,
有搅拌的 Wright 腐蚀

图 A.24 本体氧化堆垛层错,1 000×

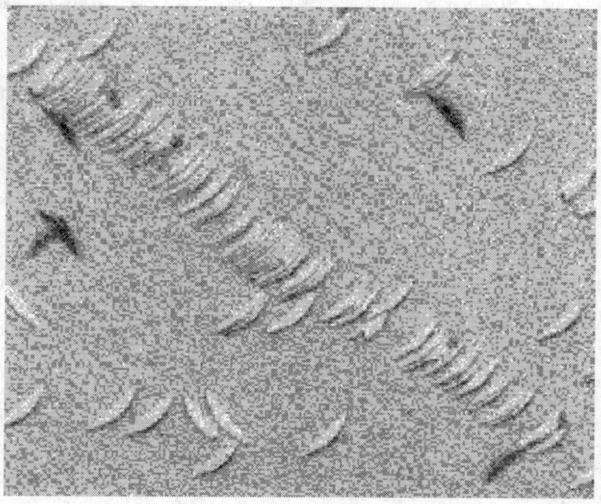

掺硼(100)硅片,1 100 ℃蒸汽,80 min 氧化,
有搅拌的 Wright 腐蚀

图 A.25　擦伤引起的氧化堆垛层错,500×

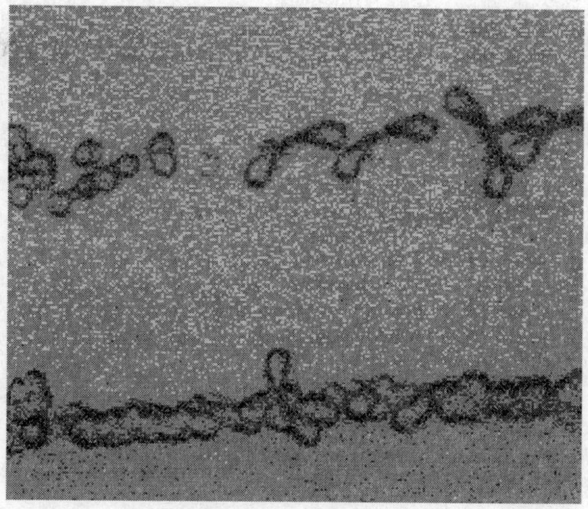

掺锑(100)硅片,1 100 ℃蒸汽,80 min 氧化,
有搅拌的 Wright 腐蚀

图 A.26　擦伤引起的氧化堆垛层错,500×

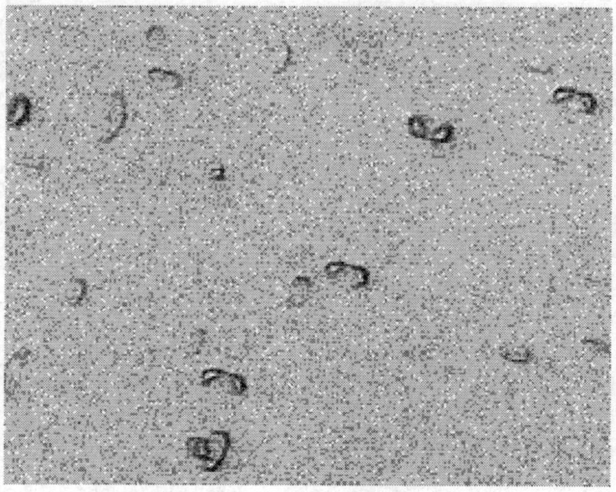

低电阻率掺硼(100)硅片,1 100 ℃蒸汽,80 min 氧化,
有搅拌的 Wright 腐蚀

图 A.27　氧化堆垛层错,500×

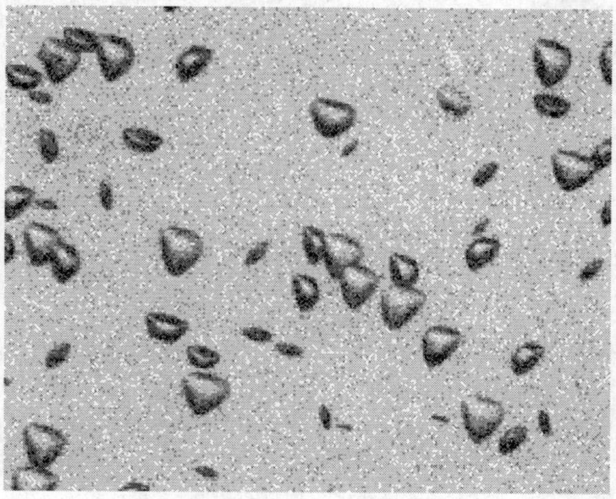

(111)硅片,1 100 ℃蒸汽,80 min 氧化,
有搅拌的 Wright 腐蚀

图 A.28　氧化诱生的堆垛层错,500×

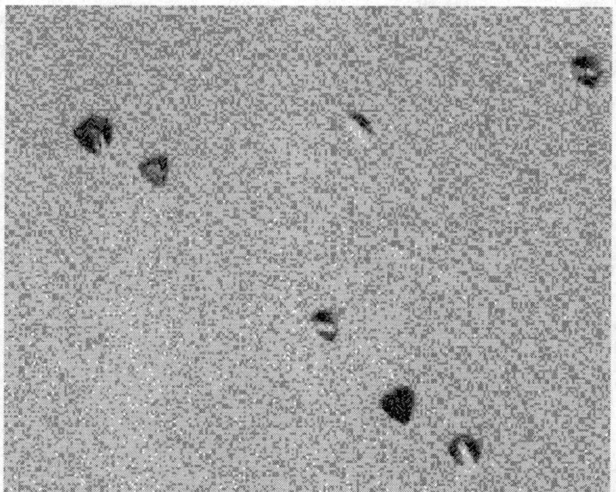

(111)硅片,有搅拌的 Wright 腐蚀

图 A.29　滑移位错,500×

(100)硅片,有搅拌的 Wright 腐蚀

图 A.30　滑移位错,200×

掺硼(100)硅片,1 100 ℃蒸汽,80 min 氧化,
有搅拌的 Wright 腐蚀

图 A.31 浅坑(薄雾),500×

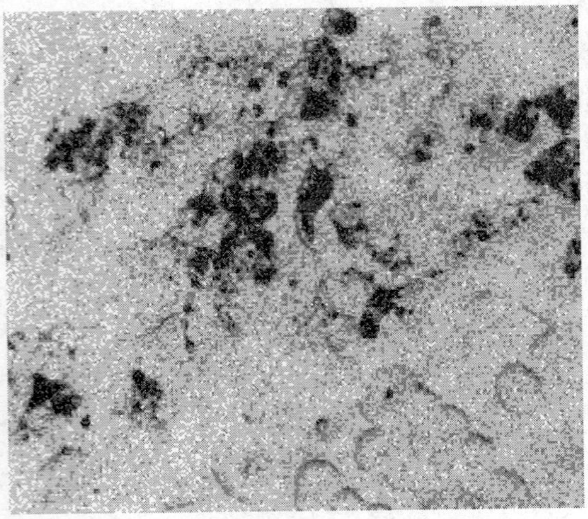

掺硼硅片, Wright 腐蚀

图 A.32 腐蚀时引入的沾污,200×

ICS 29.045
H 80

GB

中华人民共和国国家标准

GB/T 1555—2009
代替 GB/T 1555—1997

半导体单晶晶向测定方法

Testing methods for determining the orientation of a semiconductor single crystal

2009-10-30 发布　　2010-06-01 实施

中华人民共和国国家质量监督检验检疫总局
中国国家标准化管理委员会　发布

前言

本标准代替 GB/T 1555—1997《半导体单晶晶向测定方法》。

本标准与 GB/T 1555—1997 相比，主要有如下变化：

——增加了“术语”章；

——增加了“干扰因素”章；

——将原标准定向推荐腐蚀工艺中“硅的腐蚀时间 5 min”改为“硅的腐蚀时间 3 min～5 min”。

本标准由全国半导体设备和材料标准化技术委员会提出。

本标准由全国半导体设备和材料标准化技术委员会材料分技术委员会归口。

本标准起草单位：峨嵋半导体材料厂。

本标准主要起草人：杨旭、何兰英。

本标准所代替标准的历次版本发布情况为：

——GB 1555—1979、GB 1556—1979、GB 5254—1985、GB 5255—1985、GB 8759—1988；

——GB/T 1555—1997。

半导体单晶晶向测定方法

1 范围

本标准规定了半导体单晶晶向X射线衍射定向和光图定向的方法。

本标准适用于测定半导体单晶材料大致平行于低指数原子面的表面取向。

2 规范性引用文件

下列文件中的条款通过本标准的引用而成为本标准的条款。凡是注日期的引用文件，其随后所有的修改单(不包括勘误的内容)或修订版均不适用于本标准，然而，鼓励根据本标准达成协议的各方研究是否可使用这些文件的最新版本。凡是不注日期的引用文件，其最新版本适用于本标准。

GB/T 2481.1 固结磨具用磨料 粒度组成的检测和标记 第1部分：粗磨粒F4～F220

GB/T 2481.2 固结磨具用磨料 粒度组成的检测和标记 第2部分：微粉F230～F1200

GB/T 14264 半导体材料术语

3 术语和定义

GB/T 14264规定的术语和定义适用于本标准。

方法1 X射线衍射法定向法

4 方法提要

4.1 以三维周期性晶体结构排列的单晶的原子，其晶体可以看作原子排列于空间垂直距离为 d 的一系列平行平面所形成，当一束平行的单色X射线射入该平面上，且X射线照在相邻平面之间的光程差为其波长的整数倍即 n 倍时，就会产生衍射(反射)。利用计数器探测衍射线，根据其出现的位置即可确定单晶的晶向，如图1所示。当入射光束与反射平面之间夹角 θ、X射线波长 λ、晶面间距 d 及衍射级数 n 同时满足下面布喇格定律取值时，X射线衍射光束强度将达到最大值：

$$n\lambda = 2d\sin\theta \qquad \cdots\cdots(1)$$

对于立方晶胞结构：

$$d = a/(h^2 + k^2 + l^2)^{1/2} \qquad \cdots\cdots(2)$$

$$\sin\theta = n\lambda(h^2 + k^2 + l^2)^{1/2}/2a \qquad \cdots\cdots(3)$$

式中：

a——晶格常数；

h、k、l——反射平面的密勒指数。

对于硅、锗等Ⅳ族半导体、砷化镓及其他Ⅲ-Ⅴ族半导体，通常可观察到反射一般遵循以下规则：h、k 和 l 必须具有一致的奇偶性，并且当其全为偶数时，$h+k+l$ 一定能被4整除。表1列出了硅、锗及砷化镓单晶低指数反射面对于铜靶衍射的 θ 角取值。

4.2 通常，单晶的横截面或单晶切割片表面与某一低指数结晶平面如(100)或者(111)平面会有几度的偏离，用结晶平面与机械加工平面的最大角度偏离加以体现，并可以通过测量两个相互垂直的偏离分量而获得。

4.3 X射线衍射法是一种非破坏性的高精度定向方法，但使用设备时应严格遵守其安全操作规程。

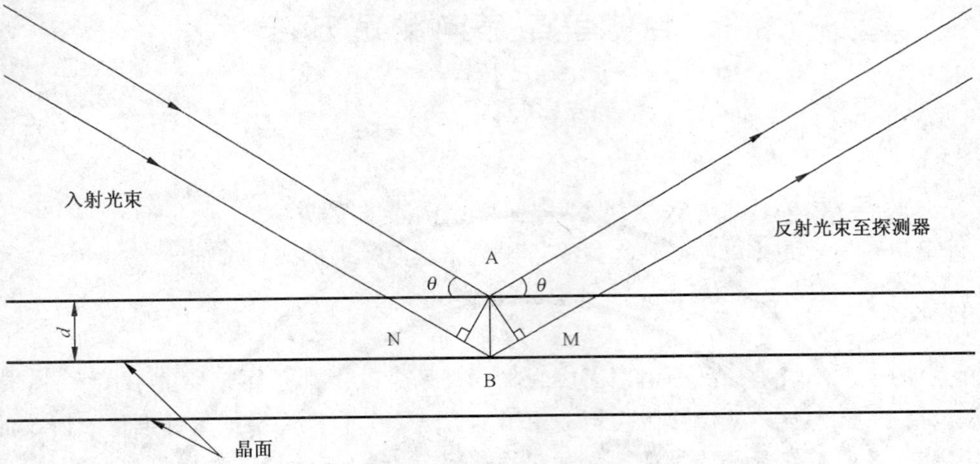

图 1 X 射线照射到单晶上几何反射条件

表 1 半导体晶体对于 $C_UK_α$ X 射线衍射的布喇格角 $θ$

反射平面 HKL	布喇格角 θ		
	硅 (a=5.430 73 Å±0.000 02 Å)	锗 (a=5.657 5 Å±0.000 01 Å)	砷化镓 (a=5.653 4 Å±0.000 02 Å)
111	14°14′	13°39′	13°40′
220	23°40′	22°40′	22°41′
311	28°05′	26°52′	26°53′
400	34°36′	33°02′	33°03′
331	38°13′	36°26′	36°28′
422	44°04′	41°52′	41°55′
注：波长 $λ$=1.541 78 Å，a 为晶格常数值，1 Å=0.1 nm。			

5 实验装置

5.1 X 射线测试装置一般使用铜靶，X 射线束靠一个狭缝系统校正，使其穿过一个薄的镍制滤光片而成为一束基本上为单色的平行射线。

5.2 试样放置在一个支座上，使被测面绕满足布喇格条件的轴，以度数和弧分测量旋转。

5.3 用合适的探测器如盖革计数管进行定位，使入射 X 射线的延长线与计数管和试样转轴连线之间的夹角为两倍布喇格角，注意使入射 X 射线束、衍射光束、基准面法线及探测器窗口在同一平面内。

6 干扰因素

6.1 在调节入射 X 射线的延长线与计数管和试样转轴连线之间的夹角时，可能造成人为测试误差。

6.2 入射 X 射线束、衍射光束、基准面法线及探测器窗口均位于同一平面内至关重要。

7 测量步骤

7.1 选择布喇格角 $θ$。

7.1.1 根据被测晶体的大致取向(晶体被测面参考平面取向)计算或查表得到布喇格角 $θ$。

7.1.2 置 GM 计数管于 $2θ$ 位置。

7.2 将被测试样安放在支座上，并适当固定。

7.3 开启X射线发生器，转动测角仪手轮，直到射线衍射强度最大为止。

7.4 记下测角仪读数 Ψ_1。

7.5 将试样沿被测面（基准面）法线以同一方向分别旋转90°、180°及270°，分别重复7.3步骤，依次记下测角仪读数 Ψ_2、Ψ_3 和 Ψ_4。

8 测试结果计算

8.1 计算并记录角度偏差分量 α 和 β：

$$\alpha = 1/2(\Psi_1 - \Psi_3) \quad \cdots\cdots(4)$$

$$\beta = 1/2(\Psi_2 - \Psi_4) \quad \cdots\cdots(5)$$

式中：

α 和 β——角度偏差分量，单位为度（°）；

Ψ_1、Ψ_2、Ψ_3 和 Ψ_4——为测量仪读数，单位为度（°）。

8.2 根据12.1，计算并记录总的角度偏差 Φ。

8.3 计算仪器偏差 $\delta\alpha$ 和 $\delta\beta$：

$$\delta\alpha = 1/2(\Psi_1 + \Psi_3) - \theta \quad \cdots\cdots(6)$$

$$\delta\beta = 1/2(\Psi_2 + \Psi_4) - \theta \quad \cdots\cdots(7)$$

式中：

θ——入射光束与反射平面间夹角，（°）。

θ 根据结晶平面和被测材料取自表1。

注：如果仪器误差很小，且为一常数，则可用来校正 Ψ_1 和 Ψ_2，使 α 和 β 在不需要最高测量精度时仅用两次测量便可确定。既然仪器误差为一常数，则 $\delta\alpha$ 和 $\delta\beta$ 应相同，其任何误差则由 Ψ_1、Ψ_2、Ψ_3 和 Ψ_4 测量不准确引起。在精确测量下，$\delta\alpha$ 和 $\delta\beta$ 的差异应小于0.5。

方法2 光图定向法

9 方法提要

9.1 硅或锗的单晶表面经研磨和择优腐蚀后，会出现许多微小的凹坑，这些凹坑被约束在与材料的主要结晶方向相关的平面上，并由这些边界平面决定其腐蚀面凹坑形状。由凹坑壁组成的小平面的光图与被测平面的结晶方向有关，因而可由光图来测定表面结晶学方向及其偏离角度。

9.2 从择优腐蚀面反射的一束光束，可聚集在一屏幕上并形成一定的具有其表面腐蚀坑结构特征的几何图形。从近似平行于(111)、(100)及(110)晶面反射的图形可以分辨并显示于屏幕上，如图2所示。对于每一个图形，从屏幕上观察到的图形的中心部分为来自每个腐蚀坑底部反射而成的像。这些底部小平面代表了与被测平面近似平行的特定结晶平面。因此，当反射光束的中心与入射光束对准时，这个结晶平面就垂直于光束的方向，通过观测，即可测得晶体轴线的取向或晶体被测表面与某一结晶平面的晶向偏离。

9.3 光图定向法需腐蚀试样，因此要破坏抛光片表面。该方法的精度低于X射线衍射法，但设备要求不那么复杂。

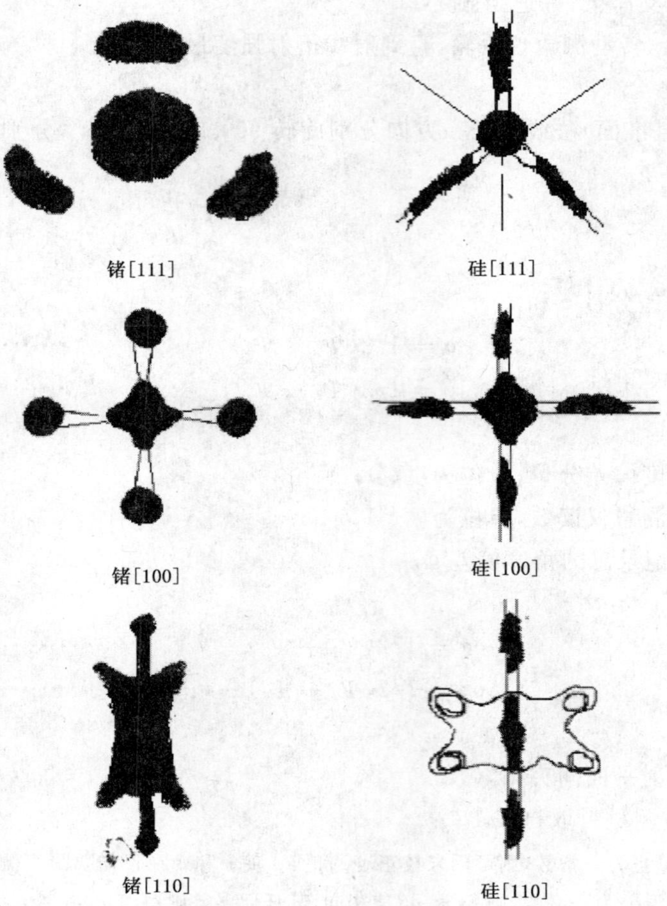

图 2　经腐蚀后锗和硅表面的反射光图

10　试验装置

10.1　采用激光或其他高强度点光源光束，光源的图像可由一位于晶体测试位置的镜面反射而在屏幕上看到，由此可确定基准零点。屏幕中心应开一个小孔，以使入射光束通过。

10.2　载物台能沿垂直和水平方向旋转。将晶体反射面固定在载物台上，对0°基准面的误差校准到允许值。

11　样品的制备

11.1　用W28金刚砂磨料研磨试样表面，磨料粒度应符合GB/T 2481.1和GB/T 2481.2的要求。在研磨过程中应避免在原表面磨出偏角，表面平整无机械损伤。

11.2　按表2规定的腐蚀液成分、温度和时间，选择合适的条件，对研磨好的试样表面进行腐蚀。

表 2　硅或锗的单晶光图定向推荐腐蚀工艺

材料	腐蚀液成分	腐蚀时间/min	腐蚀温度/℃
锗	1份(体积)氢氟酸(49%) 1份(体积)过氧化氢(30%) 4份(体积)水	1	25
硅	50%氢氧化钠溶液(重量)或 45%氢氧化钾溶液(重量)	3～5	65

12 干扰因素

12.1 试样的表面是否垂直于晶体的轴向影响测试准确性。

12.2 腐蚀试样后得到的光图清晰度直接影响到测试准确性。

13 测量步骤

13.1 将制备好表面的试样安放在位于入射光束通道的测角仪上，观察光屏上的放射图像，对照图2，确定被测面所属或接近的结晶学平面，即晶体(被测面)的参考平面。

13.2 调节载物台角度，使反射光图中心对准如10.1中所述基准零点，此时测角仪上的读数为被测面取向偏离的角度分量，即α和β。

13.3 若需要，可将晶体表面绕其法线旋转180°，再进行13.2操作.起角度偏差分量的大小应保持常数，但符号相反。

14 测量结果计算

不论何种方法，被测表面与所要求的结晶平面之间总的角度偏离ϕ，可由下式求得：

$$\cos\phi = \cos\alpha \cdot \cos\beta \quad \cdots\cdots(8)$$

对于总角度偏离小于5°的角，该式可化简为：

$$\phi^2 = \alpha^2 + \beta^2 \quad \cdots\cdots(9)$$

式中：

ϕ——总角度偏离，单位为度(°)；

α、β——总角度偏离的两个分量，单位为度(°)。

15 精密度

对方法A：X射线衍射定向法，使用工业X射线装置单一仪器的精密度为±15′(3 s)。

对方法B：光图定向法，使用工业光的定向装置，单台仪器的精密度为±30′(3 s)。

16 试验报告

试验报告应包括下列内容：

a) 所用方法(X射线法或光图法)；

b) 材料名称；

c) 晶体参考平面；

d) 被测平面与参考平面的两个偏离分量；

e) 总的角度偏差；

f) 测量仪器；

g) 本标准编号；

h) 测量单位和测量者；

i) 测量日期。

ICS 29.045
H 80

中华人民共和国国家标准

GB/T 1558—2009
代替 GB/T 1558—1997

硅中代位碳原子含量红外吸收测量方法

Test method for substitutional atomic carbon concent of silicon by infrared absorption

2009-10-30 发布　　2010-06-01 实施

中华人民共和国国家质量监督检验检疫总局
中国国家标准化管理委员会　发布

前 言

本标准修改采用 SEMI MF 1391-0704《硅中代位碳原子含量红外吸收测量方法》。

本标准与 SEMI MF 1391-0704 的主要差异如下：

——本标准在结构上主要依照我国国标编制格式，与 SEMI MF 1391-0704 有所不同；

——本标准未引用“偏差”、“关键词”两章内容。

本标准代替 GB/T 1558—1997《硅中代位碳原子含量红外吸收测量方法》。

本标准与原标准相比主要有以下变化：

——对测量的碳原子含量有效范围进行了修改，室温下从硅中代位碳原子含量 5×10^{15} at·cm^{-3} (0.1 ppma)到碳原子的最大溶解度，77 K 时检测下限为 5×10^{14} at·cm^{-3}(0.01 ppma)；

——补充了“术语”、“干扰因素”“报告”三章；

——在“操作步骤”中增加了“仪器检查”内容。

本标准由全国半导体设备和材料标准化技术委员会提出。

本标准由全国半导体设备和材料标准化技术委员会材料分技术委员会归口。

本标准负责起草单位：信息产业部专用材料质量监督检验中心、中国电子科技集团公司第四十六研究所、峨嵋半导体材料厂。

本标准主要起草人：何秀坤、李静、段曙光、梁洪。

本标准所代替标准的历次版本发布情况为：

——GB/T 1558—1979、GB/T 1558—1997。

硅中代位碳原子含量红外吸收测量方法

1 范围

本标准规定了硅中代位碳原子含量的红外吸收测量方法。

本标准适用于电阻率高于 3 Ω·cm 的 p 型硅片及电阻率高于 1 Ω·cm 的 n 型硅片中代位碳原子含量的测定，对于精密度要求不高的硅片，可以测量电阻率大于 0.1 Ω·cm 的硅片中代位碳原子含量。由于碳也可能存在于间隙位置，因而本方法不能测定总碳含量。

本标准也适用于硅多晶中代位碳原子含量的测定，但其晶粒界间区的碳同样不能测定。

本标准测量的碳原子含量的有效范围：室温下从硅中代位碳原子含量 5×10^{15} at·cm^{-3} (0.1 ppma)到碳原子的最大溶解度，77 K 时检测下限为 5×10^{14} at·cm^{-3}(0.01 ppma)。

2 规范性引用文件

下列文件中的条款通过本标准的引用而成为本标准的条款。凡是注日期的引用文件，其随后所有的修改单(不包括勘误的内容)或修订版均不适用于本标准，然而，鼓励根据本标准达成协议的各方研究是否可使用这些文件的最新版本。凡是不注日期的引用文件，其最新版本适用于本标准。

GB/T 6618 硅片厚度和总厚度变化测试方法

GB/T 14264 半导体材料术语

3 术语和定义

GB/T 14264 确立的以及下列术语和定义适用于本标准。

3.1

背景光谱 background spectrum

在红外光谱仪中，无样品存在的情况下使用单光束测量获得的谱线，通常包括氮气，空气等信息。

3.2

基线 baseline

从测量图谱中碳峰的两侧最小吸光度处作出的一条切线，用来计算吸收系数 α，如图 1 所示。

3.3

基线吸收 baseline absorbance

与计算吸收峰高度的碳峰相对应波数处的基线值。

3.4

傅里叶变换红外光谱仪 Fourier transform infrared(FTIR) spectrometer

一种通过傅里叶变换将由干涉仪获得的干涉图转换为振幅-波数(或波长)光谱图来获取数据的红外光谱仪。

3.5

半高宽 full width at half maximum (FWHM)

半峰高处的吸收带宽度，如图 1 所示。

3.6

参比光谱 reference spectrum

参比样品的光谱。对于双光束仪器，参比光谱是直接将参比样品放置于样品光路，让参比光路空着获得的，对于傅里叶变换红外光谱仪及其他单光束仪器，参比光谱是将参比样品的光谱扣除背景光谱后所得到的结果。

3.7

样品光谱 sample spectrum

测试样品所得到的光谱。对于双光束仪器，样品光谱是直接将样品放置于样品光路，让参比光路空着获得的，对于傅里叶变换红外光谱仪及其他单光束仪器，样品光谱是将样品的光谱扣除背景光谱后所得到的结果。

4 方法原理

本方法利用硅中代位碳原子在波数为 607.2 cm^{-1}(16.47 μm)处的红外吸收峰的吸收系数来确定代位碳原子浓度。

5 干扰因素

5.1 投射到探测器上的杂散光会降低吸收系数的计算值，从而降低碳原子浓度的测量值。

5.2 测试样品和参比样品应尽可能地保持相同的温度，以避免与温度有关的晶格吸收对测量的影响。

5.3 参比样品的碳含量应小于 1×10^{15} at·cm^{-3}(0.02 ppma)，使参比样品造成的误差低于本方法最低检测限的 10%。低温下(低于 80 K)该测试方法可以精确到 0.01 ppma。若要测得硅样品中低于 0.01 ppma的碳含量是十分困难的。因此，对于测量硅样品中接近于 0.01 ppma 碳含量，该方法只是相对精确的。

5.4 为得到令人满意的测试结果，室温下碳吸收带的半高宽(FWHM)必须小于 6 cm^{-1}。而在低温下，这一数值必须小于 3 cm^{-1}。样品厚度不合适，以及仪器分辨率设置过低都有可能造成半高宽变宽。在色散仪器中，仪器平衡调节不正确或扫描速度太快也有可能使半高宽变宽。

5.5 样品尺寸小于仪器测量光路的光圈直径会产生误差。可以缩小光圈或者采用合适的聚光器消除因样品尺寸小于仪器测量光路的光圈直径而产生的误差。

5.6 硅中双声子晶格吸收在 625 cm^{-1}(16 μm)非常强，应采用无碳的硅片作为参比样品，用差示法消除该处强晶格吸收带，才能在室温下测定碳的吸收光谱。

5.7 本方法的最低检测下限取决于仪器的信噪比。因此，为获得最高的测试灵敏度，必须增加样品的扫描时间。

6 测量仪器

6.1 傅里叶变换红外光谱仪

光谱范围为 500 cm^{-1}～700 cm^{-1}(14 μm ～18 μm)，室温下光谱仪的分辨率必须不低于 2 cm^{-1}，77 K温度下光谱仪的分辨率不低于 1 cm^{-1}。

6.2 厚度测量仪

精度为 0.005 mm。

6.3 样品架

如果测试样品较小，则将它安放在一个有小孔的架子上以阻止任何红外光线从样品的旁路通过。样品架应垂直或基本垂直于红外光束的轴线方向。

6.4 窗口材料

低温恒温器及合适的窗口材料应能使样品和参比样品保持在 77 K。

6.5 温度计

能够测量室温下样品室的温度以及低温下样品架的温度或者其他测温设备，精度为小于 2 ℃。

7 试样制备

7.1 因碳的分凝系数小于 1，单晶尾部的碳含量较高，测碳样品应从单晶尾部取样，以测得单晶最高碳含量。

7.2 参比样品必须从代位碳原子含量小于 1×10^{15} at·cm^{-3}(0.02 ppma)的硅片中选取。

7.3 可用于电阻率高于 3 Ω·cm 的 p 型硅片及电阻率高于 1 Ω·cm 的 n 型硅片中代位碳原子含量的测定，对于精密度要求不高的硅片，可以测量电阻率大于 0.1 Ω·cm 的硅片中代位碳原子含量。

7.4 若无其他规定，一般以硅片中心为测量区，采用 GB/T 6618 规定测量样品厚度。如果将硅片加工成小片，小片中心应为原片中心并保证有足够的样品面积，以避免入射光绕过样品。

7.5 测试样品和参比样品应双面研磨，然后再抛光至 2 mm 或更薄。

7.6 测量区的厚度变化不超过 0.005 mm。

7.7 测试样品和参比样品的厚度差应小于 0.01 mm。

8 操作步骤

8.1 仪器检查

8.1.1 通过测量确定 100%基线的噪声水平。对双光束仪器，在样品及参比光路都空着的情况下记录透射光谱。对单光束仪器，在样品光路空着的情况下先后两次记录的光谱之比获得透射光谱。画出透射光谱从 500 cm^{-1}～700 cm^{-1} 的波数范围的 100%基线，如果在这个范围内基线没有达到 100%±0.5%，则要增加测量时间直到达到为止，否则对仪器要进行调整或维修以达到此标准。

8.1.2 确定 0%线，仅适用于色散型(DIR)仪器。将样品光路遮挡，记录 500 cm^{-1}～700 cm^{-1} 范围内仪器的零点。如果在此范围有较大的非零信号，则要检查仪器是否有杂散光投射到探测器上。如果仍有问题则需对仪器进行调整或维修。

8.1.3 用空气参比法测量电阻率大于 5 Ω·cm 的双面抛光的硅单晶薄片从 1 600 cm^{-1}～2 000 cm^{-1} 波数范围内的光谱图，用来检验仪器中刻度的线性度。如果在此波数范围内透光率不是 53.8%±2%，则需要将样品的放置方向在垂直于入射光的轴线方向上进行调整，倾斜角度不超过 10°。

8.2 测量样品的室温差示光谱

8.2.1 在室温下，在 607.2 cm^{-1} 处使用 2 cm^{-1} 分辨率或小于 2 cm^{-1} 分辨率。在 77 K 时，在 607.5 cm^{-1} 处使用小于 1 cm^{-1} 分辨率。

8.2.2 获取光谱。必须保证红外光束是通过测试样品和参比样品的中心位置。对双束光仪器，将样品放在样品光束下，将参比样品放在参比样品光束下，测量 500 cm^{-1}～700 cm^{-1} 范围内的吸收光谱。对单光束仪器，用测试样品光谱和参比样品光谱计算出吸收光谱。

8.2.3 用氮气或干燥空气对仪器光路进行充分吹扫，使仪器内部的相对湿度不大于 20%。

8.2.4 采用多次扫描，一般不少于 64 次。

8.2.5 在上述条件下，在光谱范围为 500 cm^{-1}～700 cm^{-1} 范围分别测得样品和参比样品的吸收光谱。图 1 是典型硅样品的差示光谱，室温下碳吸收峰位于 607.2 cm^{-1}，其半高宽为 6 cm^{-1}。

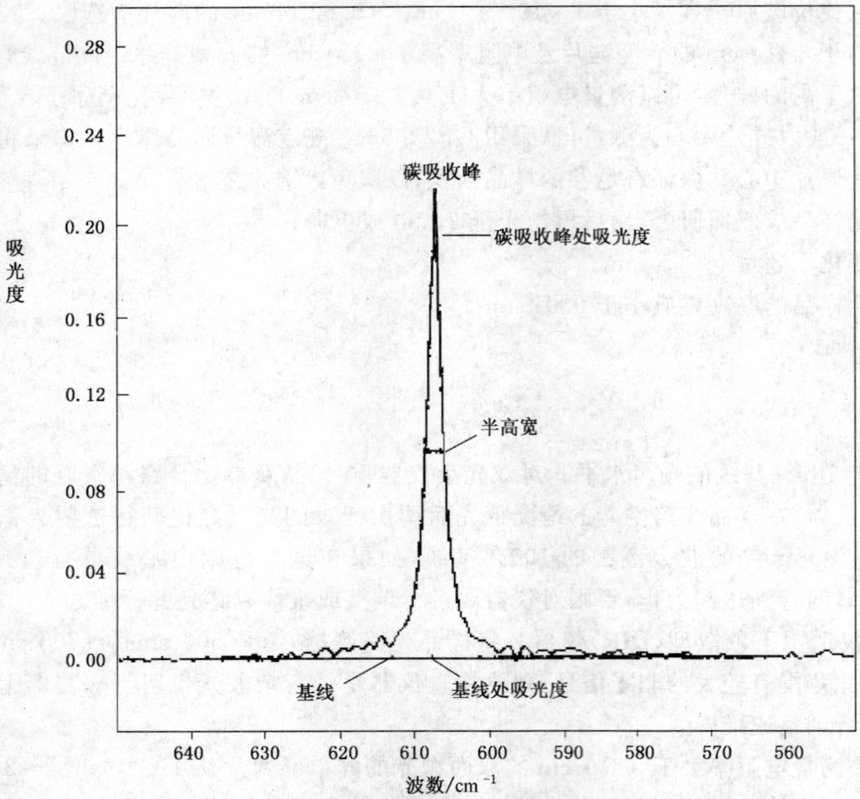

图 1 典型硅样品的吸收光谱

9 测量结果计算

9.1 吸收系数 α 按式(1)计算:

$$\alpha=\frac{23.03}{X}(A_p-A_b) \quad \cdots\cdots(1)$$

式中:

α——吸收系数,单位为每厘米(cm^{-1});

X——样品厚度,单位为毫米(mm);

A_p——吸收峰顶点处吸光度值;

A_b——基线处吸光度值。

9.2 碳含量 $N[C]$按式(2)计算:

$$N[C]=F\times\alpha \quad \cdots\cdots(2)$$

式中:

$N[C]$——碳含量,单位为厘米数每立方厘米($at\cdot cm^{-3}$);

F——标定因子,单位为每平方厘米(cm^{-2})。300 K 时,F 为 $8.2\times10^{16}\ cm^{-2}$;77 K 时,$F$ 为$3.7\times10^{16}\ cm^{-2}$。

注:如上的标定因子 F 是执行日本硅技术委员会 JEITA 的研究结果。因为 F 是温度的函数,所以 F 具有不确定性,为消除此误差 ASTM 协会对该因子进行了分析,确定在 300 K 温度时该因子的不确定性为 $\pm0.4\times10^{16}\ at\cdot cm^{-2}$;77 K 温度时该因子的不确定性为$\pm0.2\times10^{16}\ at\cdot cm^{-2}$。

9.3 根据式(2)计算的硅片代位碳含量 $N[C]$,当单位由 $at\cdot cm^{-3}$ 换算为 ppma 时,除以5×10^{16}($at\cdot cm^{-3}$/ppma)。

10　精密度

单个实验室在低温下测定碳含量的精密度方法：使用一个碳含量为 0.16 ppma 的样品，30 天为一周期，每天测量一次。经过多位测试人员多天对该样品的碳含量进行测量得出，该实验方法的精密度为 ±0.02 ppma。

11　报告

测量报告应包括如下内容：

a）使用设备、操作者、测量日期；

b）测试样品和参比样品编号；

c）测量温度（室温或 77 K）；

d）测试样品和参比样品厚度；

e）样品光照区域的位置和尺寸；

f）测量次数及扫描分辨率；

g）光谱图吸收峰的半高宽；

h）吸收峰的波数，cm^{-1}；

i）代位碳吸收系数，α，cm^{-1}；

j）代位碳含量 $N[C]$，at·cm^{-3}/ppma；

k）所使用的标定因子。

ICS 71.060.20
G 13

中华人民共和国国家标准

GB 1610—2009
代替 GB/T 1610—1999

工业铬酸酐

Chromium trioxide for industrial use

2009-06-02 发布 2010-02-01 实施

中华人民共和国国家质量监督检验检疫总局
中国国家标准化管理委员会 发布

前　言

本标准第7章、第8章、9.2、9.3为强制性，其余为推荐性。

本标准修改采用 ГОСТ 2548：1977（1992 第三次修改）《工业铬酸酐》。

考虑到我国国情，在采用 ГОСТ 2548：1977（1992 第三次修改）《工业铬酸酐》时，本标准做了一些修改。有关技术性差异已编入正文中并在它们所涉及的条款的页边空白处用垂直单线标识。技术性差异、结构性差异及其原因参见附录A及附录B。

本标准代替 GB/T 1610—1999《工业铬酸酐》。

本标准与 GB/T 1610—1999 相比，主要变化如下：

——本标准由推荐性改为强制性。

——提高了铬酸酐主含量、硫酸盐含量、水不溶物、钠含量指标要求，增加浊度的要求（1999 版 3.2，本版 4.2）。

——试验方法中铬酸酐含量的测定中增加了电位滴定法（本版 5.4.2）。

——试验方法中硫酸盐含量的测定中增加了离子色谱法和重量法（本版 5.4.1、5.4.2）。

本标准的附录A和附录B为资料性附录。

本标准由中国石油和化学工业协会提出。

本标准由全国化学标准化技术委员会无机化工分会（SAC/TC 63/SC 1）归口。

本标准起草单位：四川安县银河建化集团有限公司、中海油天津化工研究设计院、甘肃锦世化工有限责任公司、黄石振华化工有限公司。

本标准主要起草人：李霞、张国庆、谢友才、韩登仑、陈小红。

本标准所代替标准的历次版本发布情况为：

——GB 1610—1979、GB/T 1610—1989、GB/T 1610—1999。

工 业 铬 酸 酐

1 范围

本标准规定了工业铬酸酐的要求、试验方法、检验规则、标志、标签、包装、运输、贮存和安全。

本标准适用于工业铬酸酐。该产品主要用于电镀、氧化剂、催化剂、木材防腐剂，制三氧化二铬等铬盐产品及试剂。

2 规范性引用文件

下列文件中的条款通过本标准的引用而成为本标准的条款。凡是注日期的引用文件，其随后所有的修改单(不包括勘误的内容)或修订版均不适用于本标准，然而，鼓励根据本标准达成协议的各方研究是否可使用这些文件的最新版本。凡是不注日期的引用文件，其最新版本适用于本标准。

GB 190—1990 危险货物包装标志

GB/T 191—2008 包装储运图示标志(ISO 780:1997,MOD)

GB/T 325—2000 包装容器 钢桶

GB/T 6678 化工产品采样总则

GB/T 6682—2008 分析实验室用水规格和试验方法(ISO 3696:1987,MOD)

GB/T 8170 数值修约规则与极限数值的表示和判定

GB 12463—1990 危险货物运输包装通用技术条件

HG/T 3696.1 无机化工产品化学分析用标准滴定溶液的制备

HG/T 3696.2 无机化工产品化学分析用杂质标准溶液的制备

HG/T 3696.3 无机化工产品化学分析用制剂及制品的制备

3 分子式和相对分子质量

分子式：CrO_3

相对分子质量：99.99(按 2007 年国际相对原子质量)

4 要求

4.1 外观：紫红色片状物或颗粒物。

4.2 工业铬酸酐应符合表 1 要求。

表 1 要求

项目		指标		
		优等品	一等品	合格品
铬酸酐(CrO_3)(以干基计)，w/%	≥	99.8	99.6	99.2
硫酸盐(以 SO_4 计)，w/%	≤	0.05	0.10	0.20
水不溶物，w/%	≤	0.01	0.03	0.05
钠(Na)，w/%	≤	0.04	—	—
浊度/NTU	≤	5	15	—

5 试验方法

5.1 安全提示

本试验方法中使用的试剂具有毒性、腐蚀性，操作者须小心谨慎！如溅到皮肤或眼睛应立即用水冲洗，严重者应立即治疗。使用易燃品时，严禁使用明火加热。

5.2 一般规定

本标准所用试剂和水在没有注明其他要求时，均指分析纯试剂和GB/T 6682—2008中规定的三级水。试验中所用标准滴定溶液、杂质标准溶液、制剂及制品，在没有注明其他要求时，均按HG/T 3696.1、HG/T 3696.2、HG/T 3696.3的规定制备。

5.3 外观检验

在自然光下，用目视法判定外观。

5.4 铬酸酐含量的测定

5.4.1 容量法(仲裁法)

5.4.1.1 方法提要

在酸性介质中，试样中的六价铬离子与二价铁离子发生氧化还原反应，以邻苯氨基苯甲酸为指示剂，用硫酸亚铁铵标准滴定溶液滴定。

5.4.1.2 试剂

5.4.1.2.1 磷酸；

5.4.1.2.2 硫酸溶液：1+4；

5.4.1.2.3 硫酸溶液：1+7；

5.4.1.2.4 硫酸亚铁铵标准滴定溶液：$c[Fe(NH_4)_2(SO_4)_2 \cdot 6H_2O] \approx 0.2$ mol/L；

配制：称取约80 g硫酸亚铁铵$[Fe(NH_4)_2(SO_4)_2 \cdot 6H_2O]$溶于300 mL硫酸溶液(5.4.1.2.3)中，再加入700 mL水，摇匀。此溶液使用前标定。

标定：称取0.37 g研细并于120 ℃±2 ℃下干燥至质量恒定的基准重铬酸钾，精确至0.000 1 g，置于500 mL锥形瓶中，加入150 mL水溶解。加入15 mL硫酸溶液(5.4.1.2.2)，5 mL磷酸，用硫酸亚铁铵标准滴定溶液滴定至溶液呈黄绿色。加入1 mL邻苯氨基苯甲酸指示液，继续滴定至溶液由紫红色变为绿色为终点。

计算：硫酸亚铁铵标准滴定溶液的浓度c，数值以mol/L表示，按式(1)计算：

$$c = \frac{m}{(V/1\,000) \times M} \qquad \cdots\cdots(1)$$

式中：

V——滴定时消耗硫酸亚铁铵标准滴定溶液的体积的数值，单位为毫升(mL)；

m——基准重铬酸钾的质量的数值，单位为克(g)；

M——重铬酸钾$(\frac{1}{6}K_2Cr_2O_7)$的摩尔质量的数值，单位为克每摩尔(g/mol)(M=49.03)。

5.4.1.2.5 邻苯氨基苯甲酸指示液：1 g/L。

5.4.1.3 仪器、设备

5.4.1.3.1 称量瓶：Φ50 mm×30 mm；

5.4.1.3.2 电热恒温干燥箱：温度能控制在105 ℃±2 ℃、120 ℃±2 ℃。

5.4.1.4 分析步骤

5.4.1.4.1 试验溶液A的制备

于称量瓶中快速称取约5 g预先于105 ℃±2 ℃干燥至质量恒定的试样，精确至0.000 1 g，加水溶解后，移入500 mL容量瓶中，用水稀释至刻度，摇匀。此溶液为试验溶液A，用于铬酸酐含量及钠含量的测定。

5.4.1.4.2 测定

用移液管移取 25 mL 试验溶液 A 置于 500 mL 锥形瓶中，加入 150 mL 水，15 mL 硫酸溶液(5.4.1.2.2)，5 mL 磷酸，用硫酸亚铁铵标准滴定溶液滴定至溶液呈黄绿色。加入 1 mL 邻苯氨基苯甲酸指示液，继续滴定至溶液由紫红色变为绿色为终点。

5.4.2 电位滴定法

5.4.2.1 方法提要

将试样溶于水，在酸性介质中，用硫酸亚铁铵标准滴定溶液进行滴定，以电位变化率最大点确定反应终点，求出三氧化铬含量。

5.4.2.2 试剂

5.4.2.2.1 硫酸溶液：1+1；

5.4.2.2.2 硫酸亚铁铵标准滴定溶液：$c[Fe(NH_4)_2(SO_4)_2 \cdot 6H_2O] \approx 0.2$ mol/L；

配制：同 5.4.1.2.4 中配制。

标定：称取 0.37 g 研细并于 120 ℃±2 ℃下干燥至质量恒定的基准重铬酸钾，精确至 0.000 1 g，置于 500 mL 的烧杯中，加水至 400 mL，加入 40 mL 硫酸溶液。将烧杯放在磁力搅拌器上。插入铂电极和甘汞电极，进行搅拌，控制搅拌速度避免溶液溅出。用硫酸亚铁铵标准滴定溶液滴定至黄色消失后，继续进行微量滴定。电位变化率最大的点即为滴定终点。

计算：同 5.4.1.2.4 中计算。

5.4.2.3 仪器、设备

5.4.2.3.1 称量瓶：Φ50 mm×30 mm；

5.4.2.3.2 电热恒温干燥箱：温度能控制在 120 ℃±2 ℃；

5.4.2.3.3 磁力搅拌器；

5.4.2.3.4 指示电极：铂电极；

5.4.2.3.5 参比电极：甘汞电极；

5.4.2.3.6 自动电位滴定仪。

5.4.2.4 分析步骤

用移液管移取 25 mL 试验溶液 A，置于 500 mL 的烧杯中，加水至 400 mL，加入 40 mL 硫酸溶液。将烧杯放在磁力搅拌器上。插入铂电极和甘汞电极，并进行搅拌，控制搅拌速度避免溶液溅出。用硫酸亚铁铵标准滴定溶液滴定至黄色消失后，继续进行微量滴定，电位变化率最大的点即为滴定终点。

5.4.3 结果计算

铬酸酐含量以铬酸酐(CrO_3)的质量分数 w_1 计，数值以%表示，按式(2)计算：

$$w_1 = \frac{V/1\,000 \times c \times M}{m \times 25/500} \times 100 \qquad \cdots\cdots(2)$$

式中：

V——滴定时消耗硫酸亚铁铵标准滴定溶液的体积的数值，单位为毫升(mL)；

c——硫酸亚铁铵标准滴定溶液浓度的准确数值，单位为摩尔每升(mol/L)；

m——5.4.1.4.1 中称取的试样的质量的数值，单位为克(g)；

M——铬酸酐($\frac{1}{3}CrO_3$)的摩尔质量的数值，单位为克每摩尔(g/mol)(M=33.33)。

取平行测定结果的算术平均值为测定结果，两次平行测定结果的绝对差值不应大于 0.2%。

5.5 硫酸盐含量的测定

5.5.1 重量法(仲裁法)

5.5.1.1 方法提要

在酸性条件下，用乙醇将样品中 Cr^{6+} 还原为 Cr^{3+}，过滤后在滤液中加入氯化钡溶液，样品中硫酸盐与钡离子生成硫酸钡沉淀。然后经过滤、洗涤、灼烧、称量，确定硫酸盐含量。

5.5.1.2 **试剂**

5.5.1.2.1 硫酸；

5.5.1.2.2 95%乙醇；

5.5.1.2.3 盐酸溶液：3+7；

5.5.1.2.4 乙酸溶液：1+1；

5.5.1.2.5 氯化钡（$BaCl_2 \cdot 2H_2O$）溶液：100 g/L；

5.5.1.2.6 硝酸银溶液：17 g/L；

5.5.1.2.7 硫酸盐标准溶液：1 mL 溶液含硫酸根（SO_4）0.20 mg；

配制：用移液管移取 50 mL 按 HG/T 3696.2 配制的硫酸盐标准溶液置于 250 mL 容量瓶中，用水稀释至刻度，摇匀。

5.5.1.2.8 二苯基偶氮碳酰肼指示液：2 g/L。

称取二苯基偶氮碳酰肼（$C_{13}H_{12}N_4O$）0.2 g，溶于 50 mL 丙酮中，加水稀释至 100 mL，摇匀。贮于棕色瓶，置于冰箱中。颜色变深后，不能使用。

5.5.1.3 **仪器、设备**

高温炉：温度可控制在 700 ℃±20 ℃。

5.5.1.4 **分析步骤**

称取约 10 g 试样，精确至 0.01 g，置于 500 mL 烧杯中。加 100 mL 水溶解，加入 50 mL 硫酸盐标准溶液及 100 mL 盐酸溶液，加热，在搅拌下滴加约 25 mL 乙醇，于沸水浴中加热保温 30 min。如还原不完全，再补加乙醇（用二苯基偶氮碳酰肼检验是否还原完全[1)]。用中速定性滤纸过滤，用热水洗涤至滤纸无绿色。滤液及洗水收集于 500 mL 烧杯中，用水稀释至约 300 mL，加热煮沸。在微沸状态下，边搅拌边慢慢加入 50 mL 氯化钡溶液，20 mL 乙酸溶液及预先准备好的少许定量滤纸纸浆，充分搅拌约 2 min。在水浴上加热 30 min，保温 2 h 或在室温下放置 8 h。沉淀用慢速定量滤纸过滤，用热水充分洗涤至无氯离子为止（用硝酸银溶液检验）。

将滤纸及沉淀置于预先于 700 ℃±20 ℃灼烧至质量恒定的瓷坩埚中，在电炉上低温灰化，取下。冷却后加 1 滴硫酸，在电炉上加热至白烟冒尽，移入 700 ℃±20 ℃高温炉中灼烧至质量恒定。

同时做空白试验，除不加试料外，其他加入的试剂量与试验溶液的完全相同，并与试料同时同样处理。

5.5.1.5 **结果计算**

硫酸盐含量以硫酸盐（SO_4）的质量分数 w_2 计，数值以%表示，按式（3）计算：

$$w_2 = \frac{0.4116 \times (m_2 - m_1)}{m} \times 100 \quad \cdots\cdots(3)$$

式中：

m_2——沉淀的质量的数值，单位为克（g）；

m_1——空白试验中沉淀的质量的数值，单位为克（g）；

m——试样的质量的数值，单位为克（g）；

0.411 6——硫酸钡换算为硫酸根的系数。

取平行测定结果的算术平均值为测定结果，两次平行测定结果的绝对差值不应大于 0.005%。

5.5.2 **离子色谱法**

5.5.2.1 **方法提要**

用水溶解试样后，用水合肼将六价铬还原为三价铬，将沉淀分离除去，注入离子色谱仪中测定。

1） 取 1 滴试液，加入 1 滴二苯基偶氮碳酰肼指示液，若不出现紫红色，则还原完全。

5.5.2.2 试剂和材料

5.5.2.2.1 水合肼:1+10;

量取 10 mL 水合肼(85%)与 100 mL 水混匀。

5.5.2.2.2 硫酸盐标准溶液:1 mL 溶液含硫酸盐(SO_4)0.05 mg;

用移液管移取 5 mL 按 HG/T 3696.2 配制的硫酸盐标准溶液置于 100 mL 容量瓶中,用水稀释至刻度,摇匀。该溶液现用现配。

5.5.2.2.3 一级水:符合 GB/T 6682—2008 中规定。

5.5.2.3 仪器、设备[2)]

5.5.2.3.1 离子色谱仪;

5.5.2.3.2 样品前处理柱:氢柱;

5.5.2.3.3 0.22 μm 水性微孔滤膜过滤器;

5.5.2.3.4 高速离心机:配有 100 mL 离心管。

5.5.2.4 仪器参考条件

5.5.2.4.1 色谱柱:IonPac AS11-HC 250 mm×4 mm (带 IonPac AG11-HC 50 mm×4 mm 保护柱)或相当者;

5.5.2.4.2 抑制器:ASRS ULTRAⅡ,自循环电抑制或相当者;

5.5.2.4.3 检出器:电导检测器,若能确认有同样功能的其他检出器也可使用;

5.5.2.4.4 淋洗液:氢氧化钾梯度淋洗液(初始浓度 5 mmol/L,终点浓度 40 mmol/L)种类和浓度不同的其他淋洗液,若能确认有上面同样功能,都可以使用。

5.5.2.4.5 淋洗液流量:1.0 mL/min;

5.5.2.4.6 进样器:0.025 mL。

5.5.2.5 分析步骤

5.5.2.5.1 工作曲线的绘制

分别移取 0 mL、5.00 mL、10.00 mL、15.00 mL、20.00 mL、25.00 mL 硫酸盐标准溶液置于 50 mL 容量瓶中,加水至刻度,摇匀。溶液的浓度分别为 0 mg/mL、0.005 mg/mL、0.010 mg/mL、0.015 mg/mL、0.020 mg/mL、0.025 mg/mL,将此系列标准溶液分别经过 0.22 μm 的微孔滤膜过滤器,舍弃初始的 10 mL 滤液,过氢柱后直接进入离子色谱仪。以硫酸盐浓度为横坐标,峰高或峰值面积为纵坐标绘制工作曲线。

5.5.2.5.2 试样的测定

称取约 1 g 试样,准确至 0.01 g。溶于 50 mL 水中,在电磁搅拌下逐滴加入 10 mL 水合肼溶液,继续搅拌 40 min 后,全部转移至 100 mL 容量瓶中,用水稀释至刻度,摇匀。将溶液置于离心管中,高速离心 10 min,将上清液经过 0.22 μm 的微孔滤膜过滤器,舍弃初始的 10 mL 滤液,过氢柱后直接进入离子色谱仪。根据峰高或峰面积,在工作曲线上查出硫酸盐浓度。

同时做空白试验,除不加试料外,其他加入的试剂量与试验溶液的完全相同,并与试料同时同样处理。

5.5.2.6 结果计算

硫酸盐含量以硫酸盐(SO_4)的质量分数 w_2 计,数值以%表示,按式(4)计算:

$$w_2 = \frac{(c_1 - c_0)/1\,000}{m/100} \times 100 \qquad \cdots\cdots(4)$$

式中:

c_1——由工作曲线上查得的样品溶液中硫酸根的浓度的数值,单位为 mg/mL;

2) 所列仪器及配置仅供参考,同等性能仪器及配置均可使用。

c_0——由工作曲线上查得的空白溶液中硫酸根的浓度的数值，单位为 mg/mL；

m——试样的质量的数值，单位为克(g)。

取平行测定结果的算术平均值为测定结果，两次平行测定结果的绝对差值不应大于 0.005%。

5.5.3 目视比浊法

5.5.3.1 方法提要

在酸性介质中，硫酸盐与钡离子生成难溶的硫酸钡沉淀，当硫酸盐离子含量较低时，在一定时间内硫酸钡呈悬浮体，使溶液混浊，与硫酸盐的标准比浊溶液进行目视比浊测定。

5.5.3.2 试剂

5.5.3.2.1 盐酸溶液：1+1；

5.5.3.2.2 氯化钡($BaCl_2 \cdot 2H_2O$)溶液：100 g/L；

5.5.3.2.3 硫酸盐标准溶液：1 mL 溶液含硫酸盐(SO_4)0.05 mg；

配制：用移液管移取 5 mL 按 HG/T 3696.2 配制的硫酸盐标准溶液置于 100 mL 容量瓶中，用水稀释至刻度，摇匀。该溶液现用现配。

5.5.3.2.4 不含硫酸盐的铬酸酐溶液：1 mL 溶液含铬酸酐(CrO_3)0.05 g。

称取 50.0 g±0.1 g 工业铬酸酐，置于 500 mL 烧杯中，加入 300 mL 水溶解，加热至沸，加入 4 g 氯化钡，保持沸腾 10 min，静置过夜，用玻璃砂坩埚抽滤，滤液移入 1 000 mL 容量瓶中，加水稀释至刻度，摇匀。

5.5.3.3 仪器、设备

玻璃砂坩埚：孔径 5 μm～15 μm。

5.5.3.4 分析步骤

5.5.3.4.1 测定

称取 12.50 g±0.01 g 试样，置于 250 mL 烧杯中，加 100 mL 水溶解。加热至沸后，再微沸 10 min，取出冷至室温。转移至 250 mL 容量瓶中，用水稀释至刻度，摇匀。用慢速定性滤纸干过滤，弃去初始 50 mL 滤液，用移液管移取 5 mL 滤液，置于 50 mL 的比色管中，加入 5 mL 盐酸溶液、5 mL 氯化钡溶液，摇匀。用水稀释至刻度，摇匀。在 30 ℃～40 ℃水浴中放置 30 min。其浊度不大于硫酸盐标准比浊溶液。

5.5.3.4.2 硫酸盐标准比浊溶液的制备

分别用移液管加入 5 mL 不含硫酸根的铬酸酐溶液于三只 50 mL 比色管中，分别向比色管中移入 2.50 mL(优等品)、5.00 mL(一等品)、10.00 mL(合格品)硫酸盐标准溶液，以下同 5.5.3.4.1 中“加入 5 mL 盐酸溶液……水浴中放置 30 min。”

5.6 水不溶物含量的测定

5.6.1 方法提要

试样用水溶解后，过滤、洗涤、干燥至质量恒定。

5.6.2 仪器、设备

5.6.2.1 玻璃砂坩埚：孔径 5 μm～15 μm；

5.6.2.2 电热恒温干燥箱：温度能控制在 105 ℃±2 ℃。

5.6.3 分析步骤

称取约 50 g 试样，精确至 0.01 g，置于 400 mL 烧杯中，加 300 mL 水，盖上表面皿，加热至沸。在沸水浴中保温 1 h。用预先烘干至质量恒定的玻璃砂坩埚抽滤，用热水洗涤至滤液无色。将玻璃砂坩埚连同水不溶物于 105 ℃±2 ℃干燥至质量恒定。

5.6.4 结果计算

水不溶物含量以质量分数 w_3 计，数值以%表示，按式(5)计算：

$$w_3 = \frac{m_2 - m_1}{m} \times 100 \qquad \cdots\cdots(5)$$

式中：

m_1——玻璃砂坩埚的质量的数值，单位为克(g)；

m_2——玻璃砂坩埚与水不溶物的质量的数值，单位为克(g)；

m——试样的质量的数值，单位为克(g)。

取平行测定结果的算术平均值为测定结果，两次平行测定结果的绝对差值不应大于0.002%。

5.7 钠含量的测定

5.7.1 方法提要

将试样溶解，采用原子吸收分光光度法在589 nm波长下用标准加入法测定钠含量。

5.7.2 试剂

5.7.2.1 钠标准溶液：1 mL溶液含钠(Na)0.01 mg。

用移液管移取10 mL按HG/T 3696.2配制的钠标准溶液，置于1 000 mL容量瓶中，用水稀释至刻度，摇匀。该溶液现用现配。

5.7.2.2 二级水：符合GB/T 6682—2008规定。

5.7.3 仪器、设备

原子吸收分光光度计：配有钠空心阴极灯。

5.7.4 分析步骤

分别移取5 mL试验溶液A(5.4.1.4.1)，置于四个100 mL容量瓶中，在各容量瓶中分别移入0 mL、2.00 mL、4.00 mL、6.00 mL钠标准溶液，用水稀释至刻度，摇匀。在原子吸收分光光度计上，于波长589 nm处，空气-乙炔火焰，用水调零，测定其吸光度。

以试验溶液中加入钠的含量为横坐标，对应的吸光度为纵坐标，绘制工作曲线，曲线反向延长与横坐标相交处，即为试验溶液中钠含量。

5.7.5 结果计算

钠含量以钠(Na)质量分数w_4计，数值以%表示，按式(6)计算：

$$w_4 = \frac{m_1/1\,000}{m \times 5/500} \times 100 \qquad \cdots\cdots(6)$$

式中：

m_1——从工作曲线上查出的试验溶液中钠的质量的数值，单位为毫克(mg)；

m——5.4.1.4.1中称取的试样的质量的数值，单位为克(g)。

取平行测定结果的算术平均值为测定结果，两次平行测定结果的绝对差值不应大于0.003%。

5.8 浊度的测定

5.8.1 方法提要

将样品溶解，用散射光原理的浊度仪测定浊度。

5.8.2 试剂

5.8.2.1 标准浊度贮备液

溶液A：称取10.00 g±0.01 g六次甲基四胺，用水溶解，稀释至100 mL。

溶液B：称取1.000 g±0.001 g硫酸联氨，用水溶解，稀释至100 mL。

用移液管移取5 mL溶液A和5 mL溶液B，置于100 mL容量瓶，混匀，在25 ℃±3 ℃下放置24 h，然后用水稀释至100 mL。此溶液的浊度为400 NTU。

该溶液在25 ℃±3 ℃阴暗处贮存，稳定期四周。

5.8.2.2 标准浊度溶液：10 NTU；

用移液管移取25 mL贮备液于1 000 mL容量瓶中，用水稀释至刻度，摇匀。此溶液稳定期为一周。

5.8.2.3 二级水：符合 GB/T 6682—2008 规定。

5.8.3 **仪器**

浊度仪。

5.8.4 **分析步骤**

5.8.4.1 **试验溶液的制备**

称取 30.0 g±0.1 g 试样，置于 250 mL 干燥的碘量瓶中，用移液管加入 50.0 mL 水溶解试样，摇至试样溶解完全。称取 3.30 g±0.01 g 试验溶液于干燥的 150 mL 烧杯中，加 96.7 g±0.1 g 水，混匀。

5.8.4.2 **测定**

用 10 NTU 标准浊度溶液校正浊度仪。将试验溶液置于样品池，在浊度仪上进行浊度测定，同时用同一蒸馏水做空白。

5.8.5 **计算结果**

结果为：实测值减去空白值。

取平行测定结果的算术平均值为测定结果，两次平行测定结果的绝对差值不应大于 0.5。

6 检验规则

6.1 本标准要求中的所有指标项目均为出厂检验项目，应逐批检验。

6.2 每批产品不超过 50 t。

6.3 按照 GB/T 6678 的规定确定采样单元数。每一铁桶为一包装单元。采样时，用采样器将产品表面拨开，在 10 cm 深处采样，从每个选取的包装单元中，取出不少于 50 g 的样品，将所采的样品混匀后按四分法缩分至约 500 g，立即装入两个清洁干燥带磨口塞的广口瓶中，密封。瓶上粘贴标签，注明：生产厂名、产品名称、等级、批号、采样日期和采样者姓名。一瓶用于检验，另一瓶保存三个月备查，出口产品保存六个月备查。

6.4 生产厂应保证每批出厂的工业铬酸酐产品都符合本标准的要求。

6.5 检验结果如有一项指标不符合本标准要求时，应重新自两倍量的采样单元数的包装中采样复验，复验结果即使只有一项指标不符合本标准要求时，则判定该批产品为不合格。

6.6 采用 GB/T 8170 规定的修约值比较法判定检验结果是否符合标准。

7 标志和标签

7.1 工业铬酸酐包装铁桶上应有牢固清晰的标志，内容包括：生产厂名、厂址、产品名称、等级、净含量、批号或生产日期、保质期、本标准编号、GB 190—1990 中规定的“氧化剂”、“腐蚀性物品”图示标志以及 GB/T 191—2008 中规定的“怕晒”、“怕雨”标志。

7.2 每批出厂的工业铬酸酐都应附有质量证明书。内容包括：生产厂名、厂址、产品名称、等级、净含量、批号或生产日期、产品符合本标准的证明和本标准编号。

8 包装、运输、贮存

8.1 工业铬酸酐采用 GB/T 325—2000 中的全开口钢桶中的直开口钢桶包装，其规格尺寸符合 GB/T 325—2000 中表 3 规定，钢桶厚度符合 GB/T 325—2000 中轻型桶的规定。每桶净含量为 25 kg、50 kg、100 kg 或与客户协商确定包装净含量。或使用其他符合 GB 12463—1990 中规定的Ⅱ级包装形式。

8.2 工业铬酸酐在运输过程中应有遮盖物，防止日晒、雨淋，包装不得破损，不得倒置。禁止与易燃物、有机物、还原剂、自燃物品、遇湿易燃物品等共运。运输车辆应配备相应品种和数量的消防器材。

8.3 工业铬酸酐应贮存在通风、干燥的库房内，防止日晒、受潮、防撞击、远离易(可)燃物，禁止与有机物、还原剂、活性金属粉末、食用化学品同仓共贮。

8.4 工业铬酸酐在符合本标准规定的包装、运输、贮存条件下，自生产之日起保质期不少于18个月。

9 安全

9.1 危险特性：铬酸酐系强氧化剂。遇有机物、易燃物会引起着火燃烧或爆炸。铬酸酐有毒、当空气中铬酸酐含量超过允许浓度时，可能会引起鼻粘膜溃烂，铬酸酐的溶液和粉末刺激皮肤、眼睛和鼻粘膜。当破伤的皮肤与其接触时，会造成不易痊愈的溃疡，眼睛受到沾染时，将引起结膜炎，甚至失明。铬酸酐吸入体内，会引起严重的中毒。

9.2 操作注意事项：密闭操作，加强通风。操作人员应经过专门培训，严格遵守操作规程。远离火种、热源，工作场所严禁吸烟。远离易燃、可燃物。避免产生粉尘。避免与还原剂、活性金属粉末接触。搬运时要轻装轻卸，防止包装及容器损坏。配备相应品种和数量的消防器材及泄漏应急处理设备。倒空的容器可能残留有害物。

9.3 个人防护：曝露操作人员应该佩戴自吸过滤式防尘口罩，戴化学安全防护眼镜，穿工作服，戴橡胶手套。遵守个人卫生规则，工作结束务必淋浴，皮肤上有破伤处，应涂敷防护药膏。

9.4 灭火方法：采用雾状水、砂土灭火。

9.5 急救措施：皮肤接触：脱去污染的衣着，用肥皂水和清水彻底冲洗皮肤。眼睛接触：提起眼睑，用流动清水或生理盐水冲洗15分钟，严重者就医。吸入：迅速脱离现场至空气新鲜处。保持呼吸道通畅。如呼吸困难，给输氧。如呼吸停止，立即进行人工呼吸。就医。食入：饮足量温水，催吐。用清水或1%硫代硫酸钠溶液洗胃。给饮牛奶或蛋清。立即就医。

9.6 应急处理：企业应有应急处理预案处理泄露事故，以防止污染环境。

附　录　A
（资料性附录）
本标准与俄罗斯标准的技术性差异及其原因一览表

表 A.1 给出了本标准与 ГОСТ 2548:1977(1992 第三次修改)《工业铬酸酐》(俄文版)技术性差异及其原因。

表 A.1　本标准与 ГОСТ 2548:1977(1992 第三次修改)技术性差异及其原因一览表

本标准的章条编号	技术性差异	原　　因
4.2	本标准要求中设浊度指标;俄罗斯标准未设此项指标。	由于铬酸酐用于电镀行业时对浊度指标有严格要求,所以在优等品和一等品中设定此项。
5.4	本标准中铬酸酐含量的测定采用容量法和电位滴定法并列;俄罗斯标准仅设容量法。	电位滴定法具有快速、准确的优点,此法在我国已被广泛应用。
5.5	本标准中硫酸盐含量的测定采用离子色谱法、重量法、比浊法并列;俄罗斯标准采用光电比色法。	光电比色计在国内应用较少,本标准将快速准确的离子色谱法,快速的限量比浊法和步骤繁琐但准确的重量法并列,可供对测定有不同要求的厂家使用。
5.7	本标准中钠含量的测定采用原子吸收分光光度法;俄罗斯标准采用火焰光度计法。	国内原子吸收分光光度计已被广泛应用。

附 录 B
（资料性附录）
本标准与俄罗斯标准的结构性差异

表B.1给出了本标准与ГОСТ 2548:1977(1992第三次修改)《铬酸酐》结构性差异。

表B.1 本标准与ГОСТ 2548:1977(1992第三次修改)结构性差异一览表

本标准		ГОСТ 2548:1977(1992第三次修改)	
章节	内容	章节	内容
前言	前言	—	—
1	范围	—	—
2	规范性引用文件	—	—
3	分子式和相对分子量	—	—
4	要求	1	技术要求
5	试验方法	3	试验方法
6	检验规则	2	验收规则
7	标志、标签	4	包装、标志、运输和贮存
8	包装、运输、贮存	5	生产上的保证
9	安全要求	6	安全要求
附录	与俄罗斯标准技术性、结构性差异	附录	应用范围

ICS 71.100.01;87.060.10
G 57

GB

中华人民共和国国家标准

GB/T 1650—2009
代替 GB/T 1650—2001

STANDARDS PRESS OF CHINA

直接蓝 B
（直接湖蓝 5B）

Direct blue B
（Direct sky blue 5B）

2009-04-24 发布 2009-12-01 实施

中华人民共和国国家质量监督检验检疫总局
中国国家标准化管理委员会 发布

前　言

本标准代替 GB/T 1650—2001《直接蓝 B(直接湖蓝 5B)》。

本标准与 GB/T 1650—2001 相比主要变化如下：

——取消了产品应用范围的内容，增加了不推荐使用的范围(见第 1 章)；

——增加了 CAS RN 号(本版标准的第 1 章)；

——取消了色牢度指标(2001 年版的 3.3)；

——调整了色光和强度的测定方法(本版标准的 5.2，2001 年版的 5.2)。

本标准由中国石油和化学工业协会提出。

本标准由全国染料标准化技术委员会(SAC/TC 134)归口。

本标准起草单位：沈阳化工研究院。

本标准主要起草人：杨振梅。

本标准所代替标准的历次版本发布情况为：

——GB 1650—1979；

——GB 1650—1982；

——GB/T 1650—2001。

直接蓝 B
（直接湖蓝 5B）

1 范围

本标准规定了直接蓝 B(C.I.直接蓝 15，直接湖蓝 5B)产品的要求、采样、试验方法、检验规则以及标志、标签、包装、运输和贮存。

本标准适用于直接蓝 B 的产品质量控制。由于该产品属于纺织品禁用染料，不推荐在纺织品和皮革中使用。

结构式：

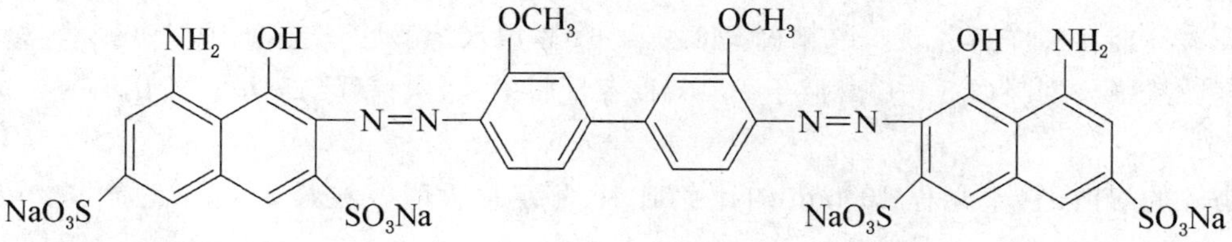

分子式：$C_{34}H_{24}N_6Na_4O_{16}S_4$

相对分子质量：992.80(按 2007 年国际相对原子质量)

CAS RN：2429-74-5

2 规范性引用文件

下列文件中的条款通过本标准的引用而成为本标准的条款。凡是注日期的引用文件，其随后所有的修改单(不包括勘误的内容)或修订版均不适用于本标准，然而，鼓励根据本标准达成协议的各方研究是否可使用这些文件的最新版本。凡是不注日期的引用文件，其最新版本适用于本标准。

GB/T 2374—2007 染料 染色测定的一般条件规定

GB/T 2381—2006 染料及染料中间体 不溶物质含量的测定

GB/T 2383 染料 筛分细度的测定

GB/T 2386—2006 染料及染料中间体 水分的测定

GB/T 6678—2003 化工产品采样总则

3 要求

3.1 外观：蓝色均匀粉末。

3.2 直接蓝 B 的质量要求应符合表 1 的规定。

表 1 直接蓝 B 的质量要求

项目		指标
强度(为标准品的)/分		100±3
色光(与标准品)		近似～微
水分的质量分数/%	≤	6.0
水不溶物的质量分数/%	≤	0.8
细度(通过孔径 180 μm 筛残余物的量的质量分数)/%	≤	5.0

4 采样

以批为单位采样，生产厂以一次拼混均匀的产品为一批。每批采样桶数应符合 GB/T 6678—2003 中 7.6 的规定。所采样产品的包装必须完好，采样时勿使外界杂质落入产品中。用探管从桶上、中、下三部分采样，所采样品总量不得少于 200 g。将所采样品充分混匀后，分装于两个清洁、干燥、密封良好的容器中，其上粘贴标签。注明：产品名称、批号、生产厂名称、采样日期、地点。一个供检验，一个保存备查。

5 试验方法

5.1 外观的评定

采用目视评定。

5.2 色光和强度的测定

5.2.1 溶液配制

称取染料标准品和样品各 0.5 g(精确至 0.000 1 g)，用水溶解后，转移到 1 000 mL 容量瓶中，用水稀释到刻度。从中分别吸取 5 mL 溶液于 100 mL 容量瓶中，用水稀释到刻度。待用。

5.2.2 测定

把配制好的溶液，置于光程 10 mm 的比色皿中，测定最大吸收波长 λ_{max} 处(约 600 nm)的吸光度值 A。

按测定的吸光度值，适当调整标准和样品溶液的浓度，使其吸光度值基本一致。把溶液倒入比色管中，以白纸为背景，采用正视比色法确定色光。

5.2.3 计算

5.2.3.1 强度的计算

强度以 F 计，数值用分表示，按式(1)计算：

$$F=\frac{A_1 m_0}{A_0 m_1}\times 100 \qquad (1)$$

式中：

A_0——标准样品的吸光度值；

A_1——样品的吸光度值；

m_0——标准样品质量的数值，单位为克(g)；

m_1——样品质量的数值，单位为克(g)。

两次平行测定的结果之差不大于 2 分，取其算术平均值作为测定结果。

5.2.3.2 色光的评定

按 GB/T 2374—2007 中第 7 章的有关规定进行。

5.3 水分的测定

按 GB/T 2386—2006 中 3.2 的规定进行。

5.4 水不溶物的测定

按 GB/T 2381—2006 中有关染料的规定进行。

5.5 细度的测定

按 GB/T 2383 的规定进行，采用孔径为 180 μm 的标准筛。

6 检验规则

6.1 检验分类

本标准中 3.1 和 3.2 的所有检验项目均为出厂检验项目。

6.2 出厂检验

直接蓝B应经生产厂质检部门检验合格，附合格证明后方可出厂。生产厂应保证所有出厂的直接蓝B都符合本标准的要求。

6.3 复检

如果检验结果中有一项指标不符合本标准的要求时，应重新自两倍量的包装中取样进行检验，重新检验的结果，即使只有一项指标不符合本标准要求，则整批产品不能验收。

7 标志、标签、包装、运输、贮存

7.1 标志、标签

7.1.1 标志

直接蓝B的每个包装容器上都应涂印耐久、清晰的标志，标志内容至少应有：

a) 产品名称；

b) 生产厂名称、地址；

c) 生产日期；

d) 净含量；

e) 产品质量检验合格证明。

7.1.2 标签

产品应有标签，标签上应注明产品生产日期、合格证明、执行标准编号、批号。

7.2 包装

直接蓝B装于内衬塑料袋的包装容器内，并加密封，每件净含量25 kg±0.2 kg或50 kg±0.2 kg，其他包装可与用户协商确定。

7.3 运输

运输时应防止倒置，小心轻放，避免碰撞，切勿损坏包装。

7.4 贮存

直接蓝B应贮存于阴凉、干燥通风处，防止受潮受热。

ICS 83.060
G 40

中华人民共和国国家标准

GB/T 1681—2009/ISO 4662:1986
代替 GB/T 1681—1991

硫化橡胶回弹性的测定

Rubber—Determination of rebound resilience of vulcanizates

(ISO 4662:1986,IDT)

2009-04-24 发布 2009-12-01 实施

中华人民共和国国家质量监督检验检疫总局
中国国家标准化管理委员会 发布

前　言

本标准等同采用 ISO 4662:1986《硫化橡胶回弹性的测定》(英文版)。

本标准代替 GB/T 1681—1991《硫化橡胶回弹性的测定》。

本标准等同翻译 ISO 4662:1986。

为便于使用,本标准做了下列编辑性修改:

a) 用“本标准”代替“本国际标准”;

b) 用小数点“.”代替作为小数点的“,”;

c) 删除了国际标准前言。

本标准与 GB/T 1681—1991 相比较主要变化如下:

——增加了引言;

——增加了安全警告用语;

——增加了“术语和定义”章节(本版的第 3 章);

——对试验仪器及校正做了更加详细的描述和规定(本版的第 4 章);

——增加了资料性附录 A 和附录 B。

本标准附录 A 和附录 B 为资料性附录。

本标准由中国石油和化学工业协会提出。

本标准由全国橡标委橡胶物理和化学试验方法标准化分技术委员会(SAC/TC 35/SC 2)归口。

本标准主要起草单位:天津市橡胶工业研究所。

本标准参与起草单位:贵州轮胎股份有限公司。

本标准主要起草人:都鸣、李子安、陈静。

本标准参与起草人:冯萍。

本标准所代替标准的历次版本发布情况为:

——GB/T 1681—1982,GB/T 1681—1991。

引　言

橡胶变形时，伴随着能量的输入。当橡胶恢复到原来的形状时，该能量的一部分被释放出来，剩余的部分则在橡胶内部由机械能转化为热能。

当变形是由于单次冲击形成的凹陷时，输出能量与输入能量的比值就定义为回弹性。

对于同一物质，回弹性的数值不是一个固定的量，它是随温度，应变分布（由冲头和试样的类型及尺寸决定），应变速率（由冲头的速率决定），应变能（由冲头的速率及质量决定）和应变过程的变化而变化。在聚合物存在填料的情况下，应变过程是特别重要的。聚合物中应力软化效应也应进行机械调节。

回弹性随条件变化是聚合物的一种特性，如果试验是在范围很大的条件下进行，则只能估计聚合物的回弹性。上述介绍的这些因素对回弹性的影响是各不相同的，在材料发生变化的温度区域附近进行试验是影响回弹性的主要因素。与时间和凹陷幅度有关的因素也存在着一定的影响，并且会产生较大的偏差。

为获得理想的回弹性数据，应将试样与刚性支座粘接在一起，以避免在冲击过程中由于滑动产生的摩擦损失。由于在许多情况下，采取粘结试样的方法是不实际的，这就需要牢固的夹持住试样以避免产生摩擦滑动。

在实际的设备操作中，为了接近这些理想条件，对样品的硬度（见 GB/T 6031）做出一些限制是十分必要的。测试硬度高的样品要保证仪器的刚度达到要求，测试硬度低的样品要保证夹紧试样。

如果选择了确定的机械条件和合适的仪器，就可在任何温度下获得重现性满意的标准回弹性数据。

硫化橡胶回弹性的测定

警告:使用本标准的人员应有正规实验室工作的实践经验。本标准并未指出所有可能的安全问题。使用者有责任采取适当的安全和健康措施,并保证符合国家有关法规规定的条件。

1 范围

本标准规定了在小范围的冲击应变和应变速率下,以冲击方式测定橡胶回弹性的方法。

本标准适用于在试验温度下硬度为 30 IRHD 到 85 IRHD 之间的硫化橡胶。

2 规范性引用文件

下列文件中的条款通过本标准的引用而成为本标准的条款。凡是注日期的引用文件,其随后所有的修改单(不包括勘误的内容)或修订版均不适用于本标准,然而,鼓励根据本标准达成协议的各方研究是否可使用这些文件的最新版本。凡是不注日期的引用文件,其最新版本适用于本标准。

GB/T 2941 橡胶物理试验方法试样制备和调节通用程序(GB/T 2941—2006,ISO 23529:2004,IDT)

GB/T 6031 硫化橡胶或热塑性橡胶硬度的测定(10~100 IRHD)(GB/T 6031—1998,idt ISO 48:1994)

GB/T 9870.1 硫化橡胶或热塑性橡胶动态性能的测定 第 1 部分:通则(GB/T 9870.1—2006,ISO 4664-1:2005,IDT)

3 术语和定义

GB/T 9870.1 确立的以及下列术语和定义适用于本标准。

3.1

标准回弹性 standard rebound resilience

当用端点为球状的物体冲击一块夹紧而又可自由凸起的平整试样时,输出的能量与输入的能量之比。

冲击物体的质量、冲头和被冲击的试样的特性应在下列规定的范围内:

冲头直径(D):12.45 mm 至 15.05 mm

试样厚度(d):(12.5±0.5)mm

冲击质量(m):$0.35^{\ 0}_{-0.1}$ kg

冲击速度(v):$1.4^{+0.6}_{\ 0}$ m/s

表观应变能密度($\frac{mv^2}{Dd^2}$):351^{+112}_{-27} kJ/m³

注 1:在本标准中规定的条件和设备包括球形冲头和平整试样的选择。表观应变能密度($\frac{mv^2}{Dd^2}$)即冲击能与等体积之比,与冲击应变有关,取决于 D、d、m 和 v 的数值并且应保持在上述规定范围内。

注 2:上述的基本特性(12.5 mm,12.5 mm,0.35 kg,1.4 m/s,351 kJ/m³)与卢柯摆相同,而公差可包含在修正的斯科伯摆(15.0 mm;12.5 mm;0.25 kg;2 m/s;427 kJ/m³)公差范围内。

此外,允许下列公差:

——考虑到公称直径为 12.5 mm 和 15 mm 的钢球和加工误差,使用了小公差(±0.05 mm)。

——考虑到试样厚度变化(±0.5 mm)的影响时,相应的增加了近似应变能密度($\frac{mv^2}{Dd^2}$)的公差($^{+36}_{-27}$ kJ/m³)。

4 仪器

4.1 概述

试验仪器由1个摆状、单自由度的机械摆动装置和1个试样夹具组成。

将两部分以适当的方式装配在一起以测量回弹性，为了调节或检查摆动装置，其中的每一部分都可拆卸下来。还应配置测量摆锤回弹高度的装置，或者是以一经过校正的刻度尺或以电信号来测量。

凡是符合上述规定的各种设计的实用仪器都可使用(参见附录B)。

注：各种仪器都应设计成可在各种参数规定的范围内操作并经过准确校正，使之可得出基本相同的回弹性数值。

4.2 摆动装置

摆动装置是由一个摆杆和半球形摆锤组成，摆锤可在重力作用下沿弧形轨道运动，也可在弹簧或扭转钢丝的回复力作用下作线性运动。在冲击点，球形冲头速度是水平方向的，即冲头与试样的接触方向应与试样垂直。

4.2.1 刻度尺(见图1)

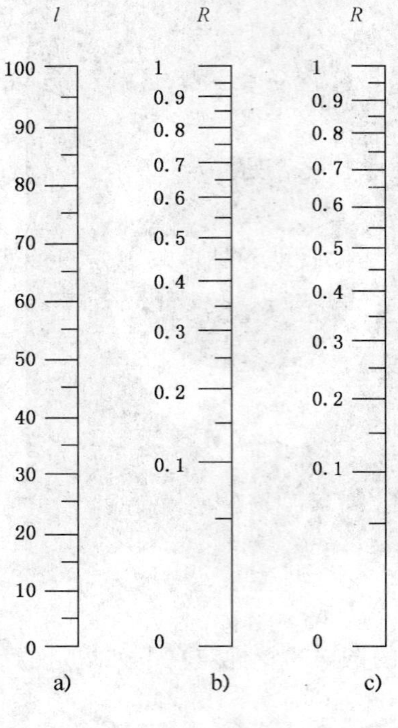

a) 均匀刻度尺

b) 平方刻度尺(符合定律$\sqrt{R}$)

c) 非线性平方刻度尺[符合定律$\frac{3}{\pi}\arccos(1-0.5R)$]

图1 刻度尺示例

对于由重力而产生的回弹力的摆，回弹性R由下式计算：

$$R=\frac{h}{H}$$

式中：

h——回弹高度；

H——降落高度。

用刻度尺测量水平回弹距离和回弹的角度都是很方便的，特别是对于刚性摆。

对于由扭转钢丝或弹簧的作用力而产生的回弹性的摆，其回弹性R由下式计算：

$$R = \frac{\alpha_R}{\alpha_1}$$

式中：

α_R——回弹角；

α_1——冲击角。

对这种仪器来说，用刻度尺测量回弹的角度是很方便的。

可使用刻度均匀的或可直接读数的刻度尺测量回弹性，如使用均匀刻度尺测量回弹性，还应配以换算转化方程式、图表和表格。

4.2.2　摆动装置的调节

成套仪器在规定的硬度范围内应进行重复操作冲击橡胶试样，冲击运动应平稳不应有抖动或振动，引起抖动或振动的原因是由于刚体零件的刚性差或者是导向系统有缺陷。

为了进行最初调试或定期检查，试样夹具应从摆动装置中取出，并且按下列程序进行。

4.2.2.1　为了进行惯性参数的计算，应直接称摆锤的质量并测量其几何尺寸和它至导向轴的距离。从中可以确定与第3章规定相一致的当量冲击质量和对导向轴或吊架轴没有明显反作用力的冲击行程。

应确保冲头直径符合第3章的规定，并且在任何情况下，冲头的球面都应超过橡胶的凹陷深度，冲头最好是一个完整的半球体。

4.2.2.2　整个摆动装置应自由位于平衡位置即刻度尺的零位置，该点也应是冲击的发生点，球形冲头在该点的运动应是水平的。

4.2.2.3　为了校正摩擦损耗，应在摆动过程中调整摆动装置。计时摆动周期，随后记录单程摆动的次数。

由下例计算相应的对数衰减 Λ：

$$\Lambda = \frac{1}{n}\log_e \frac{l_x}{l_{x+n}}$$

$$= \frac{1}{2n}\log_e \frac{R_x}{R_{x+n}}$$

式中：

n——观察到的全部摆动次数；

l_x 和 l_{x+n}——均匀刻度尺上读到的摆幅；

R_x 和 R_{x+n}——在二次方刻度尺上读到的摆幅。

对于小的非线性摆动而言，刻度尺修正与否对目前的使用是无关紧要的(见4.2.2.5)。

如果在测量过程中，仪器的操作涉及到不同的阻尼条件，如连接指针卡爪产生的阻尼，则应分别进行测量，取其平均值。

4.2.2.4　对下列不同的摆幅，应取五次摆动的平均值计算全周期(T)和对数衰减率(Λ)

满刻度值	T_1	Λ_1
1/2 刻度值	T_2	Λ_2
1/4 刻度值	T_4	Λ_4

4.2.2.5　T_1、T_2 和 T_4 中任何一个数值与其平均值之偏差都不应大于10%，而偏差在1%以下时可以忽略，偏差在1%～10%之间时，应考虑对刻度尺进行适当的非线性校正。应以相应刻度点上摆锤能量作为校正依据。

应根据几何图形及 T_1、T_2 和 T_4 的平均值，或单一回弹的质量和能量来检验冲击速度。冲击速度应符合第3章的规定。

4.2.2.6　Λ_1、Λ_2 和 Λ_4 中任何一个数值与其平均值的偏差均不应大于0.01，而且任何一个数值都不应大于0.03。当数值小于0.01时，可以忽略，当数值在0.01和0.03之间时，应提供回弹结果的修正值。此修正值应有 Λ 值，而最好的方法是通过移动摆的起点，获得单次冲击理想的数值。

在大多数情况下，可以不进行校正计算，如需进行较精确的分析时，可采用以上计算进行校正。

4.3 试样夹具

4.3.1 在机械调节和回弹性测量过程中，圆形试样应牢固的固定住。

试样应紧靠平整光滑的试样台，同时应垂直和正交于冲击速度的方向。

试样台是机座的一部分。如果机座是独立的，那它应具有的质量至少是冲击质量的 200 倍。否则应固定在一个非常稳固的系统上。例如：砌石结构。

任何一种合适的夹持装置都可使用，只要测出的回弹性数据与粘在刚性板上的试样所得到的值相差不超过 0.02(绝对回弹值)即可。可用高弹性(约 0.90)和高硬度(约 85 IRHD)的胶料来检验夹持装置是否合适。

合适的夹持装置包括真空夹具，机械夹具，真空-机械综合夹具。本标准推荐的一种机械夹具装置，是由一个金属环组成(见图 2)，这个金属环内径 20 mm，外径 35 mm，并借助弹簧向试样正面施加(200±20)N 的力。在静止位置时，冲头应位于保持环的中心。本标准推荐的另一种夹持试样的方法是在试样的背面抽真空将试样吸住。这可由直径为 25 mm，宽为 2 mm 的环形沟槽产生吸力来完成。所用的泵应保持绝对压力不超过 10 kPa。在这种情况下，施加于保持环的力可减少到(150±15)N。

夹具侧面不应挤压试样，至少应在试样周围留有 2 mm 的空隙，以便在冲击时试样可自由地凸起。

单位为毫米

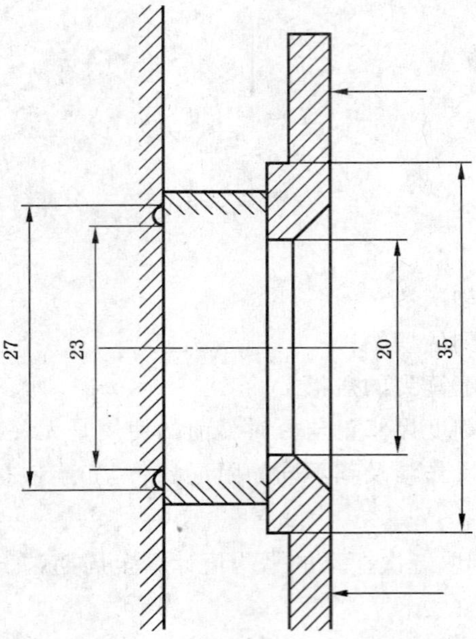

夹持力：

真空——(150±15)N；

非真空——(200±20)N。

图 2 夹持环和真空槽(可选)

4.3.2 如果测量是在一系列不同于室温的条件下进行，摆锤仪器应放置在符合 GB/T 2941 要求的合适的恒温箱或冷却室中操作。这种情况下，仪器应在测试温度范围内进行校正(见 4.2.2)。另外，可采取合适的措施，用循环液体(见图 3)的方法加热或冷却试样夹具。为保证试样周围完全被控温介质包围，最好在夹具的前面加上冷却的或加热的气帘。在用电热偶或其他方法测量时，电热偶或其他的测量仪表应尽可能靠近试样，以便准确测量夹具温度。

A——试样；
B——隔热材料；
C——流体入口/出口；
D——温度计插孔；
E——弹簧负荷杆。

图3　控温试样夹具示例

5　试样

5.1　制备

试样应按照 GB/T 2941 方法进行制备，用模压或冲切都可以。试样中应无纤维或增强骨架材料。

试样表面应平整、光滑且上下表面平行，若有需要还可打磨。如果受冲击表面发黏时，可在其上撒一些隔离物质，如滑石粉，就可以避免其影响。

5.2　尺寸

标准试样厚度应是 12.5 mm±0.5 mm，直径为 29 mm±0.5 mm 的圆盘。对非标试样的测定方法可参见附录 A。

5.3　尺寸测量

试样厚度的测量应精确至 0.05 mm，直径测量应精确至 0.2 mm。

5.4　试样数量

每一种材料应连续测量两个试样。

5.5　调节

5.5.1　在硫化和试验之间的时间间隔应符合 GB/T 2941 的规定。

5.5.2　硫化和试验的间隔期间应尽可能完全避免光照射。

5.5.3　如果试样是经过打磨的，在打磨和试验之间的时间间隔不应超过 72 h。

5.5.4 制备好的试样在直接试验之前应在 GB/T 2941 中规定的标准试验室温度下进行调节。

6 试验温度

优先采用标准试验室温度(见 5.5.4),试验也可在下列一种或多种的温度下进行:−75 ℃,−55 ℃,−40 ℃,−25 ℃,−10 ℃,0 ℃,40 ℃,55 ℃,70 ℃,85 ℃,100 ℃。温度偏差应不超过±1 ℃。

在回弹性随温度变化很迅速时,也可用其他间隔更小的温度。

7 试验步骤

7.1 温度的调节

如果试验温度与标准实验室温度(见 5.5.4)不同,首先应该将整套的试验设备或者能够被加热或冷却的专用夹具(见 4.3.2)调节到试验温度。

在夹具上装好试样,调节足够时间使试样达到要求公差范围内的温度。另外,也可以从夹具上取下试样分别放在符合 GB/T 2941 要求的恒温箱或冷却室中加热或冷却。然后快速的将试样插在加热后的或冷却后的夹具上。

在这种情况下,试验之前,在夹具上的调节时间减少到 3 min。

在低温试验时,还应装有防止试样结霜的装置。

7.2 试样的机械调节

在进行规定的温度调节和合适的夹具装置安装完毕后,即可对试样进行不少于三次不多于七次的连续冲击,作为机械调节。

7.3 回弹性的测量

在进行机械调节后,立即以相同的速度对试样进行三次冲击,并记下三次的回弹读数。

将三次回弹数值换算成以百分数形式表达的回弹值;它们的中值就是试样的回弹值。

如果两个试样,则计算它们的算术平均值。

8 试验报告

试验报告应包括以下内容:

a) 样品说明:
   1) 样品的详细说明及来源;
   2) 胶料说明及硫化条件(若已知);
   3) 试样的制备,例如是模压或冲切;
   4) 有关试样预处理的过程;

b) 试验方法和试验说明:
   1) 引用的国家标准(有效即可);
   2) 采用仪器的类型、冲头直径、冲头的质量和冲击速度;
   3) 夹持试样的方法;
   4) 试验温度;
   5) 在试验前,试样调节的时间和温度;
   6) 采用的任何非标准化的程序;

c) 试验结果:
   1) 试验的试样个数;
   2) 对所用试样按 7.3 计算的,以百分数表示的回弹性;

d) 试验日期。

附 录 A
（资料性附录）
非标准试样

A.1 非标准直径试样

对厚度符合标准，但直径大于标准，最大值不超过 53 mm 的试样，也可进行试验。如果增加夹持力（见表 A.1），那么就可得到与标准条件和仪器测得的标准回弹性相近的结果。

A.2 非标准厚度试样

对于厚度低于(12.5±0.5)mm 的试样，采用下述两种不同的方法也可测量接近于标准回弹性的结果。这两种方法都是基于表观应变能$\frac{mv^2}{Dd^2}=351\ \mathrm{kJ/m^3}$为同一常数值的原理。

A.2.1 方法 A：调整冲击速度

冲击速度 v 随试片的厚度成正比例的改变。通过改变冲击锤的起始点和初始偏差可以很容易的降低冲击速度。同时，冲头直径和冲击质量仍是标准值（见第 3 章）。

当夹持环内径不变，夹紧薄试样时，应靠使用吸力(4.3.1)来改善夹持效果。

这种方法由于试样应变分布的变化和夹持效果不佳，其试验结果可能与标准回弹性有些差别。但由于只需要一台仪器，而且，稍加调整，便可适用于不同厚度的试样，因此，它具有比较经济实惠的优点。

A.2.2 方法 B：机械模拟

冲击直径 D、冲击质量 m 和冲击速度 v 均随试样厚度成正比变化（见表 A.1）。夹持环和夹持力宜作相应的改变以适应厚度的变化（见表 A.1 及图 A.1）。

单位为毫米

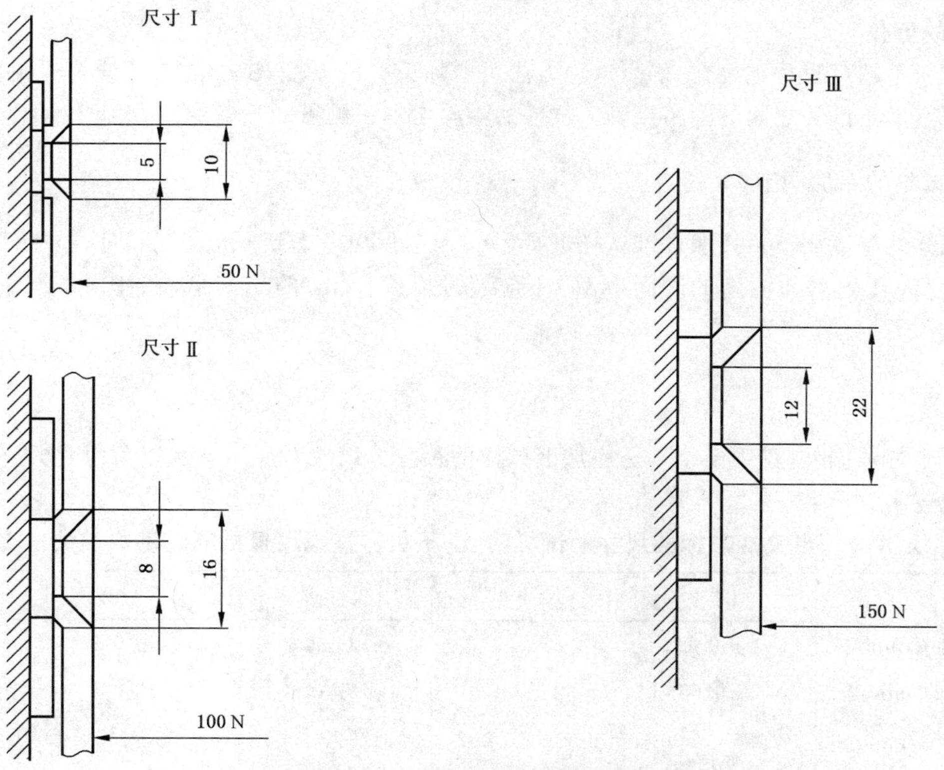

图 A.1 非标准尺寸试样的夹持环

单位为毫米

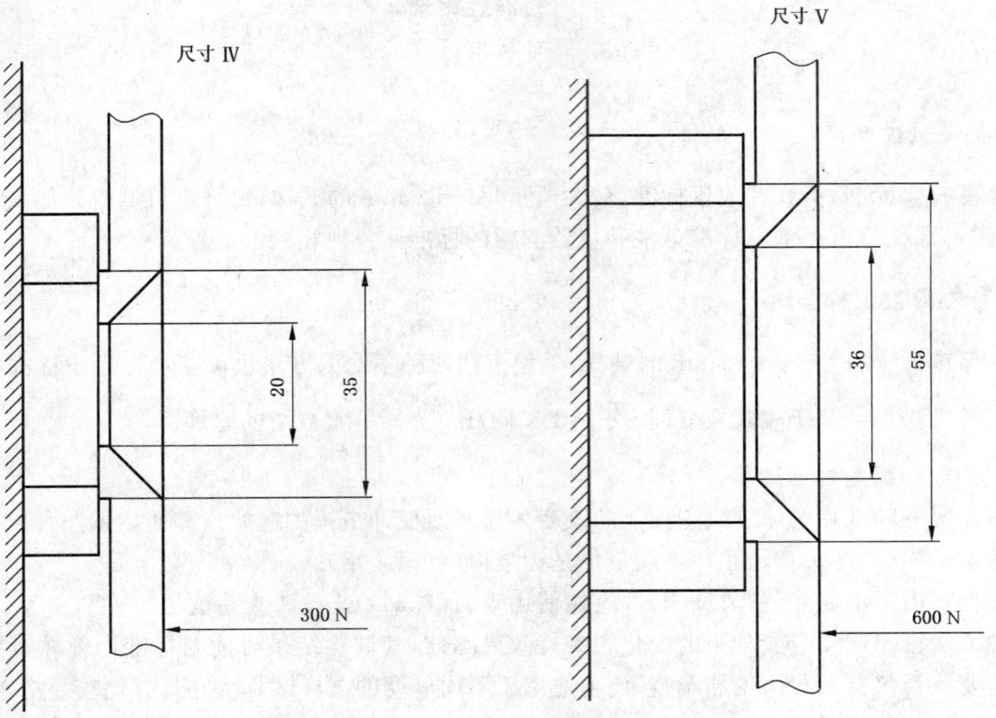

图 A.1（续）

除非只做一种非标准厚度的试验，本方法需要各种型号、规格的仪器配合。因此，此方法是比较昂贵的，它的主要优点是可得出非常接近标准回弹性的结果。

A.2.3 试片的重叠

由同一胶料不超过三片重叠在一起，这种方法可增加试样的厚度，试样的表面应是光滑的，面与面间的吸力可以有助于试片之间的紧密接触。试样的重叠增加了测量的不确定性，因此仅用作对比测试。

A.3 非标准试样的温度调节

非标准试样的温度调节可按照标准试样进行(见 7.1)，但应考虑到变化了的尺寸。

大体上，允许达到均匀温度的时间(min)不应超过厚度(mm)的 1.5 倍，在任何情况下不应超过 3 min。

A.4 试验报告

除了所要求的数据外(见第 8 章)，还应加上试样的尺寸。以及对应于非标准尺寸所用的方法和仪器都应写在报告中。

表 A.1 当夹持非标准尺寸的试样时、基于机械模拟原理推荐的基本参数

基本特性	尺寸Ⅰ	尺寸Ⅱ	尺寸Ⅲ	尺寸Ⅳ	尺寸Ⅴ
试样的厚度 d/mm	2±0.1	4±0.2	6.3±0.3	12.5±0.5	25±1
冲头直径 D/mm	2±0.05	4±0.1	6.3±0.1	12.5±0.1	25±0.2
冲击质量 m/kg	0.056±0.001	0.112±0.002	0.176±0.005	0.35±0.01	0.70±0.01
冲击速度 v/(m/s)	0.222±0.005	0.45±0.005	0.71±0.01	1.40±0.01	2.80±0.02

表 A.1（续）

基本特性	尺寸Ⅰ	尺寸Ⅱ	尺寸Ⅲ	尺寸Ⅳ	尺寸Ⅴ
推荐的机械夹具					
试样直径/mm					
最小	9	15	20	29	50
最大	25	45	53	53	70
夹持环直径/mm(见图 4)					
内径	5	8	12	20	36
外径	10	16	22	35	55
施加于试样的力/N	50	100	150	300	600

注：用于规格Ⅳ的 300(N)适用于最大直径为 53 mm 的试样，而在 4.3.1 中所述的 200(N)夹持力则适用于最大直径为 35 mm 的试样。夹持力可以在很宽的范围内变化，但获得的回弹性数值是不变的。夹持力的变化范围取决于硫化试样的尺寸、性能、夹持表面的光洁度和原始状态，其最大值应限制在不使软硫化橡胶过分变形而最小值应限制在不至于造成试样移动或滑动。表中所列的数值对所涉及到的大多数尺寸和性质的试样来说是可靠的。

附 录 B
（资料性附录）
仪 器 设 备

这里给出的参照使用的各种合适尺寸和结构的仪器，将适用于本标准。

B.1 卢柯摆

其运动实际上是一个悬置的末端为一球面的圆柱体棒，该系统在重力作用下产生摆动。

摆锤的质量是 0.35 kg，钢球表面直径为 12.5 mm，悬丝长度为 2 m，摆锤应从初始状态升高到 0.1 m 左右处。

下文详细描述了仪器的细节：

卢柯摆，P 冲击回弹计，橡胶化学与技术第 7 卷（1934），p.591。

B.2 斯科伯摆

斯科伯摆是由一个摆锤组成的钢体摆，这个锤与直径为 15 mm 的球状冲头表面相连接，用大约 200 mm 长的棒将摆与支点相连接。

它的尺寸和质量是这样的：当摆锤偏离原位置成 90°角时，松开恢复到原位置时，冲击试片的速度是 2 m/s，能量为 0.5 J。

斯科伯摆锤的介绍最早刊登在：

SCHOB，A.，Mitteilungen aus dem staatlichen Materialprufungsamt，Berlin 1919，p.227.

由于该法使用了 6 mm 厚的试样，因此在本标准规定的范围以外。若使用 12.5 mm 厚的试样则在本标准规定的范围之内。

B.3 泽比尼摆

这种摆锤的组成是与球形冲头末端相连接的棒。摆是靠上紧发条的作用力转动，发条合理的连接在杆的中部，并且将两端固定。

这类仪器设计是由很多基本元件在很宽的范围内构成，在下文中描述：

泽比尼摆，V.，扭转回弹摆锤，橡胶化学与技术第 43 卷（1970），pp.1005-1014。

该文中描述的 C/L/12.5 类型符合本标准，而 A/L/4 和 A/L/2 也可以作为非标准厚度试样来应用（见 A.2.2）。

ICS 87.040
G 50

中华人民共和国国家标准

GB/T 1735—2009
代替 GB/T 1735—1979

色漆和清漆　耐热性的测定

Paints and varnishes—Determination of heat resistance

(ISO 3248:1998, Paints and varnishes—Determination of the effect of heat, MOD)

2009-06-02 发布　　2010-02-01 实施

中华人民共和国国家质量监督检验检疫总局
中国国家标准化管理委员会　发布

前　言

本标准修改采用国际标准 ISO 3248:1998《色漆和清漆——热效应的测定》(英文版)。

本标准在采用国际标准时进行了修改，这些技术性差异用垂直单线标识在它们所涉及条款的页边空白处。在附录 B 中给出了技术性差异及其原因的一览表以供参考。

本标准与国际标准 ISO 3248:1998 相比，主要技术差异为：

——所用试验方法均采用了等同或修改采用相应国际标准的我国国家标准；

——扩大了温度适用范围，将范围中“中等评定温度”改为“规定的温度”，取消了适用产品的规定，使标准的适用范围更广；

——取消了“除另有规定，在(125±2)℃条件下试验 24 h”的建议，改为“在规定或商定的温度和时间下进行试验”；

——增加了相应的仪器设备即高温炉作为试验仪器；

——将“试板从烘箱或高温炉中取出并使之冷却至(23±2)℃”改为“试板从烘箱或高温炉中取出并使之冷却至室温”，使操作更方便；

——增加了试板数量为三块和以至少两块试板现象一致为试验结果的规定；

——在第 6.2 条中以注的形式增加了经商定，也可将试板随炉温一起升降的规定。

为了便于使用，本标准还做了编辑性修改内容如下：

——用“本标准”代替“本国际标准”；

——删除国际标准的前言。

本标准代替 GB/T 1735—1979《漆膜耐热性测定法》。

本标准与前版 GB/T 1735—1979 的主要技术差异为：

——前版没有采标；

——标准名称改为《色漆和清漆　耐热性的测定》；

——增加了引用文件、取样、试板和试验报告的规定；

——操作步骤规定的更详尽、明确，如对试板与烘箱边缘及试板与试板之间的距离都作了规定；

——将“试板从烘箱或高温炉中取出并使之冷却至(23±2)℃”改为“试板从烘箱或高温炉中取出并使之冷却至室温”，使操作更方便；

——增加了经商定，也可将试板随炉温一起升降的规定。

本标准的附录 A 为规范性附录，附录 B 为资料性附录。

本标准由中国石油和化学工业协会提出。

本标准由全国涂料和颜料标准化技术委员会归口。

本标准起草单位：中海油常州涂料化工研究院。

本标准主要起草人：郑国娟。

本标准所代替标准的历次版本发布情况为：

——GB/T 1735—1979。

色漆和清漆　耐热性的测定

1　范围

本标准是有关色漆、清漆及相关产品的取样和试验的系列标准之一。

本标准规定了一种通用的方法用来测定色漆、清漆或相关产品的单一涂层或复合涂层体系在规定的温度下涂膜颜色、光泽的变化，起泡、开裂或从底材上剥离的性能。

2　规范性引用文件

下列文件中的条款通过本标准的引用而成为本标准的条款。凡是注日期的引用文件，其随后所有的修改单(不包括勘误的内容)或修订版均不适用于本标准，然而，鼓励根据本标准达成协议的各方研究是否可使用这些文件的最新版本。凡是不注日期的引用文件，其最新版本适用于本标准。

GB/T 3186　色漆、清漆和色漆与清漆用原材料　取样(GB/T 3186—2006，ISO 15528:2000，IDT)

GB/T 6742　色漆和清漆　弯曲试验(圆柱轴)(GB/T 6742—2007，ISO 1519:2002，IDT)

GB/T 9271　色漆和清漆　标准试板(GB/T 9271—2008，ISO 1514:2004，MOD)

GB/T 9279　色漆和清漆　划痕试验(GB/T 9279—2007，ISO 1518:1992，IDT)

GB/T 9753　色漆和清漆　杯突试验(GB/T 9753—2007，ISO 1520:2006，IDT)

GB/T 13452.2　色漆和清漆　漆膜厚度的测定(GB/T 13452.2—2008，ISO 2808:2007，IDT)

GB/T 20624.1　色漆和清漆　快速变形(耐冲击性)试验　第1部分:落锤试验(大面积冲头)(GB/T 20624.1—2006，ISO 6272-1:2002，IDT)

GB/T 20624.2　色漆和清漆　快速变形(耐冲击性)试验　第2部分:落锤试验(小面积冲头)(GB/T 20624.2—2006，ISO 6272-2:2002，IDT)

GB/T 20777　色漆和清漆　试样的检查和制备(GB/T 20777—2006，ISO 1513:1992，IDT)

3　需要的补充资料

对于任一特定的应用而言，本标准规定的试验方法需要用补充资料来完善。补充资料的内容在附录A中列出。

4　取样

按GB/T 3186的规定，取受试产品(或复合涂层体系中的每个产品)的代表性样品。

按GB/T 20777的规定，检查和制备试验样品。

5　试板

5.1　底材

除非另有规定，选用符合GB/T 9271要求的钢板、马口铁板、铝板等，试板尺寸至少为120 mm×50 mm。

只要能保证不发生变形，试板可在涂层干燥后切割成合适的尺寸。

5.2　试板的处理和涂装

除非另有规定，按GB/T 9271的规定处理每一块试板，然后按规定的方法涂覆受试产品或体系。

5.3　干燥和状态调节

将每一块已涂漆的试板在规定的条件下干燥(或烘烤)并养护(如适用)规定的时间。除非另有规定，试验前，试板应在温度为(23±2)℃和相对湿度为(50±5)%的条件下至少调节16 h，并尽快进行试验。

5.4　涂层厚度

用GB/T 13452.2中规定的一种方法测定干涂层的厚度，以μm计。

6　操作步骤

6.1　试验的温度和时间

在规定或商定的温度和时间下进行试验。

6.2　测定

将三块试板放入规定温度的鼓风烘箱或高温炉中，如试验在烘箱中进行，则试板距离烘箱每一面的距离不小于100 mm，试板相互间间隔不小于20 mm，如试验在高温炉中进行，则尽量将试板放在高温炉的中间部位。在规定温度下将试板放置规定的时间。能确保涂漆试板均匀受热的最好方法是用细铁丝将样板悬挂起来，也可将试板放在由合适的耐热材料制成的样板架上或将样板的涂漆面向上放在位于支承物上的由耐热材料制成的板上。

达到规定时间后，将试板从烘箱或高温炉中取出并使之冷却至室温。检查试板并与在同样条件下制备的未经加热的试板进行比较，看涂膜的颜色是否有变化或涂膜是否有其他破坏现象，以至少两块试板现象一致为试验结果。

注：经商定，也可将试板放入鼓风烘箱或高温炉中随其一起加热至规定的温度并开始计时，达到规定时间后，关闭鼓风烘箱或高温炉，使试板与其一起冷却至室温后取出观察。如果是这样操作的，则在报告中注明。

如有规定，在加热时间结束不少于16 h后，将经过加热和未经过加热的试板按GB/T 6742、GB/T 9279、GB/T 9753、GB/T 20624.1或GB/T 20624.2中规定的一种试验方法进行试验，或按其他商定的试验方法进行试验，检查是否符合规定的要求。

7　试验报告

试验报告应至少包括下列内容：

a)　识别受试产品所必要的全部细节；

b)　注明本标准编号(GB/T 1735)；

c)　附录A涉及的补充资料的内容；

d)　注明补充上述c)项资料所参照的国际标准、国家标准、产品说明或其他文件；

e)　与规定的试验方法的任何不同之处；

f)　按规定要求表示的试验结果；

g)　试验日期。

附 录 A
（规范性附录）
需要的补充资料

为使本方法能正常进行，应适当提供本附录中所列条款的补充资料。

所需要的资料最好由有关方商定，可以全部或部分地取自与受试产品有关的国际标准、国家标准或其他文件。

a） 底材的性质、厚度和表面处理方法。

b） 受试产品施涂于底材的方法，包括多涂层体系中各涂层之间的干燥条件和时间。

c） 试验前，涂层干燥（或烘烤）和养护（如适用）的时间和条件。

d） 干涂层的厚度（以 μm 计）及所采用的 GB/T 13452.2 中规定的测量方法以及是单一涂层还是多涂层体系。

e） 评定涂料的耐热性时所要考虑的受试涂料的性能。

附　录　B
（资料性附录）
本标准与 ISO 3248:1998 技术性差异及其原因

表 B.1 给出了本标准与 ISO 3248:1998 的技术性差异及其原因的一览表。

表 B.1　本标准与 ISO 3248:1998 技术性差异及其原因

本标准的章条编号	技术性差异	原因
1	扩大了温度适用范围。将“中等评定温度”改为“规定的温度”，取消了适用产品的规定。	使标准的适用范围更广，与前版标准保持一致。
2	引用了等同或修改采用相应国际标准的我国国家标准。	适合我国国情，使用更方便。
5.1	扩大了试板尺寸范围。将“试板尺寸为 150 mm×100 mm”改为“试板尺寸至少为 120 mm×50 mm”。	操作更方便。
6.1	取消了“除另有规定，在(125±2)℃条件下试验 24 h”的建议，改为“在规定或商定的温度和时间下进行试验”。	与标准的适用范围保持一致，也更符合实际情况。
6.2	增加了高温炉作为试验仪器及其操作细节。	与标准的适用范围一致，需要相应的仪器设备。
6.2	将“达到规定时间后，将试板从烘箱或高温炉中取出并使之冷却至(23±2)℃”改为“冷却至室温”。	操作更方便。
6.2	增加了试板数量为三块和以至少两块试板现象一致为试验结果的规定。	使标准内容更完善，可操作性更强，实施更方便。
6.2	以注的形式增加了经商定，也可将试板随炉温一起升降的规定。	使标准内容更完善，更符合实际情况。

ICS 77.150.99
H 68

GB

中华人民共和国国家标准

GB/T 1774—2009
代替 GB/T 1774—1995

超细银粉

Superfine silver powder

2009-01-05 发布　　2009-11-01 实施

中华人民共和国国家质量监督检验检疫总局
中国国家标准化管理委员会　发布

前　言

本标准代替 GB/T 1774—1995《超细银粉》。

本标准与 GB/T 1774—1995 相比，主要有如下变化：

——将原标准中的产品牌号修订为 PAg-G0.2、PAg-G2.0、PAg-G7.0。

——增加了粒径特征参数 D_{10}、D_{50}、D_{90}。

——采用 GB/T 19077.1《粒度分析　激光衍射法》对超细银粉的粒度进行测量，并标明粒径特征参数。

——根据电子产品无铅、无镉化的国际趋势，增加有害杂质元素 Cd 的最高允许量为 0.001%。

——增加了烧损率、比表面积、微粒尺寸分布等要求。

本标准的附录 A 为规范性附录。

本标准由中国有色金属工业协会提出。

本标准由全国有色金属标准化技术委员会归口。

本标准负责起草单位：贵研铂业股份有限公司。

本标准参加起草单位：中国有色金属工业标准计量质量研究所。

本标准起草人：赵玲、刘继松、黄富春、陈伏生、马晓峰、向磊。

本标准所代替标准的历次版本发布情况为：

——GB 1774—1988、GB/T 1774—1995。

超 细 银 粉

1 范围

本标准规定了超细银粉的要求、试验方法、检验规则及标志、包装、运输、贮存和订货单(或合同)内容等。

本标准适用于电子工业用超细银粉。

2 规范性引用文件

下列文件中的条款通过本标准的引用而成为本标准的条款。凡是注日期的引用文件,其随后所有的修改单(不包括勘误的内容)或修订版均不适用于本标准,然而,鼓励根据本标准达成协议的各方研究是否可使用这些文件的最新版本。凡是不注日期的引用文件,其最新版本适用于本标准。

GB/T 1773—2008 片状银粉

GB/T 5060 金属粉末松装密度的测定 第二部分:斯柯特容量计法

GB/T 5162 金属粉末 振实密度的测定

GB/T 15555.2 固体废物 铜、锌、铅、镉的测定 原子吸收分光光度法

GB/T 18035 贵金属及其合金牌号表示方法

GB/T 19077.1 粒度分析 激光衍射法

3 要求

3.1 牌号及标记

3.1.1 根据超细银粉粒径(D_{50})尺寸不同,产品分成三类,根据 GB/T 18035 其牌号分别表示为:PAg-G0.2、PAg-G2.0、PAg-G7.0。

3.1.2 微粒尺寸分布标记为:D_{90} 表示累积在 90%处的粒径,D_{50} 表示累积在 50%处的粒径,D_{10} 表示累积在 10%处的粒径。

3.2 化学成分

超细银粉的化学成分应符合表 1 的规定。

表 1

%

Ag含量(质量分数)不小于	杂质含量(质量分数),不大于													
	Pt	Pd	Au	Rh	Ir	Cu	Ni	Fe	Pb	Al	Sb	Bi	Cd	杂质总量
99.95	0.002	0.002	0.002	0.001	0.001	0.01	0.005	0.01	0.001	0.005	0.001	0.002	0.001	0.05
注:银含量为百分之百减去表中杂质实测量总量的余量。														

3.3 比表面积、粒径、松装密度、振实密度

超细银粉的比表面积、粒径、松装密度、振实密度表 2 的规定。需方若对超细银粉有特殊要求时,供需双方可另行商定。

表 2

牌号	比表面积/(m^2/g)	粒径(D_{10})/μm	粒径(D_{50})/μm	粒径(D_{90})/μm	松装密度/(g/cm)^3	振实密度/(g/cm^3)
PAg-G0.2	>2.5	<0.08	<0.2	<0.8	0.7～2.5	1.3～4.5
PAg-G2.0	1.2～2.5	<0.2	0.2～2.0	<12	0.6～1.9	1.2～3.0
PAg-G7.0	<1.2	<1.0	2～7	<16	0.9～2.2	1.5～3.5

3.4 外观质量

超细银粉为球形或近似球形的金属粉末，色泽应均匀，无肉眼可见夹杂物。

4 试验方法

4.1 化学成分分析方法按 GB/T 1773—2008 附录 A 及 GB/T 15555.2 的规定进行。

4.2 比表面积的测定，按附录 A 的规定进行。

4.3 粒径(D_{10}、D_{50}、D_{90})的测定按 GB/T 19077.1 的规定进行。

4.4 松装密度的测定按 GB/T 5060 的规定进行。

4.5 振实密度的测定按 GB/T 5162 的规定进行。

4.6 形态用扫描电镜进行观察。

4.7 外观采用目视进行检查。

5 检验规则

5.1 检查和验收

5.1.1 产品应由供方检验部门进行检验，保证产品质量符合本标准(或订货合同)的规定，并填写质量证明书。

5.1.2 需方应对收到的产品按本标准的规定进行复验。复验结果与本标准(或订货合同)的规定不符时，应在收到产品之日起三个月内向供方提出，由供需双方协商解决。如需仲裁，可委托双方认可的单位进行检验，仲裁取样应由供需双方在需方共同进行。产品应没有启封。

5.1.3 仲裁取样按下述规定进行：在清洁条件下，每批产品在大致均匀的三个点上抽取份样，经合并混均匀后，分成三个平行试样。将其中一个平行试样用四分法缩分至试样所需量，分别进行检验。

5.1.4 三个试样的分析检验结果中，即使有一个试样的结果不合格，也应从该批产品中取双倍试样对该不合格项目进行复验，若该项结果仍不合格，则该批产品为不合格。

5.2 组批

产品应成批提交检验，一次投料生产出的产品为一批。

5.3 检验项目

每批粉料应进行松装密度、振实密度、化学成分、烧损率及外观质量的检验。比表面积、粒度分布在需方有要求并在订货合同中注明时进行检验。

5.4 取样

将该批产品混匀，取出 50 g～100 g。

5.5 检验结果的判定

5.5.1 化学成分、外观质量检验结果不合格时，判该批产品不合格。

5.5.2 松装密度、振实密度、比表面积、粒度分布检验结果不合格时，可另取双倍数量的试样进行不合格项目的重复试验，若检验结果仍不合格，则该批产品为不合格。

6 标志、包装、运输、贮存

6.1 标志

在检验合格的产品上应贴上标签，标签上注明：

a) 产品名称；

b) 产品牌号、批号；

c) 净重、瓶重；

d) 生产日期。

6.2 包装、运输和贮存

6.2.1 包装

检验合格的产品用带密封盖的塑料瓶分装，包装规格为：10 g/瓶、50 g/瓶、100 g/瓶、1 000 g/瓶、5 000g/瓶，瓶口加密封带，装入结实牢固的包装箱中，包装瓶四周填充安全物质。

6.2.2 运输

运输应避免污染和机械破损。

6.2.3 贮存

产品应密封存放于清洁、干燥、无腐蚀性气氛的场所。

6.3 质量证明书

每批产品应附有质量证明书，注明：

a) 供方名称、地址、电话、传真；

b) 产品名称；

c) 产品牌号；

d) 产品批号；

e) 产品净重；

f) 各项检验结果和检验部门印记；

g) 本标准编号；

h) 出厂日期。

7 订货单(或合同)内容

本标准所列产品的订货单(或合同)内应包括下列内容：

a) 产品名称；

b) 产品牌号；

c) 产品重量；

d) 包装规格；

e) 交货日期；

f) 运输方式；

g) 本标准编号；

h) 其他。

附 录 A
（规范性附录）
超细贵金属粉末比表面积和平均粒度测定 流动吸附色谱法

A.1 方法提要

以 BET 的多层吸附理论为基础，在液氮温度条件下，待测超细贵金属粉末对氦-氮混合气流中发生选择性的多层物理吸附。多层氮的吸附量 T 可由色谱峰求出，单层氮的吸附量 T_m 可由公式(A.1)、(A.2)、(A.3)求出，比表面积 S_w 可由公式(A.4)求出。BET 吸附等温式如公式(A.1)、(A.2)所示。

$$\frac{P_{N_2}}{V_0(P_{s(N_2)}-P_{N_2})}=\frac{C-1}{V_m\cdot C}\times\frac{P_{N_2}}{P_{s(N_2)}}+\frac{1}{V_m\cdot C} \quad \cdots\cdots(A.1)$$

将公式(A.1)简化为：

$$Y=\alpha X+\beta \quad \cdots\cdots(A.2)$$

$$V_m=\frac{1}{\alpha+\beta} \quad \cdots\cdots(A.3)$$

$$S_w=\frac{14.35V_m}{W} \quad \cdots\cdots(A.4)$$

$$\bar{d}=\frac{6}{\rho\times S_w} \quad \cdots\cdots(A.5)$$

式中：

$\frac{P_{N_2}}{P_{s(N_2)}}=0.05\sim0.35$

V_m——单分子层氮的饱和吸附量，单位为毫升(mL)；

V_0——吸附氮的总体积，单位为毫升(mL)；

P_{N_2}——氮分压，单位为帕(Pa)；

$P_{s(N_2)}$——氮的饱和蒸汽压，单位为帕(Pa)；

α——BET 直线斜率；

β——BET 直线截矩；

C——与第一层吸附热和凝聚热有关的常数；

S_w——比表面积，单位为平方米每克(m^2/g)；

W——试样重量，单位为克(g)；

$\bar{d}$——平均粒径，单位为微米(μm)；

ρ——20 ℃时金属的密度，单位为克每立方米(g/m^3)，银为 10.49，金为 19.32，铂为 21.45，钯为 12.02。

A.2 试剂

A.2.1 高纯氮气，99.99%。

A.2.2 高纯氦气，99.99%。

A.2.3 液态氮，由液氮机制取。

A.3 仪器和设备

A.3.1 测试流程示意图如图 A.1 所示。

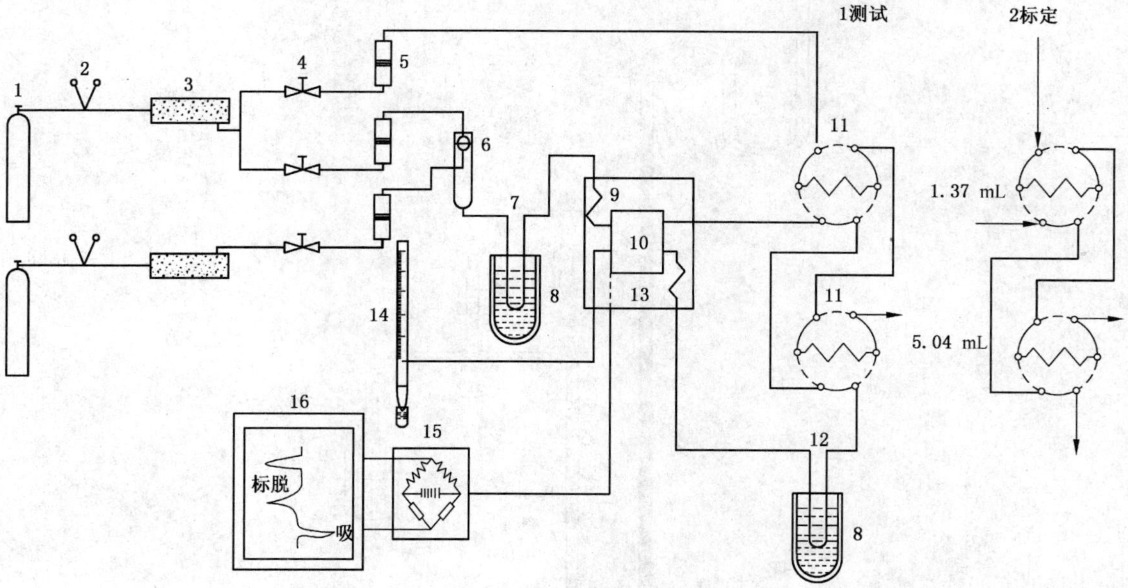

1——气瓶；
2——减压稳压阀；
3——干燥管；
4——稳流阀；
5——转子流量计；
6——混合器；
7——净化管；
8——液氮保温杯；
9——恒温管；
10——热导池；
11——平面六通阀；
12——试样管；
13——油槽；
14——皂沫流速计；
15——电桥；
16——记录仪。

图 A.1 测试流程示意图

A.3.2 表面积测定仪或表面孔径测定仪。

A.3.3 电子显微镜。

A.3.4 自动平衡记录仪。

A.3.5 高原动槽水银气压表。

A.3.6 氧气压力计，见图 A.2。

A.3.7 精密天平，精确到万分之一。

A.3.8 烘箱。

A.3.9 杜拉容器，15 L。

A.3.10 秒表。

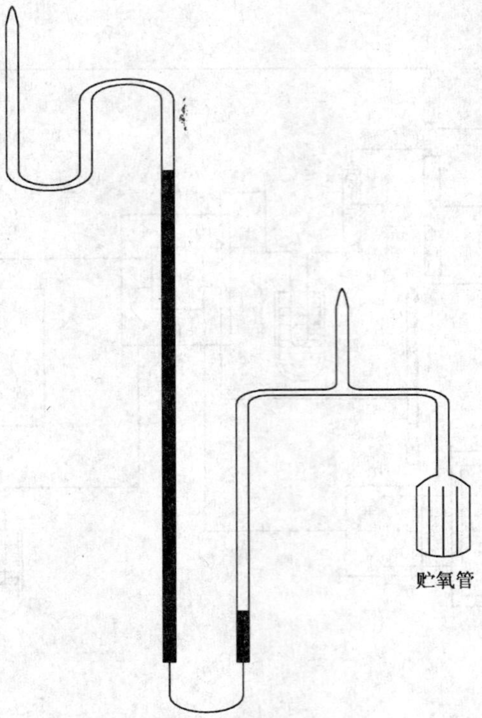

图 A.2　氧气压力计

A.4　测量步骤

A.4.1　测定粉末形状：将贵金属粉末置于电子显微镜下，测定其形状，作为能否计算平均粒径的依据。

A.4.2　称取试样：先将试样管洗净，在 110 ℃烘箱内烘 0.5 h，在干燥器中冷却至室温，称重 W_1，将试样装入试样管内，粗称，再在 110 ℃烘箱内烘 0.5 h，在干燥器中冷却至室温，称重 W_2，该试样重量为：$W=W_2-W_1$。

A.4.3　试样预处理：将试样管 12 接入系统中，通载气氦，控制流速为 50 mL/min，将液氮保温杯套到净经载气用的净化管 7 上，同时将试样加热到适当的温度(不同贵金属粉末试样，其温度不同，见表 A.1)，用载气吹扫半小时，停止加热，冷却至室温。

表 A.1

粉末名称	光亮银粉	银粉	金粉	铂粉	钯粉
吹扫温度/℃	130～155	130～155	105～205	105～205	105～205

A.4.4　调节载气氦流速为 40 mL/min 左右，待流速稳定后，用皂沫流速计精确测定其流速 R_{He}(mL/min)。在整个测定过程中，必须保持氦气流速不变。

A.4.5　调节吸附气氮流速，使其只能在(5～10)mL/min 范围内变动，待氮-氦两种气体混合均匀后，用皂沫流速计精确测定氮-氦混合体的总流速 R_T(mL/min)，测氮的流速 $R_{N_2}=R_T-R_{He}$(mL/min)，根据实验室大气压 P_B，算出氮分压：$\frac{R_{N_2}}{R_T}\times P_B$。

A.4.6　预热仪器：气体流通后，即可将导热池 10 接通，使直流电压为 24 V，工作电流为 100 mA，开动记录仪，将记录笔调至中间，待记录仪稳定后，进行吸附与脱附。

A.4.7　吸附、脱附过程：在一定的氮分压下，将液氮保温杯套到式样管 12 上(−195.8 ℃)，在记录纸上出现一个氮的吸附峰(见图 A.3 中 A)，当吸附达到平衡后，记录笔回到原来的基线上，此时可将液氮杯移走，试样管温度上升到室温，在记录纸上出现一个脱附峰(见图 A.3 中 B)，当脱附完毕后，记录笔又回到原来的基线上，此时可计算出脱附峰的面积(峰高×半峰宽)$A_{脱}$。

A.4.8　进标准样：脱附完毕后，转动平面六通阀 11，往系统中注入已知体积的纯氮，记录纸上即记下标准峰(见图 A.3 中 C),同样求出标准峰的峰面积 $A_{标}$。若采用仪器常数法,可省去该操作。

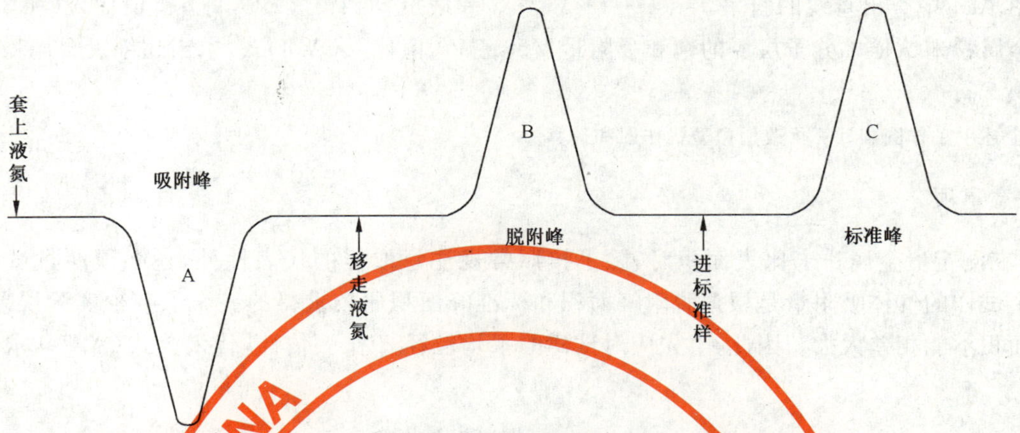

图 A.3 氮的峰值

A.4.9 重复操作:以上完成了一个氮分压下吸附量的测定。同样改变氮流速(每次较前次增加 3 mL/min),使相对压力 $P_{N_2}/P_{S(N_2)}$,不超过 0.35,按步骤 A.4.7~A.4.8 重复测定 2~3 次,即完成了一个试样的测定。液氮饱和蒸汽压的测定:将液氮保温杯套在贮氧管上,氧气即被冷却和液化,等系统达到平衡后,以压力计(见图 A.2)上读出该液氮温度下液氧的饱和蒸汽压 $P_{S(O_2)}$,将 $P_{S(O_2)}$ 值代入公式 A.6,即求出所用液氮的饱和蒸汽压值。

$$P_{S(N_2)} = 4.04P_{S(O_2)} + 13.32 \quad \cdots\cdots\cdots\cdots (A.6)$$

A.4.10 记录实验室的大气压 P_B(Pa)。

A.5 测量结果计算

A.5.1 作图

以实验数据 $P_{N_2}/V_0(P_{S(N_2)}-P_{N_2})$ 作图,得到一条斜率为 $(C-1)/V_m \cdot C$、截矩为 $1/V_m \cdot C$ 的直线(见图 A.4)。

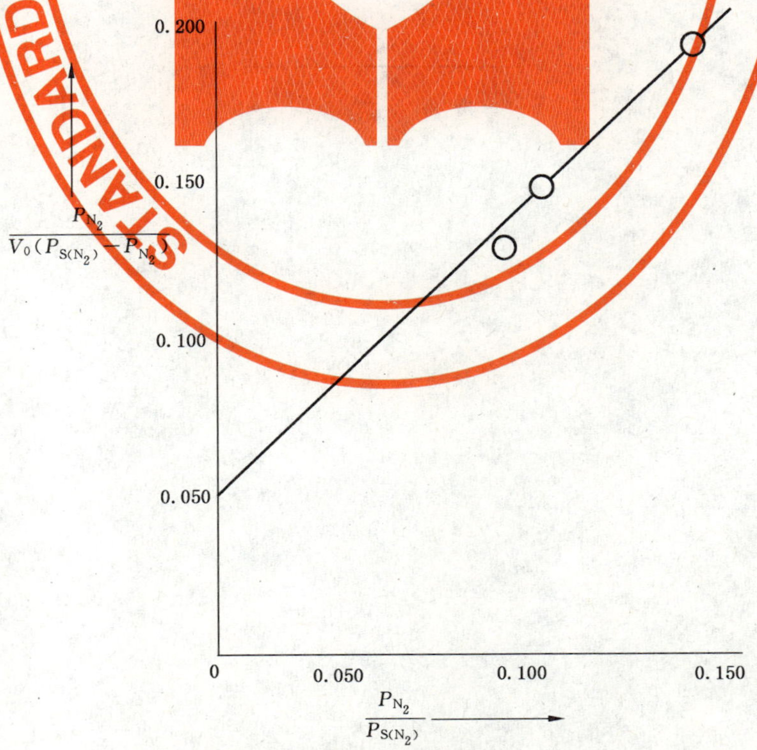

图 A.4 BET 图

A.5.2 计算

从图 A.4 中查出直线的斜率 $\alpha=(C-1)/V_m \cdot C$ 和截矩 $\beta=1/V_m \cdot C$，将 α、β 值代入(A.3)式，求出超细贵金属粉末试样单分子层氮的饱和吸附量 V_m，将 V_m 值代入(A.4)式，求出超细贵金属粉末试样的比表面积 S_W。

注：上述手工作图和计算可改用微型机作图和计算。

A.6 注意事项

A.6.1 在测定贵金属粉末比表面积时，除了按照常规注意取样的代表性外，还必须注意试样的取进量。一个试样的气体吸附量是根据脱附峰面积和标准峰面积比较求得的。为了减少实验误差，要求这两个峰面积不能相差太大。因此，事先应对试样的平均粒径 $\bar{d}$ 作一估计，代入公式(A.7)，求出比表面积 S_W。

$$S_W = \frac{6}{\rho \times \bar{d}} \qquad \cdots\cdots (A.7)$$

式中：

S_W——比表面积，单位为平方米每克(m^2/g)；

$\bar{d}$——平均粒径，单位为微米(μm)；

ρ——金属密度，单位为克每立方米(g/cm^3)。

将 S_W 值代入公式(A.8)，求出取样量 W(相应于 1.37 mL 的标样管)。

$$W = 4.7/S_W \qquad \cdots\cdots (A.8)$$

式中：

W——取样量，单位为克(g)。

A.6.2 当贵金属粉末比表面积小时，应将试样管改为船形管，并在脱附操作时采用水浴脱附，才能获得良好的峰形，以便于计算。

A.6.3 公式(A.5)仅适用于球形或近似球形、正方形或近似正方形的超细贵金属粉末的计算。

ICS 77.150.99
H 68

中华人民共和国国家标准

GB/T 1775—2009
代替 GB/T 1775—1995

超　细　金　粉

Superfine gold powder

2009-01-05 发布　　2009-11-01 实施

中华人民共和国国家质量监督检验检疫总局
中国国家标准化管理委员会　发布

前言

本标准代替 GB/T 1775—1995《超细金粉》。

本标准与 GB/T 1775—1995 相比，主要有如下变动：

——将原标准的产品牌号 FAuH-1 修订为 PAu-3.0；

——规定了制备超细金粉用的原料金的质量分数不小于 99.95%；

——增加了烧损率、微粒尺寸分布等要求；

——金粉的比表面积由原标准的 1.85 m^2/g～1.95 m^2/g 修订为＞1.0 m^2/g；

——增加了粒径特征参数 D_{10}、D_{50}、D_{90}；

——金粉的松装密度由原标准的 6.0 g/cm^3～6.2 g/cm^3 修订为≤7.0 g/cm^3；

——金粉的振实密度由原标准的 6.8 g/cm^3～6.9 g/cm^3 修订为≤8.0 g/cm^3。

本标准的附录 A 为规范性附录。

本标准由中国有色金属工业协会提出。

本标准由全国有色金属标准化技术委员会归口。

本标准负责起草单位：贵研铂业股份有限公司。

本标准参加起草单位：中国有色金属工业标准计量质量研究所。

本标准起草人：李世鸿、金勿毁、魏丽红、向磊。

本标准所代替标准的历次版本发布情况为：

——GB 1775—1988、GB/T 1775—1995。

超 细 金 粉

1 范围

本标准规定了超细金粉的要求、试验方法、检验规则及标志、包装、运输、贮存和订货单(或合同)内容等。

本标准适用于电子浆料用的超细金粉。

2 规范性引用文件

下列文件中的条款通过本标准的引用而成为本标准的条款。凡是注日期的引用文件,其随后所有的修改单(不包括勘误的内容)或修订版均不适用于本标准,然而,鼓励根据本标准达成协议的各方研究是否可使用这些文件的最新版本。凡是不注日期的引用文件,其最新版本适用于本标准。

GB/T 1774—2009 超细银粉

GB/T 5060 金属粉末松装密度的测定 第二部分:斯柯特容量计法

GB/T 5162 金属粉末 振实密度的测定

GB/T 11066(所有部分) 金化学分析方法

GB/T 18035 贵金属及其合金牌号表示方法

GB/T 19077.1 粒度分析 激光衍射法

3 要求

3.1 原料要求

制备超细金粉用的原料金的质量分数不小于99.95%。

3.2 牌号及标记

3.2.1 根据GB/T 18035其牌号表示为:PAu-3.0。

3.2.2 微粒尺寸分布标记为:D_{90}表示累积在90%处的粒径,D_{50}表示累积在50%处的粒径,D_{10}表示累积在10%处的粒径。

3.3 化学成分

超细金粉的化学成分应符合表1的规定。

表 1

%

杂质元素含量(质量分数),不大于												杂质总量(质量分数)不大于
Pt	Pd	Rh	Ir	Ag	Cu	Ni	Fe	Pb	Al	Sb	Bi	
0.001	0.001	0.001	0.001	0.002	0.001	0.001	0.001	0.001	0.001	0.001	0.001	0.01
注:金的含量为百分之百减去表中杂质实测量总量的余量。												

3.4 烧损率

超细金粉烧损率的检测条件和烧损率应符合表2的规定。

表 2

温度/℃	保温时间/min	气 氛	烧损率/%
110	60	大气	≤0.5
538	30	大气	≤1.0

3.5 比表面积、松装密度、振实密度

超细金粉的比表面积、松装密度、振实密度应符合表 3 的规定。

表 3

牌号	比表面积/(m^2/g)	松装密度/(g/cm^3)	振实密度/(g/cm^3)
PAu-3.0	>1.0	≤7.0	≤8.0

3.6 粒度分布

超细金粉的粒度分布符合表 4 规定。

表 4 单位为微米

D_{10}	D_{50}	D_{90}
≤1.0	≤3.0	≤7.0

3.7 外观质量

超细金粉为棕黄色粉末,产品应均匀,无肉眼可见夹杂物。

4 试验方法

4.1 原料金的化学成分分析按 GB/T 11066 的规定进行。

4.2 烧损率的测定

4.2.1 称取 1 g 试样,置于已恒重的瓷坩埚中,放入烘箱中,升温至 110 ℃,于 110 ℃±5 ℃保温 60 min,取出称重,按式(1)计算烧损率,数值以%表示:

$$X_1 = \frac{m_1 - m_2}{m_1} \times 100 \quad \cdots\cdots(1)$$

式中:

m_1——灼烧前的试样重量。单位为克(g);

m_2——灼烧后的试样重量,单位为克(g)。

4.2.2 称取 3.00 g 试样,置于已恒重的瓷坩埚中,放入电阻炉,随炉升温至 538 ℃,于 538 ℃±5 ℃保温 30 min,随炉冷却,取出称重,按式(2)计算烧损率,数值以%表示:

$$X_2 = \frac{m_3 - m_4}{m_3} \times 100 \quad \cdots\cdots(2)$$

式中:

m_3——灼烧前的试样重量,单位为克(g);

m_4——灼烧后的试样重量,单位为克(g)。

4.3 化学成分的仲裁分析按本标准附录 A 的规定进行。

4.4 比表面积的测定按 GB/T 1774—2009 附录 A 的规定进行。

4.5 松装密度的测定按 GB/T 5060 的规定进行。

4.6 振实密度的测定按 GB/T 5162 的规定进行。

4.7 粒度分布的测定按 GB/T 19077.1 的规定进行。

4.8 外观质量采用目视进行检查。

5 检验规则

5.1 检查和验收

5.1.1 产品应由供方检验部门进行检验,保证产品质量符合本标准(或订货合同)的规定,并填写质量证明书。

5.1.2 需方应对收到的产品按本标准的规定进行复验。复验结果与本标准(或订货合同)的规定不符时，应在收到产品之日起三个月内向供方提出，由供需双方协商解决。如需仲裁，仲裁取样应由供需双方在需方共同进行，产品应没有启封。

5.2 组批

产品应成批提交检验，一次投料生产出的产品为一批。

5.3 检验项目

每批粉料应进行松装密度、粒径分布、振实密度、烧损率及外观的检验。比表面积、化学成分在需方有要求并在订货合同中注明时提供。

5.4 取样

将该批产品混匀，取出 50 g～100 g。

5.5 检验结果的判定

5.5.1 化学成分、外观检验结果不合格时，判该批产品不合格。

5.5.2 烧损率、松装密度、振实密度、比表面积、粒度分布检验结果不合格时，可另取双倍数量的试样进行不合格项目的重复试验，若检验结果仍不合格，则该批产品为不合格。

6 标志、包装、运输、贮存

6.1 标志

在检验合格的产品包装瓶上应贴上标签，标签上注明：

a) 产品名称；

b) 产品牌号、批号；

c) 净重、瓶重；

d) 生产日期。

6.2 包装、运输和贮存

6.2.1 包装

产品用带密封盖的塑料瓶分装，包装规格为：10 g/瓶、50 g/瓶、100 g/瓶、200 g/瓶、500 g/瓶、1 000 g/瓶瓶口加密封带，装入结实牢固的包装箱中，包装瓶四周填充安全物质。

6.2.2 运输

运输应避免污染和机械破损。

6.2.3 贮存

产品应密封存放于清洁、干燥、无腐蚀性气氛的场所。

6.3 质量证明书

每批产品应附有质量证明书，注明：

a) 供方名称、地址、电话、传真；

b) 产品名称；

c) 产品牌号；

d) 产品批号；

e) 产品净重；

f) 各项检验结果和检验部门印记；

g) 本标准编号；

h) 出厂日期。

7 订货单(或合同)内容

本标准所列产品的订货单(或合同)内应包括下列内容：

a) 产品名称；

b) 产品牌号；

c) 产品重量；

d) 包装规格；

e) 交货日期；

f) 运输方式；

g) 本标准编号；

h) 其他。

附　录　A
（规范性附录）
纯金中杂质元素的发射光谱分析方法

A.1　范围

本附录规定了纯金中杂质元素含量的测定方法。

本附录适用于纯金中杂质元素含量的测定。测定的杂质元素及含量范围见表A.1。

表 A.1

元　素	测定范围/%
Pt、Pd、Rh、Ir、Pb、Sb、Bi	0.000 2～0.01
Fe、Ni、Al、Ag、Cu	0.000 05～0.01

A.2　方法提要

试料以硝酸与盐酸的混酸溶解，用盐酸驱赶硝酸。用乙醚萃取金。分离金后的溶液输入电感耦合高频等离子体（ICP）中激发，用计算机程序控制的多通道光电光谱仪测定。共存元素的干扰以等效浓度法扣除。

A.3　试剂

本方法所用水均为用石英蒸馏器提纯的二次水。

A.3.1　硝酸（ρ1.42 g/mL），优级纯。

A.3.2　盐酸（ρ1.19 g/mL），优级纯。

A.3.3　盐酸与硝酸混合酸：3单位体积的盐酸（A.3.2）与一个单位体积的硝酸（A.3.1）混合。用时现配。

A.3.4　盐酸（0.8+9.2）。

A.3.5　盐酸（1+9）。

A.3.6　盐酸（1+4）。

A.3.7　盐酸（1+1）。

A.3.8　乙醚，蒸馏提纯后使用。

A.3.9　标准贮存溶液

A.3.9.1　铂标准贮存溶液：称取0.100 0 g海绵铂（99.99%）于50 mL烧杯中，加12 mL混酸（A.3.3），低温加热溶解，以盐酸（A.3.2）驱赶硝酸三次，每次用2 mL。移入100 mL容量瓶中，加18 mL盐酸（A.3.2），以水稀释至刻度，混匀。此溶液1 mL含1 mg铂。

A.3.9.2　钯标准贮存溶液：称取0.100 0 g钯片（99.99%）于50 mL烧杯中，加12 mL混酸（A.3.3），低温加热溶解，以盐酸（A.3.2）驱赶硝酸三次，每次用2 mL。移入100 mL容量瓶中，加18 mL盐酸（A.3.2），以水稀释至刻度，混匀。此溶液1 mL含1 mg钯。

A.3.9.3　铑标准贮存溶液：称取0.100 0 g铑（99.99%，片状剪成细粒），以封管氯化法（参见GB/T 15072.6附录A）溶解。开管后将溶液移入250 mL烧杯中，水洗玻璃管内壁数次。低温浓缩至约5 mL。移入100 mL容量瓶中，加18 mL盐酸（A.3.2），以水稀释至刻度，混匀。此溶液1 mL含1 mg铑。

A.3.9.4　铱标准贮存溶液：称取99.99%以上的氯铱酸铵[$(NH_4)_2IrCl_6$]0.229 5 g或氯亚铱酸铵

[$(NH_4)_3IrCl_6\ H_2O$]0.248 1 g 于 50 mL 烧杯中，加 20 mL 盐酸(A.3.6)溶解。移入 100 mL 容量瓶中，以盐酸(A.3.6)稀释至刻度，混匀。此溶液 1 mL 约含 1 mg 铱。吸取一定体积，按 GB/T 15072.6 测定铱量的方法测定铱浓度。

A.3.9.5 铅标准贮存溶液：称取 0.100 0 g 纯铅(99.99%)置于 50 mL 烧杯中，加 10 mL 硝酸(A.3.1)及 10 mL 水。低温加热溶解。移入 100 mL 容量瓶中，以水稀释至刻度，混匀。此溶液 1 mL 含 1 mg 铅。

A.3.9.6 锑标准贮存溶液：称取 0.100 0 g 纯锑(99.99%)于 50 mL 烧杯中，加 20 mL 混酸(A.3.3)，低温加热溶解。移入 100 mL 容量瓶中，加 40 mL 盐酸(A.3.2)，以水稀释至刻度，混匀。此溶液 1 mL 含 1 mg 锑。

A.3.9.7 铋标准贮存溶液：称取 0.100 0 g 纯铋(99.99%)于 50 mL 烧杯中，加 20 mL 硝酸(A.3.1)，低温加热溶解。移入 100 mL 容量瓶中，以水稀释至刻度，混匀。此溶液 1 mL 含 1 mg 铋。

A.3.9.8 铁标准贮存溶液：称取 0.143 0 g 氧化铁(99.99%以上)于 50 mL 烧杯中，先用水润湿，加 20 mL 盐酸(A.3.7)，低温加热溶解。移入 100 mL 容量瓶中，以水稀释至刻度，混匀。此溶液 1 mL 含 1 mg 铁。

A.3.9.9 铝标准贮存溶液：称取 0.100 0 g 铝片(99.99%)于 50 mL 烧杯中，加 20 mL 盐酸(A.3.7)，低温加热溶解。移入 100 mL 容量瓶中，以水稀释至刻度，混匀。此溶液 1 mL 含 1 mg 铝。

A.3.9.10 镍标准贮存溶液：称取 0.100 0 g 纯镍(99.99%)置于 50 mL 烧杯中，加 20 mL 盐酸(A.3.7)，低温加热溶解。移入 100 mL 容量瓶中，以水稀释至刻度，混匀。此溶液 1 mL 含 1 mg 镍。

A.3.9.11 铜标准贮存溶液：称取 0.100 0 g 纯铜(99.99%)置于 50 mL 烧杯中，加 10 mL 硝酸(A.3.1)，低温加热溶解。移入 100 mL 容量瓶中，以水稀释至刻度，混匀。此溶液 1 mL 含 1 mg 铜。

A.3.9.12 银标准贮存溶液：称取 0.050 0 g 纯银(99.99%)置于 50 mL 烧杯中，加 5 mL 硝酸(A.3.1)溶解。移入 200 mL 容量瓶中，加 120 mL 盐酸(A.3.2)，以水稀释至刻度，混匀。此溶液 1 mL 含 0.25 mg 银。

A.3.9.13 金标准贮存溶液：称取 0.400 0 g 海绵金(99.999%)于 50 mL 烧杯中，加 12 mL 混酸(A.3.3)，低温加热溶解。以盐酸(A.3.2)驱赶硝酸三次，每次用 2 mL。移入 100 mL 容量瓶中，加 20 mL盐酸(A.3.2)，以水稀释至刻度，混匀。此溶液 1 mL 含 4 mg 金。

金、银及锑标准溶液贮存期限为一个月；其余均为三个月。

A.3.10 标准级差溶液：分别移取一定体积的标准贮存溶液(A.3.9.1～A.3.9.13)，逐步稀释，配制二组各为四个级差、盐酸浓度为(1+4)的标准级差溶液。Pt、Pd、Rh、Ir、Sb、Bi 为一组，Pb、Fe、Ni、Al、Cu、Ag、Au 为另一组。浓度列于表 A.2。

表 A.2

单位为微克每毫升

元素	浓度			
	1	2	3	4
Pt、Pd、Rh、Ir、Sb、Bi	25.0	10.0	5.00	0.500
Pb、Fe、Ni、Al、Cu、Ag、Au	25.0	10.0	1.00	0.100
Au	400.0	200.0	20.0	2.00
注：标准级差溶液使用期限为一个月。				

A.4 仪器及工作条件

A.4.1 光谱仪

ICP 作光源的计算机程序控制多通道光电光谱仪。

波长范围：190 nm～450 nm。

线色散率：不大于 0.5 nm/mm。

分析线波长(nm)：

Pt 265.95；Pd 363.47；Rh 343.49；

Ir 242.27；Sb 217.58；Bi 306.77；

Pb 220.35；Fe 259.94；Ni 231.60；

Al 396.15；Ag 328.07；Cu 324.75。

扫描单色仪：与主机联用测定分离金后的溶液中残存 Au。分析线为 267.60 nm。

A.4.2 光源(ICP)

发生器频率：27.120 MHz。

发生器功率：最大输出功率大于 2.0 kW。

炬管：三管同心石英玻璃炬管。

工作参数：

入射功率 1.2 kW；

反射功率<5 W。

氩气(99.99%以上)流量：

冷却气 12.0 L/min；

辅助气 1.0 L/min；

载气 0.9 L/min。

观察高度：感应圈上方 15 mm。

A.4.3 试液传输装置

玻璃气动雾化器。双层回流雾室。

A.5 分析步骤

A.5.1 试料溶解及分离富集

准确称取 2.5 g 试样，精确到 0.001 g，置于 50 mL 烧杯中，加 12 mL 混酸(A.3.3)，低温加热溶解，浓缩到 2 mL～5 mL。以盐酸(A.3.2)驱赶硝酸三次，每次用 2 mL。将溶液用盐酸(A.3.4)移入分液漏斗中，使总体积为 10 mL。用盐酸(A.3.5)饱和过的乙醚萃取二次，每次用 40 mL。用 2 mL 盐酸(A.3.4)洗有机相，水相及洗液合并于原烧杯中。加 1 mL 硝酸(A.3.1)，低温蒸发至约 2 mL。将溶液移入 10 mL 容量瓶中，以盐酸(A.3.6)稀释至刻度，混匀，即得到试料溶液。

A.5.2 空白试验

随同试料做空白试验(至少三份)。取平均值。

A.5.3 测定

按编好的程序先用标准级差溶液(A.3.10)制作校准曲线。测定前用高、低含量的标准级差溶液(A.3.10)进行漂移校正。然后依次输入空白试验溶液(A.5.2)及试料溶液(A.5.1)进行测定。测量积分时间 20 s；积分次数为 3 次。输入被测溶液前先输入盐酸(A.3.6)清洗，时间不少于 1 min。

A.6 分析结果的表述

按式(A.1)计算杂质元素的质量分数 x，数值以%表示：

$$x = \frac{V(c - c_0) \times 10^{-6}}{m} \times 100 \qquad \cdots\cdots(A.1)$$

式中：

V——试料及空白溶液体积(均为 10)，单位为毫升(mL)；

c——试料溶液中杂质元素浓度，单位为微克每毫升(μg/mL)；

c_0——空白溶液中杂质元素浓度，单位为微克每毫升(μg/mL)；

m——试料的质量，单位为克(g)。

所得结果表示至三位小数，小于0.01%时表示至四位小数，小于0.001%时表示至五位小数。

A.7 允许差

实验室之间分析结果的相对偏差应不大于50%。

ICS 77.150.99
H 68

GB

中华人民共和国国家标准

GB/T 1776—2009
代替 GB/T 1776—1995

超细铂粉

Superfine platinum powder

2009-01-05 发布　　2009-11-01 实施

中华人民共和国国家质量监督检验检疫总局
中国国家标准化管理委员会　发布

前　言

本标准代替 GB/T 1776—1995《超细铂粉》。

本标准与 GB/T 1776—1995 相比，主要有如下变动：

——将原标准的产品牌号 FPtH-1 修订为 PPt-3.0；

——增加有害杂质元素 Cd 的最高允许量，将有害杂质元素 Pb 的最高允许量由 0.005% 修订为 0.001%；

——铂粉的比表面积由原标准的大于 7.0 m^2/g 修订为 3.5 m^2/g～7.0 m^2/g；

——增加了粒径特征参数 D_{10}、D_{50}、D_{90}；

——铂粉的松装密度由原标准的 0.4 g/cm^3～0.7 g/cm^3 修订为 0.7 g/cm^3～1.0 g/cm^3；

——铂粉的振实密度由原标准的 0.7 g/cm^3～1.1 g/cm^3 修订为 1.0 g/cm^3～1.4 g/cm^3。

本标准由中国有色金属工业协会提出。

本标准由全国有色金属标准化技术委员会归口。

本标准负责起草单位：贵研铂业股份有限公司。

本标准参加起草单位：中国有色金属工业标准计量质量研究所。

本标准主要起草人：杨雯、余青智、张晓民、李文琳、陈伏生、向磊。

本标准所代替标准的历次版本发布情况为：

——GB 1776—1988、GB/T 1776—1995。

超 细 铂 粉

1 范围

本标准规定了超细铂粉的要求、试验方法、检验规则及标志、包装、运输、贮存和订货单(或合同)内容等。

本标准适用于电子工业用超细铂粉。

2 规范性引用文件

下列文件中的条款通过本标准的引用而成为本标准的条款。凡是注日期的引用文件,其随后所有的修改单(不包括勘误的内容)或修订版均不适用于本标准,然而,鼓励根据本标准达成协议的各方研究是否可使用这些文件的最新版本。凡是不注日期的引用文件,其最新版本适用于本标准。

GB/T 1419—2004 海绵铂

GB/T 1479 金属粉末松装密度的测定 第1部分 漏斗法

GB/T 1774—2009 超细银粉

GB/T 5162 金属粉末 振实密度的测定

GB/T 15555.2 固体废物 铜、锌、铅、镉的测定 原子吸收分光光度法

GB/T 18035 贵金属及其合金牌号表示方法

GB/T 19077.1 粒度分析 激光衍射法

3 要求

3.1 牌号和标记

3.1.1 根据 GB/T 18035 其牌号表示为:PPt-3.0。

3.1.2 微粒尺寸分布标记为:D_{90} 表示累积在 90%处的粒径,D_{50} 表示累积在 50%处的粒径,D_{10} 表示累积在 10%处的粒径。

3.2 化学成分

超细铂粉的化学成分应符合表1的规定。

表1

%

Pt质量分数不小于	杂质质量分数,不大于												杂质总量(质量分数)不大于
	Pd	Rh	Ir	Au	Ag	Cu	Ni	Fe	Pb	Al	Si	Cd	
99.95	0.02	0.02	0.02	0.02	0.005	0.005	0.005	0.005	0.001	0.005	0.005	0.001	0.05
注:铂质量分数为百分之百减去表中杂质实测量总量的余量。													

3.3 比表面积、松装密度、振实密度

超细铂粉的比表面积、松装密度、振实密度应符合表2的规定。

表2

比表面积/(m^2/g)	松装密度/(g/cm^3)	振实密度/(g/cm^3)
3.5~7.0	0.7~1.0	1.0~1.4

3.4 粒度分布

超细铂粉的粒度分布应符合表3的规定。

表3

单位为微米

D_{10}	D_{50}	D_{90}
≤1.0	1.0～3.0	4.0～7.0

3.5 外观质量

产品为黑色(黑灰色)超细粉末。产品应纯净,无可见夹杂物。

4 检验方法

4.1 化学成分的仲裁分析按 GB/T 1419—2004 中附录 A 及 GB/T 15555.2 的规定进行。

4.2 比表面积的测定按 GB/T 1774—2009 中附录 A 的规定进行。

4.3 粒度的测定按 GB/T 19077.1 的规定进行。

4.4 松装密度的测定按 GB/T 1479 的规定进行。

4.5 振实密度的测定按 GB/T 5162 的规定进行。

4.6 外观质量采用目视进行检查。

5 检验规则

5.1 检查和验收

5.1.1 每批产品应由供方检验部门进行检验,保证产品质量符合本标准(或订货合同)的规定,并填写质量证明书。

5.1.2 需方应对收到的产品按本标准的规定进行检验,如检验结果与本标准(或订货合同)的规定不符时,应在收到产品之日起一个月内向供方提出,由供需双方协商解决。如需仲裁,仲裁取样由供需双方在需方共同进行。

5.2 组批

铂粉应成批提交检验,每批应由同一批次的产品组成,一次投料生产出的产品为一批,批重不限。

5.3 检验项目

每批产品应进行外观、比表面积、松装密度、振实密度、粒度分布的检验。化学成分在需方有要求并在订货合同中注明时提供。

5.4 取样方法

将该批产品混匀,取出(1～5)g。若同批产品分瓶包装,则每瓶取出1个试样(约50 g),经合并混匀后,取出(1～5)g。

5.5 检验结果的判定

5.5.1 化学成分、外观质量不合格时,判该批产品不合格。

5.5.2 松装密度、振实密度、比表面积、粒度分布检验结果不合格时,可另取双倍数量的试样进行不合格项目的重复试验,若检验结果仍不合格,则该批产品为不合格。

6 标志、包装、运输、贮存

6.1 标志

在已检验合格的每批产品上应附上如下标记:

a) 产品名称;

b) 产品编号、批号;

c) 净重、毛重;

d） 生产日期。

6.2 **包装、运输和贮存**

6.2.1 **包装**

检验合格的超细铂粉用带密封盖的塑料瓶子分装，瓶口加密封带。装入包装箱中进行包装。

6.2.2 **运输**

运输应避免污染和机械破损。

6.2.3 **贮存**

超细铂粉应密封存放于清洁、干燥、避光、无腐蚀性气氛的场所。

6.3 **质量证明书**

每批产品应附有质量证明书，注明：

a） 产品名称；

b） 产品牌号；

c） 产品批号；

d） 净重；

e） 各项检验结果和技术监督部门印记；

f） 本标准编号；

g） 出厂日期。

7 订货单（或合同）内容

本标准所列产品的订货单（或合同）应包括下列内容：

a） 产品名称；

b） 产品牌号；

c） 产品重量；

d） 包装规格；

e） 交货日期；

f） 运输方式；

g） 本标准编号（含年代号）；

h） 其他。

ICS 77.150.99
H 68

中华人民共和国国家标准

GB/T 1777—2009
代替 GB/T 1777—1995

超细钯粉

Superfine palladium powder

2009-01-05 发布 2009-11-01 实施

中华人民共和国国家质量监督检验检疫总局
中国国家标准化管理委员会 发布

前　言

本标准代替 GB/T 1777—1995《超细钯粉》。

本标准与 GB/T 1777—1995 相比，主要有如下变动：

——将原标准的产品牌号 FPdH-1 修订为 PPd-6.0。

——增加有害杂质元素 Cd 的最高允许量。

——将有害杂质元素 Pb 的最高允许量由 0.005%修订为 0.001%。

——钯粉的比表面积由原标准的 3.0 m^2/g～4.5 m^2/g 修订为 8.0 m^2/g～12.0 m^2/g。

——增加了粒径特征参数 D_{10}、D_{50}、D_{90}。

——钯粉的松装密度由原标准的 0.70 g/cm^3～0.90 g/cm^3 修订为 0.30 g/cm^3～0.40 g/cm^3。

——钯粉的振实密度由原标准的 1.00 g/cm^3～1.25 g/cm^3 修订为 0.40 g/cm^3～0.60 g/cm^3。

本标准由中国有色金属工业协会提出。

本标准由全国有色金属标准化技术委员会归口。

本标准负责起草单位：贵研铂业股份有限公司。

本标准参加起草单位：中国有色金属工业标准计量质量研究所。

本标准主要起草人：余青智、张晓民、杨雯、李文琳、陈伏生、向磊。

本标准所代替标准的历次版本发布情况为：

——GB 1777—1988、GB/T 1777—1995。

超细钯粉

1 范围

本标准规定了超细钯粉的要求、试验方法、检验规则及标志、包装、运输、贮存和订货单(或合同)内容等。

本标准适用于电子浆料用钯粉和其他产品用钯粉。

2 规范性引用文件

下列文件中的条款通过本标准的引用而成为本标准的条款。凡是注日期的引用文件,其随后所有的修改单(不包括勘误的内容)或修订版均不适用于本标准,然而,鼓励根据本标准达成协议的各方研究是否可使用这些文件的最新版本。凡是不注日期的引用文件,其最新版本适用于本标准。

GB/T 1420—2004 海绵钯

GB/T 1479 金属粉末松装密度的测定 第1部分:漏斗法

GB/T 1774—2009 超细银粉

GB/T 5162 金属粉末 振实密度的测定

GB/T 15555.2 固体废物 铜、锌、铅、镉的测定 原子吸收分光光度法

GB/T 18035 贵金属及其合金牌号表示方法

GB/T 19077.1 粒度分析 激光衍射法

3 要求

3.1 牌号及标记

3.1.1 根据 GB/T 18035 其牌号表示为:PPd-6.0。

3.1.2 微粒尺寸分布标记为:D_{90} 表示累积在 90% 处的粒径,D_{50} 表示累积在 50% 处的粒径,D_{10} 表示累积在 10% 处的粒径。

3.2 化学成分

超细钯粉的化学成分应符合表1的规定。

表 1

%

Pd 含量(质量分数)不小于	杂质含量(质量分数),不大于												杂质总量(质量分数)不大于
	Pt	Rh	Ir	Au	Ag	Cu	Ni	Fe	Pb	Al	Si	Cd	
99.95	0.02	0.02	0.02	0.02	0.005	0.005	0.005	0.005	0.001	0.005	0.005	0.001	0.05
注:钯含量为百分之百减去表中杂质实测量总量的余量。													

3.3 比表面积、松装密度、振实密度

超细钯粉的比表面积、松装密度、振实密度应符合表2的规定。

表 2

比表面积/(m^2/g)	松装密度/(g/cm^3)	振实密度/(g/cm^3)
8.0~12.0	0.30~0.40	0.40~0.60

3.4 粒度分布

超细钯粉的粒度分布应符合表3的规定。

表3

单位为微米

D_{10}	D_{50}	D_{90}
≤1.0	3.0～6.0	7.0～10.0

3.5 外观质量

钯粉为黑色超细粉末。产品应纯净，无肉眼可见夹杂物。

4 检验方法

4.1 化学成分的仲裁分析按GB/T 1420—2004中的附录A及GB/T 15555.2的规定进行。

4.2 比表面积的测定按GB/T 1774—2009中的附录A的规定进行。

4.3 粒度的测定按GB/T 19077.1的规定进行。

4.4 松装密度的测定按GB/T 1479的规定进行。

4.5 振实密度的测定按GB/T 5162的测定规定进行。

4.6 外观用目视进行检查。

5 检验规则

5.1 检查和验收

5.1.1 每批产品应由供方组织进行检验，保证产品质量符合本标准(或订货合同)的规定，并填写质量保证书。

5.1.2 需方应对收到的产品按本标准规定进行检验，检验结果与本标准或订货合同的规定不符时，应在收到产品之日起一个月内向供方提出，由供需双方协商解决，如需仲裁可委托双方认可的单位进行，并在需方共同取样。

5.2 组批

超细钯粉应成批提交检验，每批应由同一批次的产品组成，批重不限。

5.3 检验项目

每批粉料应进行外观、比表面积、粒度分布、松装密度、振实密度的检验，化学成分在需方有要求并在订货合同中注明时提供。

5.4 取样方法

将该批产品混匀，取出3个试样(每个约50 g)，经合并混匀后取出1 g～5 g。

5.5 检验结果的判定

5.5.1 化学成分、外观质量检验结果不合格时，判该批产品不合格。

5.5.2 松装密度、振实密度、比表面积、粒度分布检验结果不合格时，可另取双倍数量的试样进行不合格项目的重复试验，若检验结果仍不合格，则该批产品为不合格。

6 标志、包装、运输、贮存

6.1 产品标志

在检验合格的产品上贴上标签，标签上注明：

a) 产品名称和牌号；

b) 产品编号、批号；

c) 净重、瓶重；

d) 生产日期。

6.2 包装、运输和贮存

6.2.1 包装

检验合格的超细钯粉用带密封盖的塑料瓶分装，瓶口加密封带，放入包装箱中进行包装。

6.2.2 运输

运输应避免污染和机械破损。

6.2.3 贮存

超细钯粉应密封存放于清洁、干燥、无腐蚀性气氛的场所。

6.3 质量证明书

每批产品应附有质量证明书，其上注明：

a) 产品名称；

b) 产品牌号；

c) 产品批号；

d) 产品净重；

e) 产品各项检测指标；

f) 各项指标检测结果；

g) 产品标准编号；

h) 出厂日期；

i) 质检部门印章。

7 订货单(或合同)内容

本标准所列产品的订货单(或合同)应包括下列内容：

a) 产品名称；

b) 产品牌号；

c) 产品重量；

d) 包装规格；

e) 交货日期；

f) 运输方式；

g) 本标准编号(含年代号)；

h) 其他。

ICS 83.160.01
G 41

中华人民共和国国家标准

GB 1796.4—2009
部分代替 GB 12836.2—2003

轮胎气门嘴
第4部分：压紧式无内胎气门嘴

Tyre valves—Part 4: Clamp-in valves

2009-12-15 发布　　　　2010-10-01 实施

中华人民共和国国家质量监督检验检疫总局
中国国家标准化管理委员会　发布

前　言

本部分第9章为强制性的，其余为推荐性的。

GB 1796《轮胎气门嘴》分为七个部分：

——第1部分：压紧式内胎气门嘴；

——第2部分：胶座气门嘴；

——第3部分：卡扣式气门嘴；

——第4部分：压紧式无内胎气门嘴；

——第5部分：大芯腔气门嘴；

——第6部分：气门芯；

——第7部分：零部件。

本部分为GB 1796的第4部分。

本部分代替GB 12836.2—2003《无内胎气门嘴　第二部分：压紧式气门嘴》除试验方法以外的其他部分。

本部分与GB 12836.2—2003相比主要变化如下：

——增加了术语和定义(本版的第3章)；

——删除了气门嘴与气门芯密封性试验(前版的7.2.1)；

——删除了气门嘴与轮辋孔的密封性试验(前版的7.2.2)；

——删除了耐臭氧能力的试验(前版的7.3)；

——修改了装配扭矩(前版的6.2，本版的第8章)；

——修改了气门嘴最大使用压力(前版的6.3，本版的9.1)；

——增加了耐腐蚀能力(本版的第10章)；

——修改了检验规则(前版的第8章，本版的第13章)；

——增加了资料性附录“本部分型号与国外型号对照”(本版的附录A)。

本部分的附录A为资料性附录。

本部分由中国石油和化学工业协会提出。

本部分由全国轮胎轮辋标准化技术委员会归口。

本部分负责起草单位：杭州万通气门嘴有限公司、宁波豪锋思科汽配有限公司。

本部分参加起草单位：山东高天金属制造有限公司、江阴博尔汽配工业有限公司、高密市同创汽车配件有限公司、上海中达气门嘴有限公司、公主岭中大股份有限公司、宁波四明汽配有限公司。

本部分主要起草人：顾一柱、李云祥、李峰、唐建兰、李健、俞晓华、张秀英、毛乾方。

本部分所部分代替标准的历次版本发布情况为：

——GB 12836.2—2003。

轮胎气门嘴
第4部分:压紧式无内胎气门嘴

1 范围

GB 1796的本部分规定了压紧式无内胎气门嘴(以下简称气门嘴)的术语和定义、型号标记、结构型式、零件的类型、结构尺寸及材料、外观、装配扭矩、密封性、耐腐蚀能力、耐臭氧能力、试验方法、检验规则、标识、包装及贮存。

本部分适用于摩托车、轿车、轻型载重汽车、载重汽车及客车用无内胎轮胎气门嘴。

本部分不适用于航空轮胎气门嘴。

2 规范性引用文件

下列文件中的条款通过GB 1796的本部分引用而成为本部分的条款。凡是注日期的引用文件,其随后所有的修改单(不包括勘误的内容)或修订版均不适用于本部分,然而,鼓励根据本部分达成协议的各方研究是否可使用这些文件的最新版本。凡是不注日期的引用文件,其最新版本适用于本部分。

GB 1796.6 轮胎气门嘴 第6部分:气门芯(GB 1796.6—2008,ISO 9413:1998,NEQ)

GB 1796.7 轮胎气门嘴 第7部分:零部件

GB/T 2828.1—2003 计数抽样检验程序 第1部分:按接收质量限(AQL)检索的逐批检验抽样计划(ISO 2859-1:1999,IDT)

GB 9764 轮胎气门嘴芯腔(GB 9764—1997,neq ISO 7442:1982,ISO 6762:1982)

GB 9765 轮胎气门嘴螺纹(GB 9765—2009,ISO 4570:2002,MOD)

GB/T 9766.4 轮胎气门嘴试验方法 第4部分:压紧式无内胎气门嘴试验方法

GB/T 9766.7 轮胎气门嘴试验方法 第7部分:零部件试验方法

GB/T 12839 轮胎气门嘴术语及其定义(GB/T 12839—2005,ISO 3877-2:1997,Tyres,valves and tubes—List of equivalent terms—Part 2:Tyre Valves,NEQ)

GB/T 21285 轮胎气门嘴及其零部件的标识方法(GB/T 21285—2007,ISO 10475:1992,Valves for tubeless tyres and valves for tubes—Identification system for valves and their components,MOD)

3 术语和定义

GB/T 12839确立的术语及其定义适用于本部分。

4 型号标记

型号标记应符合GB/T 21285的规定。本部分的型号与国外标准的型号对照参见附录A。

5 结构型式

结构型式应符合表1和图1~图16的规定。

表 1

<table>
<tr><th rowspan="2">型号</th><th rowspan="2">图形</th><th colspan="5">零件</th><th rowspan="2">适用气门嘴孔径/mm</th><th rowspan="2">主要用途（参考）</th></tr>
<tr><th>垫片</th><th>螺母</th><th>密封垫及O型密封圈</th><th>防护帽</th><th>气门芯</th></tr>
<tr><td>CQ08</td><td rowspan="2">图 1</td><td rowspan="2">D03、D04</td><td rowspan="2">E04</td><td>B04</td><td rowspan="28">I01、I02 或 I01C</td><td rowspan="2">H01</td><td>11.3</td><td rowspan="2">轿车、轻型载重汽车</td></tr>
<tr><td>CR03</td><td>B05</td><td rowspan="17">15.7</td></tr>
<tr><td>CR04</td><td rowspan="13">图 2</td><td rowspan="13">D02</td><td rowspan="13">E05</td><td rowspan="13">B03</td><td rowspan="26">H01</td><td rowspan="16">摩托车、轻型载重汽车、载重汽车、客车</td></tr>
<tr><td>CR05</td></tr>
<tr><td>CR06</td></tr>
<tr><td>CR07</td></tr>
<tr><td>CR08</td></tr>
<tr><td>CR09</td></tr>
<tr><td>CR10</td></tr>
<tr><td>CR11</td></tr>
<tr><td>DR04</td></tr>
<tr><td>DR05</td></tr>
<tr><td>DR06</td></tr>
<tr><td>DR07</td></tr>
<tr><td>DR08</td></tr>
<tr><td>DR09</td><td rowspan="3">图 3</td><td rowspan="3">—</td><td rowspan="3">E06</td><td rowspan="3">B06</td></tr>
<tr><td>DR10</td></tr>
<tr><td>DR11</td></tr>
<tr><td>CP01C</td><td rowspan="10">图 4</td><td rowspan="10">—</td><td rowspan="10">E05C 或 E07C</td><td rowspan="10">C03</td><td rowspan="10">9.7</td><td rowspan="10">载重汽车、客车</td></tr>
<tr><td>CP02C</td></tr>
<tr><td>CP03C</td></tr>
<tr><td>CP04C</td></tr>
<tr><td>CP05C</td></tr>
<tr><td>DP01C</td></tr>
<tr><td>DP02C</td></tr>
<tr><td>DP03C</td></tr>
<tr><td>DP04C</td></tr>
<tr><td>DP05C</td></tr>
</table>

表 1（续）

型号	图形	零件					适用气门嘴孔径/mm	主要用途（参考）
		垫片	螺母	密封垫及O型密封圈	防护帽	气门芯		
DP06C	图 4	—	E05C 或 E07C	C03	I01 I02 或 I01C	H01	9.7	载重汽车、客车
DP07C								
DP08C								
DP09C								
DP10C								
CP01	图 5	—	E03	C03				轿车、载重汽车、客车
CP06C								
DP01								
DP02								
DP03								
DP04								
DP05								
DP11C								
DP12C								
DP13C								
DP14C								
CQ07	图 6	—	E07	C04			11.3	
CM03C	图 7	D01	E01	B01			8.3	摩托车
CM01	图 8	—	E02	C05				
CM02	图 9	D01	E01	B01				
DQ01C	图 10	D01	E01	B01C、B06C	I02C	H01S	11.3	
DQ03C～DQ05C	图 11	D05C	E01	B06C				
CQ10C	图 12	D10C	E01	B07C		H01		
DQ02C	图 13	—	E06C	B05C		H01S		载重汽车、客车
CR012	图 14	D05	E08	B07	I01、I02 或 I01C	H01	15.7	
DR12	图 15	D05	E08	B07				
DR13								
DR14								
DR01	图 16	—	E09	C02				
DR02								
注：防护帽可根据用户需要，选用其他类型。								

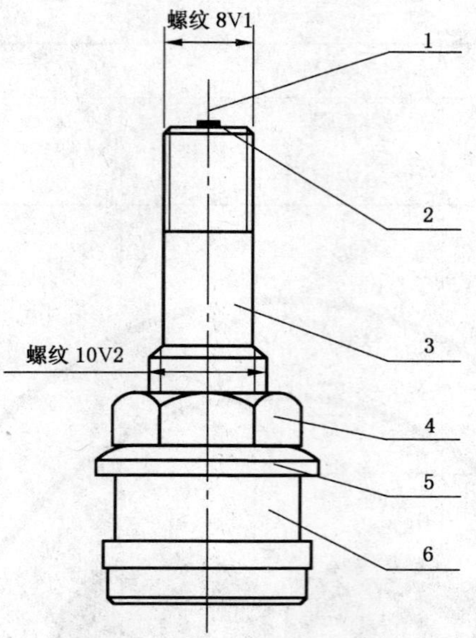

1——I01 或 I02 或 I01C 型防护帽；
2——H01 型气门芯；
3——嘴体；
4——E04 型六角螺母；
5——D03 或 D04 型垫片；
6——B04 或 B05 型密封垫。

图 1　CQ08、CR03 型气门嘴

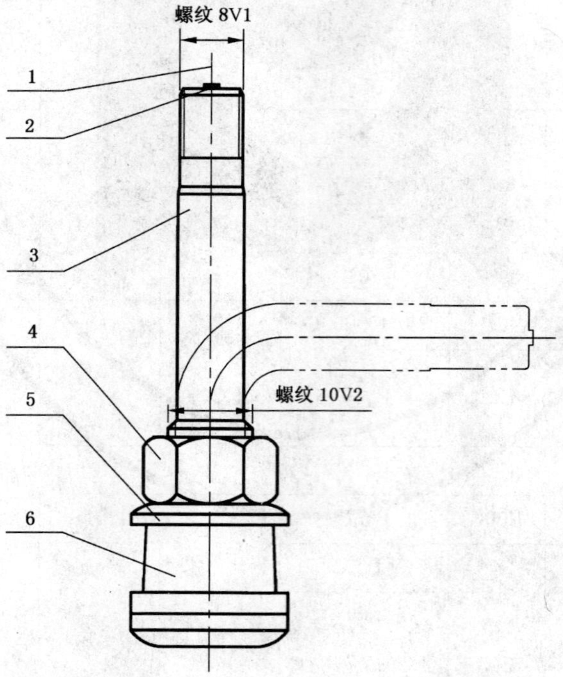

1——I01 或 I02 或 I01C 型防护帽；
2——H01 型气门芯；
3——嘴体；
4——E05 型六角螺母；
5——D02 型垫片；
6——B03 型密封垫。

图 2　CR04～CR11、DR04～DR08 型气门嘴

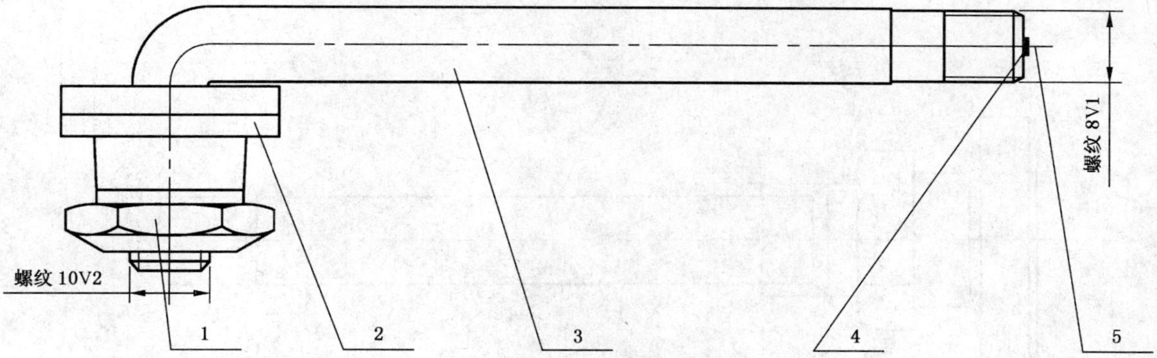

1——E06 型六角螺母；
2——B06 型密封垫；
3——嘴体；
4——H01 型气门芯；
5——I01 或 I02 或 I01C 型防护帽。

图 3　DR09～DR11 型气门嘴

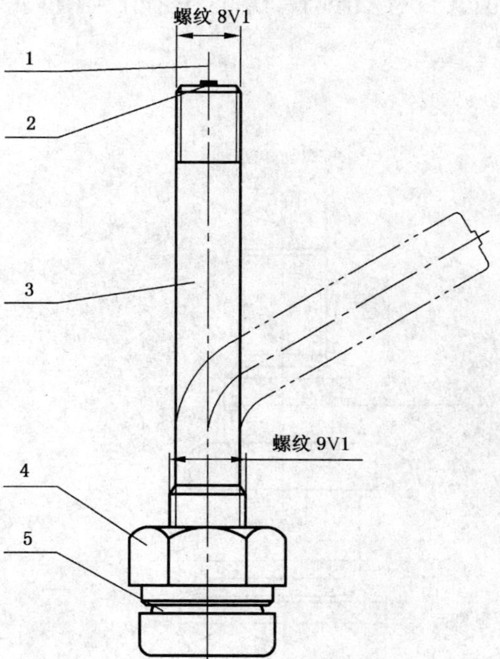

1——I01 或 I02 或 I01C 型防护帽；
2——H01 型气门芯；
3——嘴体；
4——E05C 型六角螺母；
5——C03 型 O 形密封圈。

图 4　CP01C～CP05C、DP01C～DP10C 型气门嘴

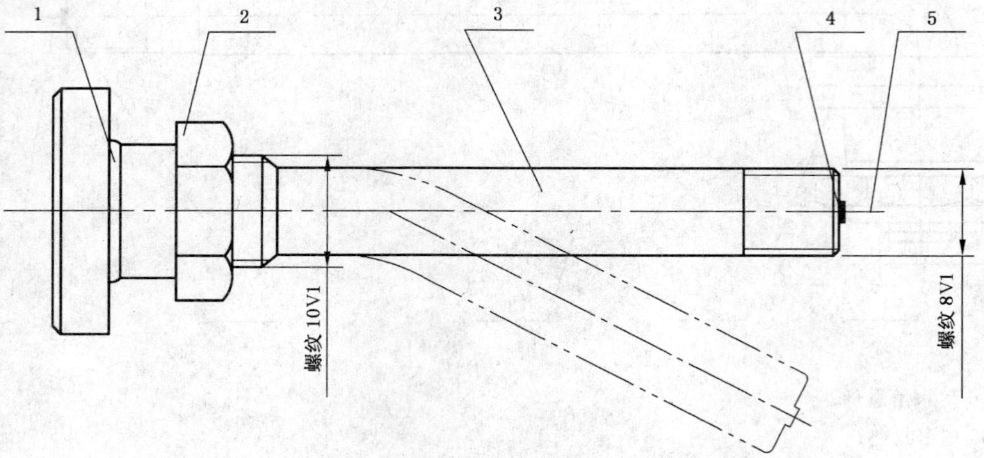

1——C03 型 O 形密封圈；

2——E03 型六角螺母；

3——嘴体；

4——H01 型气门芯；

5——I01 或 I02 或 I01C 型防护帽。

图 5　CP01、CP06C、DP01～DP05、DP11C～DP14C 型气门嘴

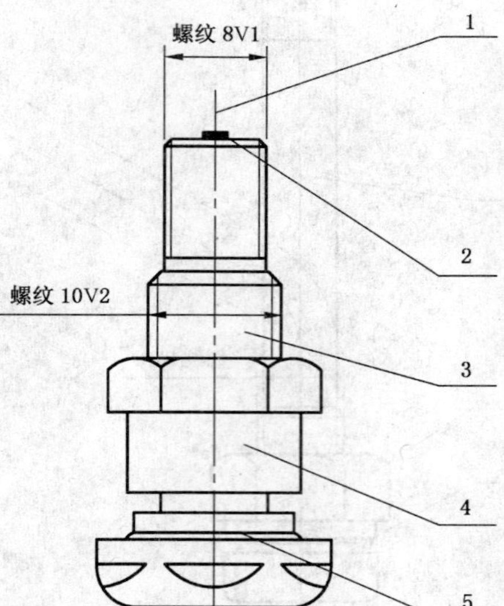

1——I01 或 I02 或 I01C 型防护帽；

2——H01 型气门芯；

3——嘴体；

4——E07 型六角螺母；

5——C04 型 O 形密封圈。

图 6　CQ07 型气门嘴

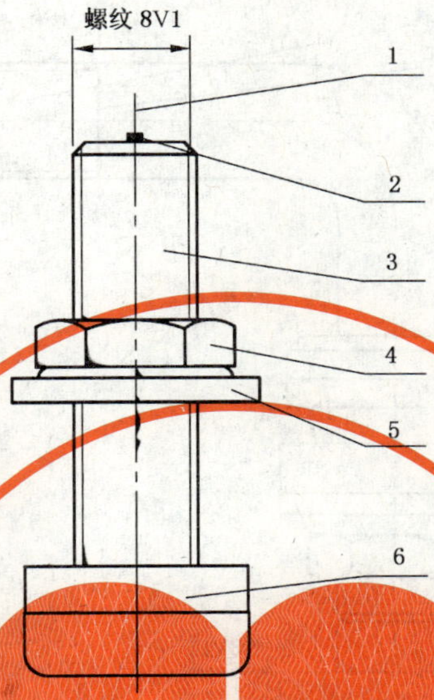

1——I01 或 I02 或 I01C 型防护帽；
2——H01 型气门芯；
3——嘴体；
4——E01 型六角螺母；
5——D01 型垫片；
6——B01 型密封垫。

图 7　CM03C 型气门嘴

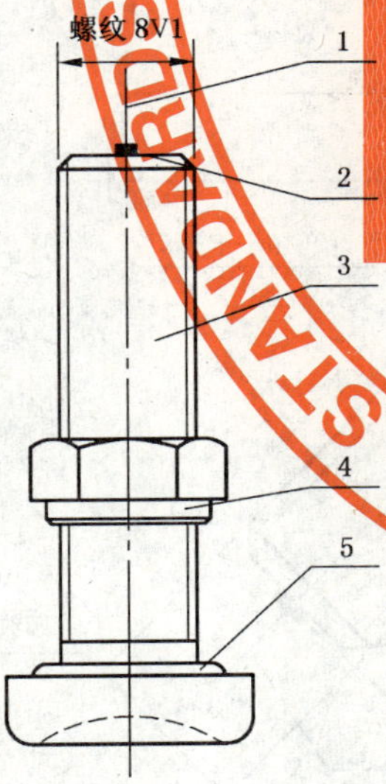

1——I01 或 I02 或 I01C 型防护帽；
2——H01 型气门芯；
3——嘴体；
4——E02 型六角螺母；
5——C05 型 O 形密封圈。

图 8　CM01 型气门嘴

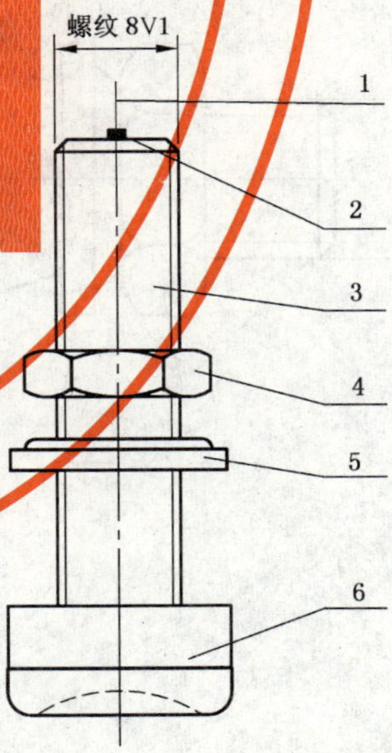

1——I01 或 I02 或 I01C 型防护帽；
2——H01 型气门芯；
3——嘴体；
4——E01 型六角螺母；
5——D01 型垫片；
6——B01 型密封垫。

图 9　CM02 型气门嘴

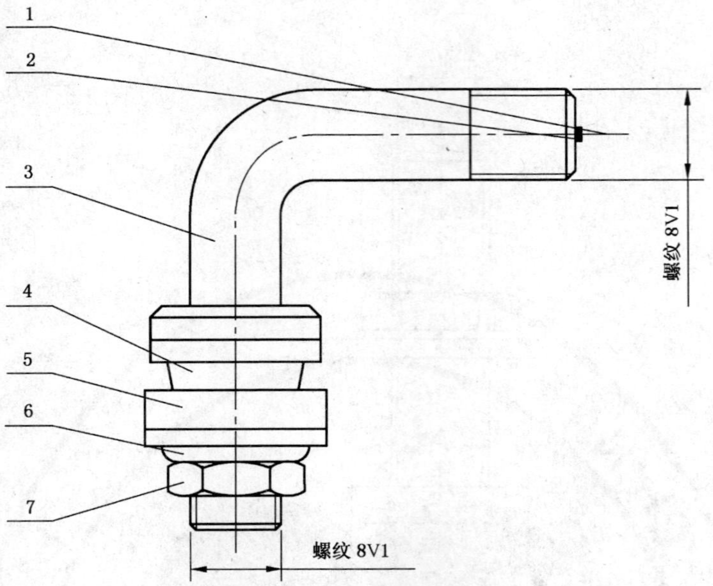

1——I02C 型防护帽；
2——H01S 型气门芯；
3——嘴体；
4——B06C 型密封垫；
5——B01C 型密封垫；
6——D01 型垫片；
7——E01 型六角螺母。

图 10 DQ01C 型气门嘴

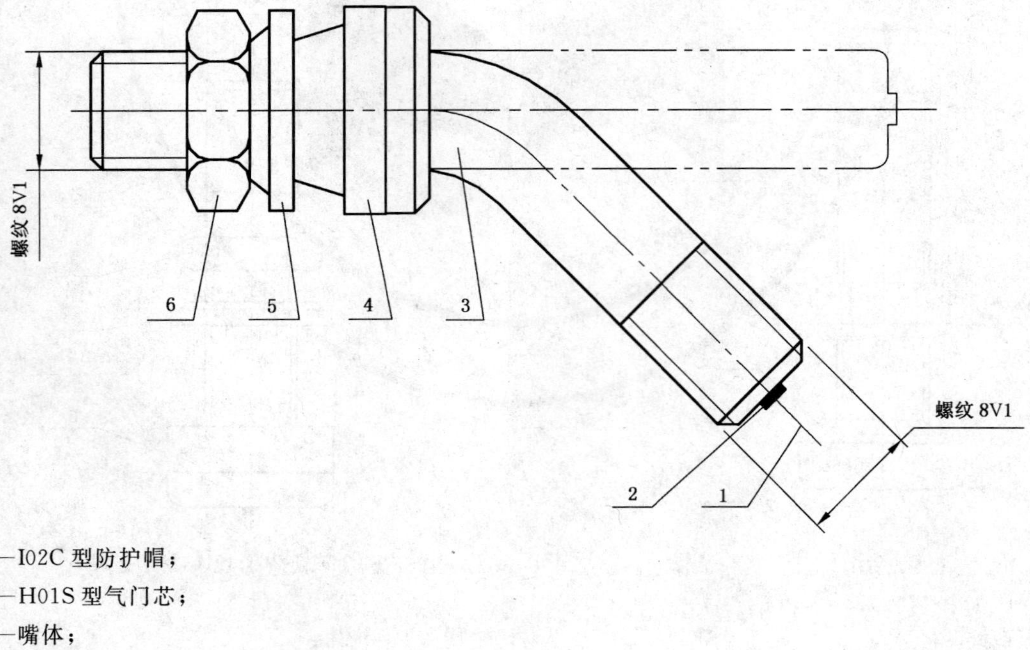

1——I02C 型防护帽；
2——H01S 型气门芯；
3——嘴体；
4——B06C 型密封垫；
5——D05C 型垫片；
6——E01 型六角螺母。

图 11 DQ03C～DQ05C 型气门嘴

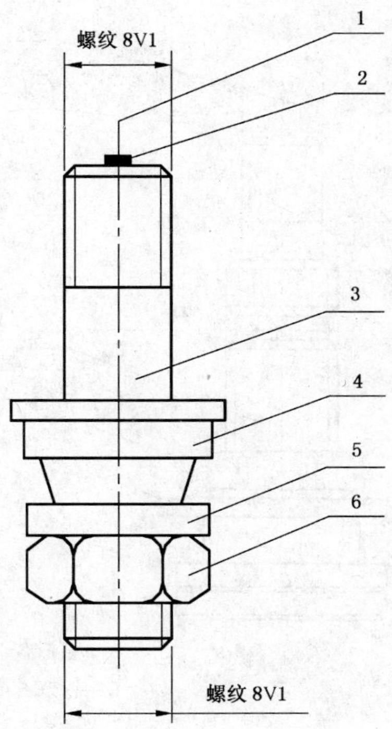

1——I02C 型防护帽；
2——H01 型气门芯；
3——嘴体；
4——B07C 型密封垫；
5——D10C 型垫片；
6——E01 型六角螺母。

图 12　CQ10C 型气门嘴

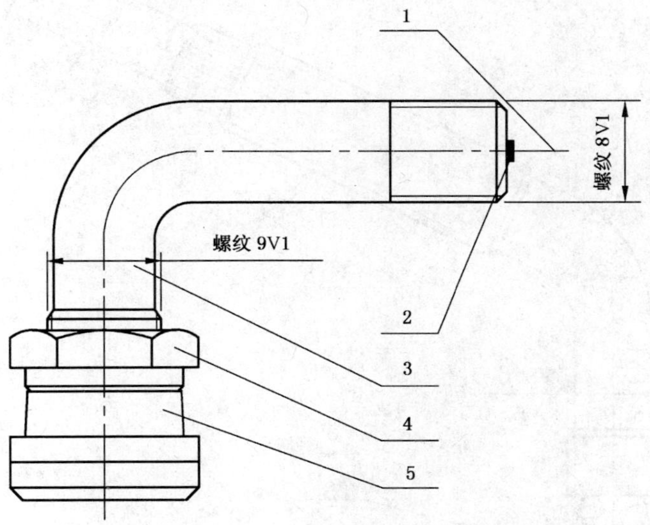

1——I01 或 I02 或 I01C 型防护帽；
2——H01S 型气门芯；
3——嘴体；
4——E06C 型六角螺母；
5——B05 型密封垫。

图 13　DQ02C 型气门嘴

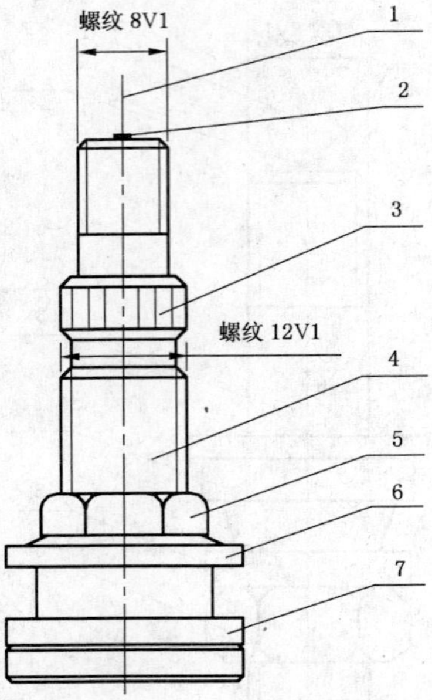

1——I01 或 I02 或 I01C 型防护帽；
2——H01 型气门芯；
3——CZ01 型芯套；
4——ZR01 型嘴座；
5——E08 型六角螺母；
6——D05 型垫片；
7——B07 型密封垫。

图 14 **CR**12 型气门嘴

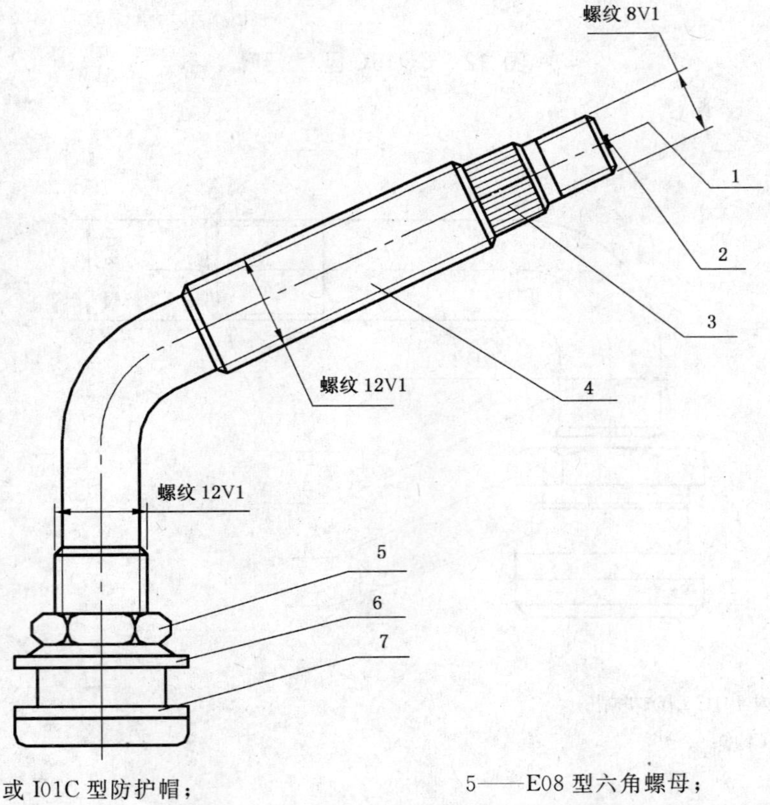

1——I01 或 I02 或 I01C 型防护帽；
2——H01 型气门芯；
3——CZ01 型芯套；
4——ZR02～ZR04 型嘴座；
5——E08 型六角螺母；
6——D05 型垫片；
7——B07 型密封垫。

图 15 **DR**12～**DR**14 型气门嘴

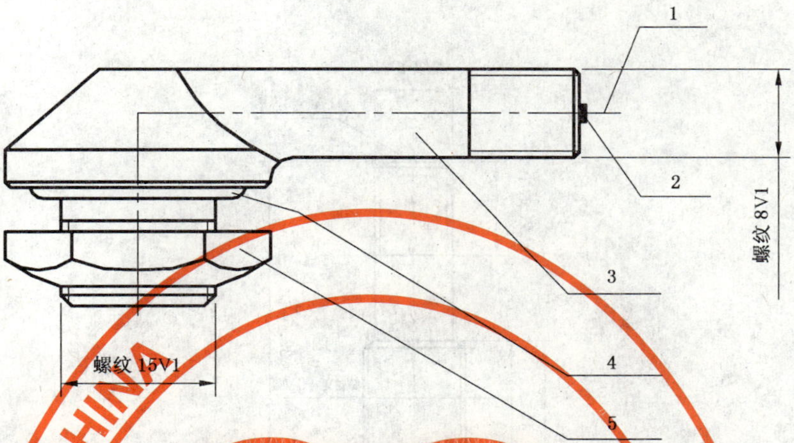

1——I01 或 I02 或 I01C 型防护帽；
2——H01 型气门芯；
3——嘴体；
4——C02 型 O 形密封圈；
5——E09 型六角螺母。

图 16　**DR**01、**DR**02 型气门嘴

6　零件的类型、结构尺寸及材料

6.1　嘴体

结构类型、尺寸及材料应符合表 2 和图 17～图 30 的规定。

表 2

型　号	图　形	芯腔型式	材　料
CQ08、CR03	图 17	1A 号	黄铜或其他金属材料
CR04～CR11、DR04～DR08	图 18	1A 号	
DR09～DR11	图 19	1A 号	
CP01C～CP05C、DP01C～DP10C	图 20		
CP01、CP06C、DP01～DP05、DP11C～DP14C	图 21	1A 号	
CQ07	图 22	1A 号	
CM03C	图 23		
CM01	图 24		
CM02	图 25		
DQ01C	图 26	1B 号	
DQ03C～DQ05C	图 27		
CQ10C	图 28	1A 号	
DQ02C	图 29	1B 号	
DR01、DR02	图 30	1A 号	

单位为毫米

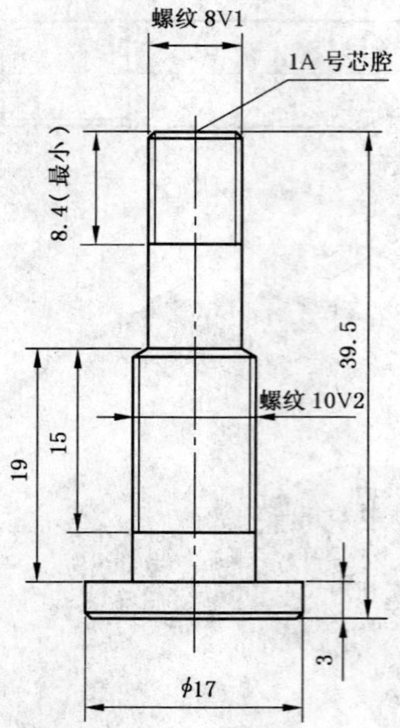

图 17 CQ08、CR03 型嘴体

单位为毫米

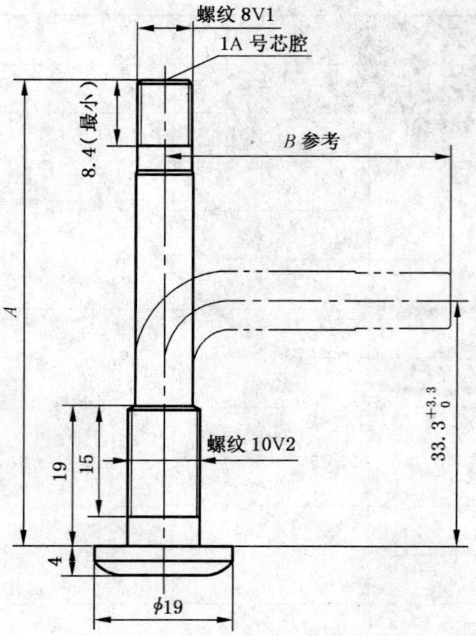

型号	A/mm	B/mm
CR11	51	—
CR10	38	—
CR04	79.4	—
CR05	86	—
CR06	95	—
CR07	111	—
CR08	127	—
CR09	29	—
DR04	—	51
DR05	—	58
DR06	—	67
DR07	—	83
DR08	—	99

图 18 CR04～CR11、DR04～DR08 型嘴体

单位为毫米

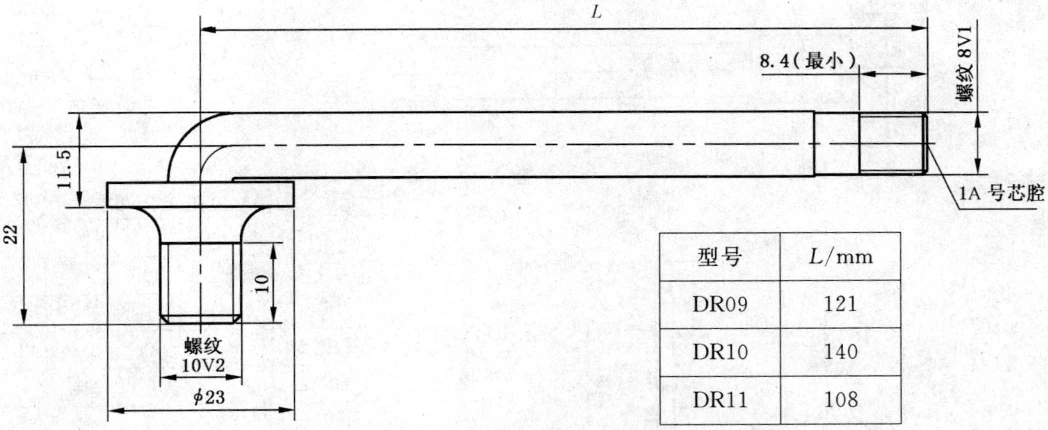

型号	L/mm
DR09	121
DR10	140
DR11	108

图 19 DR09～DR11 型嘴体

单位为毫米

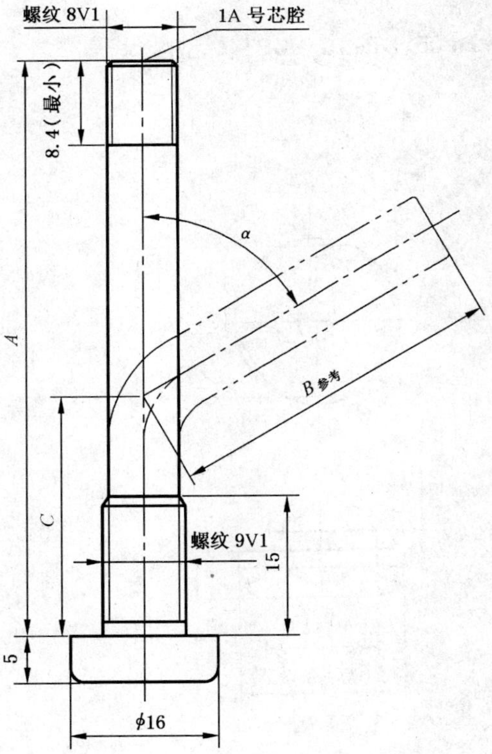

型号	A/mm	B/mm	C/mm	α/(°)
CP01C	32	—	—	0
CP02C	58.5	—	—	0
DP01C	58.5	35	23.6	45
DP02C	58.5	35	25	60
DP03C	58.5	35	25	75
CP03C	72.5	—	—	0
DP04C	72.5	49	25	60
CP04C	89	—	—	0
DP05C	89	66	25	60
DP06C	89	66	25	75
DP07C	108.5	85	25	36
DP08C	108.5	85	25	60
DP09C	108.5	85	25	75
CP05C	108.5	—	—	0
DP10C	119.5	96	25	60

图 20 CP01C～CP05C、DP01C～DP10C 型嘴体

单位为毫米

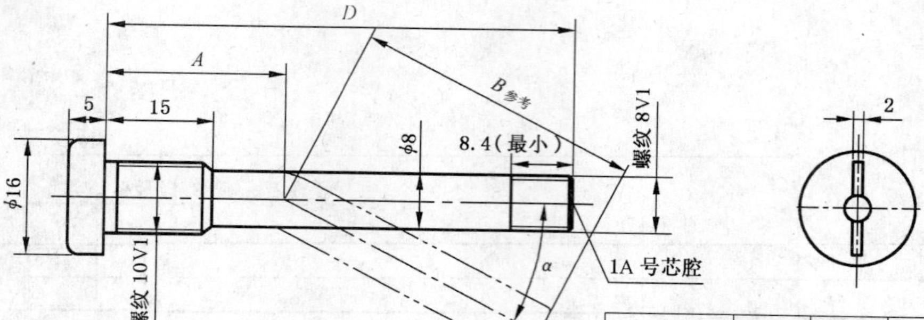

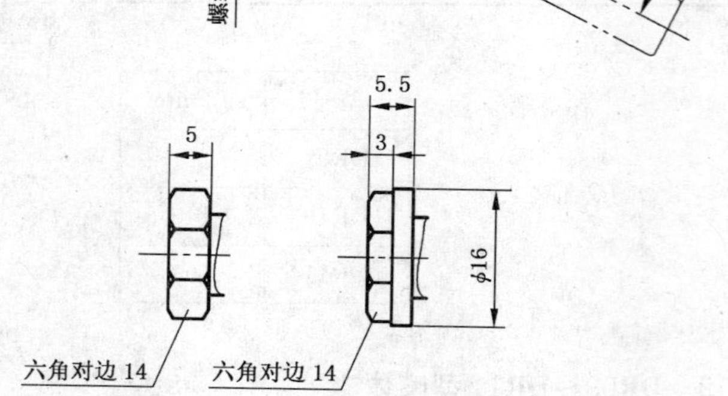

型号	A/mm	B/mm	α/(°)	D/mm
CP01	—	—	—	36
DP11C	29	60	17	—
CP06C	—	—	—	82
DP01	25	60	27	—
DP02	25	40	27	—
DP03	25	85	27	—
DP04	25	50	27	—
DP12C	29	85	12	—
DP13C	45	52	12	—
DP05[a]	50	25	27	—
DP14C	25	70	27	—

[a] 仅适用 H01S 气门芯

注：可选用的底盘形式。

图 21　CP01、CP06C、DP01～DP05、DP11C～DP14C 型嘴体

单位为毫米

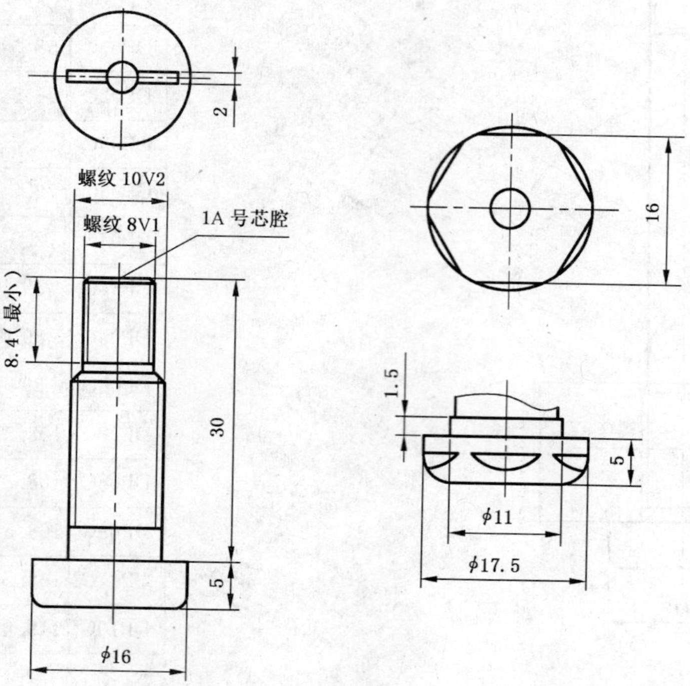

注：可选用的底盘形式。

图 22　CQ07 型嘴体

单位为毫米

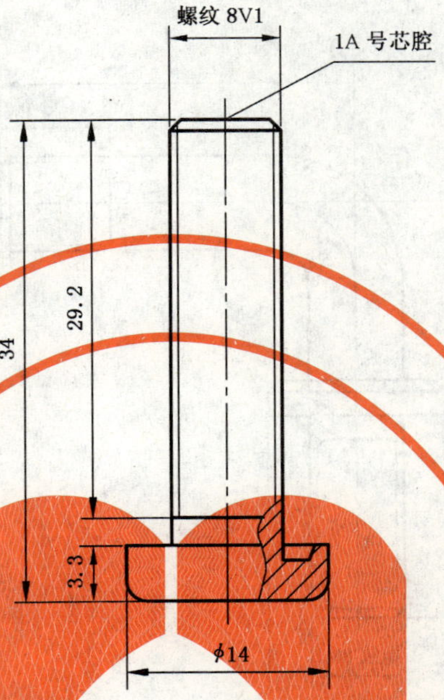

图 23 **CM03C 型嘴体**

单位为毫米

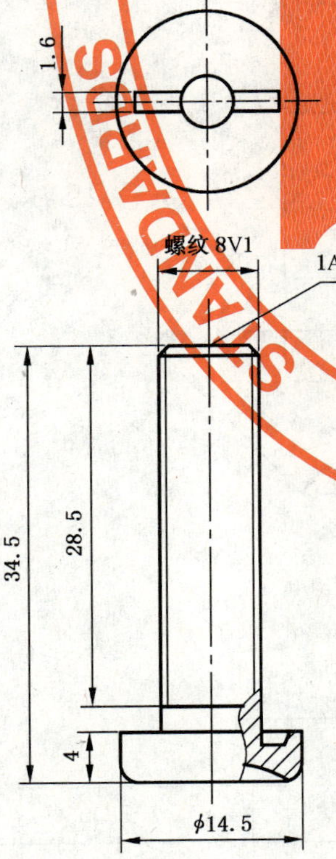

图 24 **CM01 型嘴体**

单位为毫米

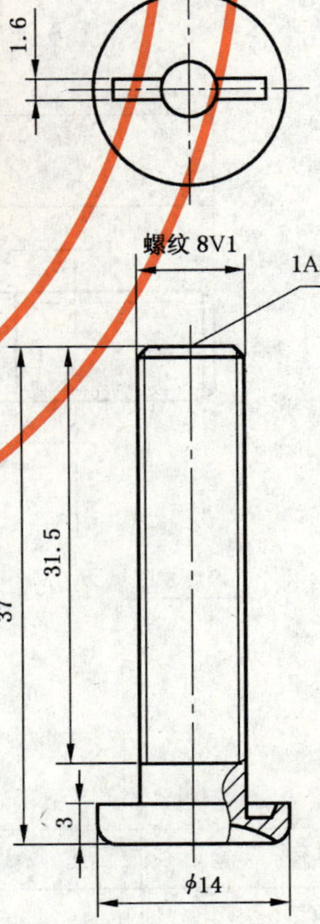

图 25 **CM02 型嘴体**

单位为毫米

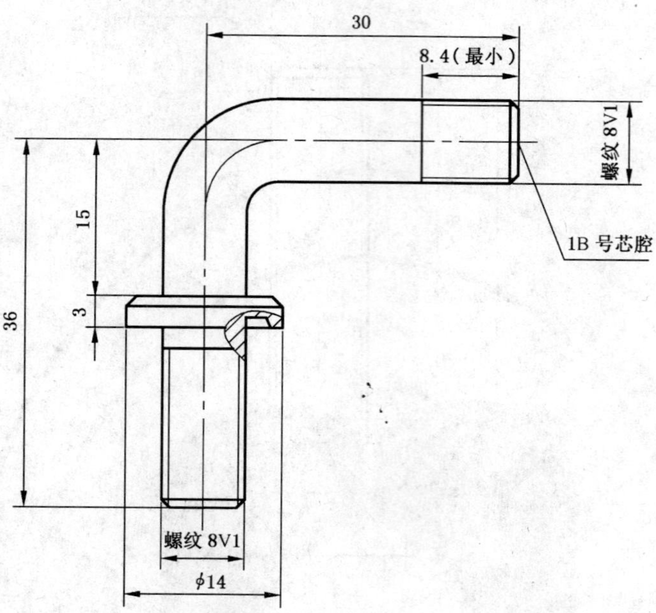

图 26 **DQ01C 型嘴体**

单位为毫米

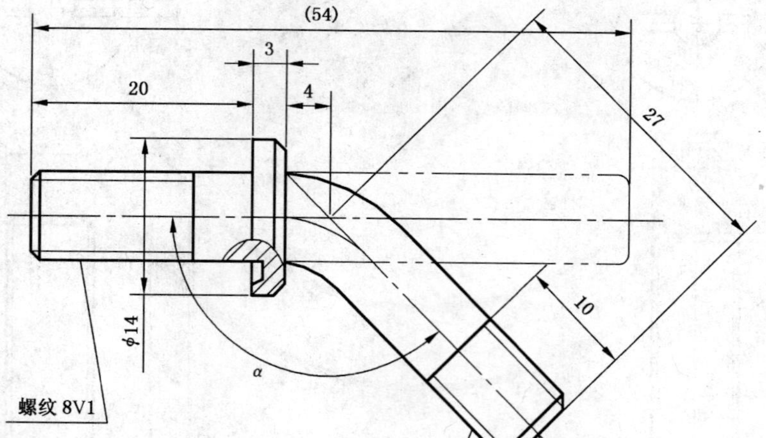

型号	DQ03C	DQ04C	DQ05C
α/(°)	15	30	45

图 27 **DQ03C～DQ05C 型嘴体**

单位为毫米

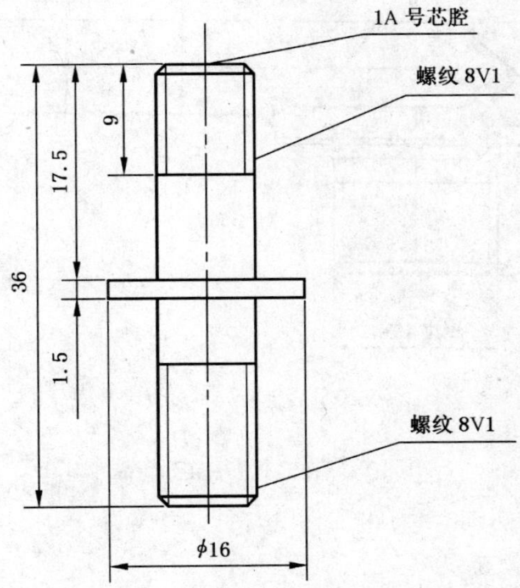

图 28　**CQ10C 型嘴体**

单位为毫米

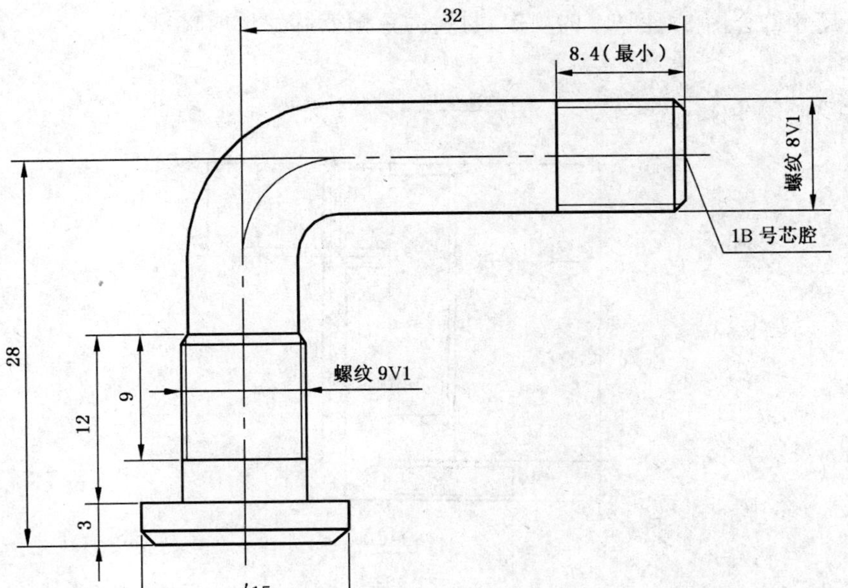

图 29　**DQ02C 型嘴体**

单位为毫米

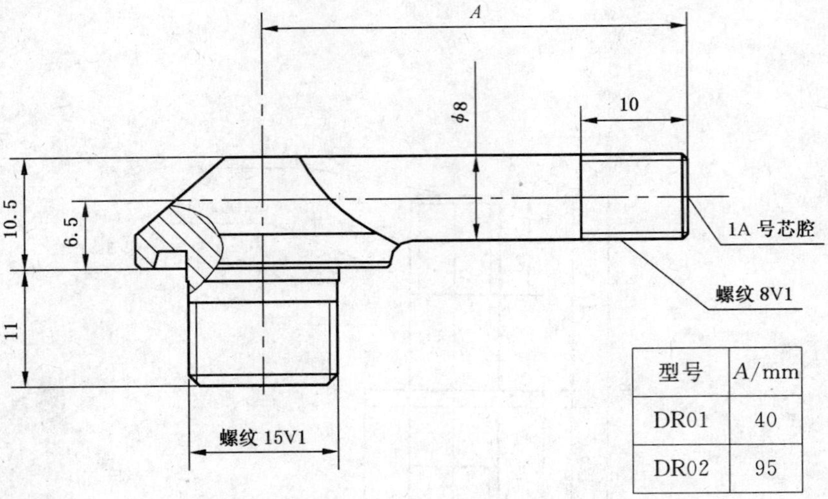

型号	A/mm
DR01	40
DR02	95

图 30 **DR01、DR02 型嘴体**

6.2 垫片

垫片应符合 GB 1796.7 的规定。

6.3 螺母

螺母应符合 GB 1796.7 的规定。

6.4 密封垫及 O 形密封圈

密封垫及 O 形密封圈应符合 GB 1796.7 的规定。

6.5 防护帽

防护帽应符合 GB 1796.7 的规定。

6.6 气门芯

气门芯应符合 GB 1796.6 的规定。

6.7 嘴座

结构类型、尺寸符合图 31、图 32 的规定，材料为黄铜或其他金属材料。

单位为毫米

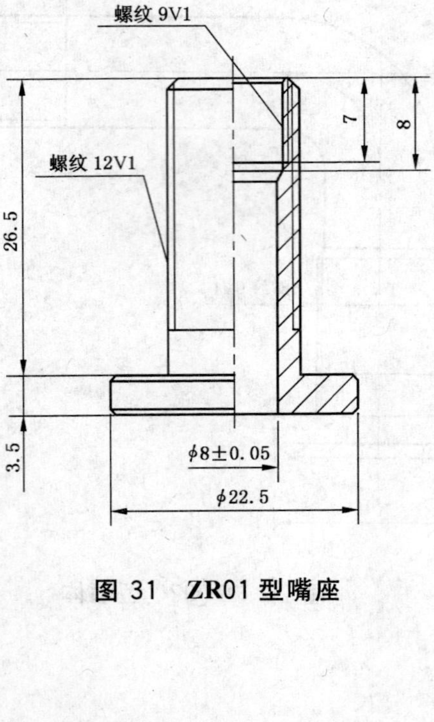

图 31 **ZR01 型嘴座**

单位为毫米

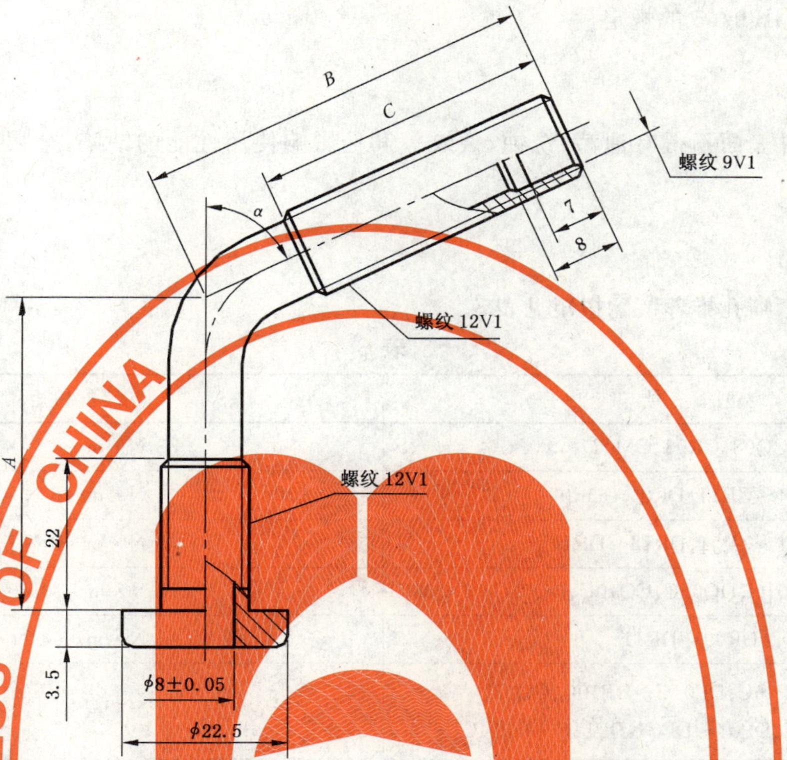

型号	A/mm	B/mm	C/mm	α/(°)
ZR02	39	54	40	65
ZR03	44	94	47	90
ZR04	39	36	22	65

图 32　ZR02～ZR04 型嘴座

6.8　芯套

芯套的结构类型、尺寸应符合图 33 的规定；材料为黄铜或其他金属材料。

单位为毫米

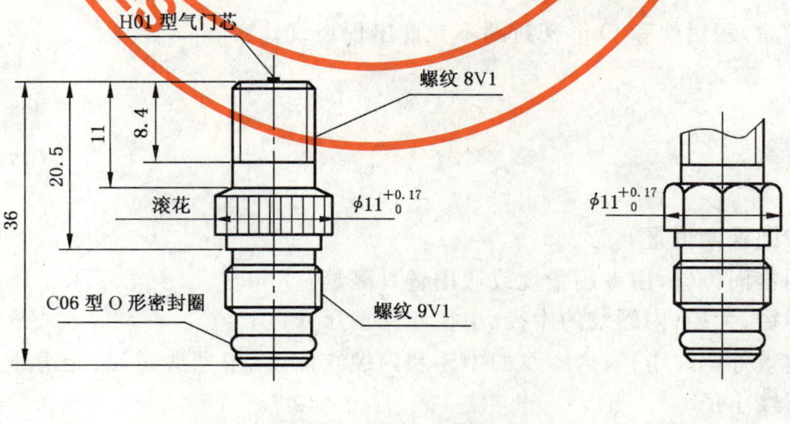

图 33　CZ01 型芯套

6.9　芯腔

芯腔应符合 GB 9764 的规定。

6.10 螺纹

螺纹应符合 GB 9765 的规定。

7 外观

气门嘴各零件表面不得有油污、锈蚀、裂纹等其他影响使用性能的缺陷，金属零件表面应有防腐处理。

8 装配扭矩

气门嘴与气门嘴孔推荐装配扭矩见表 3。

表 3

型 号	装配扭矩
CQ08、CR03、CM02	3 N·m～5 N·m
CR04～CR11、DR04～DR07	4 N·m～6 N·m
ZR01～ZR04、DR12～DR14	5 N·m～8 N·m
CM03C、CM01、DQ01C、DQ02C、CQ10C、DQ03C～DQ05C	7 N·m～10N·m
DR09～DR11	11 N·m～14 N·m
CP01C～CP05C、DP01C～DP10C、CQ07、CP01、CP06C、DP01～DP05、DP11C～DP14C	12 N·m～15 N·m
DR01、DR02	25 N·m～31 N·m

9 密封性

9.1 气门嘴最大使用压力为 1 400 kPa。

9.2 在使用压力下，温度为－40 ℃～100 ℃时，应保证整个气门嘴的密封性。

10 耐腐蚀能力

经盐雾试验后，可正常拆卸各零部件。

11 耐臭氧能力

经耐臭氧试验后，密封垫和 O 形密封圈不允许出现裂纹。

12 试验方法

12.1 外观

目测检验。

12.2 喉部直径和圆锥面位置

喉部直径和圆锥面位置，用专用量规或通用量具测量。

12.3 外螺纹的中径、大径；内螺纹的中径、小径和深度尺寸

用螺纹通规测量外螺纹中径、内螺纹的中径和内螺纹深度，用光滑通规、光滑止规或通用量具测量外螺纹大径和内螺纹小径。

12.4 耐臭氧能力试验

密封圈和 O 型密封圈的耐臭氧能力试验按 GB/T 9766.7 的规定。

12.5 其他试验方法

其他试验方法应按照 GB/T 9766.4 的规定。

13 检验规则

13.1 气门嘴的抽样程序及其实施应符合 GB/T 2828.1—2003 的规定。

13.1.1 同型号的气门嘴的一个入库批或发货批为一个检查批。

13.1.2 按质量特性的重要性把不合格分为 A 类不合格、B 类不合格和 C 类不合格。各类项目又分为若干个检查组，见表 4。

13.1.3 各检查组的接收质量限(AQL)(用每百单位产品不合格品数表示)检查水平(IL)见表 4。

13.2 按表 4 的检查分组分别实施检验，判定合格或不合格。

13.3 逐批检查后的处置应按 GB/T 2828.1—2003 的规定。

表 4

<table>
<tr><th>不合格分类</th><th>检查分组</th><th>项　目</th><th>AQL</th><th>IL</th><th>检验方法</th></tr>
<tr><td rowspan="7">A 类不合格</td><td>A1</td><td>9.2 嘴体与气门芯的室温密封性</td><td rowspan="4">0.65</td><td rowspan="4">S-2</td><td rowspan="4">按 GB/T 9766.4</td></tr>
<tr><td>A2</td><td>9.2 嘴体与气门芯的高、低温密封性</td></tr>
<tr><td>A3</td><td>9.2 气门嘴与气门嘴孔的室温密封性</td></tr>
<tr><td>A4</td><td>9.2 气门嘴与气门嘴孔的高、低温密封性</td></tr>
<tr><td>A5</td><td>7 嘴体裂纹</td><td rowspan="3">1.0</td><td rowspan="3">I</td><td rowspan="3">按 12.1</td></tr>
<tr><td>A6</td><td>6.7 嘴座裂纹</td></tr>
<tr><td>A7</td><td>6.8 芯套裂纹</td></tr>
<tr><td rowspan="6">B 类不合格</td><td>B1</td><td>8 装配扭矩</td><td rowspan="6">2.5</td><td rowspan="3">S-2</td><td rowspan="2">按 GB/T 9766.4</td></tr>
<tr><td>B2</td><td>10 耐腐蚀能力</td></tr>
<tr><td>B3</td><td>11 耐臭氧能力</td><td>按 GB/T 9766.7</td></tr>
<tr><td>B4</td><td>12.2 圆锥面位置尺寸 $10^{+0.40}_{0}$</td><td rowspan="6">S-3</td><td rowspan="2">按 12.2</td></tr>
<tr><td>B5</td><td>12.2 喉部直径 $\phi 3.8^{+0.14}_{+0.02}$</td></tr>
<tr><td>B6</td><td>6.1 5V1 螺纹的中径、小径和深度</td><td rowspan="4">按 12.3</td></tr>
<tr><td rowspan="4">C 类不合格</td><td>C1</td><td>6.3 六角螺母螺纹的中径、小径</td><td rowspan="4">4.0</td></tr>
<tr><td>C2</td><td>6.1 8V1 螺纹的大径、中径</td></tr>
<tr><td>C3</td><td>6.1 9V1、10V1、10V2 螺纹的大径、中径</td></tr>
<tr><td>C4</td><td>7 嘴体、嘴座、芯套的外观质量(裂纹除外)</td><td>I</td><td>按 12.1</td></tr>
<tr><td colspan="6">注：A2、A4、B1、B2、B3 组为型式试验项目。</td></tr>
</table>

14 标识、包装及贮存

14.1 标识

包装箱上应有下列标识：

a) 制造厂名称及地址、商标；

b) 产品名称；

c) 产品型号；

d) 数量；

e) 出厂日期。

14.2 包装

14.2.1 产品可以成套包装，也可以按零件包装。

14.2.2 内包装采用塑料袋,外包装采用纸箱或木箱。

14.2.3 包装箱(袋)内应有产品合格证。

14.3 贮存

气门嘴应存放在干燥通风、防高温、防曝晒、防腐蚀、无油污的库房内,自出厂之日起贮存期不超过18个月。

附　录　A
（资料性附录）
本部分型号与国外型号对照

表 A.1 给出了本部分型号与国外型号对照一览表。

表 A.1　本部分型号与国外型号对照一览表

本部分	ISO 9413:1998	TRA(2007)	ETRTO(2007)	JATMA(2008)	图形
CQ08	CQ08	TR416S	V2.05.1	—	图 1
CR03	CR03	TR416	—	—	图 1
CR04	CR04	TR570	V3.21.4	—	图 2
CR05	CR05	TR571	V3.21.5	—	图 2
CR06	CR06	TR572	V3.21.6	—	图 2
CR07	CR07	TR573	V3.21.7	—	图 2
CR08	CR08	TR574	V3.21.8	—	图 2
CR09	CR09	TR575	V3.21.1	TR575	图 2
CR10	CR10	TR501	V3.21.2	—	图 2
CR11	CR11	TR500	V3.21.3	—	图 2
DR04	DR04	TR570C	V3.21.9	—	图 2
DR05	DR05	TR571C	V3.21.10	—	图 2
DR06	DR06	TR572C	V3.21.11	—	图 2
DR07	DR07	TR573C	V3.21.12	—	图 2
DR08	DR08	TR574C	—	—	图 2
DR09	DR09	TR509	—	—	图 3
DR10	DR10	TR510	—	—	图 3
DR11	DR11	TR511	—	—	图 3
CP01C	—	TR542	—	—	图 4
CP02C	—	TR543	—	—	图 4
CP03C	—	TR544	—	—	图 4
CP04C	—	TR545	—	—	图 4
CP05C	—	TR546	—	—	图 4
DP01C	—	TR543C	—	—	图 4
DP02C	—	TR543D	—	—	图 4
DP03C	—	TR543E	—	—	图 4
DP04C	—	TR544D	—	—	图 4
DP05C	—	TR545D	—	—	图 4
DP06C	—	TR545E	—	—	图 4
DP07C	—	TR546-36	—	—	图 4

表 A.1（续）

本部分	ISO 9413:1998	TRA(2007)	ETRTO(2007)	JATMA(2008)	图形
DP08C	—	TR546D	—	—	图 4
DP09C	—	TR546E	—	—	图 4
DP10C	—	TR547D	—	—	图 4
CP01	CP01	—	V3.20.1	V3.20.1	图 5
CP06C	—	—	V3.20.3	V3.20.3	图 5
DP01	DP01	—	V3.20.4	V3.20.4	图 5
DP02	DP02	—	V3.20.5	—	图 5
DP03	DP03	—	V3.20.6	V3.20.6	图 5
DP04	DP04	—	V3.20.7	—	图 5
DP05	DP05	—	V3.20.10	—	图 5
DP11C	—	—	V3.20.2	V3.20.2	图 5
DP12C	—	—	V3.20.8	—	图 5
DP13C	—	—	V3.20.9	—	图 5
DP14C	—	—	V3.20.12	—	图 5
CQ07	CQ07	—	V2.04.1	—	图 6
CM03C	—	TR430A	—	—	图 7
CM01	CM01	—	V1.10.1	—	图 8
CM02	CM02	—	V1.11.1	JS430	图 9
DQ01C	—	—	—	—	图 10
DQ03C	—	—	—	PVR98	图 11
DQ04C	—	—	—	—	图 11
DQ05C	—	—	—	—	图 11
CQ10C	—	—	—	PVR43A	图 12
DQ02C	—	—	—	—	图 13
CR12	CR12	TR618A	V5.01.1	TR618A	图 14
DR12	DR12	TR621A	V5.02.1	—	图 15
DR13	DR13	TR622A	V5.02.2	—	图 15
DR14	DR14	TR623A	V5.02.3	—	图 15
DR01	DR01	—	V3.12.1	—	图 16
DR02	DR02	—	V3.12.2	—	图 16

参 考 文 献

[1] ISO 9413:1998 轮胎气门嘴——尺寸和型号
[2] TRA(2007) 美国轮胎轮辋协会标准年鉴—2007
[3] ETRTO(2007) 欧洲轮胎轮辋技术组织标准手册—2007
[4] JATMA(2008) 日本机动车辆轮胎制造者协会轮胎标准年鉴—2008

ICS 83.160.01
G 41

中华人民共和国国家标准

GB 1796.5—2009
部分代替 GB 12837—1999

轮胎气门嘴
第5部分:大芯腔气门嘴

Tyre valves—Part 5:Tyre valves for large core chamber

2009-12-15 发布　　　　2010-10-01 实施

中华人民共和国国家质量监督检验检疫总局
中国国家标准化管理委员会　发布

前　言

本部分第8章为强制性的，其余为推荐性的。

GB 1796《轮胎气门嘴》分为七个部分：

——第1部分：压紧式内胎气门嘴；

——第2部分：胶座气门嘴；

——第3部分：卡扣式气门嘴；

——第4部分：压紧式无内胎气门嘴；

——第5部分：大芯腔气门嘴；

——第6部分：气门芯；

——第7部分：零部件。

本部分为GB 1796的第5部分。

本部分代替GB 12837—1999《大芯腔轮胎气门嘴》除试验方法以外的其他部分。

本部分与GB 12837—1999相比主要变化如下：

——增加了"术语和定义"(本版的第3章)；

——增加了HZ03～HZ07、JZ23、JZ01～JZ22、JZ06C和KZ04C型气门嘴及其对应的内容(前版的第4章，本版的第5章)；

——修改了部分尺寸公差(前版的第5章，本版的第6章)；

——修改了气门嘴的最大使用压力(前版的6.4，本版的8.1)；

——增加了六角螺母与嘴体或嘴座的装配扭矩(本版的第11章)；

——修改了试验方法(前版的6.6，本版的第13章)；

——修改了检验规则(前版的第7章，本版的第14章)；

——增加了资料性附录《本部分型号与国外型号对照》(见附录A)；

——增加了参考文献。

本部分的附录A为资料性附录。

本部分由中国石油和化学工业协会提出。

本部分由全国轮胎轮辋标准化技术委员会归口。

本部分负责起草单位：宁波豪锋思科汽配有限公司、山东高天金属制造有限公司。

本部分参加起草单位：杭州万通气门嘴有限公司、江阴博尔汽配工业有限公司、上海保隆汽车科技股份有限公司、江西气门芯厂。

本部分主要起草人：李云祥、李峰、顾一柱、唐建兰、王贤勇、古伟雄。

本部分所部分代替标准的历次版本发布情况为：

——GB 12837—1991、GB 12837—1999。

轮胎气门嘴
第5部分:大芯腔气门嘴

1 范围

GB 1796 的本部分规定了大芯腔气门嘴(以下简称气门嘴)的术语和定义、型号标记、结构型式、零部件的类型、结构尺寸及材料、外观、密封性、耐臭氧能力、耐腐蚀能力、六角螺母与嘴体或嘴座的装配扭矩、ZK01 型嘴座、试验方法、检验规则、标识、包装和贮存。

本部分适用于重型自卸车、装载机、挖掘机、铲运机、压路机和平地机等大型工程机械充气轮胎用气门嘴。

2 规范性引用文件

下列文件中的条款通过 GB 1796 的本部分的引用而成为本部分的条款。凡是注日期的引用文件,其随后所有的修改单(不包括勘误的内容)或修订版均不适用于本部分,然而,鼓励根据本部分达成协议的各方研究是否可使用这些文件的最新版本。凡是不注日期的引用文件,其最新版本适用于本部分。

GB 1796.2 轮胎气门嘴 第2部分:胶座气门嘴(GB 1796.2—2008,ISO 9413:1998,Tyre valves—Dimensions and designation,NEQ)

GB 1796.6 轮胎气门嘴 第6部分:气门芯(GB 1796.6—2008,ISO 9413:1998,Tyre valves—Dimensions and designation,NEQ)

GB 1796.7 轮胎气门嘴 第7部分:零部件

GB/T 2828.1—2003 计数抽样程序 第1部分:按接收质量限(AQL)检索的逐批检验抽样计划(ISO 2859-1:1999,IDT)

GB 9764 轮胎气门嘴芯腔(GB 9764—1997,neq ISO 7442:1982;ISO 6762:1982)

GB 9765 轮胎气门嘴螺纹(GB 9765—2009,ISO 4570:2002,MOD)

GB/T 9766.2 轮胎气门嘴试验方法 第2部分:胶座气门嘴试验方法

GB/T 9766.5 轮胎气门嘴试验方法 第5部分:大芯腔气门嘴试验方法

GB/T 9766.7 轮胎气门嘴试验方法 第7部分:零部件试验方法

GB/T 12839 轮胎气门嘴术语及其定义(GB/T 12839—2005,ISO 3877-2:1997,Tyres,valves and tubes—List of equivalent terms—Part 2:Tyre valves,NEQ)

GB/T 21285 轮胎气门嘴及其零部件的标识方法(GB/T 21285—2007,ISO 10475:1992,Valves for tubeless tyres and valves for tubes—Identification system for valves and their components,MOD)

3 术语和定义

GB/T 12839 确立的以及下列术语及其定义适用于本部分。

3.1

接套 Adaptor

连接气门嘴嘴体和嘴座的零部件。

4 型号标记

产品型号标记应符合 GB/T 21285 的规定。本部分的型号与国外标准的型号对照参见附录 A。

5 结构型式

5.1 内胎气门嘴应符合表 1 和图 1、图 2 的规定。

表 1

型　　号	图形	气门嘴孔直径或槽宽/mm	主要用途(参考)
HZ03～HZ07、JZ23～JZ27	图 1	19	工程机械轮胎
KZ01～KZ03、KZ04C、MZ01～MZ04	图 2	20.5	
JZ01～JZ22、JZ06C、HZ01			

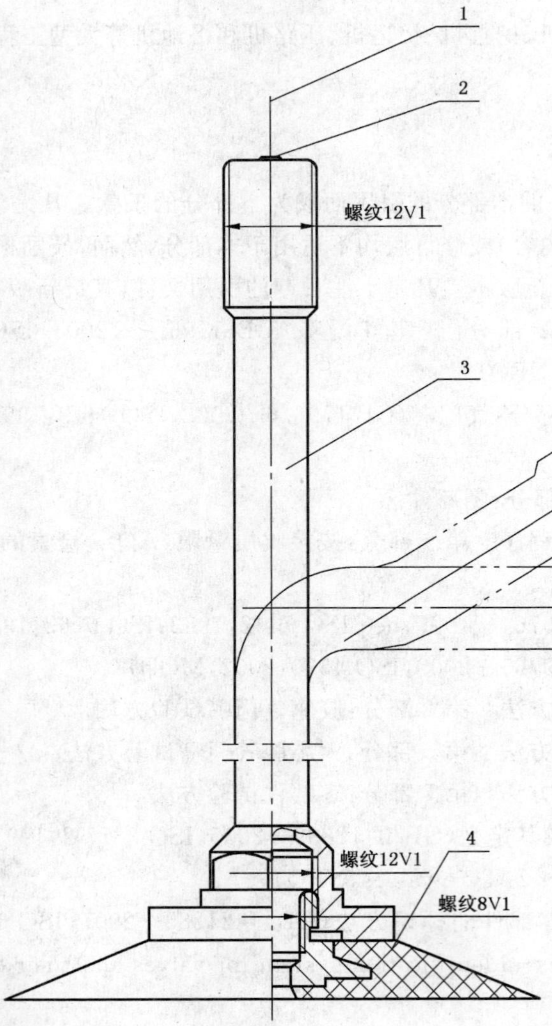

1——I04 或 I05 或 I06 型防护帽；

2——H02 型气门芯；

3——HZ03～HZ07、JZ23～JZ27 型嘴体；

4——ZK01 型嘴座。

图 1　HZ03～HZ07、JZ23～JZ27 型气门嘴

1——KZ01～KZ03、KZ04C、MZ01～MZ04 型嘴体；
2——JZ01～JZ22、JZ06C 型嘴体；
3——I04 或 I05 或 I06 型防护帽；
4——H02 型气门芯；
5——HZ01 型嘴体；
6——L01 型接套；
7——ZK01 型嘴座。

图 2　KZ01～KZ03、KZ04C、MZ01～MZ04、JZ01～JZ22、JZ06C、HZ01 型内胎气门嘴组装图

5.2 无内胎气门嘴应符合表 2 和图 3～图 6 的规定。

表 2

型号	图形	气门嘴孔直径/mm	主要用途(参考)
KZ01～KZ03、KZ04C、MZ01～MZ04	图 3	20.5	工程机械轮胎
JZ01～JZ22、JZ06C、HZ01			
KS01、KS02	图 4		
LS01～LS05	图 5		
JS01C～JS03C	图 6		

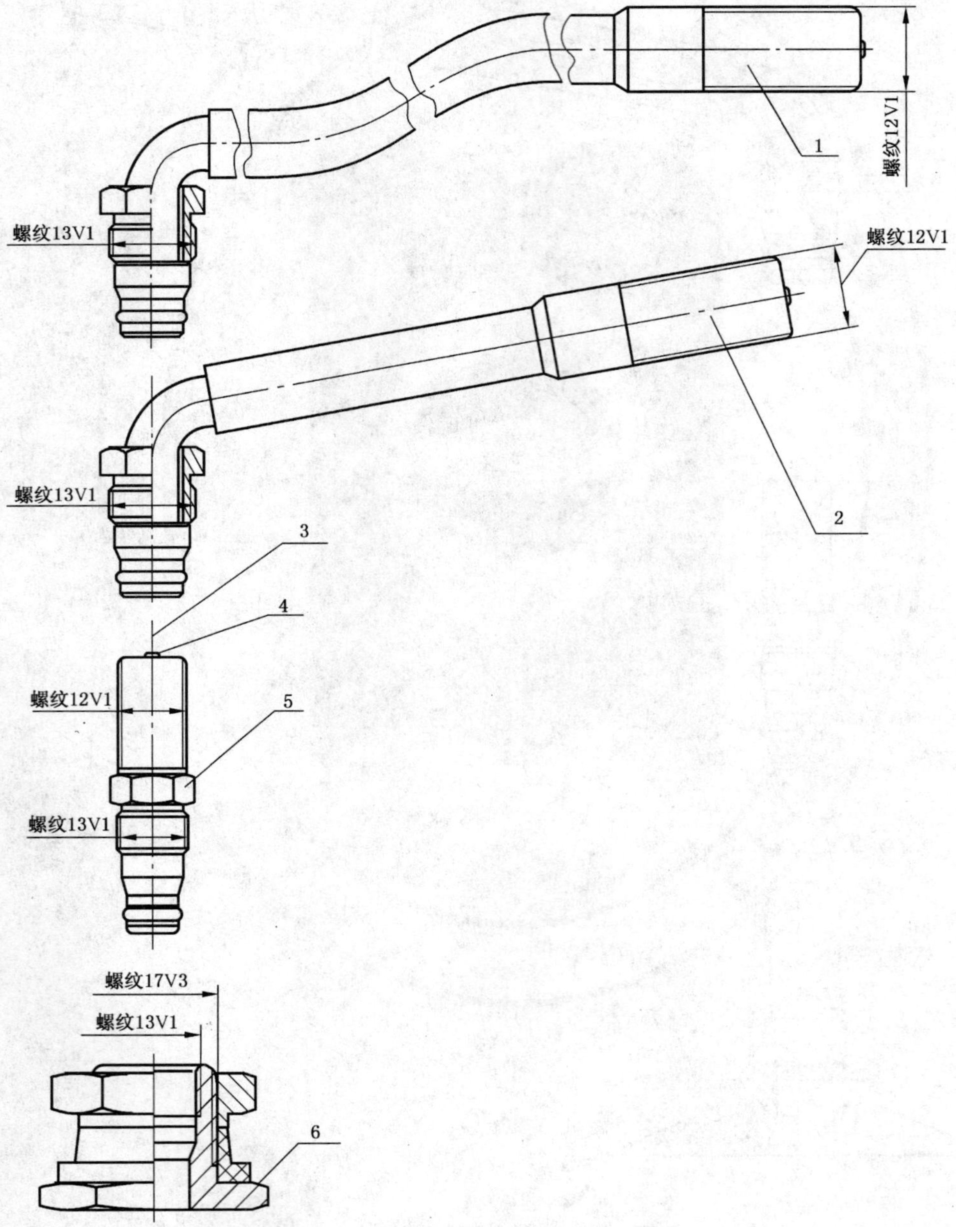

1——KZ01～KZ03、KZ04C、MZ01～MZ04 型嘴体；
2——JZ01～JZ22、JZ06C 型嘴体；
3——I04 或 I05 或 I06 型防护帽；
4——H02 型气门芯；
5——HZ01 型嘴体；
6——ZS01 型嘴座。

图 3 KZ01～KZ03、KZ04C、MZ01～MZ04、JZ01～JZ22、JZ06C、HZ01 型无内胎气门嘴组装图

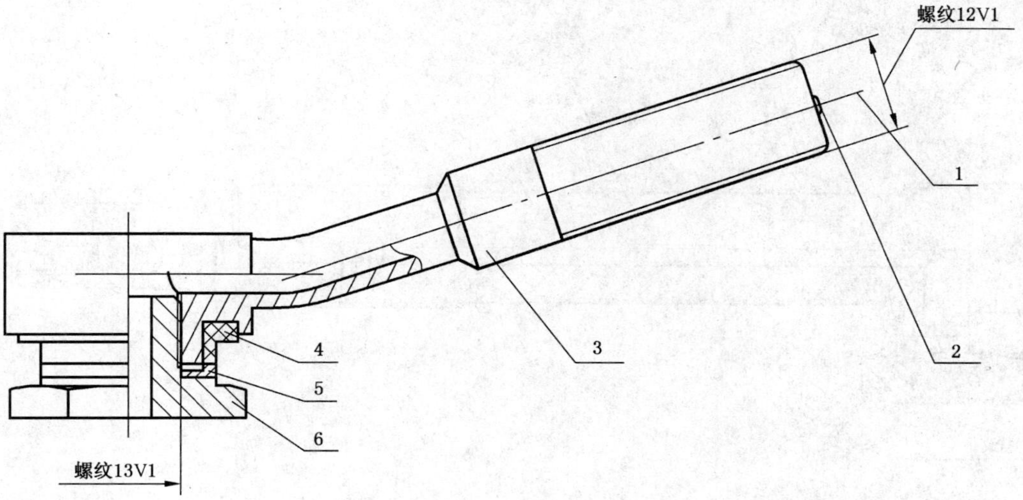

1——I04 或 I05 或 I06 型防护帽；
2——H02 型气门芯；
3——KS01、KS02 型嘴体；
4——B08 型密封垫；
5——D15C 型垫片；
6——G01 型螺座。

图 4　KS01、KS02 型气门嘴

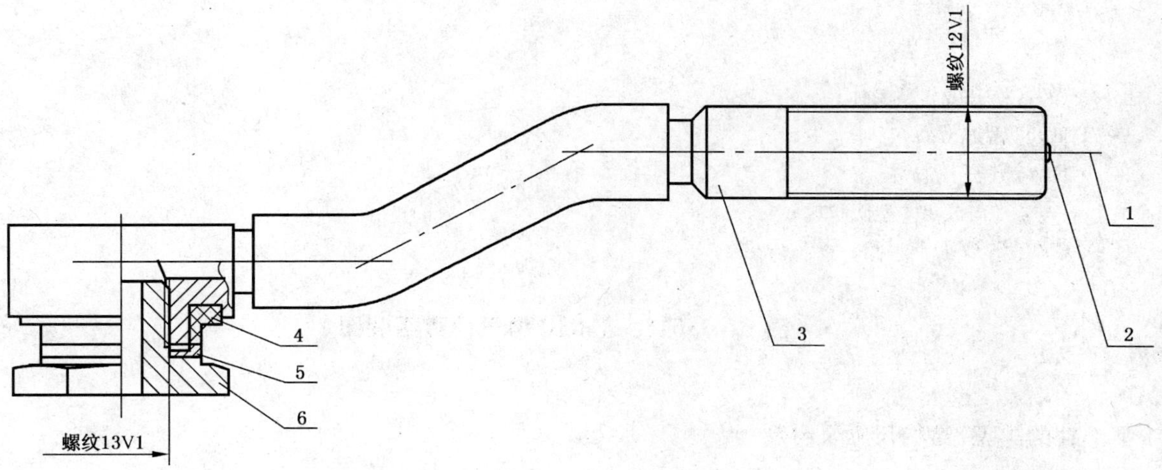

1——I04 或 I05 或 I06 型防护帽；
2——H02 型气门芯；
3——LS01～LS05 型嘴体；
4——B08 型密封垫；
5——D15C 型垫片；
6——G01 型螺座。

图 5　LS01～LS05 型气门嘴

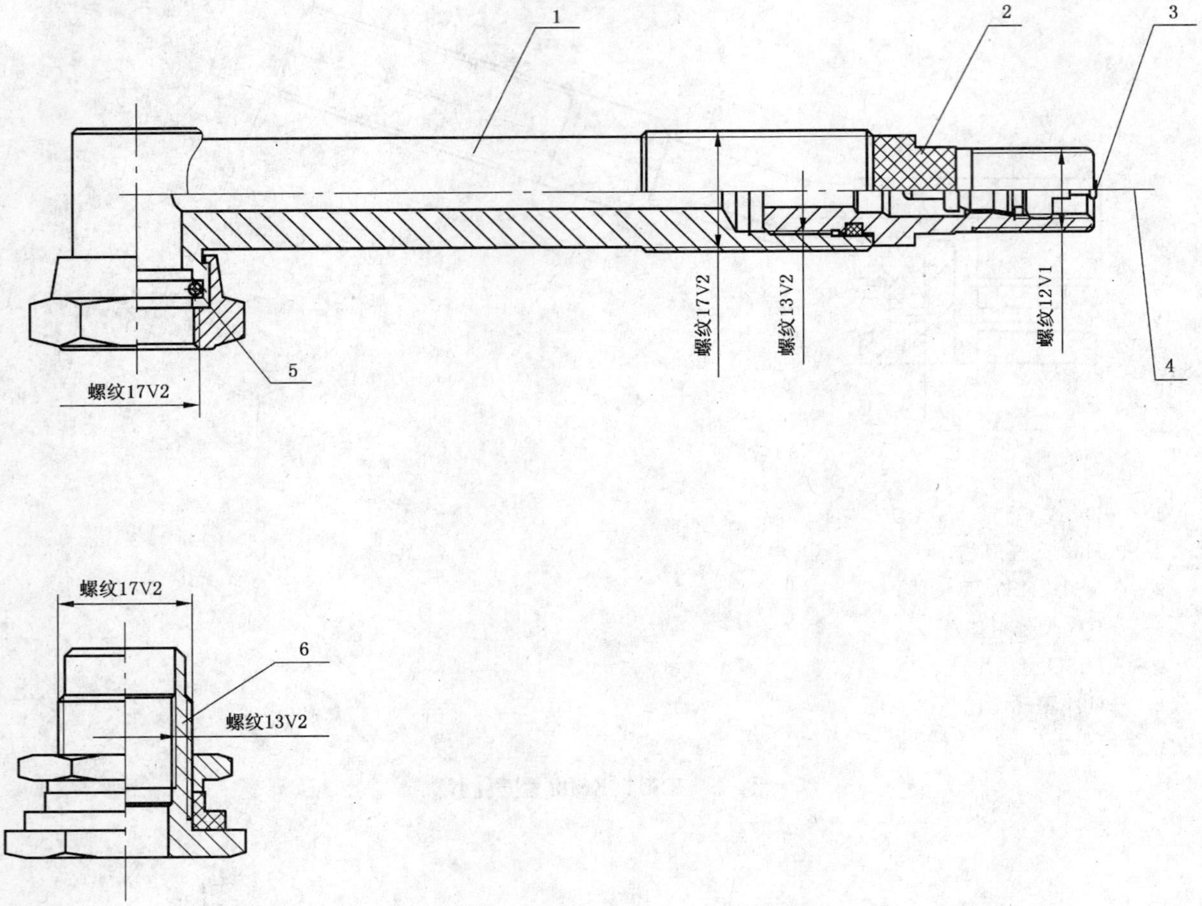

1——JS01C～JS03C 型嘴体；
2——HZ02 型芯套；
3——H02 型气门芯；
4——I04 或 I05 或 I06 型防护帽；
5——C09C 型 O 形密封圈；
6——ZS02 型嘴座。

图 6　JS01C～JS03C 型气门嘴组装图

6　零部件的类型、结构尺寸及材料

6.1　嘴体

嘴体的类型、结构尺寸应符合图 7～图 14 的规定；嘴体材料为黄铜或其他金属材料和橡胶。

单位为毫米

型号	A/mm	J/mm
HZ03	49	37
HZ04	106	19
HZ05	134	19
HZ06	147	19
HZ07	163	19

型号	A1/mm	B/mm	J/mm	α/(°)
JZ23	52	59	19	90
JZ24	35	76	19	88
JZ25	35	105	19	88
JZ26	35	117	19	82
JZ27	35	133	19	88

[a] 双弯时气门芯要求尺寸。

图 7　HZ03～HZ07、JZ23～JZ27 型嘴体

单位为毫米

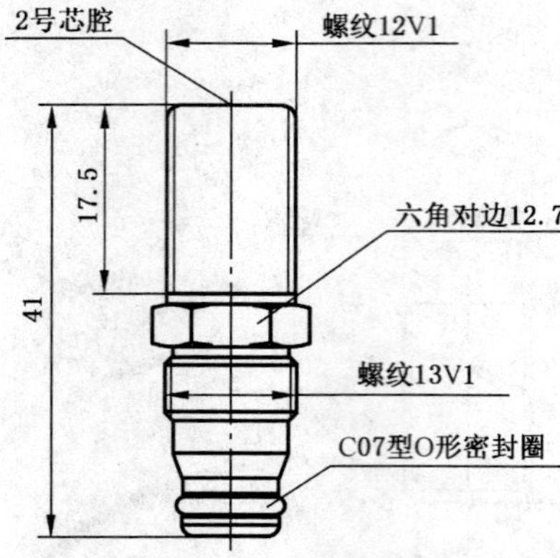

图 8　HZ01 型嘴体

单位为毫米

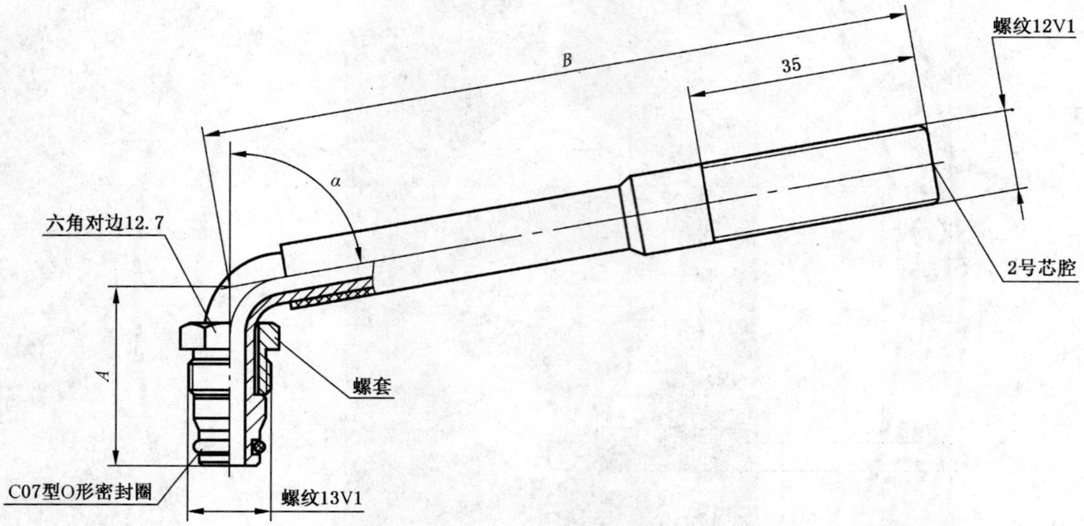

型号	A/mm	B/mm	α/(°)
JZ01	27	79	80
JZ02	32	119	90
JZ03	27	140	86
JZ04	27	64	80
JZ05	27	79	60
JZ06	27	79	74
JZ07	67	94	90
JZ08	27	102	80
JZ09	27	140	80
JZ10	48	89	90
JZ11	48	222	90
JZ12	27	64	90
JZ06C	27	232	74

型号	A/mm	B/mm	α/(°)
JZ13	27	64	90
JZ14	27	102	90
JZ15	27	114	90
JZ16	27	152	90
JZ17	27	191	90
JZ18	27	203	90
JZ19	27	229	90
JZ20	27	254	90
JZ21	27	305	90
JZ22	27	762	90

图 9　JZ01～JZ22、JZ06C 型嘴体

单位为毫米

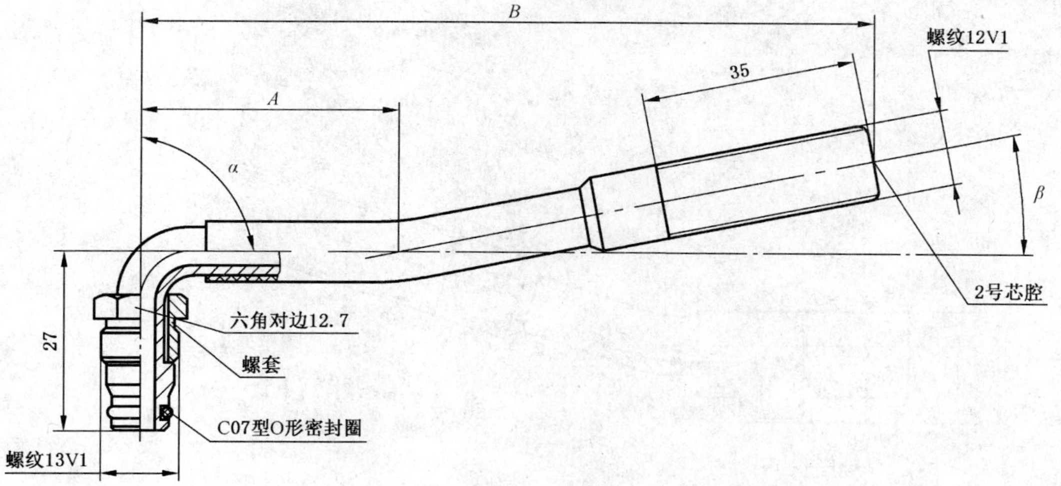

型号	A/mm	B/mm	α/(°)	β/(°)
KZ01	48	114	82	8
KZ02	102	222	90	13
KZ03	76	191	90	11
KZ04C	85	229	74	11

图 10　KZ01～KZ03、KZ04C 型嘴体

单位为毫米

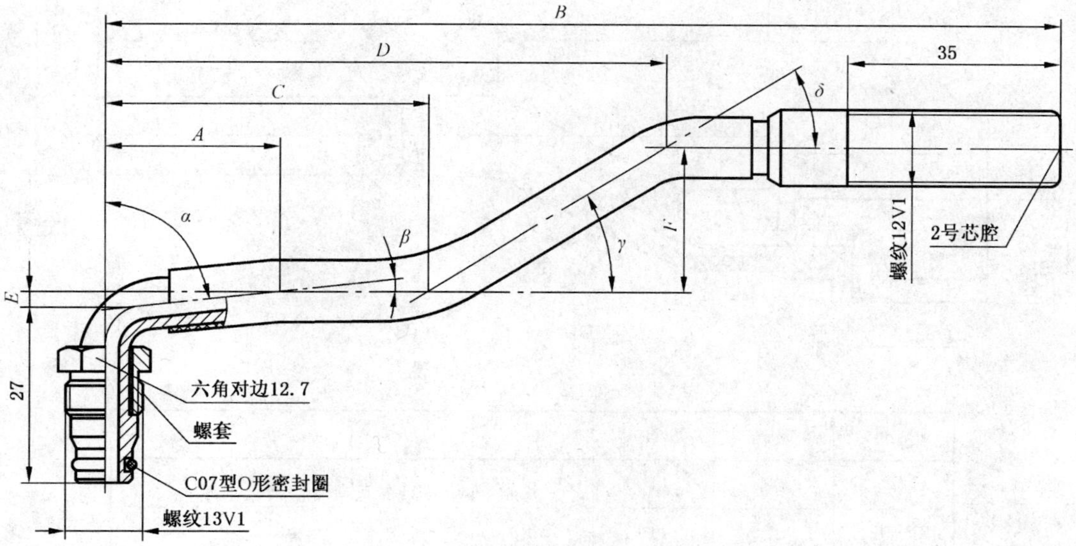

型号	A/mm	B/mm	C/mm	D/mm	E/mm	F/mm	α/(°)	β/(°)	γ/(°)	δ/(°)
MZ01	—	356	114	149	—	13	90	—	20	20
MZ02	—	635	51	152	—	14	90	—	8	8
MZ03	—	813	51	151	—	24	90	—	13	13
MZ04	83	511	111	158	9	28.5	84	6	31	31

图 11　MZ01～MZ04 型嘴体

单位为毫米

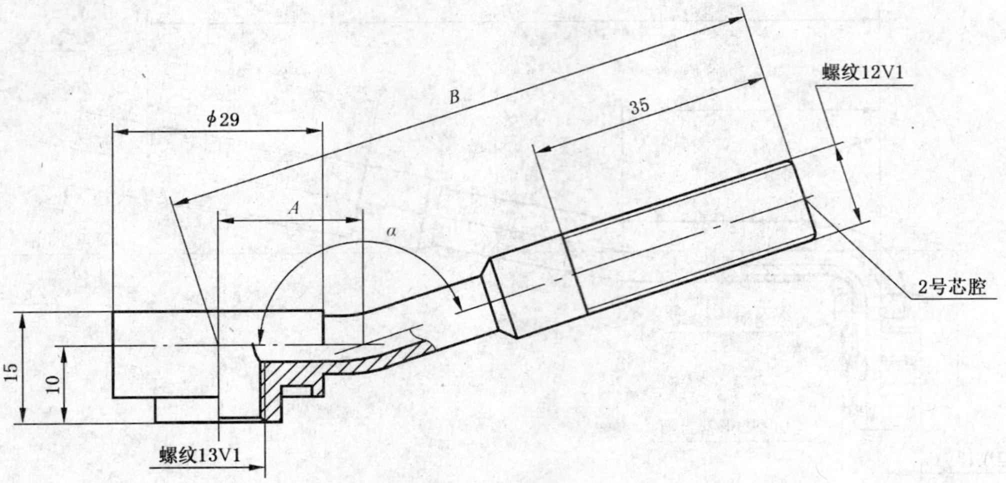

型号	A/mm	B/mm	α/(°)
KS01	16	84	162
KS02	20	89	152

图 12 KS01、KS02 型嘴体

单位为毫米

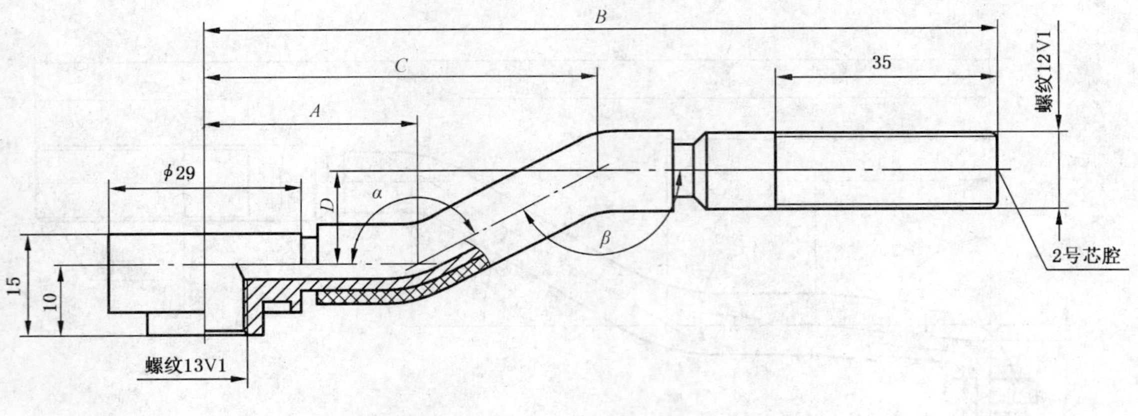

型号	A	B	C	D	α/(°)	β/(°)
LS01	32	119	59	14	152	152
LS02	32	119	59	14	162	162
LS03	22	127	62	25	120	120
LS04	21	105	56	25	130	130
LS05	27	108	52	23	138	138

图 13 LS01～LS05 型嘴体

单位为毫米

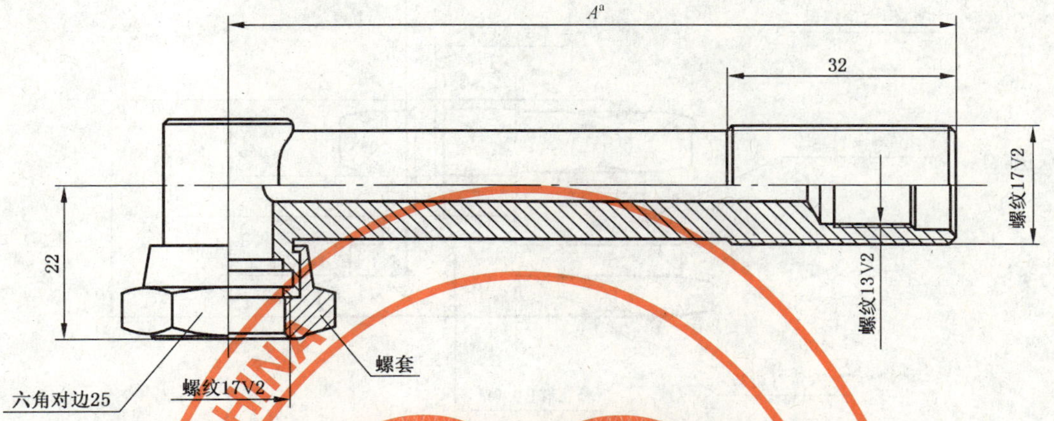

型号	A/mm
JS01C	107
JS02C	132
JS03C	157

[a] 有效长度尺寸 A 根据需要可按 25.4 递增，型号依次顺排。

图 14　JS01C～JS03C 型嘴体

6.2　**垫片**

垫片的类型、结构尺寸及材料应符合 GB 1796.7 的规定。

6.3　**螺母**

螺母的类型、结构尺寸及材料应符合 GB 1796.7 的规定。

6.4　**防护帽**

防护帽的类型、结构尺寸及材料应符合 GB 1796.7 的规定。

6.5　**嘴座**

嘴座的类型、结构尺寸应符合图 15～图 18 的规定；嘴座的材料为黄铜或其他金属材料和橡胶。

单位为毫米

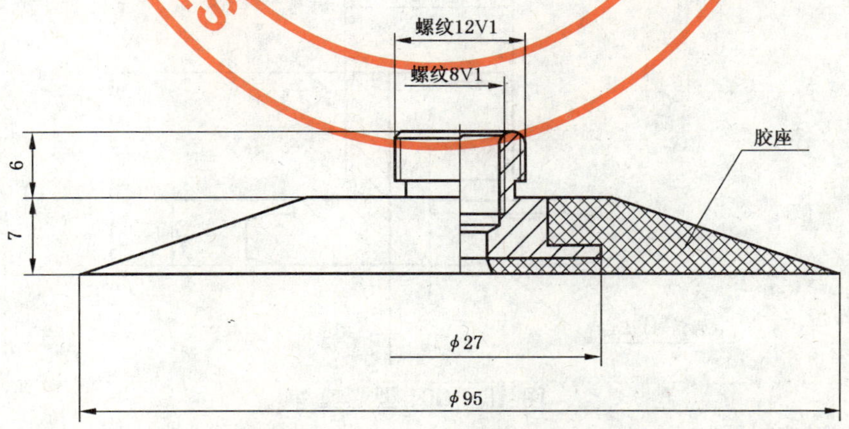

图 15　ZK01 型嘴座

单位为毫米

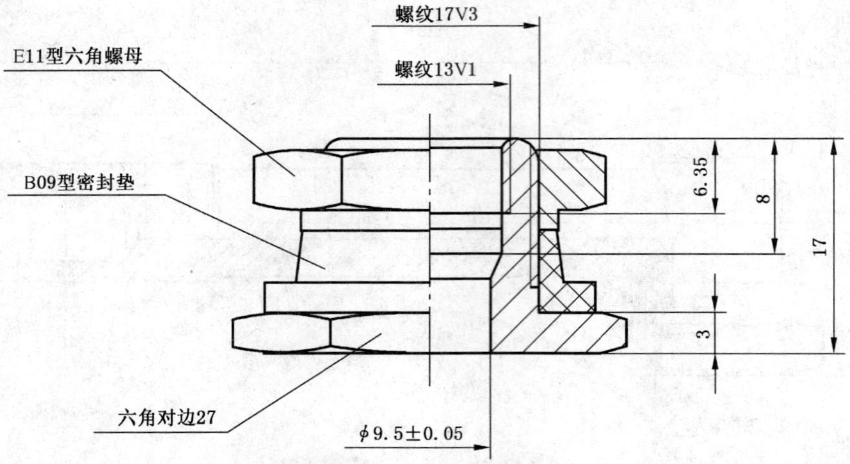

图 16 ZS01 型嘴座

单位为毫米

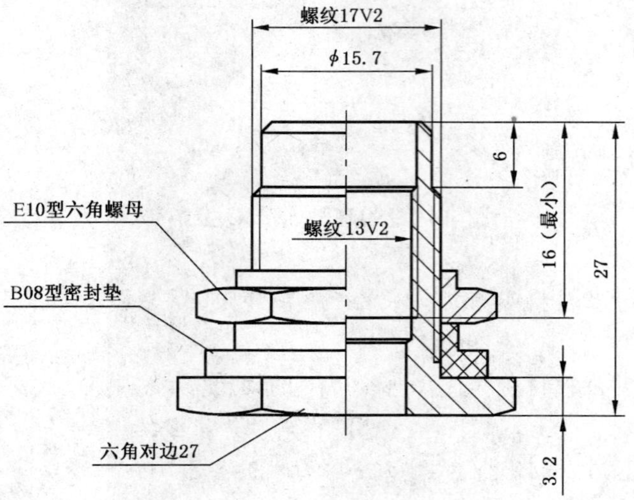

图 17 ZS02 型嘴座

单位为毫米

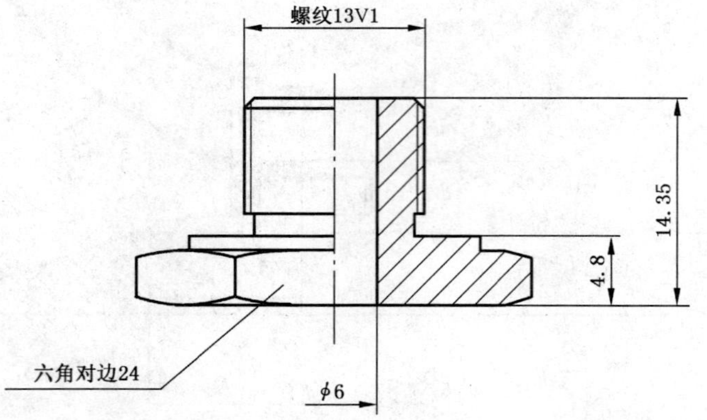

图 18 G01 型螺座

6.6 密封垫及 O 形密封圈

密封垫及 O 形密封圈的类型、结构尺寸及材料应符合 GB1796.7 的规定。

6.7 芯套

HZ02 型芯套的类型、结构尺寸应符合图 19 的规定；芯套的材料为黄铜或其他金属材料和橡胶。

单位为毫米

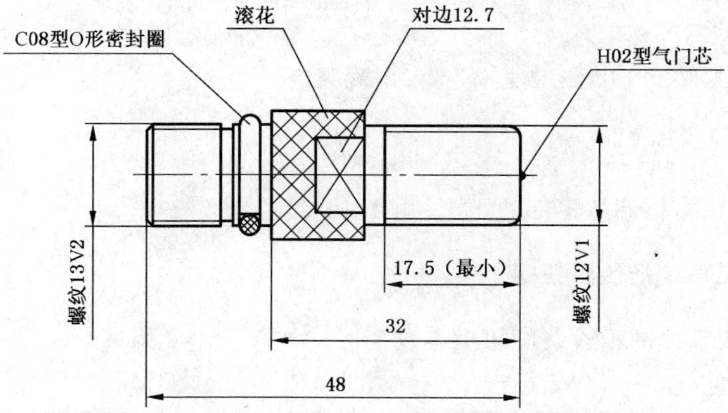

图 19 **HZ02** 型芯套

6.8 接套

L01 型接套的类型、结构尺寸应符合图 20 的规定；接套的材料为黄铜或其他金属材料。

单位为毫米

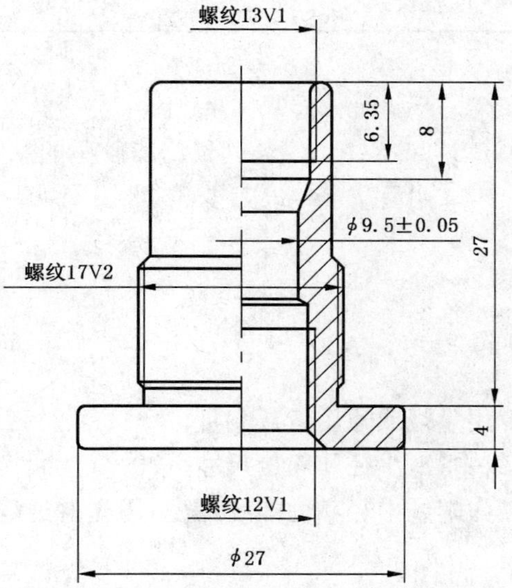

图 20 L01 型接套

6.9 气门芯

气门芯应符合 GB 1796.6 的规定。

6.10 芯腔

嘴体及芯套的芯腔应符合 GB 9764 的规定。

6.11 螺纹

螺纹的牙型、极限尺寸及公差应符合 GB 9765 的规定。

7 外观

气门嘴各零件表面不得有油污、锈蚀、裂纹及其他影响使用性能的缺陷，金属零件表面应有防腐处理。

8 密封性

8.1 气门嘴的最大使用压力：内胎气门嘴为 1 050 kPa；无内胎气门嘴为 1 400 kPa。

8.2 气门嘴在使用压力下，在温度为－40 ℃～100 ℃应保证整个气门嘴的密封性。

9 耐臭氧能力

耐臭氧试验后，密封垫和O形密封圈不允许出现裂纹。

10 耐腐蚀能力

经盐雾试验后，可正常拆卸各零部件。

11 六角螺母与嘴体或嘴座的装配扭矩

六角螺母与嘴体或嘴座的推荐装配扭矩见表3。

表3

型　号	推荐装配扭矩
KZ01～KZ03、KZ04C、MZ01～MZ04、JZ01～JZ22、JZ06C、HZ01	8 N·m～10 N·m
KS01、KS02、LS01～LS05、ZS01、ZS02	20 N·m～23 N·m
JS01C～JS03C	3 N·m～4 N·m
HZ02	1 N·m

12 ZK01型嘴座

ZK01型嘴座的胶座应符合GB 1796.2中CG系列气门嘴胶座的规定。

13 试验方法

13.1 外观

目测检验。

13.2 喉部直径和圆锥面位置

喉部直径和圆锥面位置，用专用量规或通用量具测量。

13.3 外螺纹的中径、大径；内螺纹中径、小径和深度尺寸

用螺纹通规测量外螺纹中径、内螺纹中径和内螺纹深度，用光滑通规，光滑止规或通用量具测量外螺纹大径和内螺纹小径。

13.4 ZK01型嘴座的胶座

按GB/T 9766.2 CG系列气门嘴胶座的试验方法进行。

13.5 耐臭氧能力

密封垫和O形密封圈的耐臭氧能力试验按GB/T 9766.7的规定。

13.6 其他试验方法

其他试验方法按照GB/T 9766.5的规定。

14 检验规则

14.1 气门嘴的抽样程序及其实施应符合GB/T 2828.1—2003的规定。

14.1.1 同型号气门嘴的一个入库批或发货批为一个检查批。

14.1.2 按质量特性的重要性把不合格分为A类不合格、B类不合格和C类不合格。各类项目又分为若干个检查组（见表4）。

14.1.3 各检查组的接收质量限（AQL）（用每百单位产品不合格品数表示）和检查水平（IL）见表4。

14.2 按表4的检查分组分别实施检验，判定合格或不合格。

表 4

不合格分类	检查分组	项　目	AQL	IL	检验方法
A类不合格	A1	8 嘴体与气门芯的室温密封性	0.65	S-2	按 GB/T 9766.5
	A2	8 气门嘴与气门芯的高、低温密封性			
	A3	8 气门嘴与气门嘴孔的室温密封性			
	A4	8 气门嘴与气门嘴孔的高、低温密封性			
	A5	6.1 嘴体裂纹	1.0	I	按 13.1
	A6	6.5 嘴座裂纹			
	A7	6.7 芯套裂纹			
B类不合格	B1	9 耐臭氧能力	4.0	S-2	按 GB/T 9766.7
	B2	10 耐腐蚀能力			按 GB/T 9766.5
	B3	6.10 芯腔锥孔位置尺寸		I	按 13.2
	B4	6.10 芯腔喉径尺寸			
	B5	6.11 嘴体与嘴座、螺座、接套、芯套或气门芯连接的螺纹中径、大径			按 13.3
	B6	6.11 嘴座、螺座和接套中与嘴体、螺母或接套连接的螺纹中径、大径			
	B7	6.11 芯套与嘴体连接的螺纹中径、大径			
	B8	11 六角螺母与嘴体或嘴座的装配扭矩			按 GB/T 9766.5
C类不合格	C1	7 规定的外观质量(裂纹除外)	10		按 13.1

注：A2、A4、B1、B2、B8 检验分组为型式试验项目。

14.3　逐批检查后的处置应按照 GB/T 2828.1—2003 的规定。

14.4　ZK01 型嘴座的胶座检验规则应符合 GB 1796.2 的规定。

15　标识、包装和贮存

15.1　标识

气门嘴包装箱上应有下列标识：

a)　制造厂名称及地址、商标；

b)　产品名称；

c)　产品型号；

d)　数量；

e)　出厂日期。

15.2　包装

15.2.1　产品可以成套包装，也可以按零件包装。

15.2.2　内包装采用塑料袋，外包装采用纸箱或木箱。

15.2.3　包装箱(袋)内应有产品合格证。

15.3　贮存

气门嘴应存放在干燥通风、防高温、防暴晒、防腐蚀、无油污的库房内，自出厂之日起贮存期不超过12 个月，ZK01 型嘴座不超过 6 个月。

附 录 A
（资料性附录）
本部分型号与国外型号对照

表 A.1 给出了本部分型号与国外型号对照一览表。

表 A.1 本部分型号与国外型号对照

本部分型号	ISO 9413:1998	TRA(2008)	ETRTO(2008)	JATMA(2008)	图形
HZ 03	HZ 03	TR J1014A		TR J1014	图 1
HZ 04	HZ 04	TR J1076A			
HZ 05	HZ 05	TR J1175A			
HZ 06	HZ 06	TR J1078A			
HZ 07	HZ 07	TR J1179A			
JZ 01	JZ 01	TR J650	V5.04.1	TR J650	图 2、图 3
JZ 02	JZ 02	TR J651	V5.04.2		
JZ 03	JZ 03	TR J652			
JZ 04	JZ 04	TR J653			
JZ 05	JZ 05	TR J654			
JZ 06	JZ 06	TR J655			
JZ 07	JZ 07	TR J656			
JZ 08	JZ 08	TR J657			
JZ 09	JZ 09	TR J658			
JZ 10	JZ 10	TR J659			
JZ 11	JZ 11	TR J660			
JZ 12	JZ 12	TR J669			
JZ 13	JZ 13	TR J4000.2½		TR J4000-K	
JZ 14	JZ 14	TR J4000.4			
JZ 15	JZ 15	TR J4000.4½			
JZ 16	JZ 16	TR J4000.6			
JZ 17	JZ 17	TR J4000.7½			
JZ 18	JZ 18	TR J4000.8			
JZ 19	JZ 19	TR J4000.9			
JZ 20	JZ 20	TR J4000.10			
JZ 21	JZ 21	TR J4000.12			
JZ 22	JZ 22	TR J4000.30			

表 A.1（续）

本部分型号	ISO 9413:1998	TRA(2008)	ETRTO(2008)	JATMA(2008)	图形
JZ 23	JZ 23	TR J1076D			图 1
JZ 24	JZ 24	TR J1076E			
JZ 25	JZ 25	TR J1175C		JSJ1175	
JZ 26	JZ 26	TR J1078B			
JZ 27	JZ 27	TR J1179B			
JZ 06C		TR J655L			图 2、图 3
KZ 01	KZ 01	TR J661			
KZ 02	KZ 02	TR J664			
KZ 03	KZ 03	TR J667			
KZ 04C		TR J668			
MZ 01	MZ 01	TR J662			
MZ 02	MZ 02	TR J663			
MZ 03	MZ 03	TR J665			
MZ 04	MZ 04	TR J666			
HZ 01	HZ 01	TR J670	V5.03.1	TR J670	
KS 01	KS 01	TR J691	V5.09.1		图 4
KS 02	KS 02	TR J694			
LS 01	LS 01	TR J690	V5.05.1	TR J690	图 5
LS 02	LS 02	TR J692			
LS 03	LS 03	TR J693	V5.05.2		
LS 04	LS 04	TR J695			
LS 05	LS 05	TR J696			
JS 01C		TR L850-5½		TR L850-K	图 6
JS 02C		TR L850-6½			
JS 03C		TR L850-7½			

参 考 文 献

[1] ISO 9413:1998 轮胎气门嘴——尺寸和型号
[2] TRA(2008) 美国轮胎轮辋协会标准年鉴—2008
[3] ETRTO(2008) 欧洲轮胎轮辋技术组织标准手册—2008
[4] JATMA(2008) 日本机动车辆轮胎制造者协会轮胎标准年鉴—2008
[5] ISO TC31/SC9 WG7 压紧式无内胎轮胎气门嘴试验方法 草案

ICS 83.160.01
G 41

GB

中华人民共和国国家标准

GB 1796.7—2009
部分代替 GB 1796—1996,GB 12836.1—1999,GB 12836.2—2003,GB 12837—1999

STANDARDS PRESS OF CHINA

轮胎气门嘴 第7部分:零部件

Tyre valves—Part 7:Components

2009-12-15 发布　　　　2010-10-01 实施

中华人民共和国国家质量监督检验检疫总局
中国国家标准化管理委员会　发布

前　言

本部分第7章为强制性的，其余为推荐性的。

GB 1796《轮胎气门嘴》分为七个部分：

——第1部分：压紧式内胎气门嘴；

——第2部分：胶座气门嘴；

——第3部分：卡扣式气门嘴；

——第4部分：压紧式无内胎气门嘴；

——第5部分：大芯腔气门嘴；

——第6部分：气门芯；

——第7部分：零部件。

本部分为GB 1796的第7部分。

本部分代替GB 1796—1996《轮胎气门嘴》、GB 12836.1—1999《无内胎气门嘴　第1部分：卡扣式气门嘴》、GB 12836.2—2003《无内胎气门嘴　第2部分：压紧式气门嘴》和GB 12837—1999《大芯腔轮胎气门嘴》中的零部件部分。

本部分与GB 1796—1996、GB 12836.1—1999、GB 12836.2—2003及GB 12837—1999相比主要变化如下：

——增加了"术语和定义"(本版的第3章)；

——增加了零部件的规格型号(GB 1796—1996的第5章，本版的第5章；GB 12836.1—1999的第5章，本版的第5章；GB 12836.2—2003的第5章，本版的第5章；GB 12837—1999的第5章，本版的第5章)；

——删除了QD5型垫片和C型防护帽(GB 1796—1996的第5章，本版的第5章)；

——增加了密封垫和O形密封圈的耐臭氧能力要求(本版的第7章)；

——增加了六角螺母的装配扭矩(本版的第8章)；

——增加了密封帽的密封性要求(本版的第9章)；

——修改了螺纹的检查方法(GB 1796—1996的表6，本版的10.2；GB 12836.1—1999的表1，本版的10.2；GB 12836.2—2003的表8，本版的10.2；GB 12837—1999的表14，本版的10.2)；

——修改了检验规则(GB 1796—1996的第7章，本版的第11章；GB 12836.1—1999的第8章，本版的第11章；GB 12836.2—2003的第8章，本版的第11章；GB 12837—1999的第7章，本版的第11章)；

——增加了资料性附录"本部分型号与国外型号对照"(本版的附录A)。

本部分的附录A为资料性附录。

本部分由中国石油和化学工业协会提出。

本部分由全国轮胎轮辋标准化技术委员会归口。

本部分负责起草单位：山东高天金属制造有限公司、宁波市鄞州曙光机电有限公司。

本部分参加起草单位：上海保隆汽车科技股份有限公司、高密市同创汽车配件有限公司、天津自行车二厂二分厂、宁波四明汽配有限公司、江阴博尔汽配工业有限公司、高密市飞马气门嘴厂。

本部分主要起草人：李峰、张浩波、王贤勇、李健、刘海彦、毛乾方、唐建兰、李红。

本部分所部分代替标准的历次版本发布情况为：

——GB 1796—1979、GB 1796—1988、GB 1796—1996；

——GB 12836.1—1991、GB 12836.1—1999；

——GB 12836.2—2003；

——GB 12837—1991、GB 12837—1999。

轮胎气门嘴
第 7 部分:零部件

1 范围

GB 1796 的本部分规定了轮胎气门嘴零部件(以下简称零部件)的术语和定义、型号标记、类型、结构尺寸及材料、外观、耐臭氧能力、六角螺母的装配扭矩、密封帽的密封性、试验方法、检验规则和标识、包装及贮存。

本部分适用于轮胎气门嘴用零部件。

2 规范性引用文件

下列文件中的条款通过 GB 1796 的本部分的引用而成为本部分的条款。凡是注日期的引用文件,其随后所有的修改单(不包括勘误的内容)或修订版均不适用于本部分,然而,鼓励根据本部分达成协议的各方研究是否可使用这些文件的最新版本。凡是不注日期的引用文件,其最新版本适用于本部分。

GB/T 2828.1—2003 计数抽样检验程序 第 1 部分:按接收质量限(AQL)检索的逐批检验抽样计划(ISO 2859-1:1999,IDT)

GB 9765 轮胎气门嘴螺纹(GB 9765—2009,ISO 4570:2002,MOD)

GB/T 9766.7 轮胎气门嘴试验方法 第 7 部分:零部件试验方法

GB/T 12839 轮胎气门嘴术语及其定义(GB/T 12839—2005,ISO 3877-2:1997,Tyres,valves and tubes—List of equivalent terms—Part 2:Tyre valves,NEQ)

GB/T 21285 轮胎气门嘴及其零部件的标识方法(GB/T 21285—2007,ISO 10475:1992,Valves for tubeless tyres and valves for tubes—Identification system for valves and their components,MOD)

3 术语和定义

GB/T 12839 确立的术语和定义适用于本部分。

4 型号标记

零部件的型号标记应符合 GB/T 21285 的规定。本部分的型号与国外标准的型号对照参见附录 A。

5 类型、结构尺寸及材料

5.1 密封垫

密封垫的材料为橡胶,密封垫的类型、结构尺寸应符合图 1～图 5 的规定。

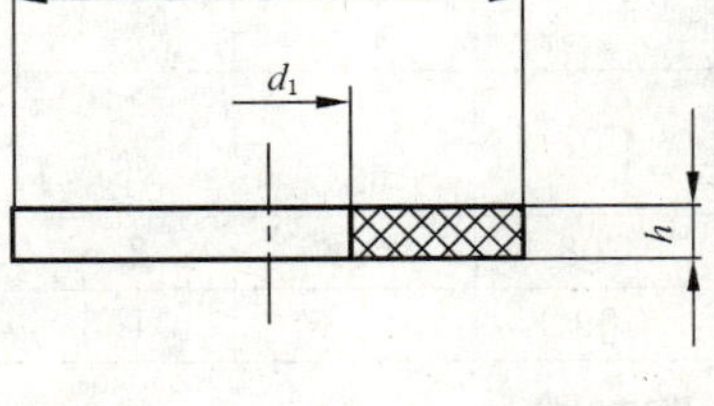

型号	d_1/mm	d_2/mm	h/mm
B02	8	24	2.5
B01C	7	16	3.5

图 1 B02、B01C 型密封垫

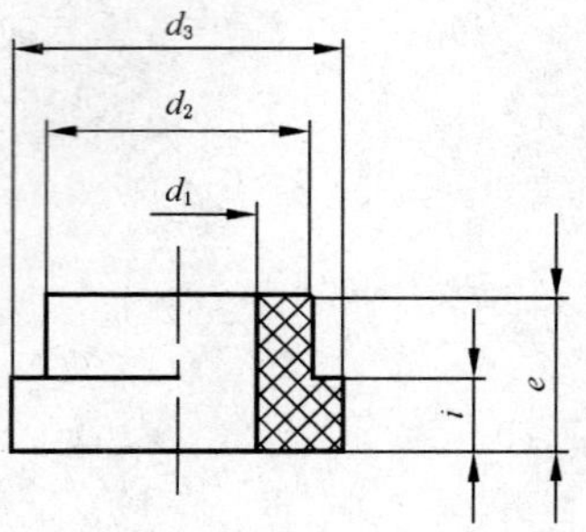

型号	d_1/mm	d_2/mm	d_3/mm	e/mm	i/mm
B01	7	10	13.5～14	5	4
B04	10	15.7	17.8	7.9	2.3
B05	10	11.3	16	6	3
			16.5	6.4	
B07	12	15.7	22	8.6	3
			22.4	9	3.3
B08	17.1	20.5	25.4	4.8	2.3
			26	5	3
B09	17.1	20.5	25	6	2
			25.4	6.5	2.4
B03C	7	11.3	16	5.5	2.5

图 2　B01、B04、B05、B07、B08、B09、B03C 型密封垫

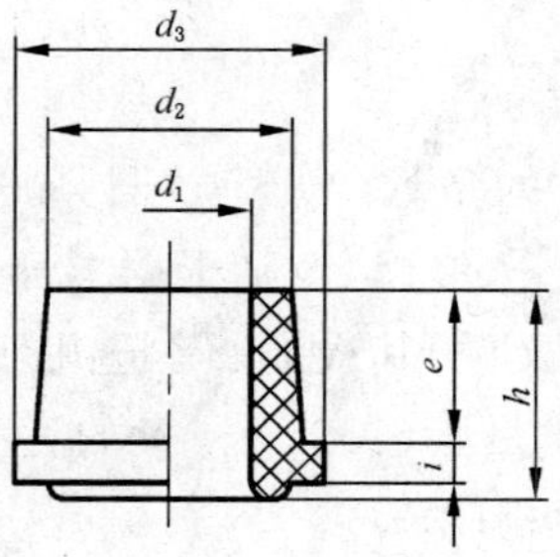

型号	d_1/mm	d_2/mm	d_3/mm	e/mm	i/mm	h/mm
B03	10	15	19	9.5	2.3～2.5	12～13
B04C	7	11	16	3	2.5	6.5
B05C	9	11	15	2.5	2	5.5
B06C	7	10.5	14	2	3	5.5

图 3　B03、B04C～B06C 型密封垫

单位为毫米

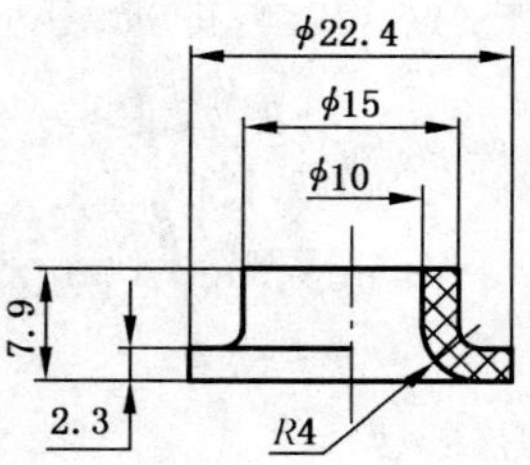

图 4　B06 型密封垫

单位为毫米

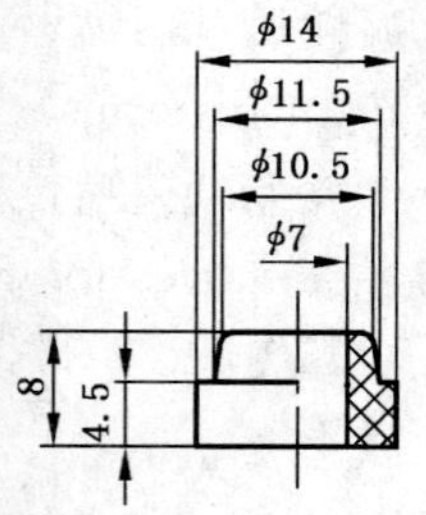

图 5　B07C 型密封垫

5.2　O 形密封圈

O 形密封圈的材料为橡胶，O 形密封圈的类型、结构尺寸应符合图 6 的规定。

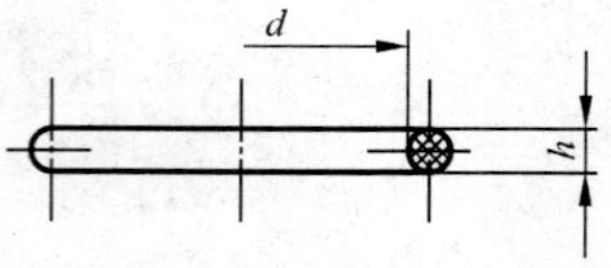

型号	d/mm	h/mm
C01	20.7	2.6
C02	15.6	2.6
C03	8.9	1.9
C04	11	2
C05	8	1.9
C06	4.4	1.8
	4.5	
C07	6	1.8
	6.1	
C08	7.6	2.6
C09C	15.6	1.8

图 6　C01～C08、C09C 型 O 形密封圈

5.3 垫片

垫片的材料为黄铜或其他金属材料，垫片的类型、结构尺寸应符合图7～图14的规定。

单位为毫米

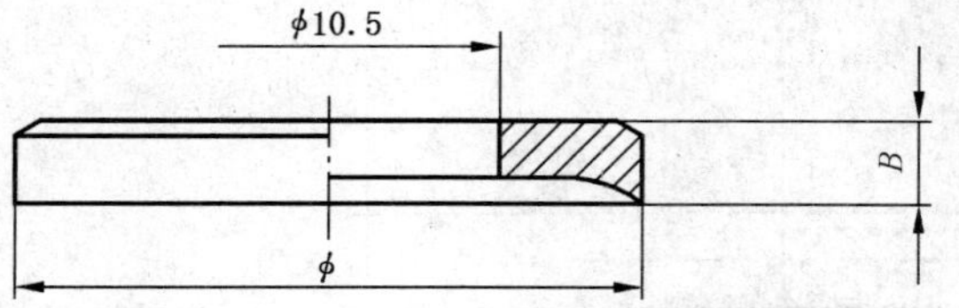

型号	φ/mm	B/mm
D02	20	2.5
	19	3.2
D03	19	1.5

图7　D02、D03型垫片

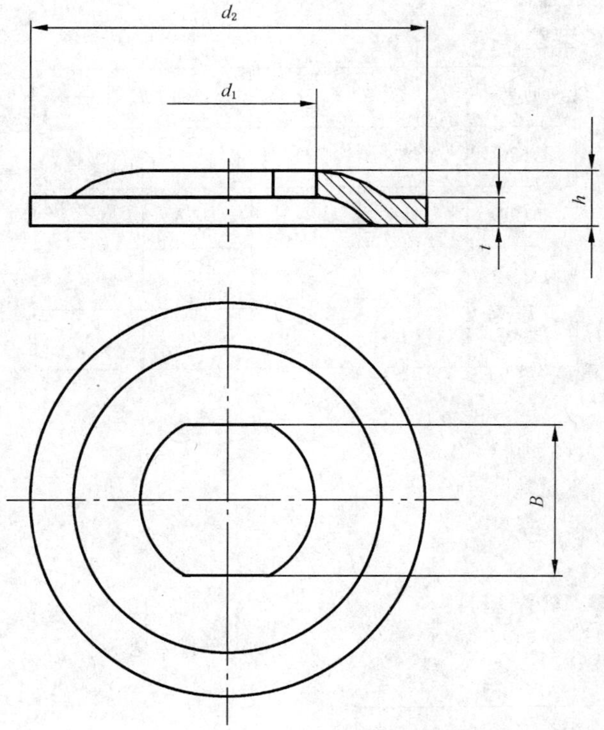

型号	d_1/mm	d_2/mm	h/mm	t/mm	B/mm
D01	8	14	2.9	1.5	—
		16	1.8		
D01C		14	1.8	0.8	
D02C		18	2.5	1～1.2	
D03C		15	2.2	0.8	
D04C	8.1	16	2.9	1.6	
D05C		14	1.5	0.8	
D06C		18	2.9	1.6	
D07C	11	24	2.8	1.6	
D06	6.1	13.5	1.8	—	
D07	10.5	21	2.9	1.6	
D05	12.4	23	2.5	1.9	
		23.4	3.2		
D15C	8	15	2.2	0.8	
D16C					6.9

图8　D01、D01C～D07C、D05～D07、D15C、D16C型垫片

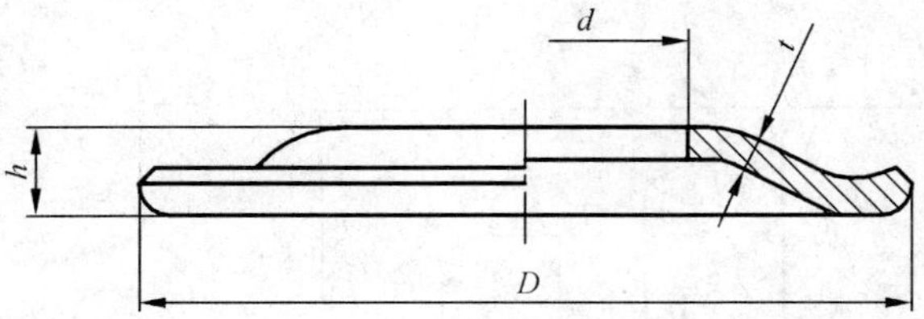

型号	d/mm	D/mm	h/mm	t/mm
D08C	13	31	3.5	1.2～1.5
D09C		24	2.5	1.2

图9　D08C、D09C型垫片

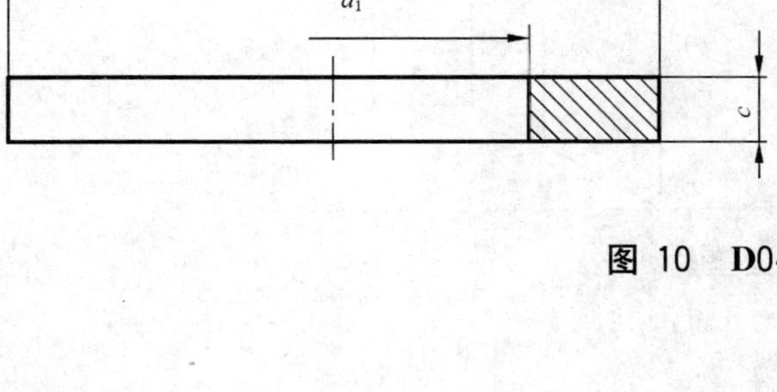

型号	d_1/mm	d_2/mm	c/mm
D04	10.4～10.7	15～15.2	1.6
D10C	8.5	14	1.2

图10　D04、D10C型垫片

单位为毫米

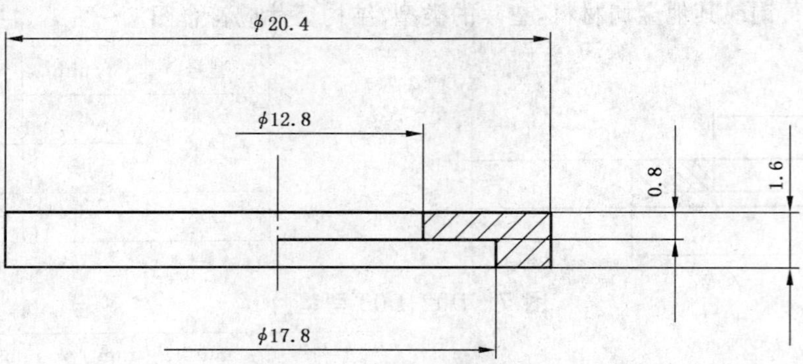

图 11 D11C 型垫片

单位为毫米

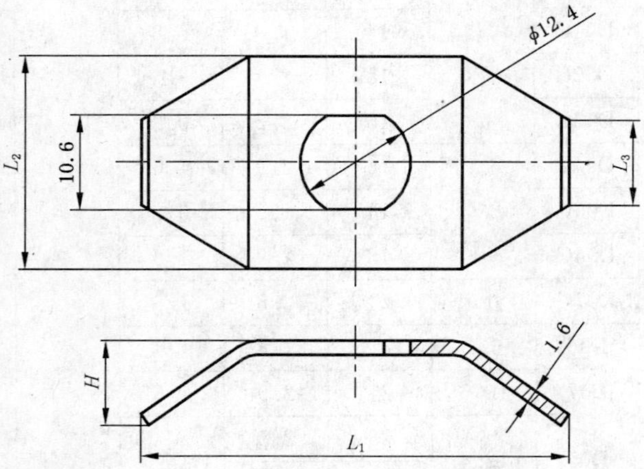

型号	L_1/mm	L_2/mm	L_3/mm	H/mm
D18C	48	24	9.5	9.5
D19C	54	28.5	14.5	9.5
D20C	57	33	25	9.5
D21C	70	51	32	6.5

图 12 D18C～D21C 型垫片

单位为毫米

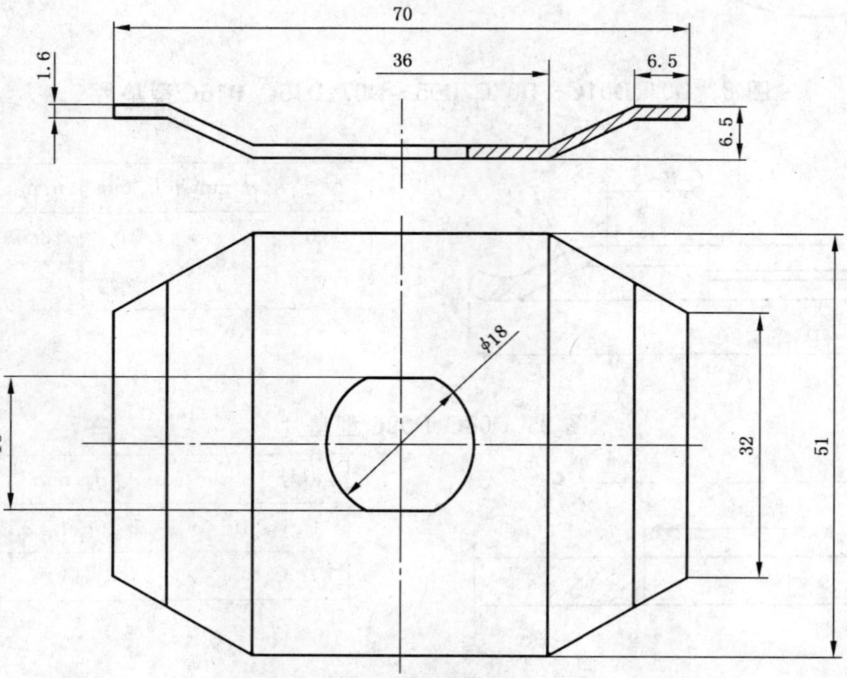

图 13 D13C 型垫片

单位为毫米

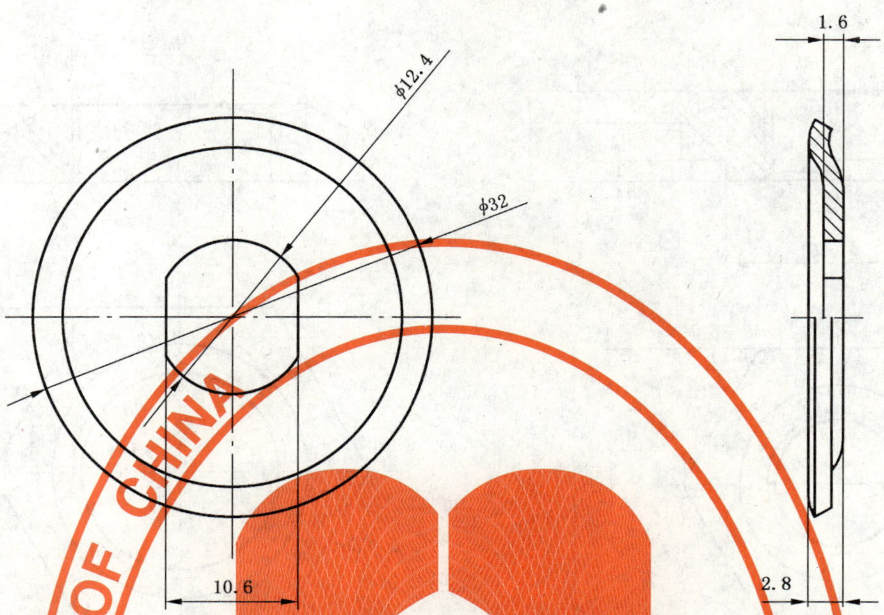

图 14 D22C 型垫片

5.4 螺母

螺母的材料为黄铜或其他金属材料，螺母的类型、结构尺寸应符合图 15～图 24 的规定。

型号	d/mm	S/mm	h/mm
E01	8V1	10	2.5
		10	3.5
		12	4
		12.7	
E08	12V1	16	4.8
		15.9	4.5
E12	6V1	9	2.5
E01C	8CV	10	3.5
E03C	12V1	17	4.5

图 15 E01、E08、E12、E01C、E03C 型六角螺母

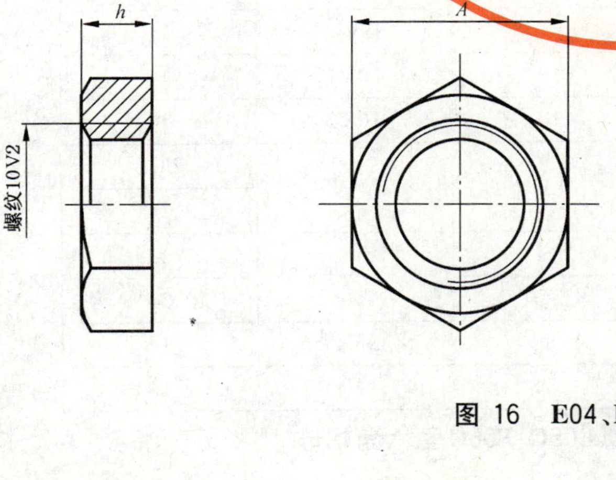

型号	A/mm	h/mm
E04	14.2	5.0
	14.0	4.6
E05	14.2	7.9
	14.0	5.0

图 16 E04、E05 型六角螺母

单位为毫米

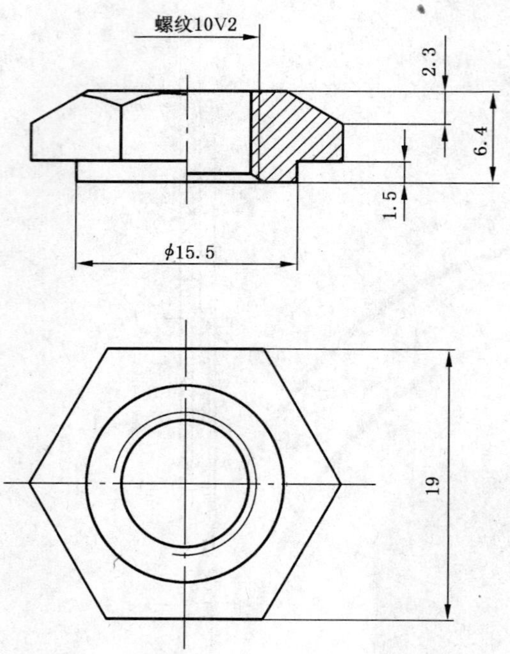

图 17 E06 型六角螺母

单位为毫米

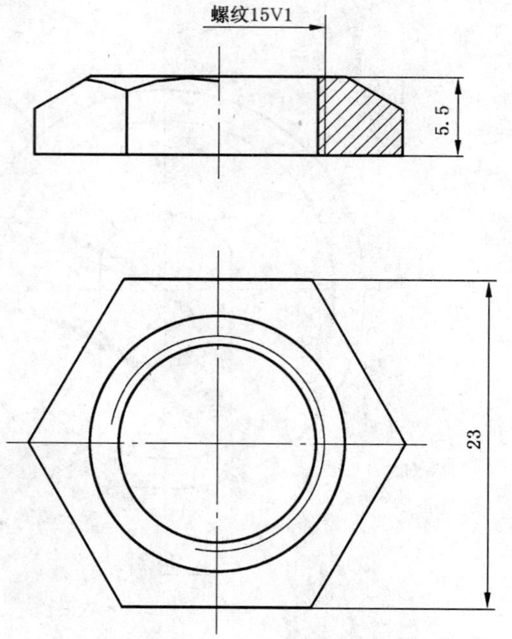

图 18 E09 型六角螺母

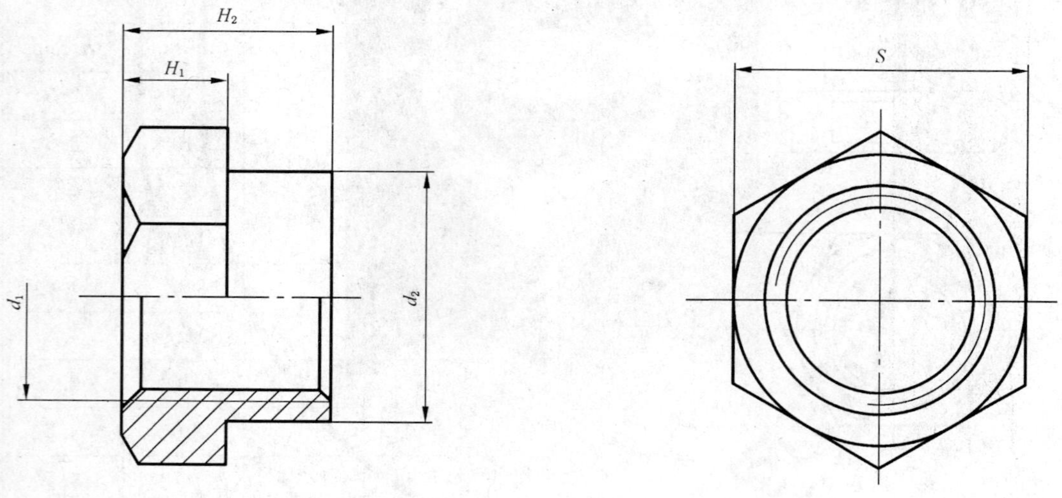

型号	d_2/mm	H_1/mm	H_2/mm	d_1/mm	S/mm
E02	11	4	5	8V1	11
E03	12	5	10	10V1	14
E07	14	3.5	10	10V2	14
E10	20.3	3.2	4.8	17V2	23.8
					24
E11	20.3	4.9	6.4	17V3	23.8
		4.5	6.5		24
E05C	15.6	5.8	8	9V1	16
E06C	13.6	2.8	5	9V1	14

图 19 E02、E03、E07、E10、E11、E05C、E06C 型六角螺母

单位为毫米

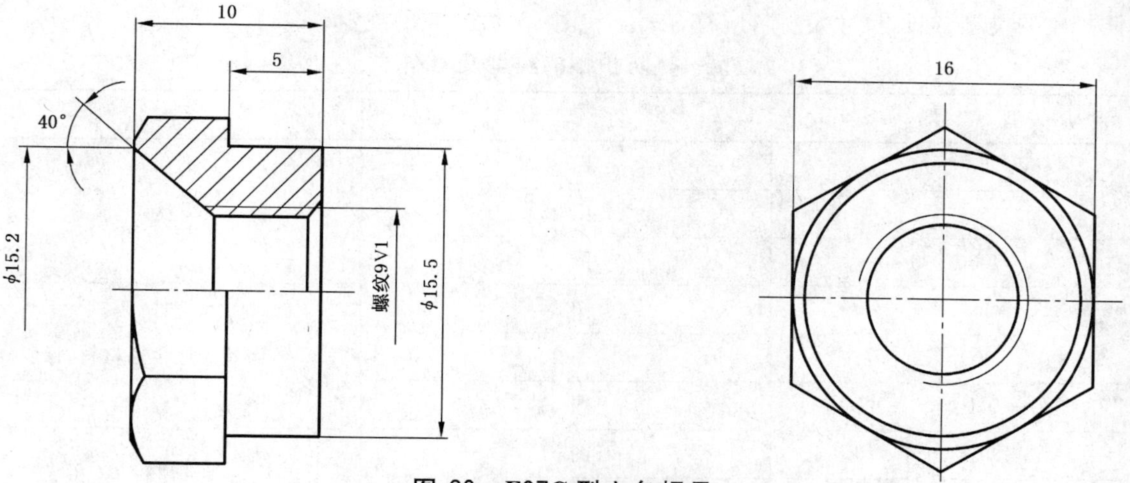

图 20　E07C 型六角螺母

单位为毫米

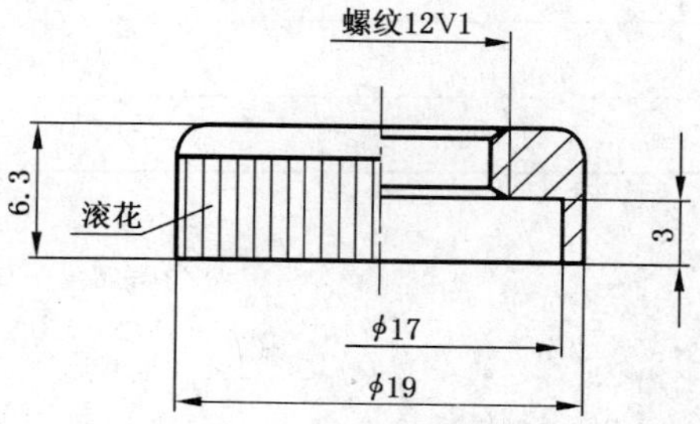

图 21　F02 型圆螺母

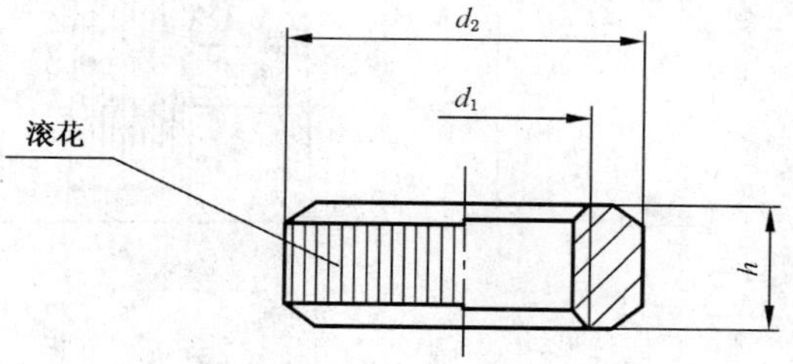

型号	d_1/mm	d_2/mm	h/mm
F01	8V1	10	3
F03	6V1	10	3
F01C	8V1	11.5	4
F02C	8CV	10	3

图 22　F01、F03、F01C、F02C 型圆螺母

单位为毫米

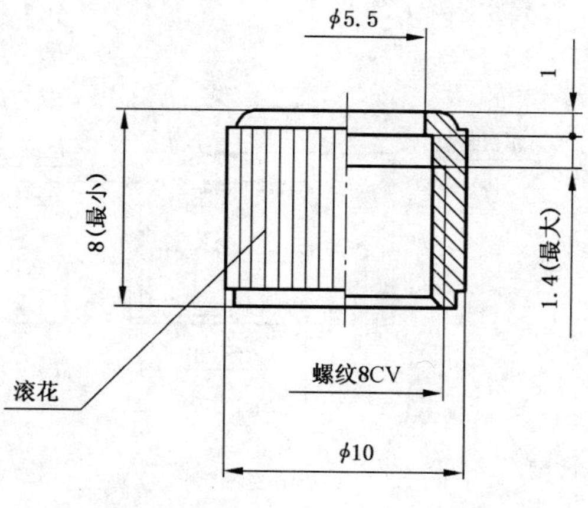

图 23　F03C 型压芯螺母

单位为毫米

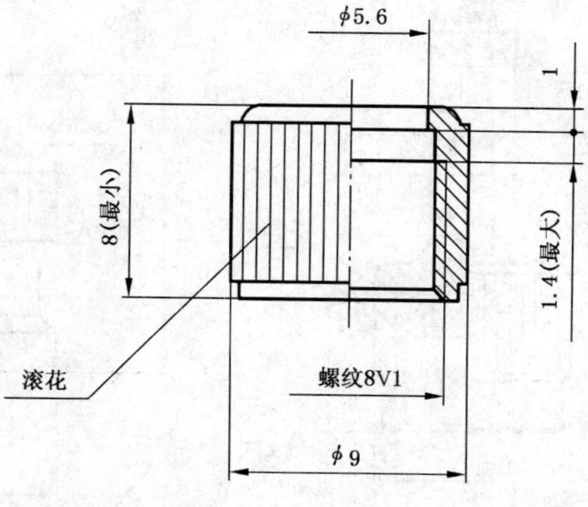

图 24　F04C 型压芯螺母

5.5 防护帽

防护帽的类型、结构尺寸及材料应符合表1和图25～图35的规定。

表1 防护帽的类型及材料

型　号	图　形	材　料
I07	图25	塑料
I03C	图26	
I05C	图27	
I01	图28	黄铜或其他金属材料、橡胶
I02	图29	
I01C	图30	
I02C	图31	塑料
I04C	图32	
I04	图33	黄铜或其他金属材料、橡胶
I05	图34	
I06	图35	

单位为毫米

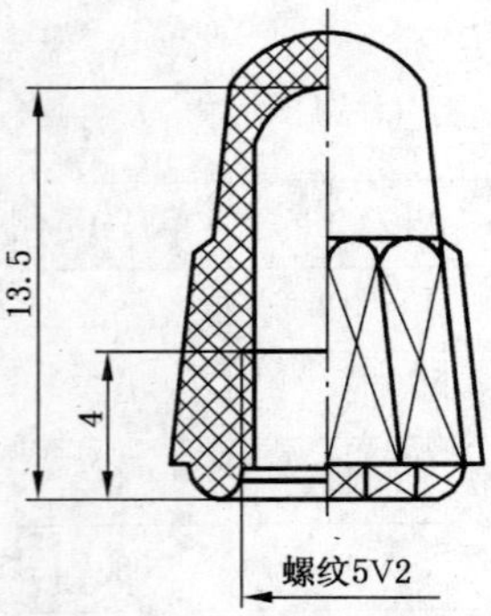

图25　I07型防护帽

单位为毫米

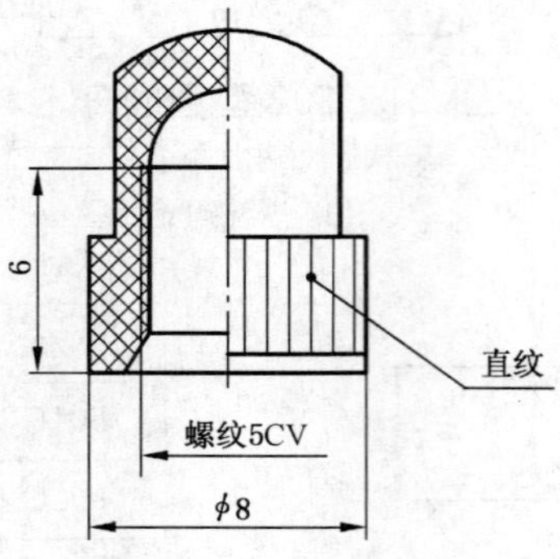

图26　I03C型防护帽

单位为毫米

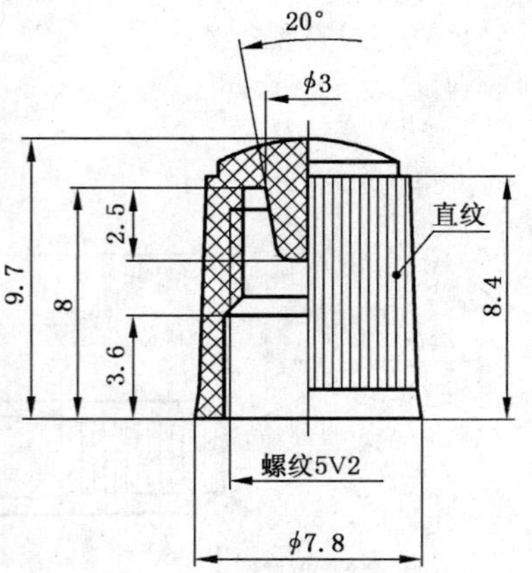

图27　I05C型防护帽

单位为毫米

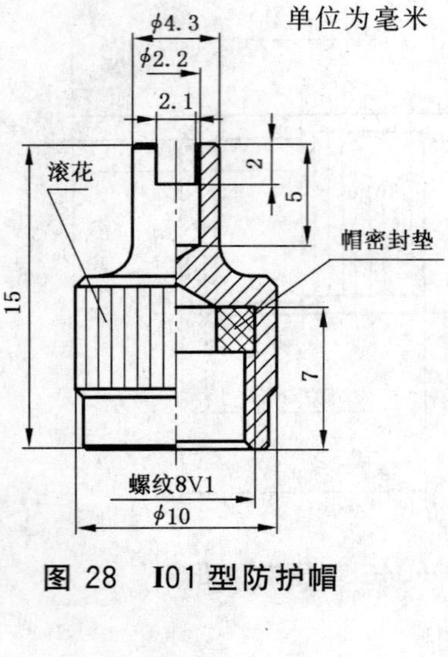

图28　I01型防护帽

单位为毫米

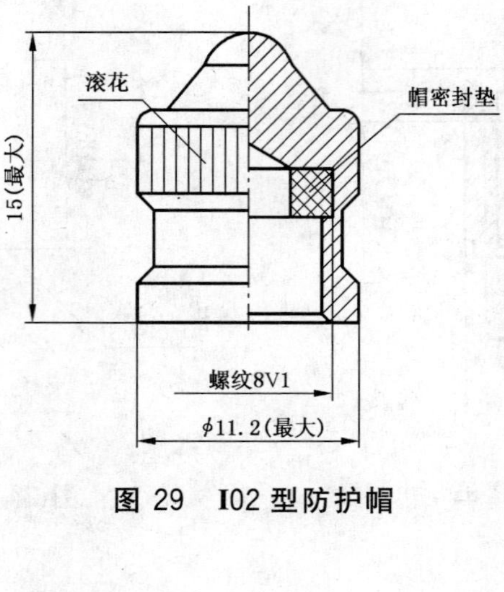

图29　I02型防护帽

单位为毫米

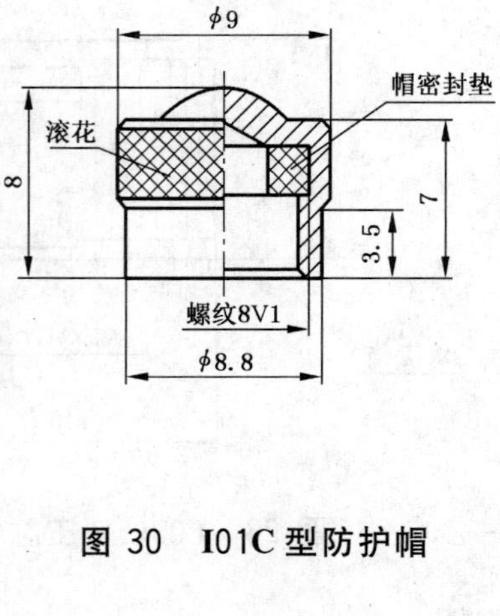

图30　I01C型防护帽

单位为毫米

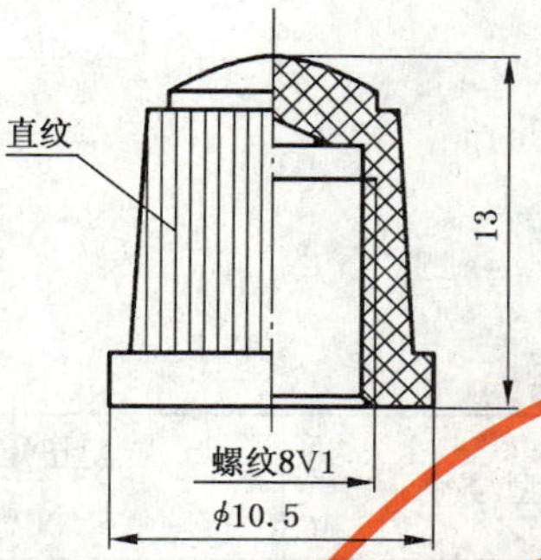

图 31 I02C 型防护帽

单位为毫米

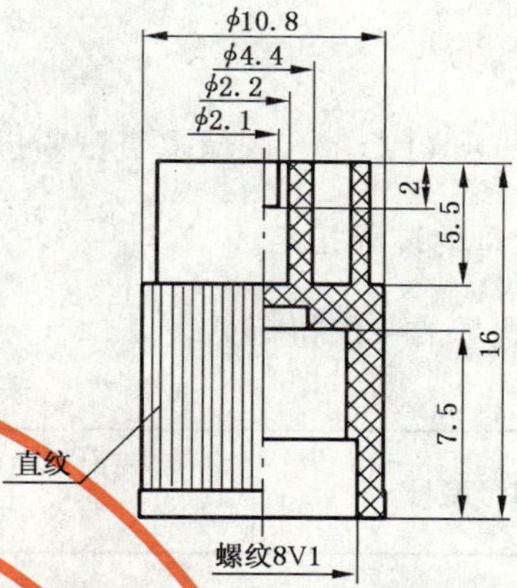

图 32 I04C 型防护帽

单位为毫米

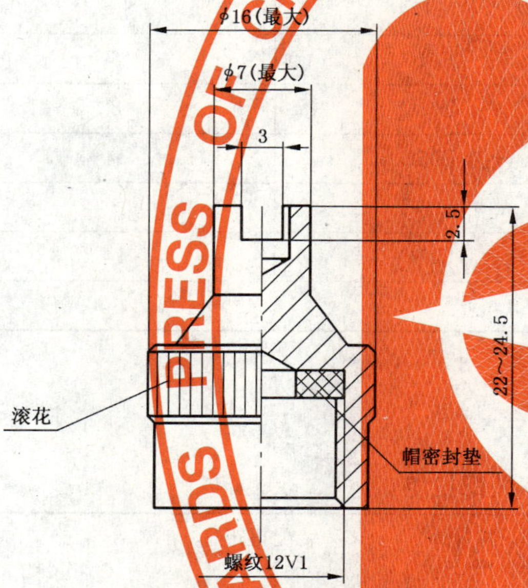

图 33 I04 型防护帽

单位为毫米

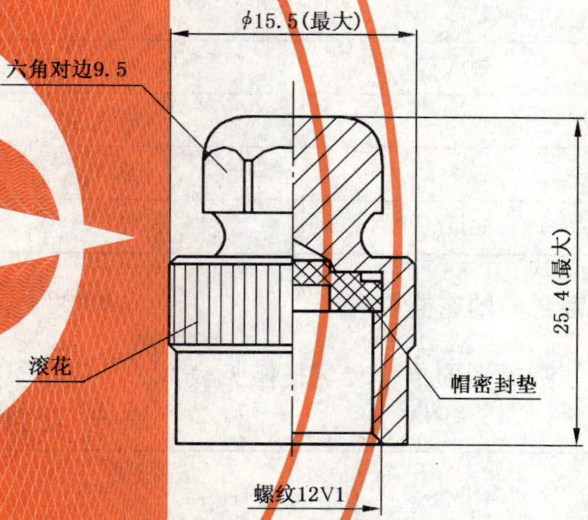

图 34 I05 型防护帽

单位为毫米

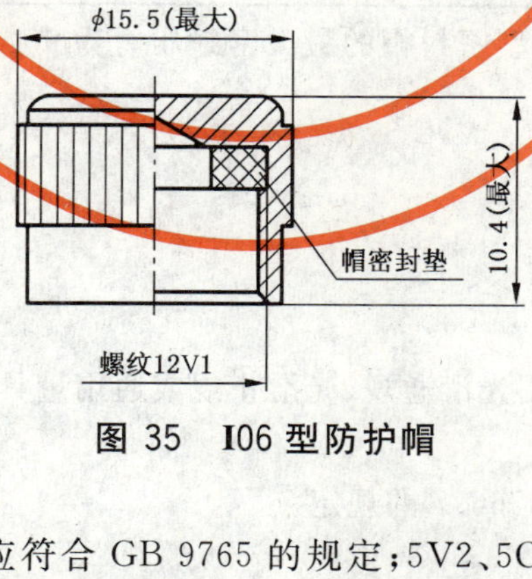

图 35 I06 型防护帽

5.6 螺纹

螺纹的牙形、极限尺寸及公差应符合 GB 9765 的规定；5V2、5CV、8V1 螺纹的极限尺寸和公差对 I07、I03C、I02C、I04C 型和 I05C 型防护帽不适用。

6 外观

6.1 各零件表面不得有油污、锈蚀、裂纹及其他影响使用性能的缺陷，金属零件表面应有防腐处理。

6.2 密封垫和O形密封圈表面不应有海绵状、气泡、缺胶、夹杂物及其他影响使用性能的缺陷。

7 耐臭氧能力

密封垫和O形密封圈耐臭氧试验后不允许出现裂纹。

8 六角螺母的装配扭矩

六角螺母的装配扭矩见表2。

表2 六角螺母的装配扭矩

螺母型号	装配扭矩(最小) N·m	螺母型号	装配扭矩(最小) N·m
E01	6	E10	23
E02	10	E11	23
E03	15	E12	3.5
E04	10	E01C	6
E05	6	E03C	8
E06	14	E05C	14
E07	15	E06C	6
E08	8	E07C	14
E09	31		

9 密封帽的密封性

9.1 密封帽的推荐装配扭矩见表3。

表3 密封帽的推荐装配扭矩

防护帽型号	装配扭矩 N·m
I01、I02、I01C	0.17～0.2
I04、I05、I06	0.56～1.7

9.2 I01、I02、I01C、I04、I05和I06型密封帽的最大密封压力为900 kPa。

10 试验方法

10.1 外观

目测检验。

10.2 内螺纹的中径、小径尺寸

用螺纹通规测量内螺纹中径,用光滑通规、光滑止规或通用量具测量内螺纹小径。

10.3 其他试验方法

其他试验方法,应按照GB/T 9766.7的规定。

11 检验规则

11.1 零部件的抽样程序及其实施应符合GB/T 2828.1—2003的规定。

11.1.1 同型号零部件的一个入库批或发货批为一个检查批。

11.1.2 按质量特性的重要性把不合格分为A类不合格、B类不合格和C类不合格。各类项目又分为

若干个检查组(见表4～表7)。

11.1.3 各检验组的接收质量限(AQL)(用每百单位产品不合格品数表示)和检查水平(IL)见表4～表7。

11.2 按表4～表7的检查分组分别实施检验,判定合格或不合格。

11.3 逐批检查后的处置应按照GB/T 2828.1—2003的规定。

表4 密封垫检验表

不合格分类	检查分组	项 目	AQL	IL	检验方法
A类不合格	A1	7 耐臭氧能力	4.0	S-2	按GB/T 9766.7
B类不合格	B1	6 影响使用性能的缺陷	1.0	Ⅰ	按10.1
注：A1为型式试验项目。					

表5 O形密封圈检验表

不合格分类	检查分组	项 目	AQL	IL	检验方法
A类不合格	A1	7 耐臭氧能力	4.0	S-2	按GB/T 9766.7
B类不合格	B1	6 O形密封圈裂纹	1.0	Ⅰ	按10.1
注：A1为型式试验项目。					

表6 螺母检验表

不合格分类	检查分组	项 目	AQL	IL	检验方法
A类不合格	A1	6.1 螺母裂纹	1.0	Ⅰ	按10.1
	A2	8 六角螺母的装配扭矩	4.0		按GB/T 9766.7
B类不合格	B1	5.6 内螺纹的中径、小径			按10.2
C类不合格	C1	6 螺母裂纹以外的外观质量	10		按10.1
注：A2为型式试验项目。					

表7 防护帽检验表

不合格分类	检查分组	项 目	AQL	IL	检验方法
A类不合格	A1	6.1 防护帽裂纹	1.0	Ⅰ	按10.1
	A2	9 密封帽的密封性	4.0	S-3	按GB/T 9766.7
B类不合格	B1	5.6 防护帽内螺纹中径、小径	2.5	Ⅱ	按10.2
C类不合格	C1	6 防护帽裂纹以外的外观质量	10	Ⅰ	按10.1

12 标识、包装及贮存

12.1 标识

外包装箱上应有下列标识：

a) 制造厂名称和地址、商标；

b) 产品名称；

c) 产品型号；

d) 数量；

e) 出厂日期。

12.2 包装

12.2.1 内包装用塑料袋。

12.2.2 包装内应附有产品合格证。

12.3 **贮存**

产品应贮存于干燥通风、防高温、防暴晒、防腐蚀、无油污的库房内，贮存期自出厂之日起不超过18个月。

附 录 A
（资料性附录）
本部分型号与国外型号对照

表 A.1 给出了本部分型号与国外型号对照一览表。

表 A.1 本部分型号与国外型号对照

本部分	ISO 9413:1998	TRA(2006)	ETRTO(2006)	JATMA(2007)	图形
B02	B02	—	V9.05.1	P4	图 1
B01C	—	—	—	G2	图 1
B01	B01	—	—	—	图 2
B04	B04	RG39	—	—	图 2
B05	B05	RG54	—	—	图 2
B08	B08	RG16	—	RG16	图 2
B09	B09	RG22	—	RG22	图 2
B03C	—	—	—	P2	图 2
B07	—	RG7	—	RG7	图 2
B03	B03	RG15	—	RG15	图 3
B04C	—	—	—	—	图 3
B05C	—	—	—	—	图 3
B06C	—	—	PVG18	—	图 3
B06	B06	RG46	—	—	图 4
B07C	—	—	—	PVG4	图 5
C01	C01	—	V9.11.2	—	图 6
C02	C02	—	V.9.11.4	—	图 6
C03	C03	RG60	V9.11.5	V9.11.5	图 6
C04	C04	—	V9.11.7	—	图 6
C05	C05	—	V9.11.8	—	图 6
C06	C06	—	V9.11.6	JSG33	图 6
C07	C07	—	V9.11.3	JSG35	图 6
C08	C08	RG80	—	RG80	图 6
C09C	—	—	—	RG81	图 6
D02	D02	RW8	—	—	图 7
D03	D03	RW13	—	—	图 7
D01	D01	—	—	—	图 8
D01C	—	—	V9.01.2	—	图 8
D02C	—	—	—	—	图 8
D03C	—	—	—	—	图 8

表 A.1（续）

本部分	ISO 9413:1998	TRA(2006)	ETRTO(2006)	JATMA(2007)	图形
D04C	—	—	—	R11	图 8
D05C	—	—	—	PVW18	图 8
D06C	—	—	—	R21	图 8
D07C	—	—	—	R24	图 8
D06	D06	—	V9.01.1	—	图 8
D07	D07	—	—	R31	图 8
D05	D05	RW11	—	RW11	图 8
D15C	—	—	—	—	图 8
D16C	—	—	—	—	图 8
D08C	—	—	—	—	图 9
D09C	—	—	—	—	图 9
D04	D04	RW15	—	RW15	图 10
D10C	—	—	—	PVW3	图 10
D11C	—	—	—	S11	图 11
D18C	—	—	—	B5	图 12
D19C	—	—	—	B6	图 12
D20C	—	—	—	B7	图 12
D21C	—	—	—	B8	图 12
D13C	—	B8	—	B8	图 13
D22C	—	—	—	—	图 14
E01	E01	HN2	—	BN1	图 15
E08	E08	HN1	—	BN3	图 15
E12	E12	—	V9.02.1	—	图 15
E01C	—	—	—	—	图 15
E03C	—	—	—	—	图 15
E04	E04	HN4	—	—	图 16
E05	E05	HN13	—	—	图 16
E06	E06	HN17	—	—	图 17
E09	E09	—	V9.13.1	—	图 18
E02	E02	—	V3.09.3	—	图 19
E03	E03	—	V9.07.2	—	图 19
E07	E07	—	V9.07.1	—	图 19
E10	E10	HN80	—	HN80	图 19
E11	E11	HN15	—	HN15	图 19
E05C	—	HN21	—	—	图 19

表 A.1（续）

本部分	ISO 9413:1998	TRA(2006)	ETRTO(2006)	JATMA(2007)	图形
E06C	—	—	—	—	图 19
E07C	—	HN22	—	—	图 20
F02	F02	—	—	LN10	图 21
F01	F01	—	V9.03.2	—	图 22
F01C	—	—	—	—	图 22
F02C	—	—	—	—	图 22
F03	F03	—	V9.03.1	—	图 22
F03C	—	—	—	—	图 23
F04C	—	—	—	—	图 24
I07	I07	—	V9.04.1	—	图 25
I03C	—	—	—	—	图 26
I05C	—	—	—	—	图 27
I01	I01	VC2	V9.04.4	A 型	图 28
I02	I02	VC3	—	CL 型	图 29
I01C	—	—	—	—	图 30
I02C	—	—	—	C 型	图 31
I04C	—	—	—	—	图 32
I04	I04	VC6	—	D 型	图 33
I05	I05	VC7	—	—	图 34
I06	I06	VC10	—	—	图 35

参 考 文 献

［1］ ISO 9413:1998 轮胎气门嘴——尺寸和型号

［2］ ISO 14960:2004 无内胎气门嘴及其零部件试验方法

［3］ TRA(2006) 美国轮胎轮辋协会标准年鉴——2008

［4］ ETRTO(2006) 欧洲轮胎轮辋技术组织标准手册——2008

［5］ JATMA(2007) 日本机动车辆轮胎制造者协会轮胎标准年鉴——2007

ICS 17.040.10
J 04

GB

中华人民共和国国家标准

GB/T 1800.1—2009
代替 GB/T 1800.1—1997,GB/T 1800.2—1998,GB/T 1800.3—1998

产品几何技术规范(GPS) 极限与配合 第1部分:公差、偏差和配合的基础

Geometrical Product Specifications (GPS)— Limits and fits— Part 1:Bases of tolerances, deviations and fits

(ISO 286-1:1988,ISO system of limits and fits—
Part 1:Bases of tolerances,deviations and fits,MOD)

2009-03-16 发布 2009-11-01 实施

中华人民共和国国家质量监督检验检疫总局
中国国家标准化管理委员会 发布

前　言

GB/T 1800 的本部分是根据 ISO 286-1:1988 对 GB/T 1800.1—1997、GB/T 1800.2—1998 和 GB/T 1800.3—1998 进行整合修订。

GB/T 1800《产品几何技术规范(GPS) 极限与配合》根据 ISO 286:1988 重新起草,分为两部分。GB/T 1800.1—1997、GB/T 1800.2—1998 和 GB/T 1800.3—1998 合并为第 1 部分,GB/T 1800.4—1999 修改为第 2 部分:

——第 1 部分:公差、偏差和配合的基础;

——第 2 部分:标准公差等级和孔、轴的极限偏差表。

本部分为 GB/T 1800 的第 1 部分,修改采用 ISO 286-1:1988《ISO 极限与配合制　第 1 部分:公差、偏差和配合的基础》,同时考虑 ISO 286-1:1988 的最新修订版本 ISO/DIS 286-1:2007《产品几何技术规范(GPS)ISO 极限与配合制　第 1 部分:公差、偏差和配合的基础》进行修订,在文本结构上与 ISO 286-1:1988 对应,在基本概念、公差、偏差和配合的代号、表示方面均与 ISO 286-1:1988 一致。主要修改内容如下:

——标准名称增加引导要素:产品几何技术规范(GPS);

——"基本尺寸"改为"公称尺寸";上偏差、下偏差、最大极限尺寸和最小极限尺寸分别修改为上极限偏差、下极限偏差、上极限尺寸和下极限尺寸;

——用"实际(组成)要素"、"提取组成要素的局部尺寸"代替"实际尺寸"和"局部实际尺寸"的概念;

——增加了"尺寸要素"、"实际(组成)要素"、"提取组成要素"、"拟合组成要素"、"提取圆柱面的局部尺寸"和"两平行提取表面的局部尺寸"的术语和定义的引用;

——删除了 4.3 注公差尺寸的解释和相关的"最大实体极限"和"最小实体极限"术语;

——增加了附录 C"在 GPS 矩阵模型中的位置"。

本部分代替 GB/T 1800.1—1997《极限与配合　基础　第 1 部分:词汇》、GB/T 1800.2—1998《极限与配合　基础　第 2 部分:公差、偏差和配合的基本规定》和 GB/T 1800.3—1998《极限与配合　基础　第 3 部分:标准公差和基本偏差》。

本部分的附录 A、附录 B 和附录 C 均为资料性附录。本标准在 GPS 体系中的位置在附录 C 中说明。

本部分由全国产品尺寸和几何技术规范标准化技术委员会提出并归口。

本部分起草单位:中机生产力促进中心、中原工学院、西安交通大学、郑州大学、浙江亚太机电股份有限公司。

本部分主要起草人:李晓沛、赵则祥、赵卓贤、张琳娜、乔雪涛、施瑞康、陈景玉。

本部分所代替标准的历次版本发布情况为:

——GB 1800—1979;

——GB/T 1800.1—1997、GB/T 1800.2—1998、GB/T 1800.3—1998。

产品几何技术规范(GPS)
极限与配合
第1部分:公差、偏差和配合的基础

1 范围

GB/T 1800的本部分规定了极限与配合制的基本术语和定义、公差、偏差和配合的代号表示及标准公差值、基本偏差值。

本部分适用于具有圆柱型和两平行平面型的线性尺寸要素。

2 规范性引用文件

下列文件中的条款通过GB/T 1800的本部分的引用而成为本部分的条款。凡是注日期的引用文件,其随后所有的修改单(不包括勘误的内容)或修订版均不适用于本部分,然而,鼓励根据本部分达成协议的各方研究是否可使用这些引用文件的最新版本。凡是不注日期的引用文件,其最新版本适用于本部分。

GB/T 18780.1—2002 产品几何量技术规范(GPS) 几何要素 第1部分:基本术语和定义(ISO 14660-1:1999,IDT)

GB/T 18780.2—2003 产品几何量技术规范(GPS) 几何要素 第2部分:圆柱面和圆锥面的提取中心线、平行平面的提取中心面、提取要素的局部尺寸(ISO 14660-2:1999,IDT)

GB/T 19765—2005 产品几何量技术规范(GPS) 产品几何技术规范和检验的标准参考温度(ISO 1:2002,IDT)

GB/Z 20308—2006 产品几何技术规范(GPS) 总体规划(ISO/TR 14638:1995,MOD)

3 术语和定义

GB/T 18780.1—2002和GB/T 18780.2—2003确立的以及下列术语和定义适用于本部分。

3.1

尺寸要素 feature of size

由一定大小的线性尺寸或角度尺寸确定的几何形状。

[GB/T 18780.1—2002中2.2]

3.2

实际(组成)要素 real (integral) feature

由接近实际(组成)要素所限定的工件实际表面的组成要素部分。

[GB/T 18780.1—2002中2.4.1]

3.3

提取组成要素 extracted integral feature

按规定方法,由实际(组成)要素提取有限数目的点所形成的实际(组成)要素的近似替代。

(GB/T 18780.1—2002中2.5)

3.4

拟合组成要素 associated integral feature

按规定方法,由提取组成要素形成的并具有理想形状的组成要素。

[GB/T 18780.1—2002中2.6]

3.5

轴 shaft

通常，指工件的圆柱形外尺寸要素，也包括非圆柱形的外尺寸要素(由二平行平面或切面形成的被包容面)。

3.5.1

基准轴 basic shaft

在基轴制配合中选作基准的轴。

注：对本标准，即上极限偏差为零的轴。

3.6

孔 hole

通常，指工件的圆柱形内尺寸要素，也包括非圆柱形的内尺寸要素(由二平行平面或切面形成的包容面)。

3.6.1

基准孔 basic hole

在基孔制配合中选作基准的孔。

注：对本标准，即下极限偏差为零的孔。

3.7

尺寸 size

以特定单位表示线性尺寸值的数值。

3.7.1

公称尺寸 nominal size

由图样规范确定的理想形状要素的尺寸，见图1。

注1：通过它应用上、下极限偏差可计算出极限尺寸。

注2：公称尺寸可以是一个整数或一个小数值，例如32，15，8.75，0.5，……。

3.7.2

提取组成要素的局部尺寸 local size of an extracted integral feature

一切提取组成要素上两对应点之间距离的统称。

注：为方便起见，可将提取组成要素的局部尺寸简称为提取要素的局部尺寸。

3.7.2.1

提取圆柱面的局部尺寸 local size of an extracted cylinder

要素上两对应点之间的距离。其中：两对应点之间的连线通过拟合圆圆心；横截面垂直于由提取表面得到的拟合圆柱面的轴线。

[GB/T 18780.2—2003 中 3.5]

3.7.2.2

两平行提取表面的局部尺寸 local size of two parallel extracted surfaces

两平行对应提取表面上两对应点之间的距离。其中：所有对应点的连线均垂直于拟合中心平面；拟合中心平面是由两平行提取表面得到的两拟合平行平面的中心平面(两拟合平行平面之间的距离可能与公称距离不同)。

[GB/T 18780.2—2003 中 3.6]

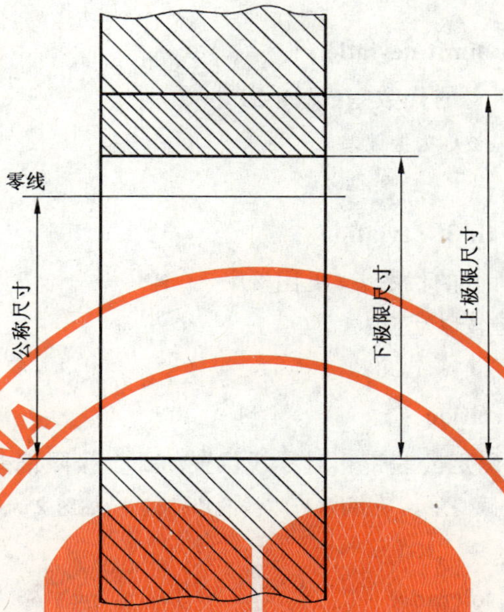

图 1　公称尺寸、上极限尺寸和下极限尺寸

3.7.3

极限尺寸　limits of size

尺寸要素允许的尺寸的两个极端。提取组成要素的局部尺寸应位于其中,也可达到极限尺寸。

3.7.3.1

上极限尺寸　upper limit of size

尺寸要素允许的最大尺寸(见图 1)。

注:在以前的版本中,上极限尺寸被称为最大极限尺寸。

3.7.3.2

下极限尺寸　lower limit of size

尺寸要素允许的最小尺寸(见图 1)。

注:在以前的版本中,下极限尺寸被称为最小极限尺寸。

3.8

极限制　limit system

经标准化的公差与偏差制度。

3.9

零线　zero line

在极限与配合图解中,表示公称尺寸的一条直线,以其为基准确定偏差和公差(见图 1)。

通常,零线沿水平方向绘制,正偏差位于其上,负偏差位于其下(见图 2)。

3.10

偏差　deviation

某一尺寸减其公称尺寸所得的代数差。

3.10.1

极限偏差　limit deviations

上极限偏差和下极限偏差。

注:轴的上、下极限偏差代号用小写字母 es,ei 表示;孔的上、下极限偏差代号用大写字母 ES,EI 表示(见图 2)。

3.10.1.1

上极限偏差(ES,es)　upper limit deviation

上极限尺寸减其公称尺寸所得的代数差(见图2)。

注:在以前的版本中,上极限偏差被称为上偏差。

3.10.1.2

下极限偏差(EI,ei)　lower limit deviation

下极限尺寸减其公称尺寸所得的代数差(见图2)。

注:在以前的版本中,下极限偏差被称为下偏差。

3.10.2

基本偏差　fundamental deviation

在本标准极限与配合制中,确定公差带相对零线位置的那个极限偏差(见图2)。

注:它可以是上极限偏差或下极限偏差,一般为靠近零线的那个偏差,如图2为下极限偏差。

3.11

尺寸公差(简称公差)　size tolerance

上极限尺寸减下极限尺寸之差,或上极限偏差减下极限偏差之差。它是允许尺寸的变动量。

注:尺寸公差是一个没有符号的绝对值。

3.11.1

标准公差(IT)　standard tolerance

本标准极限与配合制中,所规定的任一公差。

注:字母IT为"国际公差"的英文缩略语。

3.11.2

标准公差等级　standard tolerance grades

在本标准极限与配合制中,同一公差等级(例如IT7)对所有公称尺寸的一组公差被认为具有同等精确程度。

3.11.3

公差带　tolerance zone

在公差带图解中,由代表上极限偏差和下极限偏差或上极限尺寸和下极限尺寸的两条直线所限定的一个区域。它是由公差大小和其相对零线的位置如基本偏差来确定(见图2)。

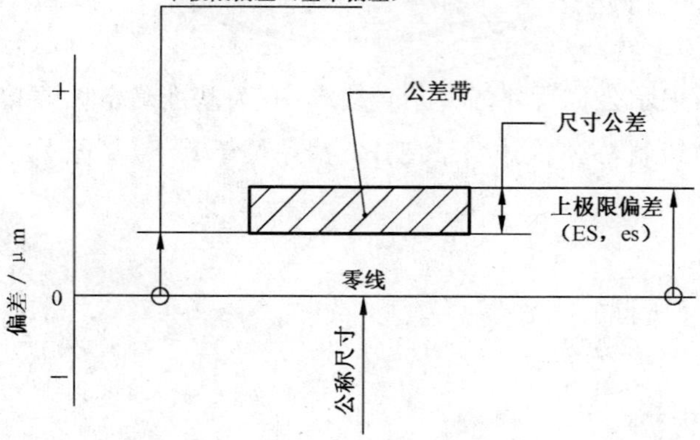

图2　公差带图解

3.11.4

标准公差因子(i,I)　standard tolerance factor

在本标准极限与配合制中,用以确定标准公差的基本单位,该因子是基本尺寸的函数。

注1:标准公差因子 i 用于公称尺寸至500 mm;

注2:标准公差因子 I 用于公称尺寸大于500 mm。

3.12

间隙　clearance

孔的尺寸减去相配合的轴的尺寸之差为正(见图3)。

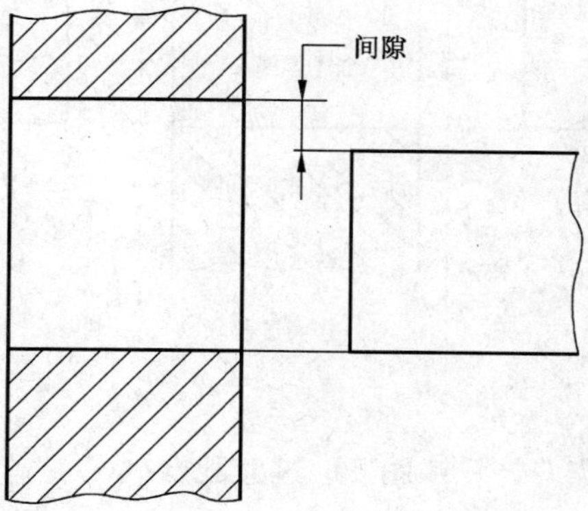

图3　间隙

3.12.1

最小间隙　minimum clearance

在间隙配合中,孔的下极限尺寸与轴的上极限尺寸之差(见图4)。

3.12.2

最大间隙　maximum clearance

在间隙配合或过渡配合中,孔的上极限尺寸与轴的下极限尺寸之差(见图4和5)。

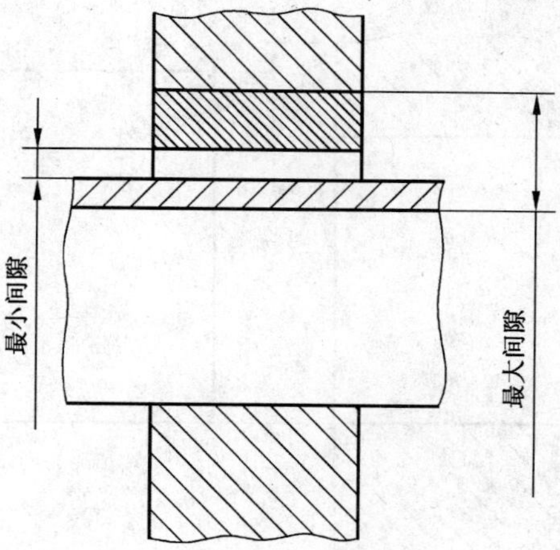

图4　间隙配合

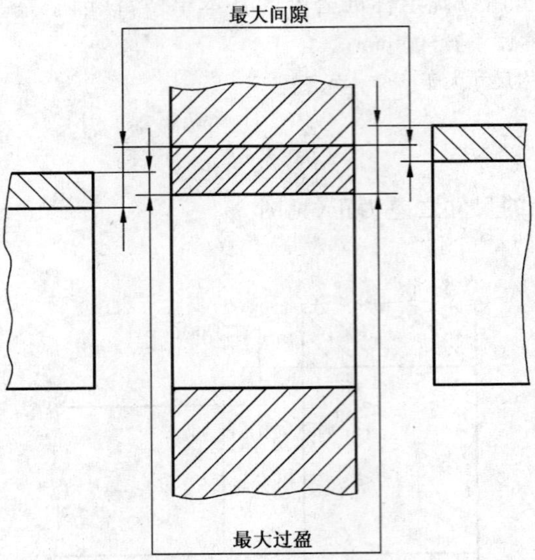

图 5　过渡配合

3.13

过盈　interference

孔的尺寸减去相配合的轴的尺寸之差为负(见图 6)。

3.13.1

最小过盈　minimum interference

在过盈配合中,孔的上极限尺寸与轴的下极限尺寸之差(见图 7)。

3.13.2

最大过盈　maximum interference

在过盈配合或过渡配合中,孔的下极限尺寸与轴的上极限尺寸之差(见图 5 和图 7)。

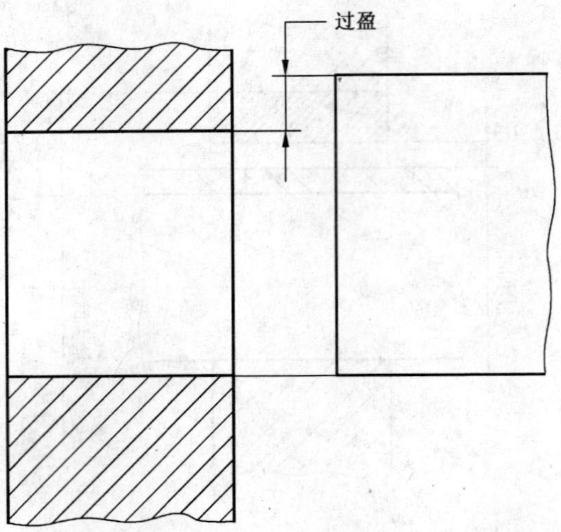

图 6　过盈

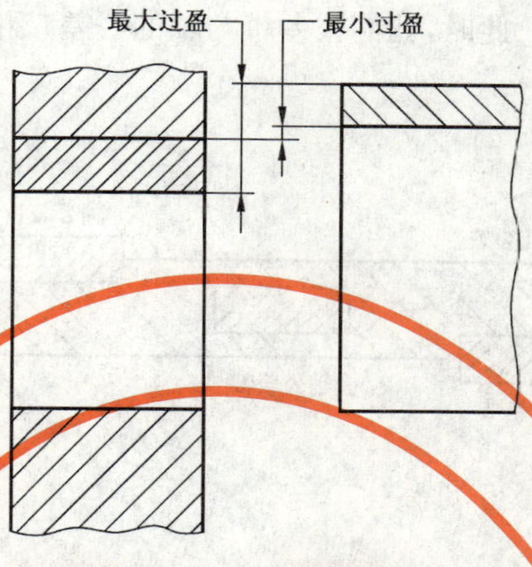

图 7　过盈配合

3.14

配合　fit

公称尺寸相同的并且相互结合的孔和轴公差带之间的关系。

3.14.1

间隙配合　clearance fit

具有间隙（包括最小间隙等于零）的配合。此时，孔的公差带在轴的公差带之上（见图 8）。

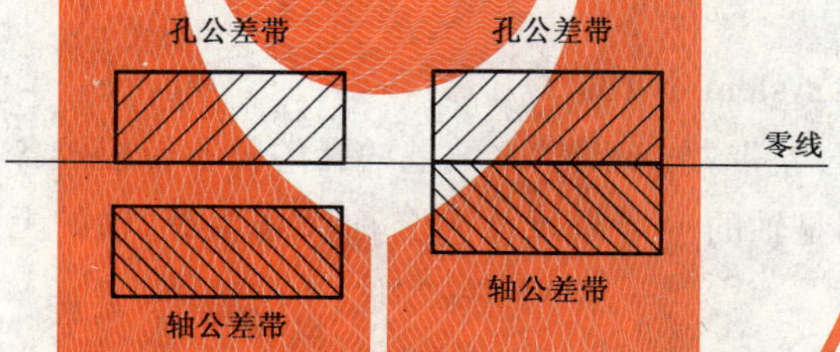

图 8　间隙配合的示意图

3.14.2

过盈配合　interference fit

具有过盈（包括最小过盈等于零）的配合。此时，孔的公差带在轴的公差带之下（见图 9）。

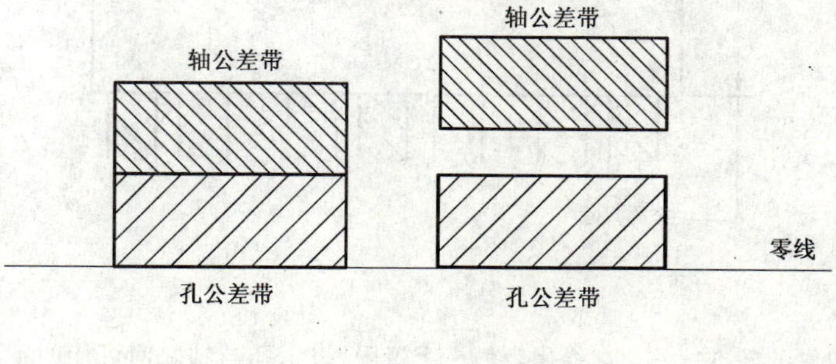

图 9　过盈配合的示意图

3.14.3

过渡配合　transition fit

可能具有间隙或过盈的配合。此时，孔的公差带与轴的公差带相互交叠(见图10)。

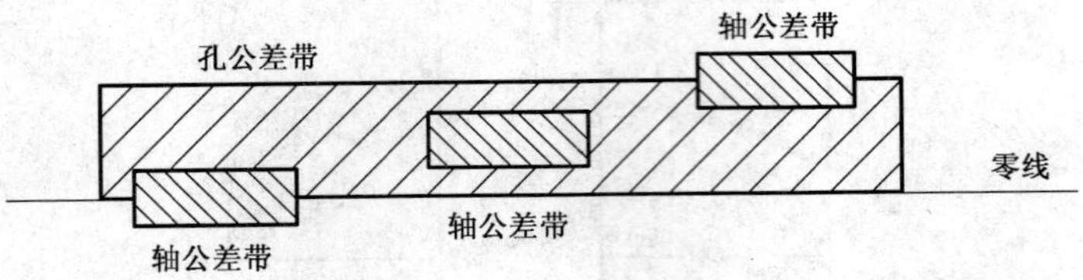

图10　过渡配合的示意图

3.14.4

配合公差　variation of fit

组成配合的孔与轴的公差之和。它是允许间隙或过盈的变动量。

注：配合公差是一个没有符号的绝对值。

3.15

配合制　fit system

同一极限制的孔和轴组成的一种配合制度。

3.15.1

基轴制配合　shaft-basis system of fits

基本偏差为一定的轴的公差带，与不同基本偏差的孔的公差带形成各种配合的一种制度。

对本标准极限与配合制，是轴的上极限尺寸与公称尺寸相等、轴的上极限偏差为零的一种配合制(见图11)。

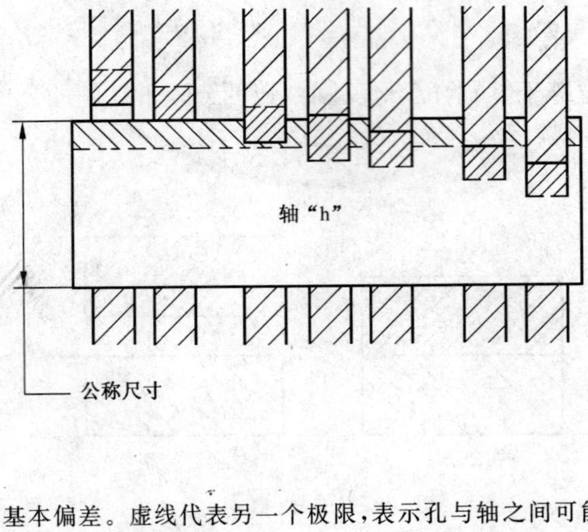

注：水平实线代表孔或轴的基本偏差。虚线代表另一个极限，表示孔与轴之间可能的不同组合与它们的公差等级有关。

图11　基轴制配合

3.15.2

基孔制配合　hole-basis system of fits

基本偏差为一定的孔的公差带，与不同基本偏差的轴的公差带形成各种配合的一种制度。

对本标准极限与配合制，是孔的下极限尺寸与公称尺寸相等、孔的下极限偏差为零的一种配合制(见图 12)。

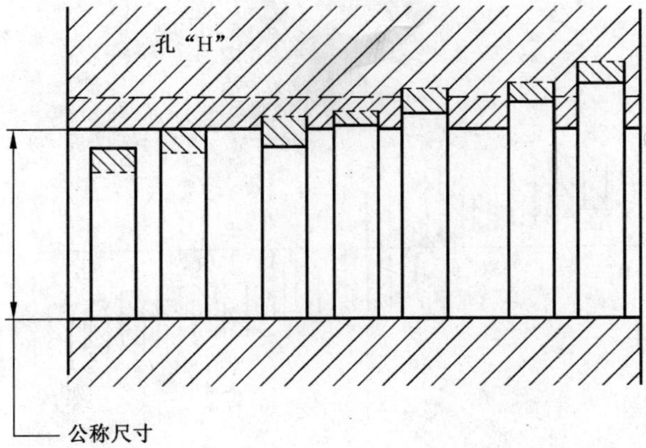

注：水平实线代表孔或轴的基本偏差。虚线代表另一个极限，表示孔与轴之间可能的不同组合与它们的公差等级有关。

图 12　基孔制配合

4　公差、偏差和配合的代号及表示

4.1　代号

4.1.1　标准公差等级代号

标准公差等级代号用符号 IT 和数字组成，例如：IT7。当其与代表基本偏差的字母一起组成公差带时，省略 IT 字母，如 h7。

注：标准公差等级分 IT01、IT0、IT1～IT18，共 20 级。基本尺寸至 3 150 mm 的各级的标准公差数值见附录 A。

4.1.2　偏差代号

4.1.2.1　基本偏差代号

基本偏差代号，对孔用大写字母 A，……，ZC 表示，对轴用小写字母 a，……，zc 表示(见图 13 和图 14)，各 28 个。其中，基本偏差 H 代表基准孔，h 代表基准轴。

注：为避免混淆，不用下列字母：I，i；L，l；O，o；Q，q；W，w。

公称尺寸至 3 150 mm 的轴、孔的基本偏差数值分别见表 2 和表 3。

4.1.2.2　上极限偏差代号

上极限偏差代号，对孔用大写字母“ES”表示，对轴用小写字母“es”表示。

4.1.2.3　下极限偏差代号

下极限偏差代号，对孔用大写字母“EI”表示，对轴用小写字母“ei”表示。

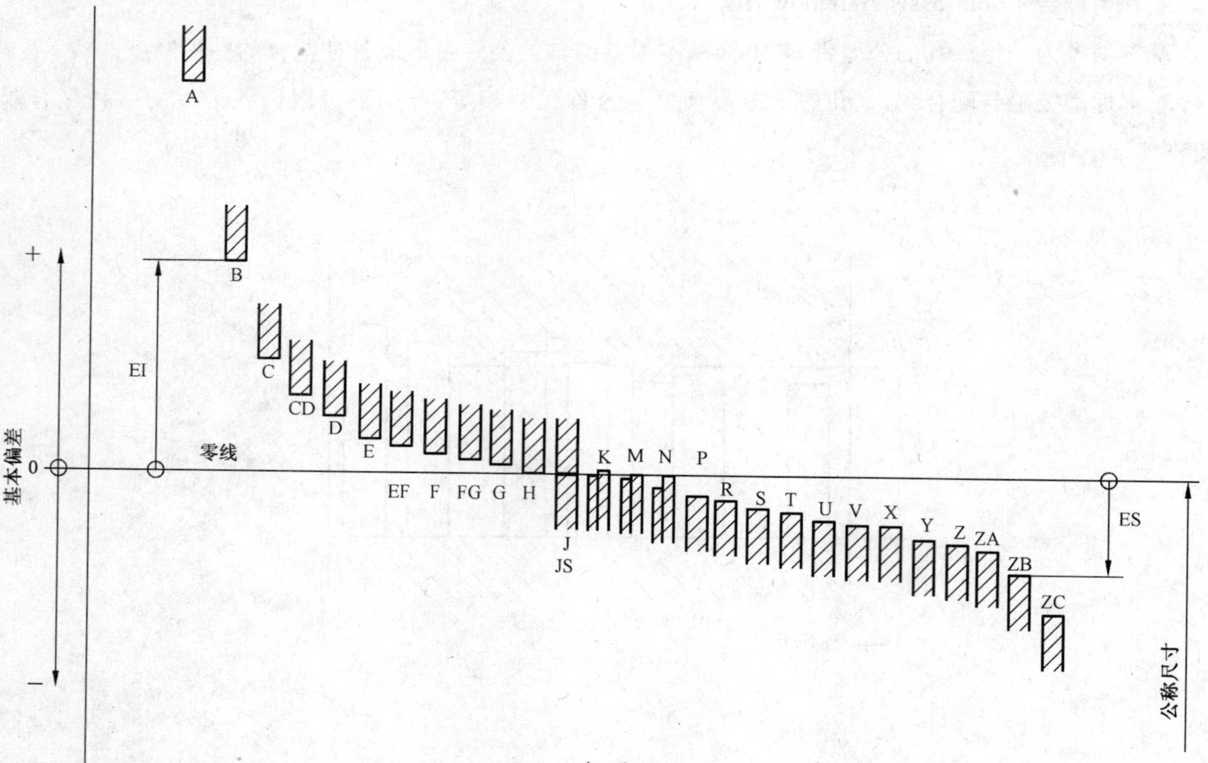

a) 孔

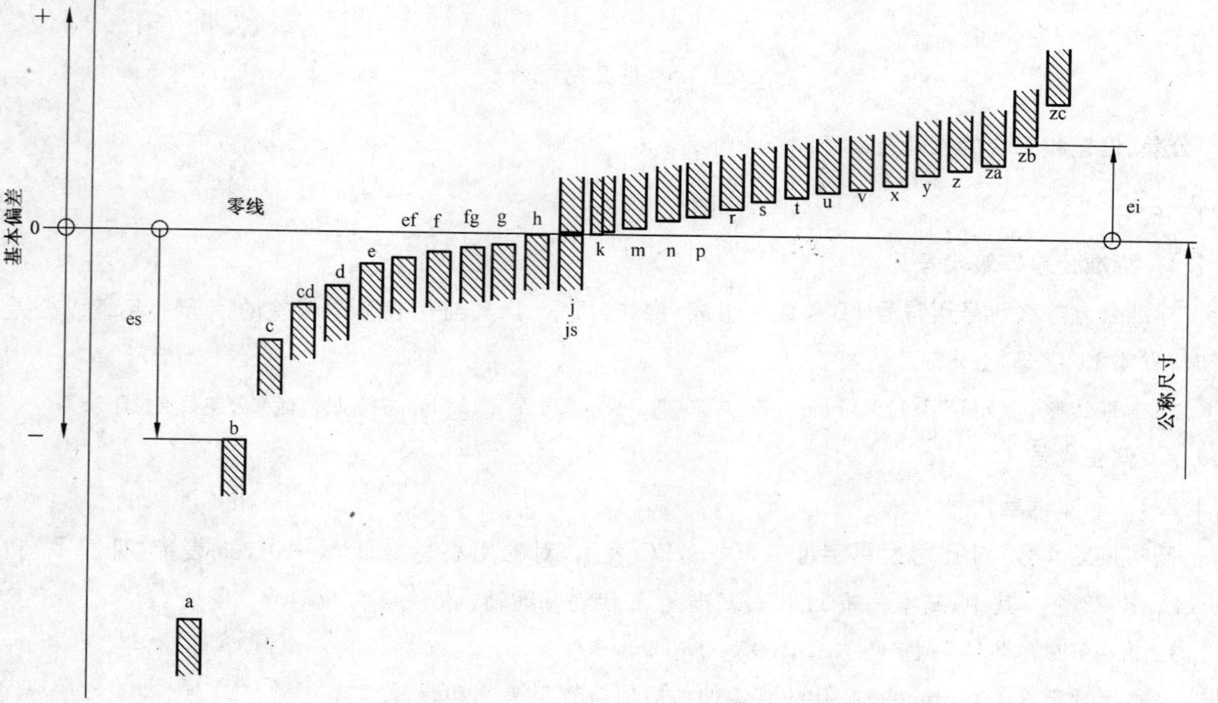

b) 轴

注 1：按照惯例，基本偏差是靠近零线最近的那个极限偏差。

注 2：有关 J/j、K/k、M/m 和 N/n 基本偏差的详情见图 14。

图 13 基本偏差系列示意图

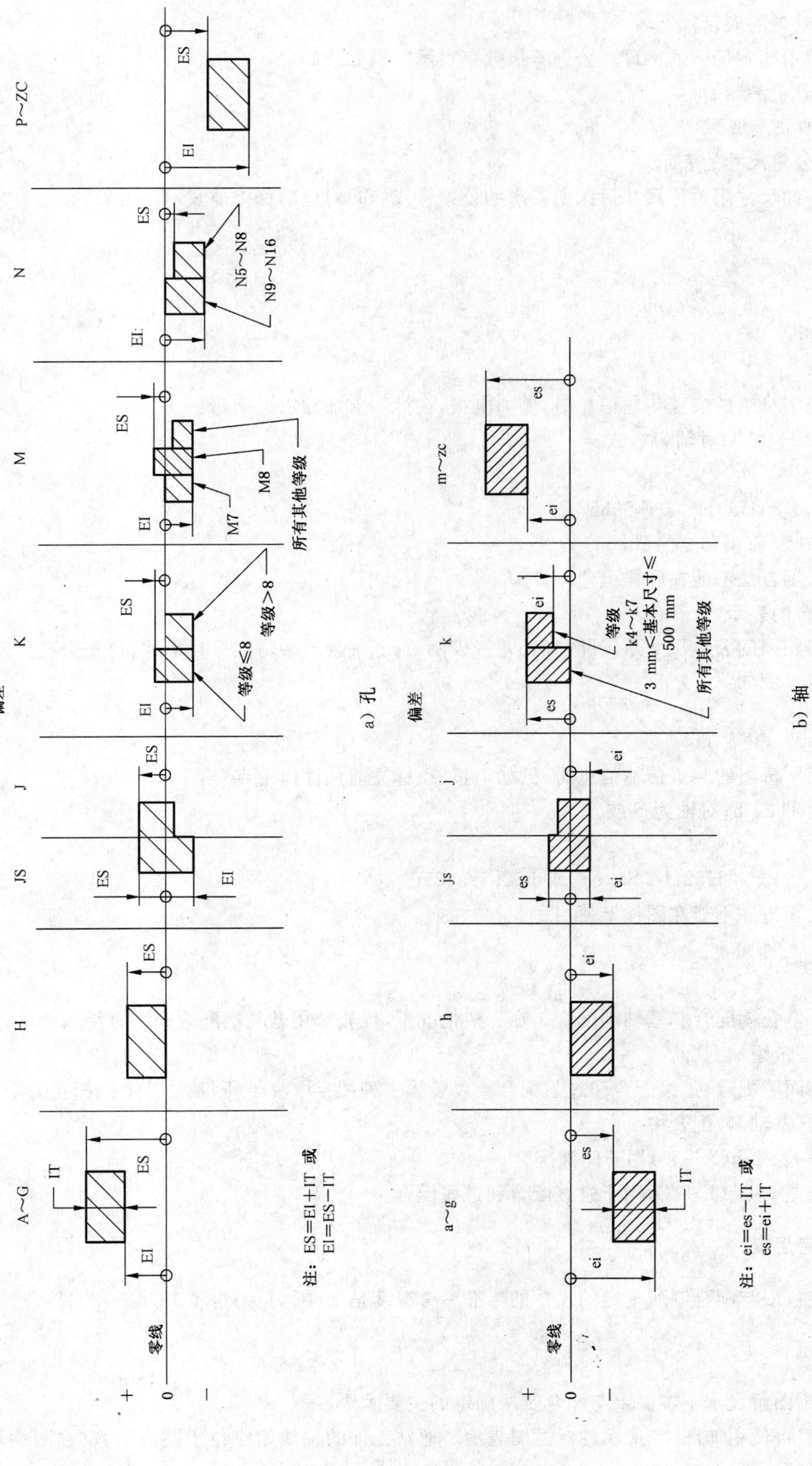

a）孔

b）轴

图 14　孔和轴的偏差

4.2 表示

4.2.1 公差带的表示

公差带用基本偏差的字母和公差等级数字表示。例如：

H7 为孔公差带；

h7 为轴公差带。

4.2.2 注公差尺寸的表示

注公差的尺寸用公称尺寸后跟所要求的公差带或(和)对应的偏差值表示。例如：

32H7

80js15

100g6

$100^{-0.012}_{-0.034}$

100g6($^{-0.012}_{-0.034}$)

当使用字母组的装置传输信息时，例如电报，在标注前加注以下字母：

对孔为 H 或 h；对轴为 S 或 s。

例如：

50H5 或为 H50H5 或 h50h5

50h6 或为 S50H6 或 s50h6

这种表示方法不能在图样上使用。

4.2.3 配合的表示

配合用相同的公称尺寸后跟孔、轴公差带表示。孔、轴公差带写成分数形式，分子为孔公差带，分母为轴公差带。例如：

52H7/g6 或 $52\,\frac{H7}{g6}$

当使用字母组的装置传输信息时，例如电报，在标注前加注以下字母：

对孔为 H 或 h；对轴为 S 或 s。

例如：

52H5/g6 或为 H52H7/S52G6 或 h52h7/s52g6

这种表示方法不能在图样上使用。

5 配合分类

配合分基孔制配合和基轴制配合。在一般情况下，优先选用基孔制配合。如有特殊需要，允许将任一孔、轴公差带组成配合。

配合有间隙配合、过渡配合和过盈配合。属于哪一种配合取决于孔、轴公差带的相互关系。

基孔制(基轴制)配合中：

基本偏差 a～h(A～H)用于间隙配合；

基本偏差 j～zc(J～ZC)用于过渡配合和过盈配合。

6 标准参考温度

本标准极限与配合制所规定的尺寸的标准参考温度是 20 ℃(见 GB/T 19765—2005)。

7 图解表示

图 15 用图解表示了本极限与配合制所确定的主要术语。

实际上，可使用如图 16 所示的示意图表示。通常工件的轴线始终位于图的下方(在图中不示出)。

该图例中,孔的两个偏差均为正,轴的两个偏差均为负。

8 公称尺寸至 3 150 mm 的标准公差

8.1 标准公差的由来

在附录 A 中给出了计算标准公差的公式和数值修约规则。

8.2 标准公差等级(IT)的公差数值

公称尺寸至 3 150 mm 的标准公差等级 IT1～IT18 的公差数值规定于表 1。

注:公称尺寸至 500 mm 的标准公差等级 IT01 和 IT0 的公差数值在附录 A 中给出。

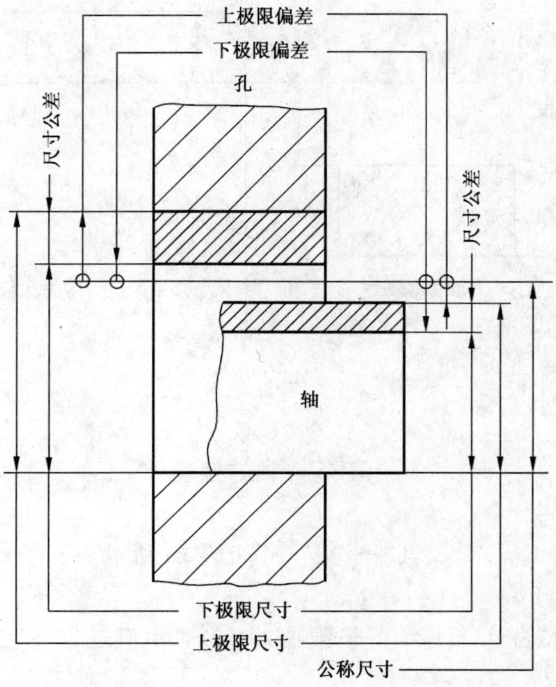

图 15 术语图解

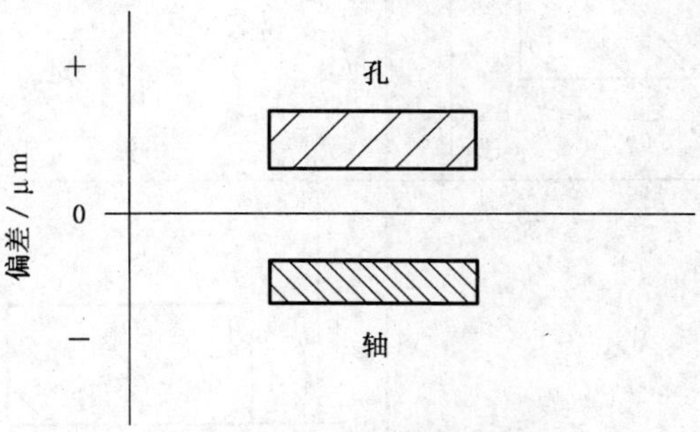

图 16 公差带示意图

9 公称尺寸至 3 150 mm 的基本偏差

9.1 基本偏差的由来

在附录 A 中给出了计算基本偏差的公式和数值修约规则。

9.2 **轴的基本偏差**

轴的基本偏差 a～h 和 k～zc 及其"＋"或"－"如图 17 所示。

轴的基本偏差数值规定于表 2。

轴的另一个偏差，下极限偏差(ei)和上极限偏差(es)可由轴的基本偏差和标准公差(IT)求得(见图 17)。

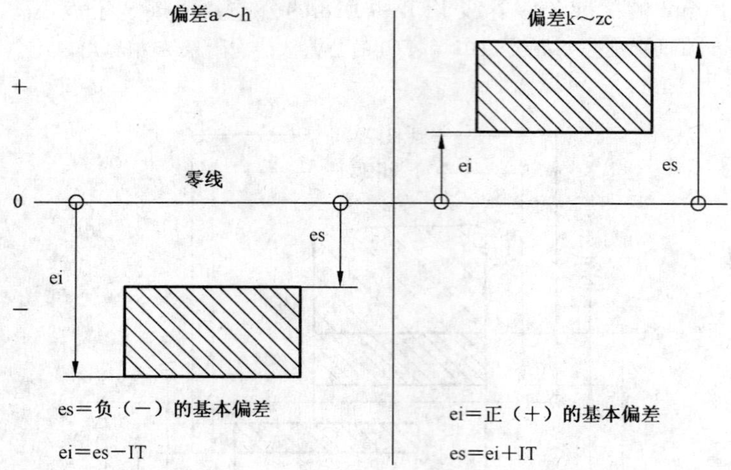

图 17　轴的偏差

9.3 **孔的基本偏差**

孔的基本偏差 A～H 和 K～ZC 及其"＋"或"－"如图 18 所示。

孔的基本偏差数值规定于表 3。

孔的另一个偏差，上极限偏差(ES)和下极限偏差(ei)可由孔的基本偏差和标准公差(IT)求得(见图 18)。

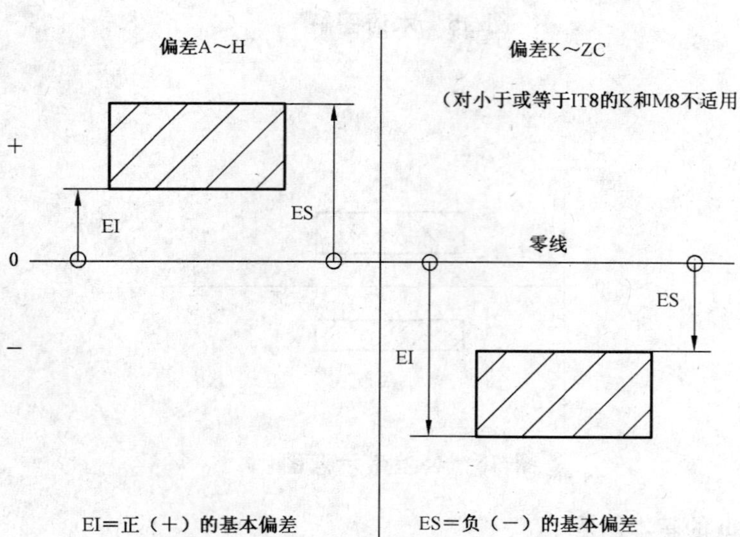

图 18　孔的偏差

9.4 基本偏差 js 和 JS

基本偏差 js 和 JS 是标准公差(IT)带对称分布于零线的两侧(见图 19),即:

对 js:$es=\frac{IT}{2}$;

$ei=-\frac{IT}{2}$。

对 JS:$ES=\frac{IT}{2}$;

$ES=-\frac{IT}{2}$。

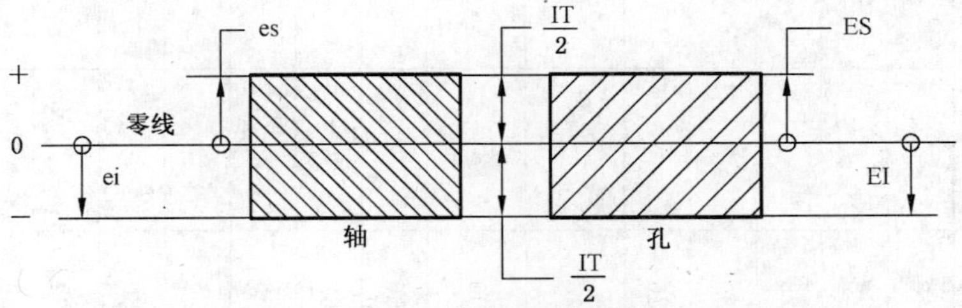

图 19 偏差 js 和 JS

9.5 基本偏差 j 和 J

大部分基本偏差 j 和 J 是标准公差(IT)带不对称分布于零线的两侧。

表 1 公称尺寸至 3 150 mm 的标准公差数值

公称尺寸/mm		标准公差等级																	
		IT1	IT2	IT3	IT4	IT5	IT6	IT7	IT8	IT9	IT10	IT11	IT12	IT13	IT14	IT15	IT16	IT17	IT18
大于	至	μm											mm						
—	3	0.8	1.2	2	3	4	6	10	14	25	40	60	0.1	0.14	0.25	0.4	0.6	1	1.4
3	6	1	1.5	2.5	4	5	8	12	18	30	48	75	0.12	0.18	0.3	0.48	0.75	1.2	1.8
6	10	1	1.5	2.5	4	6	9	15	22	36	58	90	0.15	0.22	0.36	0.58	0.9	1.5	2.2
10	18	1.2	2	3	5	8	11	18	27	43	70	110	0.18	0.27	0.43	0.7	1.1	1.8	2.7
18	30	1.5	2.5	4	6	9	13	21	33	52	84	130	0.21	0.33	0.52	0.84	1.3	2.1	3.3
30	50	1.5	2.5	4	7	11	16	25	39	62	100	160	0.25	0.39	0.62	1	1.6	2.5	3.9
50	80	2	3	5	8	13	19	30	46	74	120	190	0.3	0.46	0.74	1.2	1.9	3	4.6
80	120	2.5	4	6	10	15	22	35	54	87	140	220	0.35	0.54	0.87	1.4	2.2	3.5	5.4
120	180	3.5	5	8	12	18	25	40	63	100	160	250	0.4	0.63	1	1.6	2.5	4	6.3
180	250	4.5	7	10	14	20	29	46	72	115	185	290	0.46	0.72	1.15	1.85	2.9	4.6	7.2
250	315	6	8	12	16	23	32	52	81	130	210	320	0.52	0.81	1.3	2.1	3.2	5.2	8.1
315	400	7	9	13	18	25	36	57	89	140	230	360	0.57	0.89	1.4	2.3	3.6	5.7	8.9
400	500	8	10	15	20	27	40	63	97	155	250	400	0.63	0.97	1.55	2.5	4	6.3	9.7
500	630	9	11	16	22	32	44	70	110	175	280	440	0.7	1.1	1.75	2.8	4.4	7	11
630	800	10	13	18	25	36	50	80	125	200	320	500	0.8	1.25	2	3.2	5	8	12.5
800	1 000	11	15	21	28	40	56	90	140	230	360	560	0.9	1.4	2.3	3.6	5.6	9	14
1 000	1 250	13	18	24	33	47	66	105	165	260	420	660	1.05	1.65	2.6	4.2	6.6	10.5	16.5
1 250	1 600	15	21	29	39	55	78	125	195	310	500	780	1.25	1.95	3.1	5	7.8	12.5	19.5
1 600	2 000	18	25	35	46	65	92	150	230	370	600	920	1.5	2.3	3.7	6	9.2	15	23
2 000	2 500	22	30	41	55	78	110	175	280	440	700	1 100	1.75	2.8	4.4	7	11	17.5	28
2 500	3 150	26	36	50	68	96	135	210	330	540	860	1 350	2.1	3.3	5.4	8.6	13.5	21	33

注 1:公称尺寸大于 500 mm 的 IT1～IT5 的标准公差数值为试行的。

注 2:公称尺寸小于或等于 1 mm 时,无 IT14～IT18。

表 2　轴的基本偏差数值

单位为微米(μm)

基本尺寸/mm		基本偏差数值(上极限偏差 es)											
		所有标准公差等级											
大于	至	a	b	c	cd	d	e	ef	f	fg	g	h	js
—	3	−270	−140	−60	−34	−20	−14	−10	−6	−4	−2	0	偏差 = $\pm\frac{IT_n}{2}$，式中 IT_n 是 IT 值数
3	6	−270	−140	−70	−46	−30	−20	−14	−10	−6	−4	0	
6	10	−280	−150	−80	−56	−40	−25	−18	−13	−8	−5	0	
10	14	−290	−150	−95		−50	−32		−16		−6	0	
14	18												
18	24	−300	−160	−110		−65	−40		−20		−7	0	
24	30												
30	40	−310	−170	−120		−80	−50		−25		−9	0	
40	50	−320	−180	−130									
50	65	−340	−190	−140		−100	−60		−30		−10	0	
65	80	−360	−200	−150									
80	100	−380	−220	−170		−120	−72		−36		−12	0	
100	120	−410	−240	−180									
120	140	−460	−260	−200		−145	−85		−43		−14	0	
140	160	−520	−280	−210									
160	180	−580	−310	−230									
180	200	−660	−340	−240		−170	−100		−50		−15	0	
200	225	−740	−380	−260									
225	250	−820	−420	−280									
250	280	−920	−480	−300		−190	−110		−56		−17	0	
280	315	−1 050	−540	−330									
315	355	−1 200	−600	−360		−210	−125		−62		−18	0	
355	400	−1 350	−680	−400									
400	450	−1 500	−760	−440		−230	−135		−68		−20	0	
450	500	−1 650	−840	−480									
500	560					−260	−145		−76		−22	0	
560	630												
630	710					−290	−160		−80		−24	0	
710	800												
800	900					−320	−170		−86		−26	0	
900	1 000												
1 000	1 120					−350	−195		−98		−28	0	
1 120	1 250												
1 250	1 400					−390	−220		−110		−30	0	
1 400	1 600												
1 600	1 800					−430	−240		−120		−32	0	
1 800	2 000												
2 000	2 240					−480	−260		−130		−34	0	
2 240	2 500												
2 500	2 800					−520	−290		−145		−38	0	
2 800	3 150												

表 2（续）

单位为微米（μm）

基本尺寸/mm		基本偏差数值（下极限偏差 ei）																		
		IT5 和 IT6	IT7	IT8	IT4～IT7	≤IT3 >IT7	所有标准公差等级													
大于	至	j			k		m	n	p	r	s	t	u	v	x	y	z	za	zb	zc
—	3	−2	−4	−6	0	0	+2	+4	+6	+10	+14		+18		+20		+26	+32	+40	+60
3	6	−2	−4		+1	0	+4	+8	+12	+15	+19		+23		+28		+35	+42	+50	+80
6	10	−2	−5		+1	0	+6	+10	+15	+19	+23		+28		+34		+42	+52	+67	+97
10	14	−3	−6		+1	0	+7	+12	+18	+23	+28		+33		+40		+50	+64	+90	+130
14	18													+39	+45		+60	+77	+108	+150
18	24	−4	−8		+2	0	+8	+15	+22	+28	+35		+41	+47	+54	+63	+73	+98	+136	+188
24	30											+41	+48	+55	+64	+75	+88	+118	+160	+218
30	40	−5	−10		+2	0	+9	+17	+26	+34	+43	+48	+60	+68	+80	+94	+112	+148	+200	+274
40	50											+54	+70	+81	+97	+114	+136	+180	+242	+325
50	65	−7	−12		+2	0	+11	+20	+32	+41	+53	+66	+87	+102	+122	+144	+172	+226	+300	+405
65	80									+43	+59	+75	+102	+120	+146	+174	+210	+274	+360	+480
80	100	−9	−15		+3	0	+13	+23	+37	+51	+71	+91	+124	+146	+178	+214	+258	+335	+445	+585
100	120									+54	+79	+104	+144	+172	+210	+254	+310	+400	+525	+690
120	140	−11	−18		+3	0	+15	+27	+43	+63	+92	+122	+170	+202	+248	+300	+365	+470	+620	+800
140	160									+65	+100	+134	+190	+228	+280	+340	+415	+535	+700	+900
160	180									+68	+108	+146	+210	+252	+310	+380	+465	+600	+780	+1 000
180	200	−13	−21		+4	0	+17	+31	+50	+77	+122	+166	+236	+284	+350	+425	+520	+670	+880	+1 150
200	225									+80	+130	+180	+258	+310	+385	+470	+575	+740	+960	+1 250
225	250									+84	+140	+196	+284	+340	+425	+520	+640	+820	+1 050	+1 350
250	280	−16	−26		+4	0	+20	+34	+56	+94	+158	+218	+315	+385	+475	+580	+710	+920	+1 200	+1 550
280	315									+98	+170	+240	+350	+425	+525	+650	+790	+1 000	+1 300	+1 700
315	355	−18	−28		+4	0	+21	+37	+62	+108	+190	+268	+390	+475	+590	+730	+900	+1 150	+1 500	+1 900
355	400									+114	+208	+294	+435	+530	+660	+820	+1 000	+1 300	+1 650	+2 100
400	450	−20	−32		+5	0	+23	+40	+68	+126	+232	+330	+490	+595	+740	+920	+1 100	+1 450	+1 850	+2 400
450	500									+132	+252	+360	+540	+660	+820	+1 000	+1 250	+1 600	+2 100	+2 600
500	560				0	0	+26	+44	+78	+150	+280	+400	+600							
560	630									+155	+310	+450	+660							
630	710				0	0	+30	+50	+88	+175	+340	+500	+740							
710	800									+185	+380	+560	+840							
800	900				0	0	+34	+56	+100	+210	+430	+620	+940							
900	1 000									+220	+470	+680	+1 050							
1 000	1 120				0	0	+40	+66	+120	+250	+520	+780	+1 150							
1 120	1 250									+260	+580	+840	+1 300							
1 250	1 400				0	0	+48	+78	+140	+300	+640	+960	+1 450							
1 400	1 600									+330	+720	+1 050	+1 600							
1 600	1 800				0	0	+58	+92	+170	+370	+820	+1 200	+1 850							
1 800	2 000									+400	+920	+1 350	+2 000							
2 000	2 240				0	0	+68	+110	+195	+440	+1 000	+1 500	+2 300							
2 240	2 500									+460	+1 100	+1 650	+2 500							
2 500	2 800				0	0	+76	+135	+240	+550	+1 250	+1 900	+2 900							
2 800	3 150									+580	+1 400	+2 100	+3 200							

注：基本尺寸小于或等于 1 mm 时，基本偏差 a 和 b 均不采用。公差带 js7～js11，若 IT_n 值数是奇数，则取偏差＝$\pm\frac{IT_n-1}{2}$。

表 3　孔的基本偏差数值

单位为微米(μm)

公称尺寸/mm		基本偏差数值																					
		下极限偏差 EI														上极限偏差 ES							
大于	至	所有标准公差等级												IT6	IT7	IT8	≤IT8	>IT8	≤IT8	>IT8	≤IT8	>IT8	≤IT7
		A	B	C	CD	D	E	EF	F	FG	G	H	JS	J			K		M		N		P 至 ZC
—	3	+270	+140	+60	+34	+20	+14	+10	+6	+4	+2	0	偏差＝$\pm\frac{IT_n}{2}$，式中 IT_n 是 IT 值数	+2	+4	+6	0	0	−2	−2	−4	−4	在大于 IT7 的相应数值上增加一个 Δ 值
3	6	+270	+140	+70	+46	+30	+20	+14	+10	+6	+4	0		+5	+6	+10	−1+Δ		−4+Δ	−4	−8+Δ	0	
6	10	+280	+150	+80	+56	+40	+25	+18	+13	+8	+5	0		+5	+8	+12	−1+Δ		−6+Δ	−6	−10+Δ	0	
10	14	+290	+150	+95		+50	+32		+16		+6	0		+6	+10	+15	−1+Δ		−7+Δ	−7	−12+Δ	0	
14	18																						
18	24	+300	+160	+110		+65	+40		+20		+7	0		+8	+12	+20	−2+Δ		−8+Δ	−8	−15+Δ	0	
24	30																						
30	40	+310	+170	+120		+80	+50		+25		+9	0		+10	+14	+24	−2+Δ		−9+Δ	−9	−17+Δ	0	
40	50	+320	+180	+130																			
50	65	+340	+190	+140		+100	+60		+30		+10	0		+13	+18	+28	−2+Δ		−11+Δ	−11	−20+Δ	0	
65	80	+360	+200	+150																			
80	100	+380	+220	+170		+120	+72		+36		+12	0		+16	+22	+34	−3+Δ		−13+Δ	−13	−23+Δ	0	
100	120	+410	+240	+180																			
120	140	+460	+260	+200		+145	+85		+43		+14	0		+18	+26	+41	−3+Δ		−15+Δ	−15	−27+Δ	0	
140	160	+520	+280	+210																			
160	180	+580	+310	+230																			
180	200	+660	+340	+240		+170	+100		+50		+15	0		+22	+30	+47	−4+Δ		−17+Δ	−17	−31+Δ	0	
200	225	+740	+380	+260																			
225	250	+820	+420	+280																			
250	280	+920	+480	+300		+190	+110		+56		+17	0		+25	+36	+55	−4+Δ		−20+Δ	−20	−34+Δ	0	
280	315	+1 050	+540	+330																			
315	355	+1 200	+600	+360		+210	+125		+62		+18	0		+29	+39	+60	−4+Δ		−21+Δ	−21	−37+Δ	0	
355	400	+1 350	+680	+400																			
400	450	+1 500	+760	+440		+230	+135		+68		+20	0		+33	+43	+66	−5+Δ		−23+Δ	−23	−40+Δ	0	
450	500	+1 650	+840	+480																			
500	560					+260	+145		+76		+22	0					0		−26		−44		
560	630																						
630	710					+290	+160		+80		+24	0					0		−30		−50		
710	800																						
800	900					+320	+170		+86		+26	0					0		−34		−56		
900	1 000																						
1 000	1 120					+350	+195		+98		+28	0					0		−40		−66		
1 120	1 250																						
1 250	1 400					+390	+220		+110		+30	0					0		−48		−78		
1 400	1 600																						
1 600	1 800					+430	+240		+120		+32	0					0		−58		−92		
1 800	2 000																						
2 000	2 240					+480	+260		+130		+34	0					0		−68		−110		
2 240	2 500																						
2 500	2 800					+520	+290		+145		+38	0					0		−76		−135		
2 800	3 150																						

表 3（续）

单位为微米（μm）

公称尺寸/mm		基本偏差数值 上极限偏差 ES 标准公差等级大于 IT7												Δ值 标准公差等级					
大于	至	P	R	S	T	U	V	X	Y	Z	ZA	ZB	ZC	IT3	IT4	IT5	IT6	IT7	IT8
—	3	—	−10	−14		−18		−20		−26	−32	−40	−60	0	0	0	0	0	0
3	6	−12	−15	−19		−23		−28		−35	−42	−50	−80	1	1.5	1	3	4	6
6	10	−15	−19	−23		−28		−34		−42	−52	−67	−97	1	1.5	2	3	6	7
10	14	−18	−23	−28		−33		−40		−50	−64	−90	−130	1	2	3	3	7	9
14	18						−39	−45		−60	−77	−108	−150						
18	24	−22	−28	−35		−41	−47	−54	−63	−73	−98	−136	−188	1.5	2	3	4	8	12
24	30				−41	−48	−55	−64	−75	−88	−118	−160	−218						
30	40	−26	−34	−43	−48	−60	−68	−80	−94	−112	−148	−200	−274	1.5	3	4	5	9	14
40	50				−54	−70	−81	−97	−114	−136	−180	−242	−325						
50	65	−32	−41	−53	−66	−87	−102	−122	−144	−172	−226	−300	−405	2	3	5	6	11	16
65	80		−43	−59	−75	−102	−120	−146	−174	−210	−274	−360	−480						
80	100	−37	−51	−71	−91	−124	−146	−178	−214	−258	−335	−445	−585	2	4	5	7	13	19
100	120		−54	−79	−104	−144	−172	−210	−254	−310	−400	−525	−690						
120	140	−43	−63	−92	−122	−170	−202	−248	−300	−365	−470	−620	−800	3	4	6	7	15	23
140	160		−65	−100	−134	−190	−228	−280	−340	−415	−535	−700	−900						
160	180		−68	−108	−146	−210	−252	−310	−380	−465	−600	−780	−1 000						
180	200	−50	−77	−122	−166	−236	−284	−350	−425	−520	−670	−880	−1 150	3	4	6	9	17	26
200	225		−80	−130	−180	−258	−310	−385	−470	−575	−740	−960	−1 250						
225	250		−84	−140	−196	−284	−340	−425	−520	−640	−820	−1 050	−1 350						
250	280	−56	−94	−158	−218	−315	−385	−475	−580	−710	−920	−1 200	−1 550	4	4	7	9	20	29
280	315		−98	−170	−240	−350	−425	−525	−650	−790	−1 000	−1 300	−1 700						
315	355	−62	−108	−190	−268	−390	−475	−590	−730	−900	−1 150	−1 500	−1 900	4	5	7	11	21	32
355	400		−114	−208	−294	−435	−530	−660	−820	−1 000	−1 300	−1 650	−2 100						
400	450	−68	−126	−232	−330	−490	−595	−740	−920	−1 100	−1 450	−1 850	−2 400	5	5	7	13	23	34
450	500		−132	−252	−360	−540	−660	−820	−1 000	−1 250	−1 600	−2 100	−2 600						
500	560	−78	−150	−280	−400	−600													
560	630		−155	−310	−450	−660													
630	710	−88	−175	−340	−500	−740													
710	800		−185	−380	−560	−840													
800	900	−100	−210	−430	−620	−940													
900	1 000		−220	−470	−680	−1 050													
1 000	1 120	−120	−250	−520	−780	−1 150													
1 120	1 250		−260	−580	−840	−1 300													
1 250	1 400	−140	−300	−640	−960	−1 450													
1 400	1 600		−330	−720	−1 050	−1 600													
1 600	1 800	−170	−370	−820	−1 200	−1 850													
1 800	2 000		−400	−920	−1 350	−2 000													
2 000	2 240	−195	−440	−1 000	−1 500	−2 300													
2 240	2 500		−460	−1 100	−1 650	−2 500													
2 500	2 800	−240	−550	−1 250	−1 900	−2 900													
2 800	3 150		−580	−1 400	−2 100	−3 200													

注 1：公称尺寸小于或等于 1 mm 时，基本偏差 A 和 B 及大于 IT8 的 N 均不采用。公差带 JS7 至 JS11，若 IT_n 值数是奇数，则取偏差 $=\pm\frac{IT_{n-1}}{2}$。

注 2：对小于或等于 IT8 的 K、M、N 和小于或等于 IT7 的 P 至 ZC，所需 Δ 值从表内右侧选取。例如：18 mm～30 mm 段的 K7，Δ=8 μm，所以 ES=−2+8=+6 μm；18 mm～30 mm 段的 S6，Δ=4 μm，所以 ES=−35+4=−31 μm。特殊情况：250 mm～315 mm 段的 M6，ES=−9 μm（代替−11 μm）。

附　录　A
（资料性附录）
标准公差和基本偏差的由来

为了完整地理解和使用本标准，本附录给出了本标准极限与配合的基础、标准公差和基本偏差数值的由来。

A.1　公称尺寸分段

公称尺寸分主段落和中间段落规定于表 A.1。标准公差和基本偏差是按表中的公称尺寸段计算的。中间段落仅用于计算尺寸至 500 mm 的轴的基本偏差 a～c 及 r～zc 或孔的基本偏差 A～C 及 R～ZC 和计算尺寸大于 500 mm～3 150 mm 的轴的基本偏差 r～u 及孔的基本偏差 R～U。

在计算各公称尺寸段的标准公差和基本偏差时，公式中的 D 用每一尺寸段中首尾两个尺寸（D_1 和 D_2）的几何平均值，即：

$$D = \sqrt{D_1 \times D_2}$$

对小于或等于 3 mm 的公称尺寸段，用 1 mm 和 3 mm 的几何平均值 $D=\sqrt{1\times 3}=1.732$ mm 来计算标准公差和基本偏差。

表 A.1　公称尺寸分段

单位为毫米

主段落		中间段落	
大于	至	大于	至
—	3	无细分段	
3	6		
6	10		
10	18	10	14
		14	18
18	30	18	24
		24	30
30	50	30	40
		40	50
50	80	50	65
		65	80
80	120	80	100
		100	120
120	180	120	140
		140	160
		160	180
180	250	180	200
		200	225
		225	250

主段落		中间段落	
大于	至	大于	至
250	315	250	280
		280	315
315	400	315	355
		355	400
400	500	400	450
		450	500
500	630	500	560
		560	630
630	800	630	710
		710	800
800	1 000	800	900
		900	1 000
1 000	1 250	1 000	1 120
		1 120	1 250
1 250	1 600	1 250	1 400
		1 400	1 600
1 600	2 000	1 600	1 800
		1 800	2 000
2 000	2 500	2 000	2 240
		2 240	2 500
2 500	3 150	2 500	2 800
		2 800	3 150

A.2 标准公差的由来

A.2.1 通则

极限与配合在公称尺寸至 500 mm 内规定了 IT01、IT0、IT1、……、IT18 共 20 个标准公差等级；公称尺寸大于 500 mm～3 150 mm 内规定了 IT1～IT18 共 18 个标准公差等级。

标准公差等级 IT01 和 IT0 在工业中很少用到，所以在标准文本中没有给出该两公差等级的标准公差数值，但为满足使用者需要，在表 A.2 中给出了这些数值。

表 A.2 IT01 和 IT0 的标准公差数值

公称尺寸/mm		标准公差等级	
		IT01	IT0
大于	至	公差/μm	
—	3	0.3	0.5
3	6	0.4	0.6
6	10	0.4	0.6
10	18	0.5	0.8
18	30	0.6	1
30	50	0.6	1
50	80	0.8	1.2
80	120	1	1.5
120	180	1.2	2
180	250	2	3
250	315	2.5	4
315	400	3	5
400	500	4	6

A.2.2 公称尺寸至 500 mm 的标准公差的由来

A.2.2.1 IT01～IT4 的标准公差

等级 IT01、IT0 和 IT1 的标准公差数值由表 A.3 给出的公式计算。对等级 IT2、IT3 和 IT4 没有给出计算公式，其标准公差数值在 IT1 和 IT5 的数值之间大致按几何级数递增。

表 A.3 IT01、IT0 和 IT1 的标准公差计算公式 单位为微米

标准公差等级	计算公式
IT01	$0.3+0.008D$
IT0	$0.5+0.012D$
IT1	$0.8+0.02D$
注：式中 D 为公称尺寸段的几何平均值，单位为毫米。	

A.2.2.2 IT5～IT18 的标准公差

等级 IT5～IT18 的标准公差数值作为标准公差因子 i 的函数，由表 A.4 所列计算公式求得。

标准公差因子 i 由下式计算：

$$i = 0.45\sqrt[3]{D} + 0.001D$$

式中：i 的单位为微米（μm）；D 是公称尺寸段的几何平均值，单位为毫米（mm）。

A.2.3　公称尺寸大于 500 mm～3 150 mm 的标准公差(IT)的由来

等级 IT1～IT18 的标准公差数值作为标准公差因子 I 的函数，由表 A.4 所列计算公式求得。

标准公差因子 I 由下式计算：

$$I = 0.004D + 2.1$$

式中：I 的单位为微米(μm)；D 是公称尺寸段的几何平均值，单位为毫米(mm)。

表 A.4　IT1～IT18 的标准公差计算公式

公称尺寸/mm		标准公差等级																	
		IT1	IT2	IT3	IT4	IT5	IT6	IT7	IT8	IT9	IT10	IT11	IT12	IT13	IT14	IT15	IT16	IT17	IT18
大于	至	标准公差计算公式/μm																	
—	500	—	—	—	—	$7i$	$10i$	$16i$	$25i$	$40i$	$64i$	$100i$	$160i$	$250i$	$400i$	$640i$	$1\ 000i$	$1\ 600i$	$2\ 500i$
500	3 150	$2I$	$2.7I$	$3.7I$	$5I$	$7I$	$10I$	$16I$	$25I$	$40I$	$64I$	$100I$	$160I$	$250I$	$400I$	$640I$	$1\ 000I$	$1\ 600I$	$2\ 500I$

注 1：公称尺寸至 500 mm 的 IT1～IT4 的标准公差计算见 A.2.2.1。

注 2：从 IT6 起，其规律为：每增 5 个等级，标准公差增加至 10 倍，也可用于延伸超过 IT18 的 IT 等级。

A.2.4　标准公差数值的修约

等级至 IT11 的标准公差计算结果按表 A.5 的规则修约。

等级大于 IT11 的标准公差数值是由 IT7～IT11 的标准公差数值延伸来的，故不需再修约。

表 A.5　等级至 IT11 的标准公差数值的修约　　单位为微米

计算结果		公称尺寸	
		至 500 mm	大于 500 mm～3 150 mm
自	至	修约成整倍数	
0	60	1	1
60	100	1	2
100	200	5	5
200	500	10	10
500	1 000	—	20
1 000	2 000	—	50
2 000	5 000	—	100
5 000	10 000	—	200
10 000	20 000	—	500
20 000	50 000	—	1 000

注：表 1 和表 A.2 中，为了使数值分布得更好，有的没有采用这一规则。

A.3　基本偏差的由来

A.3.1　轴的基本偏差

轴的基本偏差按表 A.6 给出的公式计算。

由表 A.6 中计算公式求得的轴的基本偏差，一般是最靠近零线的那个极限偏差，即 a～h 为轴的上极限偏差(es)，k～zc 为轴的下极限偏差(ei)。

除轴 j 和 js(严格地说两者无基本偏差)外，轴的基本偏差的数值与选用的标准公差等级无关。

A.3.2 孔的基本偏差

孔的基本偏差按表 A.6 中给出的公式计算。

一般对同一字母的孔的基本偏差与轴的基本偏差相对于零线是完全对称的。即:孔与轴的基本偏差对应(例如 A 对应 a)时,两者的基本偏差的绝对值相等,而符号相反:

$$EI = -es \quad 或 \quad ES = -ei$$

该规则适用于所有的基本偏差,但以下情况例外:

a) 公称尺寸大于 3 mm～500 mm,标准公差等级大于 IT8 的孔的基本偏差 N,其数值(ES)等于零。

b) 在公称尺寸大于 3 mm～500 mm 的基孔制或基轴制配合中,给定某一公差等级的孔要与更精一级的轴相配(例如 H7/p6 和 P7/h6),并要求具有同等的间隙或过盈(见图 A.1)。此时,计算的孔的基本偏差应附加一个 Δ 值,即

$$ES = ES(计算值) + \Delta$$

式中:Δ 是公称尺寸段内给定的某一标准公差等级 ITn 与更精一级的标准公差等级IT($n-1$)的差值。

例如:公称尺寸段 18 mm～30 mm 的 P7:

$$\Delta = ITn - IT(n-1) = IT7 - IT6 = 21 - 13 = 8\ \mu m$$

注:b)中给出的特殊规则仅适用于公称尺寸大于 3 mm、标准公差等级小于或等于 IT8 的孔的基本偏差 K、M、N 和标准公差等级小于或等于 IT7 的孔的基本偏差 P～ZC。

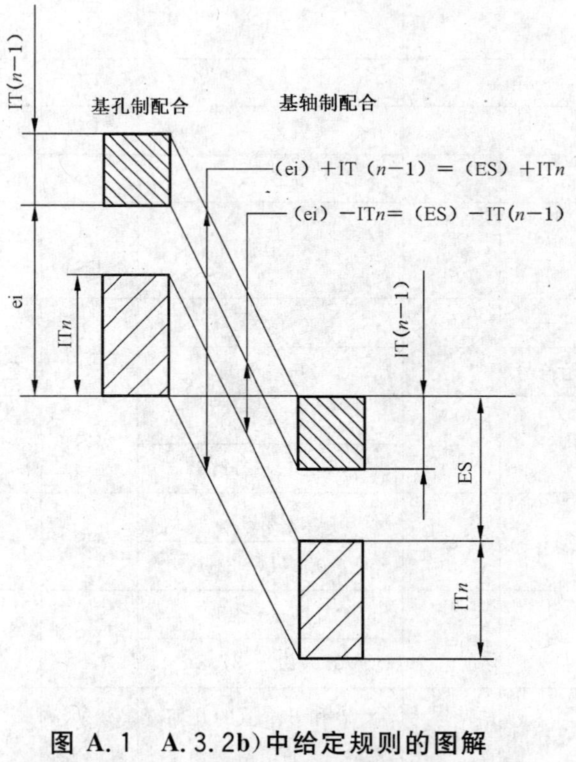

图 A.1 A.3.2b)中给定规则的图解

由表 A.6 中计算公式求得的孔的基本偏差,一般是最靠近零线的那个极限偏差,即 A～H 为孔的下极限偏差(EI),K～ZC 为孔的上极限偏差(ES)。

除孔 J 和 JS(严格地说两者无基本偏差)外,基本偏差的数值与选用的标准公差等级无关。

A.3.3 基本偏差数值的修约

由表 A.6 计算得到的轴、孔基本偏差的计算结果按表 A.7 的规则修约。

表 A.6 轴和孔的基本偏差计算公式

公称尺寸/mm		轴			公式	孔			公称尺寸/mm	
大于	至	基本偏差	符号	极限偏差		极限偏差	符号	基本偏差	大于	至
1	120	a	—	es	$265+1.3D$	EI	+	A	1	120
120	500				$3.5D$				120	500
1	160	b	—	es	$\approx 140+0.85D$	EI	+	B	1	160
160	500				$\approx 1.8D$				160	500
0	40	c	—	es	$52D^{0.2}$	EI	+	C	0	40
40	500				$95+0.8D$				40	500
0	10	cd	—	es	C、c 和 D、d 值的几何平均值	EI	+	CD	0	10
0	3 150	d	—	es	$16D^{0.44}$	EI	+	D	0	3 150
0	3 150	e	—	es	$11D^{0.41}$	EI	+	E	0	3 150
0	10	ef	—	es	E、e 和 F、f 值的几何平均值	EI	+	EF	0	10
0	3 150	f	—	es	$5.5D^{0.41}$	EI	+	F	0	3 150
0	10	fg	—	es	F、f 和 G、g 值的几何平均值	EI	+	FG	0	10
0	3 150	g	—	es	$2.5D^{0.34}$	EI	+	G	0	3 150
0	3 150	h	无符号	es	偏差=0	EI	无符号	H	0	3 150
0	500	j			无公式			J	0	500
0	3 150	js	+ —	es ei	$0.5\mathrm{IT}n$	EI ES	+ —	JS	0	3 150
0	500	k	+	ei	$0.6\sqrt[3]{D}$	ES	—	K	0	500
500	3 150		无符号		偏差=0		无符号		500	3 150
0	500	m	+	ei	IT7−IT6	ES	—	M	0	500
500	3 150				$0.024D+12.6$				500	3 150
0	500	n	+	ei	$5D^{0.34}$	ES	—	N	0	500
500	3 150				$0.04D+21$				500	3 150
0	500	p	+	ei	IT7+0～5	ES	—	P	0	500
500	3 150				$0.072D+37.8$				500	3 150
0	3 150	r	+	ei	P、p 和 S、s 值的几何平均值	ES	—	R	0	3 150
0	50	s	+	ei	IT8+1～4	ES	—	S	0	50
50	3 150				IT7+$0.4D$				50	3 150
24	3 150	t	+	ei	IT7+$0.63D$	ES	—	T	24	3 150
0	3 150	u	+	ei	IT7+D	ES	—	U	0	3 150

表 A.6（续）

公称尺寸/mm		轴			公式	孔			公称尺寸/mm	
大于	至	基本偏差	符号	极限偏差		极限偏差	符号	基本偏差	大于	至
14	500	v	+	ei	IT7+1.25D	ES	—	V	14	500
0	500	x	+	ei	IT7+1.6D	ES	—	X	0	500
18	500	y	+	ei	IT7+2D	ES	—	Y	18	500
0	500	z	+	ei	IT7+2.5D	ES	—	Z	0	500
0	500	za	+	ei	IT8+3.15D	ES	—	ZA	0	500
0	500	zb	+	ei	IT9+4D	ES	—	ZB	0	500
0	500	zc	+	ei	IT10+5D	ES	—	ZC	0	500

注 1：公式中 D 是公称尺寸段的几何平均值，mm；基本偏差的计算结果以 μm 计。

注 2：j、J 只在表 2、表 3 中给出其值。

注 3：公称尺寸至 500 mm 轴的基本偏差 k 的计算公式仅适用于标准公差等级 IT4～IT7，对所有其他公称尺寸和所有其他 IT 等级的基本偏差 k=0；孔的基本偏差 K 的计算公式仅适用于标准公差等级小于或等于 IT8，对所有其他公称尺寸和所有其他 IT 等级的基本偏差 K=0。

注 4：孔的基本偏差 K～ZC 的计算见 A3.2b)。

表 A.7 基本偏差的修约

计算结果		公称尺寸		
		至 500 mm		大于 500 mm～3 150 mm
		基本偏差		
		a～g A～G	k～zc K～ZC	d～u D～U
自	至	修约成整倍数		
5	45	1	1	1
45	60	2	1	1
60	100	5	1	2
100	200	5	2	5
200	300	10	2	10
300	500	10	5	10
500	560	10	5	20
560	600	20	5	20
600	800	20	10	20
800	1 000	20	20	20
1 000	2 000	50	50	50
2 000	5 000		100	100
…	…			…
20×10^n	50×10^n			1×10^n
50×10^n	100×10^n			2×10^n
100×10^n	200×10^n			5×10^n

附 录 B
（资料性附录）
应 用 举 例

B.1 通则

本附录列出了基本偏差与标准公差的某些特定的适用范围以及计算孔与轴的极限偏差和极限尺寸的示例。

应用本标准时，如需要计算孔与轴的极限偏差和极限尺寸，可按标准的表1～表3、附录A的表A.1～表A.3进行。

B.2 再提特定适用要点

应用本标准表列的标准公差和基本偏差计算极限偏差时，要注意以下特定的适用范围：

——只对大于1 mm的公称尺寸提供轴与孔的基本偏差a、A，b、B；

——只对小于或等于3 mm的公称尺寸提供轴的公差带j8；

——只对大于24 mm、14 mm和18 mm的公称尺寸分别提供轴与孔的基本偏差t、T，v、V和y、Y；

——只对大于1 mm的公称尺寸提供标准公差等级IT14～IT18；

——只对大于1 mm的公称尺寸提供标准公差等级大于IT8的孔的基本偏差N。

B.3 计算举例

B.3.1 确定轴ϕ40g11的极限偏差和极限尺寸

公称尺寸段：30 mm～50 mm（由表A.1）；

标准公差＝160 μm（由表1）；

基本偏差＝－9 μm（由表2）；

上极限偏差＝基本偏差＝－9 μm；

下极限偏差＝基本偏差－标准公差＝－9－160＝－169 μm；

极限尺寸：上极限尺寸＝40－0.009＝ 39.991 mm；

下极限尺寸＝40－0.169＝39.831 mm。

B.3.2 确定孔ϕ130N4的极限偏差和极限尺寸

公称尺寸段：120 mm～180 mm（由表A.1）；

标准公差＝12 μm（由表1）；

基本偏差＝－27＋Δ（由表3）＝－27＋4＝－23 μm；

上极限偏差＝基本偏差＝－23 μm；

下极限偏差＝基本偏差－标准公差＝－23－12＝－35 μm；

极限尺寸：上极限尺寸＝130－0.023＝129.977 mm；

下极限尺寸＝130－0.035＝129.965 mm。

附 录 C
（资料性附录）
在 GPS 矩阵模型中的位置

GPS 矩阵的全部详情参见 GB/Z 20308—2006。

C.1 本部分标准的信息及其应用

本部分规定了 ISO 极限与配合制，并且对公差和偏差的基本概念和相关术语进行了定义，进而对配合的术语进行了定义，并解释了“基准孔”原则和“基准轴”原则。

C.2 在 GPS 矩阵模型中的位置

本部分是 GPS 通用标准，它影响 GPS 通用标准矩阵中尺寸标准链的链环 1 和 2，如图 C.1 所示。

GPS 基础标准	GPS 综合标准						
	GPS 通用标准						
	链环号	1	2	3	4	5	6
	尺寸						
	距离						
	半径						
	角度						
	与基准无关的线形状						
	与基准相关的线形状						
	与基准无关的面形状						
	与基准相关的面形状						
	方向						
	位置						
	圆跳动						
	全跳动						
	基准						
	粗糙度轮廓						
	波纹度轮廓						
	原始轮廓						
	表面缺陷						
	棱边						

图 C.1 在 GPS 矩阵模型中的位置

C.3 相关的标准

相关的标准为图 C.1 所示标准链涉及的标准。

ICS 17.040.10
J 04

中华人民共和国国家标准

GB/T 1800.2—2009
代替 GB/T 1800.4—1999

产品几何技术规范(GPS)
极限与配合
第2部分:标准公差等级和
孔、轴极限偏差表

Geometrical Product Specifications (GPS)—
Limits and fits—Part 2: Tables of standard tolerance grades and limit deviations for holes and shafts

(ISO 286-2:1988, ISO System of limits and fits—
Part 2: Tables of standard tolerance grades and
limit deviations for holes and shafts, MOD)

2009-03-16 发布　　2009-11-01 实施

中华人民共和国国家质量监督检验检疫总局
中国国家标准化管理委员会　发布

前　言

GB/T 1800《产品几何技术规范(GPS)　极限与配合》根据 ISO 286:1988 重新起草，分为两部分。GB/T 1800.1—1997、GB/T 1800.2—1998 和 GB/T 1800.3—1998 合并为第 1 部分，GB/T 1800.4—1999 修改为第 2 部分：

——第 1 部分：公差、偏差和配合的基础；

——第 2 部分：标准公差等级和孔、轴的极限偏差表。

本部分为 GB/T 1800 的第 2 部分，修改采用 ISO 286-2:1988《ISO 极限与配合制　第 2 部分：标准公差等级和孔、轴的极限偏差表》，在文本结构上与 ISO 286-2:1988 完全对应。为与 ISO GPS 标准体系协调一致，进行了如下一些修改：

——标准名称增加引导要素：产品几何技术规范(GPS)；

——“基本尺寸”改为“公称尺寸”；“上偏差”和“下偏差”分别修改为“上极限偏差”和“下极限偏差”；

——增加了附录 B“在 GPS 矩阵模型中的位置”。

本部分代替 GB/T 1800.4—1999《极限与配合　标准公差等级和孔、轴的极限偏差表》。

本部分的附录 A 和附录 B 均为资料性附录。本部分在 GPS 体系中的位置在附录 B 中说明。

本部分由全国产品尺寸和几何技术规范标准化技术委员会提出并归口。

本部分起草单位：中机生产力促进中心、浙江亚太机电股份有限公司、中原工学院、西安交通大学、郑州大学。

本部分主要起草人：李晓沛、赵则祥、施瑞康、赵卓贤、张琳娜、乔雪涛、陈景玉。

本部分所代替标准的历次版本发布情况为：

——GB/T 1800.4—1999。

产品几何技术规范(GPS)
极限与配合
第2部分:标准公差等级和
孔、轴极限偏差表

1 范围

GB/T 1800的本部分规定了孔和轴常用公差带的极限偏差数值,其数值是按GB/T 1800.1中的标准公差和基本偏差数值表计算得到的。它包括孔的上极限偏差ES和轴的上极限偏差es、孔的下极限偏差EI和轴的下极限偏差ei的数值(见图1)。

本部分适用于圆柱和非圆柱形光滑工件的尺寸要素。

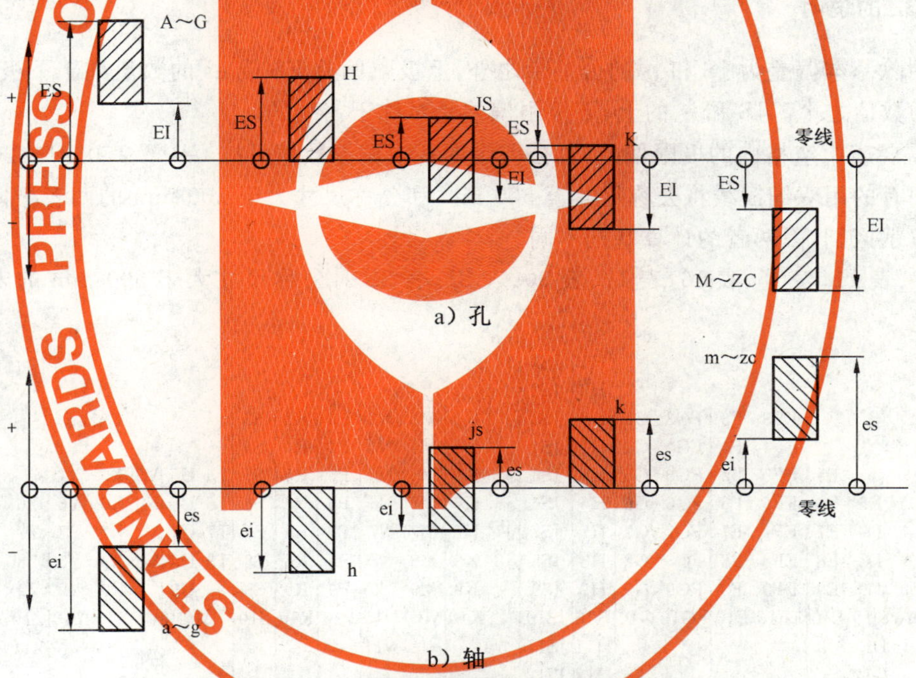

图1 上极限偏差和下极限偏差

2 规范性引用文件

下列文件中的条款通过GB/T 1800的本部分的引用而成为本部分的条款。凡是注日期的引用文件,其随后所有的修改单(不包括勘误的内容)或修订版均不适用于本部分,然而,鼓励根据本部分达成协议的各方研究是否可使用这些文件的最新版本。凡是不注日期的引用文件,其最新版本适用于本部分。

GB/T 1800.1—2009 产品几何技术规范(GPS) 极限与配合 第1部分:公差、偏差和配合的基础(ISO 286-1:1988,MOD)

GB/T 1801—2009 产品几何技术规范(GPS) 极限与配合 公差带和配合的选择(ISO 1829:1975,MOD)

GB/Z 20308—2006 产品几何技术规范(GPS) 总体规划(ISO/TR 14638:1995,MOD)

3 标准公差等级

为使用方便，本标准将 GB/T 1800.1—2009 中规定的公称尺寸至 3 150 mm 的标准公差等级 IT1～IT18 及其公差数值一并列出(见表 1)。

4 孔的极限偏差

本部分规定的孔的公差带，对公称尺寸至 500 mm 的见图 2，公称尺寸大于 500 mm～3 150 mm 的见图 3，对应的极限偏差列于表 2～表 16。

关于推荐选用的孔公差带见 GB/T 1801—2009。

5 轴的极限偏差

本部分规定的轴的公差带，对公称尺寸至 500 mm 的见图 4，公称尺寸大于 500 mm～3 150 mm 的见图 5，对应的极限偏差列于表 17～表 32。

关于推荐选用的轴公差带见 GB/T 1801—2009。

6 表 2～表 32 的说明

a) 表中除基本偏差为 JS 和 js 的公差带之外，上极限偏差 ES 或 es 的数值列于下极限偏差 EI 或 ei 的数值之上。JS 和 js 的上、下极限偏差是对称于零线的。

b) 如需要表中空格内的极限偏差，其公差带的基本偏差数值可按 GB/T 1800.1—2009。

c) 表中有的用双细横线将公称尺寸至 500 mm 和公称尺寸大于 500 mm 的两者极限偏差数值隔开以示区别，因两者的计算基础不同。

d) 表 2、表 14、表 15、表 16、表 17、表 30、表 31、表 32 对公称尺寸大于 500 mm 的未规定其极限偏差。

										H1	JS1																
										H2	JS2																
						EF3	F3	FG3	G3	H3	JS3		K3	M3	N3	P3	R3	S3									
						EF4	F4	FG4	G4	H4	JS4		K4	M4	N4	P4	R4	S4									
					E5	EF5	F5	FG5	G5	H5	JS5		K5	M5	N5	P5	R5	S5	T5	U5	V5	X5					
			CD6	D6	E6	EF6	F6	FG6	G6	H6	JS6	J6	K6	M6	N6	P6	R6	S6	T6	U6	V6	X6	Y6	Z6	ZA6		
			CD7	D7	E7	EF7	F7	FG7	G7	H7	JS7	J7	K7	M7	N7	P7	R7	S7	T7	U7	V7	X7	Y7	Z7	ZA7	ZB7	ZC7
	B8	C8	CD8	D8	E8	EF8	F8	FG8	G8	H8	JS8	J8	K8	M8	N8	P8	R8	S8	T8	U8	V8	X8	Y8	Z8	ZA8	ZB8	ZC8
A9	B9	C9	CD9	D9	E9	EF9	F9	FG9	G9	H9	JS9		K9	M9	N9	P9	R9	S9		U9		X9	Y9	Z9	ZA9	ZB9	ZC9
A10	B10	C10	CD10	D10	E10	EF10	F10	FG10	G10	H10	JS10		K10	M10	N10	P10	R10	S10		U10		X10	Y10	Z10	ZA10	ZB10	ZC10
A11	B11	C11		D11						H11	JS11				N11									Z11	ZA11	ZB11	ZC11
A12	B12	C12		D12						H12	JS12																
A13	B13	C13		D13						H13	JS13																
										H14	JS14																
										H15	JS15																
										H16	JS16																
										H17	JS17																
										H18	JS18																
2			3			4		5		6	7	8		9		10	11	12	13		14			15		16	
表																											

图 2 公称尺寸至 500 mm 的孔的公差带示图

表 1 标准公差数值

公称尺寸/mm		标准公差等级																	
		IT1	IT2	IT3	IT4	IT5	IT6	IT7	IT8	IT9	IT10	IT11	IT12	IT13	IT14	IT15	IT16	IT17	IT18
大于	至	μm											mm						
—	3	0.8	1.2	2	3	4	6	10	14	25	40	60	0.1	0.14	0.25	0.4	0.6	1	1.4
3	6	1	1.5	2.5	4	5	8	12	18	30	48	75	0.12	0.18	0.3	0.48	0.75	1.2	1.8
6	10	1	1.5	2.5	4	6	9	15	22	36	58	90	0.15	0.22	0.36	0.58	0.9	1.5	2.2
10	18	1.2	2	3	5	8	11	18	27	43	70	110	0.18	0.27	0.43	0.7	1.1	1.8	2.7
18	30	1.5	2.5	4	6	9	13	21	33	52	84	130	0.21	0.33	0.52	0.84	1.3	2.1	3.3
30	50	1.5	2.5	4	7	11	16	25	39	62	100	160	0.25	0.39	0.62	1	1.6	2.5	3.9
50	80	2	3	5	8	13	19	30	46	74	120	190	0.3	0.46	0.74	1.2	1.9	3	4.6
80	120	2.5	4	6	10	15	22	35	54	87	140	220	0.35	0.54	0.87	1.4	2.2	3.5	5.4
120	180	3.5	5	8	12	18	25	40	63	100	160	250	0.4	0.63	1	1.6	2.5	4	6.3
180	250	4.5	7	10	14	20	29	46	72	115	185	290	0.46	0.72	1.15	1.85	2.9	4.6	7.2
250	315	6	8	12	16	23	32	52	81	130	210	320	0.52	0.81	1.3	2.1	3.2	5.2	8.1
315	400	7	9	13	18	25	36	57	89	140	230	360	0.57	0.89	1.4	2.3	3.6	5.7	8.9
400	500	8	10	15	20	27	40	63	97	155	250	400	0.63	0.97	1.55	2.5	4	6.3	9.7
500	630	9	11	16	22	32	44	70	110	175	280	440	0.7	1.1	1.75	2.8	4.4	7	11
630	800	10	13	18	25	36	50	80	125	200	320	500	0.8	1.25	2	3.2	5	8	12.5
800	1 000	11	15	21	28	40	56	90	140	230	360	560	0.9	1.4	2.3	3.6	5.6	9	14
1 000	1 250	13	18	24	33	47	66	105	165	260	420	660	1.05	1.65	2.6	4.2	6.6	10.5	16.5
1 250	1 600	15	21	29	39	55	78	125	195	310	500	780	1.25	1.95	3.1	5	7.8	12.5	19.5
1 600	2 000	18	25	35	46	65	92	150	230	370	600	920	1.5	2.3	3.7	6	9.2	15	23
2 000	2 500	22	30	41	55	78	110	175	280	440	700	1 100	1.75	2.8	4.4	7	11	17.5	28
2 500	3 150	26	36	50	68	96	135	210	330	540	860	1 350	2.1	3.3	5.4	8.6	13.5	21	33

注 1：公称尺寸大于 500 mm 的 IT1～IT5 的标准公差数值为试行。

注 2：公称尺寸小于或等于 1 mm 时，无 IT14～IT18。

				H1	JS1								
				H2	JS2								
				H3	JS3								
				H4	JS4								
				H5	JS5								
D6	E6	F6	G6	H6	JS6	K6	M6	N6	P6	R6	S6	T6	U6
D7	E7	F7	G7	H7	JS7	K7	M7	N7	P7	R7	S7	T7	U7
D8	E8	F8	G8	H8	JS8	K8	M8	N8	P8	R8	S8	T8	U8
D9	E9	F9		H9	JS9			N9	P9				
D10	E10			H10	JS10								
D11				H11	JS11								
D12				H12	JS12								
D13				H13	JS13								
				H14	JS14								
				H15	JS15								
				H16	JS16								
				H17	JS17								
				H18	JS18								
3		4	5	6	7	8	9		10	11	12	13	
表													

注：框格内的公差带 H1～H5 和 JS1～JS5 为试用。

图 3 公称尺寸大于 500 mm～3 150 mm 的孔的公差带示图

										h1	js1																
										h2	js2																
						ef3	f3	fg3	g3	h3	js3		k3	m3	n3	p3	r3	s3									
						ef4	f4	fg4	g4	h4	js4		k4	m4	n4	p4	r4	s4									
			cd5	d5	e5	ef5	f5	fg5	g5	h5	js5	j5	k5	m5	n5	p5	r5	s5	t5	u5	v5	x5					
			cd6	d6	e6	ef6	f6	fg6	g6	h6	js6	j6	k6	m6	n6	p6	r6	s6	t6	u6	v6	x6	y6	z6	za6		
			cd7	d7	e7	ef7	f7	fg7	g7	h7	js7	j7	k7	m7	n7	p7	r7	s7	t7	u7	v7	x7	y7	z7	za7	zb7	zc7
		c8	cd8	d8	e8	ef8	f8	fg8	g8	h8	js8	j8	k8	m8	n8	p8	r8	s8	t8	u8	v8	x8	y8	z8	za8	zb8	zc8
a9	b9	c9	cd9	d9	e9	ef9	f9	fg9	g9	h9	js9		k9	m9	n9	p9	r9	s9		u9		x9	y9	z9	za9	zb9	zc9
a10	b10	c10	cd10	d10	e10	ef10	f10	fg10	g10	h10	js10		k10			p10	r10	s10				x10	y10	z10	za10	zb10	zc10
a11	b11	c11		d11						h11	js11		k11											z11	za11	zb11	zc11
a12	b12	c12		d12						h12	js12		k12														
a13	b13			d13						h13	js13		k13														
										h14	js14																
										h15	js15																
										h16	js16																
										h17	js17																
										h18	js18																
17			18		19	20			21	22	23	24		25		26	27	28	29		30			31		32	
表																											

图 4　公称尺寸至 500 mm 的轴的公差带示图

				h1	js1								
				h2	js2								
				h3	js3								
				h4	js4								
				h5	js5								
	e6	f6	g6	h6	js6	k6	m6	n6	p6	r6	s6	t6	u6
d7	e7	f7	g7	h7	js7	k7	m7	n7	p7	r7	s7	t7	u7
d8	e8	f8	g8	h8	js8	k8			p8	r8	s8		u8
d9	e9	f9		h9	js9	k9							
d10	e10			h10	js10	k10							
d11				h11	js11	k11							
				h12	js12	k12							
				h13	js13	k13							
				h14	js14								
				h15	js15								
				h16	js16								
				h17	js17								
				h18	js18								
18	19	20	21	22	23	24	25		26	27	28	29	
表													

注：框格内的公差带 h1～h5 和 js1～js5 为试用。

图 5　公称尺寸大于 500 mm～3 150 mm 的轴的公差带示图

表 2　孔 A、B 和 C 的极限偏差

单位为微米

公称尺寸/mm		A					B						C					
大于	至	9	10	11	12	13	8	9	10	11	12	13	8	9	10	11	12	13
—	3	+295 +270	+310 +270	+330 +270	+370 +270	+410 +270	+154 +140	+165 +140	+180 +140	+200 +140	+240 +140	+280 +140	+74 +60	+85 +60	+100 +60	+120 +60	+160 +60	+200 +60
3	6	+300 +270	+318 +270	+345 +270	+390 +270	+450 +270	+158 +140	+170 +140	+188 +140	+215 +140	+260 +140	+320 +140	+88 +70	+100 +70	+118 +70	+145 +70	+190 +70	+250 +70
6	10	+316 +280	+338 +280	+370 +280	+430 +280	+500 +280	+172 +150	+186 +150	+208 +150	+240 +150	+300 +150	+370 +150	+102 +80	+116 +80	+138 +80	+170 +80	+230 +80	+300 +80
10	18	+333 +290	+360 +290	+400 +290	+470 +290	+560 +290	+177 +150	+193 +150	+220 +150	+260 +150	+330 +150	+420 +150	+122 +95	+138 +95	+165 +95	+205 +95	+275 +95	+365 +95
18	30	+352 +300	+384 +300	+430 +300	+510 +300	+630 +300	+193 +160	+212 +160	+244 +160	+290 +160	+370 +160	+490 +160	+143 +110	+162 +110	+194 +110	+240 +110	+320 +110	+440 +110
30	40	+372 +310	+410 +310	+470 +310	+560 +310	+700 +310	+209 +170	+232 +170	+270 +170	+330 +170	+420 +170	+560 +170	+159 +120	+182 +120	+220 +120	+280 +120	+370 +120	+510 +120
40	50	+382 +320	+420 +320	+480 +320	+570 +320	+710 +320	+219 +180	+242 +180	+280 +180	+340 +180	+430 +180	+570 +180	+169 +130	+192 +130	+230 +130	+290 +130	+380 +130	+520 +130
50	65	+414 +340	+460 +340	+530 +340	+640 +340	+800 +340	+236 +190	+264 +190	+310 +190	+380 +190	+490 +190	+650 +190	+186 +140	+214 +140	+260 +140	+330 +140	+440 +140	+600 +140
65	80	+434 +360	+480 +360	+550 +360	+660 +360	+820 +360	+246 +200	+274 +200	+320 +200	+390 +200	+500 +200	+660 +200	+196 +150	+224 +150	+270 +150	+340 +150	+450 +150	+610 +150
80	100	+467 +380	+520 +380	+600 +380	+730 +380	+920 +380	+274 +220	+307 +220	+360 +220	+440 +220	+570 +220	+760 +220	+224 +170	+257 +170	+310 +170	+390 +170	+520 +170	+710 +170
100	120	+497 +410	+550 +410	+630 +410	+760 +410	+950 +410	+294 +240	+327 +240	+380 +240	+460 +240	+590 +240	+780 +240	+234 +180	+267 +180	+320 +180	+400 +180	+530 +180	+720 +180
120	140	+560 +460	+620 +460	+710 +460	+860 +460	+1090 +460	+323 +260	+360 +260	+420 +260	+510 +260	+660 +260	+890 +260	+263 +200	+300 +200	+360 +200	+450 +200	+600 +200	+830 +200

表 2（续）

单位为微米

公称尺寸/mm		A					B						C					
大于	至	9	10	11	12	13	8	9	10	11	12	13	8	9	10	11	12	13
140	160	+620 +520	+680 +520	+770 +520	+920 +520	+1150 +520	+343 +280	+380 +280	+440 +280	+530 +280	+680 +280	+910 +280	+273 +210	+310 +210	+370 +210	+460 +210	+610 +210	+840 +210
160	180	+680 +580	+740 +580	+830 +580	+980 +580	+1210 +580	+373 +310	+410 +310	+470 +310	+560 +310	+710 +310	+940 +310	+293 +230	+330 +230	+390 +230	+480 +230	+630 +230	+860 +230
180	200	+775 +660	+845 +660	+950 +660	+1120 +660	+1380 +660	+412 +340	+455 +340	+525 +340	+630 +340	+800 +340	+1060 +340	+312 +240	+355 +240	+425 +240	+530 +240	+700 +240	+960 +240
200	225	+855 +740	+925 +740	+1030 +740	+1200 +740	+1460 +740	+452 +380	+495 +380	+565 +380	+670 +380	+840 +380	+1100 +380	+332 +260	+375 +260	+445 +260	+550 +260	+720 +260	+980 +260
225	250	+935 +820	+1005 +820	+1110 +820	+1280 +820	+1540 +820	+492 +420	+535 +420	+605 +420	+710 +420	+880 +420	+1140 +420	+352 +280	+395 +280	+465 +280	+570 +280	+740 +280	+1000 +280
250	280	+1050 +920	+1130 +920	+1240 +920	+1440 +920	+1730 +920	+561 +480	+610 +480	+690 +480	+800 +480	+1000 +480	+1290 +480	+381 +300	+430 +300	+510 +300	+620 +300	+820 +300	+1110 +300
280	315	+1180 +1050	+1260 +1050	+1370 +1050	+1570 +1050	+1860 +1050	+621 +540	+670 +540	+750 +540	+860 +540	+1060 +540	+1350 +540	+411 +330	+460 +330	+540 +330	+650 +330	+850 +330	+1140 +330
315	355	+1340 +1200	+1430 +1200	+1560 +1200	+1770 +1200	+2000 +1200	+689 +600	+740 +600	+830 +600	+960 +600	+1170 +600	+1490 +600	+449 +360	+500 +360	+590 +360	+720 +360	+930 +360	+1250 +360
355	400	+1490 +1350	+1580 +1350	+1710 +1350	+1920 +1350	+2240 +1350	+769 +680	+820 +680	+910 +680	+1040 +680	+1250 +680	+1570 +680	+489 +400	+540 +400	+630 +400	+760 +400	+970 +400	+1290 +400
400	450	+1655 +1500	+1750 +1500	+1900 +1500	+2130 +1500	+2470 +1500	+857 +760	+915 +760	+1010 +760	+1160 +760	+1390 +760	+1730 +760	+537 +440	+595 +440	+690 +440	+840 +440	+1070 +440	+1410 +440
450	500	+1805 +1650	+1900 +1650	+2050 +1650	+2280 +1650	+2620 +1650	+937 +840	+995 +840	+1090 +840	+1240 +840	+1470 +840	+1810 +840	+577 +480	+635 +480	+730 +480	+880 +480	+1110 +480	+1450 +480

注：公称尺寸小于 1 mm 时，各级的 A 和 B 均不采用。

表 3　孔 CD、D 和 E 的极限偏差

单位为微米

公称尺寸/mm		CD					D								E					
大于	至	6	7	8	9	10	6	7	8	9	10	11	12	13	5	6	7	8	9	10
—	3	+40 +34	+44 +34	+48 +34	+59 +34	+74 +34	+26 +20	+30 +20	+34 +20	+45 +20	+60 +20	+80 +20	+120 +20	+160 +20	+18 +14	+20 +14	+24 +14	+28 +14	+39 +14	+54 +14
3	6	+54 +46	+58 +46	+64 +46	+76 +46	+94 +46	+38 +30	+42 +30	+48 +30	+60 +30	+78 +30	+105 +30	+150 +30	+210 +30	+25 +20	+28 +20	+32 +20	+38 +20	+50 +20	+68 +20
6	10	+65 +56	+71 +56	+78 +56	+92 +56	+114 +56	+49 +40	+55 +40	+62 +40	+76 +40	+98 +40	+130 +40	+190 +40	+260 +40	+31 +25	+34 +25	+40 +25	+47 +25	+61 +25	+83 +25
10	18						+61 +50	+68 +50	+77 +50	+93 +50	+120 +50	+160 +50	+230 +50	+320 +50	+40 +32	+43 +32	+50 +32	+59 +32	+75 +32	+102 +32
18	30						+78 +65	+86 +65	+98 +65	+117 +65	+149 +65	+195 +65	+275 +65	+395 +65	+49 +40	+53 +40	+61 +40	+73 +40	+92 +40	+124 +40
30	50						+96 +80	+105 +80	+119 +80	+142 +80	+180 +80	+240 +80	+330 +80	+470 +80	+61 +50	+66 +50	+75 +50	+89 +50	+112 +50	+150 +50
50	80						+119 +100	+130 +100	+146 +100	+174 +100	+220 +100	+290 +100	+400 +100	+560 +100	+73 +60	+79 +60	+90 +60	+106 +60	+134 +60	+180 +60
80	120						+142 +120	+155 +120	+174 +120	+207 +120	+260 +120	+340 +120	+470 +120	+660 +120	+87 +72	+94 +72	+107 +72	+125 +72	+159 +72	+212 +72
120	180						+170 +145	+185 +145	+208 +145	+245 +145	+305 +145	+395 +145	+545 +145	+775 +145	+103 +85	+110 +85	+125 +85	+148 +85	+185 +85	+245 +85
180	250						+199 +170	+216 +170	+242 +170	+285 +170	+355 +170	+460 +170	+630 +170	+890 +170	+120 +100	+129 +100	+146 +100	+172 +100	+215 +100	+285 +100
250	315						+222 +190	+242 +190	+271 +190	+320 +190	+400 +190	+510 +190	+710 +190	+1000 +190	+133 +110	+142 +110	+162 +110	+191 +110	+240 +110	+320 +110

表 3（续）

单位为微米

公称尺寸/mm		CD					D								E					
大于	至	6	7	8	9	10	6	7	8	9	10	11	12	13	5	6	7	8	9	10
315	400						+246 +210	+267 +210	+299 +210	+350 +210	+440 +210	+570 +210	+780 +210	+1100 +210	+150 +125	+161 +125	+182 +125	+214 +125	+265 +125	+355 +125
400	500						+270 +230	+293 +230	+327 +230	+385 +230	+480 +230	+630 +230	+860 +230	+1200 +230	+162 +135	+175 +135	+198 +135	+232 +135	+290 +135	+385 +135
500	630						+304 +260	+330 +260	+370 +260	+435 +260	+540 +260	+700 +260	+960 +260	+1360 +260		+189 +145	+215 +145	+255 +145	+320 +145	+425 +145
630	800						+340 +290	+370 +290	+415 +290	+490 +290	+610 +290	+790 +290	+1090 +290	+1540 +290		+210 +160	+240 +160	+285 +160	+360 +160	+480 +160
800	1 000						+376 +320	+410 +320	+460 +320	+550 +320	+680 +320	+880 +320	+1220 +320	+1720 +320		+226 +170	+260 +170	+310 +170	+400 +170	+530 +170
1 000	1 250						+416 +350	+455 +350	+515 +350	+610 +350	+770 +350	+1010 +350	+1400 +350	+2000 +350		+261 +195	+300 +195	+360 +195	+455 +195	+615 +195
1 250	1 600						+468 +390	+515 +390	+585 +390	+700 +390	+890 +390	+1170 +390	+1640 +390	+2340 +390		+298 +220	+345 +220	+415 +220	+530 +220	+720 +220
1 600	2 000						+522 +430	+580 +430	+660 +430	+800 +430	+1030 +430	+1350 +430	+1930 +430	+2730 +430		+332 +240	+390 +240	+470 +240	+610 +240	+840 +240
2 000	2 500						+590 +480	+655 +480	+760 +480	+920 +480	+1180 +480	+1580 +480	+2230 +480	+3280 +480		+370 +260	+435 +260	+540 +260	+700 +260	+960 +260
2 500	3 150						+655 +520	+730 +520	+850 +520	+1060 +520	+1380 +520	+1870 +520	+2 620 +520	+3820 +520		+425 +290	+500 +290	+620 +290	+830 +290	+1150 +290

注：各级的 CD 主要用于精密机械和钟表制造业。

表 4　孔 EF 和 F 的极限偏差

单位为微米

公称尺寸/mm		EF								F							
大于	至	3	4	5	6	7	8	9	10	3	4	5	6	7	8	9	10
—	3	+12 +10	+13 +10	+14 +10	+16 +10	+20 +10	+24 +10	+35 +10	+50 +10	+8 +6	+9 +6	+10 +6	+12 +6	+16 +6	+20 +6	+31 +6	+46 +6
3	6	+16.5 +14	+18 +14	+19 +14	+22 +14	+26 +14	+32 +14	+44 +14	+62 +14	+12.5 +10	+14 +10	+15 +10	+18 +10	+22 +10	+28 +10	+40 +10	+58 +10
6	10	+20.5 +18	+22 +18	+24 +18	+27 +18	+33 +18	+40 +18	+54 +18	+76 +18	+15.5 +13	+17 +13	+19 +13	+22 +13	+28 +13	+35 +13	+49 +13	+71 +13
10	18									+19 +16	+21 +16	+24 +16	+27 +16	+34 +16	+43 +16	+59 +16	+86 +16
18	30									+24 +20	+26 +20	+29 +20	+33 +20	+41 +20	+53 +20	+72 +20	+104 +20
30	50									+29 +25	+32 +25	+36 +25	+41 +25	+50 +25	+64 +25	+87 +25	+125 +25
50	80											+43 +30	+49 +30	+60 +30	+76 +30	+104 +30	
80	120											+51 +36	+58 +36	+71 +36	+90 +36	+123 +36	
120	180											+61 +43	+68 +43	+83 +43	+106 +43	+143 +43	
180	250											+70 +50	+79 +50	+96 +50	+122 +50	+165 +50	
250	315											+79 +56	+88 +56	+108 +56	+137 +56	+186 +56	
315	400											+87 +62	+98 +62	+119 +62	+151 +62	+202 +62	
400	500											+95 +68	+108 +68	+131 +68	+165 +68	+223 +68	
500	630												+120 +76	+146 +76	+186 +76	+251 +76	
630	800												+130 +80	+160 +80	+205 +80	+280 +80	
800	1 000												+142 +86	+176 +86	+226 +86	+316 +86	
1 000	1 250												+164 +98	+203 +98	+263 +98	+358 +98	
1 250	1 600												+188 +110	+235 +110	+305 +110	+420 +110	
1 600	2 000												+212 +120	+270 +120	+350 +120	+490 +120	
2 000	2 500												+240 +130	+305 +130	+410 +130	+570 +130	
2 500	3 150												+280 +145	+355 +145	+475 +145	+685 +145	

注：各级的 EF 主要用于精密机械和钟表制造业。

表 5　孔 FG 和 G 的极限偏差　　单位为微米

公称尺寸/mm		FG								G							
大于	至	3	4	5	6	7	8	9	10	3	4	5	6	7	8	9	10
—	3	+6 +4	+7 +4	+8 +4	+10 +4	+14 +4	+18 +4	+29 +4	+44 +4	+4 +2	+5 +2	+6 +2	+8 +2	+12 +2	+16 +2	+27 +2	+42 +2
3	6	+8.5 +6	+10 +6	+11 +6	+14 +6	+18 +6	+24 +6	+36 +6	+54 +6	+6.5 +4	+8 +4	+9 +4	+12 +4	+16 +4	+22 +4	+34 +4	+52 +4
6	10	+10.5 +8	+12 +8	+14 +8	+17 +8	+23 +8	+30 +8	+44 +8	+66 +8	+7.5 +5	+9 +5	+11 +5	+14 +5	+20 +5	+27 +5	+41 +5	+63 +5
10	18									+9 +6	+11 +6	+14 +6	+17 +6	+24 +6	+33 +6	+49 +6	+76 +6
18	30									+11 +7	+13 +7	+16 +7	+20 +7	+28 +7	+40 +7	+59 +7	+91 +7
30	50									+13 +9	+16 +9	+20 +9	+25 +9	+34 +9	+48 +9	+71 +9	+109 +9
50	80											+23 +10	+29 +10	+40 +10	+56 +10		
80	120											+27 +12	+34 +12	+47 +12	+66 +12		
120	180											+32 +14	+39 +14	+54 +14	+77 +14		
180	250											+35 +15	+44 +15	+61 +15	+87 +15		
250	315											+40 +17	+49 +17	+69 +17	+98 +17		
315	400											+43 +18	+54 +18	+75 +18	+107 +18		
400	500											+47 +20	+60 +20	+83 +20	+117 +20		
500	630												+66 +22	+92 +22	+132 +22		
630	800												+74 +24	+104 +24	+149 +24		
800	1 000												+82 +26	+116 +26	+166 +26		
1 000	1 250												+94 +28	+133 +28	+193 +28		
1 250	1 600												+108 +30	+155 +30	+225 +30		
1 600	2 000												+124 +32	+182 +32	+262 +32		
2 000	2 500												+144 +34	+209 +34	+314 +34		
2 500	3 150												+173 +38	+248 +38	+368 +38		

注：各级的 FG 主要用于精密机械和钟表制造业。

表 6 孔 H 的极限偏差

公称尺寸/mm		H																	
		1	2	3	4	5	6	7	8	9	10	11	12	13	14	15	16	17	18
大于	至	偏差 μm											偏差 mm						
—	3	+0.8 0	+1.2 0	+2 0	+3 0	+4 0	+6 0	+10 0	+14 0	+25 0	+40 0	+60 0	+0.1 0	+0.14 0	+0.25 0	+0.4 0	+0.6 0		
3	6	+1 0	+1.5 0	+2.5 0	+4 0	+5 0	+8 0	+12 0	+18 0	+30 0	+48 0	+75 0	+0.12 0	+0.18 0	+0.3 0	+0.48 0	+0.75 0	+1.2 0	+1.8 0
6	10	+1 0	+1.5 0	+2.5 0	+4 0	+6 0	+9 0	+15 0	+22 0	+36 0	+58 0	+90 0	+0.15 0	+0.22 0	+0.36 0	+0.58 0	+0.9 0	+1.5 0	+2.2 0
10	18	+1.2 0	+2 0	+3 0	+5 0	+8 0	+11 0	+18 0	+27 0	+43 0	+70 0	+110 0	+0.18 0	+0.27 0	+0.43 0	+0.7 0	+1.1 0	+1.8 0	+2.7 0
18	30	+1.5 0	+2.5 0	+4 0	+6 0	+9 0	+13 0	+21 0	+33 0	+52 0	+84 0	+130 0	+0.21 0	+0.33 0	+0.52 0	+0.84 0	+1.3 0	+2.1 0	+3.3 0
30	50	+1.5 0	+2.5 0	+4 0	+7 0	+11 0	+16 0	+25 0	+39 0	+62 0	+100 0	+160 0	+0.25 0	+0.39 0	+0.62 0	+1 0	+1.6 0	+2.5 0	+3.9 0
50	80	+2 0	+3 0	+5 0	+8 0	+13 0	+19 0	+30 0	+46 0	+74 0	+120 0	+190 0	+0.3 0	+0.46 0	+0.74 0	+1.2 0	+1.9 0	+3 0	+4.6 0
80	120	+2.5 0	+4 0	+6 0	+10 0	+15 0	+22 0	+35 0	+54 0	+87 0	+140 0	+220 0	+0.35 0	+0.54 0	+0.87 0	+1.4 0	+2.2 0	+3.5 0	+5.4 0
120	180	+3.5 0	+5 0	+8 0	+12 0	+18 0	+25 0	+40 0	+63 0	+100 0	+160 0	+250 0	+0.4 0	+0.63 0	+1 0	+1.6 0	+2.5 0	+4 0	+6.3 0
180	250	+4.5 0	+7 0	+10 0	+14 0	+20 0	+29 0	+46 0	+72 0	+115 0	+185 0	+290 0	+0.46 0	+0.72 0	+1.15 0	+1.85 0	+2.9 0	+4.6 0	+7.2 0
250	315	+6 0	+8 0	+12 0	+16 0	+23 0	+32 0	+52 0	+81 0	+130 0	+210 0	+320 0	+0.52 0	+0.81 0	+1.3 0	+2.1 0	+3.2 0	+5.2 0	+8.1 0

表 6（续）

公称尺寸/mm		H																	
		1	2	3	4	5	6	7	8	9	10	11	12	13	14	15	16	17	18
大于	至	偏差 μm											偏差 mm						
315	400	+7 0	+9 0	+13 0	+18 0	+25 0	+36 0	+57 0	+89 0	+140 0	+230 0	+360 0	+0.57 0	+0.89 0	+1.4 0	+2.3 0	+3.6 0	+5.7 0	+8.9 0
400	500	+8 0	+10 0	+15 0	+20 0	+27 0	+40 0	+63 0	+97 0	+155 0	+250 0	+400 0	+0.63 0	+0.97 0	+1.55 0	+2.5 0	+4 0	+6.3 0	+9.7 0
500	630	+9 0	+11 0	+16 0	+22 0	+32 0	+44 0	+70 0	+110 0	+175 0	+280 0	+440 0	+0.7 0	+1.1 0	+1.75 0	+2.8 0	+4.4 0	+7 0	+11 0
630	800	+10 0	+13 0	+18 0	+25 0	+36 0	+50 0	+80 0	+125 0	+200 0	+320 0	+500 0	+0.8 0	+1.25 0	+2 0	+3.2 0	+5 0	+8 0	+12.5 0
800	1 000	+11 0	+15 0	+21 0	+28 0	+40 0	+56 0	+90 0	+140 0	+230 0	+360 0	+560 0	+0.9 0	+1.4 0	+2.3 0	+3.6 0	+5.6 0	+9 0	+14 0
1 000	1 250	+13 0	+18 0	+24 0	+33 0	+47 0	+66 0	+105 0	+165 0	+260 0	+420 0	+660 0	+1.05 0	+1.65 0	+2.6 0	+4.2 0	+6.6 0	+10.5 0	+16.5 0
1 250	1 600	+15 0	+21 0	+29 0	+39 0	+55 0	+78 0	+125 0	+195 0	+310 0	+500 0	+780 0	+1.25 0	+1.95 0	+3.1 0	+5 0	+7.8 0	+12.5 0	+19.5 0
1 600	2 000	+18 0	+25 0	+35 0	+46 0	+65 0	+92 0	+150 0	+230 0	+370 0	+600 0	+920 0	+1.5 0	+2.3 0	+3.7 0	+6 0	+9.2 0	+15 0	+23 0
2 000	2 500	+22 0	+30 0	+41 0	+55 0	+78 0	+110 0	+175 0	+280 0	+440 0	+700 0	+1100 0	+1.75 0	+2.8 0	+4.4 0	+7 0	+11 0	+17.5 0	+28 0
2 500	3 150	+26 0	+36 0	+50 0	+68 0	+96 0	+135 0	+210 0	+330 0	+540 0	+860 0	+1350 0	+2.1 0	+3.3 0	+5.4 0	+8.6 0	+13.5 0	+21 0	+33 0

注 1：IT14～IT18 只用于大于 1 mm 的公称尺寸。
注 2：黑框中的数值，即公称尺寸大于 500 mm～3 150 mm，IT1～IT5 的偏差值为试用。

表 7 孔 JS 的极限偏差

公称尺寸/mm		JS																	
		1	2	3	4	5	6	7	8	9	10	11	12	13	14	15	16	17	18
大于	至	偏差 μm											偏差 mm						
—	3	±0.4	±0.6	±1	±1.5	±2	±3	±5	±7	±12	±20	±30	±0.05	±0.07	±0.125	±0.2	±0.3		
3	6	±0.5	±0.75	±1.25	±2	±2.5	±4	±6	±9	±15	±24	±37	±0.06	±0.09	±0.15	±0.24	±0.375	±0.6	±0.9
6	10	±0.5	±0.75	±1.25	±2	±3	±4.5	±7	±11	±18	±29	±46	±0.075	±0.11	±0.18	±0.29	±0.45	±0.75	±1.1
10	18	±0.6	±1	±1.5	±2.5	±4	±5.5	±9	±13	±21	±36	±55	±0.09	±0.135	±0.215	±0.35	±0.55	±0.9	±1.35
18	30	±0.75	±1.25	±2	±3	±4.5	±6.5	±10	±16	±26	±42	±65	±0.105	±0.165	±0.26	±0.42	±0.65	±1.05	±1.65
30	50	±0.75	±1.25	±2	±3.5	±5.5	±8	±12	±19	±31	±50	±80	±0.125	±0.195	±0.31	±0.5	±0.8	±1.25	±1.95
50	80	±1	±1.5	±2.5	±4	±6.5	±9.5	±15	±23	±37	±60	±95	±0.15	±0.23	±0.37	±0.6	±0.95	±1.5	±2.3
80	120	±1.25	±2	±3	±5	±7.5	±11	±17	±27	±43	±70	±110	±0.175	±0.27	±0.435	±0.7	±1.1	±1.75	±2.7
120	180	±1.75	±2.5	±4	±6	±9	±12.5	±20	±31	±50	±80	±125	±0.2	±0.315	±0.5	±0.8	±1.25	±2	±3.15
180	250	±2.25	±3.5	±5	±7	±10	±14.5	±23	±36	±57	±92	±145	±0.23	±0.36	±0.575	±0.925	±1.45	±2.3	±3.6
250	315	±3	±4	±6	±8	±11.5	±16	±26	±40	±65	±105	±160	±0.28	±0.405	±0.65	±1.05	±1.6	±2.6	±4.05
315	400	±3.5	±4.5	±6.5	±9	±12.5	±18	±28	±44	±70	±115	±180	±0.285	±0.445	±0.7	±1.15	±1.8	±2.85	±4.45
400	500	±4	±5	±7.5	±10	±13.5	±20	±31	±48	±77	±125	±200	±0.315	±0.485	±0.775	±1.25	±2	±3.15	±4.85
500	630	±4.5	±5.5	±8	±11	±16	±22	±35	±55	±87	±140	±220	±0.35	±0.55	±0.875	±1.4	±2.2	±3.5	±5.5
630	800	±5	±6.5	±9	±12.5	±18	±25	±40	±62	±100	±160	±250	±0.4	±0.625	±1	±1.6	±2.5	±4	±6.25
800	1 000	±5.5	±7.5	±10.5	±14	±20	±28	±45	±70	±115	±180	±280	±0.45	±0.7	±1.15	±1.8	±2.8	±4.5	±7
1 000	1 250	±6.5	±9	±12	±16.5	±23.5	±33	±52	±82	±130	±210	±330	±0.525	±0.825	±1.3	±2.1	±3.3	±5.25	±8.25
1 250	1 600	±7.5	±10.5	±14.5	±19.5	±27.5	±39	±62	±97	±155	±250	±390	±0.625	±0.975	±1.55	±2.5	±3.9	±6.25	±9.75
1 600	2 000	±9	±12.5	±17.5	±23	±32.5	±46	±75	±115	±185	±300	±460	±0.75	±1.15	±1.85	±3	±4.6	±7.5	±11.5
2 000	2 500	±11	±15	±20.5	±27.5	±39	±55	±87	±140	±220	±350	±550	±0.875	±1.4	±2.2	±3.5	±5.5	±8.75	±14
2 500	3 150	±13	±18	±25	±34	±48	±67.5	±105	±165	±270	±430	±675	±1.05	±1.65	±2.7	±4.3	±6.75	±10.5	±16.5

注 1：为避免相同值的重复，表列值以“±×”给出，可为 ES=+×、EI=−×，例如，$^{+0.23}_{-0.23}$ mm。

注 2：IT14～IT18 只用于大于 1 mm 的公称尺寸。

注 3：黑框中的数值，即公称尺寸大于 500 mm～3 150 mm，IT1～IT5 的偏差值为试用。

表 8 孔 J 和 K 的极限偏差

单位为微米

公称尺寸/mm		J				K							
大于	至	6	7	8	9	3	4	5	6	7	8	9	10
—	3	+2 −4	+4 −6	+6 +8		0 −2	0 −3	0 −4	0 −6	0 −10	0 −14	0 −25	0 −40
3	6	+5 −3	±6	+10 −8		0 −2.5	+0.5 −3.5	0 −5	+2 −6	+3 −9	+5 −13		
6	10	+5 −4	+8 −7	+12 −10		0 −2.5	+0.5 −3.5	+1 −5	+2 −7	+5 −10	+6 −16		
10	18	+6 −5	+10 −8	+15 −12		0 −3	+1 −4	+2 −6	+2 −9	+6 −12	+8 −19		
18	30	+8 −5	+12 −9	+20 −13		−0.5 −4.5	0 −6	+1 −8	+2 −11	+6 −15	+10 −23		
30	50	+10 −6	+14 −11	+24 −15		−0.5 −4.5	+1 −6	+2 −9	+3 −13	+7 −18	+12 −27		
50	80	+13 −6	+18 −12	+28 −18				+3 −10	+4 −15	+9 −21	+14 −32		
80	120	+16 −6	+22 −13	+34 −20				+2 −13	+4 −18	+10 −25	+16 −38		
120	180	+18 −7	+26 −14	+41 −22				+3 −15	+4 −21	+12 −28	+20 −43		
180	250	+22 −7	+30 −16	+47 −25				+2 −18	+5 −24	+13 −33	+22 −50		
250	315	+25 −7	+36 −16	+55 −26				+3 −20	+5 −27	+16 −36	+25 −56		
315	400	+29 −7	+39 −18	+60 −29				+3 −22	+7 −29	+17 −40	+28 −61		
400	500	+33 −7	+43 −20	+66 −31				+2 −25	+8 −32	+18 −45	+29 −68		
500	630								0 −44	0 −70	0 −110		
630	800								0 −50	0 −80	0 −125		
800	1 000								0 −56	0 −90	0 −140		
1 000	1 250								0 −66	0 −105	0 −165		
1 250	1 600								0 −78	0 −125	0 −195		
1 600	2 000								0 −92	0 −150	0 −230		
2 000	2 500								0 −110	0 −175	0 −280		
2 500	3 150								0 −135	0 −210	0 −330		

注 1：J9、J10 等公差带对称于零线，其偏差值可见 JS9、JS10 等。

注 2：公称尺寸大于 3 mm 时，大于 IT8 的 K 的偏差值不作规定。

注 3：公称尺寸大于 3 mm～6 mm 的 J7 的偏差值与对应尺寸段的 JS7 等值。

表 9　孔 M 和 N 的极限偏差

单位为微米

公称尺寸/mm		M								N								
大于	至	3	4	5	6	7	8	9	10	3	4	5	6	7	8	9	10	11
—	3	−2 −4	−2 −5	−2 −6	−2 −8	−2 −12	−2 −16	−2 −27	−2 −42	−4 −6	−4 −7	−4 −8	−4 −10	−4 −14	−4 −18	−4 −29	−4 −44	−4 −64
3	6	−3 −5.5	−2.5 −6.5	−3 −8	−1 −9	0 −12	+2 −16	−4 −34	−4 −52	−7 −9.5	−6.5 −10.5	−7 −12	−5 −13	−4 −16	−2 −20	0 −30	0 −48	0 −75
6	10	−5 −7.5	−4.5 −8.5	−4 −10	−3 −12	0 −15	+1 −21	−6 −42	−6 −64	−9 −11.5	−8.5 −12.5	−8 −14	−7 −16	−4 −19	−3 −25	0 −36	0 −58	0 −90
10	18	−6 −9	−5 −10	−4 −12	−4 −15	0 −18	+2 −25	−7 −50	−7 −77	−11 −14	−10 −15	−9 −17	−9 −20	−5 −23	−3 −30	0 −43	0 −70	0 −110
18	30	−6.5 −10.5	−6 −12	−5 −14	−4 −17	0 −21	+4 −29	−8 −60	−8 −92	−13.5 −17.5	−13 −19	−12 −21	−11 −24	−7 −28	−3 −36	0 −52	0 −84	0 −130
30	50	−7.5 −11.5	−6 −13	−5 −16	−4 −20	0 −25	+5 −34	−9 −71	−9 −109	−15.5 −19.5	−14 −21	−13 −24	−12 −28	−8 −33	−3 −42	0 −62	0 −100	0 −160
50	80			−6 −19	−5 −24	0 −30	+5 −41					−15 −28	−14 −33	−9 −39	−4 −50	0 −74	0 −120	0 −190
80	120			−8 −23	−6 −28	0 −35	+6 −48					−18 −33	−16 −38	−10 −45	−4 −58	0 −87	0 −140	0 −220
120	180			−9 −27	−8 −33	0 −40	+8 −55					−21 −39	−20 −45	−12 −52	−4 −67	0 −100	0 −160	0 −250
180	250			−11 −31	−8 −37	0 −46	+9 −63					−25 −45	−22 −51	−14 −60	−5 −77	0 −115	0 −185	0 −290
250	315			−13 −36	−9 −41	0 −52	+9 −72					−27 −50	−25 −57	−14 −66	−5 −86	0 −130	0 −210	0 −320
315	400			−14 −39	−10 −46	0 −57	+11 −78					−30 −55	−26 −62	−16 −73	−5 −94	0 −140	0 −230	0 −360
400	500			−16 −43	−10 −50	0 −63	+11 −86					−33 −60	−27 −67	−17 −80	−6 −103	0 −155	0 −250	0 −400
500	630				−26 −70	−26 −96	−26 −136						−44 −88	−44 −114	−44 −154	−44 −219		
630	800				−30 −80	−30 −110	−30 −155						−50 −100	−50 −130	−50 −175	−50 −250		
800	1 000				−34 −90	−34 −124	−34 −174						−56 −112	−56 −146	−56 −196	−56 −286		
1 000	1 250				−40 −106	−40 −145	−40 −205						−66 −132	−66 −171	−66 −231	−66 −326		
1 250	1 600				−48 −126	−48 −173	−48 −243						−78 −156	−78 −203	−78 −273	−78 −388		
1 600	2 000				−58 −150	−58 −208	−58 −288						−92 −184	−92 −242	−92 −322	−92 −462		
2 000	2 500				−68 −178	−68 −243	−68 −348						−110 −220	−110 −285	−110 −390	−110 −550		
2 500	3 150				−76 −211	−76 −286	−76 −406						−135 −270	−135 −345	−135 −465	−135 −675		

注：公差带 N9、N10 和 N11 只用于大于 1 mm 的公称尺寸。

表 10 孔 P 的极限偏差

单位为微米

公称尺寸/mm		P							
大于	至	3	4	5	6	7	8	9	10
—	3	−6 −8	−6 −9	−6 −10	−6 −12	−6 −16	−6 −20	−6 −31	−6 −46
3	6	−11 −13.5	−10.5 −14.5	−11 −16	−9 −17	−8 −20	−12 −30	−12 −42	−12 −60
6	10	−14 −16.5	−13.5 −17.5	−13 −19	−12 −21	−9 −24	−15 −37	−15 −51	−15 −73
10	18	−17 −20	−16 −21	−15 −23	−15 −26	−11 −29	−18 −45	−18 −61	−18 −88
18	30	−20.5 −24.5	−20 −26	−19 −28	−18 −31	−14 −35	−22 −55	−22 −74	−22 −106
30	50	−24.5 −28.5	−23 −30	−22 −33	−21 −37	−17 −42	−26 −65	−26 −88	−26 −126
50	80			−27 −40	−26 −45	−21 −51	−32 −78	−32 −106	
80	120			−32 −47	−30 −52	−24 −59	−37 −91	−37 −124	
120	180			−37 −55	−36 −61	−28 −68	−43 −106	−43 −143	
180	250			−44 −64	−41 −70	−33 −79	−50 −122	−50 −165	
250	315			−49 −72	−47 −79	−36 −88	−56 −137	−56 −186	
315	400			−55 −80	−51 −87	−41 −98	−62 −151	−62 −202	
400	500			−61 −88	−55 −95	−45 −108	−68 −165	−68 −223	
500	630				−78 −122	−78 −148	−78 −188	−78 −253	
630	800				−88 −138	−88 −168	−88 −213	−88 −288	
800	1 000				−100 −156	−100 −190	−100 −240	−100 −330	
1 000	1 250				−120 −186	−120 −225	−120 −285	−120 −380	
1 250	1 600				−140 −218	−140 −265	−140 −335	−140 −450	
1 600	2 000				−170 −262	−170 −320	−170 −400	−170 −540	
2 000	2 500				−195 −305	−195 −370	−195 −475	−195 −635	
2 500	3 150				−240 −375	−240 −450	−240 −570	−240 −780	

表 11　孔 R 的极限偏差

单位为微米

公称尺寸/mm		R							
大于	至	3	4	5	6	7	8	9	10
—	3	−10 −12	−10 −13	−10 −14	−10 −16	−10 −20	−10 −24	−10 −35	−10 −50
3	6	−14 −16.5	−13.5 −17.5	−14 −19	−12 −20	−11 −23	−15 −33	−15 −45	−15 −63
6	10	−18 −20.5	−17.5 −21.5	−17 −23	−16 −25	−13 −28	−19 −41	−19 −55	−19 −77
10	18	−22 −25	−21 −26	−20 −28	−20 −31	−16 −34	−23 −50	−23 −66	−23 −93
18	30	−26.5 −30.5	−26 −32	−25 −34	−24 −37	−20 −41	−28 −61	−28 −80	−10 −112
30	50	−32.5 −36.5	−31 −38	−30 −41	−29 −45	−25 −50	−34 −73	−34 −96	−34 −134
50	65			−36 −49	−35 −54	−30 −60	−41 −87		
65	80			−38 −51	−37 −56	−32 −62	−43 −89		
80	100			−46 −61	−44 −66	−38 −73	−51 −105		
100	120			−49 −64	−47 −69	−41 −76	−54 −108		
120	140			−57 −75	−56 −81	−48 −88	−63 −126		
140	160			−59 −77	−58 −83	−50 −90	−65 −128		
160	180			−62 −80	−61 −86	−53 −93	−68 −131		
180	200			−71 −91	−68 −97	−60 −106	−77 −149		
200	225			−74 −94	−71 −100	−63 −109	−80 −152		
225	250			−78 −98	−75 −104	−67 −113	−84 −156		
250	280			−87 −110	−85 −117	−74 −126	−94 −175		
280	315			−91 −114	−89 −121	−78 −130	−98 −179		
315	355			−101 −126	−97 −133	−87 −144	−108 −197		

表 11（续） 单位为微米

公称尺寸/mm		R							
大于	至	3	4	5	6	7	8	9	10
355	400			−107 −132	−103 −139	−93 −150	−114 −203		
400	450			−119 −146	−113 −153	−103 −166	−126 −223		
450	500			−125 −152	−119 −159	−109 −172	−132 −229		
500	560				−150 −194	−150 −220	−150 −260		
560	630				−155 −199	−155 −225	−155 −265		
630	710				−175 −225	−175 −255	−175 −300		
710	800				−185 −235	−185 −265	−185 −310		
800	900				−210 −266	−210 −300	−210 −350		
900	1 000				−220 −276	−220 −310	−220 −360		
1 000	1 120				−250 −316	−250 −355	−250 −415		
1 120	1 250				−260 −326	−260 −365	−260 −425		
1 250	1 400				−300 −378	−300 −425	−300 −495		
1 400	1 600				−330 −408	−330 −455	−330 −525		
1 600	1 800				−370 −462	−370 −520	−370 −600		
1 800	2 000				−400 −492	−400 −550	−400 −630		
2 000	2 240				−440 −550	−440 −615	−440 −720		
2 240	2 500				−460 −570	−460 −635	−460 −740		
2 500	2 800				−550 −685	−550 −760	−550 −880		
2 800	3 150				−580 −715	−580 −790	−580 −910		

表 12　孔 S 的极限偏差

单位为微米

公称尺寸/mm		S							
大于	至	3	4	5	6	7	8	9	10
—	3	−14 −16	−14 −17	−14 −18	−14 −20	−14 −24	−14 −28	−14 −39	−14 −54
3	6	−18 −20.5	−17.5 −21.5	−18 −23	−16 −24	−15 −27	−19 −37	−19 −49	−19 −67
6	10	−22 −24.5	−21.5 −25.5	−21 −27	−20 −29	−17 −32	−23 −45	−23 −59	−23 −81
10	18	−27 −30	−26 −31	−25 −33	−25 −36	−21 −39	−28 −55	−28 −71	−28 −98
18	30	−33.5 −37.5	−33 −39	−32 −41	−31 −44	−27 −48	−35 −68	−35 −87	−35 −119
30	50	−41.5 −45.5	−40 −47	−39 −50	−38 −54	−34 −59	−43 −82	−43 −105	−43 −143
50	65			−48 −61	−47 −66	−42 −72	−53 −99	−53 −127	
65	80			−54 −67	−53 −72	−48 −78	−59 −105	−59 −133	
80	100			−66 −81	−64 −86	−58 −93	−71 −125	−71 −158	
100	120			−74 −89	−72 −94	−66 −101	−79 −133	−79 −166	
120	140			−86 −104	−85 −110	−77 −117	−92 −155	−92 −192	
140	160			−94 −112	−93 −118	−85 −125	−100 −163	−100 −200	
160	180			−102 −120	−101 −126	−93 −133	−108 −171	−108 −208	
180	200			−116 −136	−113 −142	−105 −151	−122 −194	−122 −237	
200	225			−124 −144	−121 −150	−113 −159	−130 −202	−130 −245	
225	250			−134 −154	−131 −160	−123 −169	−140 −212	−140 −255	
250	280			−151 −174	−149 −181	−138 −190	−158 −239	−158 −288	
280	315			−163 −186	−161 −193	−150 −202	−170 −251	−170 −300	
315	355			−183 −208	−179 −215	−169 −226	−190 −279	−190 −330	

表 12（续）

单位为微米

公称尺寸/mm		S							
大于	至	3	4	5	6	7	8	9	10
355	400			−201 −226	−197 −233	−187 −244	−208 −297	−208 −348	
400	450			−225 −252	−219 −259	−209 −272	−232 −329	−232 −387	
450	500			−245 −272	−239 −279	−229 −292	−252 −349	−252 −407	
500	560				−280 −324	−280 −350	−280 −390		
560	630				−310 −354	−310 −380	−310 −420		
630	710				−340 −390	−340 −420	−340 −465		
710	800				−380 −430	−380 −460	−380 −505		
800	900				−430 −486	−430 −520	−430 −570		
900	1 000				−470 −526	−470 −560	−470 −610		
1 000	1 120				−520 −586	−520 −625	−520 −685		
1 120	1 250				−580 −646	−580 −685	−580 −745		
1 250	1 400				−640 −718	−640 −765	−640 −835		
1 400	1 600				−720 −798	−720 −845	−720 −915		
1 600	1 800				−820 −912	−820 −970	−820 −1050		
1 800	2 000				−920 −1012	−920 −1070	−920 −1150		
2 000	2 240				−1000 −1110	−1000 −1175	−1000 −1280		
2 240	2 500				−1100 −1210	−1100 −1275	−1100 −1380		
2 500	2 800				−1250 −1385	−1250 −1460	−1250 −1580		
2 800	3 150				−1400 −1535	−1400 −1610	−1400 −1730		

表 13 孔 T 和 U 的极限偏差

单位为微米

公称尺寸/mm		T				U					
大于	至	5	6	7	8	5	6	7	8	9	10
—	3					−18 −22	−18 −24	−18 −28	−18 −32	−18 −43	−18 −58
3	6					−22 −27	−20 −28	−19 −31	−23 −41	−23 −53	−23 −71
6	10					−26 −32	−25 −34	−22 −37	−28 −50	−28 −64	−28 −86
10	18					−30 −38	−30 −41	−26 −44	−33 −60	−33 −76	−33 −103
18	24					−38 −47	−37 −50	−33 −54	−41 −74	−41 −93	−41 −125
24	30	−38 −47	−37 −50	−33 −54	−41 −74	−45 −54	−44 −57	−40 −61	−48 −81	−48 −100	−48 −132
30	40	−44 −55	−43 −59	−39 −64	−48 −87	−56 −67	−55 −71	−51 −76	−60 −99	−60 −122	−60 −160
40	50	−50 −61	−49 −65	−45 −70	−54 −93	−66 −77	−65 −81	−61 −86	−70 −109	−70 −132	−70 −170
50	65		−60 −79	−55 −85	−66 −112		−81 −100	−76 −106	−87 −133	−87 −161	−87 −207
65	80		−69 −88	−64 −94	−75 −121		−96 −115	−91 −121	−102 −148	−102 −176	−102 −222
80	100		−84 −106	−78 −113	−91 −145		−117 −139	−111 −146	−124 −178	−124 −211	−124 −264
100	120		−97 −119	−91 −126	−104 −158		−137 −159	−131 −166	−144 −198	−144 −231	−144 −284
120	140		−115 −140	−107 −147	−122 −185		−163 −188	−155 −195	−170 −233	−170 −270	−170 −330
140	160		−127 −152	−119 −159	−134 −197		−183 −208	−175 −215	−190 −253	−190 −290	−190 −350
160	180		−139 −164	−131 −171	−146 −209		−203 −228	−195 −235	−210 −273	−210 −310	−210 −370
180	200		−157 −186	−149 −195	−166 −238		−227 −256	−219 −265	−236 −308	−236 −351	−236 −421
200	225		−171 −200	−163 −209	−180 −252		−249 −278	−241 −287	−258 −330	−258 −373	−258 −443
225	250		−187 −216	−179 −225	−196 −268		−275 −304	−267 −313	−284 −356	−284 −399	−284 −469
250	280		−209 −241	−198 −250	−218 −299		−306 −338	−295 −347	−315 −396	−315 −445	−315 −525
280	315		−231 −263	−220 −272	−240 −321		−341 −373	−330 −382	−350 −431	−350 −480	−350 −560

表 13（续）

单位为微米

公称尺寸/mm		T				U					
大于	至	5	6	7	8	5	6	7	8	9	10
315	355		−257 −293	−247 −304	−268 −357		−379 −415	−369 −426	−390 −479	−390 −530	−390 −620
355	400		−283 −319	−273 −330	−294 −383		−424 −460	−414 −471	−435 −524	−435 −575	−435 −665
400	450		−317 −357	−307 −370	−330 −427		−477 −517	−467 −530	−490 −587	−490 −645	−490 −740
450	500		−347 −387	−337 −400	−360 −457		−527 −567	−517 −580	−540 −637	−540 −695	−540 −790
500	560		−400 −444	−400 −470	−400 −510		−600 −644	−600 −670	−600 −710		
560	630		−450 −494	−450 −520	−450 −560		−660 −704	−660 −730	−660 −770		
630	710		−500 −550	−500 −580	−500 −625		−740 −790	−740 −820	−740 −865		
710	800		−560 −610	−560 −640	−560 −685		−840 −890	−840 −920	−840 −965		
800	900		−620 −676	−620 −710	−620 −760		−940 −996	−940 −1030	−940 −1080		
900	1 000		−680 −736	−680 −770	−680 −820		−1050 −1106	−1050 −1140	−1050 −1190		
1 000	1 120		−780 −846	−780 −885	−780 −945		−1150 −1216	−1150 −1255	−1150 −1315		
1 120	1 250		−840 −906	−840 −945	−840 −1005		−1300 −1366	−1300 −1405	−1300 −1465		
1 250	1 400		−960 −1038	−960 −1085	−960 −1155		−1450 −1528	−1450 −1575	−1450 −1645		
1 400	1 600		−1050 −1128	−1050 −1175	−1050 −1245		−1600 −1678	−1600 −1725	−1600 −1795		
1 600	1 800		−1200 −1292	−1200 −1360	−1200 −1430		−1850 −1942	−1850 −2000	−1850 −2080		
1 800	2 000		−1350 −1442	−1350 −1500	−1350 −1580		−2000 −2092	−2000 −2150	−2000 −2230		
2 000	2 240		−1500 −1610	−1500 −1675	−1500 −1780		−2300 −2410	−2300 −2475	−2300 −2580		
2 240	2 500		−1650 −1760	−1650 −1825	−1650 −1930		−2500 −2610	−2500 −2675	−2500 −2780		
2 500	2 800		−1900 −2035	−1900 −2110	−1900 −2230		−2900 −3035	−2900 −3110	−2900 −3230		
2 800	3 150		−2100 −2235	−2100 −2310	−2100 −2430		−3200 −3335	−3200 −3410	−3200 −3530		

注：公称尺寸至 24 mm 的 T5～T8 的偏差值未列入表内，建议以 U5～U8 代替。如非要 T5～T8，则可按 GB/T 1800.1计算。

表 14　孔 V、X 和 Y 的极限偏差

单位为微米

公称尺寸/mm		V				X						Y				
大于	至	5	6	7	8	5	6	7	8	9	10	6	7	8	9	10
—	3					−20 −24	−20 −26	−20 −30	−20 −34	−20 −45	−20 −60					
3	6					−27 −32	−25 −33	−24 −36	−28 −46	−28 −58	−28 −76					
6	10					−32 −38	−31 −40	−28 −43	−34 −56	−34 −70	−34 −92					
10	14					−37 −45	−37 −48	−33 −51	−40 −67	−40 −83	−40 −110					
14	18	−36 −44	−36 −47	−32 −50	−39 −66	−42 −50	−42 −53	−38 −56	−45 −72	−45 −88	−45 −115					
18	24	−44 −53	−43 −56	−39 −60	−47 −80	−51 −60	−50 −63	−46 −67	−54 −87	−54 −106	−54 −138	−59 −72	−55 −76	−63 −96	−63 −115	−63 −147
24	30	−52 −61	−51 −64	−47 −68	−55 −88	−61 −70	−60 −73	−56 −77	−64 −97	−64 −116	−64 −148	−71 −84	−67 −88	−75 −108	−75 −127	−75 −159
30	40	−64 −75	−63 −79	−59 −84	−68 −107	−76 −87	−75 −91	−71 −96	−80 −119	−80 −142	−80 −180	−89 −105	−85 −110	−94 −133	−94 −156	−94 −194
40	50	−77 −88	−76 −92	−72 −97	−81 −120	−93 −104	−92 −108	−88 −113	−97 −136	−97 −159	−97 −197	−109 −125	−105 −130	−114 −153	−114 −176	−114 −214
50	65		−96 −115	−91 −121	−102 −148		−116 −135	−111 −141	−122 −168	−122 −196		−138 −157	−133 −163	−144 −190		
65	80		−114 −133	−109 −139	−120 −166		−140 −159	−135 −165	−146 −192	−146 −220		−168 −187	−163 −193	−174 −220		
80	100		−139 −161	−133 −168	−146 −200		−171 −193	−165 −200	−178 −232	−178 −265		−207 −229	−201 −236	−214 −268		
100	120		−165 −187	−159 −194	−172 −226		−203 −225	−197 −232	−210 −264	−210 −297		−247 −269	−241 −276	−254 −308		
120	140		−195 −220	−187 −227	−202 −265		−241 −266	−233 −273	−248 −311	−248 −348		−293 −318	−285 −325	−300 −363		
140	160		−221 −246	−213 −253	−228 −291		−273 −298	−265 −305	−280 −343	−280 −380		−333 −358	−325 −365	−340 −403		
160	180		−245 −270	−237 −277	−252 −315		−303 −328	−295 −335	−310 −373	−310 −410		−373 −398	−365 −405	−380 −443		
180	200		−275 −304	−267 −313	−284 −356		−341 −370	−333 −379	−350 −422	−350 −465		−416 −445	−408 −454	−425 −497		
200	225		−301 −330	−293 −339	−310 −382		−376 −405	−368 −414	−385 −457	−385 −500		−461 −490	−453 −499	−470 −542		
225	250		−331 −360	−323 −369	−340 −412		−416 −445	−408 −454	−425 −497	−425 −540		−511 −540	−503 −549	−520 −592		

表 14（续） 单位为微米

公称尺寸/mm		V				X						Y				
大于	至	5	6	7	8	5	6	7	8	9	10	6	7	8	9	10
250	280		−376 −408	−365 −417	−385 −466		−466 −498	−455 −507	−475 −556	−475 −605		−571 −603	−560 −612	−580 −661		
280	315		−416 −448	−405 −457	−425 −506		−516 −548	−505 −557	−525 −606	−525 −655		−641 −673	−630 −682	−650 −731		
315	355		−464 −500	−454 −511	−475 −564		−579 −615	−569 −626	−590 −679	−590 −730		−719 −755	−709 −766	−730 −819		
355	400		−519 −555	−509 −566	−530 −619		−649 −685	−639 −696	−660 −749	−660 −800		−809 −845	−799 −856	−820 −909		
400	450		−582 −622	−572 −635	−595 −692		−727 −767	−717 −780	−740 −837	−740 −895		−907 −947	−897 −960	−920 −1017		
450	500		−647 −687	−637 −700	−660 −757		−807 −847	−797 −860	−820 −917	−820 −975		−987 −1027	−977 −1040	−1000 −1097		

注 1：公称尺寸至 14 mm 的 V5～V8 的偏差值未列入表内，建议以 X5～X8 代替。如非要 V5～V8，则可按 GB/T 1800.1计算。

注 2：公称尺寸至 18 mm 的 Y6～Y10 的偏差值未列入表内，建议以 Z6～Z10 代替。如非要 Y6～Y10，则可按 GB/T 1800.1计算。

表 15 孔 Z 和 ZA 的极限偏差 单位为微米

公称尺寸/mm		Z						ZA					
大于	至	6	7	8	9	10	11	6	7	8	9	10	11
—	3	−26 −32	−26 −36	−26 −40	−26 −51	−26 −66	−26 −86	−32 −38	−32 −42	−32 −46	−32 −57	−32 −72	−32 −92
3	6	−32 −40	−31 −43	−35 −53	−35 −65	−35 −83	−35 −110	−39 −47	−38 −50	−42 −60	−42 −72	−42 −90	−42 −117
6	10	−39 −48	−36 −51	−42 −64	−42 −78	−42 −100	−42 −132	−49 −58	−46 −61	−52 −74	−52 −88	−52 −110	−52 −142
10	14	−47 −58	−43 −61	−50 −77	−50 −93	−50 −120	−50 −160	−61 −72	−57 −75	−64 −91	−64 −107	−64 −134	−64 −174
14	18	−57 −68	−53 −71	−60 −87	−60 −103	−60 −130	−60 −170	−74 −85	−70 −88	−77 −104	−77 −120	−77 −147	−77 −187
18	24	−69 −82	−65 −86	−73 −106	−73 −125	−73 −157	−73 −203	−94 −107	−90 −111	−98 −131	−98 −150	−98 −182	−98 −228
24	30	−84 −97	−80 −101	−88 −121	−88 −140	−88 −172	−88 −218	−114 −127	−110 −131	−118 −151	−118 −170	−118 −202	−118 −248
30	40	−107 −123	−103 −128	−112 −151	−112 −174	−112 −212	−112 −272	−143 −159	−139 −164	−148 −187	−148 −210	−148 −248	−148 −308
40	50	−131 −147	−127 −152	−136 −175	−136 −198	−136 −236	−136 −296	−175 −191	−171 −196	−180 −219	−180 −242	−180 −280	−180 −340
50	65		−161 −191	−172 −218	−172 −246	−172 −292	−172 −362		−215 −245	−226 −272	−226 −300	−226 −346	−226 −416

表 15（续）

单位为微米

公称尺寸/mm		Z						ZA					
大于	至	6	7	8	9	10	11	6	7	8	9	10	11
65	80		−199 −229	−210 −256	−210 −284	−210 −330	−210 −400		−263 −293	−274 −320	−274 −348	−274 −394	−274 −464
80	100		−245 −280	−258 −312	−258 −345	−258 −398	−258 −478		−322 −357	−335 −389	−335 −422	−335 −475	−335 −555
100	120		−297 −332	−310 −364	−310 −397	−310 −450	−310 −530		−387 −422	−400 −454	−400 −487	−400 −540	−400 −620
120	140		−350 −390	−365 −428	−365 −465	−365 −525	−365 −615		−455 −495	−470 −533	−470 −570	−470 −630	−470 −720
140	160		−400 −440	−415 −478	−415 −515	−415 −575	−415 −665		−520 −560	−535 −598	−535 −635	−535 −695	−535 −785
160	180		−450 −490	−465 −528	−465 −565	−465 −625	−465 −715		−585 −625	−600 −663	−600 −700	−600 −760	−600 −850
180	200		−503 −549	−520 −592	−520 −635	−520 −705	−520 −810		−653 −699	−670 −742	−670 −785	−670 −855	−670 −960
200	225		−558 −604	−575 −647	−575 −690	−575 −760	−575 −865		−723 −769	−740 −812	−740 −855	−740 −925	−740 −1030
225	250		−623 −669	−640 −712	−640 −755	−640 −825	−640 −930		−803 −849	−820 −892	−820 −935	−820 −1005	−820 −1110
250	280		−690 −742	−710 −791	−710 −840	−710 −920	−710 −1030		−900 −952	−920 −1001	−920 −1050	−920 −1130	−920 −1240
280	315		−770 −822	−790 −871	−790 −920	−790 −1000	−790 −1110		−980 −1032	−1000 −1081	−1000 −1130	−1000 −1210	−1000 −1320
315	355		−879 −936	−900 −989	−900 −1040	−900 −1130	−900 −1260		−1129 −1186	−1150 −1239	−1150 −1290	−1150 −1380	−1150 −1510
355	400		−979 −1036	−1000 −1089	−1000 −1140	−1000 −1230	−1000 −1360		−1279 −1336	−1300 −1389	−1300 −1440	−1300 −1530	−1300 −1660
400	450		−1077 −1140	−1100 −1197	−1100 −1255	−1100 −1350	−1100 −1500		−1427 −1490	−1450 −1547	−1450 −1605	−1450 −1700	−1450 −1850
450	500		−1227 −1290	−1250 −1347	−1250 −1405	−1250 −1500	−1250 −1650		−1577 −1640	−1600 −1697	−1600 −1755	−1600 −1850	−1600 −2000

表 16　孔 **ZB** 和 **ZC** 的极限偏差

单位为微米

公称尺寸/mm		ZB					ZC				
大于	至	7	8	9	10	11	7	8	9	10	11
—	3	−40 −50	−40 −54	−40 −65	−40 −80	−40 −100	−60 −70	−60 −74	−60 −85	−60 −100	−60 −120
3	6	−46 −58	−50 −68	−50 −80	−50 −98	−50 −125	−76 −88	−80 −98	−80 −110	−80 −128	−80 −155
6	10	−61 −76	−67 −89	−67 −103	−67 −125	−67 −157	−91 −106	−97 −119	−97 −133	−97 −155	−97 −187
10	14	−83 −101	−90 −117	−90 −133	−90 −160	−90 −200	−123 −141	−130 −157	−130 −173	−130 −200	−130 −240

表 16（续）　　　　单位为微米

公称尺寸/mm		ZB					ZC				
大于	至	7	8	9	10	11	7	8	9	10	11
14	18	−101 −119	−108 −135	−108 −151	−108 −178	−108 −218	−143 −161	−150 −177	−150 −193	−150 −220	−150 −260
18	24	−128 −149	−136 −169	−136 −188	−136 −220	−136 −266	−180 −201	−188 −221	−188 −240	−188 −272	−188 −318
24	30	−152 −173	−160 −193	−160 −212	−160 −244	−160 −290	−210 −231	−218 −251	−218 −270	−218 −302	−218 −348
30	40	−191 −216	−200 −239	−200 −262	−200 −300	−200 −360	−265 −290	−274 −313	−274 −336	−274 −374	−274 −434
40	50	−233 −258	−242 −281	−242 −304	−242 −342	−242 −402	−316 −341	−325 −364	−325 −387	−325 −425	−325 −485
50	65	−289 −319	−300 −346	−300 −374	−300 −420	−300 −490	−394 −424	−405 −451	−405 −479	−405 −525	−405 −595
65	80	−349 −379	−360 −406	−360 −434	−360 −480	−360 −550	−469 −499	−480 −526	−480 −554	−480 −600	−480 −670
80	100	−432 −467	−445 −499	−445 −532	−445 −585	−445 −665	−572 −607	−585 −639	−585 −672	−585 −725	−585 −805
100	120	−512 −547	−525 −579	−525 −612	−525 −665	−525 −745	−677 −712	−690 −744	−690 −777	−690 −830	−690 −910
120	140	−605 −645	−620 −683	−620 −720	−620 −780	−620 −870	−785 −825	−800 −863	−800 −900	−800 −960	−800 −1050
140	160	−685 −725	−700 −763	−700 −800	−700 −860	−700 −950	−885 −925	−900 −963	−900 −1000	−900 −1060	−900 −1150
160	180	−765 −805	−780 −843	−780 −880	−780 −940	−780 −1030	−985 −1025	−1000 −1063	−1000 −1100	−1000 −1160	−1000 −1250
180	200	−863 −909	−880 −952	−880 −995	−880 −1065	−880 −1170	−1133 −1179	−1150 −1222	−1150 −1265	−1150 −1335	−1150 −1440
200	225	−943 −989	−960 −1032	−960 −1075	−960 −1145	−960 −1250	−1233 −1279	−1250 −1322	−1250 −1365	−1250 −1435	−1250 −1540
225	250	−1033 −1079	−1050 −1122	−1050 −1165	−1050 −1235	−1050 −1340	−1333 −1379	−1350 −1422	−1350 −1465	−1350 −1535	−1350 −1640
250	280	−1180 −1232	−1200 −1281	−1200 −1330	−1200 −1410	−1200 −1520	−1530 −1582	−1550 −1631	−1550 −1680	−1550 −1760	−1550 −1870
280	315	−1280 −1332	−1300 −1381	−1300 −1430	−1300 −1510	−1300 −1620	−1680 −1732	−1700 −1781	−1700 −1830	−1700 −1910	−1700 −2020
315	355	−1479 −1536	−1500 −1589	−1500 −1640	−1500 −1730	−1500 −1860	−1879 −1936	−1900 −1989	−1900 −2040	−1900 −2130	−1900 −2260
355	400	−1629 −1686	−1650 −1739	−1650 −1790	−1650 −1880	−1650 −2010	−2079 −2136	−2100 −2189	−2100 −2240	−2100 −2330	−2100 −2460
400	450	−1827 −1890	−1850 −1947	−1850 −2005	−1850 −2100	−1850 −2250	−2377 −2440	−2400 −2497	−2400 −2555	−2400 −2650	−2400 −2800
450	500	−2077 −2140	−2100 −2197	−2100 −2255	−2100 −2350	−2100 −2500	−2577 −2640	−2600 −2697	−2600 −2755	−2600 −2850	−2600 −3000

表 17　轴 a、b 和 c 的极限偏差

单位为微米

公称尺寸/mm		a					b						c				
大于	至	9	10	11	12	13	8	9	10	11	12	13	8	9	10	11	12
—	3	−270 −295	−270 −310	−270 −330	−270 −370	−270 −410	−140 −154	−140 −165	−140 −180	−140 −200	−140 −240	−140 −280	−60 −74	−60 −85	−60 −100	−60 −120	−60 −160
3	6	−270 −300	−270 −318	−270 −345	−270 −390	−270 −450	−140 −158	−140 −170	−140 −188	−140 −215	−140 −260	−140 −320	−70 −88	−70 −100	−70 −118	−70 −145	−70 −190
6	10	−280 −316	−280 −338	−280 −370	−280 −430	−280 −500	−150 −172	−150 −186	−150 −208	−150 −240	−150 −300	−150 −370	−80 −102	−80 −116	−80 −138	−80 −170	−80 −230
10	18	−290 −333	−290 −360	−290 −400	−290 −470	−290 −560	−150 −177	−150 −193	−150 −220	−150 −260	−150 −330	−150 −420	−95 −122	−95 −138	−95 −165	−95 −205	−95 −275
18	30	−300 −352	−300 −384	−300 −430	−300 −510	−300 −630	−160 −193	−160 −212	−160 −244	−160 −290	−160 −370	−160 −490	−110 −143	−110 −162	−110 −194	−110 −240	−110 −320
30	40	−310 −372	−310 −410	−310 −470	−310 −560	−310 −700	−170 −209	−170 −232	−170 −270	−170 −330	−170 −420	−170 −560	−120 −159	−120 −182	−120 −220	−120 −280	−120 −370
40	50	−320 −382	−320 −420	−320 −480	−320 −570	−320 −710	−180 −219	−180 −242	−180 −280	−180 −340	−180 −430	−180 −570	−130 −169	−130 −192	−130 −230	−130 −290	−130 −380
50	65	−340 −414	−340 −460	−340 −530	−340 −640	−340 −800	−190 −236	−190 −264	−190 −310	−190 −380	−190 −490	−190 −650	−140 −186	−140 −214	−140 −260	−140 −330	−140 −440
65	80	−360 −434	−360 −480	−360 −550	−360 −660	−360 −820	−200 −246	−200 −274	−200 −320	−200 −390	−200 −500	−200 −660	−150 −196	−150 −224	−150 −270	−150 −340	−150 −450
80	100	−380 −467	−380 −520	−380 −600	−380 −730	−380 −920	−220 −274	−220 −307	−220 −360	−220 −440	−220 −570	−220 −760	−170 −224	−170 −257	−170 −310	−170 −390	−170 −520
100	120	−410 −497	−410 −550	−410 −630	−410 −760	−410 −950	−240 −294	−240 −327	−240 −380	−240 −460	−240 −590	−240 −780	−180 −234	−180 −267	−180 −320	−180 −400	−180 −530
120	140	−460 −560	−460 −620	−460 −710	−460 −860	−460 −1090	−260 −323	−260 −360	−260 −420	−260 −510	−260 −660	−260 −890	−200 −263	−200 −300	−200 −360	−200 −450	−200 −600

表 17（续）

单位为微米

公称尺寸/mm		a					b						c				
大于	至	9	10	11	12	13	8	9	10	11	12	13	8	9	10	11	12
140	160	−520 −620	−520 −680	−520 −770	−520 −920	−520 −1150	−280 −343	−280 −380	−280 −440	−280 −530	−280 −680	−280 −910	−210 −273	−210 −310	−210 −370	−210 −460	−210 −610
160	180	−580 −680	−580 −740	−580 −830	−580 −980	−580 −1210	−310 −373	−310 −410	−310 −470	−310 −560	−310 −710	−310 −940	−230 −293	−230 −330	−230 −390	−230 −480	−230 −630
180	200	−660 −775	−660 −845	−660 −950	−660 −1120	−660 −1380	−340 −412	−340 −455	−340 −525	−340 −630	−340 −800	−340 −1060	−240 −312	−240 −355	−240 −425	−240 −530	−240 −700
200	225	−740 −855	−740 −925	−740 −1030	−740 −1200	−740 −1460	−380 −452	−380 −495	−380 −565	−380 −670	−380 −840	−380 −1100	−260 −332	−260 −375	−260 −445	−260 −550	−260 −720
225	250	−820 −935	−820 −1005	−820 −1110	−820 −1280	−820 −1540	−420 −492	−420 −535	−420 −605	−420 −710	−420 −880	−420 −1140	−280 −352	−280 −395	−280 −465	−280 −570	−280 −740
250	280	−920 −1050	−920 −1130	−920 −1240	−920 −1440	−920 −1730	−480 −561	−480 −610	−480 −690	−480 −800	−480 −1000	−480 −1290	−300 −381	−300 −430	−300 −510	−300 −620	−300 −820
280	315	−1050 −1180	−1050 −1260	−1050 −1370	−1050 −1570	−1050 −1860	−540 −621	−540 −670	−540 −750	−540 −860	−540 −1060	−540 −1350	−330 −411	−330 −460	−330 −540	−330 −650	−330 −850
315	355	−1200 −1340	−1200 −1430	−1200 −1560	−1200 −1770	−1200 −2090	−600 −689	−600 −740	−600 −830	−600 −960	−600 −1170	−600 −1490	−360 −449	−360 −500	−360 −590	−360 −720	−360 −930
355	400	−1350 −1490	−1350 −1580	−1350 −1710	−1350 −1920	−1350 −2240	−680 −769	−680 −820	−680 −910	−680 −1040	−680 −1250	−680 −1570	−400 −489	−400 −540	−400 −630	−400 −760	−400 −970
400	450	−1500 −1655	−1500 −1750	−1500 −1900	−1500 −2 130	−1500 −2470	−760 −857	−760 −915	−760 −1010	−760 −1160	−760 −1390	−760 −1730	−440 −537	−440 −595	−440 −690	−440 −840	−440 −1070
450	500	−1650 −1805	−1650 −1900	−1650 −2050	−1650 −2280	−1650 −2620	−840 −937	−840 −995	−840 −1090	−840 −1240	−840 −1470	−840 −1810	−480 −577	−480 −635	−480 −730	−480 −880	−480 −1110

注：公称尺寸小于 1 mm 时，各级的 a 和 b 均不采用。

表 18 轴 cd 和 d 的极限偏差

单位为微米

公称尺寸/mm		cd						d								
大于	至	5	6	7	8	9	10	5	6	7	8	9	10	11	12	13
—	3	-34 -38	-34 -40	-34 -44	-34 -48	-34 -59	-34 -74	-20 -24	-20 -26	-20 -30	-20 -34	-20 -45	-20 -60	-20 -80	-20 -120	-20 -160
3	6	-46 -51	-46 -54	-46 -58	-46 -64	-46 -76	-46 -94	-30 -35	-30 -38	-30 -42	-30 -48	-30 -60	-30 -78	-30 -105	-30 -150	-30 -210
6	10	-56 -62	-56 -65	-56 -71	-56 -78	-56 -92	-56 -114	-40 -46	-40 -49	-40 -55	-40 -62	-40 -76	-40 -98	-40 -130	-40 -190	-40 -260
10	18							-50 -58	-50 -61	-50 -68	-50 -77	-50 -93	-50 -120	-50 -160	-50 -230	-50 -320
18	30							-65 -74	-65 -78	-65 -86	-65 -98	-65 -117	-65 -149	-65 -195	-65 -275	-65 -395
30	50							-80 -91	-80 -96	-80 -105	-80 -119	-80 -142	-80 -180	-80 -240	-80 -330	-80 -470
50	80							-100 -113	-100 -119	-100 -130	-100 -146	-100 -174	-100 -220	-100 -290	-100 -400	-100 -560
80	120							-120 -135	-120 -142	-120 -155	-120 -174	-120 -207	-120 -260	-120 -340	-120 -470	-120 -660
120	180							-145 -163	-145 -170	-145 -185	-145 -208	-145 -245	-145 -305	-145 -395	-145 -545	-145 -775
180	250							-170 -190	-170 -199	-170 -216	-170 -242	-170 -285	-170 -355	-170 -460	-170 -630	-170 -890
250	315							-190 -213	-190 -222	-190 -242	-190 -271	-190 -320	-190 -400	-190 -510	-190 -710	-190 -1000

表 18（续）

单位为微米

公称尺寸/mm		cd						d								
大于	至	5	6	7	8	9	10	5	6	7	8	9	10	11	12	13
315	400							−210 −235	−210 −246	−210 −267	−210 −299	−210 −350	−210 −440	−210 −570	−210 −780	−210 −1100
400	500							−230 −257	−230 −270	−230 −293	−230 −327	−230 −385	−230 −480	−230 −630	−230 −860	−230 −1200
500	630									−260 −330	−260 −370	−260 −435	−260 −540	−260 −700		
630	800									−290 −370	−290 −415	−290 −490	−290 −610	−290 −790		
800	1 000									−320 −410	−320 −460	−320 −550	−320 −680	−320 −880		
1 000	1 250									−350 −455	−350 −515	−350 −610	−350 −770	−350 −1010		
1 250	1 600									−390 −515	−390 −585	−390 −700	−390 −890	−390 −1170		
1 600	2 000									−430 −580	−430 −660	−430 −800	−430 −1030	−430 −1350		
2 000	2 500									−480 −655	−480 −760	−480 −920	−480 −1180	−480 −1580		
2 500	3 150									−520 −730	−520 −850	−520 −1060	−520 −1380	−520 −1870		

注：各级的 cd 主要用于精密机械和钟表制造业。

表 19 轴 e 和 ef 的极限偏差

单位为微米

公称尺寸/mm		e						ef							
大于	至	5	6	7	8	9	10	3	4	5	6	7	8	9	10
—	3	−14 −18	−14 −20	−14 −24	−14 −28	−14 −39	−14 −54	−10 −12	−10 −13	−10 −14	−10 −16	−10 −20	−10 −24	−10 −35	−10 −50
3	6	−20 −25	−20 −28	−20 −32	−20 −38	−20 −50	−20 −68	−14 −16.5	−14 −18	−14 −19	−14 −22	−14 −26	−14 −32	−14 −44	−14 −62
6	10	−25 −31	−25 −34	−25 −40	−25 −47	−25 −61	−25 −83	−18 −20.5	−18 −22	−18 −24	−18 −27	−18 −33	−18 −40	−18 −54	−18 −76
10	18	−32 −40	−32 −43	−32 −50	−32 −59	−32 −75	−32 −102								
18	30	−40 −49	−40 −53	−40 −61	−40 −73	−40 −92	−40 −124								
30	50	−50 −61	−50 −66	−50 −75	−50 −89	−50 −112	−50 −150								
50	80	−60 −73	−60 −79	−60 −90	−60 −106	−60 −134	−60 −180								
80	120	−72 −87	−72 −94	−72 −107	−72 −126	−72 −212	−72 −159								
120	180	−85 −103	−85 −110	−85 −125	−85 −148	−85 −185	−85 −245								
180	250	−100 −120	−100 −129	−100 −146	−100 −172	−100 −215	−100 −285								
250	315	−110 −133	−110 −142	−110 −162	−110 −191	−110 −240	−110 −320								
315	400	−125 −150	−125 −161	−125 −182	−125 −214	−125 −265	−125 −355								
400	500	−135 −162	−135 −175	−135 −198	−135 −232	−135 −290	−135 −385								
500	630		−145 −189	−145 −215	−145 −255	−145 −320	−145 −425								
630	800		−160 −210	−160 −240	−160 −285	−160 −360	−160 −480								
800	1 000		−170 −226	−170 −260	−170 −310	−170 −400	−170 −530								
1 000	1 250		−195 −261	−195 −300	−195 −360	−195 −455	−195 −615								
1 250	1 600		−220 −298	−220 −345	−220 −415	−220 −530	−220 −720								
1 600	2 000		−240 −332	−240 −390	−240 −470	−240 −610	−240 −840								
2 000	2 500		−260 −370	−260 −435	−260 −540	−260 −700	−260 −960								
2 500	3 150		−290 −425	−290 −500	−290 −620	−290 −830	−290 −1150								

注：各级的 ef 主要用于精密机械和钟表制造业。

表 20 轴 f 和 fg 的极限偏差

单位为微米

公称尺寸/mm		f								fg							
大于	至	3	4	5	6	7	8	9	10	3	4	5	6	7	8	9	10
—	3	−6 −8	−6 −9	−6 −10	−6 −12	−6 −16	−6 −20	−6 −31	−6 −46	−4 −6	−4 −7	−4 −8	−4 −10	−4 −14	−4 −18	−4 −29	−4 −44
3	6	−10 −12.5	−10 −14	−10 −15	−10 −18	−10 −22	−10 −28	−10 −40	−10 −58	−6 −8.5	−6 −10	−6 −11	−6 −14	−6 −18	−6 −24	−6 −36	−6 −54
6	10	−13 −15.5	−13 −17	−13 −19	−13 −22	−13 −28	−13 −35	−13 −49	−13 −71	−8 −10.5	−8 −12	−8 −14	−8 −17	−8 −23	−8 −30	−8 −44	−8 −66
10	18	−16 −19	−16 −21	−16 −24	−16 −27	−16 −34	−16 −43	−16 −59	−16 −86								
18	30	−20 −24	−20 −26	−20 −29	−20 −33	−20 −41	−20 −53	−20 −72	−20 −104								
30	50	−25 −29	−25 −32	−25 −36	−25 −41	−25 −50	−25 −64	−25 −87	−25 −125								
50	80		−30 −38	−30 −43	−30 −49	−30 −60	−30 −76	−30 −104									
80	120		−36 −46	−36 −51	−36 −58	−36 −71	−36 −90	−36 −123									
120	180		−43 −55	−43 −61	−43 −68	−43 −83	−43 −106	−43 −143									
180	250		−50 −64	−50 −70	−50 −79	−50 −96	−50 −122	−50 −165									
250	315		−56 −72	−56 −79	−56 −88	−56 −108	−56 −137	−56 −185									
315	400		−62 −80	−62 −87	−62 −98	−62 −119	−62 −151	−62 −202									
400	500		−68 −88	−68 −95	−68 −108	−68 −131	−68 −165	−68 −223									
500	630				−76 −120	−76 −146	−76 −186	−76 −251									
630	800				−80 −130	−80 −160	−80 −205	−80 −280									
800	1 000				−86 −142	−86 −176	−86 −226	−86 −316									
1 000	1 250				−98 −164	−98 −203	−98 −263	−98 −358									
1 250	1 600				−110 −188	−110 −235	−110 −305	−110 −420									
1 600	2 000				−120 −212	−120 −270	−120 −350	−120 −490									
2 000	2 500				−130 −240	−130 −305	−130 −410	−130 −570									
2 500	3 150				−145 −280	−145 −355	−145 −475	−145 −685									

注：各级的 fg 主要用于精密机械和钟表制造业。

表 21 轴 g 的极限偏差 单位为微米

公称尺寸/mm		g							
大于	至	3	4	5	6	7	8	9	10
—	3	−2 −4	−2 −5	−2 −6	−2 −8	−2 −12	−2 −16	−2 −27	−2 −42
3	6	−4 −6.5	−4 −8	−4 −9	−4 −12	−4 −16	−4 −22	−4 −34	−4 −52
6	10	−5 −7.5	−5 −9	−5 −11	−5 −14	−5 −20	−5 −27	−5 −41	−5 −63
10	18	−6 −9	−6 −11	−6 −14	−6 −17	−6 −24	−6 −33	−6 −49	−6 −76
18	30	−7 −11	−7 −13	−7 −16	−7 −20	−7 −28	−7 −40	−7 −59	−7 −91
30	50	−9 −13	−9 −16	−9 −20	−9 −25	−9 −34	−9 −48	−9 −71	−9 −109
50	80		−10 −18	−10 −23	−10 −29	−10 −40	−10 −56		
80	120		−12 −22	−12 −27	−12 −34	−12 −47	−12 −66		
120	180		−14 −26	−14 −32	−14 −39	−14 −54	−14 −77		
180	250		−15 −29	−15 −35	−15 −44	−15 −61	−15 −87		
250	315		−17 −33	−17 −40	−17 −49	−17 −69	−17 −98		
315	400		−18 −36	−18 −43	−18 −54	−18 −75	−18 −107		
400	500		−20 −40	−20 −47	−20 −60	−20 −83	−20 −117		
500	630				−22 −66	−22 −92	−22 −132		
630	800				−24 −74	−24 −104	−24 −149		
800	1 000				−26 −82	−26 −116	−26 −166		
1 000	1 250				−28 −94	−28 −133	−28 −193		
1 250	1 600				−30 −108	−30 −155	−30 −225		
1 600	2 000				−32 −124	−32 −182	−32 −262		
2 000	2 500				−34 −144	−34 −209	−34 −314		
2 500	3 150				−38 −173	−38 −248	−38 −368		

表 22 轴 h 的极限偏差

公称尺寸/mm		h																	
		1	2	3	4	5	6	7	8	9	10	11	12	13	14	15	16	17	18
大于	至	偏差 μm											偏差 mm						
—	3	0 −0.8	0 −1.2	0 −2	0 −3	0 −4	0 −6	0 −10	0 −14	0 −25	0 −40	0 −60	0 −0.1	0 −0.14	0 −0.25	0 −0.4	0 −0.6		
3	6	0 −1	0 −1.5	0 −2.5	0 −4	0 −5	0 −8	0 −12	0 −18	0 −30	0 −48	0 −75	0 −0.12	0 −0.18	0 −0.3	0 −0.48	0 −0.75	0 −1.2	0 −1.8
6	10	0 −1	0 −1.5	0 −2.5	0 −4	0 −6	0 −9	0 −15	0 −22	0 −36	0 −58	0 −90	0 −0.15	0 −0.22	0 −0.36	0 −0.58	0 −0.9	0 −1.5	0 −2.2
10	18	0 −1.2	0 −2	0 −3	0 −5	0 −8	0 −11	0 −18	0 −27	0 −43	0 −70	0 −110	0 −0.18	0 −0.27	0 −0.43	0 −0.7	0 −1.1	0 −1.8	0 −2.7
18	30	0 −1.5	0 −2.5	0 −4	0 −6	0 −9	0 −13	0 −21	0 −33	0 −52	0 −84	0 −130	0 −0.21	0 −0.33	0 −0.52	0 −0.84	0 −1.3	0 −2.1	0 −3.3
30	50	0 −1.5	0 −2.5	0 −4	0 −7	0 −11	0 −16	0 −25	0 −39	0 −62	0 −100	0 −160	0 −0.25	0 −0.39	0 −0.62	0 −1	0 −1.6	0 −2.5	0 −3.9
50	80	0 −2	0 −3	0 −5	0 −8	0 −13	0 −19	0 −30	0 −46	0 −74	0 −120	0 −190	0 −0.3	0 −0.46	0 −0.74	0 −1.2	0 −1.9	0 −3	0 −4.6
80	120	0 −2.5	0 −4	0 −6	0 −10	0 −15	0 −22	0 −35	0 −54	0 −87	0 −140	0 −220	0 −0.35	0 −0.54	0 −0.87	0 −1.4	0 −2.2	0 −3.5	0 −5.4
120	180	0 −3.5	0 −5	0 −8	0 −12	0 −18	0 −25	0 −40	0 −63	0 −100	0 −160	0 −250	0 −0.4	0 −0.63	0 −1	0 −1.6	0 −2.5	0 −4	0 −6.3
180	250	0 −4.5	0 −7	0 −10	0 −14	0 −20	0 −29	0 −46	0 −72	0 −115	0 −185	0 −290	0 −0.46	0 −0.72	0 −1.15	0 −1.85	0 −2.9	0 −4.6	0 −7.2
250	315	0 −6	0 −8	0 −12	0 −16	0 −23	0 −32	0 −52	0 −81	0 −130	0 −210	0 −320	0 −0.52	0 −0.81	0 −1.3	0 −2.1	0 −3.2	0 −5.2	0 −8.1

表 22（续）

公称尺寸/mm		h																	
		1	2	3	4	5	6	7	8	9	10	11	12	13	14	15	16	17	18
大于	至	偏差 μm											偏差 mm						
315	400	0 −7	0 −9	0 −13	0 −18	0 −25	0 −36	0 −57	0 −89	0 −140	0 −230	0 −360	0 −0.57	0 −0.89	0 −1.4	0 −2.3	0 −3.6	0 −5.7	0 −8.9
400	500	0 −8	0 −10	0 −15	0 −20	0 −27	0 −40	0 −63	0 −97	0 −155	0 −250	0 −400	0 −0.63	0 −0.97	0 −1.55	0 −2.5	0 −4	0 −6.3	0 −9.7
500	630	0 −9	0 −11	0 −16	0 −22	0 −32	0 −44	0 −70	0 −110	0 −175	0 −280	0 −440	0 −0.7	0 −1.1	0 −1.75	0 −2.8	0 −4.4	0 −7	0 −11
630	800	0 −10	0 −13	0 −18	0 −25	0 −36	0 −50	0 −80	0 −125	0 −200	0 −320	0 −500	0 −0.8	0 −1.25	0 −2	0 −3.2	0 −5	0 −8	0 −12.5
800	1 000	0 −11	0 −15	0 −21	0 −28	0 −40	0 −56	0 −90	0 −140	0 −230	0 −360	0 −560	0 −0.9	0 −1.4	0 −2.3	0 −3.6	0 −5.6	0 −9	0 −14
1 000	1 250	0 −13	0 −18	0 −24	0 −33	0 −47	0 −66	0 −105	0 −165	0 −260	0 −420	0 −660	0 −1.05	0 −1.65	0 −2.6	0 −4.2	0 −6.6	0 −10.5	0 −16.5
1 250	1 600	0 −15	0 −21	0 −29	0 −39	0 −55	0 −78	0 −125	0 −195	0 −310	0 −500	0 −780	0 −1.25	0 −1.95	0 −3.1	0 −5	0 −7.8	0 −12.5	0 −19.5
1 600	2 000	0 −18	0 −25	0 −35	0 −46	0 −65	0 −92	0 −150	0 −230	0 −370	0 −600	0 −920	0 −1.5	0 −2.3	0 −3.7	0 −6	0 −9.2	0 −15	0 −23
2 000	2 500	0 −22	0 −30	0 −41	0 −55	0 −78	0 −110	0 −175	0 −280	0 −440	0 −700	0 −1100	0 −1.75	0 −2.8	0 −4.4	0 −7	0 −11	0 −17.5	0 −28
2 500	3 150	0 −26	0 −36	0 −50	0 −68	0 −96	0 −135	0 −210	0 −330	0 −540	0 −860	0 −1350	0 −2.1	0 −3.3	0 −5.4	0 −8.6	0 −13.5	0 −21	0 −33

注 1：IT14～IT18 只用于大于 1 mm 的公称尺寸。

注 2：黑框中的数值，即公称尺寸大于 500 mm～3 150 mm，IT1～IT5 的偏差值为试用。

表 23 轴 js 的极限偏差

公称尺寸/mm		js																	
		1	2	3	4	5	6	7	8	9	10	11	12	13	14	15	16	17	18
大于	至	偏差 μm											偏差 mm						
—	3	±0.4	±0.6	±1	±1.5	±2	±3	±5	±7	±12	±20	±30	±0.05	±0.07	±0.125	±0.2	±0.3		
3	6	±0.5	±0.75	±1.25	±2	±2.5	±4	±6	±9	±15	±24	±37	±0.06	±0.09	±0.15	±0.24	±0.375	±0.6	±0.9
6	10	±0.5	±0.75	±1.25	±2	±3	±4.5	±7	±11	±18	±29	±45	±0.075	±0.11	±0.18	±0.29	±0.45	±0.75	±1.1
10	18	±0.6	±1	±1.5	±2.5	±4	±5.5	±9	±13	±21	±35	±55	±0.09	±0.135	±0.215	±0.35	±0.55	±0.9	±1.35
18	30	±0.75	±1.25	±2	±3	±4.5	±6.5	±10	±16	±26	±42	±65	±0.105	±0.165	±0.26	±0.42	±0.65	±1.05	±1.65
30	50	±0.75	±1.25	±2	±3.5	±5.5	±8	±12	±19	±31	±50	±80	±0.125	±0.195	±0.31	±0.5	±0.8	±1.25	±1.95
50	80	±1	±1.5	±2.5	±4	±6.5	±9.5	±15	±23	±37	±60	±95	±0.15	±0.23	±0.37	±0.6	±0.95	±1.5	±2.3
80	120	±1.25	±2	±3	±5	±7.5	±11	±17	±27	±43	±70	±110	±0.175	±0.27	±0.435	±0.7	±1.1	±1.75	±2.7
120	180	±1.75	±2.5	±4	±6	±9	±12.5	±20	±31	±50	±80	±125	±0.2	±0.315	±0.5	±0.8	±1.25	±2	±3.15
180	250	±2.25	±3.5	±5	±7	±10	±14.5	±23	±36	±57	±92	±145	±0.23	±0.36	±0.575	±0.925	±1.45	±2.3	±3.6
250	315	±3	±4	±6	±8	±11.5	±16	±26	±40	±65	±105	±160	±0.26	±0.405	±0.65	±1.05	±1.6	±2.6	±4.05
315	400	±3.5	±4.5	±6.5	±9	±12.5	±18	±28	±44	±70	±115	±180	±0.285	±0.445	±0.7	±1.15	±1.8	±2.85	±4.45
400	500	±4	±5	±7.5	±10	±13.5	±20	±31	±48	±77	±125	±200	±0.315	±0.485	±0.775	±1.25	±2	±3.15	±4.85
500	630	±4.5	±5.5	±8	±11	±16	±22	±35	±55	±87	±140	±220	±0.35	±0.55	±0.875	±1.4	±2.2	±3.5	±5.5
630	800	±5	±6.5	±9	±12.5	±18	±25	±40	±62	±100	±160	±250	±0.4	±0.625	±1	±1.6	±2.5	±4	±6.25
800	1 000	±5.5	±7.5	±10.5	±14	±20	±28	±45	±70	±115	±180	±280	±0.45	±0.7	±1.15	±1.8	±2.8	±4.5	±7
1 000	1 250	±6.5	±9	±12	±16.5	±23.5	±33	±52	±82	±130	±210	±330	±0.525	±0.825	±1.3	±2.1	±3.3	±5.25	±8.25
1 250	1 600	±7.5	±10.5	±14.5	±19.5	±27.5	±39	±62	±97	±155	±250	±390	±0.625	±0.975	±1.55	±2.5	±3.9	±6.25	±9.75
1 600	2 000	±9	±12.5	±17.5	±23	±32.5	±46	±75	±115	±185	±300	±460	±0.75	±1.15	±1.85	±3	±4.6	±7.5	±11.5
2 000	2 500	±11	±15	±20.5	±27.5	±39	±55	±87	±140	±220	±350	±550	±0.875	±1.4	±2.2	±3.5	±5.5	±8.75	±14
2 500	3 150	±13	±18	±25	±34	±48	±67.5	±105	±165	±270	±430	±675	±1.05	±1.65	±2.7	±4.3	±6.75	±10.5	±16.5

注 1：为避免相同值的重复，表列值以"±×"给出，可为 es=+×、ei=−×，例如 $^{+0.23}_{-0.23}$ mm。

注 2：IT14～IT18 只用于大于 1 mm 的公称尺寸。

注 3：黑框中的数值，即公称尺寸大于 500 mm～3 150 mm，IT1～IT5 的偏差值为试用。

表 24　轴 j 和 k 的极限偏差

单位为微米

公称尺寸/mm		j				k										
大于	至	5	6	7	8	3	4	5	6	7	8	9	10	11	12	13
—	3	±2	+4 −2	+6 −4	+8 −6	+2 0	+3 0	+4 0	+6 0	+10 0	+14 0	+25 0	+40 0	+60 0	+100 0	+140 0
3	6	+3 −2	+6 −2	+8 −4		+2.5 0	+5 +1	+6 +1	+9 +1	+13 +1	+18 0	+30 0	+48 0	+75 0	+120 0	+180 0
6	10	+4 −2	+7 −2	+10 −5		+2.5 0	+5 +1	+7 +1	+10 +1	+16 +1	+22 0	+36 0	+58 0	+90 0	+150 0	+220 0
10	18	+5 −3	+8 −3	+12 −6		+3 0	+6 +1	+9 +1	+12 +1	+19 +1	+27 0	+43 0	+70 0	+110 0	+180 0	+270 0
18	30	+5 −4	+9 −4	+13 −8		+4 0	+8 +2	+11 +2	+15 +2	+23 +2	+33 0	+52 0	+84 0	+130 0	+210 0	+330 0
30	50	+6 −5	+11 −5	+15 −10		+4 0	+9 +2	+13 +2	+18 +2	+27 +2	+39 0	+62 0	+100 0	+160 0	+250 0	+390 0
50	80	+6 −7	+12 −7	+18 −12			+10 +2	+15 +2	+21 +2	+32 +2	+46 0	+74 0	+120 0	+190 0	+300 0	+460 0
80	120	+6 −9	+13 −9	+20 −15			+13 +3	+18 +3	+25 +3	+38 +3	+54 0	+87 0	+140 0	+220 0	+350 0	+540 0
120	180	+7 −11	+14 −11	+22 −18			+15 +3	+21 +3	+28 +3	+43 +3	+63 0	+100 0	+160 0	+250 0	+400 0	+630 0
180	250	+7 −13	+16 −13	+25 −21			+18 +4	+24 +4	+33 +4	+50 +4	+72 0	+115 0	+185 0	+290 0	+460 0	+720 0
250	315	+7 −16	±16	±26			+20 +4	+27 +4	+36 +4	+56 +4	+81 0	+130 0	+210 0	+320 0	+520 0	+810 0
315	400	+7 −18	±18	+29 −28			+22 +4	+29 +4	+40 +4	+61 +4	+89 0	+140 0	+230 0	+360 0	+570 0	+890 0
400	500	+7 −20	±20	+31 −32			+25 +5	+32 +5	+45 +5	+68 +5	+97 0	+155 0	+250 0	+400 0	+630 0	+970 0
500	630								+44 0	+70 0	+110 0	+175 0	+280 0	+440 0	+700 0	+1100 0
630	800								+50 0	+80 0	+125 0	+200 0	+320 0	+500 0	+800 0	+1250 0
800	1 000								+56 0	+90 0	+140 0	+230 0	+360 0	+560 0	+900 0	+1400 0
1 000	1 250								+66 0	+105 0	+165 0	+260 0	+420 0	+660 0	+1050 0	+1650 0
1 250	1 600								+78 0	+125 0	+195 0	+310 0	+500 0	+780 0	+1250 0	+1950 0
1 600	2 000								+92 0	+150 0	+230 0	+370 0	+600 0	+920 0	+1500 0	+2300 0
2 000	2 500								+110 0	+175 0	+280 0	+440 0	+700 0	+1100 0	+1750 0	+2800 0
2 500	3 150								+135 0	+210 0	+330 0	+540 0	+860 0	+1350 0	+2100 0	+3300 0

注：j5、j6 和 j7 的某些极限值与 js5、js6 和 js7 一样用"±×"表示。

表 25 轴 m 和 n 的极限偏差

单位为微米

公称尺寸/mm		m							n						
大于	至	3	4	5	6	7	8	9	3	4	5	6	7	8	9
—	3	+4 +2	+5 +2	+6 +2	+8 +2	+12 +2	+16 +2	+27 +2	+6 +4	+7 +4	+8 +4	+10 +4	+14 +4	+18 +4	+29 +4
3	6	+6.5 +4	+8 +4	+9 +4	+12 +4	+16 +4	+22 +4	+34 +4	+10.5 +8	+12 +8	+13 +8	+16 +8	+20 +8	+26 +8	+38 +8
6	10	+8.5 +6	+10 +6	+12 +6	+15 +6	+21 +6	+28 +6	+42 +6	+12.5 +10	+14 +10	+16 +10	+19 +10	+25 +10	+32 +10	+46 +10
10	18	+10 +7	+12 +7	+15 +7	+18 +7	+25 +7	+34 +7	+50 +7	+15 +12	+17 +12	+20 +12	+23 +12	+30 +12	+39 +12	+55 +12
18	30	+12 +8	+14 +8	+17 +8	+21 +8	+29 +8	+41 +8	+60 +8	+19 +15	+21 +15	+24 +15	+28 +15	+36 +15	+48 +15	+67 +15
30	50	+13 +9	+16 +9	+20 +9	+25 +9	+34 +9	+48 +9	+71 +9	+21 +17	+24 +17	+28 +17	+33 +17	+42 +17	+56 +17	+79 +17
50	80		+19 +11	+24 +11	+30 +11	+41 +11				+28 +20	+33 +20	+39 +20	+50 +20		
80	120		+23 +13	+28 +13	+35 +13	+48 +13				+33 +23	+38 +23	+45 +23	+58 +23		
120	180		+27 +15	+33 +15	+40 +15	+55 +15				+39 +27	+45 +27	+52 +27	+67 +27		
180	250		+31 +17	+37 +17	+46 +17	+63 +17				+45 +31	+51 +31	+60 +31	+77 +31		
250	315		+36 +20	+43 +20	+52 +20	+72 +20				+50 +34	+57 +34	+66 +34	+86 +34		
315	400		+39 +21	+46 +21	+57 +21	+78 +21				+55 +37	+62 +37	+73 +37	+94 +37		
400	500		+43 +23	+50 +23	+63 +23	+86 +23				+60 +40	+67 +40	+80 +40	+103 +40		
500	630				+70 +26	+96 +26						+88 +44	+114 +44		
630	800				+80 +30	+110 +30						+100 +50	+130 +50		
800	1 000				+90 +34	+124 +34						+112 +56	+146 +56		
1 000	1 250				+106 +40	+145 +40						+132 +66	+171 +66		
1 250	1 600				+126 +48	+173 +48						+156 +78	+203 +78		
1 600	2 000				+150 +58	+208 +58						+184 +92	+242 +92		
2 000	2 500				+178 +68	+243 +68						+220 +110	+285 +110		
2 500	3 150				+211 +76	+286 +76						+270 +135	+345 +135		

表 26　轴 p 的极限偏差

单位为微米

公称尺寸/mm		p							
大于	至	3	4	5	6	7	8	9	10
—	3	+8 +6	+9 +6	+10 +6	+12 +6	+16 +6	+20 +6	+31 +6	+46 +6
3	6	+14.5 +12	+16 +12	+17 +12	+20 +12	+24 +12	+30 +12	+42 +12	+60 +12
6	10	+17.5 +15	+19 +15	+21 +15	+24 +15	+30 +15	+37 +15	+51 +15	+73 +15
10	18	+21 +18	+23 +18	+26 +18	+29 +18	+36 +18	+45 +18	+61 +18	+88 +18
18	30	+26 +22	+28 +22	+31 +22	+35 +22	+43 +22	+55 +22	+74 +22	+106 +22
30	50	+30 +26	+33 +26	+37 +26	+42 +26	+51 +26	+65 +26	+88 +26	+126 +26
50	80		+40 +32	+45 +32	+51 +32	+62 +32	+78 +32		
80	120		+47 +37	+52 +37	+59 +37	+72 +37	+91 +37		
120	180		+55 +43	+61 +43	+68 +43	+83 +43	+106 +43		
180	250		+64 +50	+70 +50	+79 +50	+96 +50	+122 +50		
250	315		+72 +56	+79 +56	+88 +56	+108 +56	+137 +56		
315	400		+80 +62	+87 +62	+98 +62	+119 +62	+151 +62		
400	500		+88 +68	+95 +68	+108 +68	+131 +68	+165 +68		
500	630				+122 +78	+148 +78	+188 +78		
630	800				+138 +88	+168 +88	+213 +88		
800	1 000				+156 +100	+190 +100	+240 +100		
1 000	1 250				+186 +120	+225 +120	+285 +120		
1 250	1 600				+218 +140	+265 +140	+335 +140		
1 600	2 000				+262 +170	+320 +170	+400 +170		
2 000	2 500				+305 +195	+370 +195	+475 +195		
2 500	3 150				+375 +240	+450 +240	+570 +240		

表 27　轴 r 的极限偏差

单位为微米

公称尺寸/mm		r							
大于	至	3	4	5	6	7	8	9	10
—	3	+12 +10	+13 +10	+14 +10	+16 +10	+20 +10	+24 +10	+35 +10	+50 +10
3	6	+17.5 +15	+19 +15	+20 +15	+23 +15	+27 +15	+33 +15	+45 +15	+63 +15
6	10	+21.5 +19	+23 +19	+25 +19	+28 +19	+34 +19	+41 +19	+55 +19	+77 +19
10	18	+26 +23	+28 +23	+31 +23	+34 +23	+41 +23	+50 +23	+66 +23	+93 +23
18	30	+32 +28	+34 +28	+37 +28	+41 +28	+49 +28	+61 +28	+80 +28	+112 +28
30	50	+38 +34	+41 +34	+45 +34	+50 +34	+59 +34	+73 +34	+96 +34	+134 +34
50	65		+49 +41	+54 +41	+60 +41	+71 +41	+87 +41		
65	80		+51 +43	+56 +43	+62 +43	+72 +43	+89 +43		
80	100		+61 +51	+66 +51	+73 +51	+86 +51	+105 +51		
100	120		+64 +54	+69 +54	+76 +54	+89 +54	+108 +54		
120	140		+75 +63	+81 +63	+88 +63	+103 +63	+126 +63		
140	160		+77 +65	+83 +65	+90 +65	+105 +65	+128 +65		
160	180		+80 +68	+86 +68	+93 +68	+108 +68	+131 +68		
180	200		+91 +77	+97 +77	+106 +77	+123 +77	+149 +77		
200	225		+94 +80	+100 +80	+109 +80	+126 +80	+152 +80		
225	250		+98 +84	+104 +84	+113 +84	+130 +84	+156 +84		
250	280		+110 +94	+117 +94	+126 +94	+146 +94	+175 +94		
280	315		+114 +98	+121 +98	+130 +98	+150 +98	+179 +98		
315	355		+126 +108	+133 +108	+144 +108	+165 +108	+197 +108		

表 27（续）

单位为微米

公称尺寸/mm		r							
大于	至	3	4	5	6	7	8	9	10
355	400		+132 +114	+139 +114	+150 +114	+171 +114	+203 +114		
400	450		+146 +126	+153 +126	+166 +126	+189 +126	+223 +126		
450	500		+152 +132	+159 +132	+172 +132	+195 +132	+229 +132		
500	560				+194 +150	+220 +150	+260 +150		
560	630				+199 +155	+225 +155	+265 +155		
630	710				+225 +175	+255 +175	+300 +175		
710	800				+235 +185	+265 +185	+310 +185		
800	900				+266 +210	+300 +210	+350 +210		
900	1 000				+276 +220	+310 +220	+360 +220		
1 000	1 120				+316 +250	+355 +250	+415 +250		
1 120	1 250				+326 +260	+365 +260	+425 +250		
1 250	1 400				+378 +300	+425 +300	+495 +300		
1 400	1 600				+408 +330	+455 +330	+525 +330		
1 600	1 800				+462 +370	+520 +370	+600 +370		
1 800	2 000				+492 +400	+550 +400	+630 +400		
2 000	2 240				+550 +440	+615 +440	+720 +440		
2 240	2 500				+570 +460	+635 +460	+740 +460		
2 500	2 800				+685 +550	+760 +550	+880 +550		
2 800	3 150				+715 +580	+790 +580	+910 +580		

表 28　轴 s 的极限偏差

单位为微米

公称尺寸/mm		s							
大于	至	3	4	5	6	7	8	9	10
—	3	+16 +14	+17 +14	+18 +14	+20 +14	+24 +14	+28 +24	+39 +14	+54 +14
3	6	+21.5 +19	+23 +19	+24 +19	+27 +19	+31 +19	+37 +19	+49 +19	+67 +19
6	10	+25.5 +23	+27 +23	+29 +23	+32 +23	+38 +23	+45 +23	+59 +23	+81 +23
10	18	+31 +28	+33 +28	+36 +28	+39 +28	+46 +28	+55 +28	+71 +28	+98 +28
18	30	+39 +25	+41 +35	+44 +35	+48 +35	+56 +35	+68 +35	+87 +35	+119 +35
30	50	+47 +43	+50 +43	+54 +43	+59 +43	+68 +43	+82 +43	+105 +43	+143 +43
50	65		+61 +53	+66 +53	+72 +53	+83 +53	+99 +53	+127 +53	
65	80		+67 +59	+72 +59	+78 +59	+89 +59	+105 +59	+133 +59	
80	100		+81 +71	+86 +71	+93 +71	+106 +71	+125 +71	+158 +71	
100	120		+89 +79	+94 +79	+101 +79	+114 +79	+133 +79	+166 +79	
120	140		+104 +92	+110 +92	+117 +92	+132 +92	+155 +92	+192 +92	
140	160		+112 +100	+118 +100	+125 +100	+140 +100	+163 +100	+200 +100	
160	180		+120 +108	+126 +108	+133 +108	+148 +108	+171 +108	+208 +108	
180	200		+136 +122	+142 +122	+151 +122	+168 +122	+194 +122	+237 +122	
200	225		+144 +130	+150 +130	+159 +130	+176 +130	+202 +130	+245 +130	
225	250		+154 +140	+160 +140	+169 +140	+186 +140	+212 +140	+255 +140	
250	280		+174 +158	+181 +158	+190 +158	+210 +158	+239 +158	+288 +158	
280	315		+186 +170	+193 +170	+202 +170	+222 +170	+251 +170	+300 +170	
315	355		+208 +190	+215 +190	+226 +190	+247 +190	+279 +190	+330 +190	

表 28（续）

单位为微米

公称尺寸/mm		s							
大于	至	3	4	5	6	7	8	9	10
355	400		+226 +208	+233 +208	+244 +208	+265 +208	+297 +208	+348 +208	
400	450		+252 +232	+259 +232	+272 +232	+295 +232	+329 +232	+387 +232	
450	500		+272 +252	+279 +252	+292 +252	+315 +252	+349 +252	+407 +252	
500	560				+324 +280	+350 +280	+390 +280		
560	630				+354 +310	+380 +310	+420 +310		
630	710				+390 +340	+420 +340	+465 +340		
710	800				+430 +380	+460 +380	+505 +380		
800	900				+486 +430	+520 +430	+570 +430		
900	1 000				+526 +470	+560 +470	+610 +470		
1 000	1 120				+586 +520	+625 +520	+685 +520		
1 120	1 250				+646 +580	+685 +580	+745 +580		
1 250	1 400				+718 +640	+765 +640	+835 +640		
1 400	1 600				+798 +720	+845 +720	+915 +720		
1 600	1 800				+912 +820	+970 +820	+1050 +820		
1 800	2 000				+1012 +920	+1070 +920	+1150 +920		
2 000	2 240				+1110 +1000	+1175 +1000	+1280 +1000		
2 240	2 500				+1210 +1100	+1275 +1100	+1380 +1100		
2 500	2 800				+1385 +1250	+1460 +1250	+1580 +1250		
2 800	3 150				+1535 +1400	+1610 +1400	+1730 +1400		

表 29 轴 t 和 u 的极限偏差

单位为微米

公称尺寸/mm		t				u				
大于	至	5	6	7	8	5	6	7	8	9
—	3					+22 +18	+24 +18	+28 +18	+32 +18	+43 +18
3	6					+28 +23	+31 +23	+35 +23	+41 +23	+53 +23
6	10					+34 +28	+37 +28	+43 +28	+50 +28	+64 +28
10	18					+41 +33	+44 +33	+51 +33	+60 +33	+76 +33
18	24					+50 +41	+54 +41	+62 +41	+74 +41	+93 +41
24	30	+50 +41	+54 +41	+62 +41	+74 +41	+57 +48	+61 +48	+69 +48	+81 +48	+100 +48
30	40	+59 +48	+64 +48	+73 +48	+87 +48	+71 +60	+76 +60	+85 +60	+99 +60	+122 +60
40	50	+65 +54	+70 +54	+79 +54	+93 +54	+81 +70	+86 +70	+95 +70	+109 +70	+132 +70
50	65	+79 +66	+85 +66	+96 +66	+112 +66	+100 +87	+106 +87	+117 +87	+133 +87	+161 +87
65	80	+88 +75	+94 +75	+105 +75	+121 +75	+115 +102	+121 +102	+132 +102	+148 +102	+176 +102
80	100	+106 +91	+113 +91	+126 +91	+145 +91	+139 +124	+146 +124	+159 +124	+178 +124	+211 +124
100	120	+119 +104	+126 +104	+139 +104	+158 +104	+159 +144	+166 +144	+179 +144	+198 +144	+231 +144
120	140	+140 +122	+147 +122	+162 +122	+185 +122	+188 +170	+195 +170	+210 +170	+233 +170	+270 +170
140	160	+152 +134	+159 +134	+174 +134	+197 +134	+208 +190	+215 +190	+230 +190	+253 +190	+290 +190
160	180	+164 +146	+171 +146	+186 +146	+209 +146	+228 +210	+235 +210	+250 +210	+273 +210	+310 +210
180	200	+186 +166	+195 +166	+212 +166	+238 +166	+256 +236	+265 +236	+282 +236	+308 +236	+351 +236
200	225	+200 +180	+209 +180	+226 +180	+252 +180	+278 +258	+287 +258	+304 +258	+330 +258	+373 +258
225	250	+216 +196	+225 +196	+242 +196	+268 +196	+304 +284	+313 +284	+330 +284	+356 +284	+399 +284
250	280	+241 +218	+250 +218	+270 +218	+299 +218	+338 +315	+347 +315	+367 +315	+396 +315	+445 +315
280	315	+263 +240	+272 +240	+292 +240	+321 +240	+373 +350	+382 +350	+402 +350	+431 +350	+480 +350

表 29（续）

单位为微米

公称尺寸/mm		t				u				
大于	至	5	6	7	8	5	6	7	8	9
315	355	+293 +268	+304 +268	+325 +268	+357 +268	+415 +390	+426 +390	+447 +390	+479 +390	+530 +390
355	400	+319 +294	+330 +294	+351 +294	+383 +294	+460 +435	+471 +435	+492 +435	+524 +435	+575 +435
400	450	+357 +330	+370 +330	+393 +330	+427 +330	+517 +490	+530 +490	+553 +490	+587 +490	+645 +490
450	500	+387 +360	+400 +360	+423 +360	+457 +360	+567 +540	+580 +540	+603 +540	+637 +540	+695 +540
500	560		+444 +400	+470 +400			+644 +600	+670 +600	+710 +600	
560	630		+494 +450	+520 +450			+704 +660	+730 +660	+770 +660	
630	710		+550 +500	+580 +500			+790 +740	+820 +740	+865 +740	
710	800		+610 +560	+640 +560			+890 +840	+920 +840	+965 +840	
800	900		+676 +620	+710 +620			+996 +940	+1030 +940	+1080 +940	
900	1 000		+736 +680	+770 +680			+1106 +1050	+1140 +1050	+1190 +1050	
1 000	1 120		+846 +780	+885 +780			+1216 +1150	+1255 +1150	+1315 +1150	
1 120	1 250		+906 +840	+945 +840			+1366 +1300	+1405 +1300	+1465 +1300	
1 250	1 400		+1038 +960	+1085 +960			+1528 +1450	+1575 +1450	+1645 +1450	
1 400	1 600		+1128 +1050	+1175 +1050			+1678 +1600	+1725 +1600	+1795 +1600	
1 600	1 800		+1292 +1200	+1350 +1200			+1942 +1850	+2000 +1850	+2080 +1850	
1 800	2 000		+1442 +1350	+1500 +1350			+2092 +2000	+2150 +2000	+2230 +2000	
2 000	2 240		+1610 +1500	+1675 +1500			+2410 +2300	+2475 +2300	+2580 +2300	
2 240	2 500		+1760 +1650	+1825 +1650			+2610 +2500	+2675 +2500	+2780 +2500	
2 500	2 800		+2035 +1900	+2110 +1900			+3035 +2900	+3110 +2900	+3230 +2900	
2 800	3 150		+2235 +2100	+2310 +2100			+3335 +3200	+3410 +3200	+3530 +3200	

注：公称尺寸至 24 mm 的 t5～t8 的偏差值未列入表内，建议以 u5～u8 代替。如非要 t5～t8，则可按 GB/T 1800.1计算。

表 30　轴 v、x 和 y 的极限偏差

单位为微米

公称尺寸/mm		v				x						y				
大于	至	5	6	7	8	5	6	7	8	9	10	6	7	8	9	10
—	3					+24 +20	+26 +20	+30 +20	+34 +20	+45 +20	+60 +20					
3	6					+33 +28	+36 +28	+40 +28	+46 +28	+58 +28	+76 +28					
6	10					+40 +34	+43 +34	+49 +34	+56 +34	+70 +34	+92 +34					
10	14					+48 +40	+51 +40	+58 +40	+67 +40	+83 +40	+110 +40					
14	18	+47 +39	+50 +39	+57 +39	+66 +39	+53 +45	+56 +45	+63 +45	+72 +45	+88 +45	+115 +45					
18	24	+56 +47	+60 +47	+68 +47	+80 +47	+63 +54	+67 +54	+75 +54	+87 +54	+106 +54	+138 +54	+76 +63	+84 +63	+96 +63	+115 +63	+147 +63
24	30	+64 +55	+68 +55	+76 +55	+88 +55	+73 +64	+77 +64	+85 +64	+97 +64	+116 +64	+148 +64	+88 +75	+96 +75	+108 +75	+127 +75	+159 +75
30	40	+79 +68	+84 +68	+93 +68	+107 +68	+91 +80	+96 +80	+105 +80	+119 +80	+142 +80	+180 +80	+110 +94	+119 +94	+133 +94	+156 +94	+194 +94
40	50	+92 +81	+97 +81	+106 +81	+120 +81	+108 +97	+113 +97	+122 +97	+136 +97	+159 +97	+197 +97	+130 +114	+139 +114	+153 +114	+176 +114	+214 +114
50	65	+115 +102	+121 +102	+132 +102	+148 +102	+135 +122	+141 +122	+152 +122	+168 +122	+196 +122	+242 +122	+163 +144	+174 +144	+190 +144		
65	80	+133 +120	+139 +120	+150 +120	+166 +120	+159 +146	+165 +146	+176 +146	+192 +146	+220 +146	+266 +146	+193 +174	+204 +174	+220 +174		
80	100	+161 +146	+168 +146	+181 +146	+200 +146	+193 +178	+200 +178	+213 +178	+232 +178	+265 +178	+318 +178	+236 +214	+249 +214	+268 +214		
100	120	+187 +172	+194 +172	+207 +172	+226 +172	+225 +210	+232 +210	+245 +210	+264 +210	+297 +210	+350 +210	+276 +254	+289 +254	+308 +254		

表 30（续）

单位为微米

公称尺寸/mm		v				x						y				
大于	至	5	6	7	8	5	6	7	8	9	10	6	7	8	9	10
120	140	+220 +202	+227 +202	+242 +202	+265 +202	+266 +248	+273 +248	+288 +248	+311 +248	+348 +248	+408 +248	+325 +300	+340 +300	+363 +300		
140	160	+246 +228	+253 +228	+268 +228	+291 +228	+298 +280	+305 +280	+320 +280	+343 +280	+380 +280	+440 +280	+365 +340	+380 +340	+403 +340		
160	180	+270 +252	+277 +252	+292 +252	+315 +252	+328 +310	+335 +310	+350 +310	+373 +310	+410 +310	+470 +310	+405 +380	+420 +380	+443 +380		
180	200	+304 +284	+313 +284	+330 +284	+356 +284	+370 +350	+379 +350	+396 +350	+422 +350	+465 +350	+535 +350	+454 +425	+471 +425	+497 +425		
200	225	+330 +310	+339 +310	+356 +310	+382 +310	+405 +385	+414 +385	+431 +385	+457 +385	+500 +385	+570 +385	+499 +470	+516 +470	+542 +470		
225	250	+360 +340	+369 +340	+386 +340	+412 +340	+445 +425	+454 +425	+471 +425	+497 +425	+540 +425	+610 +425	+549 +520	+566 +520	+592 +520		
250	280	+408 +385	+417 +385	+437 +385	+466 +385	+498 +475	+507 +475	+527 +475	+556 +475	+605 +475	+685 +475	+612 +580	+632 +580	+661 +580		
280	315	+448 +425	+457 +425	+477 +425	+506 +425	+548 +525	+557 +525	+577 +525	+606 +525	+655 +525	+735 +525	+682 +650	+702 +650	+731 +650		
315	355	+500 +475	+511 +475	+532 +475	+564 +475	+615 +590	+626 +590	+647 +590	+679 +590	+730 +590	+820 +590	+766 +730	+787 +730	+819 +730		
355	400	+555 +530	+566 +530	+587 +530	+619 +530	+685 +660	+696 +660	+717 +660	+749 +660	+800 +660	+890 +660	+856 +820	+877 +820	+909 +820		
400	450	+622 +595	+635 +595	+658 +595	+692 +595	+767 +740	+780 +740	+803 +740	+837 +740	+895 +740	+990 +740	+960 +920	+983 +920	+1017 +920		
450	500	+687 +660	+700 +660	+723 +660	+757 +660	+847 +820	+860 +820	+883 +820	+917 +820	+975 +820	+1070 +820	+1040 +1000	+1063 +1000	+1097 +1000		

注 1：公称尺寸至 14 mm 的 v5～v8 的偏差值未列入表内，建议以 x5～x8 代替。如非要 v5～v8，则可按 GB/T 1800.1 计算。

注 2：公称尺寸至 18 mm 的 y6～y10 的偏差值未列入表内，建议以 z6～z10 代替。如非要 y6～y10，则可按 GB/T 1800.1 计算。

表 31 轴 z 和 za 的极限偏差

单位为微米

公称尺寸/mm		z						za					
大于	至	6	7	8	9	10	11	6	7	8	9	10	11
—	3	+32 +26	+36 +26	+40 +26	+51 +26	+66 +26	+86 +26	+38 +32	+42 +32	+46 +32	+57 +32	+72 +32	+92 +32
3	6	+43 +35	+47 +35	+53 +35	+65 +35	+83 +35	+110 +35	+50 +42	+54 +42	+60 +42	+72 +42	+90 +42	+117 +42
6	10	+51 +42	+57 +42	+64 +42	+78 +42	+100 +42	+132 +42	+61 +52	+67 +52	+74 +52	+88 +52	+110 +52	+142 +52
10	14	+61 +50	+68 +50	+77 +50	+93 +50	+120 +50	+160 +50	+75 +64	+82 +64	+91 +64	+107 +64	+134 +64	+174 +64
14	18	+71 +60	+78 +60	+87 +60	+103 +60	+130 +60	+170 +60	+88 +77	+95 +77	+104 +77	+120 +77	+147 +77	+187 +77
18	24	+86 +73	+94 +73	+106 +73	+125 +73	+157 +73	+203 +73	+111 +98	+119 +98	+131 +98	+150 +98	+182 +98	+228 +98
24	30	+101 +88	+109 +88	+121 +88	+140 +88	+172 +88	+218 +88	+131 +118	+139 +118	+151 +118	+170 +118	+202 +118	+248 +118
30	40	+128 +112	+137 +112	+151 +112	+174 +112	+212 +112	+272 +112	+164 +148	+173 +148	+187 +148	+210 +148	+248 +148	+308 +148
40	50	+152 +136	+161 +136	+175 +136	+198 +136	+236 +136	+296 +136	+196 +180	+205 +180	+219 +180	+242 +180	+280 +180	+340 +180
50	65	+191 +172	+202 +172	+218 +172	+246 +172	+292 +172	+362 +172	+245 +226	+256 +226	+272 +226	+300 +226	+346 +226	+416 +226
65	80	+229 +210	+240 +210	+256 +210	+284 +210	+330 +210	+400 +210	+293 +274	+304 +274	+320 +274	+348 +274	+394 +274	+464 +274
80	100	+280 +258	+293 +258	+312 +258	+345 +258	+398 +258	+478 +258	+357 +335	+370 +335	+389 +335	+422 +335	+475 +335	+555 +335

表 31（续）

单位为微米

公称尺寸/mm		z						za					
大于	至	6	7	8	9	10	11	6	7	8	9	10	11
100	120	+332 +310	+345 +310	+364 +310	+397 +310	+450 +310	+530 +310	+422 +400	+435 +400	+454 +400	+487 +400	+540 +400	+620 +400
120	140	+390 +365	+405 +365	+428 +365	+465 +365	+525 +365	+615 +365	+495 +470	+510 +470	+533 +470	+570 +470	+630 +470	+720 +470
140	160	+440 +415	+455 +415	+478 +415	+515 +415	+575 +415	+665 +415	+560 +535	+575 +535	+598 +535	+635 +535	+695 +535	+785 +535
160	180	+490 +465	+505 +465	+528 +465	+565 +465	+625 +465	+715 +465	+625 +600	+640 +600	+663 +600	+700 +600	+760 +600	+850 +600
180	200	+549 +520	+566 +520	+592 +520	+635 +520	+705 +520	+810 +520	+699 +670	+716 +670	+742 +670	+785 +670	+855 +670	+960 +670
200	225	+604 +575	+621 +575	+647 +575	+690 +575	+760 +575	+865 +575	+769 +740	+786 +740	+812 +740	+855 +740	+925 +740	+1030 +740
225	250	+669 +640	+686 +640	+712 +640	+755 +640	+825 +640	+930 +640	+849 +820	+866 +820	+892 +820	+935 +820	+1005 +820	+1110 +820
250	280	+742 +710	+762 +710	+791 +710	+840 +710	+920 +710	+1030 +710	+952 +920	+972 +920	+1001 +920	+1050 +920	+1130 +920	+1240 +920
280	315	+822 +790	+842 +790	+871 +790	+920 +790	+1000 +790	+1110 +790	+1032 +1000	+1052 +1000	+1081 +1000	+1130 +1000	+1210 +1000	+1320 +1000
315	355	+936 +900	+957 +900	+989 +900	+1040 +900	+1130 +900	+1260 +900	+1186 +1150	+1207 +1150	+1239 +1150	+1290 +1150	+1380 +1150	+1510 +1150
355	400	+1036 +1000	+1057 +1000	+1089 +1000	+1140 +1000	+1230 +1000	+1360 +1000	+1336 +1300	+1357 +1300	+1389 +1300	+1440 +1300	+1530 +1300	+1660 +1300
400	450	+1140 +1100	+1163 +1100	+1197 +1100	+1255 +1100	+1350 +1100	+1500 +1100	+1490 +1450	+1513 +1450	+1547 +1450	+1605 +1450	+1700 +1450	+1850 +1450
450	500	+1290 +1250	+1313 +1250	+1347 +1250	+1405 +1250	+1500 +1250	+1650 +1250	+1640 +1600	+1663 +1600	+1697 +1600	+1755 +1600	+1850 +1600	+2000 +1600

表 32 轴 zb 和 zc 的极限偏差

单位为微米

公称尺寸/mm		zb					zc				
大于	至	7	8	9	10	11	7	8	9	10	11
—	3	+50 +40	+54 +40	+65 +40	+80 +40	+100 +40	+70 +60	+74 +60	+85 +60	+100 +60	+120 +60
3	6	+62 +50	+68 +50	+80 +50	+98 +50	+125 +50	+92 +80	+98 +80	+110 +80	+128 +80	+155 +80
6	10	+82 +67	+89 +67	+103 +67	+125 +67	+157 +67	+112 +97	+119 +97	+133 +97	+155 +97	+187 +97
10	14	+108 +90	+117 +90	+133 +90	+160 +90	+200 +90	+148 +130	+157 +130	+173 +130	+200 +130	+240 +130
14	18	+126 +108	+135 +108	+151 +108	+178 +108	+218 +108	+168 +150	+177 +150	+193 +150	+220 +150	+260 +150
18	24	+157 +136	+169 +136	+188 +136	+220 +136	+266 +136	+209 +188	+221 +188	+240 +188	+272 +188	+318 +188
24	30	+181 +160	+193 +160	+212 +160	+244 +160	+290 +160	+239 +218	+251 +218	+270 +218	+302 +218	+348 +218
30	40	+225 +200	+239 +200	+262 +200	+300 +200	+360 +200	+299 +274	+313 +274	+336 +274	+374 +274	+434 +274
40	50	+267 +242	+281 +242	+304 +242	+342 +242	+402 +242	+350 +325	+364 +325	+387 +325	+425 +325	+485 +325
50	65	+330 +300	+346 +300	+374 +300	+420 +300	+490 +300	+435 +405	+451 +405	+479 +405	+525 +405	+595 +405
65	80	+390 +360	+406 +360	+434 +360	+480 +360	+550 +360	+510 +480	+526 +480	+554 +480	+600 +480	+670 +480
80	100	+480 +445	+499 +445	+532 +445	+585 +445	+665 +445	+620 +585	+639 +585	+672 +585	+725 +585	+805 +585
100	120	+560 +525	+579 +525	+612 +525	+665 +525	+745 +525	+725 +690	+744 +690	+777 +690	+830 +690	+910 +690
120	140	+660 +620	+683 +620	+720 +620	+780 +620	+870 +620	+840 +800	+863 +800	+900 +800	+960 +800	+1050 +800
140	160	+740 +700	+763 +700	+800 +700	+860 +700	+950 +700	+940 +900	+963 +900	+1000 +900	+1060 +900	+1150 +900
160	180	+820 +780	+843 +780	+880 +780	+940 +780	+1030 +780	+1040 +1000	+1063 +1000	+1100 +1000	+1160 +1000	+1250 +1000
180	200	+926 +880	+952 +880	+995 +880	+1065 +880	+1170 +880	+1196 +1150	+1222 +1150	+1265 +1150	+1335 +1150	+1440 +1150
200	225	+1006 +960	+1032 +960	+1075 +960	+1145 +960	+1250 +960	+1296 +1250	+1322 +1250	+1365 +1250	+1435 +1250	+1540 +1250
225	250	+1096 +1050	+1122 +1050	+1165 +1050	+1235 +1050	+1340 +1050	+1396 +1350	+1422 +1350	+1465 +1350	+1535 +1350	+1640 +1350

表 32（续）

单位为微米

公称尺寸/mm		zb					zc				
大于	至	7	8	9	10	11	7	8	9	10	11
250	280	+1252 +1200	+1281 +1200	+1330 +1200	+1410 +1200	+1520 +1200	+1602 +1550	+1631 +1550	+1680 +1550	+1760 +1550	+1870 +1550
280	315	+1352 +1300	+1381 +1300	+1430 +1300	+1510 +1300	+1620 +1300	+1752 +1700	+1781 +1700	+1830 +1700	+1910 +1700	+2020 +1700
315	355	+1557 +1500	+1589 +1500	+1640 +1500	+1730 +1500	+1860 +1500	+1957 +1900	+1989 +1900	+2040 +1900	+2130 +1900	+2260 +1900
355	400	+1707 +1650	+1739 +1650	+1790 +1650	+1880 +1650	+2010 +1650	+2157 +2100	+2189 +2100	+2240 +2100	+2330 +2100	+2460 +2100
400	450	+1913 +1850	+1947 +1850	+2005 +1850	+2100 +1850	+2250 +1850	+2463 +2400	+2497 +2400	+2555 +2400	+2650 +2400	+2800 +2400
450	500	+2163 +2100	+2197 +2100	+2255 +2100	+2350 +2100	+2500 +2100	+2663 +2600	+2697 +2600	+2755 +2600	+2850 +2600	+3000 +2600

附　录　A
（资料性附录）
孔、轴公差带的图示

A.1　孔公差带的图示

图 A.1 和图 A.2 给出了选择孔公差带的图示。图 A.1 是以基本偏差（A～ZC）图示的孔公差带，图 A.2 是以公差等级（IT5～IT11）图示的同一孔公差带。图 A.1 和图 A.2 只示出本标准中给出的部分公差带。

为了比较起见，图中的公差带是以大于 6mm～10 mm 的公称尺寸段给出的 ES、EI 和 IT 的数值绘制的。对该公称尺寸段表中无基本偏差 T、V 和 Y 的公差带，则以大于 24 mm～30 mm 的公称尺寸段给出的数值绘制。

A.2　轴公差带的图示

图 A.3 和图 A.4 给出了选择轴公差带的图示。图 A.3 是以基本偏差（a～zc）图示的轴公差带，图 A.4 是以公差等级（IT5～IT11）图示的同一轴公差带。图 A.3 和图 A.4 只示出本标准中给出的部分公差带。

为了比较起见，图中的公差带是以大于 6 mm～10 mm 的公称尺寸段给出的 es、ei 和 IT 的数值绘制的。对该公称尺寸段表中无基本偏差 t、v 和 y 的公差带，则以大于 24 mm～30 mm 的公称尺寸段给出的数值绘制。

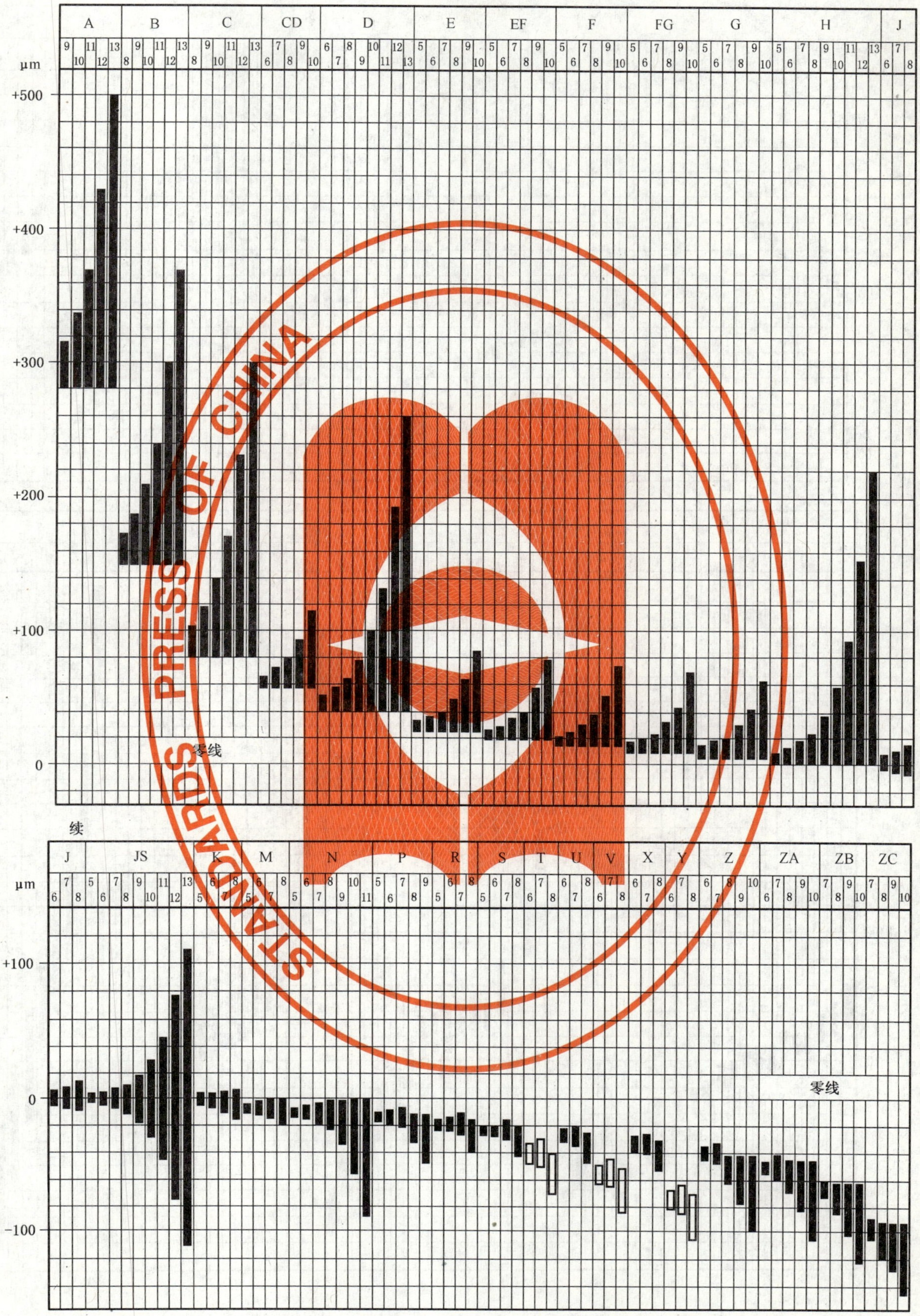

图 A.1 以基本偏差图示的孔公差带

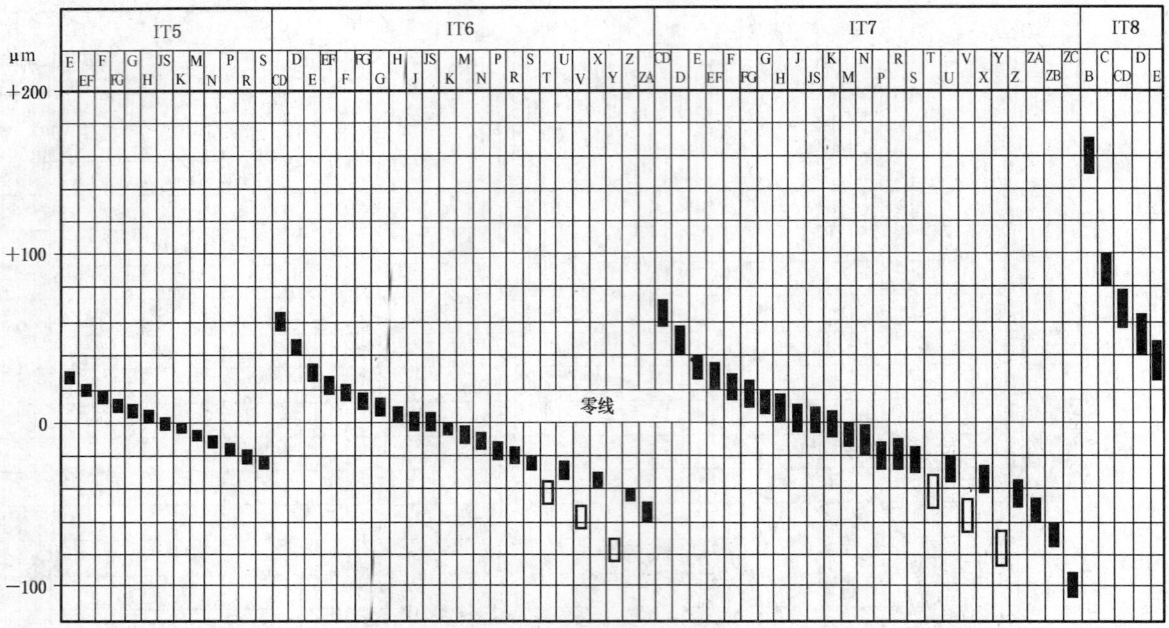

续

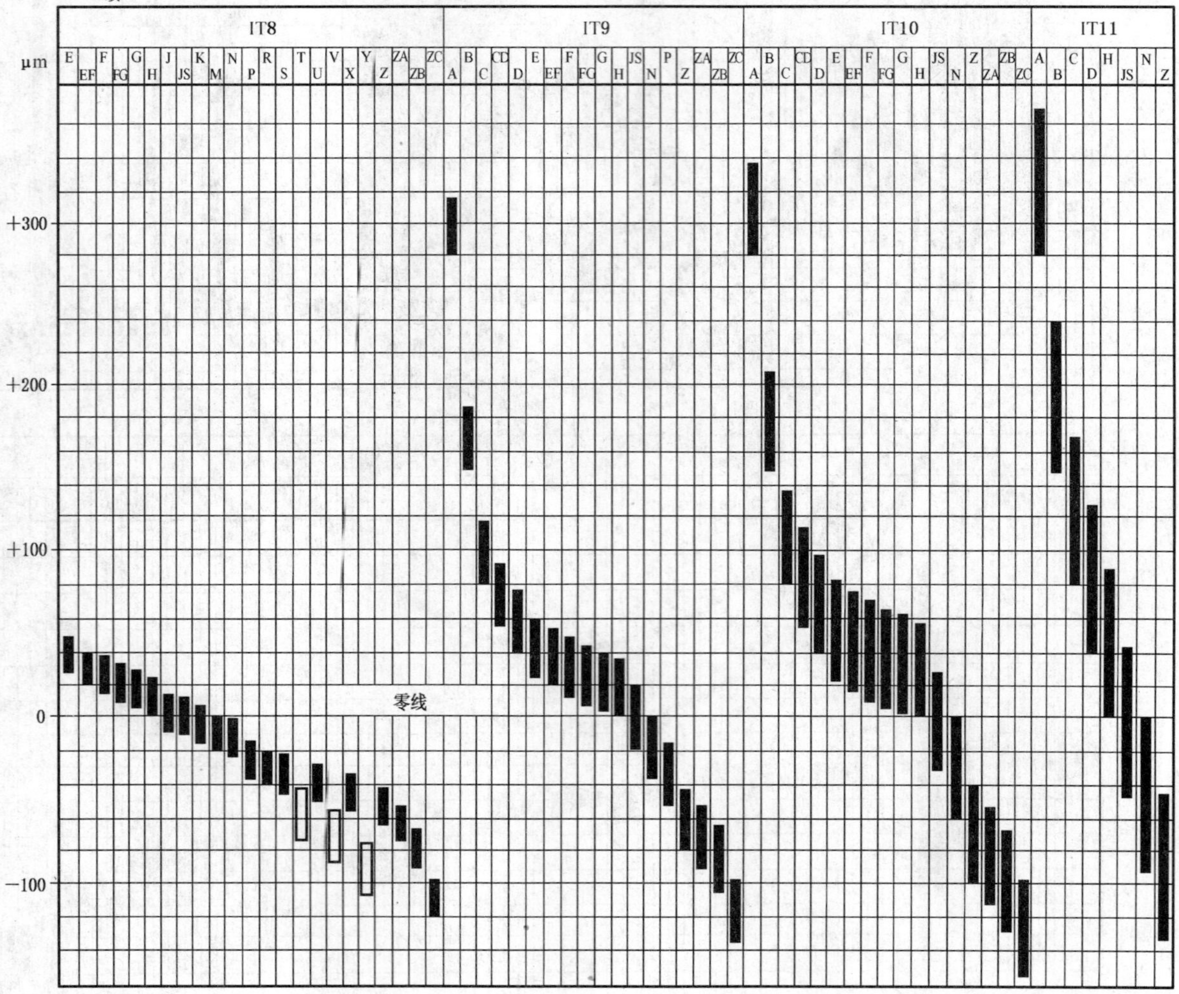

图 A.2　以公差等级图示的孔公差带

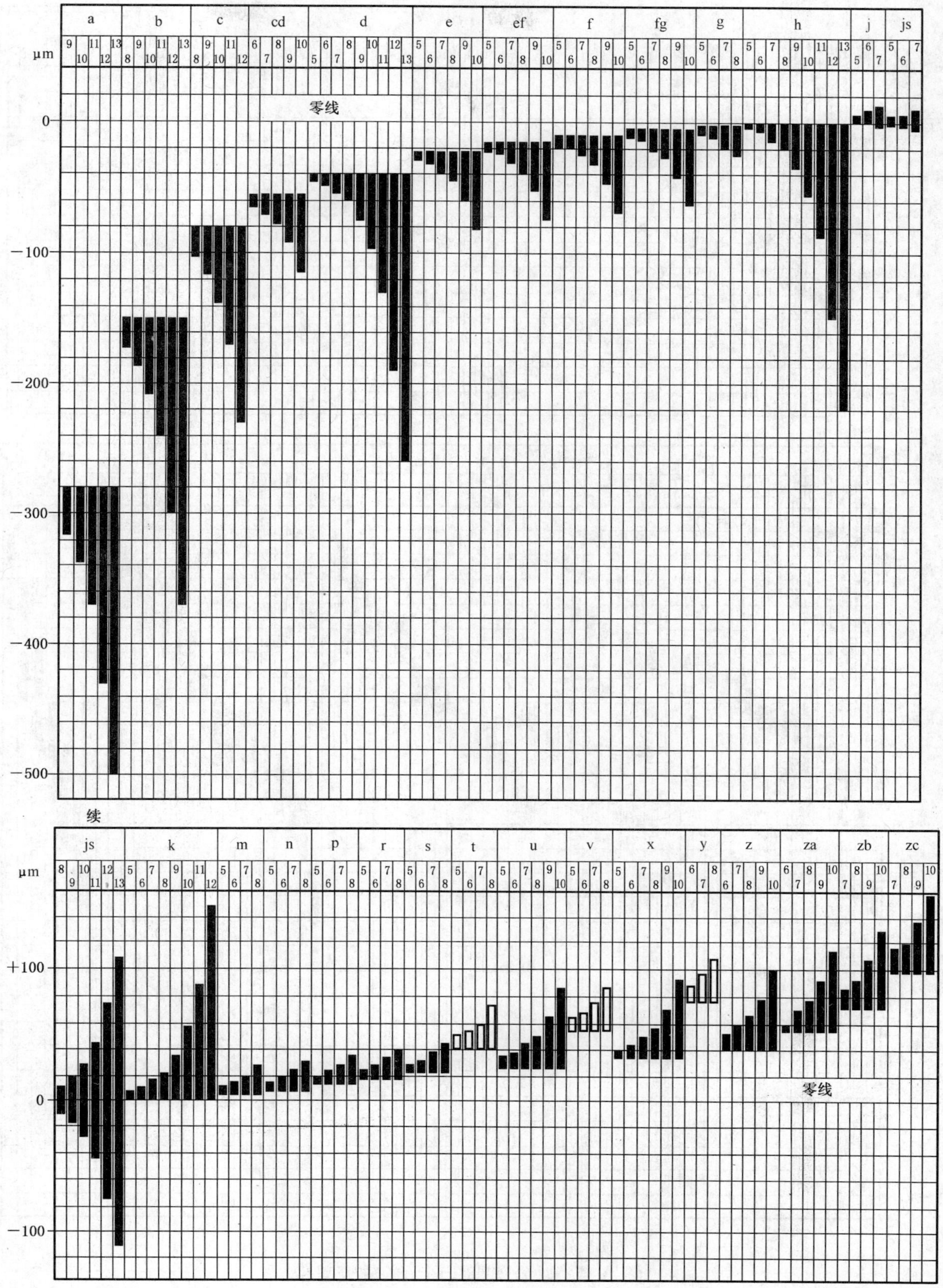

图 A.3　以基本偏差图示的轴公差带

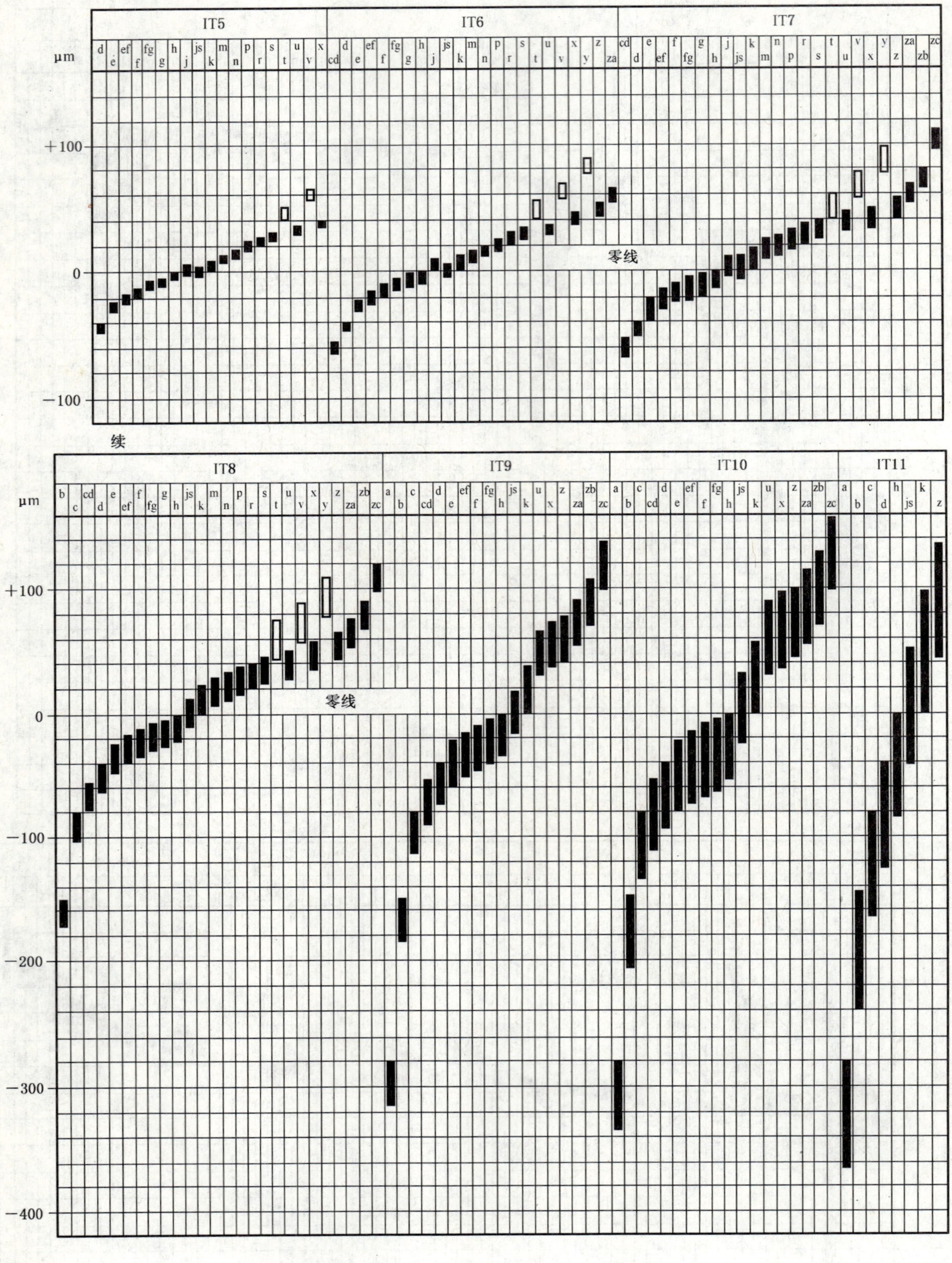

图 A.4　以公差等级图示的轴公差带

附 录 B
（资料性附录）
在 GPS 矩阵模型中的位置

GPS 矩阵的全部详情参见 GB/Z 20308—2006。

B.1 本部分标准的信息及其应用

本部分是 GB/T 1800 的第 2 部分，规定了孔、轴常用公差带的极限偏差数值表。

B.2 在 GPS 矩阵模型中的位置

本部分是 GPS 通用标准，它影响 GPS 通用标准矩阵中尺寸标准链的链环 1 和 2，如图 B.1 所示。

	GPS 综合标准						
	GPS 通用标准						
	链环号	1	2	3	4	5	6
GPS 基础标准	尺寸						
	距离						
	半径						
	角度						
	与基准无关的线形状						
	与基准相关的线形状						
	与基准无关的面形状						
	与基准相关的面形状						
	方向						
	位置						
	圆跳动						
	全跳动						
	基准						
	粗糙度轮廓						
	波纹度轮廓						
	原始轮廓						
	表面缺陷						
	棱边						

图 B.1 在 GPS 矩阵模型中的位置

B.3 相关的标准

相关的标准为图 B.1 所示标准链涉及的标准。